Martin Apolin

Big Bang 1

Physik Oberstufe

Big Bang Physik Oberstufe
wurde unter Zusammenarbeit und Beratung mit Thomas Claußen und Florian Karsten erstellt.

1. Auflage 1 5 4 3 2 1 | 2023 22 21 20 19

Alle Drucke dieser Auflage sind unverändert und können im Unterricht nebeneinander verwendet werden.
Die letzte Zahl bezeichnet das Jahr des Druckes.

Redaktion: Peter Anselment

Gestaltung: normaldesign GbR, Maria und Jens-Peter Becker, Schwäbisch Gmünd.
Illustrationen: Janosch A. Slama, Hausbrunn (Österreich); Alfred Marzell, Schwäbisch Gmünd, Andreas Staiger, Stuttgart.
Satz: B2 Büro für Gestaltung, Andreas Staiger, Stuttgart.
Druck: Himmer GmbH Druckerei, Augsburg.

Printed in Germany.
ISBN: 978-3-12-767003-5

9 783127 670035

1 Die Arbeitsweise der Physik
1.1 Wissenschaft und Hypothesen 7
1.2 Hypothese, Theorie und Experiment 8
1.3 Das Prinzip der Induktion 9
1.4 Newton und die Deduktion 10
1.5 Relativitätstheorie und freier Fall 11

2 Die sieben SI-Einheiten
2.1 Das Internationale Einheitensystem 13
2.2 Größenordnungen in der Physik 14
2.3 Längenmessung 17
2.4 Zeitmessung 19
2.5 Massenmessung 21
2.6 Dichte und Dichtemessung 23

3 Tooltime
3.1 Vektor und Skalar 25
3.2 Einfache Vektoroperationen 28
3.3 Zerlegung von Vektoren 30

4 Gedachte Singularität
4.1 Der Körperschwerpunkt (KSP) 33
4.2 Drei Beispiele aus dem Sport 35
4.3 Die drei Arten des Gleichgewichts 37
4.4 Vergrößerung der Stabilität 39
4.5 Auftrieb aus Sicht des KSP 41

5 Geradlinige Bewegungen
5.1 Gleichförmige Bewegung 44
5.2 Beschreibung der Geschwindigkeit 46
5.3 Geschwindigkeitsdiagramme 48
5.4 Gleichmäßig beschleunigte Bewegungen 49
5.5 Ungleichmäßig beschleunigte Bewegungen 56
5.6 Momentan- und Durchschnittsgeschwindigkeit 59
5.7 Differenzieren 61

6 Zusammengesetzte Bewegungen
6.1 Das Unabhängigkeitsprinzip 66
6.2 Horizontale Würfe 68
6.3 Schiefe Würfe 70
6.4 Schiefe Würfe im Sport 71

7 Newton mal drei
7.1 Erscheinungsformen der Masse 74
7.2 Das Trägheitsgesetz 75
7.3 Die Bewegungsgleichung 78
7.4 Gewichtskraft, Reibungskraft und Verformungskraft 80
7.4.1 Die Gewichtskraft 80
7.4.2 Die Reibungskraft 82
7.4.3 Verformungskraft 84
7.5 Actio est reactio 86

8 Arbeit und Energie
8.1 Definition der Arbeit 89
8.2 Hubarbeit und Lageenergie 91
8.3 Beschleunigungsarbeit und Bewegungsenergie 92
8.4 Verformungsenergie und ungeordnete Bewegungsenergie 94
8.5 Die Leistung 96
8.6 Energieerhaltungssatz und Entropie 99
8.7 Beispiele zum Energieerhaltungssatz 102
8.8 Der Energieerhaltungssatz und der Mensch 104

9 Impuls
9.1 Der Impulserhaltungssatz 108
9.2 Plastische Stöße 110
9.3 Elastische Stöße 112
9.4 Der Kraftstoß 114

10 Rotationen
10.1 Drehwinkel und Drehgeschwindigkeit 117
10.2 Die Drehmasse 119
10.3 Das Drehmoment 121
10.4 Drehimpuls und Drehimpulserhaltungssatz 124
10.5 Drehenergie 126
10.6 Kräfte in rotierenden Systemen 128
10.7 Der Kreisel 132

11 Newtons Gravitationsgesetz
11.1 Das Gravitationsgesetz 135
11.2 Das Gravitationsfeld 140
11.3 Satelliten 143
11.4 Wie Ebbe und Flut entstehen 146
11.5 Grenzen des Gravitationsgesetzes 148

12 Grundlagen der Schwingungen
12.1 Das Fadenpendel 151
12.2 Federpendel, Frequenz und Amplitude 155
12.3 Die harmonische Schwingung 158
12.4 Die Mathematik des harmonischen Oszillators 160
12.5 Gedämpfte Schwingungen 162
12.6 Angeregte Schwingungen und Resonanz 165
12.7 Einfache Überlagerung von Schwingungen 169
12.8 Komplizierte Überlagerung von Schwingungen 172

13 Wellengrundlagen (1)
13.1 Wie eine Welle entsteht 176
13.2 Wellenarten und Wellenformen 178
13.3 Wellenlänge und -geschwindigkeit 182
13.4 Überlagerung von Wellen 184
13.5 Stehende Wellen 186

14 Wellengrundlagen (2)
14.1 Die Prinzipien von Huygens und Fermat und die Interferenz 189
14.2 Reflexion, Brechung und Beugung 191
14.2.1 Reflexion 191
14.2.2 Brechung 193
14.2.3 Beugung 195
14.3 Doppler-Effekt 197

Die **Lösungen** zu allen Fragen mit einem **→ L** findest du unter dem Code **j67th8** auf **www.klett.de!**

15 Sprache und Gehör
15.1 Die menschliche Stimme 200
15.2 Das menschliche Gehör 203

16 Grundlagen zur Thermodynamik
16.1 Thermische Bewegung 206
16.2 Temperatur 208
16.3 Wärme und spezifische Wärmekapazität 210
16.4 1. Hauptsatz der Thermodynamik 212
16.5 Entropie und 2. Hauptsatz 213

17 Formen der Wärmeübertragung
17.1 Wärmeleitung 216
17.2 Konvektion 219
17.3 Wärmestrahlung 220
17.4 Wärmehaushalt von Lebewesen 222

18 Ausdehnung, Diffusion und Phasenübergänge
18.1 Ausdehnung durch Erwärmung 224
18.2 Diffusion 226
18.3 Phasendiagramme 228
18.4 Latente Wärme 230
18.5 Schmelzen und Erstarren 232
18.6 Verdampfen und Kondensieren 233
18.7 Sublimieren und Resublimieren 235

19 Die Gasgesetze
19.1 Der Gasdruck 237
19.2 Gasgesetze für spezielle Bedingungen 239
19.2.1 Isobare Zustandsänderung (p = konstant) 239
19.2.2 Isochore Zustandsänderung (V = konstant) 240
19.2.3 Isotherme Zustandsänderung (T = konstant) 242
19.3 Die allgemeine Gasgleichung 243
19.4 Adiabatische Zustandsänderung 245

20 Kältetechnik und Wärmekraftmaschinen
20.1 Der Kühlschrank 247
20.2 Klimaanlage und Wärmepumpe 248
20.3 Tieftemperaturphysik 250
20.4 Wärmemotoren 252

21 Grundlagen der Elektrizität (1)
21.1 Ladung und elektrische Kraft 257
21.1.1 Reibungselektrizität 258
21.1.2 Die elektrische Elementarladung 259
21.1.3 Das Coulomb-Gesetz 260
21.1.4 Influenz und Polarisation 263
21.2 Die elektrische Spannung 264
21.3 Batterien als Spannungsquellen 266

22 Grundlagen der Elektrizität (2)
22.1 Die Stromstärke 269
22.2 Drehspulgeräte und Elektromotoren 271
22.3 Voltmeter und Amperemeter 274
22.4 Widerstand und spezifischer Widerstand 276
22.5 Serien- und Parallelschaltung 280
22.6 Elektrische Arbeit und elektrische Leistung 281

23 Das elektrische Feld
23.1 Der Feldbegriff
23.2 Elektrische Feldlinienbilder
23.3 Coulomb-Gesetz und elektrische Feldstärke
23.4 Spannung und „elektrischer Höhenunterschied"
23.5 Faraday-Käfig
23.6 Der Kondensator

24 Elektrische Ströme und Magnetfelder
24.1 Magnetfelder durch Ströme
24.2 Lorentz-Kraft und magnetische Induktion
24.3 Die Spule
24.4 Elektromagnetische Induktion (1)
24.5 Elektromagnetische Induktion (2)
24.6 Selbstinduktion

25 Grundlagen der Elektrotechnik
25.1 Generator und Elektromotor
25.2 Die Leistung des Wechselstroms
25.3 Der Transformator
25.4 Drehstrom und Strom im Haushalt

26 Grundlagen der elektromagnetischen Wellen
26.1 Entstehung von EM-Wellen
26.2 Wichtige Eigenschaften von EM-Wellen
26.3 Der Schwingkreis

27 Einige Licht-Phänomene
27.1 Reflexion
27.2 Brechung und Totalreflexion
27.3 Dispersion und Farbmischung
27.4 Polarisation

28 Energieübertragung durch elektromagnetische Wellen
28.1 Schwarzer Strahler, Schwarzer Körper
28.2 Mikrowellen und Radar
28.3 Infrarot und Ultraviolett
28.4 Röntgen- und Gammastrahlung

29 Informationsübertragung durch elektromagnetische Wellen
29.1 Eine kurze Geschichte des Funks
29.2 Formen der Modulation
29.2.1 Analoge Modulationen
29.2.2 Digitale Modulationen
29.3 Das Handy
29.4 Der „Elektrosmog"

30 Welle und Teilchen
30.1 Interferenz und Beugung
30.2 Licht als Welle
30.3 Licht als Teilchen
30.4 Materiewellen
30.5 Quanten, Zufall und Wahrscheinlichkeit
30.6 Die Heisenberg'sche Unschärferelation

31 Das moderne Atommodell
31.1 Atommodelle vor der Quantenmechanik
31.2 Das Wasserstoffatom
31.3 Orbitale des Wasserstoffatoms
31.4 Elektronenspin und Pauli-Verbot
31.5 Das Periodensystem

32 Licht als Träger von Energie
32.1 Der Quantensprung
32.2 Arten von Spektren
32.3 Metastabilität und stimulierte Emission
32.4 Der Laser
32.5 Weitere Anwendungen des Lasers

33 Fortgeschrittene Quantenmechanik
33.1 Schrödingers Katze
33.2 Der Tunneleffekt
33.3 Verschränkte Quanten und EPR-Paradoxie
33.4 Quantenteleportation

34 Weltbilder vor 1905
34.1 Die kopernikanische Wende
34.2 Das klassische Relativitätsprinzip
34.3 Die Jagd nach dem Äther

35 Relativitätsprinzip und Gleichzeitigkeit
35.1 Das moderne Relativitätsprinzip
35.2 Beobachten und sehen
35.3 Relativität und Gleichzeitigkeit

36 Zeitdehnung und Raumschrumpfung
36.1 Zeitdehnung qualitativ
36.2 Zeitdehnung quantitativ
36.3 Das Zwillingsparadoxon
36.4 Längenkontraktion
36.5 Verknüpfung relativistischer Effekte

37 Relativistische Masse und Energie
37.1 Massenzunahme
37.2 $E = m \cdot c^2$ und relativistische Energie
37.3 Kernfusion und Kernspaltung

38 Vertiefendes zur SRT
38.1 Relativistischer Doppler-Effekt
38.2 Geschwindigkeitsaddition
38.3 Die Verknüpfung von Raum und Zeit
38.4 Relativistische Raketentechnik
38.5 Lorentz-Transformation

39 Allgemeine Relativitätstheorie
39.1 Das Äquivalenzprinzip
39.2 Lokale Inertialsysteme
39.3 Frequenzverschiebung im Gravitationsfeld
39.4 Zeitveränderung im Gravitationsfeld
39.5 Längenveränderung und Raumkrümmung
39.6 Lichtablenkung im Gravitationsfeld
39.7 Periheldrehung, Gravitationswellen und Thirring-Lense-Effekt
39.8 Schwarze Löcher und Wurmlöcher

40 Die Struktur der Atomkerne
40.1 Atom und Atomkern
40.2 Neutronen, Protonen, Isotope
40.3 Kernkraft und Kernspin

41 Radioaktivität
41.1 Entstehung, Arten und Wirkung der Radioaktivität
41.1.1 α-Zerfall
41.1.2 β-Zerfall
41.1.3 γ-Zerfall
41.1.4 Biologische Wirkung
41.2 Zerfallsgesetz und Altersbestimmung
41.3 Anwendungen der Radioaktivität

42 Energie aus den Atomkernen
42.1 Kernspaltung
42.2 Kernfusion
42.3 Kernwaffen

43 Teilchenphysik und Standardmodell
43.1 Spin, Fermionen und Bosonen
43.2 Die Teilchen des Standardmodells
43.2.1 Leptonen
43.2.2 Quarks
43.2.3 Wechselwirkungsteilchen
43.3 Vereinheitlichung der Kräfte
43.4 Teilchenzoo und Teilchenbeschleuniger

44 Vom Leben und Sterben der Sterne
44.1 Die Geburt von Sternen
44.2 Das Leben der Sterne
44.3 Der Tod der Sterne

45 Einführung in die Kosmologie
45.1 Die „Entdeckung" des Big Bang
45.2 Grundlegendes zur Expansion des Universums
45.3 Was zwischen dem Big Bang und heute geschah
45.4 Das Standardmodell der Kosmologie
45.5 Dunkle Materie und Dunkle Energie

Liebe Schülerin!
Lieber Schüler!

Nimm an, du bekommst einen **Rundstab** und ein **Brett** zum Feuermachen. Nach einer halben Stunde werden zwar deine Hände brennen, aber das Feuer ziemlich sicher nicht. Wenn du dann eine Schachtel **Streichhölzer** bekommst, wirst du dir denken: „Wow! Was für eine tolle Erfindung!" Hättest du sie schon zu Beginn gehabt, hättest du dir **das** nicht gedacht. Was lernen wir daraus? Man kann die Lösung eines Problems nur dann würdigen, wenn man das Problem durch und durch kennt!

Das ist einer der Gründe, warum in diesem Buch **zu Beginn eines Kapitels Fragen** gestellt werden. Dabei geht es gar nicht so sehr darum, dass du sie beantworten kannst, sondern dass du über die Probleme nachdenkst oder mit deinen Mitschülerinnen und Mitschülern diskutierst.
Je intensiver du vorher nachgedacht hast, desto mehr wirst du die Antworten zu schätzen wissen.

Angeblich wurde Albert Einstein einmal gefragt, woher er seine Begabung habe. Er soll geantwortet haben: „Ich habe keine besondere Begabung, ich bin nur leidenschaftlich neugierig." Hier hat er ziemlich tiefgestapelt, denn tatsächlich war er ein wirklich genialer Physiker. Aber der Punkt ist der: Neugierde ist der Motor, um Dinge zu hinterfragen, zu verstehen und Neues zu entdecken. Das gilt auch für die Physik!

Viel Spaß beim Lesen, Nachdenken und Verstehen!

Bedienungsanleitung für dieses Buch Du kannst mit diesem Buch auf verschiedene Weise arbeiten. Wenn du nur den Fließtext liest, kannst du dich auf schnelle Weise über die wesentlichen Gedanken im jeweiligen Abschnitt informieren.

Zu Beginn jedes Abschnitts gibt es eine **Fragen-Box F1** mit Fragen der drei Schwierigkeitsgrade leicht ○, mittel ◒ und schwer ●. Diese befindet sich in der Nähe der Kapitelüberschrift nach der Einleitung. Die Philosophie des Buches ist, dass es besonders sinnvoll ist, über diese Fragen vor dem Lesen des Textes nachzudenken. Natürlich kannst du sie aber auch nach dem Lesen quasi als Wiederholung beantworten.

Generell gilt: Die meisten Fragen daraus werden direkt im Fließtext beantwortet, Verweise auf Fragen werden mit → F3 bezeichnet. Bei Fragen mit dem Symbol → L befindet sich die Antwort im Lösungsteil, den du über den Link zur Online-Ergänzung erreichen kannst (siehe unten).

In den **INFO-Boxen** befinden sich vertiefende Informationen. Aus optischen Gründen befinden sich diese aus dem Fließtext herausgezogen und in Rahmen, der Text ist dort durchgehend zweispaltig. Verweise auf weiter entfernte Infoboxen werden mit → INFO bezeichnet. Manchmal gibt es auch Experimentboxen, in denen du auch praktisch arbeiten darfst.

Am Ende der meisten Großkapitel befinden sich **Teste-dich-Boxen F1**, in denen vertiefende Fragen und Aufgaben zu finden sind. Die Lösungen dazu findest du auch über den Link zur Online-Ergänzung.

j67th8

Die Online-Ergänzung zum Lehrgang mit den **Lösungen** findest du durch Eingabe des sechsstelligen Online-Codes auf **www.klett.de.**

1 Die Arbeitsweise der Physik

Es gibt eine Anekdote über einen Schauspieler, dem die Souffleuse verzweifelt – aber ohne Erfolg – den Text zuflüstert. Der Schauspieler geht zum Souffleurkasten und fleht: „Keine Details, welches Stück?" Manchmal ist eben der Überblick wichtiger als das Detail. Deshalb gibt es vor jedem Kapitel immer einen Prolog, also ein Vorwort, damit du nicht einfach so in die jeweiligen Kapitel hineinstolperst. In diesem erfährst du etwas über das „Stück", also in einigen Worten, worum es in diesem Kapitel geht. Ähnlich ist es vor jedem einzelnen Unterkapitel (Abschnitt).
In diesem Kapitel ist von der Arbeitsweise der Physik die Rede. Wir werden dabei einen Streifzug vom 4. Jh. v. Chr. bis in die Gegenwart machen und ein paar berühmte Persönlichkeiten der Wissenschaft kennenlernen.

1.1 Im Falle eines Falles
Wissenschaft und Hypothesen

In diesem Abschnitt geht es darum, dass man in der Wissenschaft alle Behauptungen experimentell überprüfen muss. Sonst kann es passieren, dass eine falsche Behauptung nicht erkannt wird und sogar Tausende von Jahren geglaubt werden kann. Der freie Fall eignet sich sehr gut, um sich einige grundlegende Gedanken über die Physik zu machen.

F1 ● Ein Stein fällt schneller zu Boden als eine Feder. Wie ist es aber mit zwei ungleich schweren Steinen? Fallen diese gleich schnell oder nicht? Und wie wäre das auf dem Mond?

F2 ◒ Ein Blatt Papier fällt langsamer zu Boden als wenn du eines zusammenknüllst und fallen lässt. Warum ist das so?

F3 ○ Abb. 1.1 zeigt eine Spirale! Es ist doch eine Spirale, oder? Oder doch besser nachmessen?

Abb. 1.1 „Wades Spirale"

Abb. 1.2 Aristoteles (384–323 v. Chr.)

Der große Aristoteles (Abb. 1.2) behauptete vor beinahe 2 400 Jahren, dass in gleicher Umgebung **schwere** Gegenstände **schneller** fallen als leichte. Klar, ein Stein fällt schneller als eine Feder. Aber das hat mit dem Luftwiderstand und nicht mit der Masse zu tun. Weil der Luftwiderstand stärker bremst, fällt ja auch ein Blatt Papier langsamer als ein Papierknäuel (→ F2). Es dauerte etwa 2 000 Jahre, bis Galileo Galilei (Abb. 1.3) experimentell nachweisen konnte, **dass alle Gegenstände gleich schnell fallen**, wenn man den Luftwiderstand vernachlässigt.

Wenn du gerade zufällig auf dem Mond bist, könntest du das sofort nachprüfen (→ F1). **1971** ließ der amerikanische Astronaut David Scott dort einen Hammer und eine Adlerfeder gleichzeitig fallen. Und weil es auf dem Mond keine Atmosphäre gibt, kamen sie auch gleichzeitig am Boden an. Sehr wissenschaftlich war die Sache nicht, weil man auf der Aufnahme mit Mühe gerade mal den Astronauten erkennen kann (Abb. 1.4). Aber die Idee war sehr gut. Der britische Physiker und Moderator Brian Cox ließ **2014** in der größten Vakuumkammer der Welt (bei der NASA in Cleveland) eine Bowlingkugel und ein paar Federn fallen, sie kamen exakt gleichzeitig am Boden an.

Abb. 1.3 (links): Galileo Galilei (1564–1642)
Abb. 1.4 (rechts): David Scott lässt Hammer und Feder auf dem Mond fallen.

Am Beispiel des freien Falls kann man ein wichtiges Prinzip der Physik beziehungsweise aller Wissenschaften erkennen: Man darf nicht einfach nur etwas behaupten, man muss diese Behauptung auch **durch Experimente überprüfen.** In der Wissenschaft nennt man eine unüberprüfte Behauptung eine Hypothese.

Man kann also so sagen: Aristoteles stellte die **Hypothese** auf, dass schwere Gegenstände schneller zu Boden fallen. Weil er einer der ganz großen und einflussreichen Denker seiner Zeit war, hat man an seiner Hypothese nicht gezweifelt und deshalb 2000 Jahre lang nicht einmal den Versuch unternommen, sie zu überprüfen. Sonst hätte man schon vorher gemerkt, dass sie nicht stimmen kann. Naja, auch große Denker irren hin und wieder!

Die „Spirale" in Abb. 1.1 ist übrigens keine Spirale, sondern es handelt sich dabei um konzentrische Kreise (→ F3). Die **Behauptung**, dass es sich um eine Spirale handelt, kannst du ganz leicht widerlegen, indem du einen der Kreise mit einem Stift nachfährst.

1.2 Galilei wiegt die Zeit

Hypothese, Theorie und Experiment

In diesem Abschnitt geht es darum, wie aus einer Hypothese eine Theorie werden kann, wenn sie durch Experimente gestützt wird. Des Weiteren geht es darum, dass man nur dann genaue Wissenschaft betreiben kann, wenn man auch genau messen kann.

F4 ● Nimm einmal an, Aristoteles hätte recht gehabt und schwere Gegenstände würden tatsächlich schneller fallen. Der kleine Ziegel (1) in Abb. 1.5 würde dann also langsamer zu Boden fallen als der große (2).
Was würde aber passieren, wenn man den kleinen Ziegel unter den großen legt (3)? Würden beide zusammen schneller oder langsamer fallen?

Abb. 1.5

F5 ◒ Galilei hat die Fallgesetze entdeckt, indem er Kugeln vom Schiefen Turm von Pisa hinuntergeworfen hat! Stimmt das oder nicht?

Galilei kam zunächst durch rein logische Überlegungen zu dem Schluss, dass sich Aristoteles geirrt haben muss. Wenn nämlich der kleine Ziegel unter dem großen liegt, dann würde er diesen bremsen: Beide gemeinsam müssten langsamer fallen als der große alleine (→ F4). Auf der anderen Seite sind beide Ziegel zusammen schwerer als der große und daher müssten sie eigentlich schneller fallen als der große alleine.

Aber beide Ziegel zusammen können doch nicht gleichzeitig schneller **und** langsamer fallen als der große Ziegel alleine! Das ist ein Widerspruch, oder wie man auch sagt, eine **Paradoxie**. Daher kann die Annahme nicht stimmen. Galilei zog daraus den Schluss, dass alle Gegenstände gleich schnell fallen müssen. Dann löst sich nämlich diese Paradoxie auf.

Galilei ist für die Physik deshalb ein so wichtiger Mann, weil er wesentlich dazu beigetragen hat, dass diese zu einer exakten Naturwissenschaft wurde. Er war der Auffassung, dass alle **Hypothesen** durch **Experimente** überprüfbar sein müssen, das haben wir gerade besprochen. Diese Experimente sollten möglichst einfach sein, damit man ganz spezielle Fragen gezielt untersuchen kann.

Galilei brauchte also ein Experiment, mit dem er den freien Fall ohne Luftwiderstand überprüfen konnte. Und das bringt uns nun zum Schiefen Turm von Pisa. Ließ Galilei dort tatsächlich Kugeln runterfallen? Nein (→ F5)! Aber du wirst immer wieder solche Geschichten über die Entdeckung von Gesetzen hören. Warum? Weil wir Menschen solche Geschichten einfach lieben!

Es wäre völlig sinnlos gewesen, Kugeln vom Schiefen Turm zu werfen, weil es damals keine Uhren gab, die genau genug gewesen wären, um kleine Zeitunterschiede zu messen. Galilei ließ deshalb Kugeln über eine **schiefe Ebene** rollen. Dadurch entsteht praktisch eine **„Fallbewegung in Zeitlupe"** (siehe Abb. 3.18), und der Luftwiderstand spielt keine Rolle. Als Zeitmesser hatte er einen Eimer voll Wasser. Ein kleiner Wasserstrahl wurde mit einem Becher aufgefangen und die Wassermenge dann auf einer genauen Waage gewogen. Galilei hat also sozusagen die Zeit gewogen, und der Spruch von der „verrinnenden Zeit" bekommt hier noch eine zusätzliche Dimension. Man muss sich nur zu helfen wissen!

Von Galilei stammt der Ausspruch: „Alles, was messbar ist, messen, alles was nicht messbar ist, messbar machen." Galilei konnte durch seine Messungen zeigen, dass leichte und schwere Kugeln gleich schnell rollen und bestätigte somit seine eigene Hypothese (und widerlegte damit natürlich die des Aristoteles). Das führte ihn zur Theorie des freien Falls. War das nun wirklich eine Theorie? Ja, weil sie nicht nur einfach so dahingesagt, sondern durch viele Experimente überprüft worden war.

Eine Hypothese wird also dann zur Theorie, wenn sie sich durch wiederholte Experimente erhärten lässt, und sie erweist sich als falsch, wenn auch nur ein einziges Experiment zu anderen Ergebnissen führt. Eine Hypothese wie die des Aristoteles zu widerlegen, nennt man in der Wissenschaft **Falsifizieren**. Davon ist im nächsten Kapitel genauer die Rede.

1.3 Der schwebende Stein

Das Prinzip der Induktion

In diesem Abschnitt geht es darum, wie sicher man sich sein kann, dass eine Theorie richtig ist. Und du lernst die wissenschaftlichen Prinzipien der Verallgemeinerung und des Falsifizierens kennen und wie dadurch die Theorien immer besser und sicherer werden.

F6 ● Was kann man mit einem Experiment machen: Eine Theorie beweisen, belegen oder widerlegen? Mehrere Antworten sind möglich.

F7 ◒ Du stellst die Hypothese auf, dass ein losgelassener Stein immer zu Boden fällt und überprüfst sie, indem du einen Stein 99-mal fallen lässt. Du findest, dass das Beweis genug ist und erhebst deine Hypothese zur Theorie: „Ein losgelassener Stein fällt immer zu Boden!" Kannst du völlig sicher sein, dass deine Theorie stimmt?

Fangen wir einmal mit **F7** an. Die Antwort lautet: Leider nein! Niemand kann **ganz sicher** sein, dass der Stein beim 100sten Mal nicht plötzlich in der Luft schweben bleibt. Warum?
Man kann immer nur eine endliche Anzahl von Experimenten durchführen. Irgendwann muss schließlich einmal Schluss sein. Und dann kommt man an einer Sache nicht vorbei: Man muss verallgemeinern und in diesem Beispiel von 99 Experimenten auf „es ist immer so" schließen. In der Wissenschaft nennt man eine solche Verallgemeinerung **Induktion**. Und sie bereitet das Problem, dass man sich eben niemals zu 100 % sicher sein kann, ob die Theorie dann wirklich stimmt. Darauf hat bereits im 18. Jh. der englische Philosoph David Hume (1711–1776) hingewiesen.

Dass es niemals völlig sicheres Wissen von der Welt geben kann, heißt aber nicht, dass wir gar nichts wissen. Die Sicherheit, dass der Stein auch beim 100sten Versuch zu Boden fällt, ist auf jeden Fall beruhigend groß! Das naturwissenschaftliche Wissen ist das sicherste Wissen der Welt! Aber der springende Punkt ist: Wir können uns **niemals völlig sicher** sein!

Können Experimente Theorien beweisen (→ F6)? Nein, Experimente können Theorien **niemals beweisen!** Warum? Ein Beweis ist 100%ig. Dazu wären aber unendlich viele Experimente an allen Stellen des Universums notwendig. Deswegen sollte man nie von einem experimentellen Beweis, sondern von einem Beleg sprechen. Ein Beleg ist ein guter Hinweis, aber nicht 100%ig.

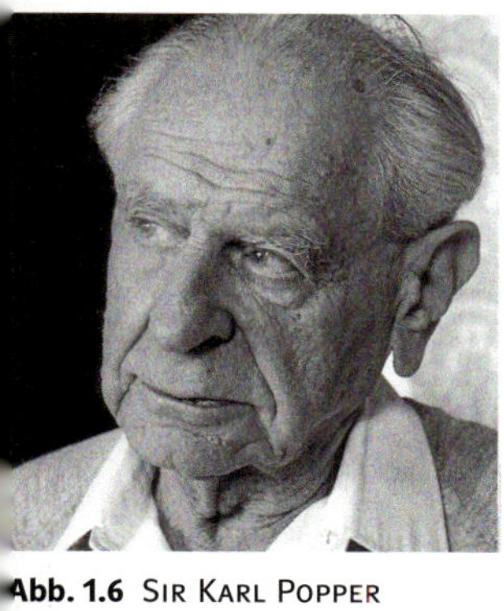
Abb. 1.6 Sir Karl Popper (1902–1994)

Experimente können aber Theorien widerlegen, denn bleibt der Stein tatsächlich einmal schweben, dann wäre die Theorie, dass er immer zu Boden fällt, für immer erledigt. Es ist also ironisch: Experimente können eine Theorie **nicht beweisen**, sondern **nur widerlegen**. Diese Argumentation geht auf den in Wien geborenen Philosophen Sir Karl Popper (Abb. 1.6) zurück.

Auf Popper geht auch noch eine andere, ganz wichtige Auffassung zurück: Eine Hypothese ist nur dann sinnvoll, wenn sie sich überprüfen und somit auch widerlegen lässt. Die Hypothese muss Vorhersagen (Prognosen) erlauben, die sich experimentell überprüfen lassen. Wird die Hypothese widerlegt, dann nennt man das Falsifizieren, also für falsch befinden.

Es hat keinen Sinn, eine Hypothese so schwammig zu halten, dass man sie nicht falsifizieren kann. Die Aussage „Irgendwann gibt es vielleicht irgendwo im Weltall einen Planeten, auf dem der Stein schweben bleibt." ist – weil sie sehr schwammig ist – praktisch nicht zu widerlegen und daher auch wissenschaftlich völlig unbrauchbar. Die Aussage „Morgen um 17:21 wird die Schwerkraft auf der Erde für exakt 5 Sekunden aufgehoben sein und der Stein deshalb schweben bleiben." ist zwar eine etwas seltsame Hypothese, sie lässt sich aber leicht überprüfen, indem wir ein wenig warten.

Widerlegt zu werden, ist keine Schande, sondern ein **Nebeneffekt** aller wissenschaftlichen Arbeit. Dadurch werden falsche Theorien verworfen und momentan richtige genauer, zuverlässiger und vollständiger. Das ist quasi ein „Reinigungseffekt" der Wissenschaften.

1.4 Die Sache mit dem Apfel ...

Newton und die Deduktion

Die Sache mit den Fallgesetzen ist aber noch lange nicht zu Ende. Jetzt kommt einer der genialsten Physiker aller Zeiten ins Spiel: Sir Isaac Newton. Und wir lernen noch ein weiteres wissenschaftliches Prinzip kennen: die Deduktion. Dabei schließt man von einer bereits fertigen, allgemeinen Theorie wieder auf etwas Spezielles zurück.

F8 Angenommen, du besitzt Superkräfte. Du stehst auf dem Mount Everest und wirfst einen Apfel mit enormer Geschwindigkeit ab. Ist es möglich, dass du ihn einmal um die ganze Erde wirfst, wenn wir den Luftwiderstand vernachlässigen?

F9 Wieso fällt ein Apfel vom Baum zu Boden, der Mond aber nicht vom Himmel? Gilt das Gravitationsgesetz nur für den Apfel?

Abb. 1.7 Sir Isaac Newton (1643–1727)

Früher glaubte man, dass **am Himmel** ganz **andere Gesetze** herrschen als auf der Erde. Wie konnte man sonst erklären, dass auf der Erde alles zu Boden fällt, während der Mond unablässig um die Erde kreist? Newton hatte aber eine geniale Idee. Und hier kommt der berühmte Apfel ins Spiel (das ist wieder eine von den gut erfundenen Geschichten).

Newton beobachtete angeblich unter einem Apfelbaum liegend den Mond am Himmel, als ihm besagter Apfel auf den Kopf fiel (→ F9). Er empfand in diesem Augenblick die Bewegung des Mondes als ein **„Fallen um die Erde"** und kam zu dem Schluss, dass die Umlaufbahn des Mondes und der Fall des Apfels auf dieselben Gesetzmäßigkeiten zurückzuführen sind. Diese Erkenntnis hatte er so um das Jahr **1660**.

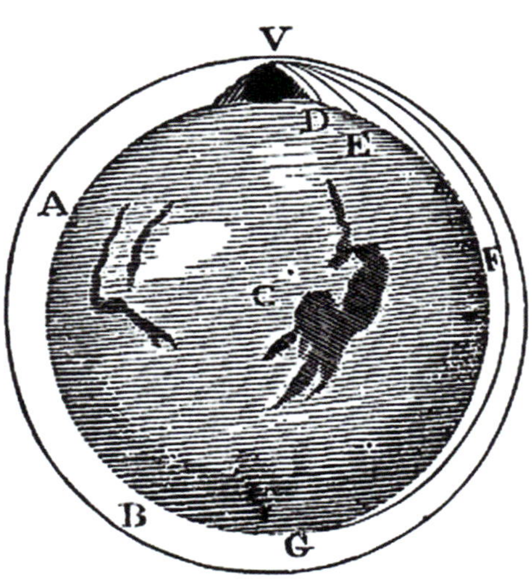

Abb. 1.8 Flugbahnen bei verschiedenen Abwurfgeschwindigkeiten: Es handelt sich hier um eine Originalzeichnung Newtons.

Wie kann man sich das vorstellen? Wenn du auf einem Berg einen Apfel waagerecht immer schneller abwirfst, wird er auch immer weiter um die Erde herum fallen (Abb. 1.8). Bei einer Abwurfgeschwindigkeit von fast **8 km/s** fliegt ein Apfel auf einer Kreisbahn um die Erde (→ F8, der Luftwiderstand wird dabei vernachlässigt). Er befindet sich zwar immer noch im freien Fall, aber seine Flugbahn ist so schwach gekrümmt, dass er parallel zur Erdoberfläche fliegt. Wie nennt man Gegenstände, die sich so bewegen, allgemein? Satelliten! Sie sind, so wie auch der Mond, im Prinzip also eine Art rasender Apfel. Weil sie außerhalb der Atmosphäre fliegen, gibt es dort auch keinen Luftwiderstand, der sie bremsen könnte.

Diese Vereinheitlichung war, im wahrsten Sinn des Wortes, ein genialer Wurf von Newton. Indem er erkannte, dass die Gesetze der Mechanik überall gelten, konnte er die Bahnen des Mondes und der Planeten mit denselben Gesetzen erklären wie auch den „normalen" freien Fall auf der Erde. Dieser freie Fall ist also nichts anderes als eine **spezielle Anwendung** der Gesetze der Mechanik, die Newton selbst vorher aufgestellt hatte.

Galilei überprüfte seine Hypothesen und kam dann durch Induktion zu den Fallgesetzen, er kam also vom Speziellen zum Allgemeinen. Newton kam quasi aus der anderen Richtung. Er konnte den Spezialfall des freien Falls auf der Erde aus den allgemeinen Gesetzen der Mechanik ableiten. Diesen Weg vom Allgemeinen zum Speziellen nennt man **Deduktion**. Dadurch war die Theorie des freien Falles wieder verbessert worden, denn nun konnte man zum Beispiel auch den freien Fall des Mondes berechnen.

1.5 Einsteins Zwillingsbruder

Relativitätstheorie und freier Fall

Unser erster Streifzug durch die Physik ist damit aber noch nicht ganz zu Ende. Ein weiterer Gigant unter den Physikern betritt die Bühne: ALBERT EINSTEIN. Mit ihm kommt die Relativitätstheorie ins Spiel und ein Effekt, der erst im Jahre 2004 experimentell bestätigt werden konnte.

F10 ◒ Nehmen wir einmal an, Einstein hätte einen Zwillingsbruder gehabt. Als beide 20 Jahre alt waren, bestieg der eine ein Raumschiff und machte eine Weltallreise. Er war für seine Begriffe ein paar Jahre mit beinahe Lichtgeschwindigkeit unterwegs. Als er wieder zurückkehrte, war sein Zwillingsbruder Albert bereits ein alter Mann (Abb. 1.9). Diese Geschichte ist erfunden, aber wäre sie im Prinzip möglich?

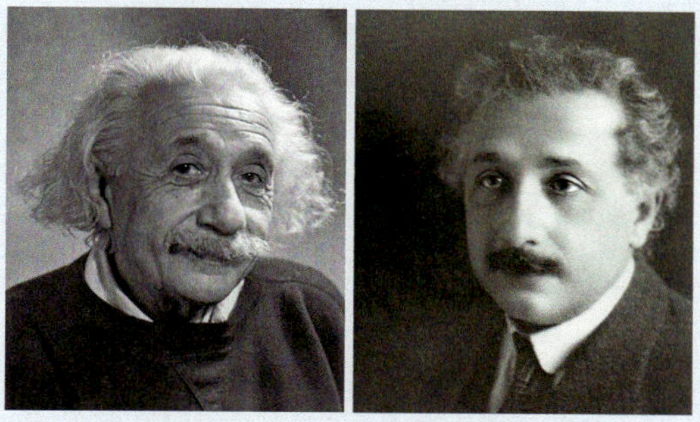

Abb. 1.9 ALBERT EINSTEIN (1879–1955, links) und sein weniger gealterter (fiktiver) Zwillingsbruder

F11 ○ Welche der Satellitenbahnen in Abb. 1.10 sind möglich und welche unmöglich?

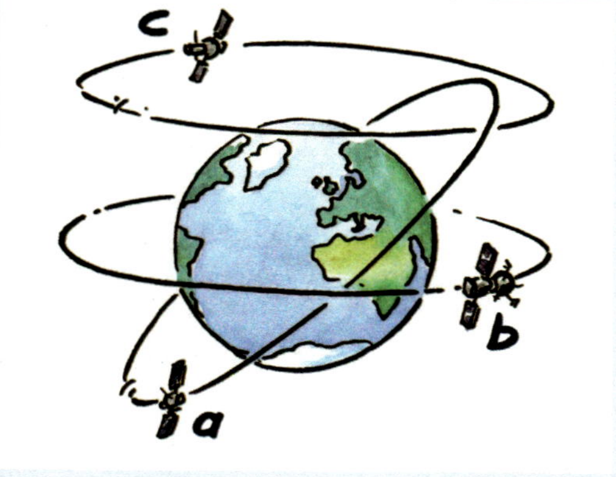

Abb. 1.10 Welche Satellitenbahnen sind möglich?

Die berühmte Relativitätstheorie hat zwei Teile. Der erste wurde **1905** veröffentlicht und wird heute als **spezielle Relativitätstheorie (SRT)** bezeichnet. Der zweite Teil ist aus dem Jahr **1916** und heißt **allgemeine Relativitätstheorie (ART)**. Zugegeben, die Theorien sind ziemlich schwere Kost und werden daher erst später genau besprochen. Wir werden uns hier deshalb nur zwei Details herausgreifen. Das erste führt uns noch einmal zu Popper zurück, und das zweite schließt das Kapitel des freien Falls ab.

Die SRT macht kuriose Voraussagen, unter anderem die, dass die Zeit umso langsamer vergeht, je schneller man sich bewegt! Die Sache mit den Zwillingen könnte also im Prinzip tatsächlich klappen (→ F10). Die Geschichte ist sehr bekannt und wird auch **Zwillingsparadoxon** genannt. Dieser Effekt wurde mit sehr hoher Genauigkeit im Experiment nachgewiesen, allerdings nicht mit Zwillingen, sondern mit zerfallenden Elementarteilchen, den **Myonen**.

Denken wir noch einmal an Popper zurück. Er meinte, dass eine Theorie umso sinnvoller ist, je leichter sie widerlegt, also **falsifiziert** werden kann. Ist die Relativitätstheorie in diesem Sinne eine gute Theorie? Ja, sie ist sogar hervorragend! Sie ist nicht nur in sich völlig schlüssig, sie macht vor allem sehr konkrete und dadurch leicht widerlegbare Aussagen. Hätte man seit 1905 auch nur ein einziges Experiment entdeckt, das nicht mit der Theorie übereinstimmt, so wäre die gesamte Theorie widerlegt. Alle durchgeführten Experimente führten jedoch zu einer grandiosen Bestätigung. Und das bringt uns zur ART und einem Experiment aus dem Jahr 2004.

Abb. 1.11 ALBERT EINSTEIN (1879–1955)

In einer umfangreichen Theorie steckt oft sehr viel, was erst nach und nach entdeckt wird. Zum Beispiel sagt die ART die Möglichkeit von **Schwarzen Löchern** voraus. Diese sind so eine Art kosmischer Staubsauger, deren Anziehungskraft so stark ist, dass nicht einmal das Licht entweichen kann. Daher kommt auch der Name. Tatsächlich wurde die Existenz von Schwarzen Löchern bereits indirekt belegt.

Die ART sagt auch – vereinfacht gesagt – voraus, dass sich der Raum um einen Planeten wie die Erde wie **klebriger Sirup** verhält und mit der **Drehung mitgezogen** wird. Dieser Effekt ist ebenfalls eine Ableitung (also eine Deduktion) aus der ART. Er wurde von den österreichischen Physikern THIRRING und LENSE bereits **1918** vorhergesagt.

Manchmal muss man sehr viel Geduld haben, bis eine Vorhersage tatsächlich auch im Experiment belegt werden kann. Denn in diesem Fall gelang das erst 86 Jahre später, nämlich **2004**.

Erinnere dich: Newton hat festgestellt, dass sich Satelliten im freien Fall um die Erde befinden. Wie können diese Bahnen aussehen? Nehmen wir der Einfachheit halber an, es handle sich um Kreisbahnen (es könnten nämlich auch Ellipsen sein). Der Mittelpunkt dieser Kreisbahnen muss mit dem Massenzentrum der Erde zusammenfallen (→ F11; siehe auch Abb. 1.12). Bahn c in Abb. 1.10 ist also nicht möglich. Außerdem hätte Newton gesagt, dass die Bahnen geschlossen sein müssen, dass also ein Satellit nach einer Umrundung wieder genau an derselben Stelle ist wie zuvor.

Und jetzt kommt Einstein mit seiner ART ins Spiel. Aus dieser lässt sich ableiten, dass der Raum um die Erde durch die Drehung wie Sirup etwas mitgezogen wird. Was bedeutet das für den freien Fall des Satelliten? Dass seine Kreisbahn nicht ganz geschlossen ist! Das sieht dann so aus wie in der Abb. 1.13.

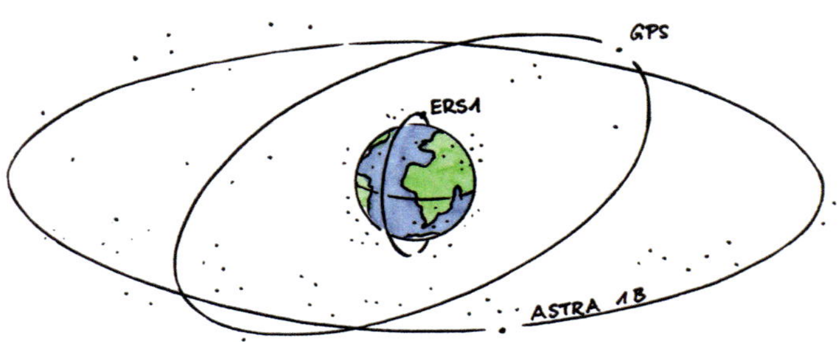

Abb. 1.12 Maßstabsgetreue Darstellung von Satellitenpositionen: Jeder der Punkte stellt einen Satelliten dar. Besonders viele befinden sich in einigen 100 km Entfernung von der Erde (Beispiel: der Radar-Satellit ERS-1). Die **GPS-Satelliten** fliegen in einer Höhe von etwa 20 000 km (eine Bahn ist exemplarisch eingezeichnet), die **geostationären Satelliten** in einer Höhe von 36 000 km (Beispiel: Astra 1B, einer der TV-Satelliten). Alle diese Satelliten kreisen so, dass der Erdmittelpunkt in ihrer Bahnebene liegt (siehe auch Abb. 11.29).

Abb. 1.13 Durch den **Thirring-Lense-Effekt** zieht die rotierende Erde den Raum mit sich herum und die Satellitenbahnen sind dadurch nicht geschlossen.

Dieser Effekt wurde ab dem Jahr 2004 mit Hilfe von zwei Satelliten auf 5 % genau belegt. Die **Abweichungen** sind im Übrigen **winzig**. Sie machen in einem ganzen Jahr nur etwa 1 m aus und werden von vielen anderen Effekten überlagert. Die Messung war also eine technische Meisterleistung.

Die Newton'sche Mechanik sagt diesen Effekt nicht voraus. Die Theorie des freien Falls eines Satelliten um die Erde kann nur mit der ART wirklich exakt berechnet werden. Damit endet die Geschichte des freien Falls, die vier Jahrhunderte v. Chr. begonnen hat – zumindest für den Moment.

ZUSAMMENFASSUNG

Wenn man in der Wissenschaft eine **Hypothese** aufstellt, muss man diese auch durch **Experimente** absichern. Nur dann kann diese zu einer **Theorie** werden. Weil man nur eine endliche Anzahl von Experimenten machen kann, ist der Vorgang der **Induktion** leider nicht zu 100 % sicher. Deshalb können Experimente eine Theorie zwar widerlegen, aber niemals beweisen. Weiter ist eine Theorie nur dann sinnvoll, wenn sie auch **falsifizierbar** ist. Aus einer fertigen Theorie lassen sich wieder Spezialfälle **deduzieren**, etwa der freie Fall aus den allgemeinen Gesetzen der Mechanik.
Dass sich eine **Theorie** als völlig falsch herausstellt, kommt selten vor. Meist wird sie durch neue Erkenntnisse **verbessert** und **genauer**.

2 Die sieben SI-Einheiten

Im ersten Kapitel hast du erfahren, dass das Messen eine wichtige und elementare Rolle in der Physik spielt. Denn nur durch das Messen kann man Hypothesen belegen. Was braucht man aber zum Messen? Größen und Einheiten! Und davon handelt dieses Kapitel.

2.1 Die Entwirrung des Einheitenchaos

Das Internationale Einheitensystem

In diesem Abschnitt geht es um das Chaos, das es früher beim Messen gegeben hat. Jeder verwendete andere Einheiten. Den Franzosen haben wir es zu verdanken, dass es heute geordneter zugeht.

Abb. 2.1 Der Mars Climate Orbiter

F1 ● Im Jahr 1999 verglühte der Mars Climate Orbiter (Abb. 2.1) in der Atmosphäre unseres Nachbarplaneten. Was war der Grund dafür? a) Das Sonnensegel war verklemmt. b) Der Treibstoff war verbraucht. c) Er stieß mit einem Meteorit zusammen. d) Die Ingenieure hatten sich verrechnet.

F2 ◒ Zur Längenmessung werden im angloamerikanischen Raum auch heute noch folgende Einheiten verwendet: Zoll (= Inch), Yard und Fuß. Weißt du, wie viel das in cm oder m wäre? → L

F3 ○ Die Auflösung eines Druckers beträgt zum Beispiel 600 dpi! Weißt du, was damit gemeint ist? → L

F4 ◒ Kannst du dich aus dem Geschichtsunterricht erinnern, welche Einheiten früher einmal in Deutschland verwendet wurden? → L

F5 ○ Ein Dutzend sind 12 Stück. Weißt du, wie man früher 144 Stück bezeichnet hat? → L

F6 ◒ Am Nordwestpfeiler des Freiburger Münsters befindet sich ein waagerechter Schlitz (Abb. 2.2). Welchen Zweck erfüllte dieser früher?

Abb. 2.2 Welchen Zweck erfüllte der Schlitz in der Wand des Freiburger Münsters?

F7 ○ Wiederhole noch einmal, was Galilei über das Messen gesagt haben soll! Warum ist dieses Prinzip für die Physik so wichtig?

Die Geschichte vom **Mars Climate Orbiter** zeigt sehr gut, wie wichtig einheitliche Messsysteme sind. Der Orbiter sollte in etwa 150 km Höhe in eine Umlaufbahn um den Mars einschwenken. Durch eine Schlamperei wurden aber das internationale Einheitensystem, in dem die Länge in Metern gemessen wird, und das veraltete angloamerikanische Einheitensystem, in dem die Länge in Yard und Inch (siehe Kap. 2.3) gemessen wird, parallel verwendet (→ F1). Durch diese Konfusion flog die Sonde viel zu nah an den Mars heran und verglühte in der Atmosphäre – und mit ihr über 100 Millionen Euro!

Erinnere dich, was Galilei über das Messen gesagt hat (→ F7)! „Alles, was messbar ist, messen, alles was nicht messbar ist, messbar machen." Damit die Physiker auf dieser Welt eine „einheitliche Sprache" sprechen, sind zwei **Dinge notwendig**: Erstens müssen die Einheiten exakt sein und zweitens müssen alle dieselben Einheiten verwenden.

Die historischen Einheiten waren oft äußerst unexakt. Ein **Morgen** war ursprünglich die mit einem Ochsen an einem Vormittag pflügbare Fläche, ein **Rieß** die Menge Papier, die ein Esel schleppen konnte, und eine **Elle** die Länge vom Ellbogen bis zur Spitze des Mittelfingers. Ein Glück für kleine Schneider! Später wurden die Einheiten zwar genormt und zum Beispiel die Freiburger Elle am Münster zum Nachmessen angebracht (→ F6; Abb. 2.2), aber damit blieb immer noch das zweite Problem: Überall verwendete man andere Maßeinheiten.

Die Entwirrung des Einheitenchaos wurde in Frankreich eingeleitet. Dort wurde nach der Französischen Revolution um etwa **1800 das Meter** festgelegt (mehr dazu in Kapitel 2.3). Auch die Unterteilung in Zentimeter oder Millimeter stammt aus dieser Zeit. Die ist deswegen praktisch, weil es sich immer um glatte Zehnerpotenzen handelt und man leichter umrechnen kann, was bei Yard (0,91 m) und Inch (2,54 cm; siehe Kap. 2.3) nicht der Fall ist. Das System breitete sich langsam auf die Nachbarländer aus, und **1875** fand die **Meterkonvention** statt, die viele Staaten unterzeichneten. Ein unglaublich wichtiger Schritt, denn dadurch wurde das Messwesen endgültig neu geordnet und vereinheitlicht. Ohne diese Maßnahme wäre die weitere Entwicklung der industrialisierten Welt wahrscheinlich unmöglich gewesen.

Außerdem war die Meterkonvention der Grundstein für die Entwicklung des modernen Internationalen Einheitensystems, das **1960** entstand. Das sogenannte **SI** (Système International d'Unités) wird heute von nahezu allen Staaten der Welt angewendet.
Das Tolle daran: Man kommt mit nur sieben „Bausteinen" aus. Man nennt diese die **Basiseinheiten** (Tab. 2.1), aus denen sich alle anderen Einheiten ableiten lassen. Für uns sind momentan drei Basiseinheiten wichtig: **Meter, Sekunde und Kilogramm**.

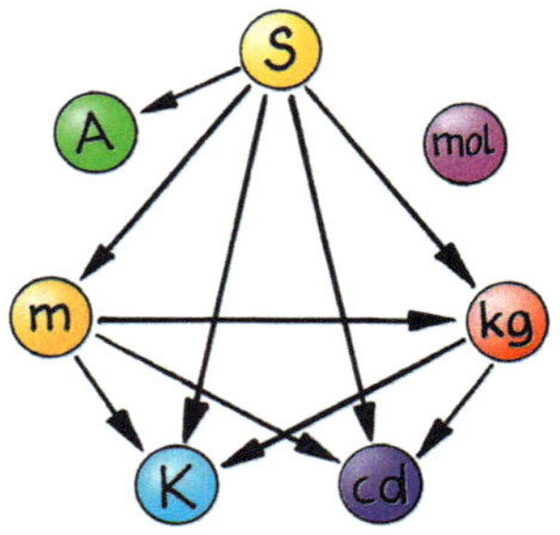

Abb. 2.3 Die Abbildung zeigt, wie die sieben SI-Einheiten zusammenhängen.

Basisgröße und Formelbuchstabe	**Basiseinheit**	**definiert über**
Länge l	m (Meter)	Lichtgeschwindigkeit c
Zeit t	s (Sekunde)	Schwingungsfrequenz von Cs-133
Masse m	kg (Kilogramm)	Planck'sches Wirkungsquantum h
Stoffmenge n	mol (Mol)	Avogadro-Konstante N_A
Temperatur T	K (Kelvin)	Boltzmann-Konstante k
Stromstärke I	A (Ampere)	elektrische Einheitsladung e
Lichtstärke I_v	cd (Candela)	Die Candela ist die Lichtstärke einer Lichtquelle unter ganz genau definierten Bedingungen.

Tab. 2.1 Hier siehst du die 7 Basiseinheiten nach dem SI. Seit 2019 sind alle diese SI-Einheiten über Naturkonstanten definiert (rechte Spalte). Wenn man die Einheiten angibt, dann setzt man die Größe in Klammer. Statt „Die Einheit der Länge ist das Meter" schreibt man also kurz und bündig $[l]$ = m.

2.2 Astronomische Zahlen

Größenordnungen in der Physik

Bevor wir uns mit den Basisgrößen genauer beschäftigen, müssen wir noch darüber sprechen, wie man in der Physik große und kleine Zahlen darstellen kann, ohne dabei vollkommen den Überblick zu verlieren.

F8 ● Wie groß ist die Masse der Erde? Und der Durchmesser eines Atoms? Rate einmal!

F9 ◒ Ist die Masse der Erde eigentlich konstant? Oder ändert sie sich irgendwie mit der Zeit? → L

F10 ◒ Was versteht man beim PC unter Kilo-, Mega-, Giga- und Terabyte? Was sind Tera- und Petaflops? → L

F11 ○ Was meint man, wenn man von einer astronomischen Summe Geld spricht?

F12 ◒ In der Folge „Kennen Sie Tribbles?" aus der Serie „Star Trek" sagt Captain Kirk: „Was halten Sie eigentlich davon, Mrs. Uhura, wenn Sie einmal ein paar Lichtjahre dienstfrei machen?" Was ist dazu aus physikalischer Sicht zu sagen?

In der Physik kommen manchmal **absurd große oder kleine Zahlen** vor. Diese haben dermaßen viele Nullen vor oder hinter dem Komma, dass man leicht den Überblick verlieren kann. Nehmen wir als Beispiel die Masse der Erde (→ F8)! Was hast du geraten? Die Masse der Erde beträgt unfassbare 5 973 600 000 000 000 000 000 000 kg. Und der Durchmesser eines Atoms beträgt etwa 0,000 000 000 1 m. Verdammt viele Nullen!

INFO **Umwandlung in Zehnerpotenzen**

Wie wandelt man eine Zahl in eine Zehnerpotenz um? Anstelle von 100 schreibt man $1 \cdot 10^2$, statt 1000 schreibt man $1 \cdot 10^3$ und so weiter. Die Hochzahl (der Exponent) gibt also an, wie viele Stellen das Komma nach rechts verschoben wird. $1{,}5 \cdot 10^3$ ist zum Beispiel 1500. Diese Schreibweise kann auch bei Zahlen angewendet werden, die kleiner als 1 sind. Ein Zehntel oder 0,1 sind $1 \cdot 10^{-1}$, ein Hundertstel oder 0,01 sind $1 \cdot 10^{-2}$, ein Millionstel oder 0,000 001 sind $1 \cdot 10^{-6}$. Der negative Exponent gibt an, wie viele Stellen das Komma nach links verschoben wird. $1{,}5 \cdot 10^{-3}$ ist zum Beispiel 0,0015.

INFO **Rechnen mit Zehnerpotenzen**

Bei einer Multiplikation werden die Exponenten addiert, z. B.:

$10^5 \cdot 10^2 = 10^{(5+2)} = 10^7$

Bei einer Division werden die Exponenten subtrahiert, z. B.:

$\frac{10^5}{10^2} = 10^{(5-2)} = 10^3$

Wird eine Zehnerpotenz nochmals potenziert, multipliziert man die Exponenten, z. B.:

$(10^2)^3 = 10^{2 \cdot 3} = 10^6$

Zieht man die Wurzel aus einer Potenz, dividiert man die Exponenten, z. B.:

$\sqrt[2]{10^6} = 10^{\frac{6}{2}} = 10^3$

Um den Überblick bei solch extremen Zahlen nicht zu verlieren, hat man beschlossen, diese in **Zehnerpotenzen** zu schreiben. Die Masse der Erde beträgt demnach $5{,}9736 \cdot 10^{24}$ kg oder gerundet $6 \cdot 10^{24}$ kg und der Durchmesser eines Atoms 10^{-10} m. Man kann sich zwar unter dieser Darstellung noch immer nicht wirklich etwas vorstellen, aber du musst zugeben, dass die Schreibweise übersichtlicher ist.

Wenn man zum Beispiel in der Physik oder Chemie eine **Stoffmenge** angibt, dann macht man das in **Mol**. Dieser Begriff ist vom lateinischen „moles" abgeleitet, was man etwas frei mit „gewaltiger Haufen" übersetzen kann. Und das ist eigentlich noch stark untertrieben, denn ein Mol (**Einheit mol**) eines Stoffes hat die unvorstellbare Anzahl von $6 \cdot 10^{23}$ Teilchen (genauer sind es $6{,}022 \cdot 10^{23}$).

Außerdem hat man sich darauf geeinigt, dass einige der Zehnerpotenzen eine bestimmte Vorsilbe bekommen (Tab. 2.2). Du kennst manche von ihnen aus dem Alltag, z. B. **Kilo**meter, **Kilo**gramm und **Milli**meter, oder vom Computer, z. B. **Mega-**, **Giga-** und **Tera**byte. Weil in der Astronomie so große Zahlen vorkommen (denk bloß mal an die Masse der Erde), spricht man auch im Alltag von **astronomischen Zahlen**, wenn man unvorstellbar große Zahlen meint (→ F11). Wer kann sich schon eine Staatsverschuldung der Europäischen Union im Jahr 2018 von insgesamt 10,5 Billionen (= 10 500 Milliarden) Euro vorstellen? Niemand!

Vielfaches der Einheit	Vorsilbe	Abkürzung	Beispiele
10^{12}	Tera	T	8 TB Festplatte (seit 2015 erhältlich)
10^9	**Giga**	**G**	Lichtgeschwindigkeit $3 \cdot 10^8$ m/s = 0,3 Gm/s
10^6	**Mega**	**M**	700 MB CD-Rohling: für 80 min. Spielzeit
10^3	**Kilo**	**k**	Kilometer, Kilogramm
10	Deka	da	wird nur für 10 g = 1 dag benutzt
10^{-1}	Dezi	d	wird z. B. für Dezimeter und Deziliter benutzt
10^{-2}	Centi	c	wird z. B. für cm benutzt
10^{-3}	**Milli**	**m**	z. B. Millimeter
10^{-6}	**Mikro**	**µ**	Blattgold, Bakterie: ca. 1 µm
10^{-9}	**Nano**	**n**	Haarwuchs: 4 nm pro Sekunde
10^{-12}	Pico	p	Der Durchmesser eines Atomkerns ist ca. 0,01 pm

Tab. 2.2 Eine Auswahl von Vorsilben, die in Physik und Alltag vorkommen. Die Tabelle geht in beide Richtungen noch ganz schön weiter, das ist aber nur für Wissenschaftler bedeutsam. Für den Physikunterricht sind vor allem die fett gedruckten Vorsilben wichtig.

Wenn man eine knifflige Berechnung macht (etwa die Eintrittshöhe des Mars Climate Orbiter), dann ist Exaktheit natürlich oberstes Gebot. Du weißt ja, was damals passiert ist! Manchmal will man sich aber bloß einen zahlenmäßigen **Überblick** verschaffen.

Dabei interessiert man sich nur für die Größenordnung, also die Zehnerpotenz, und nicht für die genaue Zahl davor. Dieses Rechnen in Größenordnungen nennt man **Abschätzen**. Man rundet mal ein bisschen auf, mal ein bisschen ab und kann das Ergebnis dann im Kopf berechnen. Lass also den Rechner in der Tasche! Wir wollen nur die **Größenordnung** wissen!

INFO

Andromedanebel

Hier werden wir einmal gemeinsam eine Abschätzung machen, damit du das Prinzip kennenlernst.

Die erste Frage lautet: **Wie viele Sekunden hat ein Jahr?** Gib zuerst einen Tipp ab! Und jetzt die Abschätzung:

1. Schritt: **Wie viele Sekunden hat eine Stunde?**
Eine Minute hat 60 Sekunden und eine Stunde hat 60 Minuten, also $60 \cdot 60\,\text{s} = 3\,600\,\text{s} = 3{,}6 \cdot 10^3\,\text{s}$. Da ist noch nichts gerundet.

2. Schritt: **Wie viele Sekunden hat ein Tag?**
Ein Tag hat 24 Stunden, also $24 \cdot 3{,}6 \cdot 10^3\,\text{s}$! Und hier runden wir einmal ein bisschen auf und rechnen $25 \cdot 4 \cdot 10^3\,\text{s} = 100 \cdot 10^3\,\text{s} = 10^2 \cdot 10^3\,\text{s} = 10^5\,\text{s}$. Ein Tag hat also größenordnungsmäßig 10^5 oder 100 000 s.

3. Schritt: **Wie viele Sekunden hat ein Jahr?**
Ein Jahr hat 365 Tage, macht also $3{,}65 \cdot 10^2 \cdot 10^5\,\text{s}$ oder aufgerundet $4 \cdot 10^7\,\text{s}$. Die Sekunden in einem Jahr liegen also in der Größenordnung von einigen Zehnmillionen Sekunden! Was hast du geraten?

Die zweite Frage lautet: **Welche Strecke legt das Licht in einem Jahr zurück?** Diese Strecke nennt man übrigens ein Lichtjahr (Abkürzung LJ oder ly). Rate wieder zuerst!

Und jetzt die Abschätzung in Größenordnungen: Die Lichtgeschwindigkeit beträgt etwa $3 \cdot 10^8\,\text{m/s}$ (Tab. 2.2). Wir müssen also noch die Geschwindigkeit mit der Zeit multiplizieren.

$$4 \cdot 10^7\,\text{s} \cdot 3 \cdot 10^8\,\frac{\text{m}}{\text{s}} = 12 \cdot 10^{15}\,\text{m} \approx 10^{16}\,\text{m}$$

Abb. 2.4 Der **Andromedanebel**, eine unserer Nachbargalaxien, ist 2,5 Millionen Lichtjahre entfernt.

Das Licht legt also in einem Jahr die unvorstellbare Strecke von etwa $10^{16}\,\text{m}$ zurück. Im Alltag würden wir sagen, das sind 10 Billiarden Meter. Wie du siehst, liegt das sogar außerhalb von Tab. 2.2. Genau gerechnet ist ein Lichtjahr $9{,}46 \cdot 10^{15}\,\text{m}$ Der Gesamtfehler bei unserer Abschätzung ohne Taschenrechner ist nur 6 %, weil wir zweimal aufgerundet und zum Schluss wieder abgerundet haben. So schätzt man eben in Größenordnungen ab.

In der Umgangssprache wird die Einheit Lichtjahr auch gerne fälschlicherweise für lange Zeiten benutzt („… es ist Lichtjahre her, dass …"). Das ist natürlich Quatsch (→ F12). Wie weit ist übrigens ein LJ aus der Sicht des Universums? Gar nicht weit! Der uns nächste Stern, **Proxima Centauri**, ist bereits 4,2 LJ von der Erde entfernt. Und die nächsten großen Galaxien (etwa der majestätische **Andromedanebel**, Abb. 2.4) bereits über zwei Millionen Lichtjahre!

F13 ◒ Schreibe folgende Zahlen als Zehnerpotenzen auf:

a) 3,7 Millionen
b) 52 Milliarden
c) Zweihunderttausend
d) Zwölftausend
e) 2 Millionstel
f) 7 Milliardstel
g) sieben Hundertstel
h) drei Tausendstel
i) 0,000 000 5 m (Wellenlänge des grünen Lichts)
j) 6,37 Mm (Erdradius)
k) 0,37 Gm (Abstand Erde – Mond)
l) 0,3 nm (Durchmesser eines Wassermoleküls)

2.3 Das Maß der Welt
Längenmessung

In diesem Kapitel geht es darum, wie schwierig es war und wie lange es dauerte, bis man auf eine möglichst exakte Definition des Meters kam. Und du erfährst, was man unter einem Naturmaß und einem Kunstmaß versteht.

F14 ○ Miss einmal die Breite deines Daumens ab! Und dann miss von deiner Nasenspitze bis zum Daumen deines waagerecht ausgestreckten Armes (wie in Abb. 2.5)! Wie weit ist das?

F15 ◒ Stell dir einmal vor, es gibt noch kein einheitliches Längenmaß. Gibt es etwas in der Natur, das sich nicht verändert und das es überall gibt, sodass du es für eine Definition einer Längeneinheit verwenden könntest?

F16 ○ Wie ändern sich Gegenstände aus Metall, wenn sie wärmer oder kälter werden? Warum kann das zu Problemen bei der Längenmessung führen? → L

F17 ● Gibt es eine größte und eine kleinste Länge? → L

F18 ○ Was denkst du, wie dick ein Blatt Papier ist? Wie könnte man das einfach abschätzen?

Abb. 2.5 Yard (0,91 m) und Inch (2,54 cm) nach König HEINRICH I

Ein Problem der früheren Längenmessungen war, dass praktisch jeder Herrscher seine eigenen Einheiten hatte. **Yard** und **Inch**, die heute noch in vielen englischsprachigen Ländern verwendet werden (etwa in den USA), sollen zum Beispiel auf den englischen König HEINRICH I. zurückgehen (etwa um **1100 n. Chr.**). Ein Yard war der Abstand von seiner Nasenspitze bis zum Daumen seines ausgestreckten Armes und ein Inch die Breite seines Daumens (→ F14; Abb. 2.5). Was aber machen, wenn gerade kein König zum Nachmessen da ist? Wie groß sind etwa dein Yard und dein Inch?

Um das Problem der individuellen Maße zu umgehen, versuchte man in Frankreich, das Maß der Länge über den **Erdumfang** zu definieren. Der bleibt ja schließlich immer gleich! Die Einheit **Meter** wurde **1793** „geboren". LUDWIG XVI. erließ ein Dekret, in dem diese neue Längeneinheit als der **zehnmillionste Teil** der Strecke vom Nordpol zum Äquator definiert wurde (Abb. 2.6). Ein Viertel des Erdumfangs sind 10^7 m. Das Meter (in der Technik verwendet man tatsächlich den etwas schrägen Artikel „das") wurde daher zum **Naturmaß**. Zur genauen Vermessung wählte man das Teilstück des Meridians aus, das zwischen Barcelona und Dünkirchen durch Paris verläuft.

Die Forscher waren zur Vermessung des Meridians sieben Jahre unterwegs und es wäre unglaublich aufwendig gewesen, diese Messung zu wiederholen! Deshalb wurde **1799** das **Naturmaß** durch ein **Kunstmaß** ersetzt, nämlich einen Maßstab, der ab **1889** aus einer Platin-Iridium-Legierung war. Dieser Urmeterstab wird in Paris aufbewahrt. Die Länge des Meters wurde zwischen den Mittelstrichen an beiden Enden (Abb. 2.7) bei 0 °C mit einer Genauigkeit von 0,01 mm gemessen.

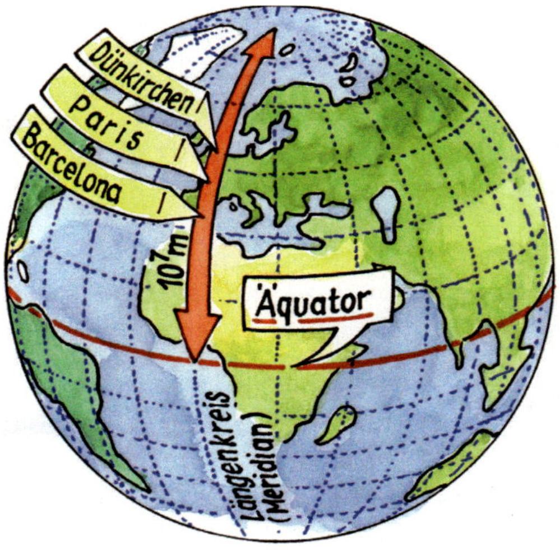

Abb. 2.6 Definition des Meters aus dem Jahr **1793**

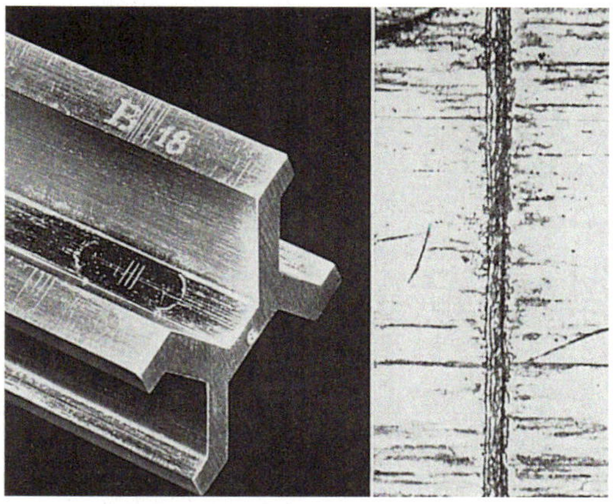

Abb. 2.7 Ein Ende des Urmeterstabs. Die Abmessung erfolgt beim mittleren der drei Striche. In der Vergrößerung sieht man, dass der Strich natürlich etwas „ausgefranst" ist, was Ungenauigkeiten hervorruft.

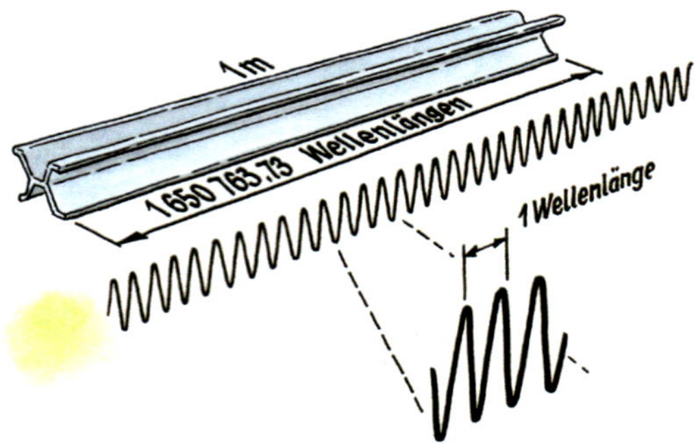

Abb. 2.8 Definition des Meters mit Hilfe der Wellenlänge von Krypton-86 aus dem Jahr **1960**

Mit zunehmendem technischem Fortschritt war aber auch diese Meterfestlegung nicht mehr genau genug. Daher vereinbarte man **1960**, dass ein Meter ein bestimmtes Vielfaches der Wellenlänge des Lichts ist, das von einem **Krypton-86-Atom** ausgesandt wird (genau ist es das 1 650 763,73-fache dieser Wellenlänge; Abb. 2.8). Dabei handelt es sich wieder um ein Naturmaß.

Am genauesten ist die momentan gültige Definition, die aus dem Jahr **1983** stammt. Dabei gibt man die Zeit an, die das Licht benötigt, um die Strecke von einem Meter im Vakuum zurückzulegen. Diese Zeit ist unglaublich kurz, etwa der 300-millionste Teil einer Sekunde (genau ist es 1/299 792 458tel einer Sekunde). Was war der Grund für diese Neudefinition? Die Zeit konnte damals wegen der Atomuhren bereits wesentlich genauer gemessen werden als die Länge.

ANWENDUNG

Messschieber

Das Messen mit Maßband (Genauigkeit etwa 1 cm) und Lineal (Genauigkeit etwa 0,5 mm) ist dir bekannt. Hier geht es um ein Gerät, mit dem man ohne Aufwand noch viel genauer messen kann: der **Messschieber** (auch „Schieblehre", Genauigkeit etwa 0,1 mm).

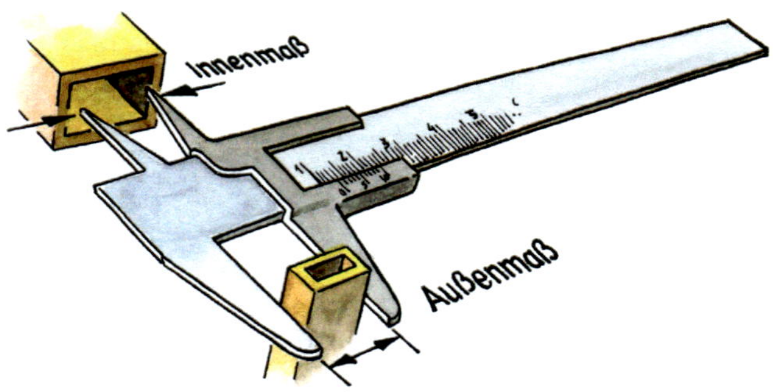

Abb. 2.9 Messschieber

Der Messschieber ist eine Art Lineal mit Zusatzmaßstab, den man **Nonius** nennt. Das Geheimnis des Nonius: Er hat etwas engere Striche als der übliche Zentimetermaßstab, denn die 10 Teilstriche ergeben nur 9 mm. Die Millimeter werden an der oberen Skala abgelesen, die 1/10 mm an der unteren.
Und so geht's: Zuerst schaut man, wo sich der Nullpunkt des unteren Maßstabes auf der Skala des oberen befindet. In Abb. 2.9 ist das zum Beispiel zwischen 0,2 und 0,3. Wir wissen also bereits, dass das vermessene Objekt zwischen 2 und 3 mm dick ist. Und jetzt die 1/10 mm!

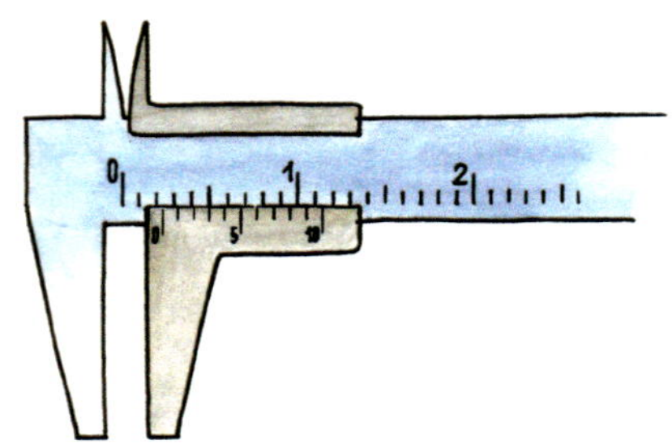

Abb. 2.10 Der Messschieber zeigt eine Länge von 2,3 mm!

Weil die unteren Striche enger beieinander sind, liegen an irgendeiner Stelle die **Striche der beiden Skalen in einer Linie**. Das ist hier bei 3 auf der unteren Skala der Fall. Das gibt also zusätzliche 3/10 mm. Unser Gegenstand ist daher 2 mm und 3/10 mm bzw. 2,3 mm dick!

F19 ○ Lies jetzt selbstständig die angezeigten Längen in Abb. 2.11 ab. → L

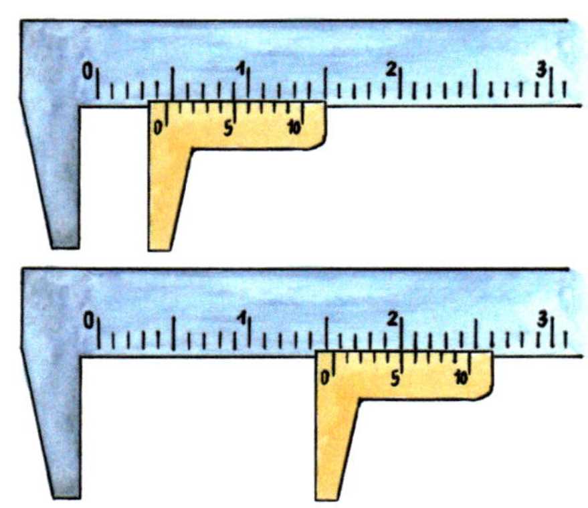

Abb. 2.11 Welche Längen zeigen die Messschieber?

EXPERIMENT

Dicke eines Blatts Papier

Miss nun mit Hilfe eines Messschiebers die **Dicke eines Blatts** aus diesem Buch. Natürlich ist ein einziges Blatt zu dünn für eine genaue Messung. Nimm deshalb möglichst viele Blätter und dividiere nach der Messung. Beachte: 100 Seiten sind z. B. 50 Blatt Papier. Mache mehrere Messungen an verschiedenen Stellen des Buches und bilde dann das arithmetische Mittel. Für eine grobe Schätzung kannst du auch ein Lineal nehmen (→ F18).

2.4 Gezähmte Zeit
Zeitmessung

Was ist Zeit? Warum können wir uns an die Vergangenheit erinnern, aber nicht an die Zukunft? Gab es Zeit bereits vor dem Urknall? Leider wissen wir wenig über das Wesen der Zeit, und die oben gestellten Fragen lassen sich auch nicht befriedigend beantworten. Es ist ironisch: Obwohl uns komplett unklar ist, was Zeit eigentlich ist, können wir sie extrem genau messen.

F20 ◒ Diskutiere mit deinem Nachbarn darüber, was für dich Zeit ist! Wie könnte man sie beschreiben?

F21 ● Seit 1983 kann man die Lichtgeschwindigkeit nicht mehr messen. Klingt komisch, ist aber so! Warum? Es hat mit der Definition des Meters zu tun! → L

F22 ○ Stell dir vor, du lebst vor 10 000 Jahren und willst eine Uhr bauen. Was würde sich zum Messen der Zeit am besten eignen?

F23 ◒ Um wie viel Grad bewegt sich die Sonne in einer Stunde am Himmel? Versuche im Kopf abzuschätzen! → L

F24 ◒ Wie viele Sekunden hat ein Tag genau? Und bleibt diese Anzahl gleich groß, oder haben die Tage unterschiedlich viele Sekunden?

F25 ● Gibt es eine längste und eine kürzeste Zeit? → L

Werfen wir zuerst einmal einen Blick auf die **Geschichte der Zeitmessung**. Die Sonne war das allererste Hilfsmittel, um die Zeit zu bestimmen. Die ersten **Sonnenuhren** sind wahrscheinlich bereits vor einigen tausend Jahren gebaut worden. Man steckte im einfachsten Fall einen Stab in die Erde, und sein Schatten lief im Laufe eines Tages um ihn herum (Abb. 2.12 links oben). Mittag war dann, wenn der Schatten am kürzesten war, also die Sonne am höchsten stand. Besonders verbreitet waren später Ausführungen an Hauswänden (Abb. 2.12 rechts oben). Auch wenn manche Sonnenuhren extrem exakt waren (Abb. 2.12 unten), das Prinzip blieb immer dasselbe: Zeitmessung mit Hilfe der Erddrehung!

Abb. 2.12 Links oben: Eine horizontale Sonnenuhr. Das Dreieck fungiert als Zeiger. Rechts oben: Eine vertikale Sonnenuhr an einer Hauswand. Links unten: Die große Sonnenuhr in Jaipur. Das Prinzip ist ähnlich wie links oben. Die über 30 m hohe Rampe wirft den Schatten allerdings auf eine runde Skala, die in der Vergrößerung im Bild rechts unten zu sehen ist. Die Zeit kann mit einer Genauigkeit von 2 Sekunden abgelesen werden.

INFO Sonnenuhr

Wir bauen nun eine recht einfache **Sonnenuhr**. Wenn sie fertig ist, dann sieht sie so aus:

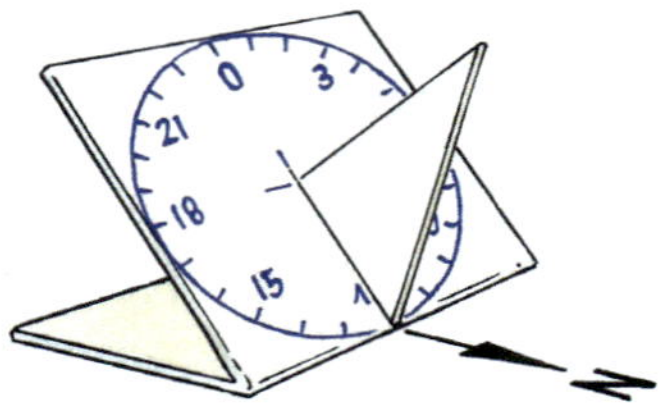

Abb. 2.13 Die fertige Sonnenuhr

Abb. 2.14 (links) Der Schattenwerfer. Der Winkel sollte der geografischen Breite entsprechen. Den Karton 5 cm einschneiden. (Rechts) Auch auf der Scheibe den Karton einschneiden.

Du brauchst dazu eine Scheibe, auf der du die Stunden einträgst. Der Abstand zwischen den einzelnen Stundenstrichen beträgt 15° (→ F22). Damit die Uhr richtig funktioniert, muss der Schattenwerfer parallel zur Erdachse stehen. Das ist dann der Fall, wenn der Winkel α (Abb. 2.14) der **geografischen Breite** deines Wohnortes entspricht. Wenn du diese nicht weißt, dann musst du schätzen oder im Atlas nachsehen. Der südlichste Punkt Deutschlands liegt bei etwa 47°, der nördlichste bei 55°.

Nun musst du Scheibe und Schattenwerfer (Abb. 2.14) nur mehr einschneiden, zusammenstecken und 12 Uhr genau nach Norden ausrichten – und hoffen, dass gerade die Sonne scheint. Wundere dich nicht, wenn die Uhr nicht ganz genau geht. Erstens zeigt sie **deine Ortszeit** an. Auf der Erde gibt es aber **Zeitzonen** (Abb. 2.15). Deutschland liegt mit den grün markierten Ländern in einer Zeitzone. Alle diese Länder haben zur selben Zeit 12 h, egal, ob die Sonne gerade wirklich am höchsten steht oder nicht. Außerdem sind die Tage nicht gleich lang, und Sonnenuhren kennen keine Sommerzeit!

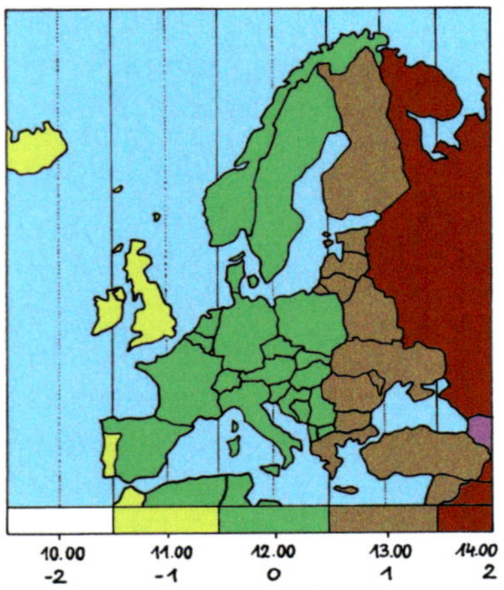

Abb. 2.15 Die Zeitzonen (Zeitunterschiede gegenüber der Mitteleuropäischen Zeit)

Abb. 2.16 Eine alte Räderuhr mit Gewichten

Später versuchte man, von der Sonne unabhängig zu werden und entwickelte Wasseruhren, Kerzenuhren und Sanduhren. Diese hatten aber alle einen großen Nachteil: Man musste auf sie aufpassen, also Wasser nachfüllen, sie umdrehen oder neu anzünden.

Um **1300** wurde eine Erfindung von enormer kulturhistorischer Reichweite gemacht: die Räderuhr (Abb. 2.16). Durch das Absenken des Gewichts bewegten sich die Zeiger. Die **Räderuhr** verbreitete sich rasant über ganz Europa, weil sie ein Symbol für Reichtum und Tatkraft war. Viele Städte beschafften sich deshalb eine Uhr, weil andere auch schon eine hatten. Die Räderuhr war noch ziemlich ungenau, zuerst etwa 1 bis 2 Stunden, später etwa 15 Minuten pro Tag.

Um etwa **1660** gelang es dem Holländer CHRISTIAAN HUYGENS die Zeitmessung wieder entscheidend zu verbessern. Er nutzte Galileis Idee, ein **Pendel** als Taktgeber für Uhren einzusetzen, und konnte die Ganggenauigkeit auf etwa 1 Sekunde pro Tag steigern. Pendeluhren wurden damit zu einer unentbehrlichen Hilfe bei astronomischen Beobachtungen (siehe auch „Schwingungen", Kap. 12.1).

EXPERIMENT Pendel

Bau dir ein einfaches Pendel aus einem dünnen Faden und einem kleinen Gewicht. Das nennt man ein **Fadenpendel**. Führe nun folgende Versuche durch:

F26 ◒ Wovon hängt es ab, wie schnell ein Pendel schwingt? Vom Gewicht? Vom Grad der Auslenkung? Von der Länge? Finde es durch Experimente heraus! → L

F27 ● Versuche ein Fadenpendel zu konstruieren, das für eine halbe Schwingung (Mitte bis Mitte) eine Sekunde braucht (somit für hin und her 2 Sekunden). Verwende dazu eine Stoppuhr. → L

Huygens fand also im Pendel einen sehr genauen Taktgeber für seine Uhren. Es gibt aber noch zwei weitere Meilensteine in der Genauigkeit der Zeitmessung.

1927 wurde die **Quarzuhr** erfunden. Bei ihr ist ein elektromagnetischer Schwingkreis der Taktgeber, der eine Frequenz von knapp 33 000 Schwingungen pro Sekunde hat! Ein Quarz hilft dabei, dass diese Frequenz ganz genau eingehalten wird. Quarzuhren gehen in einem Monat nur etwa 1 Sekunde falsch. Das ist schon verdammt gut! Es gibt aber eine Uhr, die noch mal um Weltklassen genauer geht: die **Atomuhr**! Die erste wurde **1948** gebaut. Heute (Stand 2018) sind die besten dieser Uhren so genau, dass sie in **20 Milliarden Jahren nur um 1 Sekunde** falsch gehen! Sie gehen also länger richtig, als das Universum selbst alt ist (13,8 Milliarden Jahre). Beeindruckend, oder?

Vereinfacht gesagt nutzt man bei diesen Uhren die Eigenschaft von Atomen aus, beim Übergang zwischen zwei Energiezuständen **elektromagnetische Wellen** mit einer ganz bestimmten Frequenz abstrahlen oder aufnehmen zu können. Der Taktgeber sind Mikrowellen oder Lichtwellen, die zumindest einige Milliarden Mal, manchmal sogar einige hundert Billionen Mal pro Sekunde schwingen. Atome wie Cäsium-133 oder Strontium-87 dienen dazu, dass diese vorgegebene Frequenz so genau wie möglich eingehalten wird. Und das führt uns zur Definition der Sekunde.

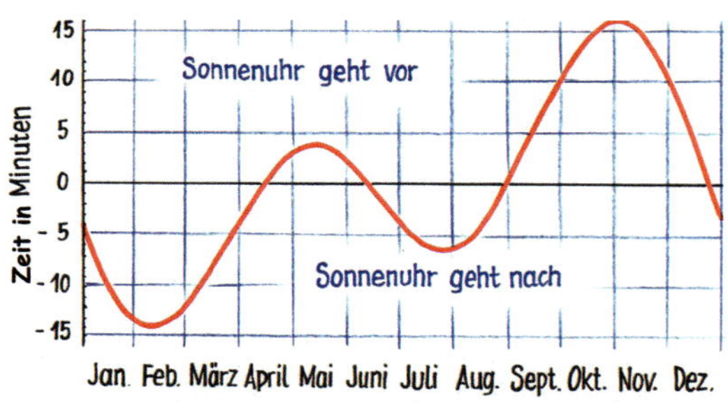

Abb. 2.17 Summe der Gangungenauigkeiten von Sonnenuhren: Diese Ungenauigkeiten machen klar, dass das Ablesen in Sekunden wie in Abb. 2.12 unten reine Spielerei ist.

Ein Tag hat im Prinzip 86 400 Sekunden (→ F 23). So wurde die Sekunde früher auch definiert. Das Problem ist aber: Das ist ein Durchschnittswert, denn der Zeitraum zwischen 2 Sonnenhöchstständen (also von Mittag zu Mittag) schwankt im Laufe eines Jahres um ein paar Sekunden. Das hat damit zu tun, dass die Erde eine Ellipse um die Sonne beschreibt und die Erdachse um 23,5° gegenüber ihrer Bahnebene geneigt ist. So kommt es, dass Sonnenuhren mal nach- und mal vorgehen, im Extremfall bis zu 16 Minuten (Abb. 2.17).

Aus diesem Grunde kam es **1967** zu einer neuen Definition, die unabhängig von der Bewegung der Himmelskörper ist. Seit damals definiert man die SI-Sekunde über die Schwingungen jener Mikrowellen, die von den Cäsium-133-Atomen geschluckt werden. Es genügt, wenn du weißt, dass es über 9 Milliarden Schwingungen pro Sekunde sind (genau sind es 9 192 631 770).

Du hast übrigens auch im Alltag etwas davon. Funkuhren werden über Signale aus Frankfurt am Main mit der supergenauen Zeit einer Atomuhr gesteuert – quasi Atomzeit am Handgelenk! Und auch beim GPS haben Atomuhren, die sich in jedem der rund 30 Satelliten befinden, ihre Finger im Spiel. Aus der Laufzeit der Signale bis zu dir lässt sich deine Position metergenau bestimmen.

2.5 Die Letzte ihrer Art
Massenmessung

Die SI-Einheit der Masse war die letzte Basiseinheit, die nicht über Naturkonstanten definiert war. Erst 2019 wurde das geändert.

F 28 ◒ Du kennst die Bilder von den auf dem Mond wie in Zeitlupe springenden Astronauten. Das kommt daher, weil auf dem Mond a) ihr Gewicht geringer ist, b) ihre Masse geringer ist, c) beides, d) keines von beiden. → L

F 29 ● Welcher Unterschied besteht eigentlich zwischen Masse und Gewicht? Und was genau ist Masse? Wie könnte man sie definieren? Lies nach in Kap. 7.1 und 7.4.

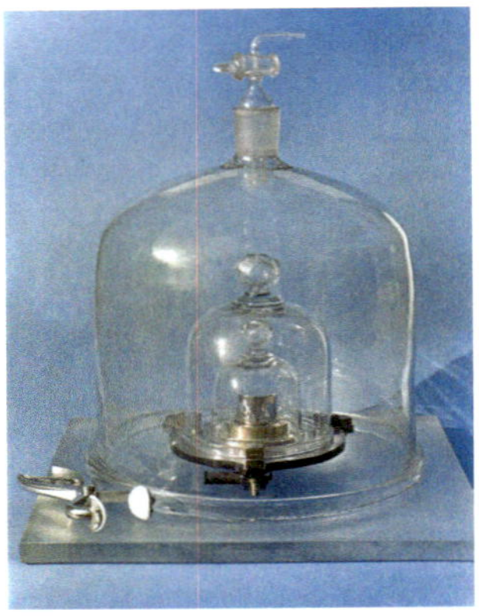

Abb. 2.18 Eine der Kopien des Pariser Urkilogramms mit Glasglocken als Schutz vor Umwelteinflüssen

Die Einheit Kilogramm lässt sich vom Meter ableiten und wurde gemeinsam mit diesem im Zuge der Meterkonvention eingeführt (siehe Kap. 2.1). 1 kg war nach dieser Definition die Masse eines **Kubikdezimeters reinsten Wassers** bei 4 °C. Aber dann fand man, das sei nicht genau genug und schuf neben dem Urmeterstab **1889** auch das **Urkilogramm**, das in einem Tresor in Paris unter drei „Käseglocken" aufbewahrt wird (Abb. 2.18).

Bis zu 84 Duplikate des Urkilogramms waren zeitweise auf der ganzen Welt verteilt. Bei Vergleichsmessungen um 1990 wurde festgestellt, dass das Urkilogramm im Schnitt um 50 μg leichter geworden war als alle Kopien. Es hatte also um den Faktor $5 \cdot 10^{-8}$ an Masse verloren. Niemand wusste warum und die Experten rätselten. Vielleicht wurde es nur zu stark poliert?

Der Verlust mag zwar winzig erscheinen, war aber sehr unangenehm. **Jede Waage**, egal ob im Badezimmer, beim Juwelier oder im Supermarkt, verdankte ihre Anzeige indirekt dem Urkilogramm. Deshalb sollte 1 kg eben ganz exakt 1 kg sein. Und sollte der Pariser Metallzylinder gar mal runterfallen und eine Schramme bekommen wie die deutsche Kopie im Zweiten Weltkrieg, wäre das ein Waagen-GAU. Deshalb wurde ab den 1990ern heftig daran gearbeitet, das Kilogramm – wie auch alle anderen sechs Basiseinheiten – mit Hilfe von Naturkonstanten zu definieren.

INFO

Aliens in Paris

Konstant bedeutet unveränderlich! Eine **Naturkonstante beschreibt eine unveränderliche Eigenschaft der Natur,** zum Beispiel die Lichtgeschwindigkeit. Bis 2019 ließen sich sechs der sieben SI-Einheiten direkt oder indirekt von solchen Naturkonstanten ableiten. Du willst einem Alien mitteilen, wie lang deine Sekunde ist? Kein Problem! Du musst ihm nur sagen, dass sie 9 192 631 770 Schwingungen der elektromagnetischen Welle entspricht, die ein Cäsium-133-Atom schluckt. Damit kann das Alien, ohne die Erde jemals zu besuchen, „deine" Sekunde ganz exakt „nachbauen". Ähnlich ist es mit dem Meter, das über die Lichtgeschwindigkeit definiert ist.

Ein Kilogramm konnten Aliens bis 2019 aber nicht nachbauen! Warum? Dazu hätten sie nach Paris kommen müssen, denn ein Kilogramm war bis zu dieser Zeit per Definition immer noch die Masse des **Urkilogramms** in Paris und nicht durch Naturkonstanten definiert.

INFO

Wettlauf um das neue Kilogramm

Im Wettlauf um den Nachfolger für das Urkilogramm gab es ein regelrechtes Wettrüsten der Methoden mit zwei Favoriten. Erstens gab es das **„elektrische Kilogramm"** („Watt-Waage"). Dabei ermittelt man die Gewichtskraft einer kg-Kopie mit Hilfe eines Elektromagneten. Über Strom und Spannung kann man dann die Leistung (also die Watt) berechnen.
Die zweite Methode, die sich aber wohl nicht durchsetzen wird, ist mit Hilfe einer hochreinen **Siliciumkugel**, in der sich eine ganz bestimmte und möglichst genau abgezählte Anzahl von Atomen befindet (Abb. 2.19). Die Dinger sind gewissermaßen die „rundesten Kugeln" der Welt. Wären sie so groß wie die Erde, dann wären die höchsten Berge bloß ein paar Meter hoch! Die Herstellung ist extrem aufwendig, weil man nur isotopenreines Silicium-28 verwenden darf. Eine Kugel kostet wegen des teuren Rohmaterials rund 1 Million Euro.

Abb. 2.19 Eine solche 1-kg-Silicium-Kugel könnte das Urkilogramm ersetzen.

Aber: Man hat das Kilogramm nun auf Naturmaß zurückgeführt und kann es im Prinzip in jedem Labor der Welt exakt nachbauen.

2.6 Ein Loch von extremer Dichte

Dichte und Dichtemessung

In der Physik kommt man mit sieben Basiseinheiten aus (die drei wichtigsten haben wir schon genauer kennen gelernt). Alle anderen Einheiten lassen sich aus diesen ableiten. Wir greifen exemplarisch ein paar heraus.

F30 ◒ Welche Masse hat eine Korkkugel mit einem Radius von einem Meter? Rate zuerst und schätze dann ab. → L

F31 ○ Versuche möglichst einfach zu begründen, warum du im Wasser untergehst! Warum geht ein Eisberg nicht unter? Und warum geht ein Öltanker nicht unter, obwohl er aus Stahl ist?

F32 ◒ Schätze die Masse der Luft im Physiksaal ab. Verwende dazu Tab. 2.3 → L

Ein einfaches Beispiel für eine **abgeleitete Größe** ist die **Geschwindigkeit**. Sie hat die Einheit m/s (oder km/h, aber das ist keine SI-Einheit). Eine andere abgeleitete Größe ist die **Dichte**. Sie gibt die Masse pro Volumen an und hat daher die SI-Einheit kg/m³.

EXPERIMENT

Dichtemessung

Die Dichte hat in der Physik den griechischen Buchstaben „rho" (ϱ). Sie ist aus den Größen Masse und Volumen quasi zusammengebastelt und ist somit eine abgeleitete Größe.

$$\varrho = \frac{m}{V} = \frac{\text{Masse}}{\text{Volumen}}; \quad [\varrho] = 1\frac{\text{kg}}{\text{m}^3}$$

Bestimme die Dichte einiger Gegenstände. Sie sollten durch und durch aus einem Material sein. Verwende für das Bestimmen des Volumens einen **Messschieber**. Wichtig: Achte darauf, dass du **SI-Einheiten** verwendest, also kg und m. Schätze die Richtigkeit deiner Ergebnisse mit Hilfe der Tabellen Tab. 2.3 und Tab. 2.4 ab.

Generell kann man sagen: Hat ein Körper eine geringere Dichte als ein anderer, dann steigt er im anderen auf (außer es sind beides Festkörper). Auf Wasser schwimmen daher Kork, Holz, Öl oder Eis (Tab. 2.3 und Tab. 2.4). Wenn der **Mensch** eingeatmet hat, geht er nicht unter, weil seine Dichte dann geringer ist als die von Wasser (→ F30). Ähnlich ist das mit einem Frachtschiff: Es ist zwar aus Stahl, aber drinnen ist viel Luft und im Schnitt ist die Dichte geringer als die von Wasser. Helium steigt in Luft auf und eignet sich daher für Ballons. Kohlenstoffdioxid sinkt zu Boden und kann in einem geschlossenen Raum tödlich sein. Im **Toten Meer** ist das Wasser aufgrund des extremen Salzgehalts so dicht, dass man dort niemals untergehen kann (Abb. 2.20).

Abb. 2.20 Schwimmen im Toten Meer

Stoff	ungefähre Dichte in kg/m³
Wasserstoff (Element mit der geringsten Dichte)	0,09
Helium	0,18
Luft, 20 °C, Normaldruck	1,20
Kohlenstoffdioxid	1,98
Olivenöl	910
Eis 0 °C	917
Mensch, eingeatmet	940 – 990
Wasser, 4 °C	1000
Mensch, ausgeatmet	1010 – 1100
Meerwasser normal	1025
Totes Meer	1170
Quecksilber	13 546

Tab. 2.3 Beispiele für Dichten verschiedener Flüssigkeiten und Gase

Stoff	ungefähre Dichte in kg/m³
Styropor	20 – 60
Kork	120 – 550
Holz	450 – 900
Aluminium	2700
Eisen	7860
Kupfer	8920
Blei	11 340
Gold	19 320
Osmium (Element mit der höchsten Dichte)	22 590
Erde als Schwarzes Loch	10^{30}

Tab. 2.4 Beispiel für Dichten verschiedener Festkörper. Naturstoffe und Stoffe mit Hohlräumen haben je nach Beschaffenheit ziemlich schwankende Dichten. Die Dichte von Schwarzen Löchern hängt von der Größe ab: Je kleiner, desto dichter.

Bei großem Volumen versagt unsere Intuition, dann läppert sich die Masse auch bei geringer Dichte ganz schön zusammen. Denn hättest du gedacht, dass eine Korkkugel mit 1 m Radius eine Masse von weit über 1 000 kg hat (→ F 29)? Die größte Dichte im gesamten Universum haben übrigens **Schwarze Löcher**. Das sind wirklich faszinierende Objekte.

INFO

Schwarze Löcher

Ein **Schwarzes Loch** entsteht, wenn ein massenreicher Stern von mehr als acht Sonnenmassen ausbrennt und in sich zusammenstürzt. Seine Dichte wird dann so unglaublich groß, dass nicht einmal Licht entweichen kann, daher auch der Name. Die Erde wird zwar niemals in sich zusammenstürzen, aber nehmen wir mal an, jemand presst sie auf ein Schwarzes Loch zusammen, dann hätte sie nur mehr einen Radius von 9 mm (Abb. 2.21). Daraus kann man eine Dichte von mindestens $10^{30}\,kg/m^3$ abschätzen. Unvorstellbar! Schwarze Löcher sind die dichtesten **Objekte im Universum** und sie stecken nach wie vor voller Rätsel.

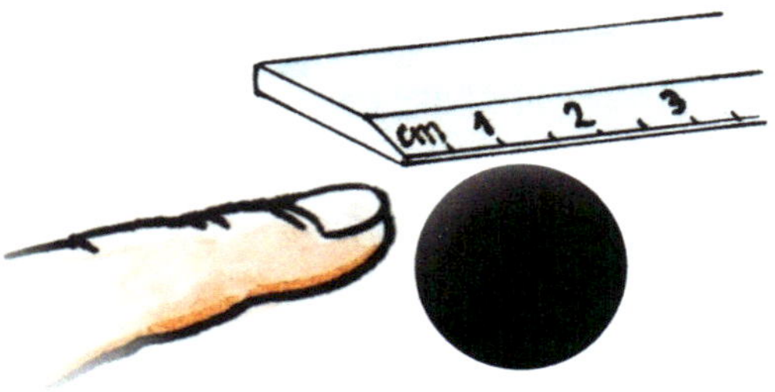

Abb. 2.21 Originalgröße der Erde, wenn sie ein Schwarzes Loch wäre – was sie zu unserem Glück niemals sein kann!

Wie schwer war es wohl vor etwa 150 Jahren, als im Zuge der Meterkonvention von Elle und Zoll auf das metrische System umgestellt wurde? Eine Ahnung davon kannst du bekommen, wenn du weißt, dass die Einheiten **Kalorie** (cal) und **Pferdestarke** (PS) seit **1978** in Deutschland eigentlich nicht mehr verwendet werden sollten. Die neuen SI-Einheiten, die sie ersetzten, sind **Joule** (J) und **Watt** (W). Während nach wie vor der Nährwert auf Lebensmitteln auch in Kalorien angegeben ist, ist zumindest seit einiger Zeit das PS aus den Zulassungsscheinen für Autos verschwunden.

Abb. 2.22 Der Bugatti Veyron Super Sport hat 883 kW oder 1 200 PS. Weil die PS-Zahl beeindruckender ist, hat sie sich bis heute in Autozeitschriften gehalten.

Wie werden die alten Einheiten in die neuen umgerechnet? **1 Kalorie sind rund 4,2 Joule und 1 PS rund 736 Watt** oder, wie man bei der Leistung von Autos oft liest, 0,736 Kilowatt.

INFO

Ein Würfel aus Zeit

Alle SI-Einheiten lassen sich durch eine Kombination der sieben Basiseinheiten ausdrücken. 1 Joule ist $1\,kg \cdot m^2/s^2$ und 1 Watt ist $1\,kg \cdot m^2/s^3$. Und daraus lernst du etwas Wichtiges: Oft kann man sich von Einheiten kein Bild machen. Denn was soll man sich unter einer Quadrat- oder gar unter einer Kubiksekunde vorstellen? Ein Quadrat oder einen Würfel aus Zeit?

ZUSAMMENFASSUNG

Damit die Physiker auf dieser Welt eine einheitliche Sprache sprechen, müssen alle dieselben und exakt definierten Einheiten verwenden. Erst seit 1960 gibt es das SI-System, das mit nur sieben Basiseinheiten auskommt (etwa kg, m oder s). Alle anderen Einheiten sind daraus abgeleitet. Seit 2019 werden alle Basiseinheiten mit Hilfe von Naturmaßen („Naturkonstanten") beschrieben. Außerdem gibt man in der Physik die Zahlen in Zehnerpotenzen an und einige davon haben bestimmte Vorsilben.

3 Tooltime

Das ist ein Aufwärmkapitel zur Mechanik, in dem du einige Tools (also Werkzeuge) kennenlernst, mit deren Hilfe du physikalische Probleme lösen kannst. Du lernst einige Fachbegriffe kennen und auch, dass man in der Physik Begriffe oft anders verwendet als im Alltag, vor allem aber exakter. Und das ist leider manchmal etwas verwirrend.

3.1 Was misst ein Tacho?

Vektor und Skalar

In diesem Abschnitt lernst du Vektoren und Skalare kennen. Besonders ausführlich werden wir uns mit dem Geschwindigkeitsvektor beschäftigen.

F1 ◒ Was haben folgende Größen gemeinsam: Masse, Mol, Dichte und Energie? Und diese: Gewicht, Kraft, Geschwindigkeit und Beschleunigung?

F2 ● Welche physikalische Größe zeigt eigentlich ein Tachometer an?

F3 ◒ Wie nennt man eine Geschwindigkeitsänderung in der Physik ganz allgemein?

F4 ● Du fährst mit konstant 80 km/h durch eine Kurve. Ändert sich dabei die Geschwindigkeit?

F5 ○ Was kannst du spüren, wenn du im Auto oder auf der Achterbahn eine scharfe Kurve fährst (Abb. 3.1)? Was ist der Grund dafür?

Abb. 3.1 Nicht nur die Liebe, auch die Achterbahn geht durch den Magen. Aber warum eigentlich?

F6 ● Es gibt eine Beschleunigung, bei der man gleich schnell bleibt. Kannst du dir vorstellen, was damit gemeint ist?

Masse, Mol, Dichte und Energie haben eines gemeinsam (→ **F1**): Man kann sie mit nur **einer Zahl** beschreiben (verwechsle nicht Zahl und Ziffer!). Das bereits aus der Mode gekommene Urkilogramm hat klarerweise 1 kg und ein Mol hat $6 \cdot 10^{23}$ Teilchen. Größen, die man mit nur einer Zahl beschreiben kann, nennt man Skalare. Sie haben keine Richtung. Der Ausdruck Skalar ist im Alltag nicht gebräuchlich, sondern nur in der Physik und Mathematik. Bekannt ist dir aber der Begriff Skala, eine aus Strichen und Zahlen bestehende Maßeinteilung, die sich etwa auf einem Lineal oder Messbecher befindet. Beide Ausdrücke sind vom lateinischen Wort scala abgeleitet, was so viel wie „Leiter" oder „Treppe" bedeutet.

Gewicht, Kraft, Geschwindigkeit und Beschleunigung haben auch eines gemeinsam: Sie haben nämlich eine **Richtung**. Es macht ja einen großen Unterschied, ob dich dein Gewicht auf den Boden drückt oder an die Decke. Dein Gewicht zeigt immer in Richtung Erdmitte. Daran siehst du schon einen großen Unterschied zur Masse, die leider immer mit Gewicht verwechselt wird: Die Masse hat keine Richtung (siehe Kap. 7.4.1)!

Auch bei der Geschwindigkeit spielt die Richtung eine Rolle. Wenn du von Berlin aus nach Westen willst, musst du über die Bundesautobahn A2. Größen mit Richtung nennt man Vektoren. Zu ihrer Beschreibung braucht man mehrere Zahlen. Grafisch werden sie als Pfeile dargestellt. Der Begriff Vektor leitet sich vom lateinischen Wort vector ab und bedeutet dort so viel wie „Träger" oder „Fahrer". Zum Beispiel gibt ein Geschwindigkeitsvektor an, wohin ein Ding „getragen" wird.

INFO **Vektoren**

In der Physik kommen meistens **zwei- oder dreidimensionale Vektoren** vor. In diesem Buch werden Vektoren mit einem Pfeil über dem Größensymbol geschrieben. Die Kraft ist also zum Beispiel so dargestellt: $\vec{F}$. Es gibt Spalten- und Zeilenform – Geschmackssache. Die Kraft $\vec{F}$ in drei Dimensionen kann man so darstellen:

$$\vec{F} = \begin{pmatrix} F_x \\ F_y \\ F_z \end{pmatrix} \text{ oder } \vec{F} = (F_x \mid F_y \mid F_z)$$

Eine solche Darstellungsform nennt man übrigens **Matrix** (bitte deutsch aussprechen). Damit meint man allgemein tabellenartig angeschriebene Zahlen. Die Vektoren oben nennt man 3x1- bzw. 1x3-Matrizen. Die Matrix im gleichnamigen Film ist „seeeehr" kompliziert und noch dazu in 3D (siehe Abb. 3.2).

Für unsere Abschätzungen und Berechnungen ist meist die Länge der Vektoren wichtig, also der **Betrag**. Man berechnet ihn mit Hilfe des Satzes von Pythagoras:

$$|\vec{F}| = \sqrt{F_x^2 + F_y^2 + F_z^2}$$

Wichtig: **Der Betrag eines Vektors ist ein Skalar** und hat dann natürlich keine Richtung mehr! Man kann es auch so schreiben:

$$|\vec{F}| = F$$

Abb. 3.2 Hollywoodversion einer (bzw. „der") Matrix

Sind Kraft oder Geschwindigkeit Vektoren? Nein, sie können so **dargestellt** werden, das ist ein Unterschied! Wir wissen nicht, was die Kraft wirklich ist, aber wir können sie als Vektor darstellen. Die Formulierungen „Kraft ist ein Vektor" und „Kraft kann als Vektor dargestellt werden" sind zwar nicht ganz gleich, werden aber oft gleich verwendet, weil es die Sprache einfacher macht. Auch in diesem Buch ist das so.

Nehmen wir mal zwei praktische Beispiele zu Vektoren. In Abb. 3.3 siehst du die **Geschwindigkeitsvektoren** von zwei Autos auf der Bundesautobahn A2. Die Vektoren geben Richtung und Größe der Geschwindigkeiten an. Je höher die Geschwindigkeit, desto länger der Vektor. Frau Mayer bolzt mit ihrem neuen Sportwagen mit 200 km/h (das ist natürlich viel zu schnell) auf der Strecke von Dortmund nach Hannover. Dort führt die Autobahn nach Nordosten. Herr Müller kommt aus Berlin und fährt mit 100 km/h an Magdeburg vorbei. Dort führt die Autobahn in Richtung Westen.

Abb. 3.3 Beispiel für zwei zweidimensionale Geschwindigkeitsvektoren

In Abb. 3.4 siehst du die Gewichtskraft, mit der Herr Müller und Frau Mayer von der Erde angezogen werden. Der gewichtige Herr Müller befindet sich am Nordpol, die schlanke Frau Mayer am Südpol. Die Einheit der Kraft ist das **Newton (N)**, aber dazu kommen wir noch später (Kap. 7.3).

Abb. 3.4 Beispiel für zwei dreidimensionale Kraftvektoren

Wann sind zwei **Skalare** gleich? Wenn beide Zahlenwerte gleich groß sind! Also 1 kg ist logischerweise 1 kg. Wann sind zwei **Vektoren** gleich? Wenn sie in allen ihren Zahlen übereinstimmen. Wie sieht das grafisch aus? Zwei Vektoren sind dann gleich groß, wenn du sie durch Verschieben zur Deckung bringen kannst. Wichtig: nur schieben, nicht drehen! Nur dann bleiben nämlich alle Koordinaten des Vektors gleich. In Abb. 3.5 ist das nur bei a der Fall. Bei b und e sind die Vektoren zwar gleich lang (haben also den gleichen Betrag), aber es handelt sich trotzdem um verschiedene Vektoren.

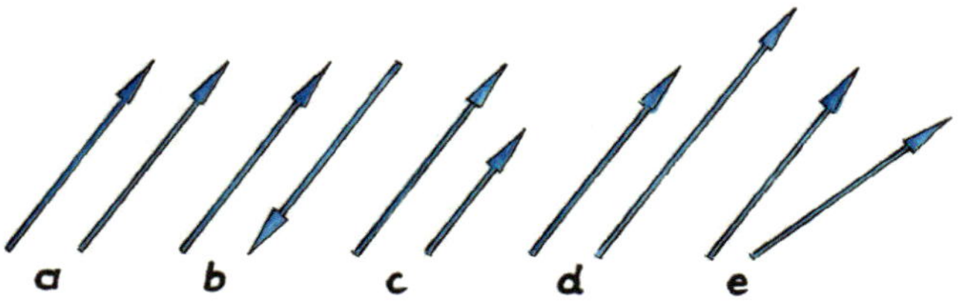

Abb. 3.5 Nur bei a sind die Vektoren gleich! Fall a nennt man **parallel**, Fall b **antiparallel**.

INFO

Pfeilvergleich

Der Betrag eines Vektors ist ein Skalar. In der Abb. 3.6 siehst du 4 Vektoren mit gleichem Betrag, nämlich 5. Warum? Weil

$\sqrt{3^2 + 4^2} = \sqrt{9 + 16} = \sqrt{25} = 5$

ist. Alle Vektoren haben zwar die gleiche Länge, aber nur die Vektoren a und b sind gleich. Sie haben die Koordinaten (3|4). c hat die Koordinaten (0|5) und d (3|4). Zwei Vektoren sind nur dann gleich, wenn sie in **allen Merkmalen** übereinstimmen. Dann kannst du sie durch reines Verschieben zur Deckung bringen.

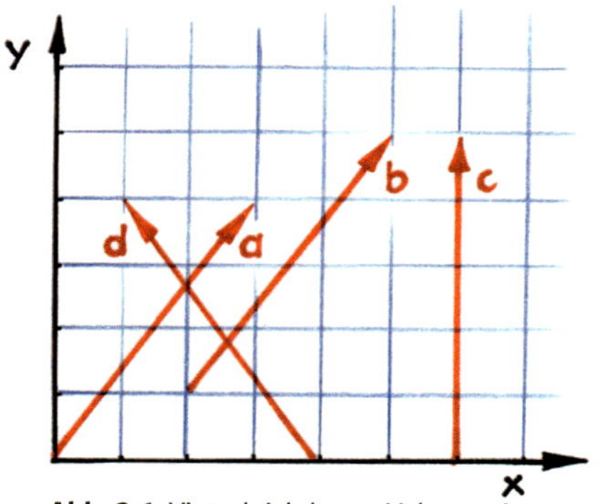

Abb. 3.6 Vier gleich lange Vektoren!

Was zeigt ein **Tachometer** an (→ F2)? Die Geschwindigkeit? Die Antwort ist verblüffenderweise: Nein! Er zeigt ja nicht an, in welche Richtung ein Auto fährt. Der Tachometer zeigt dir den Betrag der Geschwindigkeit an, und das ist etwas anderes. Denn der Betrag der Geschwindigkeit, den man auch Tempo oder Schnelligkeit nennt, ist ein Skalar. Du wirst dir vielleicht denken, dass das eine Spitzfindigkeit ist. Aber warte mal ab!

INFO

Fachchinesisch

In der Physik kommen viele Fachwörter vor, die du aus dem Alltag nicht kennst. **Skalar** ist so eines. Es kommen aber auch Wörter aus dem Alltag vor, die in der Physik eine andere Bedeutung haben. Das ist schwierig, weil es dadurch zu Missverständnissen kommen kann.

In diesem Abschnitt kommt das Wort **Beschleunigung** vor. Im Alltag meint man damit, dass etwas schneller wird. In der Physik meint man damit aber **jede Änderung der Geschwindigkeit** (→ F3), also auch Kurvenfahrten oder Abbremsen (das wäre eine negative Beschleunigung). Denn denk daran: Die Geschwindigkeit ist ein Vektor. Die Kurvenfahrt ist daher eine Beschleunigung, bei der man jedoch nicht schneller wird (→ F6)!

Fassen wir also einmal zusammen: Jede Änderung der Geschwindigkeit nennt man in der Physik eine Beschleunigung. Der Vektor, der die Geschwindigkeit anzeigt, kann länger werden (das entspricht Fall c in Abb. 3.5), er kann kürzer werden (d) oder er kann sich drehen (e). In allen drei Fällen liegt eine Beschleunigung vor. Im dritten Fall ist das wahrscheinlich ein bisschen überraschend. Und das bringt uns zu F4.

Abb. 3.7 Der Fahrer fährt durch die Kurve, ohne vom Gas zu gehen. Trotzdem ändert sich die Geschwindigkeit, weil sich der Geschwindigkeitsvektor dreht! Diese Beschleunigung kann der Fahrer spüren.

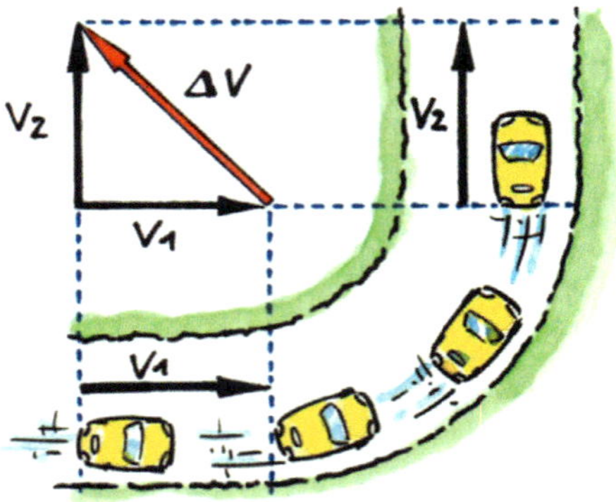

Wenn du mit 80 km/h durch eine Kurve fährst, dann ändert sich die Geschwindigkeit, weil sich die Richtung des Geschwindigkeitsvektors ändert (Abb. 3.7). Es widerspricht der Intuition, dass der Tacho immer das Gleiche anzeigt, aber du trotzdem beschleunigt wirst. Jede Geschwindigkeitsänderung kannst du aber als **Beschleunigung** spüren. Im Fall einer Kurve tritt eine Zentripetalbeschleunigung auf (siehe Kap. 10.6; → F5). Aufgrund der Trägheit (siehe Kap. 7.2) drückt es dich scheinbar nach außen.

Du siehst also: Wäre die Geschwindigkeit ein Skalar, dann würde in der Kurve **keine** Beschleunigung auftreten, und dann könntest du beliebig schnell durch Kurven fahren, ohne von der Straße abzukommen. Und Achterbahnfahren würde dann auch keinen Spaß machen.

Zum Schluss noch eine wichtige, nichtphysikalische Frage: Ist die Intelligenz eines Menschen besser mit einem Vektor oder einem Skalar zu beschreiben? Nun, der **Intelligenzquotient** (IQ) ist auf jeden Fall ein Skalar, er hat ja keine Richtung. Zwei Menschen mit IQ 120 sollten demnach dieselbe Intelligenz haben. Aber Intelligenz kann man in Wirklichkeit nur mit einem sehr komplizierten Vektor beschreiben. Denk dran, wie unterschiedlich begabt zwei Menschen mit einem IQ von 120 sein können! Und wie ist das mit den Schulnoten? Vektor oder Skalar? Dadurch gerecht oder eher ungerecht? Überlege!

ZUSAMMENFASSUNG

Skalare haben keine Richtung und werden mit nur einer Zahl beschrieben (z. B. die Masse). Vektoren haben eine Richtung und werden mit mindestens 2 Zahlen beschrieben (z. B. die Kraft). Die Unterscheidung zwischen Vektor und Skalar ist wichtig. Wir werden bei unseren späteren Berechnungen meistens mit dem Betrag des Vektors auskommen. In manchen Fällen ist es aber wichtig, auch die Richtung zu kennen.

3.2 Wolkenbruch und Fahrradboten

Einfache Vektoroperationen

In diesem Abschnitt geht es um einfache Vektoroperationen. Viele Probleme lassen sich grafisch lösen. Und wir werden ein paar wichtige Dinge aus späteren Kapiteln bereits vorwegnehmen.

F7 ● Du fährst mit dem Bus mit 1 m/s gemächlich von der Schule nach Hause und gehst mit 0,5 m/s im Bus nach hinten. Du schiebst dir das Mittags-Baguette mit 0,05 m/s (5 cm/s) in den Mund (du bist sehr hungrig). Auf dem Baguette läuft eine Ameise mit 0,1 m/s (10 cm/s) um ihr Leben. Wie schnell ist die Ameise relativ zur Straße?

Abb. 3.8

F8 ● Welchen Weg legt ein Stück Zucker zurück, das du in einem 900 km/h schnellen Flugzeug aus 10 cm Höhe in die Tasse fallen lässt?

F9 ● Ein Zeitungsbote fährt mit seinem Rad mit 10 m/s und wirft die Zeitung mit ebenfalls 10 m/s quer zur Fahrtrichtung. Wie schnell fliegt die Zeitung relativ zum Boden und wo muss er sie wegwerfen, damit er genau die Tür trifft?

F10 ● Wolkenbruch! Die Tropfen fallen senkrecht mit 8 m/s zu Boden und du beginnst mit 6 m/s zu laufen. Wie fällt dann aus deiner Sicht der Regen zu Boden? Wie musst du den Schirm halten?

Wie werden Vektoren addiert? Du kannst einen Vektor beliebig verschieben, ohne dass sich seine Koordinaten verändern. Du schiebst also einfach an das Ende des ersten Vektors den Anfang des zweiten. Der Summenvektor zeigt dann vom Anfang des ersten Vektors zum Ende des zweiten (Abb. 3.9).

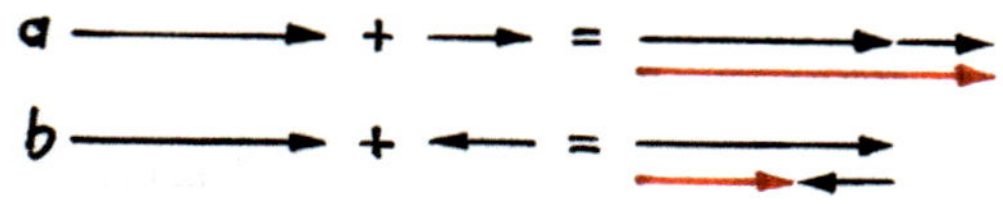

Abb. 3.9 Grafische Addition von parallelen und antiparallelen Vektoren. Der Summenvektor ist rot dargestellt.

Lösen wir F7 grafisch auf (Abb. 3.10). Hier überlagern sich vier Geschwindigkeiten. Zur besseren Übersicht sind die Vektoren untereinander gezeichnet! Die Ameise bewegt sich mit 0,45 m/s **relativ zum Boden**.

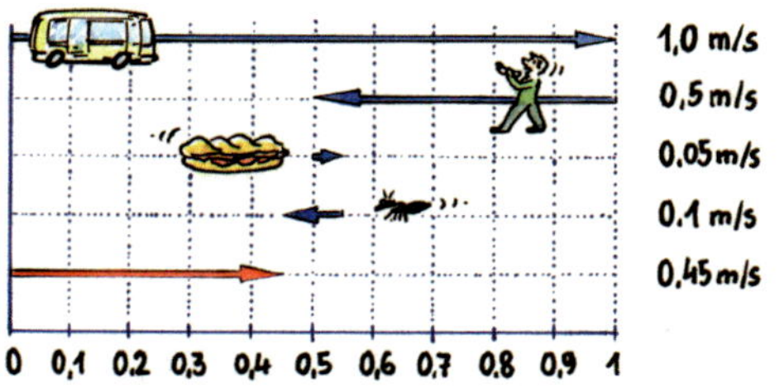

Abb. 3.10 Grafische Lösung zu → F7

Das führt zu einer interessanten Schlussfolgerung: Die beobachtete Geschwindigkeit hängt davon ab, von wo aus sie gemessen wird. Es gibt gewissermaßen „verschiedene Wirklichkeiten".

INFO

Bezugssysteme

Zur Angabe von Bewegungen braucht man **Bezugssysteme**, also einen Anhaltspunkt, zu dem man die **Bewegungen relativ misst**. Normalerweise ist dieses die gesamte Erde. Wenn du sagst, „ich fahre mit 10 m/s", dann meinst du eigentlich „mit 10 m/s relativ zum Boden".

Abb. 3.11 Fall des Zuckerstücks aus deiner Sicht (a) und eines Beobachters am Boden (b)

Die Ameise in F7 bewegt sich (relativ zur Straße) mit 0,45 m/s. Zum Baguette bewegt sie sich aber mit −0,1 m/s, zu deinem Mund mit −0,05 m/s und zum Bus mit 0,55 m/s. Alle diese Angaben sind möglich und richtig. Du siehst also, wie wichtig es ist, das **Bezugssystem** dazu zu sagen, sollte es einmal nicht die Erde sein (siehe dazu auch Abb. 3.13 und Abb. 3.14)!

Wenn du im Flugzeug aus 10 cm Höhe ein Stück Zucker in den Tee fallen lässt (→ F8), dann legt es für einen Beobachter auf der Erde dabei **35 m in horizontaler Richtung** zurück (Abb. 3.11 b). Weil alles gleich schnell fliegt, funktioniert für dich im Flugzeug aber alles „normal" (a). Für dich ist es sinnvoller, als Bezugssystem das **Flugzeug** zu nehmen.

In F7 waren die Vektoren alle parallel, das Problem also **eindimensional** (wie auch in Abb. 3.9). So richtig Biss bekommt die Methode erst, wenn du dich in mindestens zwei Dimensionen begibst. Das Prinzip bleibt aber immer das gleiche: Vektoren aneinanderlegen!

Stell dir mal vor, drei Leute ziehen an Schnüren in drei Richtungen, so wie in Abb. 3.12 a. Es handelt sich also diesmal um **Kraftvektoren**. Die Winkel zwischen den Kräften sind 120°. Wie groß ist die Gesamtkraft? Um das grafisch zu lösen, schiebst du $\vec{F_2}$ an die Spitze von $\vec{F_1}$ und $\vec{F_3}$ an die Spitze von $\vec{F_2}$ … und dann bist du wieder am Ausgangspunkt angelangt (Abb. 3.12 c). Was bedeutet das?

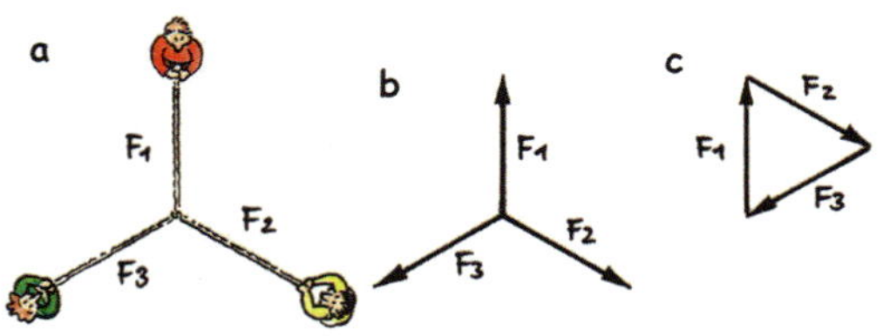

Abb. 3.12 Addition von drei zweidimensionalen Vektoren: Die Spitze von $\vec{F_3}$ zeigt genau auf den Anfang von $\vec{F_1}$. In Summe ist die Gesamtkraft also null.

Das bedeutet, dass die **Gesamtkraft null** ist. Wenn alle Kräfte in einem System einander die Waage halten (wenn sie sich also aufheben), dann treten keine Beschleunigungen auf. In diesem Fall bedeutet das, dass keiner der drei Leute es schafft, die anderen wegzuziehen.

Wie ist es mit dem **Zeitungsboten** (→ F9)? Auch hier gibt es wieder eine grafische Lösung (Abb. 3.13). Die Darstellung ist ein bisschen anders gewählt, weil die Vektoren mit Hilfslinien zu einem Quadrat ergänzt wurden. Du siehst: Die Geschwindigkeit der Zeitung ist gleich der Diagonale des Quadrats, also etwa 14,1 m/s. Und obwohl der Junge **aus seiner Sicht** die Zeitung quer zur Fahrtrichtung wegwirft, fliegt diese vom **Boden aus gesehen** unter 45° nach vorne. Alles eine Frage des Bezugssystems! Er darf die Zeitung also nicht erst auf Höhe der Tür werfen, sonst landet sie im Gebüsch.

Abb. 3.13 Diese Art der Darstellung nennt man **Vektorparallelogramm**. Die Diagonale eines Quadrats ist Seitenlänge mal $\sqrt{2}$ (~1,41).

Wie fallen **Regentropfen** aus deiner Sicht, wenn du läufst (→ F10, Abb. 3.14 a)? Es addieren sich wieder zwei Geschwindigkeiten. In Summe kommen die Tropfen dadurch mit 10 m/s schräg von vorne. Deshalb musst du den Schirm kippen (b).

Abb. 3.14 Wenn du läufst, addieren sich die Geschwindigkeiten. Weil es sich um ein rechtwinkliges Dreieck handelt, kannst du mit **Pythagoras** rechnen:

$\sqrt{6^2 + 8^2} = \sqrt{36 + 64} = \sqrt{100} = 10$

Eine solche Konstruktion nennt man **Vektordreieck**.

ZUSAMMENFASSUNG

Vektoren werden addiert, indem man sie aneinanderlegt. Der Summenvektor zeigt dann vom Anfang des ersten bis zum Ende des letzten Vektors und kann auch null sein. Es ist wichtig, welches Bezugssystem man zur Beschreibung einer Bewegung wählt. Wenn man es nicht dazu sagt, ist der Erdboden gemeint.

3.3 Gespannter Zwirn
Zerlegung von Vektoren

Im letzten Abschnitt haben wir Vektoren addiert bzw. zusammengesetzt. In diesem Abschnitt lernst du, wie man Vektoren wieder in einzelne Komponenten zerlegt. Auch das ist ein unglaublich wichtiges Tool für später, aber schon hier lernst du ein sehr verblüffendes Beispiel dazu kennen. Wir lösen alle Probleme grafisch.

F11 ◒ Wieso beschleunigt eine Kugel an einem steilen Abhang schneller als an einem flachen? Probier das an einem geneigten Tisch aus. Das Gewicht ist doch in beiden Fällen gleich groß! Und warum erzeugt eine schiefe Ebene eine Fallbewegung in Zeitlupe?

F12 ● Du hältst ein Gewicht von 10 N (das entspricht also der Gewichtskraft einer Masse von 1 kg) an einer Schnur. Mit wie viel Newton musst du an den Enden ziehen, damit sie wirklich völlig gespannt ist?

Abb. 3.15 Wie viel Kraft ist nötig, um das Seil völlig zu spannen?

In Kapitel 1.2 ist davon die Rede, dass Galileo Galilei zum Überprüfen der Fallgesetze Kugeln über schiefe Ebenen rollen ließ. Dadurch entsteht eine „Fallbewegung in Zeitlupe". Aber warum? So, wie man einen Summenvektor aus zwei Vektoren zusammensetzen kann, kann man jeden **Vektor** auch wieder „auseinander nehmen", also in zwei Bestandteile (Komponenten) **zerlegen**.

INFO

Vektorzerlegung

In Abbildung 3.16 siehst du *x*- und *y*-Komponente des Vektors (3|4). Wo du die Komponenten einzeichnest, also auf den Hauptachsen oder vom Beginn des Vektors, spielt keine Rolle, weil du ihn ja parallel verschieben kannst. Die Vektorzerlegung funktioniert auch dann, wenn die Hauptachsen keinen rechten Winkel einschließen (Abb. 3.19 c).

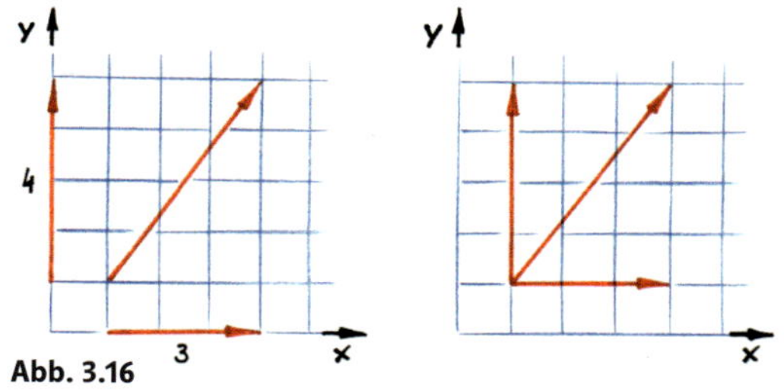

Abb. 3.16

Das Gewicht eines Gegenstandes ist die Kraft, mit der er von der Erde angezogen wird (siehe Kap. 7.4.1). Wir betrachten eine Kugel, die einen Abhang hinabrollt. Die Gewichtskraft $\vec{F_G}$ der Kugel kann man in zwei Komponenten zerlegen: In eine, die **parallel** zum Hang zeigt ($\vec{F_\parallel}$, Hangabtriebskraft), und in eine, die **senkrecht** zum Hang zeigt ($\vec{F_\perp}$, Normalkraft; Abb. 3.17).

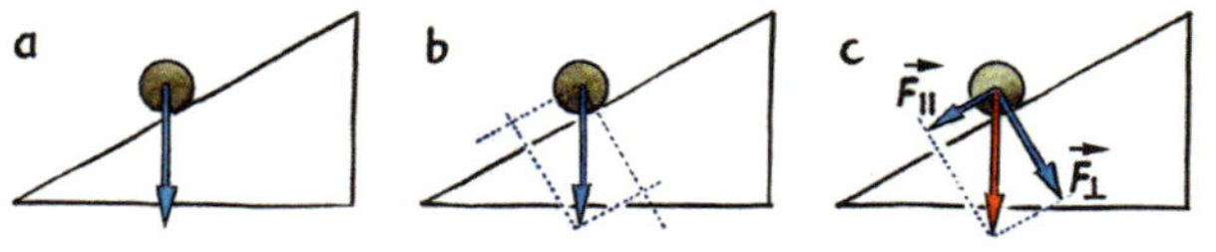

Abb. 3.17 Zerlegung des Gewichtsvektors in die Hangabtriebskraft $\vec{F_\parallel}$ und in die Kraft senkrecht zum Hang $\vec{F_\perp}$. $\vec{F_\parallel}$ ist immer kleiner als $\vec{F_G}$ und daher ist auch die Beschleunigung der Kugel nicht so groß wie im freien Fall.

Welche Komponente ist für die Beschleunigung der Kugel verantwortlich? Ausschließlich $\vec{F_\parallel}$! Weil aber $\vec{F_\parallel}$ immer kleiner ist als $\vec{F_G}$, entsteht dadurch die Zeitlupenbewegung, mit der Galilei die Fallgesetze überprüft hat.

Wie du in Abb. 3.18 siehst, ist $\vec{F_\parallel}$ umso kleiner, je flacher die Ebene ist, und wird sogar null, wenn diese horizontal ist. Deshalb beschleunigt auf einem steilen Abhang eine Kugel schneller als auf einem flachen (→ **F 11**).

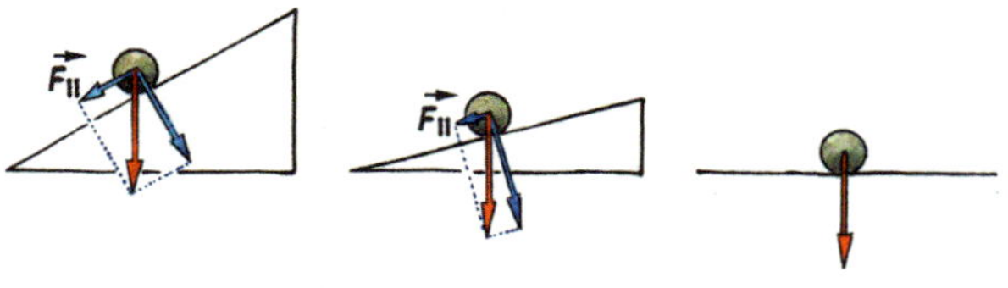

Abb. 3.18 Die **Hangabtriebskraft** $\vec{F_\parallel}$ wird kleiner, je weniger stark die Ebene geneigt ist.

Wie stark musst du die Schnur spannen, damit sie völlig waagerecht ist (→ **F 12**)? Die Antwort ist sehr verblüffend und lautet: Es ist **unmöglich**, die Schnur völlig waagerecht zu spannen! Warum? Erinnere dich: Wenn alle Kräfte einander aufheben, dann gibt es auch keine Beschleunigung!

Wenn also das Gewicht in Abb. 3.15 in Ruhe ist, dann muss es eine Kraft geben, die gleich groß, aber entgegengesetzt gerichtet ist. Diese Kraft ist in Abb. 3.19 b blau eingezeichnet.

Woher kommt aber diese Kraft nach oben? Vom **Zug des Seils**. Die Kräfte in einem Seil wirken natürlich nur in Seilrichtung. Deshalb musst du diese „blaue" Kraft in jene zwei Komponenten zerlegen, die in Seilrichtung zeigen (c). Du siehst, dass du in diesem Fall mit jeweils 10 N ziehen musst. Aber wieso kann man das Seil nicht völlig spannen?

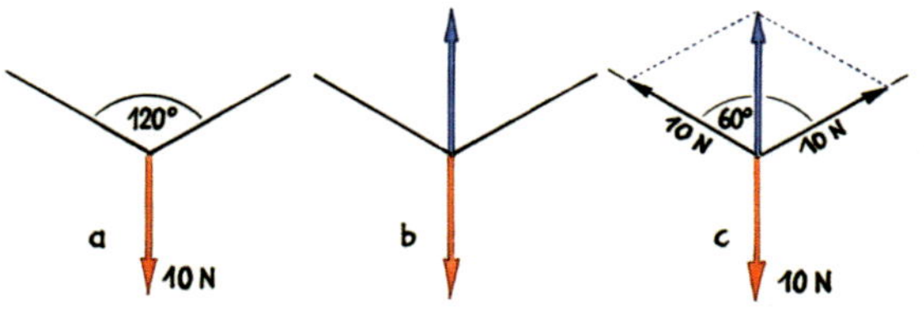

Abb. 3.19 Da das Gewicht in Ruhe ist, muss die Gewichtskraft (rot) von einer anderen Kraft (blau) kompensiert werden. Du musst diesen Vektor in die Komponenten zerlegen, die in Seilrichtung zeigen. Drei gleich große Kräfte unter 120°, die einander aufheben, hattest du schon bei Abb. 3.12!

In Abb. 3.21 siehst du, dass die benötigte Kraft schnell anwächst, wenn du das Seil noch mehr spannst (b). Willst du es völlig waagerecht spannen, dann müsste die **Kraft unendlich groß** sein, denn dann wird auch das Kräfteparallelogramm unendlich breit (c). Man kann es anders sagen: Um das Gewicht zu kompensieren, brauchst du Kräfte, die auch eine **vertikale Komponente** haben (so wie das bei a und b der Fall ist). Wenn das Seil aber völlig gespannt wäre, dann hätten die Kräfte nur **horizontale Komponenten**. Diese können nur auf die Seite, aber niemals nach oben ziehen.

Abb. 3.20 Nicht mal Superman kann den Faden völlig spannen!

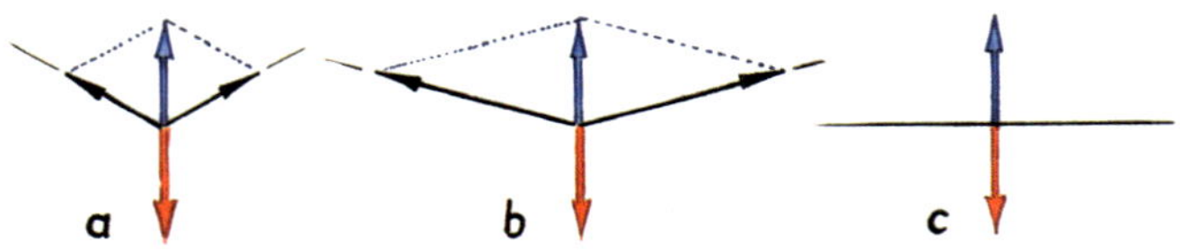

Abb. 3.21

Selbst bei einem Zug von $2{,}5 \cdot 10^5\,N$ an jedem Ende – und dabei würde auch Superman schon schwitzen, weil das ist das Gewicht eines 25-Tonnen-Sattelschleppers – würde das Seil immer noch 1/100 mm durchhängen. Und weil auch der dünnste Zwirn immer ein Eigengewicht hat, heißt das, dass Superman nicht mal in der Lage ist, selbst den dünnsten Faden vollkommen zu spannen (→ F12). Ist das nicht erstaunlich?

ZUSAMMENFASSUNG

Größen werden in der Physik durch Skalare oder Vektoren beschrieben. Diese Unterscheidung scheint etwas lästig zu sein, weil man sie vom Alltag her nicht gewohnt ist. Sie ist aber sehr wichtig, wenn man exakt sein will. Skalare sind normale Zahlen, mit denen du wie gewohnt rechnen kannst. Viele physikalische Probleme lassen sich grafisch durch Vektoraddition lösen oder, indem man einen Vektor wieder in seine einzelnen Komponenten zerlegt. Außerdem hast du den Begriff des Bezugssystems kennen gelernt. Es ist immer wichtig zu wissen, was man als Anhaltspunkt für seine Messungen hernimmt.

Teste dich

F13 ○ Fasse noch einmal den Unterschied zwischen Vektor und Skalar zusammen und gib einige Beispiele dazu. → L

F14 ○ Teile die zugehörigen Größen zu den Einheiten in Vektoren und Skalare ein: Meter, Newton, Watt, Joule, Kilogramm, kg/m^3. → L

F15 ◒ Erkläre den Unterschied zwischen Masse und Gewicht mit Hilfe der Begriffe Vektor und Skalar! → L

F16 ○ Beweise mit dem Satz von Pythagoras, dass alle Vektoren in Abb. 3.6 gleich lang sind. Du musst sie dazu in ihre *x*- und *y*-Komponenten zerlegen. → L

F17 ◒ Nimm an, dass in Abb. 3.12 eine der Kräfte doppelt so groß ist wie die anderen. Wie sieht die Summenkraft dann aus? → L

F18 ○ Was versteht man in der Physik unter dem Begriff Beschleunigung? → L

F19 ○ Was zeigt ein Tachometer an? Versuche, möglichst exakt zu erklären! → L

F20 ● Nimm an, Regentropfen fallen mit 8 m/s unter 45° von rechts nach links auf den Boden. Wie schnell musst du nach links laufen, dass aus deiner Sicht der Regen senkrecht fällt? Löse grafisch! → L

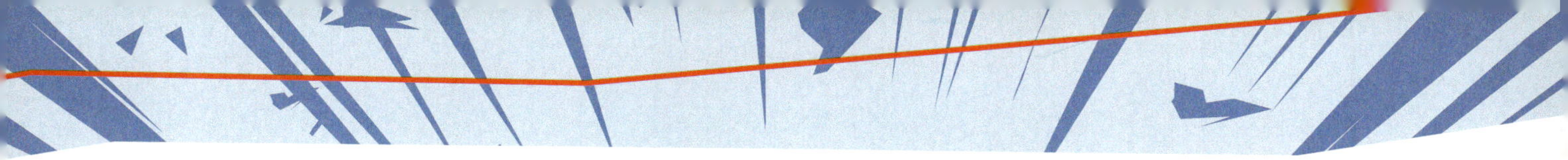

4 Gedachte Singularität

Ein wichtiges Prinzip der Physik ist, dass man manche Probleme möglichst vereinfacht, um deren Lösung zu erleichtern. Man spricht dann von Spezialfällen. Die umfassendste Theorie zur Beschreibung des freien Falls ist zum Beispiel die Allgemeine Relativitätstheorie (Kap. 1.5). Aber um den Wurf eines Balls zu berechnen, sind die Fallgesetze des Galilei (Kap. 6.2) meist völlig ausreichend. Man muss also wissen, wann man was vereinfachen darf. In diesem Kapitel geht es darum, dass man in vielen Fällen Gegenstände auf einen einzigen Punkt reduzieren kann, den sogenannten Körperschwerpunkt. Trotz dieser extremen Vereinfachung kann man in vielen Fällen völlig exakt und gleichzeitig verblüffend einfache Antworten auf knifflige Fragen finden!

4.1 Ein Stapelproblem

Der Körperschwerpunkt (KSP)

In diesem Abschnitt sprechen wir über den Körperschwerpunkt und lösen damit gleich ein Bücherstapel-Problem!

F1 ○ Handwerker verwenden oft ein sogenanntes Lot. Was ist das eigentlich und wozu braucht man es?

F2 ● Heute hat das sichtbare Universum einen Durchmesser von über 90 Milliarden Lichtjahren. Wie groß war es aber genau zum Zeitpunkt des Urknalls?

F3 ◒ Wann befindet sich eine Wippe im Gleichgewicht? Versuche mit Hilfe des KSP zu erklären.

F4 ● Ist es möglich, einen Stapel Bücher so zu bauen, dass das oberste Buch ganz über die Tischplatte hängt? Wie würdest du vorgehen? Und wie viele Bücher Überhang kann man mit einem Stapel erzeugen?

Der **Körperschwerpunkt (KSP)** ist ein gedachter Punkt, an dem sich die gesamte Masse eines Gegenstandes befindet. Wenn man einen Gegenstand an diesem Punkt unterstützt oder aufhängt, dann befindet er sich im Gleichgewicht, kippt also nicht auf irgendeine Seite.

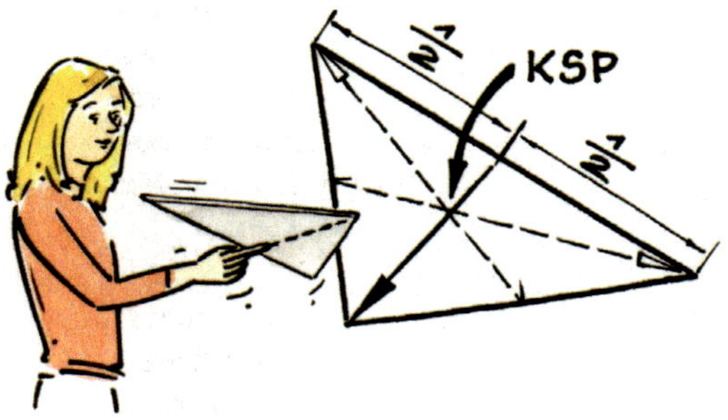

Abb. 4.1 Schwerpunkt eines Dreiecks durch Schneiden der Schwerelinien

Die Bestimmung des KSP ist bei einem zweidimensionalen geometrischen Objekt, etwa bei einem Dreieck, relativ einfach. Du musst dazu nur die Schwerelinien schneiden (Abb. 4.1). Wenn du deinen Zeigefinger unter eine Schwerelinie legst, dann befindet sich das Dreieck im Gleichgewicht. Der KSP eines unregelmäßigen zweidimensionalen Gegenstandes lässt sich experimentell bestimmen.

ANWENDEN KSP

Wie findest du bei einem **unregelmäßigen 2D-Objekt** den KSP? Schneide aus Karton eine möglichst unregelmäßige Figur aus. Stich dann an einer Stelle ein Loch, hänge den Gegenstand am Loch auf und befestige dort ein Lot (→ F1). Das ist ein Faden mit einem schweren Gegenstand am Ende. Es zeigt immer in Richtung Erdmittelpunkt.

Wenn ein Gegenstand frei hängt, dann stellt er sich so ein, dass der KSP genau unter dem Aufhängepunkt liegt. Das Lot zeigt dann eine **Schwerelinie** an (Abb. 4.2). Zeichne diese ein und mach das Ganze noch mal von einer anderen Richtung. Dort, wo sich beide Schwerelinien schneiden, ist der KSP. Voilà! Wenn du alles richtig gemacht hast, dann kannst du dort den Gegenstand mit einem Finger unterstützen und er bleibt im Gleichgewicht!

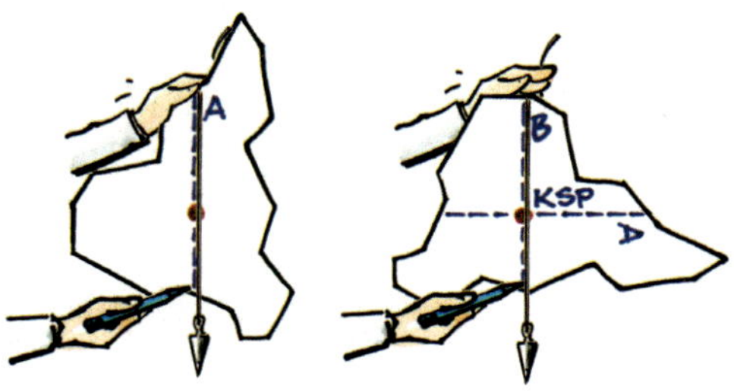

Abb. 4.2 So bestimmst du das Lot eines beliebigen zweidimensionalen Körpers.

INFO **Singularität**

Ein Punkt hat keine Ausdehnung. Er ist also gewissermaßen **nulldimensional**. Und er hat etwas mit dem Universum gemeinsam, wie es zu Beginn des Urknalls vor 13,8 Milliarden Jahren war. Denn zu diesem Zeitpunkt befand sich das ganze Universum in einem Punkt unendlich hoher Dichte zusammengepresst. Damit war es praktisch sein eigener Körperschwerpunkt (→ F 2). Obwohl man sich das nicht vorstellen und es auch nicht berechnen kann (weil man mit Unendlich schlecht rechnet), haben die Physiker diesem Zustand einen Namen gegeben: **Singularität**. Natürlich ist der Körperschwerpunkt eines Körpers keine wirkliche Singularität, sondern nur eine gedachte.

Abb. 4.3 Das Foto, das Gott vom Urknall schoss, ließ er sich groß einrahmen …

Wann befindet sich eine **Wippe** im Gleichgewicht? Man kann diese Frage mit dem Hebelgesetz beantworten (Abb. 10.21). Es gibt aber noch eine andere Erklärungsmethode, bei der der KSP ins Spiel kommt. Eine Wippe ist dann im Gleichgewicht, wenn der gemeinsame KSP von beiden Personen genau über dem Drehpunkt liegt (→ F 3). Ein gemeinsamer Schwerpunkt liegt immer auf der Linie, die die beiden einzelnen Schwerpunkte verbindet. Aber wo genau liegt er auf dieser Linie? Wenn beide Personen gleich schwer sind, in der Mitte. Wenn die Person rechts halb so viel wiegt, dann muss sie doppelt so weit rausrücken (Abb. 4.4), wenn sie ein Drittel wiegt, dreimal so weit und so weiter. Mit dieser Tatsache kannst du das Stapelrätsel lösen (→ F 4).

Abb. 4.4 Gleichgewicht herrscht, wenn der gemeinsame KSP (rot) über dem Drehpunkt liegt (gestrichelte Linie).

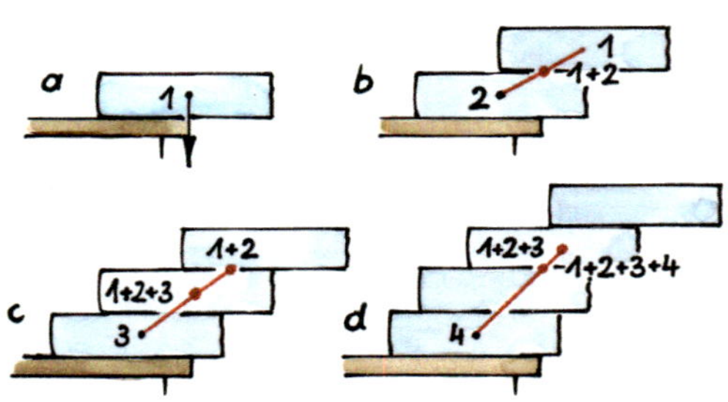

Abb. 4.5

Wie weit kannst du ein Buch über eine Tischkante schieben (→ F 4)? So weit, dass sein KSP **genau über der Kante liegt** (Abb. 4.5 a). Noch einen winzigen Hauch weiter und es würde wegrutschen. Dieses Prinzip gilt auch für den ganzen Buchstapel: Der **gemeinsame KSP** aller Bücher darf im Extremfall genau über der Kante liegen.

Fang einmal mit **zwei Büchern** an. Das oberste kannst du eine halbe Länge überstehen lassen. Wie weit kannst du beide gemeinsam schieben? So weit, bis der gemeinsame KSP genau über der Kante liegt. Weil beide Bücher gleich schwer sind, liegt der gemeinsame KSP 1+2 genau in der Mitte zwischen den einzelnen Bücherschwerpunkten. Das zweite Buch schaut jetzt noch zusätzlich eine Viertellänge über den Tisch (b).

Wo ist der gemeinsame KSP, wenn du **drei Bücher** nimmst (c)? Denk an die Wippe! Im KSP 1+2 ist ja die Masse von 2 Büchern vereint. Der gemeinsame KSP aller drei Bücher teilt also die Linie KSP 3 nach KSP 1+2 im Verhältnis 2 : 1. Der zusätzliche Überhang ist nun 1/6. Wenn du jetzt noch ein viertes Buch dazu nimmst, hat das einen Überhang von 1/8. Schon rein optisch siehst du, dass das oberste Buch bei d ganz über der Tischplatte hängt. Wenn du die Überhänge addierst, dann kommst du auf 25/24. Na bitte!

INFO **Harmonisch**

Du siehst, dass die Überhänge, die pro zusätzlichem Buch erzielt werden, die Kehrwerte der geraden Zahlen sind und daher rasch abnehmen. Um einen Überhang von 2 Büchern zu erzielen, musst du bereits 31 Bücher stapeln, für 3 Buchlängen 227 Bücher und für 4 Buchlängen 1674 Bücher! Prüfe das mit einem Tabellenkalkulationsprogramm nach. Wenn du ½ ausklammerst, dann bekommt die Reihe folgende Form: $\frac{1}{2} \cdot (1 + \frac{1}{2} + \frac{1}{3} + \frac{1}{4} + \ldots)$. Das in der Klammer nennt man übrigens **harmonische Reihe** und diese besitzt keinen Grenzwert (siehe → F31)!
Du kannst daher beim obersten Buch jeden beliebigen Überhang erzielen – wenn du genug Bücher hast! Für einen Überhang von 10 Büchern brauchst du etwa $1{,}5 \cdot 10^{43}$ Bücher … und viel Zeit zum Stapeln!

ZUSAMMENFASSUNG

In vielen Fällen kann man sich die gesamte Masse eines Gegenstandes auf einen einzigen Punkt konzentriert denken. Diesen Punkt nennt man Körperschwerpunkt.

4.2 Warum der Flop kein Flop wurde

Drei Beispiele aus dem Sport

In diesem Abschnitt werden wir Fragen zum Sport mit der Lage des KSP eines Menschen erklären.

F5 ● Warum kippt das Besteck in der Abbildung nicht vom Tisch? Es befindet sich doch völlig außerhalb der Tischplatte! Probiere es selbst mal aus! → L

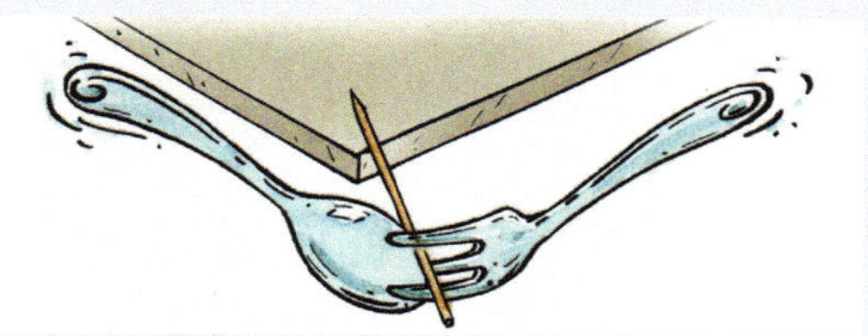

Abb. 4.6 Wie kann das sein?

F6 ● Manche Weitspringer laufen in der Luft weiter. Warum tun sie das? Wird dadurch die Weite größer? Können sie sozusagen durch die Luft laufen?

Abb. 4.7 Die Laufsprungtechnik beim Weitsprung

F7 ◒ Nimm an, ein Hochspringer springt auf der Erde 2 m hoch. Auf dem Mond beträgt die Anziehungskraft nur ⅙. Wie hoch könnte der Sportler dort springen?

F8 ● Kann es eigentlich sein, dass der KSP eines Gegenstandes außerhalb von diesem liegt?

F9 ● Alle Hochspringer verwenden heutzutage den sogenannten Flop. Dabei überquert man die Latte rücklings (Abb. 4.8 links). Niemand springt mehr mit dem Wälzer (rechts). Warum?

Abb. 4.8 Links ein Hochsprung in der Flop-Technik, rechts die veraltete Wälzer-Technik

Sobald der Weitspringer in der Luft ist, befindet er sich im **freien Fall**. Egal wie sehr er auch zappelt, sein KSP beschreibt eine astreine **Flugparabel**. Das Laufen in der Luft bringt also keinen direkten Weitengewinn (→ F6). Es dient nur zur Vorbereitung auf die Landung und ist im Prinzip nicht notwendig. Es gibt auch andere Techniken, bei denen man nicht weiterläuft (Abb. 4.12).

Beim **Hochspringer auf dem Mond** würde man vorschnell auf 12 m tippen (→ F7). Es sind aber etwa 7 m. Was war der Denkfehler? Es hat wieder mit dem KSP zu tun. Dieser befindet sich beim Menschen etwa auf Nabelhöhe, sagen wir mal grob bei 1 m. Wenn man also 2 m hoch springt, dann beträgt die Hebung des KSP „nur" 1 m. Nur diese Hebung ist auf dem Mond 6-mal so groß – du wächst ja dort nicht. Und das macht in Summe eben 7 m.

INFO

Menschen-KSP

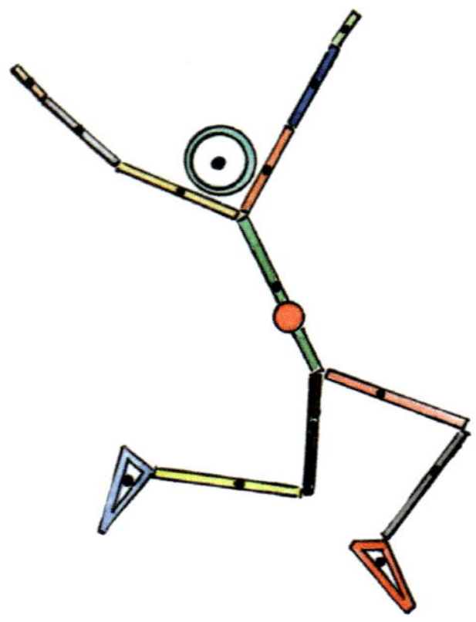

Abb. 4.9 Ermittlung des Gesamt-KSP bei einem Weitspringer in der Hangsprungtechnik

Beim **Menschen** ist die Bestimmung des KSP ziemlich aufwendig. Dazu muss nämlich der ganze Mensch sehr exakt vermessen werden. Im Prinzip ist die Berechnung des Gesamt-KSP ähnlich wie beim Bücherstapel. Du musst die **KSP der einzelnen Körperteile** kennen und der Computer berechnet dann den Gesamt-KSP. In Abb. 4.9 wurden 14 Einzelsegmente verwendet.

Der Mensch ist kein starrer Körper und der KSP verschiebt sich, wenn man seine Haltung verändert. Im aufrechten Stand ist er etwa auf Nabelhöhe (Abb. 4.10 a). Aber wenn du zum Beispiel einen Arm wegstreckst, wandert der KSP etwas hinauf und auf die Seite (b).

Und es gibt auch Positionen, in denen sich der KSP sogar **außerhalb des Körpers** befinden kann, etwa bei der Lattenüberquerung beim Flop (c; → F8).

Abb. 4.10 Die Lage des KSP beim Menschen hängt von der Körperposition ab. Verblüffend: Der KSP kann außerhalb des Körpers liegen!

INFO

Jump-and-Reach-Test

Abb. 4.11 Durchführung des **Jump-and-Reach-Tests**

Teste, wie hoch du deinen KSP heben kannst! Du stellst dich dazu seitlich an eine Wand und greifst so hoch wie möglich hinauf (Abb. 4.11). Ein Helfer markiert diese Stelle. Dann springst du aus der Hocke so hoch wie möglich. Das wird wieder markiert. Die Differenz zwischen den Markierungen ist deine KSP-Hebung. Sie ist **von der Körpergröße unabhängig**. Weltklassehochspringer kommen bei diesem Test über 1 m! Für jugendliche Mädchen sind 35 cm Durchschnitt, für Jungen etwa 43 cm.

Abb. 4.12 Hangsprungtechnik beim Weitsprung, bei der nicht weitergelaufen wird.

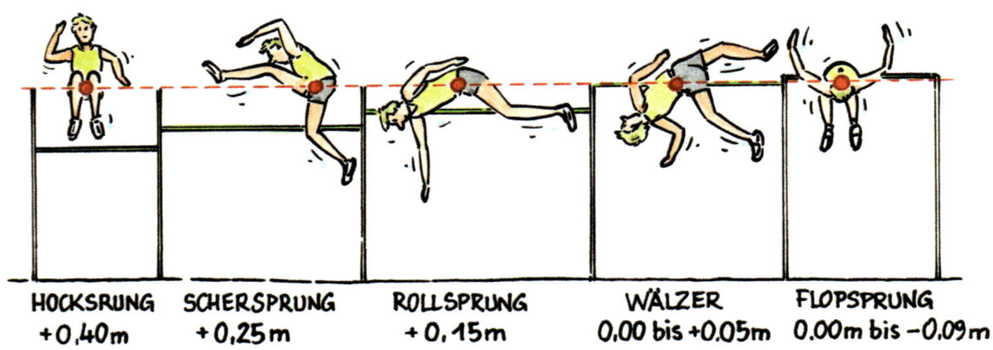

Abb. 4.13 Entwicklung der Hochsprungtechnik. Die Zahl gibt an, um wie viel der KSP über der Latte liegen muss, um sie nicht zu reißen. Verblüffend: Beim Flop kann der KSP sogar unter der Latte durchgehen.

Das Beispiel mit dem Sprung auf dem Mond war grob gerechnet. Um zu verstehen, warum der Flop dem Wälzer überlegen ist (→ F9), müssen wir exakter werden. Abb. 4.13 zeigt die historische Entwicklung der Hochsprungtechnik. Du siehst den Abstand, mit dem der KSP des Springers die Latte überquert, also den **Höhenverlust**. Die Techniken wurden immer besser. Und dann erfand DICK FOSBURY den Flop und wurde damit **1968** gleich Olympiasieger. Du siehst, dass beim Flop der KSP sogar **unter der Latte** durchgehen kann! Der Springer hat im Idealfall sogar einen Höhengewinn! Wie ist das möglich?

Nun, der KSP eines Gegenstandes ist ja nicht materiell und er kann unter gewissen Umständen **außerhalb** des Gegenstandes liegen. Beim Besteck in Abb. 4.6 ist das so und auch bei der Lattenüberquerung beim Flop (Abb. 4.10 c). Beim Wälzer liegt der KSP bei der Lattenüberquerung innerhalb des Körpers. Der Unterschied im Höhenverlust zwischen Flop und Wälzer ist im Extremfall 14 cm! Das ist doch was!

Machen wir mal eine realistische Abschätzung für den **Weltrekord** von 2,45 m des Kubaners Javier Sotomayor (Stand 2019). Seine **KSP-Höhe** liegt bei 1,2 m, seine **KSP-Hebung** beträgt ebenfalls 1,2 m. Das macht in Summe 2,4 m. Weil aber der KSP 5 cm unter der Latte durchgeht, kann diese auf 2,45 m liegen! Wäre er einen Wälzer gesprungen, dann hätte er zum Beispiel 10 cm verloren und wäre nur auf 2,35 m gekommen (Abb. 4.14). Also ist eigentlich der Wälzer ein Flop (Flop in der Alltagssprache bedeutet seltsamerweise nämlich auch Misserfolg)!

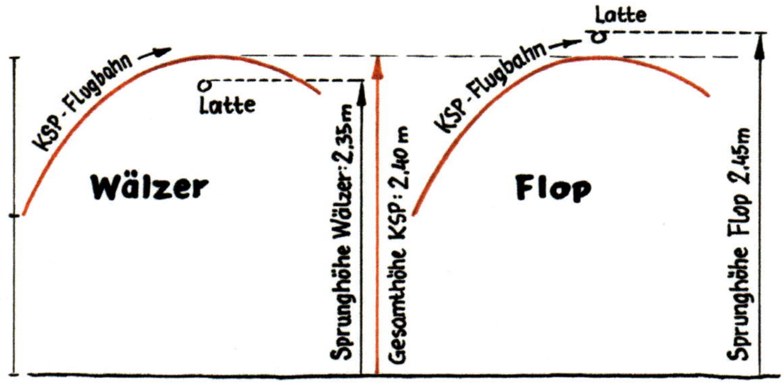

Abb. 4.14 Auch beim Hochsprung ist nach dem Verlassen des Bodens die Flugbahn des KSP nicht zu beeinflussen. Durch günstige Körperhaltung kann aber der Schwerpunkt unter der Latte durchgehen und diese höher liegen als beim Wälzer – und nur das zählt im Wettkampf!

ZUSAMMENFASSUNG

Der menschliche Körper ist nicht starr und die exakte Bestimmung des KSP daher sehr aufwendig. Es lassen sich aber grundlegende Fragestellungen recht einfach erklären, etwa der Erfolg des Flop-Sprungs.

4.3 Eine ziemlich tiefe Sache

Die drei Arten des Gleichgewichts

In diesem Abschnitt geht es um die drei Arten des Gleichgewichts. Wir können den Unterschied zwischen diesen mit der Lage des KSP verstehen. Und wir können das Prinzip der minimalen potenziellen Energie mit Hilfe der Vektorzerlegung aus Kapitel 3 sogar erklären.

Abb. 4.15

F10 ◒ Die beiden Blöcke in der Abbildung befinden sich in Ruhe. Welcher der beiden ist schwerer?

F11 ○ Was versteht man unter potenzieller Energie? Schau in Kapitel 8.2 nach!

F12 ◒ Warum fließt Wasser nach unten? Warum ist die Wasseroberfläche eben, wenn sie nicht gestört wird? Warum bleibt ein Pendel irgendwann an der tiefsten Stelle stehen? Warum rollt eine Kugel in die Mulde? Wie hängt das alles zusammen? → L

Wenn du bei F10 auf den größeren Block getippt hast, dann hast du dich von Größe und Lage täuschen lassen. Wenn beide Blöcke in Ruhe sind, dann müssen sie auch gleich schwer sein. Sonst würde ja der schwerere Block sofort den leichteren über die Rolle ziehen. Gleichgewicht bedeutet, dass sich **alle Kräfte in Summe aufheben**.

Die Energie, die ein Gegenstand bekommt, wenn er gehoben wird, nennt man **potenzielle Energie** (E_{pot}; siehe Kap. 8.2). Mit Hilfe der potenziellen Energie kann man drei Arten des Gleichgewichts unterscheiden: stabil, labil und indifferent (Abb. 4.16).

Beim stabilen Gleichgewicht ist E_{pot} ein Minimum. Die Kugel liegt an der tiefstmöglichen Stelle (Abb. 4.16 a). Dieses Gleichgewicht stellt sich innerhalb eines gewissen Bereichs von selbst ein, in diesem Fall innerhalb der Grube. Wenn du die Kugel rausrollst, dann ist das damit vergleichbar, dass du zwei Atome aus ihrer gegenseitigen Bindung reißt, und du erzeugst dadurch ein freies Teilchen.

Abb. 4.16 Unterscheidung der Gleichgewichtsarten aufgrund unterschiedlicher potenzieller Energie: Labile Zustände sind sehr flüchtig, stabile Zustände halten ewig.

Beim indifferenten Gleichgewicht ändert sich E_{pot} nicht, wenn du den Gegenstand bewegst. Das entspricht einem freien Teilchen (Abb. 4.16 b). Wenn es aber in die Senke gelangt, also in den sogenannten **Potenzialtopf**, dann wird es dort gefangen. Das nennt man einen gebundenen Zustand.

Beim labilen Gleichgewicht ist E_{pot} ein Maximum. Es ist aber etwas sehr Seltenes und Unbeständiges (Abb. 4.16 c). Was damit gemeint ist, kannst du verstehen, wenn du versuchst, einen Bleistift auf die Spitze zu stellen. Wenn im Nebenzimmer eine Fliege niest, dann ist es auch schon dahin mit dem labilen Gleichgewicht.

Warum aber stellt sich nach einer gewissen Zeit immer der Zustand der **geringsten potenziellen Energie** ein? Das kann man sich mit der Gewichtskraft überlegen. Wenn die Kugel im Gleichgewicht ist, egal in welchem, dann zeigt die Gewichtskraft senkrecht auf den Untergrund. Es gibt also keine Kraftkomponente $\vec{F}_{\parallel}$, die die Kugel seitlich beschleunigt (Abb. 4.17).

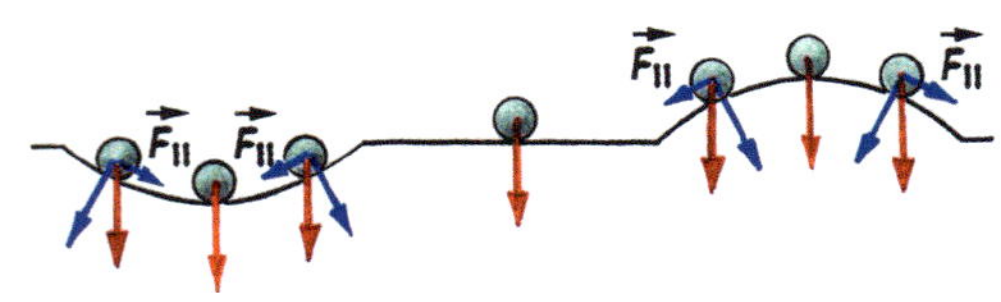

Abb. 4.17 Erklärung der Arten des Gleichgewichts mit Hilfe der Komponentenzerlegung der Gewichtskraft (siehe auch Abb. 3.16)

Wenn du die Kugel aus dem stabilen Gleichgewicht auslenkst, dann zeigt $\vec{F}_{\parallel}$ immer in die Richtung, aus der die Kugel kam. Deshalb stellt sich das stabile Gleichgewicht wieder von selbst ein. Beim labilen Gleichgewicht ist das umgekehrt. Bei der geringsten Auslenkung entsteht eine Kraft $\vec{F}_{\parallel}$, die von der ursprünglichen Lage wegzeigt. Wenn du den Boden ein bisschen schüttelst, werden irgendwann alle drei Kugeln im stabilsten Zustand sein, also in der Mulde.

Stabil ist aber nicht gleich stabil! Die Kugeln in Abb. 4.18 sind alle im stabilen Gleichgewicht. Aber es ist offensichtlich, dass die rechte Kugel am stabilsten ruht. Warum? Weil am meisten Energie notwendig ist, um sie aus der Grube rauszukriegen. Deshalb ist es manchmal so, dass ein System ziemlich lange Zeit stabil sein kann und dann auf einmal **eine noch stabilere Lage** einnimmt. Es war vorher nur zwischenstabil, oder, wie man das in der Physik nennt, **metastabil**.

Die Übergänge zwischen den einzelnen Gleichgewichten können ziemlich fließend sein. In Abb. 4.19 wird der stabile Bereich immer kleiner und bei c herrscht eigentlich schon beinahe labiles Gleichgewicht. Vor allem bei Lebewesen findet man solche Übergänge, weil sie ja keine starren Körper sind. Dazu mehr im nächsten Abschnitt.

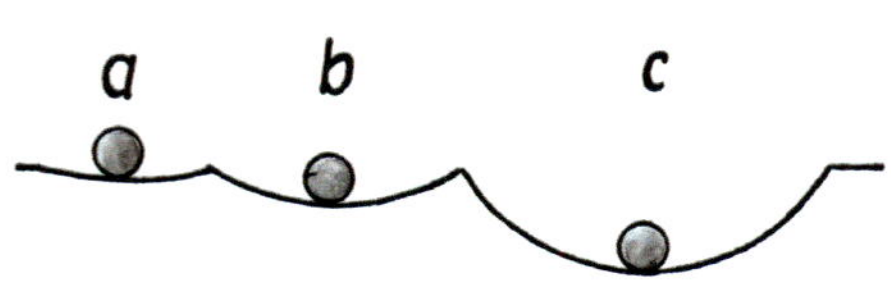

Abb. 4.18 a und b sind in Bezug auf c metastabile Lagen der Kugeln (und auch a in Bezug auf b).

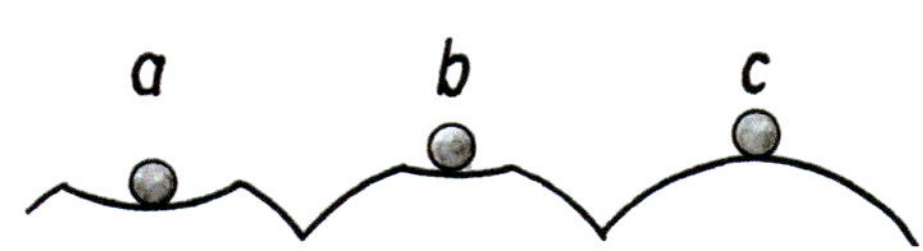

Abb. 4.19 Fließender Übergang von stabil zu labil!

ZUSAMMENFASSUNG

Systeme stellen sich auf die Dauer immer so ein, dass die potenzielle Energie ein Minimum ist. In diesem Zustand sind die Systeme am stabilsten. Das kann man sich gut in einem einfachen Modell mit Kugeln vorstellen.

4.4 Lastenkran und Sumo-Ringer
Vergrößerung der Stabilität

In diesem Abschnitt geht es darum, wann ein Gegenstand umkippt und durch welche Methoden man die Stabilität vergrößern kann.

Abb. 4.20 Fertig-Position beim Sprintstart

F13 ○ Stell dich so an die Wand, dass die Außenseite deines rechten Fußes und die rechte Schulter die Wand berühren. Versuche nun, das linke Bein zu heben. Was passiert und wieso passiert es?

F14 ○ Stell dich mit dem Rücken an die Wand, so dass Fersen, Gesäß und Schultern die Wand berühren. Versuche nun einen Gegenstand aufzuheben, den man dir 50 cm vor deine Füße legt. Fersen und Gesäß dürfen die Wand nicht verlassen und die Beine müssen gestreckt bleiben. Was passiert und wieso passiert es?

F15 ◒ Wie weit kannst du einen Gegenstand kippen, bevor er umfällt? Versuche dabei, bei der Erklärung die Begriffe Lot, KSP und E_{pot} zu verwenden!

F16 ◒ Welches Gleichgewicht versucht ein Sprinter in der Fertig-Position beim Sprintstart einzunehmen? Möglichst stabil? Möglichst labil? Und warum?

Wie weit kann man einen Gegenstand kippen, bevor er umfällt (→ F15)? Dazu gibt es im Prinzip zwei Erklärungen, beide mit Hilfe des KSP. Abb. 4.21 zeigt einen Quader, der gekippt wird. Du siehst links, dass sich der KSP dabei zunächst hebt. Bei b ist der Quader im labilen Gleichgewicht, weil der KSP die maximale Höhe hat. Wenn du den Quader weniger kippst, fällt er nach a zurück, und wenn du ihn mehr kippst, fällt er nach c. Die erste Erklärung lautet also: Ein Gegenstand kippt nicht um, solange sein KSP die maximale Höhe noch nicht erreicht hat.

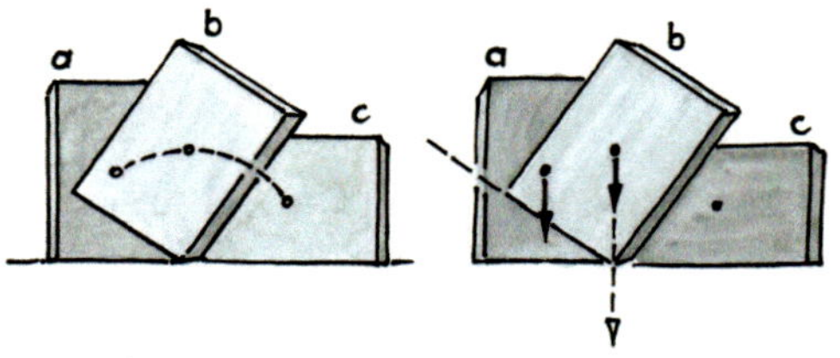

Abb. 4.21 Zwei Möglichkeiten der Erklärung, wie weit man einen Gegenstand kippen kann. Position a ist im Vergleich zu c metastabil. Wenn du den Quader schüttelst, wird er immer in Position c enden.

Du kannst es aber auch noch anders formulieren. In Abb. 4.21 rechts ist der Gewichtsvektor eingezeichnet, also das Lot des KSP. Stell dir vor, dass du die gesamte Ebene kippst, auf der der Quader steht. Du siehst, dass in Position b das Lot genau durch den Rand der Standfläche zeigt. Deshalb kannst du auch sagen: Ein Gegenstand kippt nicht um, solange das Lot des KSP noch durch die Standfläche zeigt. Diese Erklärung hat den Vorteil, dass sie auch für bewegliche Objekte gilt, also etwa für Lebewesen.

INFO

Standfläche

Du darfst **Standfläche** nicht mit **Auflagefläche** verwechseln. Die Standfläche bekommst du, wenn du eine imaginäre Gummischnur um alle Auflageflächen spannst (Abb. 4.22). In der Abbildung sind die Auflageflächen braun und alles, was farbig ist, gehört zur Standfläche (also hellblau und braun zusammen). Wenn ein Gegenstand an zwei oder mehr Stellen den Boden berührt, dann ist die Standfläche immer größer als die Auflagefläche.
Damit etwas nicht kippt, muss das Lot durch die Standfläche gehen, aber nicht zwangsläufig durch die Auflagefläche. Sonst könntest du ja gar nicht normal stehen, weil dann das Lot des KSP zwischen den Füßen liegt (Abb. 4.24).

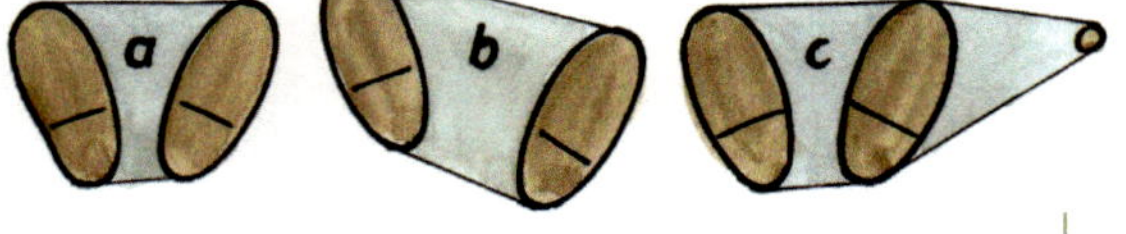

Abb. 4.22 Standfläche bei normalem (a) und breitbeinigem Stehen (b) und wenn man einen Stock verwendet (c).

Mit Hilfe der **Standfläche** können wir nun F13 und F14 beantworten. Du kippst in beiden Fällen um, weil das Lot des KSP dann nicht mehr durch die Standfläche zeigt. Wenn du auf einem Bein stehen willst, musst du zuerst das Gewicht über das Standbein bringen (Abb. 4.24). Erst dann kannst du das andere Bein heben. Dazu musst du dich aber etwas auf die Seite lehnen, und das wird durch die Wand verhindert. Beim Gehen muss übrigens bei jedem Schritt das Lot des KSP durch das Standbein gehen. Das ist der Grund, warum man dabei leicht hin und her schaukelt.

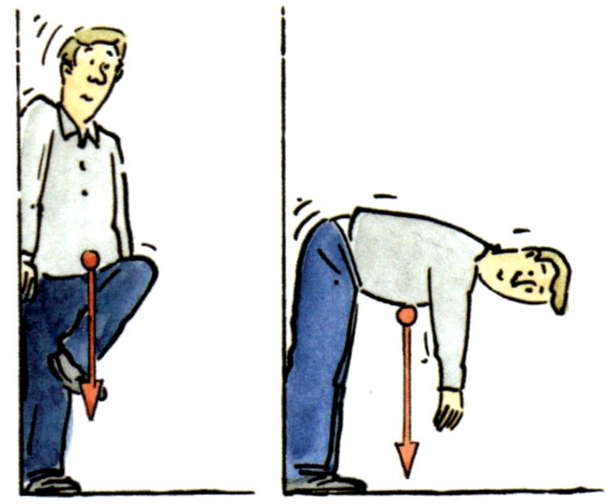

Abb. 4.23 In diesen Positionen ist kein Gleichgewicht möglich, weil das Lot des KSP nicht durch die Standfläche zeigt.

Es gibt vier Möglichkeiten, die **Stabilität eines Gegenstandes** zu erhöhen. Du kannst erstens die **Masse** erhöhen. Ein sehr gutes Beispiel dafür sind die Sumo-Ringer. Versuch mal, einen von diesen Brocken umzuhauen (Abb. 4.25)! Bei Kränen werden riesige Betonblöcke an der Basis befestigt und Schirme auf Terrassen haben einen Betonsockel (Anm.: Dabei wird auch der KSP abgesenkt).

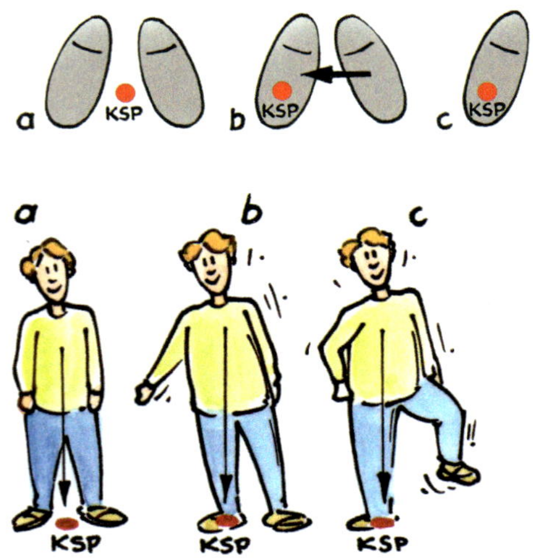

Abb. 4.24 Erst wenn das Lot des KSP durch das Standbein zeigt, kannst du das andere heben.

Dann gibt es die Möglichkeiten, die **Standfläche zu vergrößern** (Abb. 4.22, Abb. 4.26 b) und/oder den **KSP abzusenken** (Abb. 4.26 c). Warum wird dadurch die Stabilität erhöht? Weil in beiden Fällen der sogenannte Potenzialtopf tiefer wird, also mehr Energie notwendig ist, um den Gegenstand umzukippen. Beides nutzt man im Sport aus, etwa in den Kampfsportarten.

Abb. 4.25 Eine große Masse ist beim Sumo-Ringen ein Vorteil. Diesen Effekt demonstriert im Bild Herr Konishiki: Er brachte es zu besten Zeiten auf satte 287 kg!

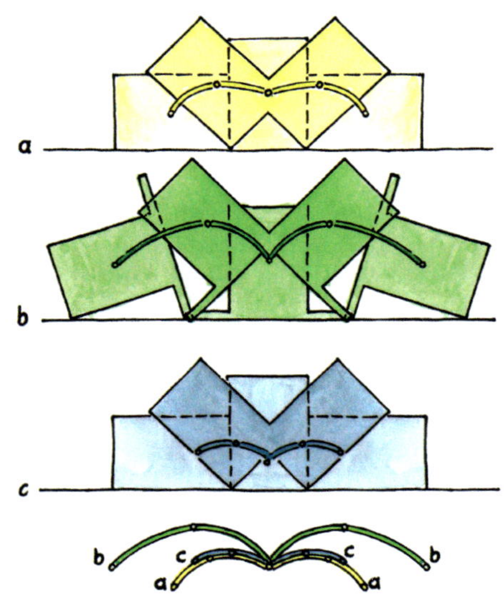

Abb. 4.26 Vergrößerung der Standfläche (b) und Absenken des KSP (c) zur Vergrößerung der Stabilität. Unten siehst du den Vergleich der Bahnkurven des KSP, also die Tiefe der Potenzialtöpfe.

Die vierte Möglichkeit zur Vergrößerung der Stabilität liegt darin, das **Lot des KSP** möglichst weit vom **Rand der Standfläche** zu entfernen, also – umgekehrt gesagt – möglichst in die Mitte zu bringen. Wenn du das Gewicht auf beide Füße verteilst (Abb. 4.24 a), stehst du stabiler als wenn du das Gewicht verlagerst (b).

In der Fertig-Position versucht ein Sprinter, möglichst instabil zu sein (→ F16), indem er den KSP hoch hält und nach vorne schiebt. Warum? Je stabiler er wäre, desto mehr Energie müsste er aufwenden, um weglaufen zu können (vergleiche mit Abb. 4.19 a–c), und desto länger würde er zum Reagieren brauchen.

ZUSAMMENFASSUNG

Ob ein Gegenstand umkippt oder nicht, kannst du mit der maximalen Höhe des KSP oder mit der Lage des Lots erklären. Die Stabilität lässt sich erhöhen, indem man Masse oder Standfläche vergrößert, KSP-Höhe verringert oder das Lot des KSP möglichst in die Mitte der Standfläche bringt.

4.5 Archimedes einmal anders

Auftrieb aus Sicht des KSP

Viele Phänomene kann man auf unterschiedliche Weise erklären, etwa den Auftrieb in einer Flüssigkeit. Die Erklärung hier erfolgt – dem Kapitel entsprechend – mit Hilfe des KSP.

F17 ◒ Warum schwimmen die „Fettaugen" auf der Suppe und sind nicht am Boden des Tellers? Und was passiert nach einiger Zeit, wenn du Öl und Wasser in einen Becher leerst? Warum passiert das?

F18 ◒ Wenn manche Wand- und Lackfarben längere Zeit herumstehen, trennen sich die Komponenten. Warum? Erkläre diese Frage und auch F17 mit Hilfe der Lage des KSP.

F19 ● In welchem Gleichgewicht befindet sich ein schwimmender Gegenstand?

F20 ◒ Wenn du einen schwimmenden Gegenstand etwas unter Wasser tauchst und dann wieder loslässt, dann schaukelt er eine Zeit lang etwas auf und ab. Warum ist das so?

F21 ● Du legst 1 kg Eisen und 1 kg Federn auf eine Balkenwaage. Bleibt die Waage im Gleichgewicht oder nicht? → L

Warum schwimmt Öl auf Wasser (→ F17)? Weil seine Dichte geringer ist! Aber warum steigt eine weniger dichte Flüssigkeit auf? Weil dann der Gesamt-KSP beider Flüssigkeiten die tiefste Lage einnimmt. Um den Effekt möglichst deutlich zu machen, mischen wir in Gedanken einen Teil **Quecksilber** und einen Teil **Wasser**. Quecksilber hat rund die 14-fache Dichte von Wasser (Tabelle 2.3, Kap. 2.6). Quirle es gut durch und gib es in ein Glas. Der Gesamt-KSP befindet sich dann genau auf halber Höhe, also in diesem Beispiel bei 5 cm (Abb. 4.27 a).

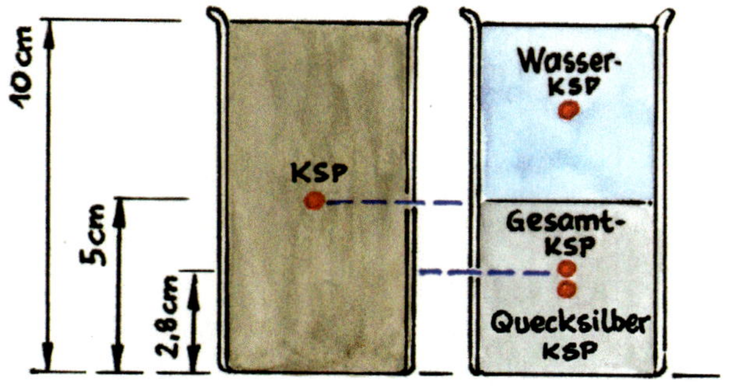

Abb. 4.27 Quecksilber-Wasser-Gemisch vorher (links) und nachdem es sich von selbst getrennt hat (rechts).

Wo liegt der KSP, wenn sich das Quecksilber völlig abgesetzt hat? Denk an die Wippe! Das Gewichtsverhältnis beträgt rund 14 : 1, und im umgekehrten Verhältnis musst du die Verbindungslinie teilen. Der Gesamt-KSP liegt dann nur noch auf 2,8 cm Höhe. Flüssigkeiten mit unterschiedlicher Dichte trennen sich, weil dabei die **potenzielle Energie** minimiert wird. Aus diesem Grund trennen sich auch die Komponenten so mancher Farben mit der Zeit (→ F18).

Mit dem **Prinzip der minimalen potenziellen Energie** lässt sich auch erklären, wie weit ein Festkörper in Wasser eintaucht. Dabei wird der Wasserspiegel gehoben und damit auch der KSP des Wassers. Gleichzeitig sinkt der KSP des Gegenstandes ab. Zwei gegenläufige Tendenzen also. Der Gegenstand taucht so weit ein, bis der Gesamt-KSP von Flüssigkeit und Gegenstand minimale Höhe einnimmt (Abb. 4.28).

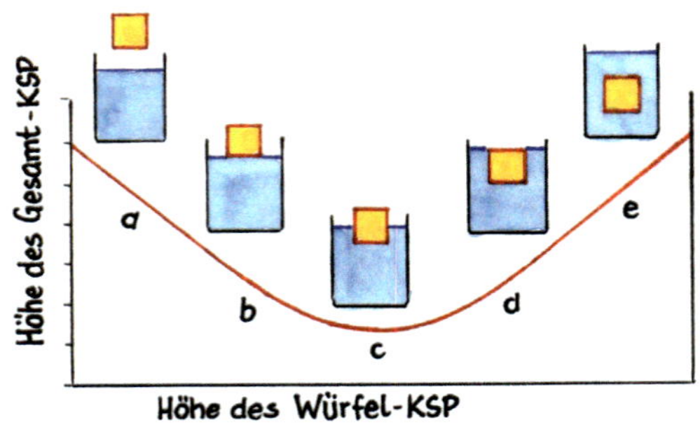

Abb. 4.28 Veränderung der Höhe des gemeinsamen KSP, wenn du einen Gegenstand eintauchst, der die halbe Dichte von Wasser hat. Bei b berührt er gerade die Oberfläche und bei d taucht er ganz unter. Wenn er zur Hälfte eintaucht (c), ist die Höhe des Gesamt-KSP ein Minimum. Wenn du ihn noch weiter untertauchst, dann steigt der Gesamt-KSP wieder an. Deshalb stellt sich Zustand c von selbst ein.

Ein schwimmender Gegenstand befindet sich immer im **stabilen Gleichgewicht** (→ F 20). Wenn du ihn stärker eintauchst, dann wird er wie eine Kugel oder ein Pendel eine Zeit lang hin und her schwingen, bis er wieder die ursprüngliche Position erreicht hat. Warum sinkt ein Gegenstand ganz auf den Boden, wenn seine Dichte größer ist als Wasser? Weil erst am Boden der Gesamt-KSP ein Minimum hat. Alle Systeme stellen sich auf Dauer so ein, dass E_{pot} ein Minimum wird!

INFO

Archimedes

Das Prinzip des Auftriebs in einer Flüssigkeit wurde schon vor über 2000 Jahren vom griechischen Gelehrten ARCHIMEDES entdeckt und auch nach ihm benannt. Normalerweise wird es mit dem Wasserdruck erklärt und nicht mit der potenziellen Energie. Aber natürlich hängen beide Erklärungen zusammen und ergänzen einander. Es ist ähnlich wie in Abb. 4.16 und Abb. 4.17: Wenn ein Körper schwimmt, dann sind dieser und das Wasser gemeinsam im stabilen Gleichgewicht (also der Gesamt-KSP hat ein Minimum). Andererseits sind alle Kräfte im Gleichgewicht, nämlich der Auftrieb und die Gewichtskraft.

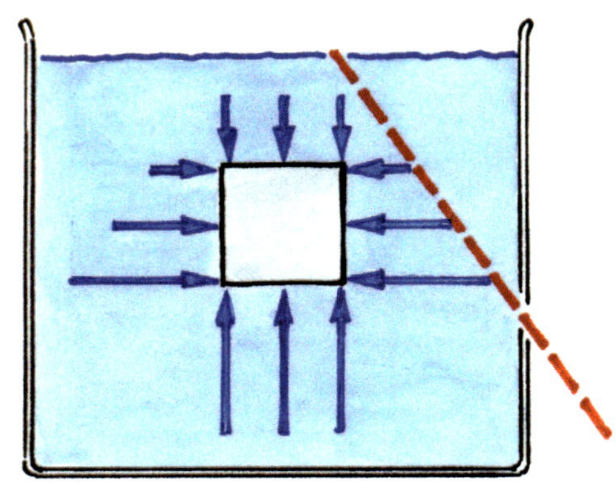

Abb. 4.29 Die Kraft auf den Gegenstand nimmt linear mit der Tiefe zu.

Zur Erinnerung:
Dichte: $\varrho = \frac{m}{V}$
Volumen $V = A \cdot h$
Tauchtiefe: h

Die **Auftriebskraft** kommt vom Wasserdruck, der mit der Tiefe zunimmt. Wenn du schon mal getaucht bist, kennst du das unangenehme Gefühl in den Ohren. Der Druck p ist allgemein Kraft F pro Fläche A: $p = F/A$. In Wasser ergibt sich die Kraft aus dem Gewicht F_G der darüber lastenden Flüssigkeitssäule:

$$p = \frac{F_G}{A} = \frac{m \cdot g}{A} = \frac{\varrho \cdot A \cdot h \cdot g}{A} = \varrho \cdot A \cdot h \cdot g \Rightarrow p \sim h$$

Der Druck nimmt somit linear mit der Tiefe zu. Also: doppelte Tiefe, doppelter Druck, dreifache Tiefe, dreifacher Druck und so weiter.
Dadurch ist an der Unterseite des Gegenstands der Druck und damit auch die Kraft in Summe größer (Abb. 4.29).

Je tiefer ein Gegenstand eintaucht, desto größer wird der Auftrieb. Der Gegenstand taucht genauso weit ein, dass Auftrieb und Gewichtskraft gleich groß sind (Abb. 4.30). Dann ist das System im stabilen Gleichgewicht und das bedeutet wiederum, dass der Gesamt-KSP ein Minimum hat.

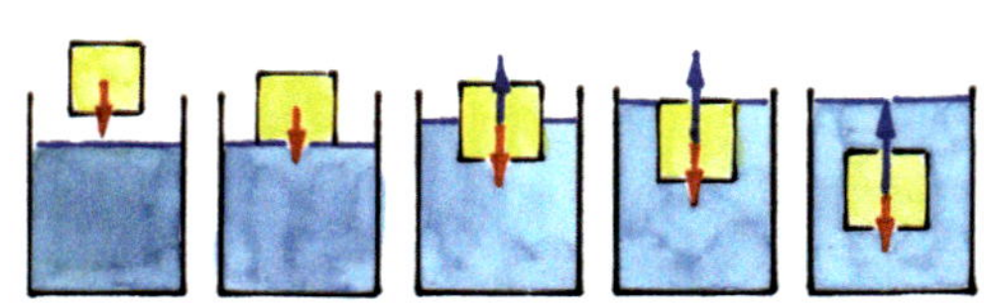

Abb. 4.30 Andere Sichtweise der Abb. 4.28. Wenn der Gegenstand zur Hälfte eintaucht, dann halten **Gewichtskraft und Auftrieb** einander genau die Waage. Es herrscht also ein Gleichgewicht der Kräfte.

ZUSAMMENFASSUNG

Das Entmischen von zwei Flüssigkeiten, das Schwimmen eines Gegenstandes und wie weit dieser eintaucht, können mit einem einzigen Prinzip erklärt werden: Systeme stellen sich so ein, dass der Gesamt-KSP und damit die E_{pot} minimiert werden.

Teste dich

Abb. 4.31 Der berühmteste schiefe Turm der Welt, vom dem aus Galilei – einem falschen Gerücht zufolge – Fallversuche durchgeführt haben soll.

Die **Lösungen** zu allen Fragen mit einem → L findest du unter dem Code j67th8 auf **www.klett.de!**

F 22 ● Kannst du ein einziges Buch so auf den Tisch legen, dass ¾ des Buches über die Tischplatte hinausragen? → L

F 23 ○ Erkläre genau, warum große Hochspringer im Vorteil sind. → L

F 24 ◒ In welcher Art von Gleichgewicht befinden sich die Blöcke in Abb. 4.15? → L

F 25 ◒ Wie kann man feststellen, ob der Schwerpunkt eines Autorades genau in der Achse liegt? Das nennt man übrigens statisch ausgewuchtet. → L

F 26 ◒ Wo liegt welches Gleichgewicht vor: Pendel, Schaukel, Handstand, Radfahren, Seiltanzen, Stehaufmännchen? → L

F 27 ○ Fasse die vier Möglichkeiten der Stabilitätsvergrößerung zusammen und versuche, weitere Beispiele zu finden.

F 28 ○ In welchem Gleichgewichtszustand befindet sich ein Auto? → L

F 29 ◒ In der Abbildung unten siehst du einen Frosch, seinen KSP und die Standfläche. Was passiert bei 2 und 3? Versuche diesen Sachverhalt auf den Gang des Menschen zu übertragen. → L

Abb. 4.32

F 30 ○ Archimedes war von König Hieron II von Syrakus beauftragt worden, herauszufinden, ob dessen Krone – wie bestellt – aus reinem Gold wäre, oder ob das Material durch billigeres Metall gestreckt worden war. Wie löste Archimedes diese Aufgabe? Suche dazu im Internet! → L

F 31 ◒ Berechne mit einem Tabellenkalkulationsprogramm die Summe der ersten 5, 10 und 50 Glieder der Folgen 1 + 1/2 + 1/4 + 1/8 … bzw. 1 + 1/2 + 1/3 + 1/4 + … Was kannst du feststellen? → L

F 32 ◒ Wenn man ein Objekt im KSP unterstützt, dann befindet es sich im Gleichgewicht weil a) sich auf allen Seiten gleiche Massen befinden. b) auf allen Seiten die gleichen Drehmomente herrschen (lies nach in Kap. 10.3). → L

F 33 ● In welchem Gleichgewicht befindet sich ein Radfahrer? → L

F 34 ◒ In welchem Gleichgewicht befindet sich der Schiefe Turm von Pisa (Abb. 4.32)? → L

F 35 ● In welchem Gleichgewicht befindet sich das Besteck in Abb. 4.6? → L

F 36 ● Halte deine Hände etwa einen Meter auseinander und lege einen beliebigen Stab über deine Zeigefinger – es kann auch ein Besenstiel sein. Bewege dann die Zeigefinger aufeinander zu (Abb. 4.33). Egal wie du das machst, wie durch ein Wunder wirst du immer unter dem KSP landen. Erkläre diesen Effekt! Hilfe: Sieh in Kap. 7.4.2 unter den Begriffen Haft- und Gleitreibung nach. → L

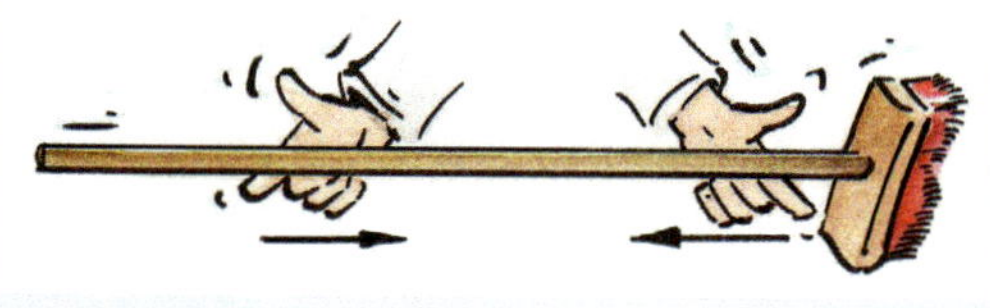

Abb. 4.33

F 37 ○ An welcher Stelle muss der Kellner das Tablett in Abb. 4.34 jeweils halten, damit es ihm nicht aus der Hand rutscht? → L

Abb. 4.34

F 38 ◒ Unter einem Grand jeté (Abb. 4.35) versteht man salopp gesagt einen Spagat in der Luft. Die Tänzerin scheint dabei durch die Luft zu schweben und der Kopf beschreibt nicht eine Flugparabel, sondern eine viel flachere Kurve als erwartet. Erkläre diesen Effekt. → L

Abb. 4.35

5 Geradlinige Bewegungen

In diesem Kapitel geht es um alle möglichen Formen von geradlinigen Bewegungen. Solche Bewegungen nennt man auch **Translationen**. Wir werden wieder nach dem Prinzip vorgehen, dass wir von den einfachen zu den komplizierten Fällen gehen. Was ist der einfachste Fall einer Bewegung? Wenn die Geschwindigkeit gleich bleibt! Weil dann keine Beschleunigungen auftreten, spricht man von **unbeschleunigter** oder auch **gleichförmiger Bewegung**. Diese kommt im Alltag nicht sehr häufig vor, aber sie ist am einfachsten zu beschreiben. Das Gegenteil davon, also wenn sich die Geschwindigkeit in irgendeiner Form verändert, sind die **ungleichförmigen** oder **beschleunigten Bewegungen**. Diese kann man weiter unterteilen in gleichmäßig beschleunigte und ungleichmäßig beschleunigte Bewegungen. Letztere kommen zwar am häufigsten vor, sind aber am schwierigsten zu beschreiben. Deshalb nehmen wir sie uns zum Schluss vor.

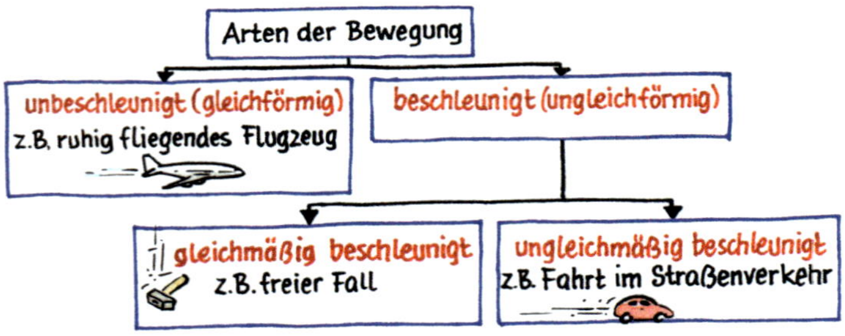

Abb. 5.1 Einteilung der Bewegungsarten

Rotationen sind ein spezieller Fall der **beschleunigten Bewegungen** und werden extra behandelt (siehe Kap. 10). Dabei dreht sich der Geschwindigkeitsvektor. In diesem Kapitel geht es nur um Translationen, also um Bewegungen entlang einer Linie, bei denen sich der Geschwindigkeitsvektor nicht dreht.

5.1 Das fliegende Klassenzimmer

Gleichförmige Bewegung

In diesem Abschnitt geht es um die einfachste Bewegung: die unbeschleunigte. Diese Bewegung ist etwas ganz Besonderes. Sie spielt bei einer der spektakulärsten Theorien der Physik eine große Rolle, nämlich in der Relativitätstheorie.

F1 ○ Was versteht man unter einem Bezugssystem? Lies in Kapitel 3.2 noch einmal nach!

F2 ◒ Das Auto in Abb. 5.2 fährt mit konstant 10 m/s über einen Hügel. Handelt es sich dabei um eine beschleunigte Bewegung oder nicht?

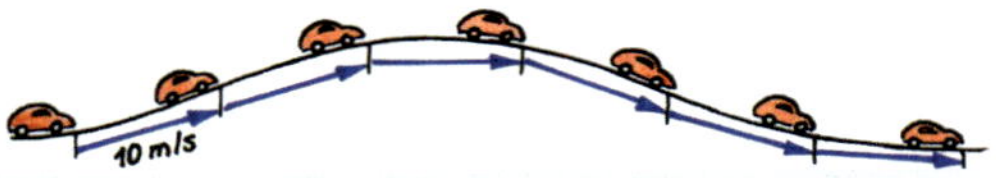

Abb. 5.2 Gleichförmige Bewegung oder nicht?

F3 ● Du sitzt in einem fensterlosen Kasten, der sich mit gleicher Geschwindigkeit, also unbeschleunigt, dahinbewegt (Abb. 5.3 links). Kannst du diese Bewegung irgendwie feststellen? Und wie ist das, wenn der Kasten in irgendeiner Weise beschleunigt (rechts)?

Abb. 5.3 Wann kannst du die Bewegung feststellen?

F4 ○ Welche der folgenden Begriffe sind relativ bzw. absolut: groß, leicht, schnell, lang, dünn, Geschwindigkeit, Beschleunigung?

F5 ● Du fliegst mit einem Raumschiff im Weltall. Rund herum … nichts. Kannst du mit irgendeinem Messgerät deine Geschwindigkeit feststellen? Wenn ein anderes Raumschiff an dir vorbeifliegt, kannst du dann feststellen, wie schnell du fliegst und wie schnell das andere?

Es ist wichtig, sich in Erinnerung zu rufen, dass die Geschwindigkeit als Vektor beschrieben wird. Dieser hat **Betrag** und **Richtung**. Von einer unbeschleunigten Bewegung darf man nur dann sprechen, wenn sich **beide Eigenschaften** nicht verändern (siehe Kap. 3.1).

Intuitiv würde man sagen, dass das Auto in Abb. 5.2 unbeschleunigt dahinfährt. Das ist aber nicht der Fall! Der Betrag des Vektors, also das Tempo, bleibt zwar gleich, aber seine Richtung ändert sich. Die Beschleunigung spürst du, indem du am Fuße des Hügels etwas in den Sitz gedrückt und an der höchsten Stelle etwas leichter wirst (→ F2).

Eine unbeschleunigte (gleichförmige) Bewegung liegt dann vor, wenn du gar **nicht spürst**, dass du dich bewegst! Wenn die Geschwindigkeit gleich bleibt, wirst du weder schneller noch langsamer, noch gibt es Kurven. Alles erscheint ganz normal und gewohnt zu sein. Wenn sich das ganze Klassenzimmer mit – sagen wir – halber Lichtgeschwindigkeit, aber völlig gleichförmig bewegen würde, würdest du das nicht spüren. So wie auch in einem Flugzeug alles ganz normal abläuft: Ein Flugzeug mit geschlossenen Fenstern ist wie der Kasten in Abb. 5.3. Das Verblüffende daran: Du kannst in einer solchen Situation nicht einmal messen, dass du dich bewegst (→ F3).

INFO

Ein bisschen Relativitätstheorie

Wenn Nicht-Physiker über die **Relativitätstheorie** sprechen, dann sagen sie oft augenzwinkernd: „Alles ist relativ". Das stimmt so natürlich nicht, weil es auch Absolutes gibt, etwa die Beschleunigung. Aber die **Geschwindigkeit** ist wirklich **relativ**. Das hat bereits Galileo Galilei mehr als 300 Jahre vor Albert Einstein entdeckt.

Galilei soll auf einem Schiff gleichmäßig dahingefahren sein, als er ein Glas mit Fischen betrachtet hat. Man könnte ja annehmen, dass sich die Fische auf der Seite des Glases befinden, die **gegen** die Fahrtrichtung zeigt, weil das Schiff ja unter ihnen wegfährt. Wenn das Schiff aber nicht beschleunigt, wenn es also ganz gleichmäßig dahinfährt, dann merken die Fische gar nichts von dieser Bewegung. Galilei kam daher zu dem Schluss, dass man mit keinem mechanischen Experiment eine unbeschleunigte Bewegung feststellen kann. Das nennt man den **„Satz von Galilei"** oder auch das **klassische Relativitätsprinzip**.

Abb. 5.4 Galilei und das Fischglas

Einstein ging **1905** noch einen großen Schritt weiter, indem er behauptete, dass man ganz allgemein mit keinem Experiment – also z. B. auch nicht mit einem optischen – bestimmen kann, dass man sich unbeschleunigt bewegt. Es gibt also kein einziges Experiment, mit dem du die gleichförmige Bewegung eines Flugzeuges feststellen kannst, wenn du drin sitzt. Das nennt man das **moderne Relativitätsprinzip**. Das klingt jetzt vielleicht harmlos, aber alleine aus dieser Annahme lassen sich die absurden, aber gut bestätigten Effekte der **Relativitätstheorie** ableiten (siehe z. B. → F9).

Relativ bedeutet **vergleichsweise**. Eigenschaften, die sich verändern, je nachdem womit man sie vergleicht, sind relativ. Ein Mensch ist relativ groß und schwer – aus der Sicht einer Ameise. Ein Mensch ist relativ klein und leicht – aus der Sicht eines Elefanten. Ob etwas groß oder klein ist, hängt also vom Vergleich ab und ist daher eine relative Eigenschaft.

Auch **Geschwindigkeiten** sind **relativ** (→ F4)! Wie groß sie gemessen werden, ist eine Frage des Bezugssystems (siehe auch → F7). Eine Tasse am Tisch im Flugzeug bewegt sich aus deiner Sicht nicht, aber aus der Sicht einer Person am Boden mit 250 m/s. Welche Ansicht ist richtig? Beide! Es ist eben nur eine Frage des Bezugssystems!

Übrigens: Wenn du meinst, dass du jetzt gerade ruhig im Sessel sitzt, dann ist das ebenfalls Ansichtssache. Du bist relativ zur Erde in Ruhe! Aber die Erde selbst bewegt sich mit 30 km/s (108 000 km/h!) um die Sonne! Aus der Sicht der Sonne hast du also eine Mordsgeschwindigkeit.

Relative Größen brauchen zur Bestimmung immer einen **Vergleich**. Du kannst sie nicht alleine bestimmen. Das ist der springende Punkt! Wenn du im tiefsten Weltall fliegst, wo es keine Vergleichspunkte gibt (etwa einen Planeten), kannst du nicht messen, ob du dich bewegst (→ F5). Und wenn ein anderes Raumschiff an dir vorbeifliegt, dann kannst du auch nur feststellen, wie groß die Geschwindigkeiten relativ zueinander sind. Du kannst aber nicht sagen „Ich bin in Ruhe und der andere fliegt an mir vorbei" oder auch umgekehrt.

Bei **Beschleunigungen** (also Geschwindigkeitsänderungen) ist das anders. Beschleunigungen sind **absolut** (→ F3, F4). Absolut bedeutet „losgelöst". Man muss also nicht vergleichen. Wenn du in einem Flugzeug sitzt, das beschleunigt, dann kannst du das spüren und natürlich auch messen. Beschleunigung kannst du ganz alleine im tiefsten Weltall messen, ohne irgendeinen Bezugspunkt.

Wenn keine Beschleunigungen in irgendeiner Form auftreten, dann spricht man in der Physik von einem **Inertialsystem** (siehe auch Kap. 7.2). Man kann also sagen: Wenn du dich in einem völlig ruhig fliegenden Flugzeug befindest, dann befindest du dich in einem Inertialsystem. In diesen Systemen funktioniert daher alles ganz normal. Wenn das Flugzeug schneller oder langsamer wird, dann ist es kein Inertialsystem mehr. Das kannst du auch spüren. Es könnte dann sein, dass der Kaffee überschwappt oder du mit dem Zuckerstück die Tasse verfehlst.

Abb. 5.5 Wenn ein Flugzeug schneller oder langsamer wird, wenn es eine Kurve fliegt oder ruckelt, dann liegt eine Beschleunigung vor und die kann man dann spüren, weil sie absolut ist.

ZUSAMMENFASSUNG

Die unbeschleunigte Bewegung ist etwas ganz Besonderes. Wenn man sich gleichförmig bewegt, dann merkt man das nicht. Man befindet sich dann in einem Inertialsystem und alles funktioniert normal. Man braucht einen Bezugspunkt, also etwas Zweites, um diese Form der Bewegung festzustellen. Das macht die Geschwindigkeit relativ. Beschleunigungen sind aber absolut. Diese kann man messen und spüren, ohne dass man vergleichen muss.

5.2 Zum Rande der Galaxis

Beschreibung der Geschwindigkeit

In diesem Abschnitt geht es um die mathematische Beschreibung der Geschwindigkeit, und wir machen noch mal einen kleinen Ausflug in Einsteins Welt.

F6 ◒ Zwei Radfahrer fahren mit 10 km/h aufeinander zu. Als sie genau 10 km voneinander entfernt sind, startet eine Fliege mit 30 km/h vom Vorderrad des rechten Fahrers, fliegt zum Vorderrad des linken Fahrers, wieder zurück und so weiter. Welche Strecke legt sie zurück, bis sich die Fahrer in der Mitte treffen?

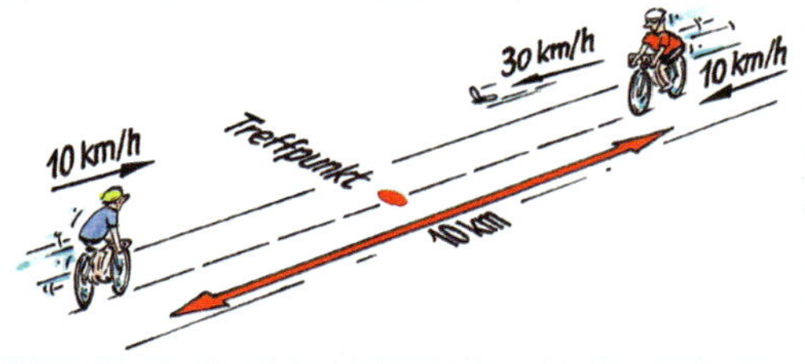

Abb. 5.6

F7 ◒ Herr Müller macht einen Spaziergang mit seinem Hund. In welche Richtung (also nach vorne, seitlich, ...) muss er den Stock werfen, damit der Hund während des Spaziergangs möglichst viel Weg zurücklegt? → L

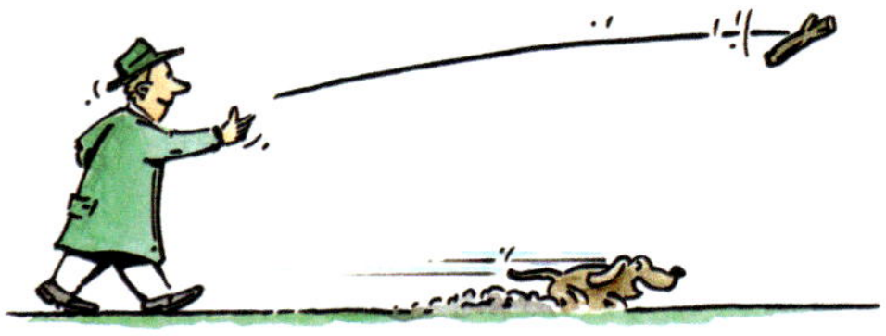

Abb. 5.7

F8 ◒ Wenn du die Sekunden zwischen Blitz und Donner zählst und dann durch 3 dividierst, weißt du, wie viele Kilometer der Blitz weg war! Wie groß ist daher die Schallgeschwindigkeit etwa?

F9 ● Du fährst in einem Cabrio mit 5 m/s und wirfst einen Ball mit 10 m/s nach vorne (Abb. 5.8 a). Wie schnell ist der Ball aus der Sicht eines am Wege stehenden Beobachters? Du fliegst mit einem Raumschiff mit halber Lichtgeschwindigkeit (*c*/2) und sendest einen Lichtstrahl nach vorne aus (b). Wie schnell ist der Lichtstrahl aus Sicht eines Beobachters auf der Erde?

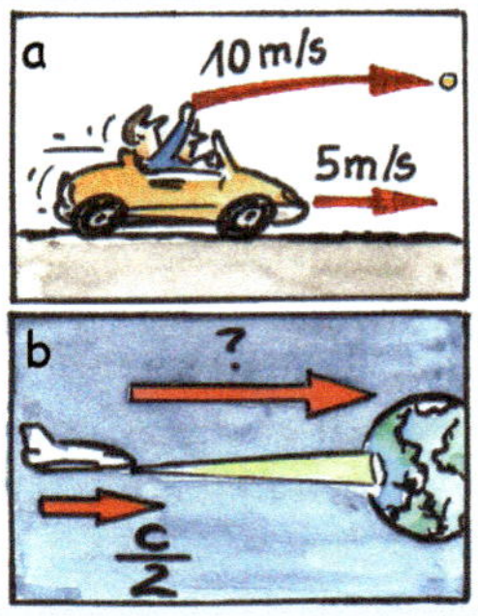

Abb. 5.8

Auf dem **Tachometer** ist die Geschwindigkeit in km/h angegeben und somit immer noch nicht in **SI-Einheiten**. Die Menschen haben sich einfach schon zu sehr daran gewöhnt. Auf jeden Fall kannst du an der Einheit sehen, dass die Geschwindigkeit als Weg pro Zeit (wenn man ganz genau ist: als Weglänge pro Zeitdauer) definiert ist, also z. B. in Kilometern pro Stunde.

INFO **km/h**

Welcher **Zusammenhang** besteht zwischen den Einheiten **m/s** und **km/h**? Eine Stunde hat 60 Minuten zu je 60 Sekunden, also 3600 Sekunden. Wenn du dich mit 1 m/s bewegst, dann legst du also 3600 m in einer Stunde zurück und das sind 3,6 km. Die Umrechnung lautet daher:

1 m/s = 3,6 km/h
1 km/h = 1 m/s : 3,6 ≈ 0,28 m/s

FORMEL Geschwindigkeit

$\vec{v} = \frac{\Delta \vec{s}}{\Delta t} \Rightarrow \Delta \vec{s} = \vec{v} \cdot \Delta t$

$\vec{v}$ ... Geschwindigkeit
$\Delta \vec{s}$ ... Weglänge
Δt ... Zeitintervall

$[v] = \frac{m}{s}$ (Kurzform für: v in der Einheit $\frac{m}{s}$)
$[\Delta s]$ = m
$[\Delta t]$ = s

Natürlich lässt sich die Gleichung auch so umformen, dass der Weg auf einer Seite steht. Damit lässt sich → F6 einfach lösen. Die Radfahrer brauchen genau eine halbe Stunde, bis sie sich treffen. Die Fliege fliegt also ½ Stunde lang mit 30 km/h. Ihr Weg ist somit 30 km/h · ½ h = 15 km!

Beispiel	m/s	Kommentar
Haarwuchs	$4 \cdot 10^{-9}$	umgerechnet 1 mm in drei Tagen
Weinbergschnecke	$8{,}3 \cdot 10^{-4}$	entspricht etwa 3 m pro Stunde
Mensch, Gehen	1	Bummeltempo
Mensch, Marathon	5,12/5,78	errechnete Durchschnittsgeschwindigkeit beim Marathon-Weltrekord Frauen/Männer (Stand 2018)
Mensch, Sprint	12,5	maximale gemessene Geschwindigkeit beim 100-m-Sprint der Männer; entspricht über 44 km/h
Gepard	28 bis 33	etwa 100 bis 120 km/h; schnellstes Säugetier
Schall in Luft, 20 °C	342	Schall benötigt in der Luft etwa 3 Sekunden pro km (→ F8). Die Geschwindigkeit v ist von der Temperatur abhängig ($v \approx 20 \cdot \sqrt{T}$).
Satellit	$7{,}9 \cdot 10^3$	Geschwindigkeit für Kreisbahn um die Erde
Satellit	$11{,}2 \cdot 10^3$	Geschwindigkeit, um Erde zu verlassen; ist um den Faktor 10^4 kleiner als c
Lichtgeschwindigkeit (c)	$3 \cdot 10^8$	höchstmögliche Geschwindigkeit im gesamten Universum

Tab. 5.1 Einige Beispiele zu Geschwindigkeiten

In Tab. 5.1 siehst du einige Beispiele für Geschwindigkeiten. Du siehst, dass zwischen dem Wachstum deiner Haare und der **Lichtgeschwindigkeit** beachtliche 17 Größenordnungen liegen! Die Lichtgeschwindigkeit hat zwei Eigenschaften, die ganz besonders hervorzuheben sind. Beide sind eng mit der Relativitätstheorie verknüpft.

Wenn du im Cabrio den Ball nach vorne wirfst (→ F9), dann hat er für einen Beobachter auf der Straße 15 m/s. Das war leicht. Wie ist es aber mit dem Lichtstrahl? Man würde denken, dass er aus der Sicht eines Erdlings 1,5 *c* haben müsste. Geschwindigkeitsaddition eben! Verblüffenderweise hat der Lichtstrahl aber sowohl für den Raumfahrer als auch für den Erdling genau *c*. Die **Lichtgeschwindigkeit** ist die einzige Geschwindigkeit, die **immer gleich groß ist**, egal von welchem Bezugssystem aus du misst. Die Lichtgeschwindigkeit ist daher absolut!

Wenn dich das verwirrt, dann bist du in bester Gesellschaft. Denn auch die Physiker in aller Welt waren sehr verwirrt, als Einstein 1905 genau das und noch vieles andere behauptet hat. Die Relativitätstheorie ist eine harte Nuss und wird später ganz ausführlich besprochen.

Außerdem ist *c* die **höchste erreichbare Geschwindigkeit**. Niemand und nichts kann die Lichtgeschwindigkeit erreichen oder sogar überschreiten – soweit wir heute wissen. Würdest du ein Raumschiff erfinden, das doch den Sprung über *c* schafft, hättest du Einstein widerlegt, den Nobelpreis sicher und wärst dazu noch stinkreich.

INFO **Bummeltempo**

Abb. 5.9

Wenn du locker gehst, lässt du deine Beine ohne Muskelanstrengung wie ein **Pendel** schwingen (siehe Kap. 12.1). Die Dauer einer Schwingung hängt nur von der Pendellänge ab und beträgt:

$t = 2\pi\sqrt{\frac{l}{g}}$

Das ist die Zeit für einmal Hin- und Herschwingen. Ein **Schritt** ist nur eine **halbe Schwingung**, also fällt der Faktor 2 weg. Die Pendellänge ist der Abstand zwischen Drehpunkt (also dem Hüftgelenk) und dem KSP des Beines. Den nehmen wir bei der halben Beinlänge an und sagen, die Pendellänge ist 0,5 m. $\vec{g}$ ist die Erdbeschleunigung und rund 10 m/s² (siehe Kap. 5.4.1). Macht also:

$t_{\text{schnitt}} = \pi\sqrt{\frac{l}{g}} = 3{,}14 \cdot \sqrt{\frac{0{,}5}{10\,\text{s}}} = 3{,}14 \cdot 0{,}22\,\text{s} \approx 0{,}7\,\text{s}$

Wenn du das Bein locker schwingen lässt, dann dauert ein Schritt also 0,7 s. Wenn dein Schritt 0,7 m lang ist, ergibt das eine **Geschwindigkeit** von $v = \frac{s}{t} = \frac{0{,}7\,\text{m}}{0{,}7\,\text{s}} =$ **1 m/s oder 3,6 km/h**. Das ist eine vernünftige Abschätzung fürs Schlendern – nur mit Hilfe der Pendelgleichung!

INFO **Schneller als das Licht**

Es gibt zwei Gründe, warum in allen **Science-Fiction-Filmen** Raumschiffe schneller als *c* fliegen können. Erstens ist das natürlich unglaublich faszinierend und Filme sind ja dazu da, um uns zu faszinieren, und nicht, um dein physikalisches Wissen zu erweitern. Weltallmärchen sozusagen!

Der zweite Grund ist der, dass die Filme sonst sehr langweilig wären. Zum nächsten Stern bräuchte man mit unserer heutigen Technik etwa **100 000 Jahre** und sogar mit Lichtgeschwindigkeit noch über 4 Jahre. Du siehst, aus dramaturgischer Sicht ist Überlichtgeschwindigkeit sehr wichtig! (Anm.: Bei nahe *c* würde für die Raumfahrer die Zeit wesentlich langsamer vergehen. Diesen Effekt entdeckte Albert Einstein und man nennt ihn Zeitdehnung oder Zeitdilatation. Trotzdem wären mit realistischer Technik astronomische Entfernungen nicht in menschlicher Lebenszeit zurückzulegen).

Abb. 5.10 Science-Fiction-Film mit heute möglicher Geschwindigkeit

ZUSAMMENFASSUNG

Mit Gleichungen lassen sich viele Probleme oft ganz leicht lösen. Alle Geschwindigkeiten sind relativ und vom Bezugssystem abhängig, nur die Lichtgeschwindigkeit ist absolut. Diese Tatsache ist eine der Säulen der Relativitätstheorie.

5.3 Ein Bild sagt mehr als 1 000 Worte

Geschwindigkeitsdiagramme

So wie du Wörter lesen lernen musstest, musst du auch lernen, wissenschaftliche Diagramme zu „lesen“. In ihnen steckt oft sehr viel Information auf einmal. Wir fangen aber einfach an.

Abb. 5.11 zeigt den Weg eines geworfenen Stöckchens von der Seite. Auf beiden Achsen ist also ein Ort eingezeichnet. Man spricht dann von einem **Ort-Ort-Diagramm**. Du siehst also praktisch den Flug des Gegenstandes durch den Raum. Solche Diagramme sind einfach zu „lesen“, weil man sie im Kopf nicht „übersetzen“ muss. Bei den meisten Diagrammen kommen aber auch andere Achsen vor. Sie sind zwar dadurch schwerer zu lesen, es ist aber oft viel Information in ihnen enthalten (etwa Abb. 5.38). Das macht sie für die Physik unverzichtbar. Außerdem kann man mit ihnen Gleichungen visuell umsetzen.

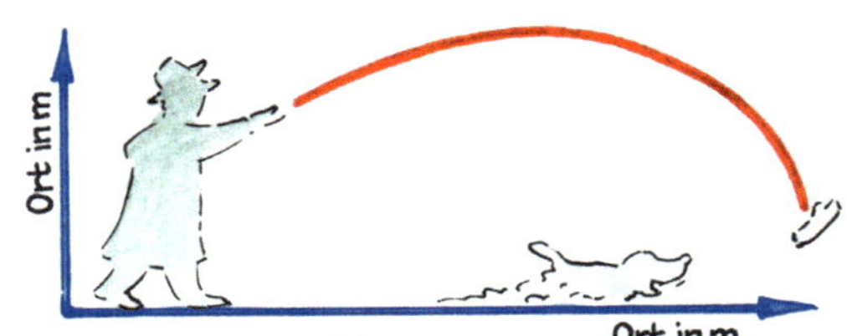

Abb. 5.11 Ein Ort-Ort-Diagramm

Abb. 5.12 zeigt ein **Zeit-Geschwindigkeit-Diagramm** (t-v-Diagramm) von drei unbeschleunigten Bewegungen. Die Linien sind horizontal, weil sich die Geschwindigkeiten ja nicht ändern. Die Fläche unter der Geraden (für 2 m/s gelb eingezeichnet) stellt in einem t-v-Diagramm immer die zurückgelegte Weglänge dar. Wir werden das später noch einmal brauchen.

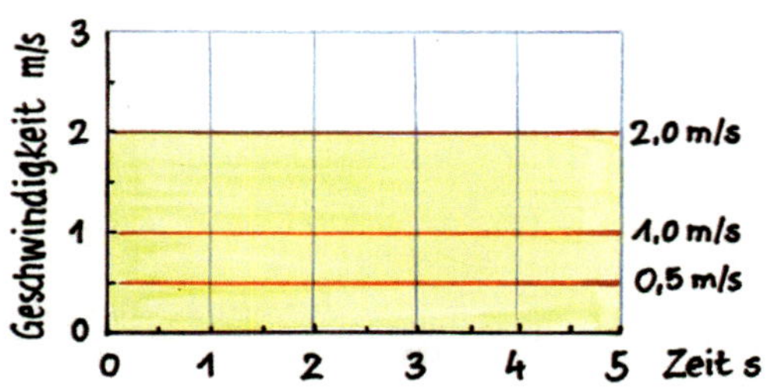

Abb. 5.12 Zeit-Geschwindigkeit-Diagramm. Welchen Weg legt ein Objekt in 5 Sekunden zurück, wenn es sich mit 2 m/s bewegt? 2 m/s · 5 s = 10 m. Die zurückgelegte Weglänge (= Geschwindigkeit mal Zeit) entspricht der (gelben) Fläche unter der Kurve.

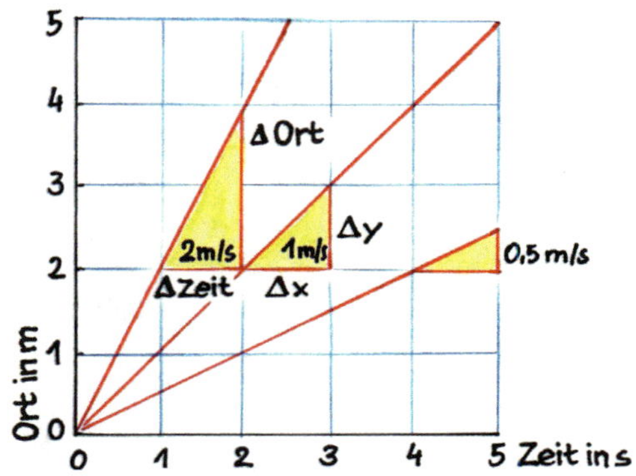

Abb. 5.13 Zeit-Ort-Diagramm von drei Bewegungen. Anstieg: Δ Ort / Δ Zeit = Geschwindigkeit

Abb. 5.13 zeigt ein **Zeit-Ort-Diagramm** (t-s-Diagramm) von denselben drei Bewegungen. Am Anstieg der Geraden ist die Höhe der Geschwindigkeit zu erkennen.

Diese ist ja Weglänge pro Zeitspanne. In beiden Diagrammarten steckt im Prinzip dieselbe Information über eine Bewegung. Manchmal lassen sich Dinge aber mit dem einen, manchmal mit dem anderen besser veranschaulichen.

ANWENDEN

Rennkäfer

F 10 ◒ Ein Rennkäfer läuft entlang einer Wand. Die Bewegung, die er ausführt, ist im **Zeit-Ort-Diagramm** in Abb. 5.14 dargestellt. Beschreibe sie zuerst qualitativ. Mit welcher Geschwindigkeit bewegt er sich in den einzelnen Teilstücken? Übertrage die dargestellte Bewegung in das Zeit-Geschwindigkeit-Diagramm in Abb. 5.15. Wie kannst du dort grafisch beweisen, dass der Käfer nach 8 Sekunden wieder am Ausgangsort steht? → L

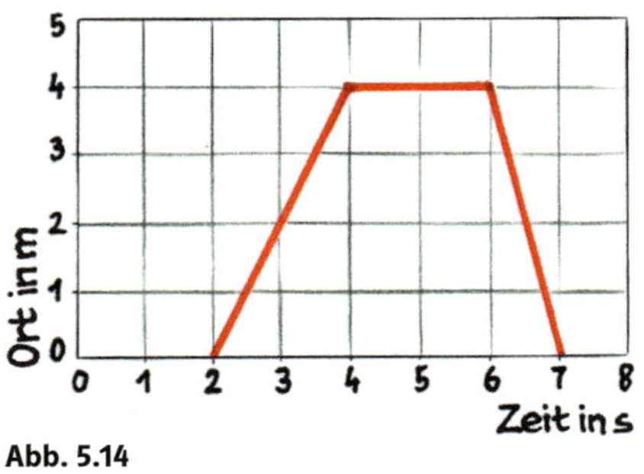

Abb. 5.14

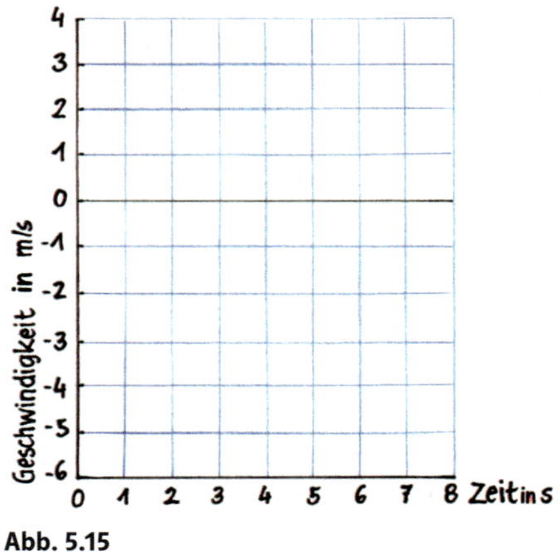

Abb. 5.15

ZUSAMMENFASSUNG

Bewegungen lassen sich mit Zeit-Ort- (t-s-) und Zeit-Geschwindigkeit-Diagrammen (t-v-) darstellen. Der Anstieg im t-s-Diagramm gibt die Geschwindigkeit an, die Fläche unter der Kurve im t-v-Diagramm die zurückgelegte Weglänge.

5.4 Vollbremsung und freier Fall

Gleichmäßig beschleunigte Bewegungen

Unter einer gleichmäßig beschleunigten Bewegung versteht man, dass die Geschwindigkeitsänderung pro Zeit gleich bleibt. Wir sehen uns dazu zwei Beispiele aus dem Alltag an: den freien Fall und eine Vollbremsung beim Autofahren.

Abb. 5.16

5.4.1 Freier Fall

F11 ● Dem Dachdecker fällt der Hammer runter. Nach einer Sekunde ist dieser ein Stockwerk tief gefallen. Wo ist er nach zwei und nach drei Sekunden? Bedenke, dass der freie Fall eine gleichmäßig beschleunigte Bewegung ist!

F12 ● Ein Stein, den du vom Balkon im ersten Stock fallen lässt (aber Achtung bitte!), prallt mit einer bestimmten Geschwindigkeit am Boden auf. Aus dem wievielten Stock muss er fallen, damit die Geschwindigkeit am Boden doppelt so groß ist? Und wie wäre das auf dem Mond (wenn es dort Häuser gäbe)?

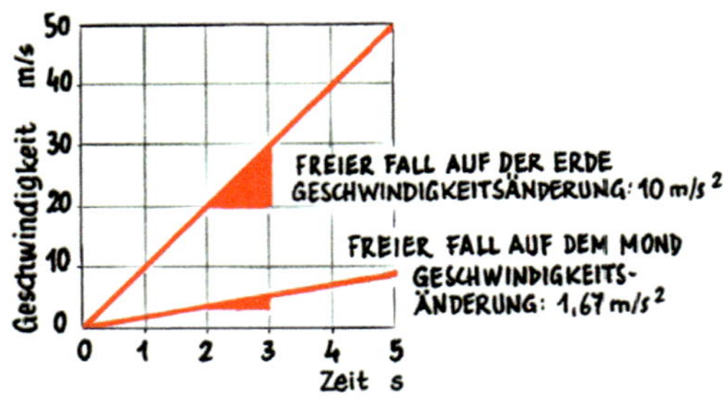

Abb. 5.17 *t-v*-Diagramm für frei fallende Gegenstände auf Erde und Mond. Vergleiche mit Abb. 5.11. Verwechsle den Anstieg in diesem Diagramm nicht mit Abb. 5.12. Jenes sieht zwar ähnlich aus, ist aber ein *t-s*-Diagramm!

Wir **vernachlässigen** im Folgenden jetzt einmal den **Luftwiderstand**! Abb. 5.17 zeigt die Geschwindigkeitsänderung von frei fallenden Gegenständen auf Erde und Mond. Du siehst, dass die Geschwindigkeit in beiden Fällen gleichmäßig mit der Zeit anwächst. Hier handelt es sich daher um **gleichmäßige Beschleunigungen** (vergleiche mit Abb. 5.12).

Der Anstieg einer Geraden im *t-v*-Diagramm ist ein Maß für die Geschwindigkeitsänderung, also für die **Beschleunigung**. Auf der Erde hat ein Gegenstand nach einer Sekunde 10 m/s, nach zwei Sekunden 20 m/s und so weiter. Pro Sekunde nimmt die Geschwindigkeit im freien Fall um 10 m/s zu. 10 m/s pro Sekunde sind 10 (m/s)/s oder 10 m/s². Daher sagt man, dass die **Erdbeschleunigung** ($\vec{g}$) 10 m/s² beträgt. Auf dem Mond beträgt die Gravitation nur 1/6. Deshalb ist die Mondbeschleunigung nur 1,67 m/s². Allgemein ist die Beschleunigung als Geschwindigkeitsänderung pro Zeit definiert.

FORMEL Beschleunigung

$$a = \frac{\Delta \vec{v}}{\Delta t} \Rightarrow \Delta \vec{v} = \vec{a} \cdot \Delta t$$

$\vec{a}$ ... Beschleunigung — $[a] = \frac{[\Delta v]}{[t]} = \frac{m}{s \cdot s} = \frac{m}{s^2}$

$\Delta \vec{v}$ ... Geschwindigkeitsänderung — $[\Delta v] = \frac{m}{s}$

Δt ... Zeitintervall — $[\Delta t] = s$

INFO Erdbeschleunigung $\vec{g}$

Wenn es **ums Prinzip** geht, dann kommt man sehr gut zurecht, wenn man für die Erdbeschleunigung 10 m/s² annimmt. Wenn man es genauer will, dann nimmt man in unseren Breiten 9,81 m/s². Der Unterschied ist weniger als 2 %! Aber der Wert ist nicht überall auf der Erde gleich groß.

$\vec{g}$ hängt zunächst einmal von der **geografischen Breite** ab. Am kleinsten ist es am Äquator (Breite 0°), am größten am Pol (Breite 90°). Außerdem hängt $\vec{g}$ von der Seehöhe ab – je höher man ist, desto geringer wird der Wert. Aber selbst auf den höchsten Bergen wäre $\vec{g}$ nur um etwa 10^{-2} m/s² kleiner als am Meer. Die folgenden Angaben beziehen sich aufs Meeresniveau, bei den Städten ist die Seehöhe miteinbezogen.

Ort	Pol	Hamburg	Frankfurt a. M.	München	Äquator
$\vec{g}$ in m/s²	9,832	9,8137	9,8127	9,8073	9,780

Tab. 5.2 Erdbeschleunigung in Abhängigkeit vom Ort: Die Werte für Pol und Äquator gelten auf Meeresniveau.

Wenn man es aber noch genauer haben will, dann muss man zusätzlich berücksichtigen, dass die **Masse der Erde** nicht gleichmäßig verteilt ist, was zu Abweichungen vom berechneten Wert führt (Abb. 5.18). Diese Abweichungen kann man nur experimentell bestimmen, und sie liegen in der Größenordnung von 10^{-3} m/s².

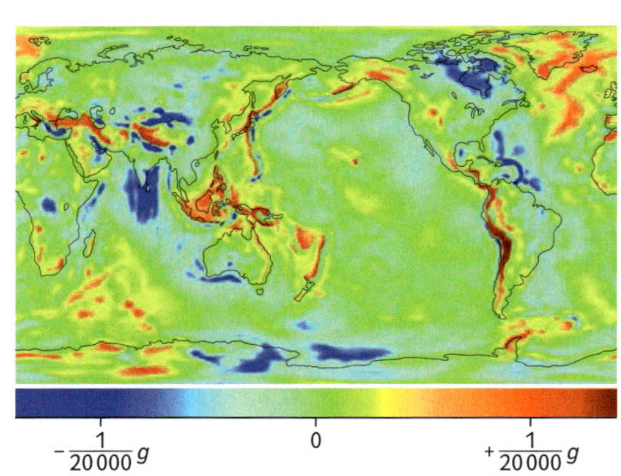

Abb. 5.18 Abweichung zwischen dem theoretischen Wert von $\vec{g}$ und dem tatsächlichen. In roten Bereichen ist der gemessene Wert höher, in blauen tiefer als vorhergesagt.

Erinnere dich: Die Fläche unter der ***t-v*-Kurve** gibt den zurückgelegten Weg an. In Abb. 5.19 sind die Dreiecke für den freien Fall auf der Erde für die ersten drei Sekunden herausgezeichnet und nebeneinander gestellt. Die Fläche eines Dreiecks ist „Seite mal Seite halbe". Daher ergeben sich folgende Fallstrecken für die **ersten drei Sekunden**: 5 m, 20 m und 45 m. Die Fallstrecke wächst nicht linear, sondern mit dem Quadrat der Zeit!

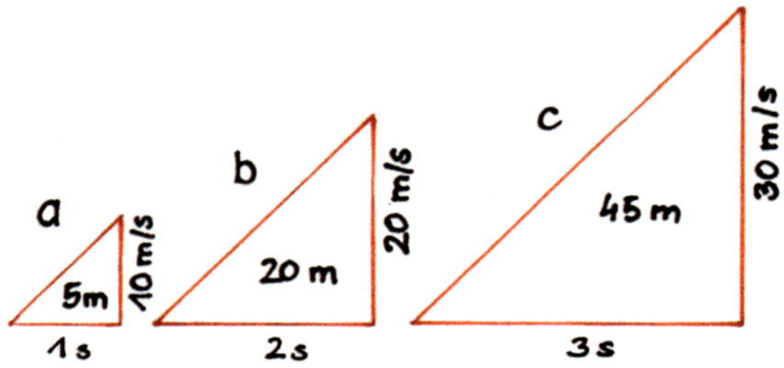

Abb. 5.19 Die Fläche unter der *t-v*-Kurve ergibt die Fallstrecke in Metern, also zum Beispiel bei a (1 s · 10 m/s) : 2 = 5 m und so weiter.

Nach zwei Sekunden hat sich die Fallstrecke vervierfacht, nach drei Sekunden verneunfacht und so weiter. Damit lässt sich **F 11** beantworten. Wenn der Hammer **nach einer Sekunde ein Stockwerk** tief ist (5 m), dann ist er **nach zwei Sekunden** bereits **vier Stockwerke** tief gefallen (20 m) und nach **drei Sekunden** wäre er schon **neun Stockwerke** tief (45 m). Es handelt sich ja hier um eine beschleunigte Bewegung.

Abb. 5.20 ist ein ***t-s*-Diagramm** der beiden Fallbewegungen auf Erde und Mond. Du siehst, dass in beiden Fällen die Fallstrecke nicht linear ansteigt (vergleiche mit Abb. 5.12). Beim Fall auf der Erde sind die **Fallstrecken** extra eingetragen. Wir werden diese Werte noch öfter brauchen.

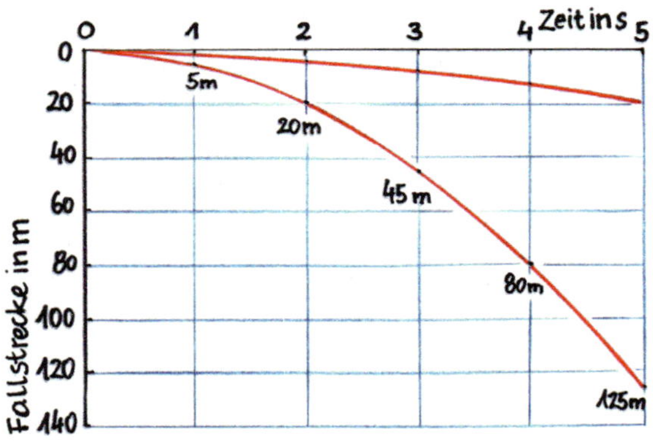

Abb. 5.20 *t-s*-Diagramm eines **freien Falls** auf **Erde** (untere Kurve) und **Mond**. Die y-Achse ist umgedreht, um die Falltiefe besser zu verdeutlichen.

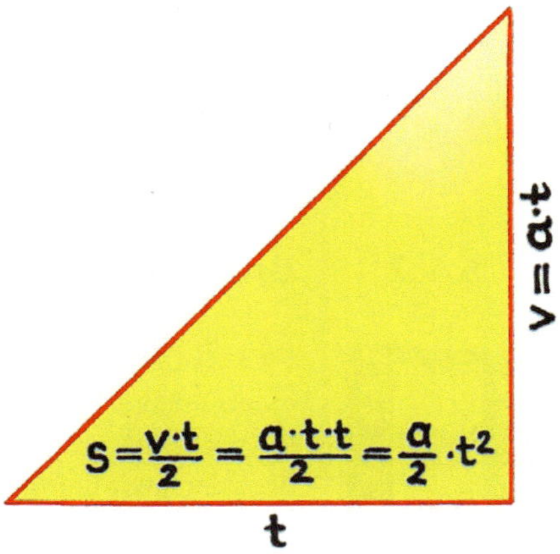

Abb. 5.21 Grafische Ableitung der Gleichung für die Falltiefe

Wie kommt man auf eine brauchbare **Gleichung für die Falltiefe**? Man kann diese aus der Fläche unter der *t-v*-Kurve und der Gleichung für die Beschleunigung herleiten (Abb. 5.21). Die Dreiecksfläche ist „Geschwindigkeit mal Zeit halbe". Die Geschwindigkeit $\vec{v}$ ist aber wiederum $\vec{a} \cdot t$. Daher ergibt sich für die Falltiefe folgende Gleichung:

FORMEL Falltiefe beim freien Fall

$$\vec{s} = \frac{\Delta\vec{v} \cdot t}{2} = \frac{\vec{a} \cdot t \cdot t}{2} = \frac{\vec{a}}{2} \cdot t^2 \Rightarrow t = \sqrt{2\frac{\vec{s}}{\vec{a}}}$$

$\vec{a}$ ... Beschleunigung $[a] = \frac{m}{s^2}$
$\Delta\vec{v}$ ... Geschwindigkeitsänderung $[v] = \frac{m}{s}$
t ... Zeit $[t] = s$
gilt, wenn *s*, *t* und *v* zu Beginn der Messung null sind.

Diese Gleichung gilt allgemein für **gleichmäßig beschleunigte Bewegungen**. Für den freien Fall auf der Erde musst du für die Beschleunigung $\vec{g}$ einsetzen, wodurch sich die Gleichung auf $\vec{s} \approx 5t^2$ vereinfachen lässt. Überprüfe damit die Angaben in Abb. 5.20.

Wie musst du die Höhe vergrößern, damit sich die Aufprallgeschwindigkeit am Boden verdoppelt (→ F 12)? Wir werden später noch eine Gleichung dazu ableiten. Hier machen wir aber eine grafische Überlegung. Sieh dir noch einmal Abb. 5.19 an. Die Fläche der Dreiecke ist die Falltiefe, die senkrechte Seite die Geschwindigkeit. Diese Geschwindigkeit kannst du verdoppeln, indem du die **Fallzeit** verdoppelst (Achtung, nicht die Fallstrecke!). Wenn sich aber Fallzeit und Geschwindigkeit verdoppelt haben (Abb. 5.19 b), dann hat sich die Fläche vervierfacht! Du musst die **Fallhöhe vervierfachen**, damit sich die **Aufprallgeschwindigkeit verdoppelt**. Auf dem Mond ist das genauso!

ANWENDEN **Wer hat die beste Reaktion?**

Miss deine **Reaktion** mit Hilfe eines Fallstabes (Abb. 5.22). Lass den **geschickteren Arm** mit leicht gebeugten Fingern bis zum Handgelenk am Tisch liegen, damit du nicht nach unten ausweichen kannst. Ein Klassenkamerad hält einen Stab so, dass er genau bis zur Unterkante deiner Hand reicht – also gerade noch nicht raussteht. Irgendwann wird er fallen gelassen und du musst so schnell wie möglich zupacken. Miss nun, wie weit der Stab unten raussteht. Mache möglichst viele Versuche und berechne den Mittelwert. Mit Hilfe der Gleichung für die Falltiefe kannst du nun deine **Reaktionszeit** exakt berechnen (Achtung: die SI-Einheit Meter einsetzen).

Abb. 5.22 So wird der Fallstabtest durchgeführt.

ZUSAMMENFASSUNG

Auf der Erde nimmt beim freien Fall die Geschwindigkeit pro Sekunde um 10 m/s zu. Die Erdbeschleunigung $\vec{g}$ ist daher 10 m/s². Die Falltiefe wächst mit dem Quadrat der Fallzeit. Nach 3 Sekunden ist daher zum Beispiel ein Gegenstand 9-mal so tief gefallen wie nach 1 Sekunde.

5.4.2 Bremsweg

Abb. 5.23

F13 Du hast von einem fallenden Stein einen 3-Sekunden-Film gemacht und spielst ihn rückwärts ab. In welche Richtung zeigt die Beschleunigung nun? Nach oben oder nach unten?

F14 Bei einer Sprengung fliegt ein Stein genau senkrecht nach oben und schlägt nach 6 Sekunden wieder auf dem Boden auf. Wie hoch ist der Stein geflogen? Wie groß ist die Beschleunigung, wenn der Stein am höchsten Punkt stillsteht? Null? Welcher Zusammenhang besteht zu **F13**?

F15 Du machst bei 50 km/h eine Vollbremsung und misst den Bremsweg. Wie sehr wächst er an, wenn du bei 100 km/h oder bei 150 km/h voll bremst?

F16 Um wie viel ist der Bremsweg bei 50 km/h länger als bei 30 km/h? Gib einen Tipp ab!

F17 Warum verwendet man im Turnunterricht Weichböden? Wieso sind Helme ausgepolstert? Warum haben Autos eine „Knautschzone"? Wieso hat ein kleiner Specht so viel Kraft im Schnabel?

Im Alltag spricht man vom Beschleunigen und vom Bremsen. In der Physik ist jede Geschwindigkeitsänderung eine Beschleunigung. Man spricht von **positiver Beschleunigung**, wenn etwas schneller wird, und von **negativer Beschleunigung**, wenn etwas langsamer wird. Wenn man nur von Beschleunigung spricht, dann ist meistens eine positive gemeint. Auch bei einer Änderung der Bewegungsrichtung tritt eine Beschleunigung auf. Diese sehen wir uns dann bei den Rotationen (Kap. 10) genauer an.

Die Beschleunigung ist wie auch die Geschwindigkeit ein **Vektor**. Wenn beide Vektoren parallel sind, dann wird die Geschwindigkeit mit der Zeit größer. Es liegt dann eine positive Beschleunigung vor (Abb. 5.24 links). Wenn sie antiparallel sind, liegt eine negative Beschleunigung vor (rechts).

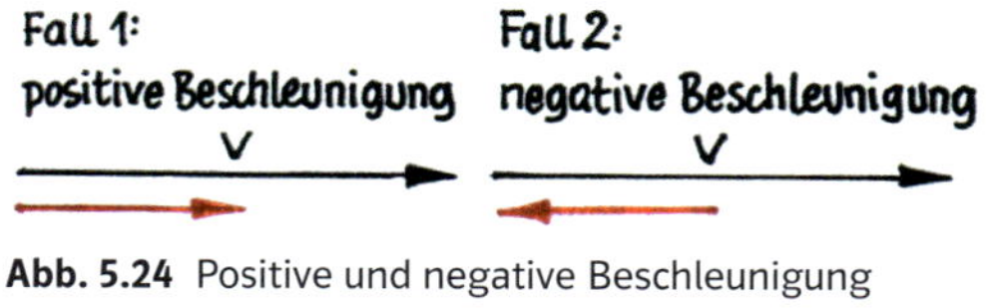

Abb. 5.24 Positive und negative Beschleunigung

Die Fragen F13 und F14 sind ein Schlüssel zum Verständnis der gleichmäßig beschleunigten Bewegungen. Wenn du den Film vom fallenden Stein verkehrt abspielst, dann fliegt dieser nach oben und wird dabei langsamer, bis er nach drei Sekunden am höchsten Punkt zum Stillstand kommt. Im Film sieht es dann genau so aus, als wäre der Stein von unten senkrecht hochgeworfen worden. In welche Richtung zeigt $\vec{g}$? Die **Erdbeschleunigung** zeigt nach wie vor nach **unten!** Würde $\vec{g}$ nach oben zeigen, dann würde der Stein ja immer schneller und schneller nach oben fliegen und nicht langsamer werden. Der Flug nach oben ist die genaue zeitliche Umkehr des Flugs nach unten.

Mit dem Stein bei der **Sprengung** ist es genauso. Aufsteigender und absteigender Teil sind im Prinzip völlig gleich, laufen aber umgekehrt ab. Du könntest den Film rückwärts spielen und der Stein würde exakt dieselbe Bewegung ausführen. Klar, die Explosion würde verkehrt ablaufen, aber es geht hier nur um die Bahn des KSP!

Fangen wir mit dem **absteigenden Teil** an. Dieser dauert natürlich drei Sekunden und beginnt am höchsten Punkt mit der Geschwindigkeit null. Den Rest kennst du schon. In drei Sekunden fällt der Stein 45 m tief (Abb. 5.25 rechts). Also muss der höchste Punkt der Bahn bei 45 m liegen. Wie schnell prallt der Stein auf? Nachdem er drei Sekunden geflogen ist, mit 30 m/s.

Im **aufsteigenden** Teil läuft alles spiegelbildlich ab (Abb. 5.25 links). Wie schnell muss der Stein wegfliegen, damit er auf 45 m aufsteigen kann? Mit 30 m/s nach oben. (Beachte: Die Geschwindigkeitsvektoren bei Abflug und Aufprall sind antiparallel.) In der ersten Hälfte ist der Stein **negativ beschleunigt**, in der zweiten **positiv**. Aber in beiden Fällen handelt es sich um eine gleichmäßige Beschleunigung, weil sich die Geschwindigkeit pro Sekunde immer um denselben Wert verändert. Der erste Teil der Kurve entspricht genau dem, was auch beim Bremsen passiert. Beim Bremsen handelt es sich um eine negative Beschleunigung (Abb. 5.24 rechts).

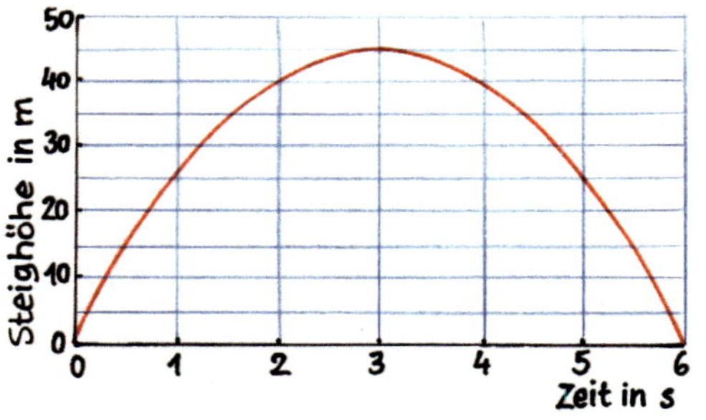

Abb. 5.25 *t-s*-Diagramm eines senkrechten Wurfes. Aufsteigender und absteigender Teil sind symmetrisch. Der Nullpunkt wurde diesmal auf das Abflugniveau gelegt. Die Wahl des Nullpunkts ist allerdings egal und ändert an der Bewegung selbst nichts. Wenn du die Zeitachse spiegelst, ändert das nichts an der Bewegung!

Wie sieht es mit dem Zusammenhang zwischen **Geschwindigkeit und Bremsweg** aus? Überlegen wir mal ohne Gleichung. Im Prinzip ist die Frage nach dem Bremsweg (→ F15, 16) eine Umkehrung der Frage mit dem Hammer (→ F11, Kap. 5.4.1). Spiel den Film rückwärts ab! Du siehst dann einen Hammer, der mit 10 m/s ein Stockwerk unter dem Dach startet und oben zum Stillstand kommt. Oder du siehst einen Hammer, der mit 20 m/s vier Stockwerke unter dem Dach startet und genau oben zum Stillstand kommt. Du siehst also: Doppelte Geschwindigkeit bedeutet vierfachen Weg zum Abbremsen. Und genauso ist es auch beim Bremsweg beim Autofahren.

Man kann es auch so formulieren: Wenn sich die Geschwindigkeit verdoppelt, dann verdoppelt sich auch die Zeit, um stehen zu bleiben. Eine Verdopplung der Zeit bedeutet bei einer gleichmäßigen Beschleunigung aber eine Vervierfachung des Weges. **Der Bremsweg wächst mit dem Quadrat der Geschwindigkeit.** Natürlich kann man das auch mit einer Gleichung ausdrücken.

INFO **Bremsweg**

Beim **Bremsen** interessiert uns weniger die Zeit bis zum Stillstand, es interessiert uns vielmehr die **Weglänge**. Dazu brauchst du nur die Gleichungen, die du schon kennst:

$$\vec{a} = \frac{\Delta \vec{v}}{t} \Leftrightarrow t = \frac{\vec{v}}{\vec{a}} \text{ und } \vec{s} = \frac{\vec{a}}{2} \cdot t^2$$

Nun ersetzt du t in der Gleichung für die Weglänge und erhältst:

$$\vec{s} = \frac{\vec{a}}{2} \cdot \frac{\vec{v}^2}{\vec{a}^2} = \frac{\vec{v}^2}{2\vec{a}}$$

Du siehst also, dass der Bremsweg mit dem Quadrat der Geschwindigkeit wächst. a ist die Beschleunigung, die man für den jeweiligen Fall wissen muss. Beim freien Fall ist sie 10 m/s², beim Bremsen sind gesetzlich mindestens 5 m/s² vorgeschrieben.
Um die Bremsverzögerung auszurechnen, muss man die Gleichung nur umformen:

$$\vec{s} = \frac{\vec{v}^2}{2\vec{a}} \Rightarrow a = \frac{\vec{v}^2}{2\vec{s}}$$

Was heißt das in der Praxis? Wenn ein Fahrer das Auto mit 100 km/h voll abbremst, dann ist der Bremsweg bereits 4-mal so lang wie bei 50 km/h (→ F15). Und bei 150 km/h ist der Bremsweg bereits 9-mal so lang wie bei 50 km/h! Diese quadratische Zunahme des Bremswegs mit der Geschwindigkeit wird oft unterschätzt.

Was bedeutet das in konkreten Zahlen? Die **gesetzlich vorgeschriebene Mindestbremsverzögerung** beträgt 5 m/s^2. Das bedeutet, dass dein Auto pro Sekunde um 5 m/s oder 18 km/h langsamer werden muss. In Abb. 5.29 siehst du den Bremsweg für verschiedene Geschwindigkeiten. Du siehst, dass der Bremsweg bei 50 km/h fast 3-mal so lang ist (genau ist es 2,8-mal) wie bei 30 km/h! Hättest du das vermutet (→ F16)?

INFO

Formel 1

Wenn von Beschleunigungen bei bemannten **Raketen**, **Flugzeugen** oder in der **Formel 1** die Rede ist, dann liest man oft von so und so viel *g*. Die Bremsverzögerung (also die negative Beschleunigung) in der Formel 1 beträgt zum Beispiel bei hohen Geschwindigkeiten bis 4,5 *g*. Da *g* 10 m/s^2 sind, sind 4,5 *g* dementsprechend 45 m/s^2! Ein Formel-1-Auto kann also im Extremfall in einer Sekunde um 45 m/s oder 162 km/h langsamer werden! Das ist sehr beeindruckend! Wenn du in einem normalen Auto genauso bremsen könntest (was aus verschiedensten Gründen aber nicht geht), könntest du auf der Autobahn von 130 km/h auf null in nur 0,8 Sekunden bremsen und würdest nach knapp 15 m stehen bleiben! Rechne nach!

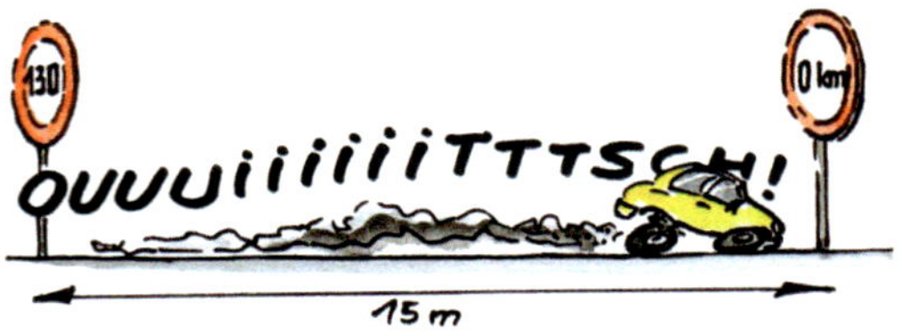

Abb. 5.26

EXPERIMENT

Bremsweg beim Radfahren

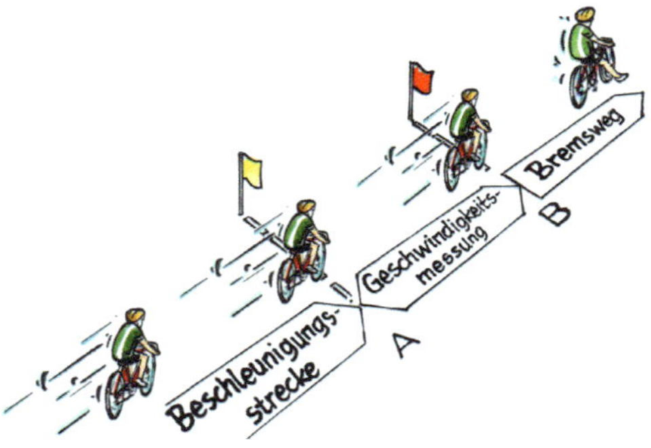

Abb. 5.27 (links): Versuchsanordnung zur Bestimmung des Bremsweges

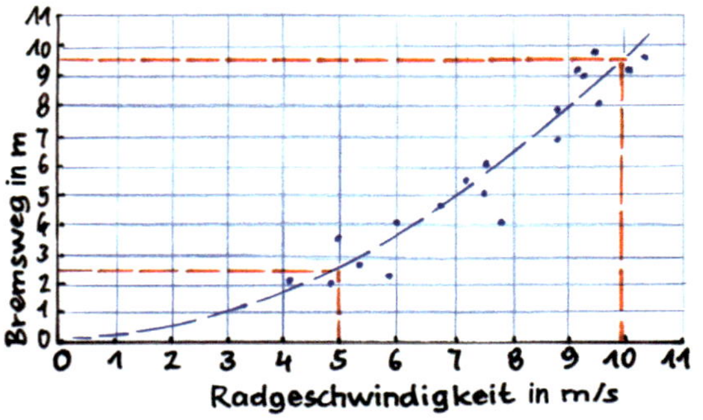

Abb. 5.28 (rechts): Zusammenhang zwischen Geschwindigkeit und Bremsweg, gemessen im Rahmen einer Schulstunde.

Mit einfachen Mitteln kann man auf dem Sportplatz oder im Schulhof den Zusammenhang zwischen Geschwindigkeit und Bremsweg qualitativ überprüfen.

Was man braucht: 1 Fahrrad und 1 Fahrer, 1 Signalgeber (steht bei A), einige Stoppuhren und Zeitnehmer (stehen bei B), 1 Kreide, 1 Maßband, 2 Weitenmesser, 1 Protokollführer

Ein Schüler fährt mit dem Fahrrad und nimmt auf einer **Beschleunigungsstrecke** Schwung. Er fährt die letzten 10 m ohne zu treten (A nach B), damit die Geschwindigkeit konstant bleibt. Auf dieser Strecke wird die Zeit gemessen. Der Signalgeber gibt ein Zeichen, wenn das Vorderrad gerade bei Linie A ist und die Zeitnehmer starten die Uhren. Sie stoppen ab, wenn das Vorderrad genau bei B ist, also nach 10 m. Dort beginnt der Fahrer voll zu bremsen und der **Bremsweg** wird gemessen. Der Schüler macht möglichst viele Fahrten mit verschiedenen Geschwindigkeiten.

Wichtig:

1 Es muss immer die **gleiche Stelle** des Rads gemessen werden, etwa die Mitte des Vorderrades.

2 Um die Stoppungen genauer zu machen, sollten **mehrere Personen** stoppen, dann sollte der Mittelwert genommen werden.

3 Die **Bremsung muss immer voll sein.** Achte darauf, dass die Vorderbremse nicht zu stark eingestellt ist, damit du keinen Salto schlägst.

Im **Protokoll** steht dann: Nummer des Versuchs, Zeiten für 10 m und Bremsweg. Zuerst wird der Schnitt der Zeit berechnet und dann die Geschwindigkeit ($v = s/t$). Alle Versuche können dann in einem Diagramm dargestellt werden (Abb. 5.28).

In der Abbildung siehst du die Auswertung von 19 Versuchen. Die **Glättung** wurde mit einem Polynom 2. Grades vorgenommen (das machen Tabellenkalkulations-Programme mit wenigen Einstellungen automatisch). Damit die Funktion durch den Nullpunkt geht, kannst du mehrmals den Wert 0|0 zusätzlich in die Tabelle eingeben.

Die grafische Auswertung ergibt bei 5 m/s einen Bremsweg von etwa 2,5 m und bei 10 m/s etwa 9,4 m. Der Bremsweg ist also um den Faktor 3,75 größer. Der Theorie nach sollte er um den Faktor 4 größer sein, unser Ergebnis weicht also um etwa 7 % vom erwarteten Wert ab. Für eine dermaßen einfache Versuchsanordnung ist das aber sehr ok!

Außerdem lässt sich die **Bremsverzögerung** gut berechnen. Wenn wir für v 10 m/s einsetzen und für s 9,4 m, ergibt sich für $a = \frac{v^2}{2s} = \mathbf{5{,}3\,m/s^2}$. Das Fahrrad in diesem Versuch hatte also eine bessere Bremsverzögerung als die, die für Autos gesetzlich vorgeschrieben ist.

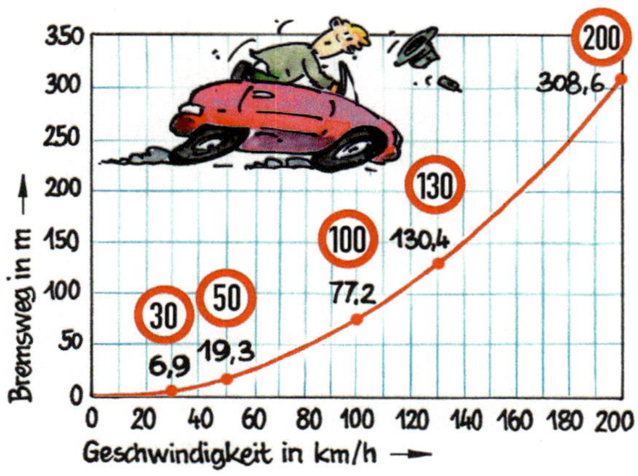

Abb. 5.29 Bremsweg in Abhängigkeit von der Geschwindigkeit in km/h bei der gesetzlich vorgeschriebenen Mindestbremsverzögerung von 5 m/s². Bei einigen Geschwindigkeiten ist der Zahlenwert zusätzlich eingetragen.

Es kann natürlich vorkommen, dass du trotz Vollbremsung nicht mehr rechtzeitig stehen bleiben kannst und gegen ein **Hindernis prallst**. In diesem Fall treten noch viel größere Bremsverzögerungen auf. Schätzen wir einmal ab. Wir nehmen dabei an, dass die **negative Beschleunigung** während des Aufpralls **konstant** bleibt.

Nimm an, du prallst mit 36 km/h (10 m/s) gegen eine Wand, und die Front deines Autos schiebt sich dabei um 0,5 m zusammen (das ist die **Knautschzone**). Wie groß ist in diesem Fall die Bremsverzögerung?

Die Bremsverzögerung ergibt sich aus $a = \frac{v^2}{2s}$, das macht also 100 m/s² oder 10 g. Das ist für diese geringe Geschwindigkeit ein ziemlich gewaltiger Rumms! Wenn du doppelt so schnell aufprallst, also mit 72 km/h (20 m/s), dann ist die Bremsverzögerung bereits 4-mal so groß: 40 g! Du siehst also, dass die Gefahren nicht linear anwachsen, sondern mit dem **Quadrat** der Geschwindigkeit.

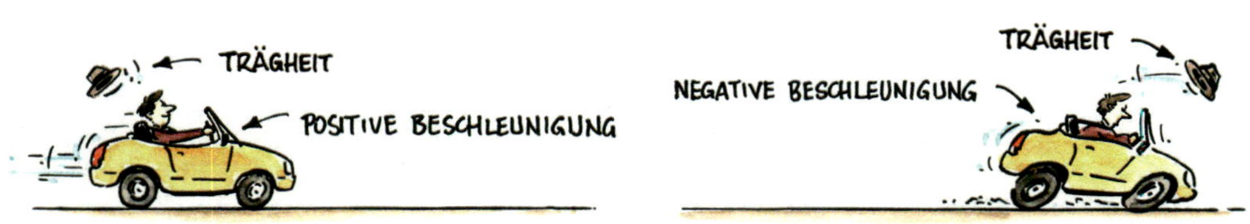

Abb. 5.30

Und du siehst auch die Bedeutung der Knautschzone. Ist diese doppelt so groß, dann sinkt die Bremsverzögerung auf die Hälfte ab. Deshalb sind Sportgeräte und Helme gepolstert (→ F17). Durch den größeren „Bremsweg" treten kleinere Kräfte auf und man verletzt sich nicht so leicht.

Man kann den Effekt aber auch umgekehrt nutzen. Wenn ein **Specht** mit dem Schnabel auf die Rinde hackt, dann dringt dieser nur wenige Millimeter tief ein. Durch das abrupte Abbremsen entstehen enorme Kräfte, die er mit Muskelkraft alleine nicht erzeugen könnte. Und auch **Krähen** helfen sich physikalisch: Wenn sie eine Nuss nicht aufhacken können, dann lassen sie diese einfach aus großer Höhe auf den harten Boden prallen. Der harte Aufprall erzeugt große Bremskräfte und knacks!

ZUSAMMENFASSUNG

Unter Bremsen versteht man eine negative Beschleunigung, also ein Verringern der Geschwindigkeit. Es ist die zeitliche Umkehrung einer positiven Beschleunigung. Der Bremsweg bis zum Stillstand hängt somit ebenfalls vom Quadrat der Zeit bzw. vom Quadrat der Anfangsgeschwindigkeit ab. Bei gleichem Bremsweg hängt auch die Bremsbeschleunigung vom Quadrat der Geschwindigkeit ab.

5.5 Überschalltropfen

Ungleichmäßig beschleunigte Bewegungen

Wir sind dem Prinzip treu geblieben, zuerst mit den Spezialfällen zu beginnen, um das Wesentliche zu verstehen. In diesem Abschnitt kommen wir nun zum häufigsten Fall, nämlich der ungleichmäßigen Beschleunigung. Diese Form der Bewegung ist aber am schwierigsten zu beschreiben. Deswegen haben wir uns diese Beispiele auch für den Schluss aufgehoben.

F18 ◒ Manchmal tun Regentropfen richtig weh, wenn sie auf den Kopf prallen. Warum ist das so? Weil sie von höher heruntergefallen sind? Und haben Tropfen von niedrigen Wolken dann eine geringere Geschwindigkeit? Und welche Form hat ein fallender Tropfen eigentlich?

F19 ● Wenn eine Maus in einen 1000 m tiefen Schacht fällt, bekommt sie zwar einen Schock, wird sich aber nicht verletzen! Eine Ratte hätte dabei keine Chance. Was könnte der Grund dafür sein?

F20 ◒ Alle Skispringer verwenden seit 1987 die V-Technik (Abb. 5.31 rechts) und nicht mehr die klassische (links). Warum? Und worin unterscheiden sich die Wettkampfanzüge von Skispringern und Abfahrern?

Abb. 5.31 Klassische Technik (links) mit parallelen Skiern und neue Technik mit V-Stellung

Sei froh, dass die Geschwindigkeit eines Tropfens **nicht** von der Fallhöhe abhängt, denn sonst wäre Regen wirklich lebensgefährlich. Angenommen, ein Tropfen würde tatsächlich gleichmäßig mit 10 m/s² beschleunigen, dann würde er nach etwa 34 s oder knapp 6 km Fallstrecke die **Schallmauer** durchbrechen (die Schallgeschwindigkeit beträgt etwa 340 m/s; siehe Tab. 5.1). Stell dir mal den Lärm vor! Der zeitliche Verlauf von v und a würde so aussehen wie in Abb. 5.32 oben – eben gleichmäßig beschleunigt.

Wir haben der Einfachheit halber bis jetzt den **Luftwiderstand vernachlässigt**. Dieser verhindert Gott sei Dank, dass wir von Überschalltropfen getroffen werden, denn ab einer gewissen Geschwindigkeit, die von Größe, Form und Masse des Gegenstandes abhängt, kann der Luftwiderstand nicht mehr vernachlässigt werden. Die **Beschleunigung** bleibt dadurch **nicht konstant**, sondern sinkt nach und nach ab und wird irgendwann einmal sogar null. Ab diesem Zeitpunkt bleibt die Geschwindigkeit konstant (siehe Abb. 5.32 unten).

Der reale Verlauf von v und a bei einem fallenden Gegenstand ist in der Zeit, bis a auf null abgesunken ist, ein Beispiel für eine **ungleichmäßig beschleunigte Bewegung.**

Beim Fallen in Luft treten also zwei Kräfte auf: die **Gewichtskraft** und die **Luftwiderstandskraft**. Diese beiden Kräfte sind antiparallel. Während der Gegenstand beschleunigt, wächst die Luftwiderstandskraft an, bis sie so groß wird wie die Gewichtskraft. Dann heben sie einander auf und es ist aus mit der Beschleunigung (Abb. 5.32 unten).

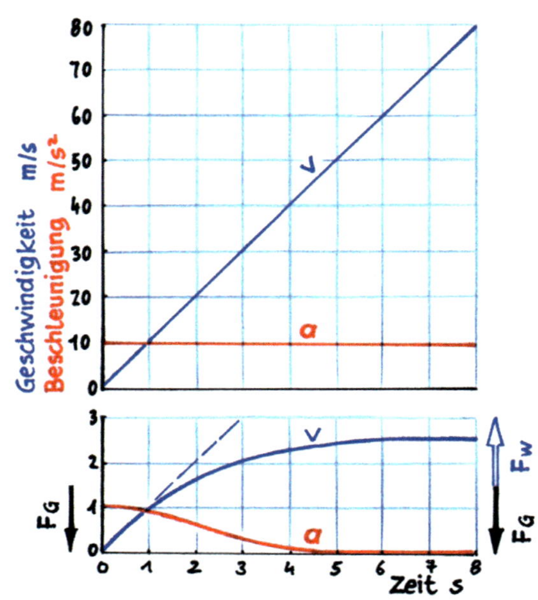

Abb. 5.32 Verlauf von v und a bei einer gleichmäßigen Beschleunigung (oben) und einer ungleichmäßigen Beschleunigung (unten), wie dem freien Fall unter Berücksichtigung des Luftwiderstandes F_W. Die Beschleunigung wird null, wenn die Luftwiderstandskraft so groß wie die Gewichtskraft F_G geworden ist.

INFO

Luftwiderstandskraft

Die **Luftwiderstandskraft** F_W kann mit folgender Gleichung beschrieben werden:

$$F_W = \frac{1}{2} c_W \cdot \rho \cdot A \cdot v^2$$

ρ ist die **Dichte** der Luft, also etwa 1,2 kg/m³ (Tab. 2.3, Kap. 2.6). A ist die sogenannte **Anströmfläche**. Man nennt sie auch manchmal **Stirn-** oder **Schattenfläche** und dieser Begriff ist besser zu verstehen. A entspricht nämlich der Fläche des Schattens, den das Objekt werfen würde, wenn man es mit parallelem Licht in oder gegen die Bewegungsrichtung beleuchtet (Abb. 5.33).

Abb. 5.33 Schattenfläche von Felix Baumgartner

v ist die **Luftgeschwindigkeit** und c_W ist der **Widerstandsbeiwert**. Er hängt vor allem von der Form des Gegenstandes ab (Abb. 5.34).

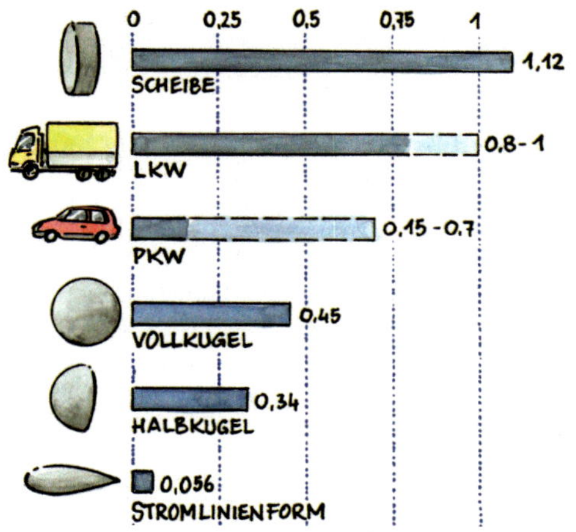

Abb. 5.34 Vergleich einiger **c_W-Werte**. Ein Tropfen hat Kugelform und daher einen **c_W-Wert** von 0,45.

Du siehst an der Gleichung etwas Wichtiges: Der Luftwiderstand wächst **linear** mit c_W, ρ und A. Die Verdopplung eines dieser Werte bedeutet also eine Verdopplung der Luftwiderstandskraft. Der Luftwiderstand wächst aber mit dem **Quadrat** der Geschwindigkeit. Eine Verdopplung der Geschwindigkeit vervierfacht daher den Luftwiderstand!

Abb. 5.35 FELIX BAUMGARTNER bei seinem Absprung aus der Stratosphäre

Die maximale Geschwindigkeit eines Objekts ist erreicht, wenn sich Gewichtskraft ($F_G = m \cdot g$; siehe Kap. 7.4.1) und Luftwiderstandskraft die Waage halten, wenn sie also gleich groß sind. Deshalb kann man sie gleichsetzen und nach v auflösen.

$$F_W = \frac{1}{2} c_W \cdot \rho \cdot A \cdot v^2 = F_G = m \cdot g$$

$$v = \sqrt{\frac{2 \cdot m \cdot g}{c_W \cdot \rho \cdot A}}$$

Mit dieser Gleichung ist die Endgeschwindigkeit der Tropfen in Abb. 5.37 ausgerechnet. Und sie macht auch klar, warum FELIX BAUMGARTNER 2012 bei seinem Rekordsprung sogar die Schallmauer durchbrechen konnte. Es gilt nämlich $v \sim 1/\sqrt{\rho}$. Weil die Luftdichte mit der Höhe sehr stark abnimmt, konnte somit auch die Fallgeschwindigkeit wesentlich größer werden (siehe auch → **INFO** Projekt Stratos).

Wovon hängt aber nun die **Endgeschwindigkeit** eines Tropfens ab? Von seiner **Größe**! Warum? Fallende Tropfen sind rund! Dass viele Leute glauben, diese hätten „Tropfenform", liegt daran, dass sie kurz vor dem Abreißen wirklich tropfenförmig sind. Wenn sie fallen, sind sie rund, aber schon zu schnell für das Auge. Daher kommt wohl der Irrglaube. Weil alle Tropfen rund sind, ist auch ihr **c_W-Wert** gleich groß. Deshalb hängt ihre Fallgeschwindigkeit nur von der **Tropfengröße** ab (→ **F18**). Sehr große Tropfen können über 10 m/s erreichen (Abb. 5.37)!

Abb. 5.36 Ein Wassertropfen, der ins Wasser fällt und wieder weggeschleudert wird. Fliegende Tropfen haben Kugelform, die bei hohen Geschwindigkeiten leicht abgeplattet sein kann.

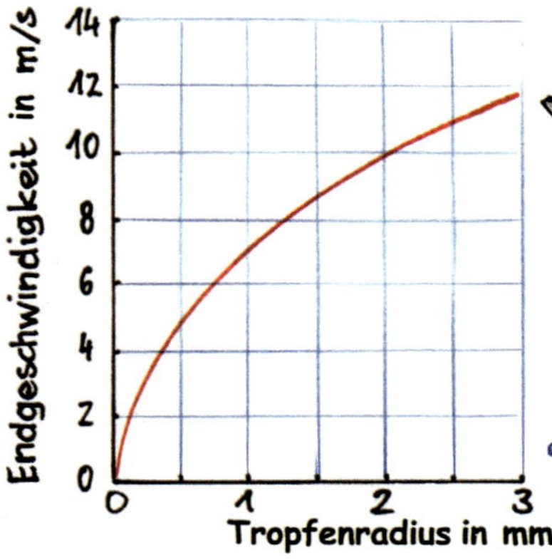

Abb. 5.37 Abschätzung der Fallgeschwindigkeit eines Tropfens aufgrund seiner Größe. Zur Berechnung → **INFO** Luftwiderstandskraft.

Bei **Tieren** ist es schwer, Schattenfläche und c_W-Wert zu eruieren. Das Prinzip bleibt aber das gleiche: Je größer und schwerer ein Tier, desto größer wird die Endgeschwindigkeit im freien Fall. Eine **Maus** erreicht etwa 14 m/s, und zwar schon nach zirka 10 m im freien Fall (**→ F19**). Die letzten 990 m nimmt also die Geschwindigkeit gar nicht mehr zu! Für eine Maus ist es somit egal, ob sie aus dem 5., 20. oder 300. Stockwerk fällt. Eine **Ratte** erreicht etwa 28 m/s (über 100 km/h) und das ist für sie schon lebensgefährlich. Der **Mensch** erreicht im freien Fall etwa 50 m/s (also 180 km/h), zum Beispiel beim **Fallschirmspringen** vor dem Öffnen des Fallschirms.

INFO

Projekt Stratos

Felix Baumgartner erreichte im Rahmen des **Stratos-Projekts** die Wahnsinnsgeschwindigkeit von 373 m/s (1343 km/h) und durchbrach damit locker die **Schallmauer**! In Abb. 5.38 siehst du den realen Geschwindigkeitsverlauf bei seinem Rekord. Zu Beginn des Sprungs war die Luft so dünn, dass seine Geschwindigkeit fast linear zunahm. Der anfangs fehlende Luftwiderstand wird gut durch ein Zitat von Joe Kittinger, dem Rekordhalter vor Baumgartner, dokumentiert. Er sagte 1960 nach seinem Sprung aus rund 31 km Höhe:

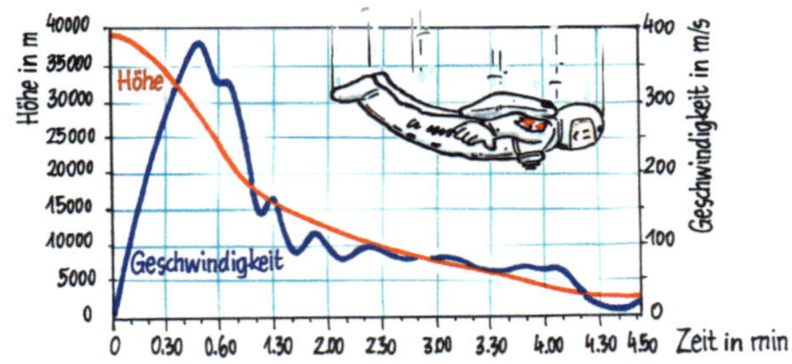

Abb. 5.38 *t-v*-Diagramm des Rekordsprunges

„Am Ende des Countdowns mache ich einen Schritt ins Leere. Kein Wind pfeift, meine Kleidung bläht sich nicht. Ich habe nicht die geringste Empfindung von der zunehmenden Geschwindigkeit.“

Wird die Atmosphäre dichter, sinkt die Beschleunigung nach und nach ab, bis sie beim Geschwindigkeitsmaximum null erreicht. Dort heben einander Gewichtskraft und Luftwiderstandskraft exakt auf. Baumgartner erreichte nach rund 50 Sekunden in einer Höhe von etwa 27 km seine Maximalgeschwindigkeit. Dort beträgt die Luftdichte etwa 2 % (= 1/50) des Normalwertes auf Meeresniveau.

Es gilt daher $v \sim \frac{1}{\sqrt{\rho}} \approx \frac{1}{\sqrt{1/50}} \approx 7$.

Seine Maximalgeschwindigkeit kann also um den Faktor 7 größer sein als unter den Luftbedingungen in Erdnähe. Weil die Dichte der Luft immer weiter zunimmt, wurde Baumgartner zunehmend bis auf die normale Fallgeschwindigkeit von rund 50 m/s abgebremst.

Auch der **Straßenverkehr** ist ein sehr gutes Beispiel für ungleichmäßig beschleunigte Bewegungen: Anfahren, Bremsen, Anfahren, Bremsen. Diese Bewegungen müssen bei manchen Fahrzeugen aus gesetzlichen Gründen durch einen **Fahrtenschreiber** festgehalten werden.

Bleibt noch die Frage mit der **V-Technik** beim Skispringen offen (**→ F20**). Bei nicht kugelförmigen Objekten tritt nicht nur eine Luftwiderstandskraft gegen die Bewegungsrichtung auf, sondern auch eine Kraft quer dazu. Diese Kraft ist der **Auftrieb** (F_A; siehe Abb. 5.39) und ohne sie könnten etwa Flugzeuge nicht vom Boden abheben. Die genaue Berechnung ist recht kompliziert, aber man kann das Prinzip einfach erklären. Die Größe des Auftriebs hängt wie die Luftwiderstandskraft von der **Anströmfläche** ab (in diesem Fall aber quer zur Bewegungsrichtung). Es liegt auf der Hand, dass diese größer ist, wenn sich die Ski teilweise **neben** dem Körper befinden.

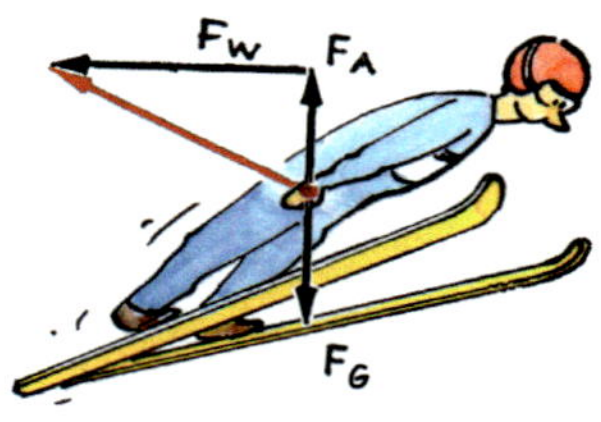

Abb. 5.39 Die Luftwiderstandskraft F_W und die Auftriebskraft F_A, die quer zur Flugrichtung zeigt.

Im luftleeren Raum würde ein Skispringer wie ein Stein zu Boden fallen. Skispringen auf dem Mond wäre also schmerzhaft! Die Kräfte, die durch die anströmende Luft erzeugt werden, verlängern die Flugbahn. Und zwar umso mehr, je größer die Schattenfläche ist. Deshalb gibt es auch Regeln, wie breit die Ski beim Springen sein dürfen. Und der Unterschied der **Anzüge** liegt auch auf der Hand (**→ F20**): Während sich Abfahrtsläufer quasi mit dem Schuhlöffel in den Anzug zwängen, sehen die der Springer so aus, als wären sie ihnen ein paar Nummern zu groß. Auch das **vergrößert die Anströmfläche** und verlängert die Luftfahrt.

ZUSAMMENFASSUNG

Bei ungleichmäßig beschleunigten Bewegungen verändert sich die Beschleunigung mit der Zeit. Ein Beispiel dafür ist der freie Fall unter realen Bedingungen, bei dem die Beschleunigung durch den wachsenden Luftwiderstand irgendwann einmal auf null absinkt. Auch im Straßenverkehr ist der Großteil der Bewegungen ungleichmäßig beschleunigt.

5.6 Der schnellste Mensch der Welt

Momentan- und Durchschnittsgeschwindigkeit

Manchmal ist es sinnvoll, den Schnitt der Geschwindigkeit anzugeben, etwa bei der Reisegeschwindigkeit eines Zugs oder eines Flugzeugs. Aber manchmal ist es wichtig, die Geschwindigkeit zu einem ganz bestimmten Zeitpunkt zu wissen. Das ist dann die Momentangeschwindigkeit.

F21 ● Du fährst mit dem Rad eine Stunde lang einen Berg hinauf (von A nach B). Dein Schnitt beträgt dabei 10 km/h. Wie schnell musst du von B nach A zurückfahren, damit der Gesamtschnitt 20 km/h beträgt? → L

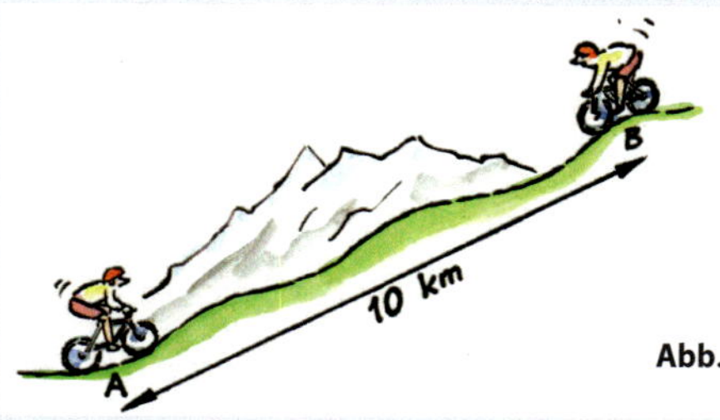

Abb. 5.40

F22 ◒ Um das Rasen im Straßenverkehr zu verhindern, gibt es Radarmessung und Section Control. In beiden Fällen wird die Geschwindigkeit gemessen. Aber es gibt einen Riesenunterschied! Welcher ist das?

F23 ◒ Manchmal liest man, dass Sprinter die 200 m mit einer höheren Geschwindigkeit laufen können als die 100 m. Kann das wirklich sein? Und wenn ja, warum?

F24 ● Wenn du mit 5 m/s läufst, wie schnell bewegen sich dann deine Füße? → L

Was war bei F21 dein erster Gedanke? Den meisten Leuten liegen 30 km/h auf der Zunge. Das ist aber falsch! Die richtige Antwort ist sehr verblüffend und zeigt, dass Intuition in der Physik manchmal auch in die Hose gehen kann.

Was bedeutet es, die **Durchschnittsgeschwindigkeit** zu verdoppeln? In derselben Zeit die doppelte Strecke zurückzulegen! Also nicht 10 km, sondern 20 km in einer Stunde. Wo müsstest du dann nach einer Stunde bereits wieder sein? Im Tal unten beim Ausgangpunkt (A), weil dann wärst du in einer Stunde 20 km weit gefahren. Du bist nach einer Stunde aber genau oben. Du müsstest also den Rückweg in **Nullzeit** zurücklegen, du müsstest unendlich schnell sein! Nicht einmal das Licht könnte das schaffen.

Wo liegt der **Überlegungsfehler**, wenn man mit 30 km/h antwortet? Wenn du mit diesem Tempo zurückfährst, dann brauchst du für die 10-km-Strecke nur noch 20 Minuten. Auf einen Gesamtschnitt von 20 km/h würdest du aber nur kommen, wenn du zuerst eine Stunde lang mit 10 km/h fährst und dann eine Stunde lang mit 30 km/h (siehe Lösungsteil).

Bei einer **Radarkontrolle** wird gemessen, wie schnell du in diesem Moment fährst (→ F22). Ein Physiker würde sagen, dass dabei die **Momentangeschwindigkeit** gemessen wird (mehr dazu in Kap. 5.7). Bei der **Section Control** ist das anders. Dabei wird nicht die Momentangeschwindigkeit gemessen, sondern die Zeit, die du zwischen zwei Messpunkten brauchst (etwa durch einen Tunnel). Daraus errechnet ein Computer die **Durchschnittsgeschwindigkeit**. Du könntest also den Großteil der Strecke dahinbrettern und dann eine entsprechende Pause einlegen, bevor du das Ende der Messstrecke erreichst. Das würde nicht auffallen. Natürlich gibt es in solchen Messbereichen keine Gasthäuser, aber die würden sicher sehr gut gehen.

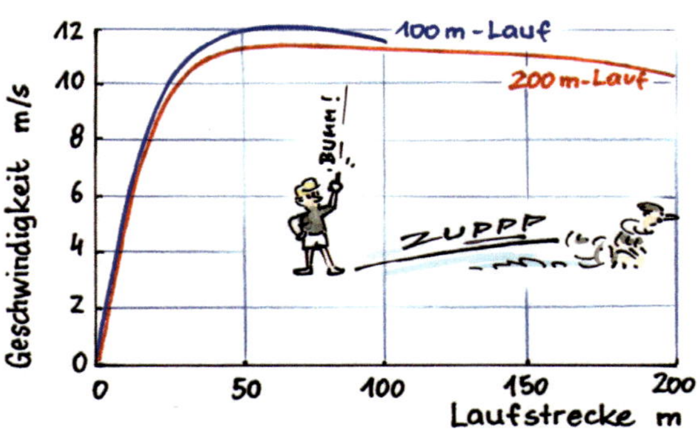

Abb. 5.41 Geschwindigkeitsverläufe von männlichen Weltklassesprintern über 100 m und 200 m.
Es handelt sich hier um ein ***s-v*-Diagramm**!

Wer ist der **schnellste Mensch** der Welt? Der Weltrekordhalter über 100 m oder der über 200 m (→ F23)? Das kommt ganz darauf an, welche Geschwindigkeit du meinst! Wenn du nur die Zeit für die Gesamtstrecke hast, dann kannst du auch nur die **Durchschnittsgeschwindigkeiten** ausrechnen (wie bei der Section Control). Lange Jahre waren die Weltrekorde so, dass die Durchschnittsgeschwindigkeiten der 200-m-Sprinter deutlich höher waren als die der 100-m-Sprinter. Daher auch die journalistisch verwirrende Aussage, dass 200-m-Sprinter schneller sind. Bei den aktuellen

Rekorden von Usain Bolt (Stand 2019) ist es so, dass die Durchschnittsgeschwindigkeiten praktisch gleich groß sind. So liegt der 100-m-Weltrekort aktuell bei 9,58 s (das entspricht einer Durchschnittsgeschwindigkeit von 100 m/9,58 s = 10,44 m/s) und der 200-m-Weltrekord bei 19,19 s (10,42 m/s). Bezogen auf die **Maximalgeschwindigkeit sind natürlich** die 100-m-Sprinter den 200-m-Sprintern überlegen (Abb. 5.41).

Wie kann das aber sein, dass 100-m-Sprinter eine höhere Maximalgeschwindigkeit haben, ihre Durchschnittsgeschwindigkeit andererseits aber oft geringer ist als die der 200-m-Läufer? Das liegt daran, dass vor allem der **Start** die Durchschnittsgeschwindigkeit sehr drückt – du beginnst ja mit der Geschwindigkeit null. 200-m-Sprinter laufen die zweite Hälfte „fliegend". Damit meint man, dass sie von Beginn an schon die volle Geschwindigkeit haben. Dadurch sparen sie für die zweite Hälfte fast eine Sekunde. Usain Bolt lief z. B. bei seinem 200-m-Weltrekord in Berlin 2009 die ersten 100 m in 9,92 s, die zweiten 100 m aber in nur 9,27 s. Die erste Hälfte des Laufes drückt also den Gesamtschnitt ganz gewaltig.

EXPERIMENT

60-m-Lauf auf dem Sportplatz

Ein ***s-v*-Diagramm** wie in Abb. 5.41 zu erstellen ist auch mit einfachen Mitteln möglich. Was man braucht: 1 Läufer, 1 Starter, pro 10 m Laufstrecke 1 Zeitnehmer mit Stoppuhr, 1 Kreide, 1 Maßband, 1 Protokollführer.
Zuerst wird auf der 60-m-Strecke **alle 10 m** eine Markierung mit Kreide gemacht. Dort stellen sich die Zeitnehmer auf. Ein Schüler läuft die 60 m mit Startsignal. Die Zeitnehmer stoppen die Zeit **vom Start bis zur jeweiligen Position.**

Alle Zeiten werden zuerst in eine Tabelle eingetragen (Tab. 5.3). Aus den Gesamtzeiten lassen sich die **10-m-Teilzeiten** errechnen. Um z. B. die Zeit für die Strecke zwischen 10 m und 20 m zu bekommen, musst du nur die 10-m-Zeit von der 20-m-Zeit abziehen. Somit bekommst du die Teilzeiten für alle sechs 10-m-Teilstücke. Nun kannst du die Durchschnittsgeschwindigkeit für diese Teilstücke ausrechnen:
$v = 10/t$ m/s (Tab. 5.3)

In der Grafik unten sind die errechneten Durchschnittsgeschwindigkeiten in ein Diagramm eingetragen. Weil es sich jeweils um die **Durchschnittsgeschwindigkeit** für 10 m handelt, sind die Werte auch in der Mitte der Teilstrecke eingetragen. Wichtig: Wenn pro Teilstück zwei oder mehr Personen stoppen und aus den Zeiten das Mittel nehmen, dann werden die Ergebnisse exakter.

Strecke	Zeit [s]	*t* pro 10 m [s]	mittlere *v* [m/s]
10 m	**2,38**	2,38 – 0 = **2,38**	**4,20**
20 m	**3,81**	3,81 – 2,38 = **1,43**	**6,99**
30 m	**5,13**	5,13 – 3,81 = **1,32**	**7,58**
40 m	**6,52**	6,52 – 5,13 = **1,39**	**7,19**
50 m	**7,88**	7,88 – 6,52 = **1,36**	**7,35**
60 m	**9,29**	9,29 – 7,88 = **1,41**	**7,09**

Tab. 5.3 Protokoll eines 60-m-Laufs

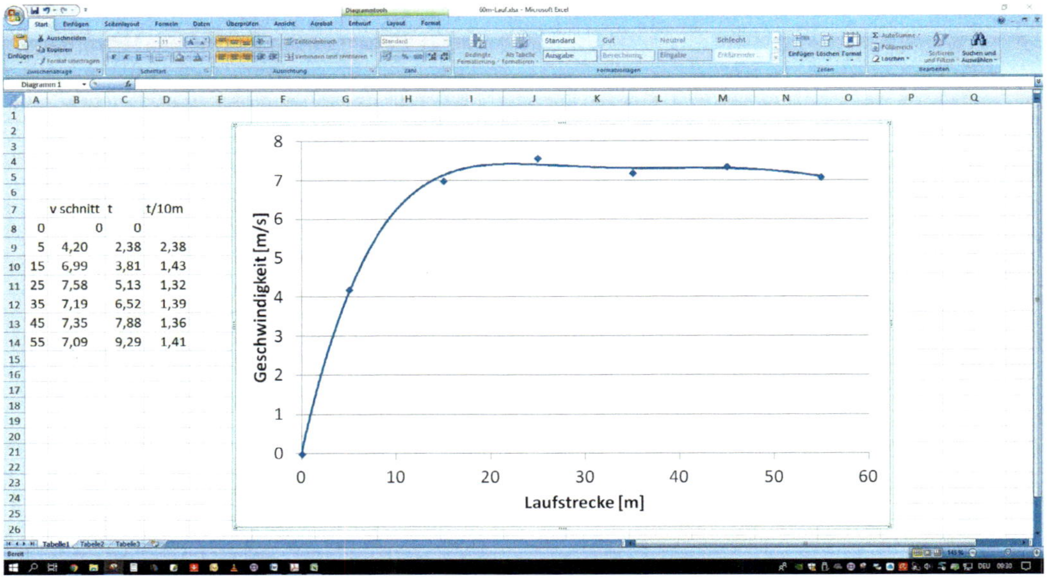

Abb. 5.42 Auswertung eines 60-m-Laufes. Die Werte wurden in Excel mit einem Polynom 5. Grades geglättet.

Unbeschleunigte Bewegungen	beschleunigte Bewegungen
Werden auch **gleichförmige Bewegungen** genannt.	Werden auch **ungleichförmige Bewegungen** genannt.
Es treten keine Beschleunigungen auf.	Es treten Beschleunigungen in irgendwelcher Form auf.
Der Geschwindigkeitsvektor bleibt gleich.	Richtung und/oder Betrag des Geschwindigkeitsvektors ändern sich.
Nur bei reiner Translation möglich.	Bei Translation und Rotation möglich.
Kann nur relativ gemessen werden. Relativ bedeutet „vergleichsweise".	Kann absolut gemessen werden. Absolut bedeutet „losgelöst".
Alle Experimente funktionieren ganz normal.	Durch die Beschleunigung treten Kräfte auf, die Experimente verfälschen können.
Es gibt nur eine Möglichkeit, *nicht* zu beschleunigen.	Es gibt unendlich viele Möglichkeiten zu beschleunigen.

Tab. 5.4 Überblick über die beiden Arten von Bewegungen

ZUSAMMENFASSUNG

Es gibt im Prinzip nur zwei Arten der Bewegung: unbeschleunigte und beschleunigte (Tab. 5.4). Wenn man unbeschleunigt ist, dann befindet man sich in einem Inertialsystem und alles funktioniert normal. Man braucht einen Bezugspunkt, also etwas Zweites, um diese Form der Bewegung festzustellen. Das macht die Geschwindigkeit relativ. Beschleunigte Bewegungen sind aber absolut. Diese kann man messen und spüren, ohne dass man vergleichen muss. Beispiele für beschleunigte Bewegungen sind der freie Fall (positive Beschleunigung) oder Bremsvorgänge (negative Beschleunigung). Bewegungen werden normalerweise in Zeit-Ort- (*t*-*s*) und Zeit-Geschwindigkeit-Diagrammen (*t*-*v*) dargestellt. Meistens wird die Durchschnittsgeschwindigkeit angegeben, weil man nur Gesamtweg und Gesamtzeit kennt. Will man die Momentangeschwindigkeit ermitteln, dann muss man diese auch zum jeweiligen Zeitpunkt messen.

5.7 Höhere Physik mit Usain Bolt

Differenzieren

In diesem Abschnitt geht es um eine der wichtigsten mathematischen Errungenschaften der Neuzeit, nämlich die Differenzialrechnung. Weil du das in Mathe vielleicht erst später lernen wirst, schnüffeln wir hier nur mal kurz hinein.

F 25 ○ Wiederhole noch einmal, wie Geschwindigkeit und Beschleunigung definiert sind!

F 26 ○ Was geben die Steigung der Geraden in einem *t*-*s*-Diagramm und in einem *t*-*v*-Diagramm an (siehe etwa Abb. 5.11 und 5.12).

F 27 ○ Was versteht man unter Durchschnitts- und Momentangeschwindigkeit? Lies in Kap. 5.6 nach.

F 28 ◒ Es ist logisch, dass eine Gerade eine Steigung hat. Aber hat auch eine Kurve eine Steigung? Ist es zum Beispiel möglich, die Steigung der roten Kurve in Abb. 5.45 anzugeben?

F 29 ● Mit wie viel *g* beschleunigen ein Pkw oder ein F1-Rennwagen von 0 auf 100 km/h? Mit wie viel *g* beschleunigt ein Weltklassesprinter auf den ersten Metern?

Frischen wir noch einmal kurz auf: Die **Geschwindigkeit** ist als Weg pro Zeit definiert ($\vec{v} = \Delta\vec{s}/\Delta t$), die **Beschleunigung** als Geschwindigkeitsänderung pro Zeit ($\vec{a} = \Delta\vec{v}/\Delta t$) (→ **F 25**). Was geben aber nun die Steigungen von Geraden in einem *t*-*s*- und einem *t*-*v*-Diagramm an (→ **F 26**)?

Die **Steigung einer Geraden** ist generell durch $\Delta y/\Delta x$ gegeben. Bei einem *t*-*s*-Diagramm gibt die Steigung somit $\Delta s/\Delta t$ an und das entspricht wiederum genau der Definition der Geschwindigkeit *v* (siehe oben). Die Steigung im *t*-*s*-Diagramm gibt daher die **Geschwindigkeit** eines Objekts an (Abb. 5.43)! Beim *t*-*v*-Diagramm entspricht die Steigung $\Delta v/\Delta t = a$. Die Steigung im *t*-*v*-Diagramm gibt somit die **Beschleunigung** an (Abb. 5.44)! Achtung: Die Diagramme sehen zwar ganz ähnlich aus, beschreiben aber komplett verschiedene Bewegungen.

Abb. 5.43 *t-s*-Diagramm von drei gleichförmigen Bewegungen, etwa von Autos, die mit konstanter Geschwindigkeit rollen. Der Anstieg entspricht $\Delta s/\Delta t = v$. Je steiler der Anstieg, desto schneller das Ding.

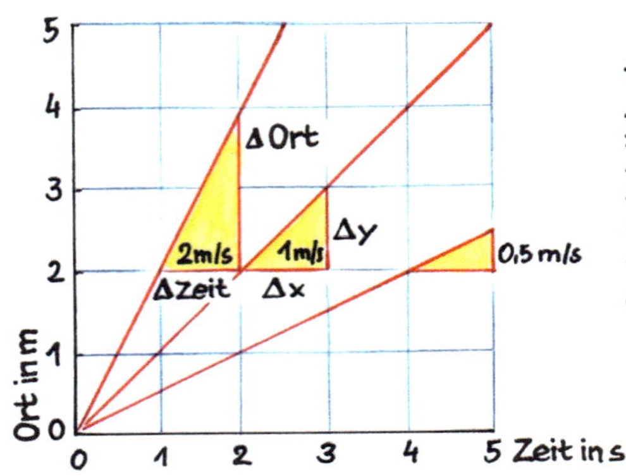

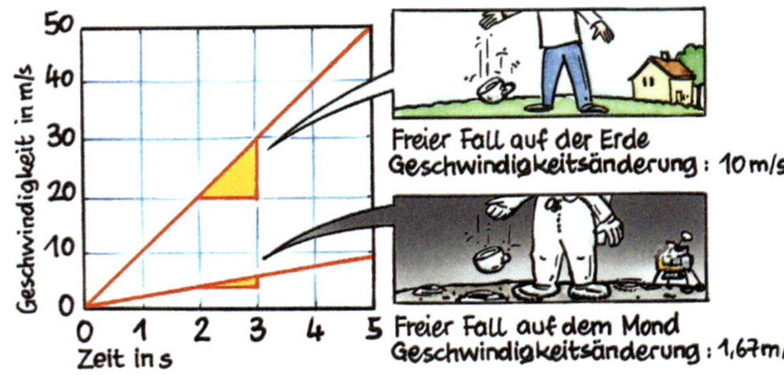

Abb. 5.44 *t-v*-Diagramm für frei fallende Gegenstände auf Erde und Mond. Der Anstieg entspricht $\Delta v/\Delta t = a$. Je steiler der Anstieg, desto größer die Beschleunigung. Auf der Erde ist die Beschleunigung etwa 6-mal so groß wie auf dem Mond.

Solange in Diagrammen die Anstiege wie in Abb. 5.43 und 5.44 gleich bleiben, ist das mit der **Steigung** kein Problem. Die „Kurve" ist in diesem Fall dann ja eine Gerade und hat somit auf der ganzen Länge dieselbe Steigung. Wie ist das aber, wenn es sich bei den Funktionen um **wirkliche Kurven** handelt? Kann eine Kurve überhaupt eine Steigung haben (→ F 28)? Ja! Allerdings hängt sie in diesem Fall vom Ort ab, an dem man sie misst. Und hier kommt die **Differenzialrechnung** ins Spiel!

Diese wurde – wie auch die Integralrechnung, die aber hier nicht besprochen wird – unabhängig von Sir Isaac Newton und Gottfried Wilhelm Leibniz Ende des 17. Jahrhunderts entwickelt. Newton ging als Physiker sehr praxisbezogen an die Sache heran. Er stellte sich die Frage, wie man für eine gegebene *t-s*-Funktion die **Momentangeschwindigkeit** für **jeden beliebigen Zeitpunkt** berechnen kann.

Er ging dabei vom **Differenzenquotienten** $v = \Delta s/\Delta t$ aus. Bei einer gekrümmten Funktion wird dabei zunächst eine **Sekante** gelegt, die die Kurve in zwei Punkten schneidet (Abb. 5.45). Wenn man das Zeitintervall Δt nun immer kleiner werden lässt, dann erhält man immer genauere Werte für die Momentangeschwindigkeit, bis man schließlich eine **Tangente** erhält (→ F 28; siehe Abb. 5.45). Die Steigung der Kurve in diesem Punkt entspricht dann der Steigung der Tangente. Den Ausdruck ds/dt nennt man den **Differenzialquotienten**. Man spricht diesen nicht „ds *durch* dt" sondern „ds *nach* dt" aus. Er ist der Grenzwert – der sogenannte Limes – des normalen Bruchs, wenn die Zeitdifferenz Δt gegen null geht. Mathematisch sieht das dann so aus:

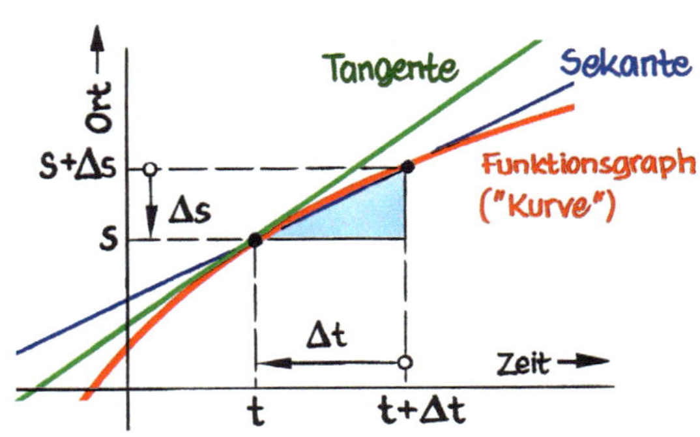

Abb. 5.45 Wenn man die Geschwindigkeit über $v = \Delta s/\Delta t$ berechnet, legt man im Prinzip eine Sekante durch die Funktion. Wenn man jedoch $v = ds/dt$ berechnet, legt man eine Tangente an die Kurve. Natürlich ist die zweite Methode genauer, weil sie quasi der „wirklichen" Steigung entspricht.

FORMEL Geschwindigkeit als Differenzialquotient

$$v = \lim_{\Delta t \to 0} \frac{\Delta s}{\Delta t} = \frac{ds}{dt} = \dot{s}$$

v	… Geschwindigkeit	$[v] = \frac{m}{s}$
Δs	… Weglänge	$[\Delta s] = m$
ds	… infinitesimale Weglänge	$[ds] = m$
Δt	… Zeitintervall	$[\Delta t] = s$
dt	… infinitesimales Zeitintervall	$[dt] = s$
$\dot{s}$	… ds/dt in der Newton'schen Schreibweise	

Man sagt auch, dass die Geschwindigkeit die erste Ableitungsfunktion oder kurz die **erste Ableitung** des Weges nach der Zeit ist. Sie gibt an jedem Punkt die Steigung der *t-s*-Funktion an. Auf ähnliche Weise kann man auch die Beschleunigung über die *t-v*-Funktion definieren:

FORMEL Beschleunigung als Differenzialquotient

$$a = \lim_{\Delta t \to 0} \frac{\Delta v}{\Delta t} = \frac{dv}{dt} = \dot{v} = \ddot{s}$$

$$a = \frac{\Delta v}{\Delta t} \Rightarrow \Delta v = a \cdot \Delta t$$

a	… Beschleunigung	$[a] = \frac{[v]}{[t]} = \frac{m}{s \cdot s} = \frac{m}{s^2}$
Δv	… Geschwindigkeitsänderung	$[\Delta v] = \frac{m}{s}$
dv	… infinitesimale Geschwindigkeitsänderung	$[dv] = \frac{m}{s}$
Δt	… Zeitintervall	$[\Delta t] = s$
dt	… infinitesimales Zeitintervall	$[dt] = s$
$\dot{v}$	… dv/dt in der Newton'schen Schreibweise	

Abb. 5.46 Usain Bolt bei der WM 2009 in Berlin

Wenden wir dieses mächtige mathematische Tool nun – ganz im Sinne Newtons – gleich praktisch an und analysieren den **Weltrekordlauf** von Usain Bolt über **100 m** (Abb. 5.46), die er 2009 in sagenhaften 9,58 s auf die Bahn trommelte. Aus Messungen sind zunächst bloß die 10-m-Teilzeiten bekannt (Tab. 5.5). Für unsere Analysen ist nur die **Bewegungszeit** wichtig. Deshalb ist die Reaktionszeit nach dem Startschuss nicht berücksichtigt.

Strecke [m]	benötigte Zeit [s]
0 m	0 s
10 m	1,744 s
20 m	2,734 s
30 m	3,634 s
40 m	4,494 s
50 m	5,324 s
60 m	6,144 s
70 m	6,954 s
80 m	7,774 s
90 m	8,604 s
100 m	9,434 s
+ Reaktionszeit	0,146
Gesamtzeit	9, 58 s

Tab. 5.5 Bolts Teilzeiten beim Weltrekord in Berlin von 2009 ohne Berücksichtigung der Reaktionszeit

Abb. 5.47 Die Originaldaten aus Tab. 5.4 (schwarze Punkte) und die gefittete t-s-Funktion (rote Kurve) zu Bolts Weltrekordlauf (→ INFO Kurvenfit). Die Reaktionszeit ist im Diagramm nicht berücksichtigt – es geht erst mit der Bewegung los.

Zunächst einmal brauchen wir eine ***t*-*s*-Funktion**, die sich möglichst gut an die Werte in der Tabelle anpasst (Abb. 5.47; → INFO Kurvenfit). Du musst dir dabei im Klaren sein, dass es sich bei der angepassten Funktion um ein **Modell** handelt – allerdings um ein sehr realistisches. Die wirkliche Bewegung ist trotzdem viel viel komplizierter, weil der Schwerpunkt bei jedem Schritt abgebremst und dann wieder beschleunigt wird. In der Realität müsste die t-s-Kurve eigentlich wellig sein. Aber das vereinfachte t-s-Modell in Abb. 5.47 ist trotzdem realistisch und liefert uns vor allem gute Möglichkeiten für die nachfolgenden Berechnungen.

Abb. 5.48 Der modellierte Geschwindigkeitsverlauf. Die t-v-Funktion wurde durch Differenzieren der t-s-Funktion aus Abb. 5.47 ermittelt.

Durch **Differenzieren** der t-s-Funktion kommt man nun direkt auf die ***t*-*v*-Funktion** (Abb. 5.48; → INFO Kurvenfit). Du siehst, dass die Geschwindigkeit sehr lange ansteigt und erst nach etwa 7 Sekunden ihren Maximalwert erreicht. Dort betrug sie sehr beachtliche 12,2 m/s oder 43,9 km/h.

Aber wir machen hier nicht Halt, sondern ermitteln durch **nochmaliges Differenzieren** auch die ***t*-*a*-Funktion**. Und diese offenbart eine Überraschung, denn Bolts Beschleunigung liegt zu Beginn im Bereich von 10 m/s² und somit in der Größenordnung der Fallbeschleunigung g.

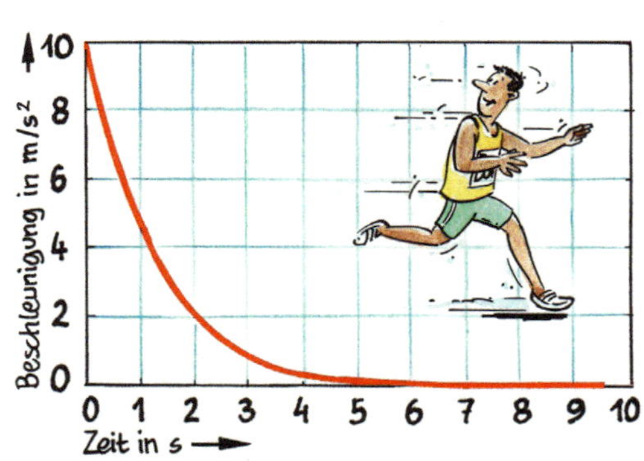

Abb. 5.49 Der modellierte Beschleunigungsverlauf. Die t-a-Funktion wurde durch Differenzieren der t-v-Funktion aus Abb. 5.48 ermittelt.

Vergleichen wir das mit der **Beschleunigung von Autos**. Zum Beispiel benötigt ein VW Golf mit 63 kW (86 PS) von 0 auf 100 km/h (27,8 m/s) eine Zeit von 11,9 s, was einer durchschnittlichen Beschleunigung von bloß 2,34 m/s² entspricht. Auf den ersten Metern hätte also der Golf gegen Bolt nicht den Funken einer Chance. Aber selbst ein F1-Auto mit 2,5 s von 0 auf 100 km/h hat eine Beschleunigung von „nur" knapp über 11 m/s². Es ist erstaunlich, dass ein Weltklassesprinter auf den ersten Metern fast in den Beschleunigungsbereich eines Formel-1-Boliden vorstoßen kann (→ F 29).

Abb. 5.50 Der modellierte Kraftverlauf. Es handelt sich dabei um die Nettokraft, die auf den KSP von Bolt wirkt.

Da nun die Beschleunigung bekannt ist, können wir mit Hilfe der Gleichung $F = m \cdot a$ (zum zweiten Newton'schen Grundgesetz siehe Kap. 7.3) auch die aufgewendete **Kraft** ausrechnen. Wenn wir von einer Masse von 94 kg ausgehen, erhalten wir die Werte in Abb. 5.50. Die Kraftkurve sinkt gegen null ab. Heißt das, dass Bolt gegen Ende keine Kraft mehr aufwenden muss? Nein, diese Kurve gibt die **Nettokraft** an, die auf den Schwerpunkt von Bolt wirkt. Mit zunehmendem Tempo steigt die **Luftwiderstandskraft** immer mehr an, bis sich beide Kräfte die Waage halten. Es ist ähnlich wie beim freien Fall unter Luftwiderstand (siehe Kap. 5.5).

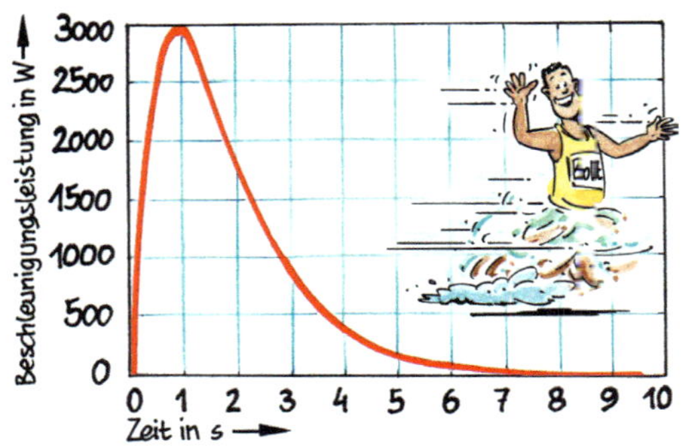

Abb. 5.51 Der modellierte Verlauf der Beschleunigungsleistung

Aber man kann sogar noch einen Schritt weitergehen. Durch Kombinieren der Gleichungen $P = W/t$ (Leistung ist Arbeit pro Zeit; siehe Kap. 8.5) und $W = F \cdot s$ (Arbeit ist Kraft mal Weg; siehe Kap. 8.1) erhält man $P = W/t = F \cdot s/t = F \cdot v$ (Abb. 5.51). Diese Gleichung gibt die **Beschleunigungsleistung** an, und diese beträgt im Maximalfall 3000 Watt. Ist es nicht erstaunlich, was man alles aus den Rohdaten in Tab. 5.4 ableiten kann?

INFO

Kurvenfit

Wissenschaftler nahmen den Rekordlauf von Bolt unter die Lupe und überlegten, mit welcher Funktion die *t*-*s*-Werte aus Tab. 5.3 am besten anzupassen sind. Im Prinzip kann man alle möglichen Funktionen verwenden, etwa auch **Polynome** höherer Ordnung (siehe Abb. 5.42). Diese können aber fast jede beliebige Form annehmen. Gesucht ist jedoch eine Funktion, die **von vornherein** so aussieht wie der natürliche *t*-*s*-Verlauf.

Man ging von folgenden Überlegungen aus: Bolt ist in der Lage, eine **konstante horizontale Kraft** F_0 zu erbringen. Auf der anderen Seite wirkt die **Luftwiderstandskraft** F_L (siehe Kap. 5.5), die mit dem Quadrat der Geschwindigkeit anwächst. Die **Nettokraft**, mit der Bolt seinen Schwerpunkt beschleunigt (Abb. 5.50), ist daher $m \cdot a = F_0 - F_L$ (zum zweiten Newton'schen Grundgesetz siehe Kap. 7.3). Durch einige Zwischenschritte kamen sie letztendlich zu dem Schluss, dass folgende *t*-*s*-Funktion die Situation am besten modelliert:

$$s(t) = \frac{A}{k} \cdot \ln\left(\frac{A + B\,e^{-kt}}{A + B}\right) + \frac{B}{k} \cdot \ln\left(\frac{A\,e^{kt} + B}{A + B}\right)$$

Durch einem sogenannten **Kurvenfit** wurde dann ermittelt, welche Werte *A*, *B* und *k* annehmen müssen, damit sich diese **Modellfunktion** am besten an die gemessenen Werte anpasst. Es wurde Folgendes gefunden:

$A = 110\,\text{m} \cdot \text{s}^{-1}$, $B = 12{,}2\,\text{m} \cdot \text{s}^{-1}$ und $k = 0{,}9\,\text{s}^{-1}$

Mit diesen Werten und der Funktion oben wurde Abb. 5.47 erstellt. Durch einmaliges Differenzieren erhält man nun sofort die *t*-*v*-Funktion (siehe Abb. 5.48):

$$v(t) = \frac{ds(t)}{dt} = \frac{A \cdot B \cdot (1 - e^{-kt})}{A + B\,e^{-kt}}$$

Durch nochmaliges Differenzieren erhält man schließlich die *t*-*a*-Funktion (siehe Abb. 5.49):

$$a(t) = \frac{dv(t)}{dt} = \frac{d^2 \cdot s(t)}{dt^2} = A \cdot B \cdot k \cdot (A + B) \cdot \frac{e^{-kt}}{(A + B\,e^{-kt})^2}$$

ZUSAMMENFASSUNG

Hat man einmal die *t*-*s*-Funktion, ist im Prinzip alles gewonnen, weil sich aus dieser dann auch Geschwindigkeiten, Beschleunigungen, Kräfte und Leistungen ableiten lassen. Die mathematische Technik dazu ist über 300 Jahre alt.

Teste dich

F30 ◒ Zwei Laster mit einem Gerät zur Messung der Lichtgeschwindigkeit entfernen sich mit je 10 m/s voneinander. Was können sie für *c* messen? Ist die Angabe in Abb. 5.52 richtig? Was wäre, wenn die Angabe richtig wäre? → L

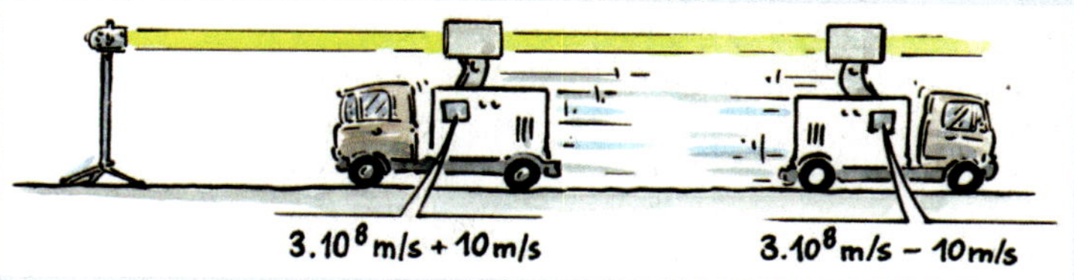

Abb. 5.52

F31 ◒ Schätze mit Tab. 5.1 die Weltrekorde im Marathonlauf für Männer und Frauen ab. Die Strecke beträgt 42,195 km. → L

F32 ◒ Wie oft könnte ein Lichtstrahl pro Sekunde um die Erde zischen (zum Erdumfang siehe Kapitel 2.3)? → L

F33 ○ Erkläre, wieso die Beschleunigung die Einheit m/s^2 hat. → L

F34 ◒ Die Fallbeschleunigung auf dem Mars ist $3{,}72\,m/s^2$. Berechne die Falltiefe für einen Gegenstand für die ersten 6 Sekunden. → L

F35 ◒ Zeichne in einem Diagramm den Zusammenhang zwischen Geschwindigkeit und Bremsweg für die Bremsverzögerungen $5\,m/s^2$, $7\,m/s^2$ und $9\,m/s^2$ ein (siehe Abb. 5.29). → L

F36 ◒ Bei einem Unfall auf der Autobahn zieht ein Ferrari eine 280 m lange Bremsspur. Der Fahrer sagt, er war mit etwa 150 km/h unterwegs. Kann man diese Behauptung widerlegen? → L

F37 ◒ Erstelle für folgende Bewegung ein *t-s-* und ein *t-v*-Diagramm: 2 Sekunden mit 1 m/s, 2 Sekunden mit 2 m/s, 2 Sekunden mit 3 m/s, 2 Sekunden mit –5,5 m/s. → L

F38 ● Mit einem **Videoanalyse-Programm** (z. B. „Tracker") lassen sich Bewegungen, die man auf einem Video festhält, analysieren. Erstelle mit Hilfe des Programms zunächst das *x-y*-Diagramm einer einfachen Bewegung (Abb. 5.53 a), etwa die eines rollenden Spielzeugautos. Kennst du die Anzahl der Bilder pro Sekunde, kannst du mit Hilfe des Programms dann das *t-x-*, *t-v* und *t-a*-Diagramm berechnen (Abb. 5.53 b bis d) und diverse weitere Analysen vornehmen. → L

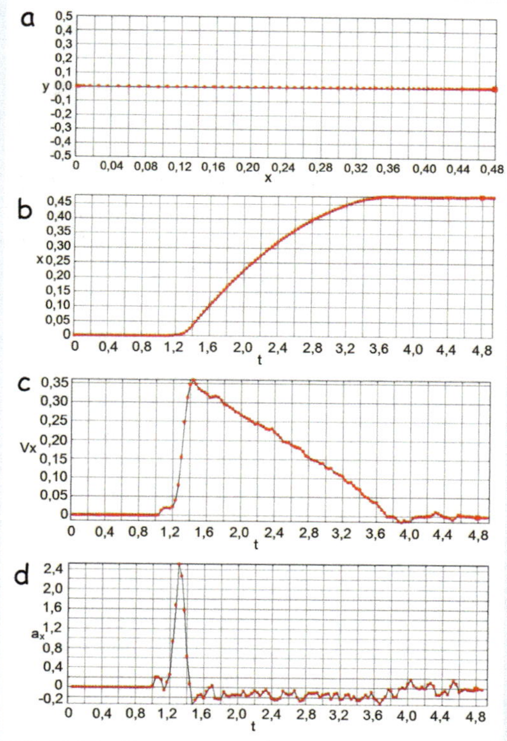

Abb. 5.53 Vom *x-y*-Diagramm oben bis zum *t-a*-Diagramm unten

F39 ◒ Bei großen Leichtathletik-Wettkämpfen hat jeder Läufer bei den Sprint-Distanzen einen eigenen Lautsprecher für das Startsignal hinter seinem Startblock. Kannst du dir vorstellen, warum das so ist? Versuche den Effekt größenordnungsmäßig anzugeben. → L

F40 ● Mary Poppins ist ein mit magischen Fähigkeiten ausgestattetes Kindermädchen. Berühmt ist die Szene aus dem Disney-Film, in der sie mit Hilfe eines Regenschirms zu Boden schwebt (Abb. 5.54). Berechne, wie groß ihre Endgeschwindigkeit wäre, wenn sie tatsächlich einen Regenschirm als „Fallschirm" verwendete. Überlege dir dazu vernünftige Rahmenbedingungen, was die Schirmgröße und die Masse von Mary Poppins anbelangt. Der c_W-Wert eines Fallschirms bzw. einer Halbkugelschale beträgt etwa 1,3. → L

Abb. 5.54

6 Zusammengesetzte Bewegungen

In diesem Kapitel geht es um **Überlagerungen von Bewegungen**. Die Geschwindigkeit wird ja als Vektor beschrieben und Vektoren kann man addieren (siehe Kap. 3). Wir werden uns vor allem Würfe genauer ansehen. Wichtig: Um dir das Prinzip klar zu machen, vereinfachen wir wieder und vernachlässigen den Luftwiderstand.

6.1 Astronaut im freien Fall

Das Unabhängigkeitsprinzip

In diesem Abschnitt geht es um das Prinzip, wie sich Bewegungen überlagern. Schon Galilei hat vor etwa 400 Jahren damit gearbeitet.

F1 ● Du stehst im Regen und die Tropfen fallen senkrecht mit 4 m/s zu Boden. Du beginnst mit 3 m/s zu laufen. Wie fällt dann aus deiner Sicht der Regen zu Boden?

F2 ● Lara Croft ist mit einem Boot auf der Flucht. Wie muss sie einen Fluss überqueren, damit sie am schnellsten drüben ankommt? Und wie muss sie fahren, um auf dem kürzesten Weg ans andere Ufer zu kommen? Quer, schräg in oder schräg gegen die Strömungsrichtung?

F3 ◒ Im gleichen Augenblick wird eine sehr schnelle Kugel waagerecht aus einem Gewehr abgefeuert und eine gleich große andere Kugel einfach aus gleicher Höhe fallen gelassen. Welche trifft zuerst auf dem Boden auf?

Abb. 6.1

Wenn du ruhig im **Regen** stehst, dann fallen die Tropfen senkrecht herunter – in **F1** z. B. mit 4 m/s. Wenn du mit 3 m/s zu laufen beginnst, dann **addieren** sich die Vektoren von Lauf- und Fallgeschwindigkeit. Die Tropfen kommen dann mit 5 m/s von schräg vorne (Abb. 6.2). Wie schnell ist der Tropfen aber jetzt wirklich? 4 m/s oder 5 m/s? Bedenke: Geschwindigkeiten sind relativ und deshalb sind auch beide Ansichten richtig. Es ist alles eine Frage des **Bezugssystems**.

Man kann es so formulieren: Führt ein Gegenstand mehrere Bewegungen gleichzeitig aus, so beeinflussen diese einander nicht. Das nennt man auch das **Unabhängigkeitsprinzip („Superpositionsprinzip")** der Bewegungen. Mit „mehreren Bewegungen" ist nicht gemeint, dass der Gegenstand auseinanderbricht und in verschiedene Richtungen wegfliegt. Damit ist gemeint, dass man die Geschwindigkeit als Vektor in ihre Komponenten zerlegen und wieder zusammensetzen kann. Und diese Komponenten werden durch das Addieren nicht beeinflusst.

Wie sieht es mit dem **Boot** aus (→ **F2**)? Wenn man genau quer zum Fluss fährt, dann addieren sich die Geschwindigkeiten wie in Abb. 6.3 a. Auf der Flucht würde man diesen Weg wählen, weil er der schnellste ist. Dann ist nämlich die *y*-Komponente der Bootsgeschwindigkeit am größten. Aber das

Abb. 6.2 Wenn du läufst, addieren sich die Geschwindigkeiten (siehe auch Kap. 3.2).

Abb. 6.3 a ist der schnellste Weg, weil $\vec{v}_{Boot}$ genau quer zum Fluss zeigt. b ist der kürzeste Weg und man kommt genau am gegenüberliegenden Ufer an. $\vec{v}_{gesamt}$ ist aber kleiner und man braucht länger.

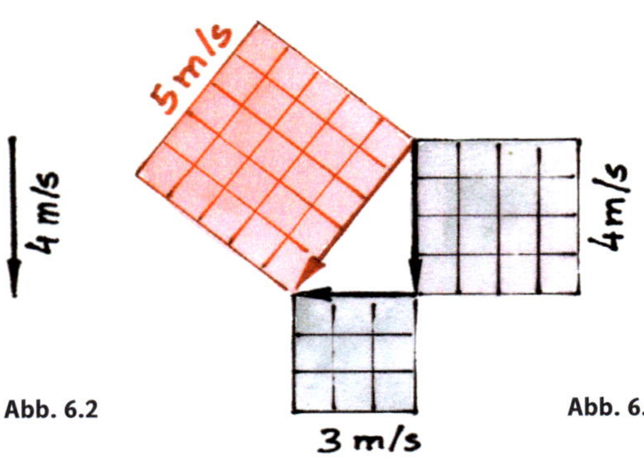

Abb. 6.2

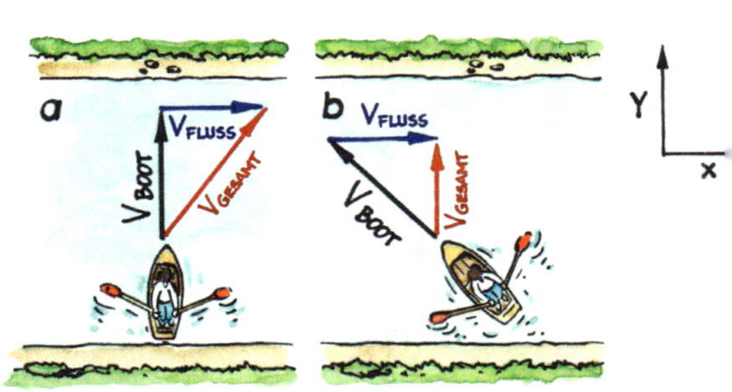

Abb. 6.3

Boot treibt ab. Wenn man auf dem kürzestem Weg hinüber will, dann muss man so schräg gegen die Stromrichtung fahren, dass die Summe der Geschwindigkeiten quer zum Fluss zeigt (b). Das ist zwar langsamer, man kommt aber genau auf der gegenüberliegenden Seite an.

Vom Ufer aus gesehen führt das Boot zwei Bewegungen aus: eine **relativ zum Wasser** und eine **mit dem Wasser**. Beide Bewegungen beeinflussen sich gegenseitig nicht, und man kann sie einfach addieren. Das ist eben das Unabhängigkeitsprinzip.

Wenden wir das Prinzip auf **F3** an. Auf **ausnahmslos jeden Gegenstand** wirkt die **Schwerkraft** und beschleunigt diesen mit rund $10\,m/s^2$ in Richtung Boden. Und zwar unabhängig davon, welche Bewegung er zusätzlich noch ausführt. Sogar das Licht fällt durch die Gravitation! Das Verblüffende ist also, dass beide Kugeln gleichzeitig am Boden ankommen.

Man kann auch noch anders überlegen: Ändere das **Bezugssystem** und fliege mit der Horizontalgeschwindigkeit der abgeschossenen Patrone. Diese hat dann für dich keine Horizontalgeschwindigkeit und es sieht so aus, als ob sie einfach senkrecht zu Boden fällt. Und das tut sie natürlich in ganz normalem Tempo.

INFO

Zero *g*

Die **Wahl des Bezugssystems** ist völlig frei. Man kann es zum Beispiel so wählen, dass man wie bei **F3** mit einer Patrone mitfliegt und versteht dann sofort, warum beide gleichzeitig am Boden ankommen. Man kann das Bezugssystem aber auch so wählen, dass es frei fällt. Für die Insassen bei einem **Parabelflug** ist das der Fall (Abb. 6.4). Weil alles gleich schnell fällt – also nicht nur das Flugzeug, sondern auch alles andere an Bord –, wirkt es im Inneren so, als ob es plötzlich keine Gravitation mehr gäbe. Auf diese Weise kann man **Schwerelosigkeit** (Zero *g*) erzeugen. Technisch macht man das so: Zunächst zieht man das Flugzeug sehr steil nach oben und danach lässt man es möglichst exakt entlang einer Wurfparabel fliegen (Abb. 6.5).

Parabelflüge sind sehr cool, aber auch sauteuer. Denselben Effekt hast du zwar kürzer, aber auch wesentlich billiger, wenn du dich auf dem Rummelplatz auf einem **Freefall-Tower** in die Tiefe fallen lässt (Abb. 6.6).

Abb. 6.6 Ein Freefall-Tower auf dem Rummelplatz: Die Plattform fällt – je nach Bauart – bis zu 100 m frei in die Tiefe. Man ist in diesem Fall also rund 4 Sekunden schwerelos.

Abb. 6.4 Trainierende Astronauten während eines Parabelflugs in einem aus- und umgebauten Jumbojet

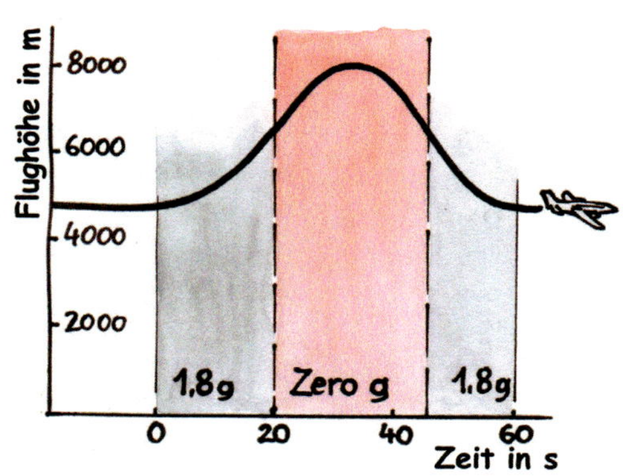

Abb. 6.5 Parabelflug: Der rechte, absteigende Teil im Zero-*g*-Bereich entspricht einem horizontalen Wurf.

ZUSAMMENFASSUNG

Führt ein Körper gleichzeitig mehrere Bewegungen aus, so beeinflussen diese einander nicht. Das nennt man das Unabhängigkeitsprinzip der Bewegungen. Wenn man einzelne Geschwindigkeitskomponenten addiert, erhält man die Gesamtgeschwindigkeit.

6.2 Von Eiben- und Elbenbögen

Horizontale Würfe

Wir sehen uns jetzt horizontale Würfe an. Damit ist gemeint, dass zum Zeitpunkt des Abwurfs der Geschwindigkeitsvektor waagerecht ist.

F4 Du wirfst einen Stein waagerecht von einem Hügel. Er fliegt 20 m tief und 40 m weit. Wie schnell hast du geworfen?

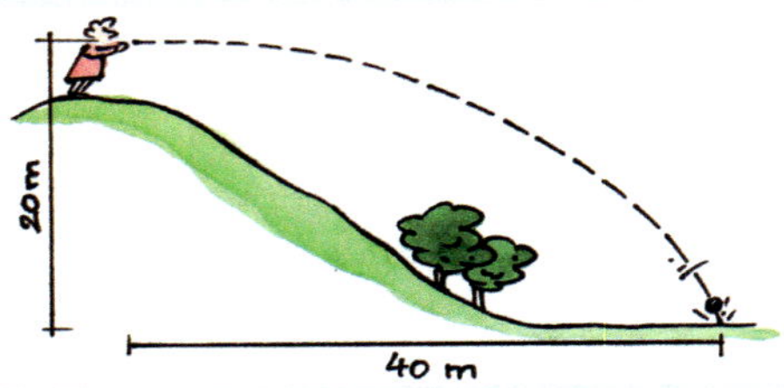

Abb. 6.7

F5 Wie weit kann eine aus einem Hochgeschwindigkeitsgewehr abgefeuerte Kugel waagerecht fliegen, ohne zu fallen?

F6 Superbogenschützen wie Robin Hood oder der Elbe Legolas hätten im realen Leben mit einem großen Problem zu kämpfen. Und auch der Bus-Sprung über ein fehlendes Stück in der Autobahn im Film „Speed" ist ein Hollywoodmärchen. Warum?

Mit Hilfe des Unabhängigkeitsprinzips lassen sich **Wurfbahnen** sehr einfach konstruieren. Dazu muss man den **Geschwindigkeitsvektor** nur in seine waagerechte und senkrechte Komponente **zerlegen** und nachher wieder zusammensetzen. Nehmen wir eine Abwurfgeschwindigkeit von 20 m/s an.

Die **horizontale Geschwindigkeit** bleibt während des gesamten Fluges über erhalten (siehe Kap. 7.2). In diese Richtung erfolgt ja keine Beschleunigung. Wir nehmen an, dass es **keine Schwerkraft** gibt. Dann ist der Gegenstand nach einer Sekunde 20 m weit geflogen, nach 2 Sekunden 40 m und so weiter (Abb. 6.8).

Dann nehmen wir an, dass es **keine Horizontalbewegung** gibt, und tragen die **Falltiefen** ein (siehe Kap. 5.4.1). Zum Schluss verbinden wir die Horizontal- und Vertikalpositionen und fertig ist die Wurfparabel. Du siehst die maßstabsgetreue Flugbahn des geworfenen Objekts. Mit dieser Methode hat Galilei vor über 400 Jahren belegt, dass die Flugbahn Parabelform hat (Abb. 6.9). Du hast also gerade ein wirklich altes Handwerk gelernt!

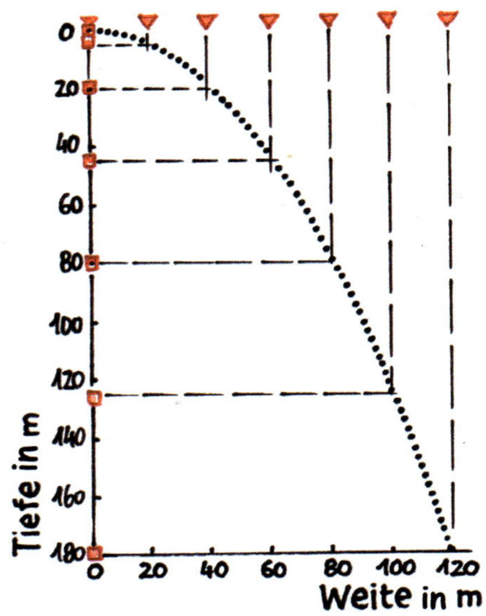

Abb. 6.8 Konstruktion eines horizontalen Wurfs mit Hilfe des Unabhängigkeitsprinzips; Quadrate: freier Fall; Dreiecke: Bewegung ohne Schwerkraft

Abb. 6.9 Originalskizze von Galilei zur Konstruktion eines horizontalen Wurfs um das Jahr **1605**

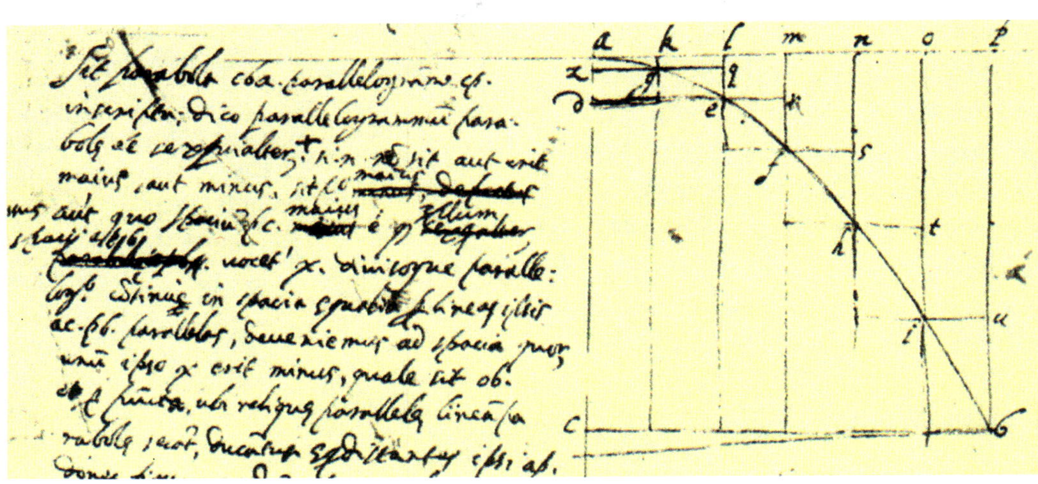

Du hast dir vielleicht gedacht, dass bei **F 4** eine Angabe fehlt?! Es fehlt aber nichts! Jeder Gegenstand fällt in zwei Sekunden 20 m tief! Deshalb dauert der Wurf zwei Sekunden, und wenn der Stein 40 m weit fliegt, dann wurde er mit 20 m/s abgeworfen.

Weil alle Gegenstände gleich schnell fallen, kann auch ein **Hochgeschwindigkeitsgeschoss** niemals völlig waagerecht fliegen (→ **F 5**). Für Schützen ist das ein großes Problem, weil sie immer höher zielen müssen und diese Abweichung noch dazu von der Entfernung abhängt. Besonders stark macht sich das beim Bogenschießen bemerkbar, weil Pfeile ja viel langsamer fliegen (→ **F 6**).

Alte Bögen sind meistens aus **Eibenholz**, weil dieses zu den elastischsten und härtesten Hölzern zählt. Trotzdem kann man mit solchen Bögen „nur" knapp 60 m/s erreichen (etwa 220 km/h). Für eine Strecke von 60 m braucht der Pfeil daher eine Sekunde und in dieser Zeit fällt er um 5 m! Will man also ein Objekt in dieser Entfernung treffen, dann muss man **um 2,5 m höher zielen** (Abb. 6.10). Selbst aus 30 m muss man um 1,25 m höher zielen. Schwierig für Robin Hood, auf diese Weise einen Pfeil zu spalten!

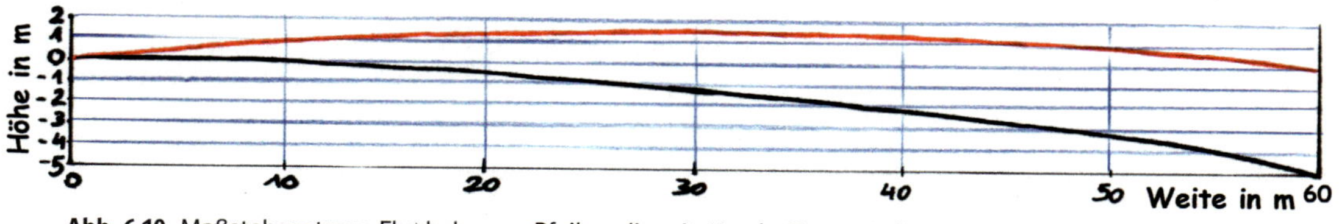

Abb. 6.10 Maßstabsgetreue Flugbahn von Pfeilen, die mit 60 m/s 60 m weit fliegen (schwarz ohne, rot mit Höhenkorrektur).

Auch KEANU REEVES hätte im realen Leben mit dem Unabhängigkeitsprinzip zu kämpfen. Im Filmklassiker „Speed" aus dem Jahr 1994 befindet er sich in einem Bus, der nicht langsamer als 50 Meilen pro Stunde (etwa 80 km/h oder 22 m/s) fahren darf, sonst explodiert eine Bombe an Bord. Die Fahrt führt auch über einen Teil der Autobahn, wo noch ein Stück Fahrbahn fehlt. Der Bus schafft den Sprung locker! Tatsächlich würde er aber bei einem fehlenden Stück von 20 m **fast 5 m tief fallen**! Au!

INFO

Tennis

Wie hoch ist die typische Geschwindigkeit von **Tennisbällen**? Diese Frage lässt sich mit Hilfe des Unabhängigkeitsprinzips einfach abschätzen! Wir nehmen an, dass die Bälle **waagerecht** und knapp über das Netz fliegen und **keinen Drall** haben. Die Bahn des Balls im gegnerischen Feld entspricht dann einem horizontalen Wurf. Die Überlegung ist einfach: Die Fallbewegung ist für alle Objekte gleich. Du musst nur wissen, wie lange der Ball braucht, um aus Netzhöhe herunter zu fallen. Diese beträgt bei Tennis 91,5 cm = 0,915 m. Daraus kann man die Fallzeit errechnen:

$$t = \sqrt{\frac{2s}{g}} = \sqrt{\frac{0{,}915}{5}}\,\text{s} = 0{,}43\,\text{s}$$

In derselben Zeit darf der Ball maximal bis zum Ende des Spielfeldes fliegen. Ein halbes Tennisfeld hat 11,9 m. Die maximale Geschwindigkeit über dem Netz ist daher

$$v = \frac{11{,}9\,\text{m}}{0{,}43\,\text{s}} \approx 27{,}7\,\frac{\text{m}}{\text{s}} = 100\,\frac{\text{km}}{\text{h}}$$

Höhere Geschwindigkeiten können nur dann erzielt werden, wenn von einer höheren Position geschlagen wird (etwa beim Aufschlag) und der Ball nicht waagerecht über das Netz geht oder wenn er zwar horizontal übers Netz fliegt, aber dafür mit **Topspin** gespielt wird. Darunter versteht man einen Ball mit Vorwärtsdrall. Dadurch kommt es zu einer zusätzlichen Kraft nach unten, der sogenannten Magnuskraft, die die Flugbahn verkürzt (Abb. 6.11). So sind horizontale Schläge über das Netz mit 150 km/h möglich.

Abb. 6.11 Tennisschlag ohne Drall (das nennt man Drive) und mit Topspin. In diesem Fall verkürzt sich die Flugbahn gegenüber der Flugparabel.

ZUSAMMENFASSUNG

Auf jeden Gegenstand wirkt die gleiche Fallbeschleunigung, egal welche Geschwindigkeit er zusätzlich noch ausführt. Fallende Gegenstände können daher niemals völlig horizontale Flugbahnen haben.

6.3 Weltrekord im Eierwurf
Schiefe Würfe

In diesem Abschnitt geht es um schiefe Würfe. Damit sind alle Würfe gemeint, bei denen der Abwurf nicht horizontal erfolgt.

F7 ◒ Bei einer Sprengung wird ein Stein weggeschleudert und schlägt nach 6 Sekunden wieder auf dem Boden auf. Wie hoch ist der Stein geflogen? Ist die Höhe unabhängig davon, ob der Stein senkrecht oder schief geflogen ist (vgl. mit → F14, Kap. 5.4.2)? → L

F8 ● Der Weltrekord im Eierwurf liegt laut Guinness Buch bei 98,5 m (und das Ei wurde angeblich gefangen, ohne zu zerbrechen). Wie schnell muss man dazu abwerfen? Und welches ist der günstigste Abwurfwinkel?

Auch die Flugparabel bei einem **schiefen Wurf** kann man mit Hilfe des Unabhängigkeitsprinzips einfach konstruieren. Nehmen wir dazu an, dass jemand ein **Ei** mit 28,28 m/s (knapp über 100 km/h) mit einem Winkel von 45° abwirft und vernachlässigen wir wie immer den Luftwiderstand. Du wirst die schräge Zahl bei der Geschwindigkeit gleich verstehen. Für die Vertikal- und Horizontalgeschwindigkeit bekommt man dann nämlich jeweils 20 m/s. Das lässt sich gut konstruieren!

Zuerst nehmen wir wieder an, dass **keine Schwerkraft** wirkt. Der Gegenstand würde dann geradlinig schräg nach oben fliegen (Abb. 6.12). Von diesen Positionen ziehen wir nun den **freien Fall** ab und schon ist die Wurfparabel fertig. Das Ei fliegt genau 80 m weit und steigt dabei 20 m hoch. Für einen Eierwurf auf fast 100 m ist daher eine größere Geschwindigkeit nötig (→ F8). Das lässt sich aber besser berechnen als konstruieren.

Der **günstigste Wurfwinkel** ist von der Weite unabhängig und liegt bei **45°** (Abb. 6.14). Bei Winkeln, die einander auf 90° ergänzen ist die Wurfweite gleich groß. Mit 50° wirfst du also gleich weit wie mit 40° und mit 60° so weit wie mit 30°.

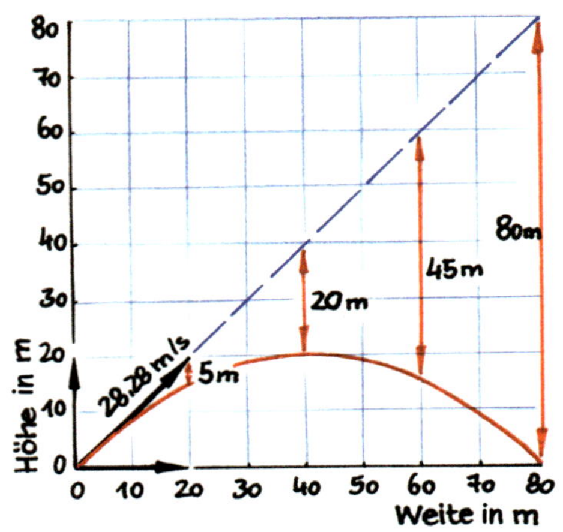

Abb. 6.12 Schiefer Wurf mit einem Winkel von 45°. Die Teil-Komponenten kannst du mit dem **Satz von Pythagoras** ausrechnen oder mit Sinus und Cosinus.

INFO

Mathematik des schiefen Wurfs

Die Wurfweite bei einem schiefen Wurf lässt sich mit folgender Gleichung berechnen:

$$w = \frac{v^2 \cdot \sin 2\alpha}{g}$$

Der Sinus hat bei 90° seinen größten Wert, nämlich 1. Bei $2\alpha = 90°$ wird daher die höchste Weite erzielt. Deshalb ist der günstigste Winkel $90°/2 = 45°$ (siehe Abb. 6.14). Die Weite ist proportional zum Quadrat der Geschwindigkeit: **doppelte Abwurfgeschwindigkeit, vierfache Weite!**

Die **Geschwindigkeit**, die du für eine bestimmte Wurfweite benötigst, bekommst du durch Umformen der oberen Gleichung: Für den **Weltrekord im Eierwurf** ist daher eine Abwurfgeschwindigkeit von 31,4 m/s oder 113 km/h notwendig. Und dabei ist der Luftwiderstand noch gar nicht berücksichtigt. Sehr beachtlich! Wie sieht es mit **Flugzeit** und **Steighöhe** aus? Um das zu berechnen, muss man den Vektor der Abwurfgeschwindigkeit in seine *x*- und *y*-Komponenten zerlegen. Dabei gilt allgemein: $v_x = v \cdot \cos\alpha$ und $v_y = v \cdot \sin\alpha$ (siehe Abb. 6.13). Wenn du weißt, wie weit der Wurf geht und wie groß die Horizontalgeschwindigkeit v_x ist, dann kannst du sofort die Wurfdauer ausrechnen. v_x bleibt ja während des gesamten Fluges gleich groß. Daher gilt $v_x = s/t$ und somit $t = s/v_x$. Der Wurf in Abb. 6.12 würde daher $\frac{80\,\mathrm{m}}{20\,\frac{\mathrm{m}}{\mathrm{s}}} = 4\,\mathrm{s}$ dauern.

Die Gleichung für die **Flughöhe** kennst du schon (→ **INFO** Bremsweg, Kap. 5.4.2). Es handelt sich um eine gleichmäßig beschleunigte Bewegung. Daher gilt:

$$h = \frac{v_y^2}{2g}$$

Nehmen wir als Probe wieder Abb. 6.12. Für die Höhe ergibt sich dann:

$$\frac{\left(20\,\frac{\mathrm{m}}{\mathrm{s}}\right)^2}{20\,\frac{\mathrm{m}}{\mathrm{s}^2}} = 20\,\mathrm{m}.\ \text{Voilà!}$$

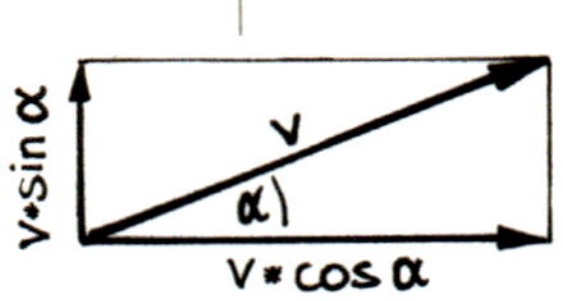

Abb. 6.13 Zerlegung von *v* in seine beiden Komponenten mit Hilfe der Winkelfunktionen sin und cos. v_x in Abb. 6.12 wäre also 28,28 m/s · sin(45°) = 20 m/s. Stimmt! Für rechtwinklige Dreiecke gilt allgemein: sin α ist Gegenkathete durch Hypotenuse und cos α ist Ankathete durch Hypotenuse.

Bei **45°** geht der Wurf übrigens **4-mal so weit wie hoch**. Warum? Die Weite w ist dann v^2/g. Und v ist zu v_y wie die Diagonale in einem Quadrat.

Deshalb gilt:

$$h = \frac{v_y^2}{2g} = \frac{\left(\frac{v}{\sqrt{2}}\right)^2}{2g} = \frac{\frac{v^2}{2}}{2g} = \frac{v^2}{4g}$$

Und das ist eben genau 1/4 der Wurfweite!

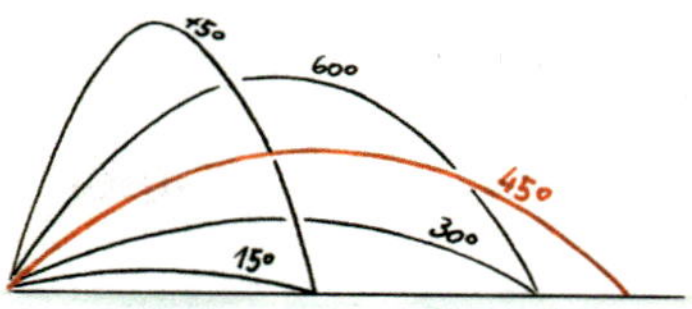

Abb. 6.14 Abhängigkeit der Wurfweite vom Abwurfwinkel. Die **größte Weite** wird **bei 45°** erzielt (rote Linie).

ZUSAMMENFASSUNG

Bei einem Winkel von 45° fliegt ein Gegenstand am weitesten. Die Flugweite ist dann 4-mal so groß wie die Flughöhe. Um über 100 m zu werfen, muss die Abwurfgeschwindigkeit über 30 m/s (etwa 110 km/h) betragen.

6.4 Wenn Hochspringer gefährlich leben

Schiefe Würfe im Sport

Jetzt schauen wir uns ein paar Beispiele aus dem Sport an. Hier wird es etwas komplizierter, weil wir wieder mit realen Fällen ohne Vereinfachung zu tun haben.

F9 ● Der Weitsprung ist ja gewissermaßen ein „Körperwurf“ (Abb. 6.15). Also fliegt der Schwerpunkt entlang einer Wurfparabel. Der günstigste Absprungwinkel sollte dann 45° sein. Die Weltklasse springt aber mit etwa 20°. Warum? Gilt hier die Physik nicht mehr?

Abb. 6.15 Weltrekordhalter MIKE POWELL

F10 ● Wie ist es beim Kugelstoß mit dem günstigsten Abwurfwinkel? Liegt der auch bei 45°? Überlege dazu, welcher Unterschied in der Flugbahn einer Kugel im Vergleich mit der Bahn in Abb. 6.14 besteht.

F11 ◒ Der Weltrekord im Speerwurf liegt – zufällig wie auch der Eierwurf – bei etwa 98,5 m. Wie sieht es da mit Abwurfgeschwindigkeit und -winkel aus? Vernachlässige bei deiner Überlegung wieder den Luftwiderstand.

F12 ◒ Warum wirft man mit dem schweren Schlagball weiter als mit dem leichteren Tennisball? Ist das nicht unlogisch? → L

Die physikalischen Gesetze gelten natürlich immer, auch beim **Weitspringer**. Das Phänomen des zu flachen Absprunges ist kein physikalisches, sondern es betrifft den Körper, genauer die Muskeln (→ F9). Bedenke, dass jede Änderung des Geschwindigkeitsvektors, also auch eine Drehung, eine Beschleunigung darstellt.

Die **Kontaktzeit** des Fußes beim Absprung ist nur 0,1 s lang. In dieser Zeit muss der Geschwindigkeitsvektor um den Absprungwinkel gedreht werden. Je stärker die Drehung, desto größer die Beschleunigung (bedenke: $\vec{a} = \Delta\vec{v}/\Delta\vec{t}$)! In Abb. 6.16 a siehst du schematisch die Geschwindigkeitsänderung, die bei einem Absprung mit 45° notwendig wäre. So viel Kraft hat kein Weitspringer!

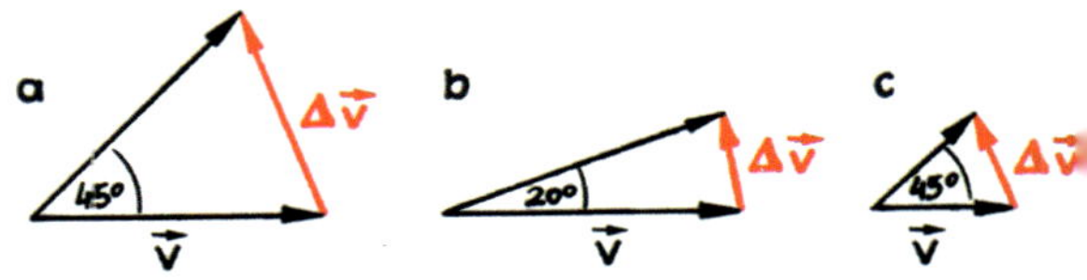

Abb. 6.16 Geschwindigkeitsänderungen, die beim Absprung auftreten (würden). Es ist vereinfacht angenommen, dass sich der Betrag von $\vec{v}$ nicht verändert.

Bei b siehst du den **realen Fall** eingezeichnet. Das ist die Geschwindigkeitsänderung, die ein Springer in 0,1 s schaffen kann. Steiler kannst du bei gleichem Tempo nicht abspringen. Du könntest nur die Anlaufgeschwindigkeit reduzieren. Bei c ist der Betrag von $\Delta\vec{v}$ gleich groß wie bei b, aber der Absprungwinkel ist nun 45°. Du siehst, dass man dazu die Anlaufgeschwindigkeit extrem vermindern müsste. Du kannst zwar unter 45° abspringen, aber die Anlaufgeschwindigkeit müsste dann viel kleiner sein, dass die Weite trotzdem geringer wäre als bei 20°.

Der **Weltrekord im Weitsprung** der Männer liegt bei sagenhaften **8,95 m** (Stand 2019)! Sollte es eines Tages einen Supersportler geben, der die Kraft hat, im optimalen Winkel abzuspringen, dann wären bei gleicher Anlaufgeschwindigkeit Weiten von knapp 12 m möglich (Abb. 6.17).

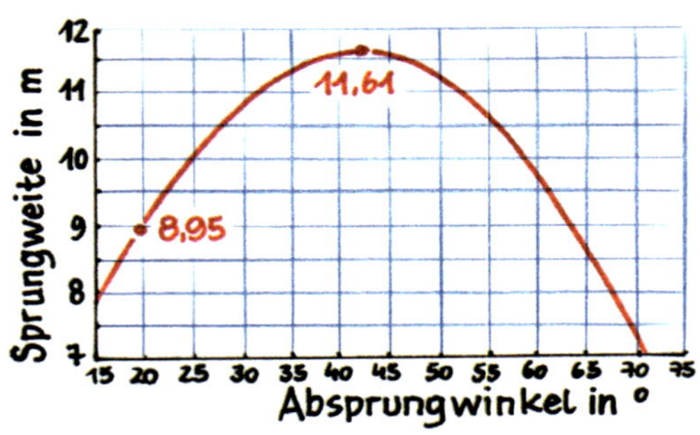

Abb. 6.17 **Simulierte Weitenveränderung** bei einer angenommenen Schwerpunkt-Differenz von 1 m zwischen Absprung und Landung und einer Anlaufgeschwindigkeit von 10,2 m/s

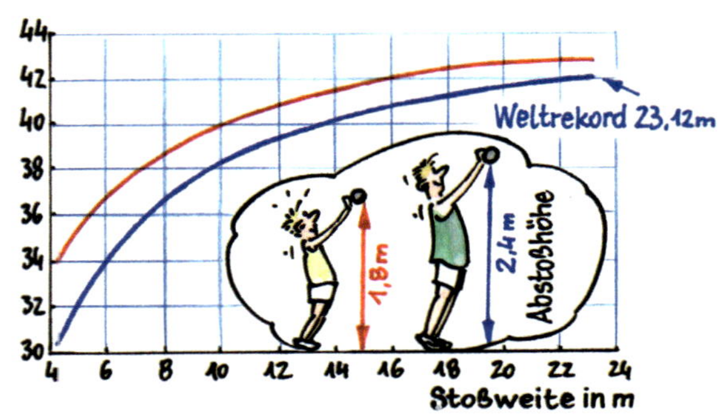

Abb. 6.18 **Optimaler Abstoßwinkel** für verschiedene Kugelstoßweiten. Die obere Linie gilt für eine Abstoßhöhe von 1,8 m, die untere für 2,4 m. Beim Weltrekord von 23,12 m liegt der optimale Winkel über 42°!

In Abb. 6.17 siehst du, dass der günstigste Winkel nicht bei 45°, sondern bei knapp 43° liegt. Wir haben bis jetzt vereinfacht eine symmetrische Flugbahn angenommen. Beim Absprung ist der Schwerpunkt des Weitspringers aber etwa 1 m höher über dem Boden als bei der Landung. Es liegt also ein **asymmetrischer** Flug vor und deshalb ist der optimale Winkel kleiner als 45°.

Beim **Kugelstoßen** ist diese **Asymmetrie** teilweise noch viel **größer**, weil die Abstoßhöhe beim Abstoß im Bereich von 2 m liegt (Abb. 6.18). Je kürzer die Stoßweite ist, desto stärker ist die Asymmetrie der Bahnkurve und desto flacher ist der optimale Winkel. Das sollte vor allem beim Schulsport beachtet werden (→ F 10)!

Beim **Speerwurf** sieht die Sache noch einmal anders aus (→ F 11). Der Speer ist **aerodynamisch** und hat somit einen Auftrieb. Er segelt also durch die Luft. Deshalb kann der optimale Winkel nicht mehr mit den Gesetzen des schiefen Wurfs berechnet werden. Er beträgt bei Windstille 30° bis 38°. Die Abwurfgeschwindigkeit beim Speer ist geringer als beim Eierwurf. Das ist klar, weil die Speermasse etwa 10-mal so groß ist wie die eines Eies (Männer 800 g, Frauen 600 g). Dass durch den Auftrieb etwa dieselbe Weite wie für das Ei rauskommt, ist natürlich Zufall.

1984 passierte etwas Außergewöhnliches! Der DDR-Athlet Uwe Hohn warf seinen Speer 104,80 m weit. Sehr gefährlich für die Hochspringer auf der anderen Seite des Stadions! Deshalb konstruierte man die Speere neu und schob den Körperschwerpunkt um 2 cm nach vorne (Abb. 6.19). Die neuen Speere kippen dadurch schneller und haben daher weniger Auftrieb. Trotzdem liegt der neue Rekord schon wieder bei 98,48 m.

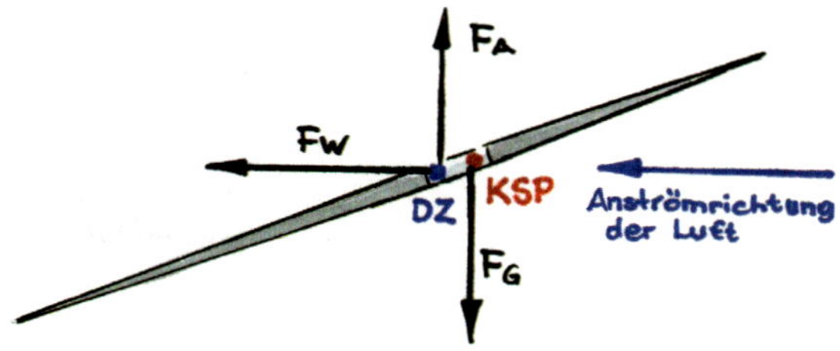

Abb. 6.19 Kräfte, die am Speer angreifen. Das Gewicht ($\vec{F_G}$) greift am Körperschwerpunkt (KSP) an, der Auftrieb am Druckzentrum (DZ, dem Angriffspunkt der Strömungskräfte $\vec{F_W}$ und $\vec{F_A}$). Weil der KSP weiter vor dem DZ liegt, kippt der Speer schneller.

ZUSAMMENFASSUNG

Die 45° Abwurfwinkel für den weitesten Wurf gelten nur bei symmetrischer Flugbahn und im Vakuum. In der Realität des Sports treten alle möglichen günstigen Winkel auf, von etwa 20° beim Weitsprung über 35° beim Speerwurf bis knapp 43° bei Weltklasse-Kugelstoßern.

Teste dich

F13 ◒ Du wirfst mit 5 m/s einen Stein waagerecht von einem Turm, und er fliegt 20 m weit. Wie hoch ist der Turm? Du wirfst mit 7 m/s einen Stein waagerecht von einem 125 m hohen Turm. Wie weit fliegt der Stein? → L

F14 ● Ein Scharfschütze hat ein Gewehr mit einer Mündungsgeschwindigkeit von 1000 m/s. Um wie viel höher muss er anlegen, wenn er auf ein Ziel in 100 m, 200 m oder 300 m schießt? → L

F15 ○ Ein Versorgungsflugzeug wirft ein Paket ab (Abb. 6.20). An welcher Stelle muss dieses abgeworfen werden, damit es das Ziel trifft? Wie sieht die Flugbahn aus Sicht des Piloten und aus Sicht einer Person im Lager aus? → L

Abb. 6.20

F16 ◒ Nimm an, der Elbe Legolas hätte einen Bogen, bei dem die Pfeile nicht 200 km/h, sondern sagen wir elbische 500 km/h schaffen. Was hätte er für ein Problem? → L

F17 ● Schätze ab, wie lange der Flug bei einem Weltklasseweitsprung dauert. Verwende dazu das Unabhängigkeitsprinzip und die Daten aus Abb. 6.17. → L

F18 ● Mit welcher Geschwindigkeit wurde der Gegenstand in Abb. 6.21 abgeworfen? Diese Aufgabe ist analog zu **F4** in Kap. 6.2, kann jedoch nicht im Kopf gerechnet werden. Welche Gleichung brauchst du dazu? → L

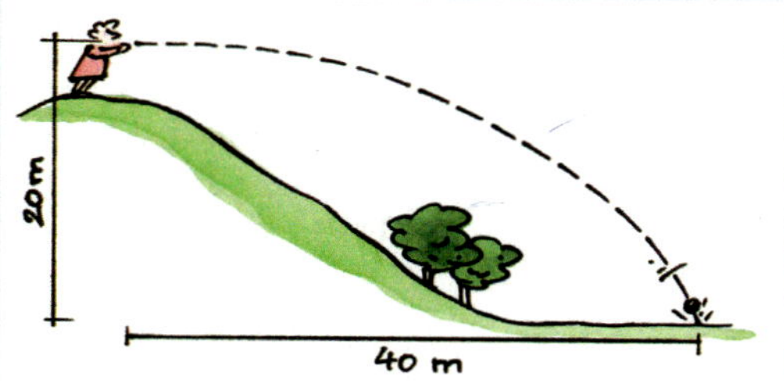

Abb. 6.21

F19 ◒ In Abb. 6.22 siehst du die Flugbahnen von drei Bällen mit unterschiedlicher Masse, die alle mit derselben Geschwindigkeit unter einem Winkel von 45° abgeworfen wurden. Warum fliegt der schwerste am weitesten? → L

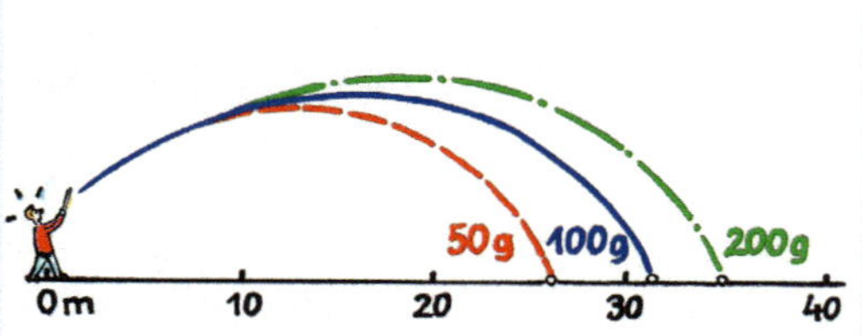

Abb. 6.22

F20 ○ In Abb. 6.23 siehst du die Flugbahn des alten und des neuen Speeres. Welche Flugbahn ist welche und warum? → L

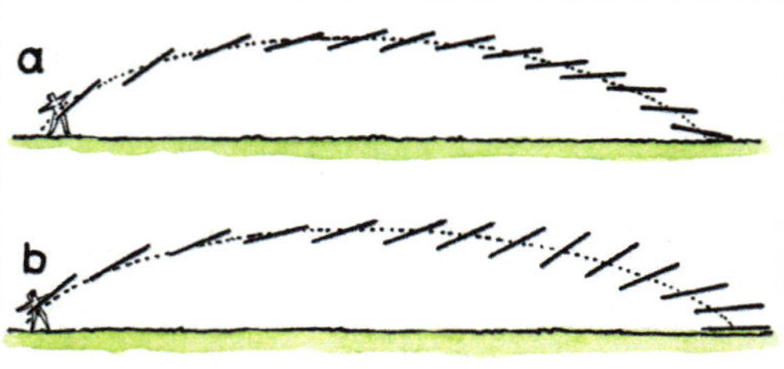

Abb. 6.23

7 Newton mal drei

In diesem Kapitel geht es um die drei Grundgesetze der Mechanik, die in der zweiten Hälfte des 17. Jahrhunderts vom großen Isaac Newton aufgestellt wurden. Eines haben wir schon stillschweigend verwendet.

7.1 Einstein und der freie Fall

Erscheinungsformen der Masse

Bevor wir uns das erste Newton'sche Grundgesetz anschauen, machen wir uns ein paar Gedanken zur Masse und streifen dabei die allgemeine Relativitätstheorie.

F1 ● Du hast ein fensterloses Labor in einer Rakete. Einmal steht diese Rakete still am Boden (a), einmal beschleunigt sie im Weltall mit $10\,m/s^2$ (b). Wie kannst du den Unterschied in der Rakete feststellen?

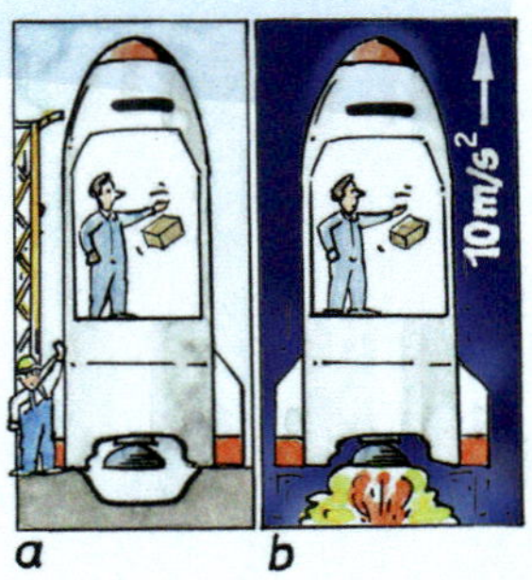

Abb. 7.1 Wie kannst du den Unterschied feststellen?

F2 ◒ Wenn du schnell am unteren Ende des Fadens ziehst, dann reißt er unten, wenn du langsam ziehst, dann reißt er oben (Abb. 7.2). Kannst du erklären, warum das so ist? → L

F3 ● Bei einem Aufzug reißt plötzlich das Zugseil und er stürzt frei in die Tiefe! Was würdest du im Inneren des Aufzugs spüren?

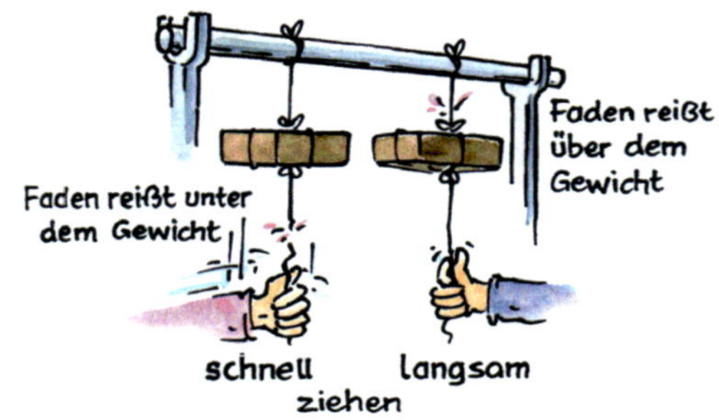

Abb. 7.2 Weshalb reißt der Faden im einen Fall über und im anderen Fall unter dem Gewicht?

Abb. 7.3 Wenn die Reibung gering ist, lassen sich enorme Massen bewegen – wenn man genug Muskeln hat. Dieses Flugzeug hat sagenhafte 65 Tonnen!

Die **Masse** hat zwei Erscheinungsformen. Da ist einmal der Widerstand jedes Gegenstandes gegenüber Geschwindigkeitsveränderungen. Dieser Effekt wird durch die **träge Masse** hervorgerufen. Je größer diese ist, desto mehr Kraft braucht man, um die Geschwindigkeit des Gegenstands zu verändern. Versuch mal, ein tonnenschweres Ding nur durch Muskelkraft in Bewegung zu setzen (Abb. 7.3)!

Auf der anderen Seite werden massereichere Objekte durch die Gravitation stärker angezogen. Das nennt man die **schwere Masse**. In beiden Fällen ist die Einheit das kg (siehe Kap. 2.5) und für ein und denselben Gegenstand sind träge und schwere Masse exakt **gleich groß**!

Die Masse eines Gegenstandes ist im gesamten Universum gleich groß. Sie ändert sich nicht. Das nennen Physiker **invariant**. 1 kg bleibt immer 1 kg, egal ob es sich auf der Erde, auf dem Mond oder in der nächsten Galaxis befindet.

Das **Gravitationsfeld** weist eine höchst merkwürdige Eigenschaft auf. Die Beschleunigung von Körpern hängt nicht von der Masse ab! Alles fällt gleich schnell. Das ist doch verblüffend! Warum ist das so? Hat ein Körper die doppelte Masse, so wird er zwar doppelt so stark von der Erde angezogen (schwere Masse), er ist aber auch doppelt so schwer in Bewegung zu setzen (träge Masse). Das gleicht sich immer genau aus und deswegen fallen alle Gegenstände gleich schnell!
Schon seit Galilei und Newton war diese Gleichheit von träger und schwerer Masse durch die Fallgesetze bekannt, aber man dachte wohl irgendwie an einen Zufall. Erst Einstein bemerkte: Träge und schwere Masse sind deshalb gleich groß, weil sie genau dasselbe und somit ununterscheidbar sind. Man kann durch kein einziges Experiment feststellen, ob eine Kugel durch die Anziehungskraft der Erde (schwere Masse) oder durch die Beschleunigung der Rakete (träge Masse) zu Boden fällt (→ F1). Diese Tatsache nennt man das **Äquivalenzprinzip**. Es ist eine wichtige Grundlage der allgemeinen Relativitätstheorie (siehe Band 2).

Wenn ein **Aufzug** plötzlich frei fällt (→ F3), dann werden die Kabine und alles andere in ihr mit derselben Beschleunigung in die Tiefe stürzen, eben weil träge und schwere Masse aller Gegenstände gleich groß sind. Daher würdest du dich im Aufzug **völlig schwerelos** fühlen wie auf einem Freefall-Tower (Abb. 6.6) oder ein Astronaut im Orbit.

→ **INFO** Zero *g*, Kap. 6.1

INFO

Fallturm

In Bremen gibt es – einzigartig in Europa – einen **Fallturm** (Abb. 7.4), der unter anderem von der European Space Agency (ESA) für Experimente in **Schwerelosigkeit** genutzt wird. Das ist viel billiger als Missionen ins All. Die Fallstrecke beträgt 100 m – das dauert rund 4,5 Sekunden. Durch ein Katapult kann man auch die Aufwärtsstrecke nutzen und kommt so auf 9 Sekunden Schwerelosigkeit.

Mit einem sehr **einfachen Experiment** kannst du den Effekt der Schwerelosigkeit im freien Fall überprüfen. Fülle dazu eine Plastikflasche mit Wasser und mache auf der Seite unten ein Loch. Der Wasserstrahl strömt in Form einer Wurfparabel heraus (Abb. 7.4 rechts). Was passiert nun, wenn du die Flasche fallen lässt? Stelle bereits vor dem Experiment deine **Hypothese** auf und versuche, diese dann zu belegen. Es ist günstig, das Experiment in Zeitlupe aufzunehmen.

Abb. 7.4 Links der Fallturm in Bremen. Rechts eine Wasserflasche mit Loch. Was passiert im freien Fall?

ZUSAMMENFASSUNG

Jeder Gegenstand hat eine Masse, die sich je nach Situation als schwere oder als träge Masse bemerkbar macht. Bei jedem Gegenstand sind „beide" Massen exakt gleich groß. Das nennt man das Äquivalenzprinzip.

7.2 In der Tiefe des Alls

Das Trägheitsgesetz

In diesem Abschnitt geht es um das erste Newton'sche Grundgesetz, das man auch das Trägheitsgesetz nennt. Seine Konsequenzen reichen weit bis in den Alltag hinein.

F4 ◒ Wenn man die Reibung vernachlässigt, dann rollt eine Kugel immer zur Ausgangshöhe zurück. Wie weit rollt die Kugel, wenn die Bahn rechts völlig waagerecht ist (Abb. 7.6 c)?

F5 ○ Die Raumsonde Voyager 1 wurde am 5. September 1977 gestartet und war 2019 bereits über 22 Milliarden km von der Erde entfernt. Sie besitzt keine Antriebsraketen! Wie lange wird sie etwa noch weiterfliegen:

a) 10 Jahre, b) 1000 Jahre,
c) 1 Million Jahre oder d) noch viel länger?

Abb. 7.5 Voyager 1

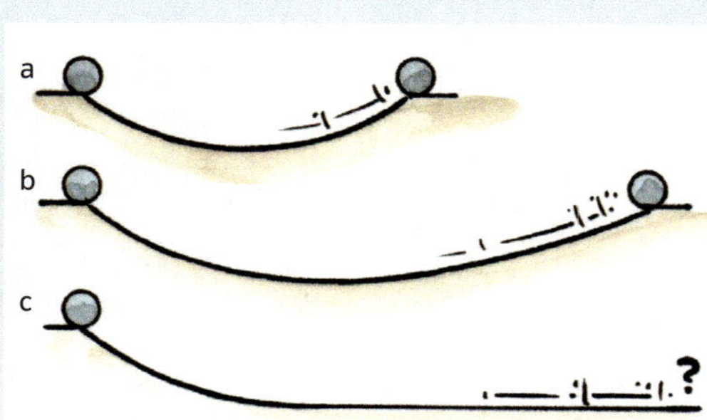

Abb. 7.6

F6 ◒ Du lässt in einem sehr schnell fliegenden Flugzeug eine Münze fallen. Wo landet diese? Genau unter dir? Oder etwas in oder gegen die Flugrichtung? Versuche zu begründen! Und wie ist das, wenn du in einem fahrenden Zug senkrecht in die Höhe springst?

F7 ◒ In Science-Fiction-Filmen brennen die Triebwerke von Raumschiffen oft pausenlos. Warum ist das physikalisch gesehen Unsinn?

Grundgedanken zu dem, was wir heute **Trägheitsgesetz** nennen, machte sich bereits Galilei. Die Idee dazu kam ihm angeblich, als er im Dom von Pisa einen schwingenden Kronleuchter betrachtete. Ein Pendel schwingt ja – beinahe – auf die Ausgangshöhe zurück! Die Reibung bewirkt, dass es jedes Mal ein winziges Stück weniger ist. Aber mit freiem Auge ist das bei einer einzelnen Schwingung nicht zu sehen (Abb. 7.7).

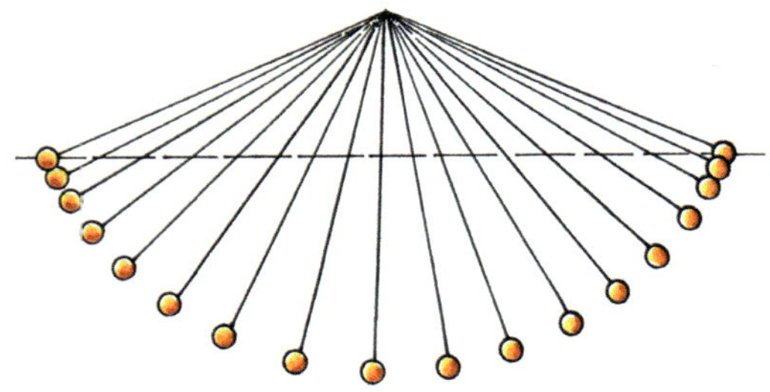

Abb. 7.7 Bei einem schwingenden Kronleuchter soll Galilei ein Licht aufgegangen sein: Wenn es keine Trägheit gäbe, würde das Pendel sofort am tiefsten Punkt stehen bleiben!

Weil Galilei ein Tüftler war, stellte er dazu Versuche mit **Kugeln** an. In Abb. 7.6 a und b kannst du das Prinzip sehen: Die Kugel rollt bis zur Ausgangshöhe zurück (→ F 4). Und dann stellte sich Galilei eine wichtige Frage: Wie weit würde die Kugel im Fall c rollen? Nicht sehr physikalisch formuliert kann man sagen, dass die Kugel immer auf dieselbe Höhe zurück „will". Weil es rechts aber waagerecht dahingeht, muss sie dazu **unendlich weit** rollen. Natürlich ist das ein Gedankenexperiment, weil einem die Reibung einen Strich durch die Rechnung macht.

Newton verwendete später diese Erkenntnisse und formulierte das Trägheitsgesetz (1. Newton'sche Grundgesetz): Wenn auf einen Gegenstand keine Kraft wirkt, dann ändert er seine Geschwindigkeit nicht. Ein ruhender Gegenstand bleibt dann also weiter in Ruhe und ein bewegter fliegt unbeschleunigt weiter.

Am besten wird die Trägheit von im All fliegenden Objekten belegt, weil es dort keine bremsenden Kräfte gibt. **Voyager 1** ist das am weitesten entfernte und mit etwa 17 km/s momentan auch schnellste Objekt (Stand 2019), das je von Menschen gebaut wurde. Wenn die Sonde nicht zufällig gegen einen Stern prallt oder von einem Schwarzen Loch geschluckt wird (die Chance ist aber extrem gering), dann fliegt sie ohne anzuhalten bis ans Ende der Zeit (→ F 5) – sofern diese jemals ein Ende hat! Und weil sie sich fern von Sternen befindet (der nächste Stern Proxima Centauri wäre bei ihrem Tempo 80 000 Jahre entfernt), fliegt die Sonde tatsächlich mit immer gleicher Geschwindigkeit. Galilei hätte seine Freude daran!

Zum Thema **Trägheit** gibt es übrigens einen ganz beliebten Fehler in Science-Fiction-Filmen. Dort brennen die Triebwerke von Raumschiffen pausenlos (Abb. 7.9). Aber schon seit Galilei ist klar: Wenn du mal das gewünschte Tempo hast, dann kannst du die Triebwerke wieder abschalten.

Auch im Verkehr spielt die Trägheit eine große Rolle. Du weißt was passiert, wenn Bus oder Zug plötzlich bremsen! Im Auto würdest du ohne **Sicherheitsgurte** aufgrund der Trägheit bei einem Unfall vorne durch die Scheibe fliegen! Also bitte immer gut anschnallen! Gurte und **Airbags** (Abb. 7.8) sind dazu da, um dich vor den Folgen der Trägheit zu schützen.

Abb. 7.8 Der Airbag wird mit Stickstoff aufgeblasen, der blitzschnell durch eine chemische Reaktion erzeugt wird. Nach weniger als 1/30 Sekunde ist ein Airbag völlig aufgeblasen und bremst den Dummy halbwegs sanft ab.

Abb. 7.9 Sieht gut aus, ist aber Quatsch! Das ist einer der häufigsten Fehler in Science-Fiction-Filmen. Schon Galilei hätte gewusst, dass man – einmal auf Tempo – die Triebwerke wieder ausschalten kann.

INFO **So ein Schwindel**

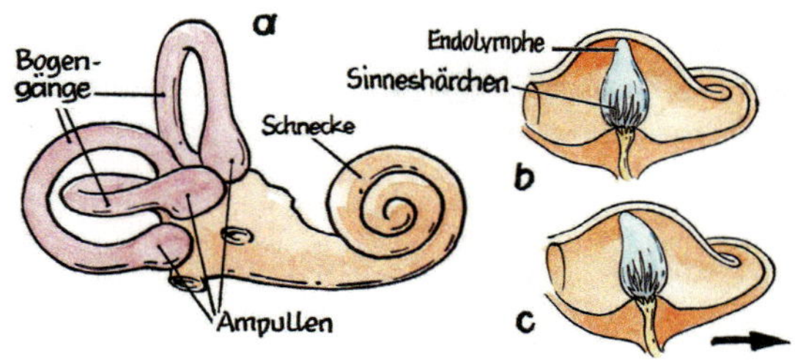

Abb. 7.10 Das Gleichgewichtsorgan (a) mit den sogenannten Ampullen (bei b und c vergrößert). Dreht man den Kopf nach rechts, bleibt die Flüssigkeit wegen der Trägheit zurück und die Sinneshärchen verbiegen sich nach links (c).

Trägheit ist zwar oft gefährlich oder lästig, aber sie hat auch ihre Vorteile. Zum Beispiel fliegt eine Raumsonde, erst mal auf Tempo gebracht, im All auch ohne Antrieb gleich schnell dahin. Die Trägheit ist außerdem für unser **Gleichgewicht** äußerst wichtig. Im Innenohr gibt es die **Bogengänge** (Abb. 7.10), die an eine dreidimensionale Brezel erinnern. In ihnen befindet sich eine Flüssigkeit, die sich durch die Trägheit verschiebt, wenn man den Kopf beschleunigt. Sinneshärchen messen diese Bewegung und melden sie dem Gehirn.

Man kann das System **überlisten**. Wenn du dich einige Zeit drehst, dann beginnt die Flüssigkeit durch die Reibung zu rotieren, und wenn du wieder stehen bleibst, bewegt sie sich aufgrund der Trägheit noch eine Zeit lang weiter. Das erzeugt das **Schwindelgefühl**!

Man kann das **Trägheitsgesetz** mit dem Unabhängigkeitsprinzip verknüpfen. Sieh dir die Konstruktion des horizontalen Wurfs in Abb. 6.7 an. In vertikaler Richtung beschleunigt der Gegenstand durch die Gravitation. Aber in horizontaler Richtung wirken keine Kräfte. Daher bleibt diese Geschwindigkeitskomponente während des Wurfs erhalten.

Aus diesem Grund fällt auch jeder Gegenstand, den du in einem **Flugzeug** fallen lässt, exakt senkrecht zu Boden (→ F6). Und auch beim Sprung im Zug landest du wieder an derselben Stelle. In horizontaler Richtung wirken in beiden Fällen keine Kräfte. Und bedenke: Würde die Münze nicht senkrecht fallen, dann könntest du ja auf diese Art deine Geschwindigkeit feststellen. Unbeschleunigte Bewegungen kann man aber mit keinem Experiment feststellen. Du siehst also, dass das Trägheitsgesetz mit dem Begriff des **Inertialsystems** ganz eng verknüpft ist.

→ INFO Ein bisschen Relativitätstheorie, Kap. 5.1

INFO **Ein wirklich weiter Weitsprung**

Nimm an, ein ICE braust mit 250 km/h dahin. Natürlich hast du innen dasselbe Tempo drauf und merkst gar nichts von der Geschwindigkeit. Nun springst du 30 cm in die Höhe. In horizontaler Richtung wirken keine Kräfte. Nach dem Trägheitssatz ändert sich daher deine Geschwindigkeit in dieser Richtung nicht. Du bewegst dich daher auch im Sprung nach wie vor mit 250 km/h nach rechts und bleibst daher immer über derselben Stelle des Zuges, der dasselbe Tempo hat. Für rauf und runter brauchst du aber rund 0,5 Sekunden. Von außen gesehen machst du daher mit 35 m einen wirklich weiten Weitsprung! Es ist alles eine Frage des Bezugssystems. Weil keine horizontalen Kräfte wirken, fallen aus demselben Grund auch alle Dinge im Zug exakt senkrecht nach unten.

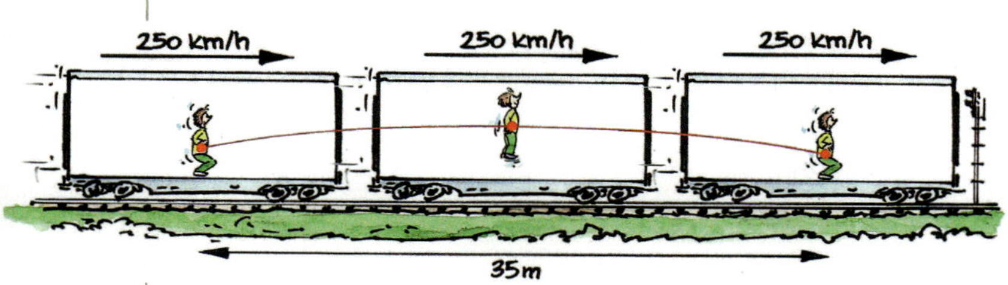

Abb. 7.11 Während des Sprunges ändert sich deine Horizontalgeschwindigkeit nicht. Du bleibst daher immer über derselben Stelle im Zug.

ZUSAMMENFASSUNG
Wenn auf einen Gegenstand keine Kraft wirkt, dann ändert er seine Geschwindigkeit nicht. Das ist eine Folge der Trägheit jedes Gegenstandes.

7.3 Mehr als nur heiße Luft
Die Bewegungsgleichung

In diesem Abschnitt geht es um das zweite Newton'sche Grundgesetz, das man auch Bewegungsgleichung nennt. Sie ist eine der wichtigsten Gleichungen in der Mechanik und hat ab 1686 das Weltbild sehr verändert.

F8 ○ In Abb. 7.12 siehst du ein *t-v*-Diagramm eines Pkws. Der Fahrer gibt zweimal für 50 Sekunden Vollgas. Bei welcher der beiden Kurven war der Pkw stärker beladen? Und wie viele Gänge hat das Auto?

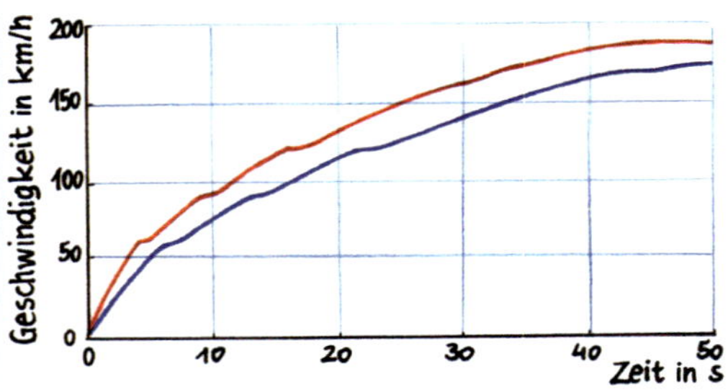

Abb. 7.12 2-mal Vollgas mit dem Pkw

F9 ○ Schwere Formel-1-Piloten/innen haben einen ziemlichen Nachteil! Welcher könnte das sein? Und warum ist es so wichtig, wann man wie viel Sprit tankt?

F10 ◒ Welche Beschleunigung muss eine Rakete mindestens entwickeln, damit sie senkrecht vom Boden abheben kann: $> 7\,m/s^2$, $> 8\,m/s^2$, $> 9\,m/s^2$ oder $> 10\,m/s^2$? Und wieso haben Raketen immer mehrere „Stufen"?

Das **Trägheitsgesetz** besagt: Wenn auf einen Gegenstand keine Kraft wirkt, dann ändert er seine Geschwindigkeit nicht. Wenn du diese Aussage umkehrst, dann lautet sie: Wenn auf einen Gegenstand eine Kraft wirkt, dann ändert er seine Geschwindigkeit. Eine Geschwindigkeitsänderung bedeutet immer eine Beschleunigung. Also folgt aus dem Trägheitsgesetz, dass für jede Beschleunigung eine Kraft notwendig ist. Der Zusammenhang zwischen Kraft und Beschleunigung wird durch die Bewegungsgleichung beschrieben.

FORMEL Bewegungsgleichung

Kraft = Masse · Beschleunigung

$\vec{F} = m \cdot \vec{a}$ oder $\vec{a} = \frac{\vec{F}}{m}$

$\vec{F}$ … beschleunigende Kraft
m … Masse des Gegenstands
$\vec{a}$ … Beschleunigung des Gegenstands

$[F] = [m] \cdot [a] = \frac{kg \cdot m}{s^2} = N$
$[m] = kg$
$[a] = \frac{m}{s^2}$

Die Bewegungsgleichung ist also im Prinzip eine **Definition der Kraft** beziehungsweise stellt sie einen Zusammenhang zwischen Kraft, Masse und Beschleunigung her. Wenn du bei einem beliebigen Vorgang von diesen drei Größen zwei kennst, kannst du die dritte sofort ausrechnen. Kraft und Beschleunigung sind Vektoren und zeigen in dieselbe Richtung.

Warum hat gerade diese Gleichung das Weltbild so verändert? Weil Newton zusammen mit dem Gravitationsgesetz nun die **Bahnen der Himmelskörper** berechnen konnte. Früher dachte man ja, dass Mond und Planeten irgendwie an der Himmelskugel kleben. Newton konnte nun aber zeigen, dass sich auch Himmelskörper brav an die physikalischen Gesetze halten (siehe Kap. 10).

Andere Definition: 1 Newton ist die Kraft, mit der eine Masse von etwa 100 g von der Erde angezogen wird (genau sind es 101,9 g; Abb. 7.13). 1 kg wiegt auf der Erde rund 10 N (siehe Kapitel 7.4.1)

Die Einheit der Kraft ist **das Newton (N)** – Einheiten sind ja oft eine Hommage an Physiker. Was hat man sich unter einem Newton vorzustellen? 1 Newton ist die Kraft, mit der eine Masse von 1 kg um $1\,m/s^2$ beschleunigt werden kann. Das klingt natürlich ziemlich abstrakt. Wesentlich griffiger ist es, wenn man sich 1 N über die Gewichtskraft einer Tafel Schokolade vorstellt – auch wenn die Zahl nicht ganz exakt ist (Abb. 7.13).

Abb. 7.13 Die 100 g einer Schokolade wiegen auf der Erde etwa 1 N!

Die Kraft, die ein **Auto** bei der Beschleunigung entwickeln kann, hängt von seiner Leistung ab. Aus der Bewegungsgleichung siehst du, dass die Beschleunigung eines Gegenstandes bei gleicher einwirkender Kraft von der **Masse** abhängt, weil $\vec{a} = \vec{F}/m$. Das ist ja sehr einleuchtend: Wenn das Auto stärker beladen ist, dann ist es nicht mehr so spritzig (blaue Kurve in F8). Die waagerechten Stellen im Verlauf der Kurven sind ein guter Beleg für das Trägheitsgesetz: Während des Schaltens ist das Auto unbeschleunigt und die Geschwindigkeit ändert sich dann nicht. Du siehst jeweils vier Schaltvorgänge, also hat dieses Auto fünf Gänge.

INFO **Kleine bevorzugt**

Ein **Formel-1-Bolide** kann in nur 2,5 s von 100 auf 200 km/h ($\Delta v = 27{,}8\,\text{m/s}$) beschleunigen! Ein Erlebnis für die Magennerven! Die durchschnittliche Beschleunigung ist dann:

$$a = \frac{\Delta v}{\Delta t} = \frac{27{,}8\,\frac{\text{m}}{\text{s}}}{2{,}5\,\text{s}} = 11{,}1\,\frac{\text{m}}{\text{s}^2}$$

Angenommen das Auto hat mit Fahrer eine Masse von 600 kg. Welche Kraft ist dann für diese Beschleunigung notwendig?

$$F = m \cdot a = 600\,\text{kg} \cdot 11{,}1\,\frac{\text{m}}{\text{s}^2} = 6\,660\,\text{N}$$

Jetzt nehmen wir an, der zweite Fahrer im Team hat 25 kg mehr. Die Gesamtmasse liegt dann bei 625 kg. Die Kraft, die das Auto entwickelt, bleibt ja gleich. Du kannst daher so umformen:

$$a = \frac{F}{m} = \frac{6\,660\,\text{N}}{625\,\text{kg}} = 10{,}66\,\frac{\text{m}}{\text{s}^2}$$

Um von 100 auf 200 km/h zu beschleunigen, bräuchte der Fahrer dann bereits

$$t = \frac{\Delta v}{a} = \frac{27{,}8\,\frac{\text{m}}{\text{s}}}{10{,}66\,\frac{\text{m}}{\text{s}^2}} = 2{,}61\,\text{s}$$

Das ist mehr als 1⁄10 Sekunde Unterschied und das bei nur 2,5 Sekunden Fahrzeit! Du kannst dir also vorstellen, wie sich die größere Masse eines Fahrers während eines ganzen Rennens auswirkt (→ F 9) und wie wichtig die Taktik ist, wann man wie viel Sprit im Tank haben soll! Warum haben wir nicht die Beschleunigung von 0 auf 100 km/h berechnet? Weil diese durch die Haftreibung und nicht durch Kraft oder Leistung begrenzt wird.

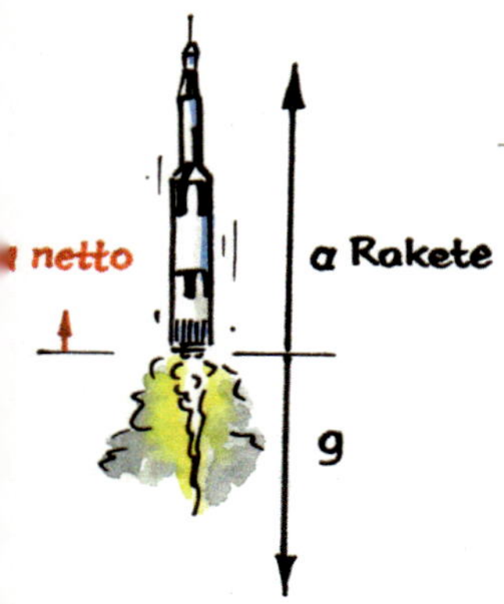

Abb. 7.14 Start einer Saturn-V-Rakete und auftretende Beschleunigungen

Die **Mondmissionen** der NASA hießen **Apollo** und die Trägerraketen **Saturn V** (Abb. 7.14). Diese sind mit ihren 110 m Höhe bis heute die größten Raketen der Welt! Beim Start treten zwei Beschleunigungen auf: Die Erdbeschleunigung zeigt nach unten, und die Raketenbeschleunigung nach oben. Damit die Rakete von der Rampe wegkommt, muss die Erdbeschleunigung übertroffen werden, die Raketenbeschleunigung muss also größer als $10\,\text{m/s}^2$ sein (→ F 10). Sonst: Nur heiße Luft!

Die Saturn V hatte beim Start eine Beschleunigung von $11{,}5\,\text{m/s}^2$. Zieht man die Erdbeschleunigung ab, macht das also eine **Nettobeschleunigung** von $1{,}5\,\text{m/s}^2$ nach oben. Das ist überraschend wenig, aber für einen kontrollierten Start gerade richtig. Pro Sekunde verbraucht die Rakete 14 Tonnen Treibstoff! Dadurch verringert sich ihre Masse und bei gleicher Schubkraft steigt die Beschleunigung (symbolisch: $\vec{a}\uparrow = \frac{\vec{F}}{m\downarrow}$).

INFO **Raketenschub**

Mit Hilfe der Bewegungsgleichung lässt sich die Kraft, die die Rakete erzeugt, berechnen. Diese nennt man die **Schubkraft**. Die Beschleunigung der Saturn V lag beim Start bei $11{,}5\,\text{m/s}^2$. Wenn man nun weiß, dass die Masse der Rakete bei gigantischen 2 900 Tonnen lag ($2{,}9 \cdot 10^6\,\text{kg}$), kann man damit eine Schubkraft von

$$F = m \cdot a = 2{,}9 \cdot 10^6 \cdot 11{,}5\,\text{N} \approx 33 \cdot 10^6\,\text{N}$$

berechnen. 33 Millionen Newton! Die Schubkraft der Saturn V war daher so groß wie die von etwa **5 000 Formel-1-Autos bei Vollgas!**

Nach **Ausbrennen der ersten Stufe** lag die Beschleunigung bei knapp $30\,\text{m/s}^2$ ($3g$), was gemeinsam mit der Schwerkraft eine Belastung von etwa $4g$ ergibt. Um das zu trainieren, mussten die Astronauten vorher in die Zentrifuge (Abb. 7.15).

Abb. 7.15 Astronauten-Zentrifuge zum Simulieren der Beschleunigungen beim Start: Mit solchen Dingern können bis $10g$ erreicht werden!

Abb. 7.16 Der Sky Wheel in Bad Wörishofen: Die maximale Beschleunigung beträgt hier immerhin $5g$ – auch nicht schlecht.

Ein bisschen Gefühl vom Raketenstart kann man auch auf dem **Rummelplatz** erleben. Der Sky Wheel in Bad Wörishofen erzeugt in manchen Passagen 5*g*.

Die Saturn-Rakete hatte **3 Stufen**. Warum? Eine ausgebrannte Stufe ist nutzloser Ballast. Durch das Abwerfen verringert sich die **Raketenmasse** und die Beschleunigung wird größer. In eine Formel gepackt könnte man wieder schreiben $\vec{a}\uparrow = \frac{F}{m\downarrow}$. Wäre die Rakete einstufig, dann könnte man mit ihr niemals den Mond erreichen (→ F10).

Noch eine Bemerkung zum Schluss: Eigentlich bräuchte man das Trägheitsgesetz gar nicht extra, weil es in der Bewegungsgleichung drinnen steckt. Wenn nämlich $\vec{F} = 0$ ist, dann wird auch $\vec{a} = 0$. Und genau das beschreibt ja das Trägheitsgesetz: Wenn keine Kräfte auftreten, gibt es keine Beschleunigungen.

INFO **Bewegungsgleichung**

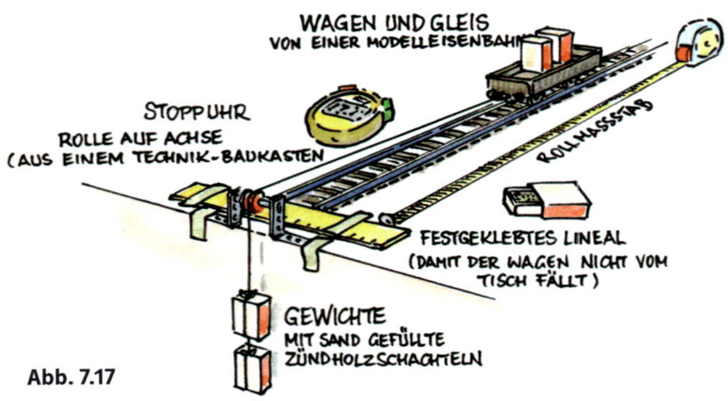

Abb. 7.17

Qualitativ lässt sich die Richtigkeit der Bewegungsgleichung mit einfachen Mitteln überprüfen. Man braucht dazu nur eine ähnliche Vorrichtung wie in Abb. 7.17.

Stoppe die Zeit, die der Wagen für eine bestimmte Strecke benötigt. Erhöhst du die angehängten Massen, so wird die Zugkraft und somit auch die Beschleunigung größer – symbolisch: $\vec{a}\uparrow = \frac{F\uparrow}{m}$. Wenn du die auf dem Wagen liegenden Massen vergrößerst, dann erhöhst du *m* und die Beschleunigung sinkt: $\vec{a}\downarrow = \frac{F}{m\uparrow}$.

ZUSAMMENFASSUNG
Den Zusammenhang Kraft = Masse mal Beschleunigung nennt man die Bewegungsgleichung. Mit ihr lassen sich alle Bewegungen berechnen, egal ob es sich um Planeten, Weltraumraketen oder Formel-1-Autos handelt. Diese Gleichung hat das Weltbild verändert und ist eine der wichtigsten in der Mechanik.

7.4 Kräfte-Potpourri
Gewichtskraft, Reibungskraft und Verformungskraft

In diesem Abschnitt lernst du ein paar Beispiele für Kräfte kennen, die im Alltag sehr oft auftreten und zum Beispiel beim Wiegen, bei einer Bänderzerrung oder beim Skifahren eine Rolle spielen.

7.4.1 Wie viel wiegt die Erde?
Die Gewichtskraft

Abb. 7.18 Wie viel wiegt die Erde?

F11 ◒ Die Frage aller Waagenfragen lautet: Was misst eine Waage? Masse oder Gewicht? Die Antwort zeigt sehr gut, wie Begriffe in Alltag und Physik unterschiedlich verwendet werden.

F12 ◒ Badezimmerwaage oder Balkenwaage: Welche der beiden würde auch auf dem Mond richtig messen?

F13 ◒ Voyager 1 ist etwa 22 Milliarden Kilometer (Stand 2019) von der Erde entfernt (Abb. 7.5). Befindet sie sich somit weit außerhalb der Erdgravitation? Oder knapp? Oder gar nicht?

F14 ● Im Weltall schwebt ein einsamer Tisch, auf den du die Erde legst! Wie viel würde die Erde wiegen? → L

Wenn man sich über den **Unterschied zwischen Masse und Gewicht** unterhält, dann gibt es ein Riesenproblem: Im Alltag wird zwischen den beiden nicht unterschieden! In der Physik ist es aber so: Die Gewichtskraft ($\vec{F_G}$) oder kurz „das Gewicht" ist die Kraft, mit der eine Masse von der Erde anzogen wird. Oder generell gesagt: mit der eine Masse von einer anderen Masse angezogen wird. Auch hier gilt die Bewegungsgleichung, nur wird für $\vec{a}$ auf der Erde die Erdbeschleunigung $\vec{g}$ eingesetzt, also $\vec{F_G} = m \cdot \vec{g}$. Was sind also die Unterschiede zwischen Masse und Gewicht? Die **Masse** ist ein **Skalar**. Sie hat also nur einen Zahlenwert und keine Richtung. Die **Gewichtskraft** ist ein **Vektor** und zeigt in Richtung Erdmitte.

Die Masse eines Gegenstands ist im gesamten Universum immer gleich groß, also **invariant**. 1 kg ist auf der Erde 1 kg, hinter dem Mond 1 kg und auch in der nächsten Galaxis 1 kg. Das Gewicht eines Gegenstands hängt aber davon ab, wo sich dieser befindet. Im Weltall ist es praktisch null. Auch auf der Erde ist es nicht überall gleich groß, weil die Erdbeschleunigung $\vec{g}$ variiert. 1 kg wiegt zum Beispiel am Pol 9,83 N und am Äquator 9,78 N (→ INFO Erdbeschleunigung $\vec{g}$, Kap. 5.4.1).

So weit, so gut. Was misst nun eine **Waage**, etwa deine Badezimmerwaage (→ F 11)? Sie misst, wie stark du von der Erde angezogen wirst. Also misst sie dein **Gewicht**! Wenn du dich auf dem Mond wiegen würdest, würde die Waage nur mehr ⅙ anzeigen, obwohl deine Masse ja nicht gesunken ist. Und im Weltall würde die Waage (fast) gar nichts mehr anzeigen.

INFO

Gravitationsgesetz

Stell dir vor, du beleuchtest mit einer Taschenlampe eine Wand. Der **Lichtfleck** hat eine bestimmte **Helligkeit**. Wenn du doppelt so weit von der Wand weggehst, dann sinkt die Helligkeit des Flecks ab. Auf welchen Wert? Weil sich der Radius des Kreises verdoppelt hat, hat sich die Fläche vervierfacht ($A = \pi \cdot r^2$). Gleiche Lichtmenge auf vierfacher Fläche ergibt ein Viertel an Intensität. Wenn die Wand dreimal so weit weg ist, dann ist die Intensität bereits auf ein Neuntel abgesunken. **Die Intensität nimmt mit dem Quadrat der Entfernung ab.** Das ist ein allgemeines Prinzip, wenn man eine punktförmige „Quelle" hat.

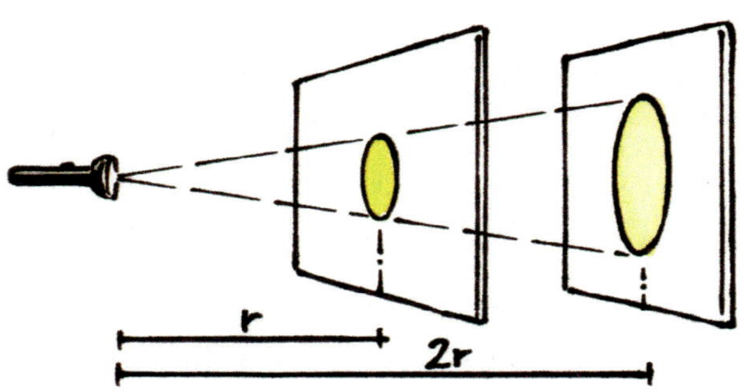

Abb. 7.19

Mit der Gravitationskraft ist das ebenso. Die Erde ist eine **punktförmige Quelle der Gravitation**. Denk daran: Man kann jeden Gegenstand durch seinen Körperschwerpunkt ersetzen. Die Gravitation nimmt daher mit dem Quadrat der Entfernung ab, also $F_G \sim \frac{1}{r^2}$.

Wie weit muss sich Voyager 1 entfernen, damit die Erdgravitation null wird (→ F 13)? Unendlich weit, weil erst $\frac{1}{\infty} = 0$! Die Gravitation **jedes Objekts** geht unendlich weit! Natürlich nimmt die Gravitation vor allem zu Beginn schnell ab, aber sie sinkt nie auf null.

Jetzt kommt aber die große Verwirrung: Auf der Waage stehen nämlich kg drauf. Das heißt, dass eine Waage das Gewicht in **Masse „übersetzt"**. Jede Waage ist somit aber nur für ein bestimmtes $\vec{g}$ geeicht. Eichst du die Waage für einen Gegenstand mit 1000 Gramm am Nordpol, würde sie am Äquator nur 995 Gramm zeigen. Es wären also 5 Gramm „verloren gegangen". Auf dem Mond würde sie gar nur mehr 167 Gramm anzeigen.

Wie formuliert man also physikalisch richtig? „Ich bin 50 kg schwer" ist korrekt, weil die Gravitation ja durch die **schwere Masse** verursacht wird. „Ich habe ein Gewicht von 50 kg" ist aber definitiv falsch. Das ist ungefähr so, wie wenn du sagst, ich bin 17 Jahre groß oder 175 cm alt. Falsche Einheit eben. Und „Ich wiege 50 Kilo" ist doppelt falsch, weil Kilo ja nur die Vorsilbe für 1000 ist! Im Alltag ist das natürlich ok, aber in der Physik sollte man schon exakt sein.

Der Unterschied zwischen Badezimmerwaage und Balkenwaage ist der, dass die Badezimmerwaage das Gewicht misst und die Balkenwaage Gewichte **vergleicht** (→ F 12). Deswegen funktioniert die Balkenwaage auf dem Mond immer noch, weil **alles** leichter geworden ist und dadurch die Relationen wieder stimmen (Abb. 7.20).

Wie viel **wiegt die Erde** auf einem Tisch im Weltall (→ F14)? Erde und Tisch ziehen einander mit derselben Kraft an (siehe Kap. 7.5). Was heißt das? Ein Tisch mit zum Beispiel 20 kg wiegt auf der Erde rund 200 N. Also wiegt die Erde auf dem Tisch ebenfalls 200 N (siehe Lösungsteil). Du kannst das Experiment sogar selbst durchführen. Du musst dazu nur einen Tisch umgekehrt auf den Boden legen. Und zur Messung der Kraft könntest du eine mit Newton geeichte Waage dazwischen legen!

Abb. 7.20 Gewichtskräfte auf Erde und Mond bei einer Balkenwaage. Weil beide Kräfte geringer sind, kann man mit der Balkenwaage auf dem Mond trotzdem messen.

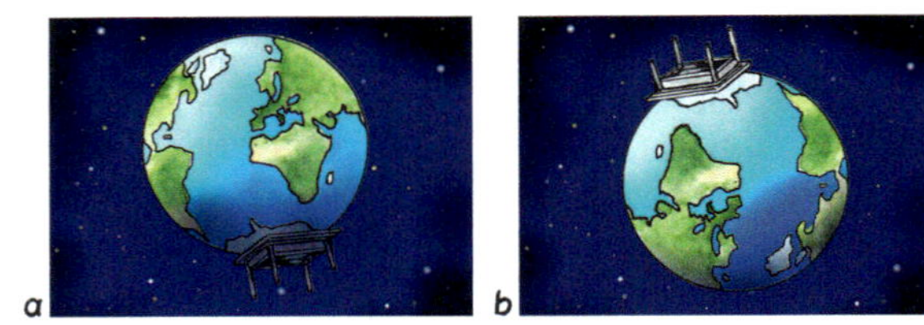

Abb. 7.21 Zwei Gegenstände ziehen einander gegengleich mit derselben Kraft an. Beide Ansichten sind daher richtig: Der Tisch auf der Erde wiegt 200 N. Die Erde auf dem Tisch wiegt 200 N.

ZUSAMMENFASSUNG

Das Gewicht ist die Kraft, mit der eine Masse von einer anderen angezogen wird. Eine Waage misst diese Kraft und man kann dann – unter bestimmten Bedingungen – auf die Masse rückschließen. Würde eine Waage die Masse messen, dann dürfte das Ergebnis nicht vom Ort der Messung abhängig sein.

7.4.2 Starthilfe zur Zivilisation

Die Reibungskraft

Abb. 7.22

F15 ● Wofür braucht man mehr Kraft: Wenn man eine Kiste in normaler Position schiebt (= größere Auflagefläche) oder diese vorher hochkant stellt und dann schiebt (= kleinere Auflagefläche)? Versuche deine Antwort zu begründen.

F16 ◒ Wenn du ein Wasserglas langsam ausleerst, dann rinnt das Wasser an der Außenseite runter (Abb. 7.22)! Warum?

F17 ◒ Moderne Autos haben ABS, also ein Anti-Blockier-System! Was sind dabei die Vorteile? → L

Reibung ist oft sehr lästig und wandelt den Großteil der Bewegungsenergie in für uns wertlose **thermische Energie** (siehe Kap. 8.6) um, die sich dann als Wärme verkrümelt. Dass die Reibung auf der anderen Seite für unser Leben enorm wichtig ist, merkt man dann, wenn sie einmal fehlt, etwa bei Glatteis. Gehen und Fahren wären ohne Reibung unmöglich (siehe Kap. 7.5). Außerdem verdanken wir ihr letztlich die **Entstehung der Zivilisation**, denn ohne Reibung hätten die Urmenschen kein Feuer machen können.

Von den verschiedensten Reibungsmechanismen sehen wir uns nur den zwischen **zwei festen Oberflächen** an. Selbst polierte Stahlflächen haben unter dem Mikroskop deutliche **Unebenheiten**. Die tatsächliche Kontaktfläche ist dadurch um einige Zehnerpotenzen geringer als erwartet (Abb. 7.23). An manchen Stellen kommen die Miniberge einander so nahe, dass **Adhäsionskräfte** wirksam werden. Das sind Kräfte, die zwischen zwei unterschiedlichen Stoffen entstehen (→ F16). Diese sind letztlich auf **elektrische Bindungskräfte** zurückzuführen und lassen zum Beispiel auch eine Haftnotiz oder einen Gecko an der Wand kleben.

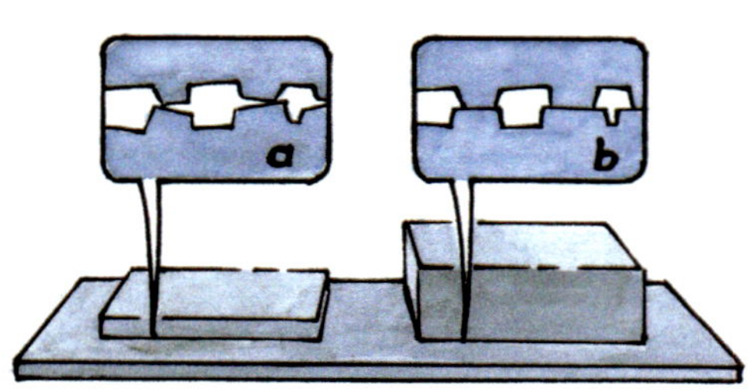

Abb. 7.23 Mikroskopische Kontaktflächen bei kleinerer (a) und bei größerer Normalkraft (b)

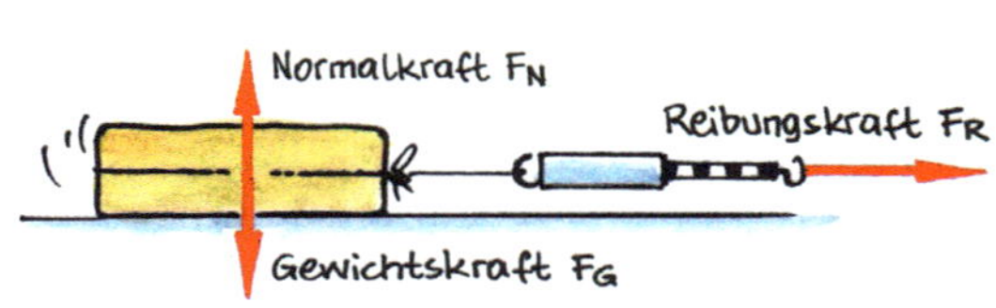

Abb. 7.24 Kraft senkrecht zur Oberfläche (hier die Gewichtskraft), Normalkraft (verhindert, dass der Gegenstand durch den Tisch fällt), Reibungskraft und Zugkraft

Aufgrund seiner **Gewichtskraft** F_G drückt jeder Gegenstand auf seine Unterlage. Aufgrund des 3. Newton'sches Gesetzes (Kap. 7.5) entsteht eine Gegenkraft, die sogenannte Normalkraft F_N, die von unten gegen das Objekt drückt (Abb. 7.24). Diese Normalkraft verursacht die Reibungskraft F_R, die gegen die Bewegungsrichtung zeigt:

$$F_R = \mu \cdot F_N$$

μ (sprich mü) ist die dimensionslose **Reibungszahl**. Ist sie 1, dann ist die Kraft, mit der man ziehen muss, genau so groß wie die Normalkraft. Üblicherweise ist μ aber viel kleiner als 1 (Tab. 7.1). Man braucht also zum Schieben meistens weniger Kraft als zum Heben des Gegenstandes. Wächst die Normalkraft, dann wächst auch die Reibungskraft, weil die mikroskopischen Kontaktflächen größer werden (Abb. 7.23 b).

Tab. 7.1 **Reibungszahlen** für verschiedene Materialien. Die Zahlen sind als Richtwerte zu sehen. Der Bremsweg eines Autos ist indirekt proportional zur Reibungszahl: doppelte Reibungszahl, halber Bremsweg (→ F32). Auf nasser Fahrbahn ist der Bremsweg also um 1/3 länger und auf nassem Eis sogar etwa 6-mal so lang wie auf trockener Straße.

Stoffpaare	Haftreibungszahl	Gleitreibungszahl
Rennreifen auf Asphalt	1,15	–
Autoreifen auf Asphalt (trocken)	0,9	44
Autoreifen auf Asphalt (nass)	0,4 – 0,8	0,3 – 0,6
Autoreifen auf Eis (trocken)	0,2	0,15
Autoreifen auf Eis (nass)	0,1	0,08
Keramik auf Keramik	0,04	0,04
Schlittschuh auf Eis, Rennski auf Schnee	0,03	0,01
zwei Gelenkknorpel mit Gelenkschmiere dazwischen	–	0,002

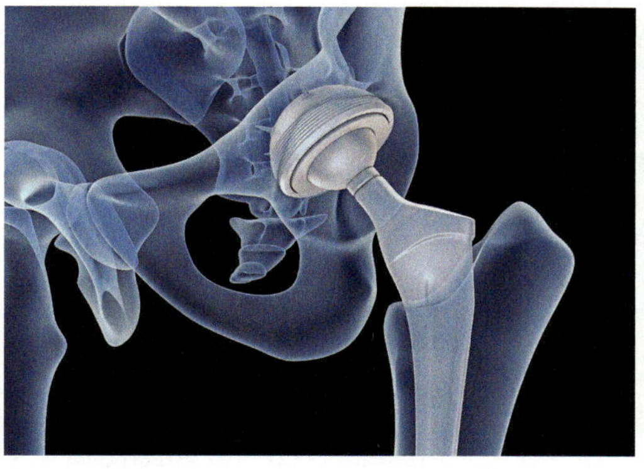

Abb. 7.25 Bei einem künstlichen Hüftgelenk bestehen die Kontaktflächen aus Keramik. Die Reibung kommt der des natürlichen Gelenks sehr nahe (Tab. 7.1).

Schon das Renaissance-Genie Leonardo da Vinci (1452 – 1519) bemerkte, dass die Reibung eines Gegenstandes **nicht von der Auflagefläche** abhängt. Das ist ziemlich paradox. Rein intuitiv würde man doch denken, dass sich eine Kiste leichter schieben lässt, wenn die Auflagefläche kleiner ist (→ F15). Auch diese Paradoxie kann man durch Abb. 7.23 erklären. Wenn die Auflagefläche kleiner ist, dann wird die Kraft pro Fläche (also der Druck) größer. Auch in diesem Fall wächst die mikroskopische Auflagefläche (Abb. 7.23 b) und das gleicht sich genau aus.

EXPERIMENT

Reibung

Nimm verschiedene Holzquader und Federwaagen und überprüfe Folgendes:

1 Um einen Gegenstand in Bewegung zu setzen **(Haftreibung)**, braucht man mehr Kraft als um ihn in Bewegung zu halten **(Gleitreibung** Abb. 7.26 a und b).

2 Die Reibungskraft hängt nicht von der Fläche ab (Abb. 7.26 c).

3 Beschwere den Quader zusätzlich mit Gewichten und überprüfe, dass μ für einen Gegenstand immer F_R/F_N ist. Dazu musst du das Gewicht des Quaders und der zusätzlichen Gewichte mit der Federwaage messen (b und c oben).

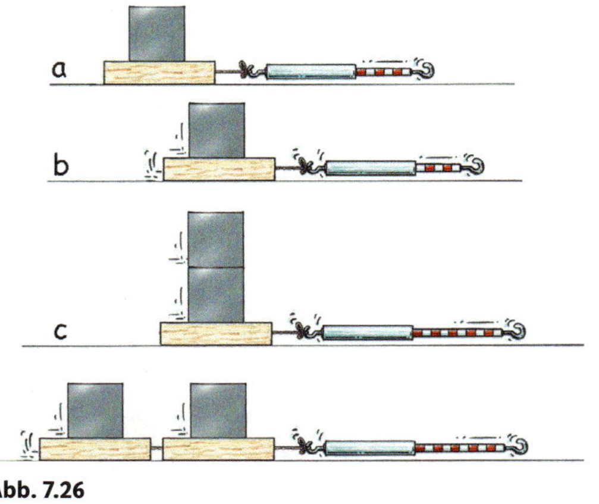

Abb. 7.26

INFO **Reibung im Sport**

Wieso gleiten Eislaufschuhe so gut? Erstens gibt es eine hauchdünne Wasserschicht, die sich immer auf dem Eis befindet. Warum? Während die Wassermoleküle im Eis von Nachbarn umzingelt sind und einen festen Kristall bilden, fehlen denen an der Oberfläche die oberen Nachbarn zum Festhalten. Sie sind somit freier beweglich und erzeugen immer eine wenige Moleküle dicke Wasserschicht (also im Bereich von knapp 10^{-9} m, Abb. 7.27). Zusätzlich entsteht nun durch die Kufenbewegung auch Reibungswärme, die diese Schicht deutlich dicker macht. Trotzdem ist sie auch dann nur ein paar Mikrometer dick (also im Bereich von 10^{-6} m).
Auch ein **Ski** gleitet nicht direkt auf dem Schnee, sondern auf einer Schicht aus winzigen Wassertröpfchen, die nur etwa 1/1000 der Belagfläche bedecken. Paradox: Die Wärme, die zum Schmelzen des Schnees notwendig ist, kommt durch die Reibung zwischen Ski und Schnee zustande, was wiederum die Reibung verringert. Bei sehr kaltem Schnee gleitet man nicht gut.

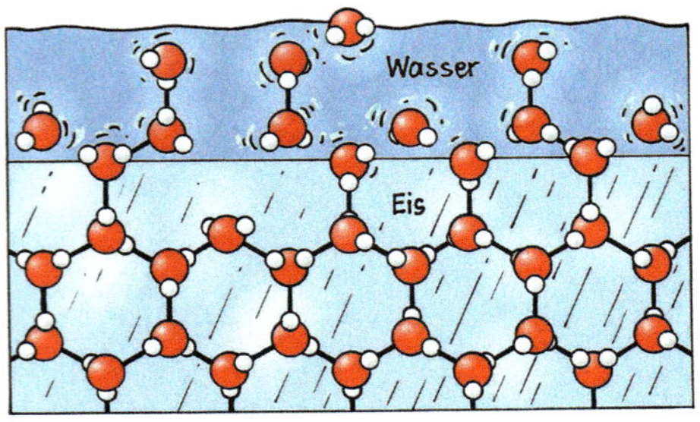

Abb. 7.27 Die Wassermoleküle oben haben weniger Nachbarn zum Festhalten. Sie sind schwächer gebunden und ergeben eine dünne Wasserschicht.

Die Reibung eines Skis kann verringert werden, wenn man die Unebenheiten der Lauffläche mit **Wachs** ausfüllt. Außerdem verringert sich dadurch zusätzlich die **Adhäsion** zwischen Ski und Schnee.

ZUSAMMENFASSUNG
Die Reibung kommt durch die Unebenheiten in den Oberflächen zustande. Sie ist nicht von der Auflagefläche abhängig. Der Reibungskoeffizient μ gibt an, wie gut zwei Stoffe aufeinander gleiten.

7.4.3 Physikalische Bänderzerrung
Verformungskraft

F18 ○ Was versteht man unter den Begriffen elastisch und plastisch? Kannst du Materialien nennen, die diese Eigenschaften besitzen?

F19 ◒ Was passiert eigentlich bei einer Bänderzerrung? Versuche dabei die Begriffe elastisch und plastisch zu verwenden.

Abb. 7.28 Versuchsaufbau

INFO **Schraubenfeder**

Befestige eine **Schraubenfeder** an einem Stativ so, dass sich das untere Ende der Feder genau bei der Tischkante befindet. Hänge nun zunehmend Massenstücke an die Feder und miss dabei die Dehnung. Trage den **Zusammenhang zwischen Dehnung und Kraft** in ein Diagramm ein (du musst dabei die Masse in Newton umrechnen) und verbinde die Punkte. Welche Kurve ergibt sich dabei? Und was passiert, wenn du Schritt für Schritt die Massenstücke wieder entfernst? Was kannst du aus deinen Messungen folgern?

Was versteht man unter **elastisch** und **plastisch** (→ F18)? Nach einer elastischen Verformung nimmt ein Gegenstand wieder seine ursprüngliche Gestalt an. Diese Verformungen sind also reversibel und „elastische Chirurgie" wäre kein Renner! Nach einer plastischen Verformung bleibt eine dauerhafte (irreversible) Formveränderung zurück.

ROBERT HOOKE war einer der vielseitigsten Gelehrten des 17. Jahrhunderts. Er interessierte sich vor allem für praktische Dinge und entdeckte, dass die Kraft, die man zur **Dehnung einer Spiralfeder** benötigt, proportional zur Dehnung ist. Um eine Feder doppelt so stark zu dehnen, ist auch eine doppelt so große Kraft notwendig. Das nennt man das Hooke'sche Gesetz. Die **Verformung einer Feder** ist daher **elastisch**. Egal wie viele Gewichte vorher daran hingen: Für ein bestimmtes Gewicht gibt es auch immer eine ganz bestimme Dehnung. Das nutzt man zum Beispiel bei Federwaagen aus (Abb. 7.30). Diese sind in der Technik mit Newton beschriftet. Auf dem Wochenmarkt sind manche auf eine Masse geeicht. Die Menschen kaufen lieber 1 kg und nicht 10 N Bananen.

INFO

Hooke

Diagramme, die den Zusammenhang zwischen aufgewendeter Kraft und dadurch entstehender Dehnung eines Stoffes zeigen, nennt man **Dehnung-Spannung-Diagramm**. Unten siehst du ein solches Diagramm für eine Schraubenfeder. Du kannst den linearen Zusammenhang erkennen. Dieser wird vom **Hooke'schen Gesetz** beschrieben. Mit Hilfe einer Gleichung beschrieben lautet dieses Gesetz so:

$$F = D \cdot \Delta x \Rightarrow D = \frac{F}{\Delta x}$$

D ist dabei die **Federkonstante**. Sie gibt an, wie viel Kraft man bräuchte, um die Feder um 1 m zu dehnen. *D* gibt also gewissermaßen die **Härte der Feder** an. Berechne aus den Werten in deinem Versuch die Federkonstante. Bedenke dabei, dass du die Kraft in Newton und die Auslenkung in Metern angeben musst.

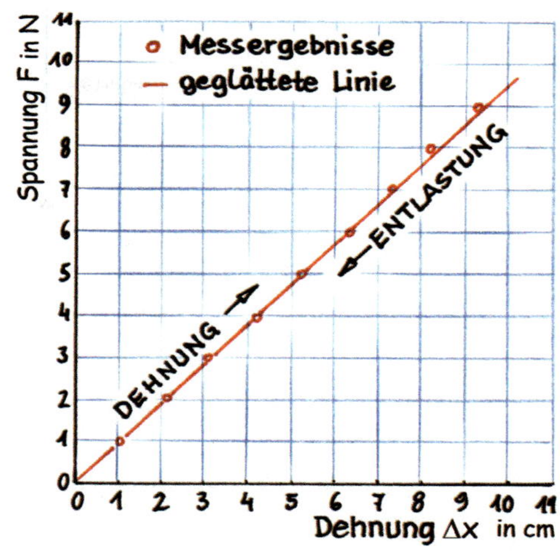

Abb. 7.29 Dehnung-Spannung-Diagramm einer Schraubenfeder

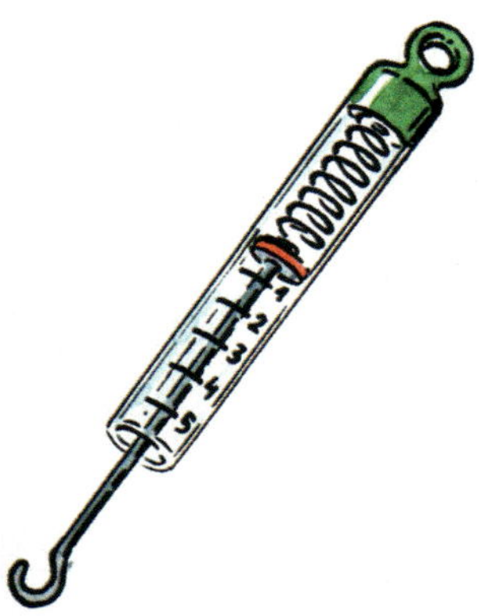

Abb. 7.30 Federwaage mit Newton-Skala

Das **Hooke'sche Gesetz** gilt für alle Stoffe nur in einem **gewissen Bereich**! Warum? Nun, wenn du zum Beispiel ganz stark an einer Spiralfeder ziehst, dann bekommst du im Extremfall ein Stück Draht. Überschreitet man einen bestimmten Kraftwert, dann wird das Material plastisch und bleibt dauerhaft verformt.

Das Bindegewebe des Menschen (etwa Sehnen oder Bänder) besteht zu einem großen Teil aus **Kollagen**. In Abb. 7.31 siehst du ein typisches Dehnung-Spannung-Diagramm für solches Gewebe. Bei kleineren Kräften verhält es sich elastisch (a + b), die Verformung ist also reversibel. Aber nur im Bereich b gilt das Hooke'sche Gesetz! Dehnt man zu stark, kommt man in einen plastischen Bereich (c) und es kann sogar zum Riss kommen (d).

Eine Verletzung der äußeren Seitenbänder im Knöchel durch Umknicken ist eine der häufigsten **Sportverletzungen** überhaupt. Wenn man Glück hat, dann bleibt man im elastischen Bereich des Bandes und kommt mit dem Schrecken davon. Kippt man stärker um, bleibt eine plastische Verformung über (also eine Bänderzerrung, → F19) und im schlimmsten Fall kommt es sogar zum Riss.

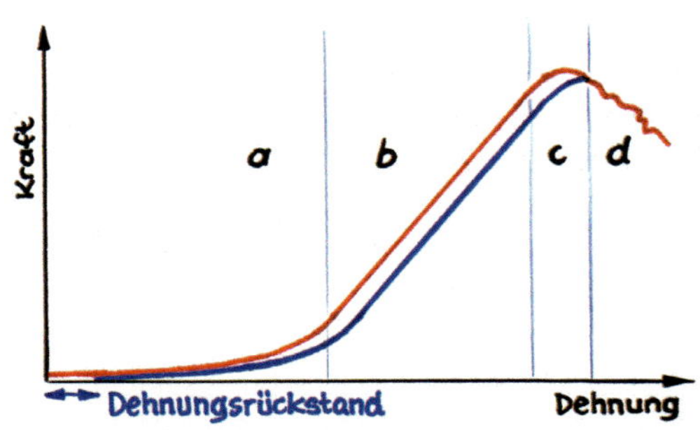

Abb. 7.31 Dehnung-Spannung-Diagramm für kollagenes Gewebe. Wird der elastische Bereich überschritten (c), bleibt bei der Entspannung eine Verformung zurück (blaue Linie). Im Bereich b gilt das Hooke'sche Gesetz.

Abb. 7.32 Ein Sinn der Sehnen liegt unter anderem darin, dass in ihnen Dehnungsenergie gespeichert werden kann, die dann bei einem Sprung freigesetzt wird.

ZUSAMMENFASSUNG

Dehnung-Spannung-Diagramme beschreiben den Zusammenhang zwischen auftretenden Kräften und Verformung von Stoffen. Ist dieser linear, dann gilt das Hooke'sche Gesetz.

7.5 Ein Pferd auf Rollschuhen

Actio est reactio

Die Newton'schen Grundgesetze sind miteinander logisch verknüpft. Das Trägheitsgesetz ist zum Beispiel ein Spezialfall der Bewegungsgleichung. Und auch das 3. Grundgesetz hängt mit den beiden anderen zusammen.

Abb. 7.33

F 20 ○ Du befindest dich auf blankem Eis und es gibt keine Reibung. Dein Freund ist so schwer wie du und ihr zieht euch an einem Seil zueinander. Wo trefft ihr euch?

F 21 ◒ Du befindest dich in einer Raumstation in Schwerelosigkeit und drückst dich von deinem Freund ab (Abb. 7.33), der die doppelte Masse hat. Fliegt ihr gleich schnell weg oder nicht? Und kannst du das begründen?

F 22 ● Auf dem Label jeder Jeans von Levis sieht man zwei Pferde, die an einer Hose ziehen (Abb. 7.34) Macht es einen Unterschied, ob zwei Pferde ziehen oder nur eines und die Hose dafür an einem Pflock befestigt ist?

Abb. 7.34 Das Warenzeichen der Levis-Jeans

F 23 ◒ Du hast dich versehentlich von der Raumstation entfernt und willst wieder zurück. Wie kannst du das anstellen? Kraulen, Zappeln? Es gibt nur eine Möglichkeit!

Wenn du dich auf **blankem Eis** befindest und es **keine Reibung** gibt, dann gibt es auch keine Kraftübertragung mit dem Boden (→ F 20). Wenn eure Masse gleich groß ist, dann befindet sich euer Gesamtschwerpunkt genau in der Mitte. Weil keine Kräfte von außen einwirken, kann sich der Schwerpunkt auch nicht bewegen. Das besagt der Trägheitssatz! Wenn ihr euch zueinander zieht, dann müsst ihr euch daher genau in der Mitte treffen.

In der Raumstation ist es ähnlich (→ F 21). Weil **von außen keine Kräfte wirken**, muss der Schwerpunkt in Ruhe bleiben. Wenn dein Freund doppelt so schwer ist wie du, dann wird er durch das Abdrücken nur halb so schnell wegfliegen. Nur dann bleibt der **Gesamtschwerpunkt** in **Ruhe** (Abb. 7.35).

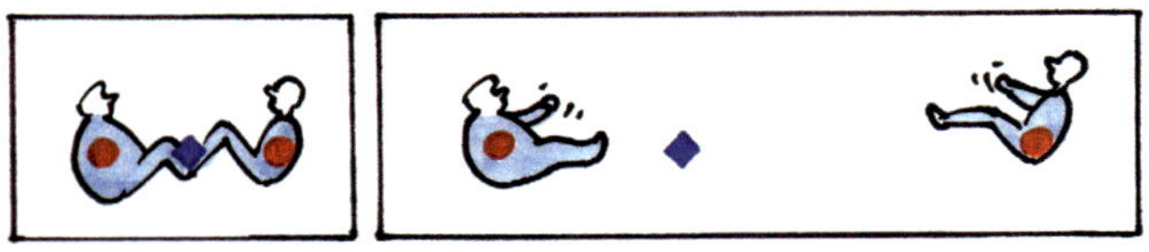

Abb. 7.35 Wenn dein Freund doppelt so schwer ist wie du, fliegt er halb so schnell weg, weil der Gesamtschwerpunkt ja immer an derselben Stelle bleiben muss.

Wir haben die beiden ersten Fragen mit dem Trägheitsgesetz beantwortet. Man kann sie aber auch mit dem **3. Newton'schen Grundgesetz** beantworten. Dieses lautet: Kräfte treten immer paarweise an verschiedenen Körpern auf. Sie sind gleich groß, aber entgegengesetzt gerichtet, also $\vec{F_1} = -\vec{F_2}$. Man sagt daher auch „Actio est reactio".

Verknüpfen wir das nun mit dem 2. Newton'schen Grundgesetz und sehen wir uns beide Fragen noch einmal an. Wenn auf dem **Eis** die Massen gleich groß sind, dann gilt natürlich auch $\vec{F_1} = -\vec{F_2}$ und somit auch $m \cdot \vec{a_1} = m \cdot (-\vec{a_2})$.

Die **Beschleunigungen** sind also **gleich groß und antiparallel**. Fazit: Ihr trefft euch in der Mitte. Wenn du dich von einem doppelt so schweren Freund abstößt, dann gilt natürlich auch $\vec{F_1} = -\vec{F_2}$ und somit $m \cdot \vec{a_1} = 2m \cdot (-\vec{a_2}/2)$. Hat er die doppelte Masse, ist seine Beschleunigung nur halb so groß und er fliegt auch nur halb so schnell weg.

Wie ist das nun mit der **Hose** (→ F 22)? Wenn sich diese nicht vom Fleck rührt, dann muss es zwei Kräfte geben, die einander ausgleichen. Es ist **völlig egal**, ob diese zweite Kraft von einem zweiten Pferd kommt oder von einem Pflock. Das ist etwas irritierend, oder?

Abb. 7.36 Was macht das Gewicht? Wandert es mit oder bleibt es an derselben Stelle?

Und damit kommen wir zu **zwei sehr alten Rätseln**. Das erste lautet: Ein **Affe** hängt an einem **Seil**, das über eine Rolle führt und auf der anderen Seite mit einem gleich großen Gewicht beschwert ist (Abb. 7.36). Was wird mit dem Gewicht passieren, wenn der Affe das Seil hinauf und hinunterklettert? Affe und Gewicht bleiben relativ zu einander immer auf **derselben Höhe**, egal ob der Affe hinauf- oder hinunterklettert! Warum ist das so? Actio est reactio! Wenn der Affe am Seil und somit am Gewicht zieht, dann zieht das Gewicht mit derselben Kraft an ihm. Es ist ganz ähnlich wie in → F 20, nur eben mit einer Rolle dazwischen.

Die zweite Frage ist eine der ältesten Denkaufgaben der klassischen Physik. Wenn das 3. Newton'sche Grundgesetz stimmt, dann kann ein **Pferd** doch niemals eine **Kutsche** ziehen, weil die Kutsche das Pferd **mit derselben Kraft zieht**!? Das gleicht sich doch aus (Abb. 7.37)!

Wenn das Pferd auf dem Eis wäre oder Rollschuhe anhätte, ginge das tatsächlich nicht. Das Pferd ist aber durch die Reibung **mit der Erde verbunden**. Wenn das Pferd losgeht, dann bewegen sich Kutsche und Pferd in die eine Richtung und die Erde in die andere Richtung. Weil die Masse der Erde so groß ist, merkt man davon nichts.

Man kann das 3. Grundgesetz auch so formulieren: **Ein Objekt alleine** kann seine Geschwindigkeit **nicht** ändern. Du merkst, dass hier wieder das **Trägheitsgesetz** indirekt vorkommt. Wenn du wieder zur Raumstation zurück willst (→ F 23), bleibt dir nur eine Möglichkeit: Ein **Weltraum-Strip** und die Sachen in die Gegenrichtung werfen (Abb. 7.38)! Der Gesamtschwerpunkt von dir und deinen Sachen bleibt aber immer an derselben Stelle.

Abb. 7.37 Wieso kann das Pferd die Kutsche ziehen?

Abb. 7.38 Nur so kommst du zum Raumschiff zurück.

INFO

Auto, Superman und Co.

Sehen wir uns etwas wirklich Verblüffendes aus dem Alltag an: ein fahrendes Auto! Man sagt ja, dass **die Räder ein Auto antreiben**, aber das stimmt nicht! Die Kraft der Räder wirkt nicht auf das Auto, sondern auf die Straße und drückt diese nach hinten. Die **Straße** wiederum erzeugt eine **Gegenkraft**, die das Auto anschiebt (Abb. 7.39). Ist das nicht abgefahren?

Abb. 7.39 Das Auto schiebt die Straße nach hinten, die Straße schiebt das Auto nach vorne! Kleine Masse bedeutet große Beschleunigung und umgekehrt.

Das dritte Newton'sche Gesetz macht auch vor **Superman** nicht halt! Damit er fliegen kann, müssen ständig **irgendwelche Teilchen** aus seinem Körper in die Gegenrichtung fliegen (Abb. 7.40) – und eigentlich auch nach unten, damit er nicht an Höhe verliert. Erst wenn Superman im All ist, dann gibt es keine Luftreibung mehr und es gilt der Trägheitssatz. Dann fliegt er auch ohne Antrieb mit gleicher Geschwindigkeit dahin, so wie die Voyager 1 seit Jahrzehnten.

Abb. 7.40 So funktioniert Supermans Superantrieb.

ZUSAMMENFASSUNG

Das 3. Newton'sche Gesetz besagt, dass Kräfte immer paarweise auftreten und gleich groß, aber entgegengesetzt gerichtet sind. Anders gesagt: Ein Gegenstand allein kann seine Geschwindigkeit nicht ändern.

Teste dich

Abb. 7.41 Riesenraumschiff mit physikalischem Problem

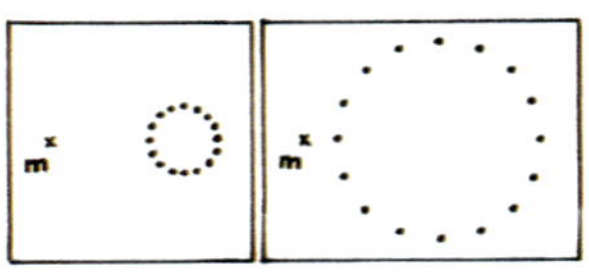

Abb. 7.42

Abb. 7.43

F 24 ○ Wieso muss man beim Abschleppen eines Autos langsam anfahren? Was könnte sonst passieren? → L

F 25 ◒ Nach wie vielen Metern hat ein Formel-1-Auto 100 km/h erreicht, wenn es mit 10 m/s² beschleunigt? → L

F 26 ◒ In vielen Filmen schweben oft riesige Raumschiffe elegant über dem Boden. Was ist daran problematisch? → L

F 27 ◒ Die Gleichung $\vec{F} = m \cdot \vec{a}$ besagt, dass ein Kugelstoßer mit mehr Masse auch mehr Kraft entwickeln kann! Oder doch nicht? Begründe! → L

F 28 ● Eine kleine Masse *m* wird von einem kugelförmigen Massenhaufen mit einer bestimmten Kraft angezogen. Wie verändert sich die Kraft, wenn sich der Kugelhaufen bei gleichem Mittelpunkt aufbläht? Wird sie größer oder bleibt sie gleich? → L

F 29 ◒ Was würde deine Badezimmerwaage zeigen, wenn du dich im Weltall in Schwerelosigkeit „draufstellst“? → L

F 30 ● Der Bremsweg eines Autos ist indirekt proportional zur Reibungszahl der Reifen. Kannst du das formelmäßig belegen? Du brauchst dazu die Gleichung für den Bremsweg (Kap 5.4.2). → L

F 31 ◒ Wenn es sehr glatt auf der Straße ist, dann wird empfohlen, mit dem zweiten Gang anzufahren. Was hat das für einen Grund? → L

F 32 ◒ Ein Geigenbogen und ein nicht geöltes Türscharnier haben was gemeinsam! Warum ölt man die Tür, aber nicht den Geigenbogen? → L

F 33 ◒ Abb. 7.44 zeigt einen Flugsimulator, bei dem der Flug nicht nur optisch, sondern auch körperlich simuliert werden kann. Wie funktioniert das eigentlich und welche Beschleunigung kann damit maximal simuliert werden? → L

Abb. 7.44 Flugsimulator

F 34 ● Ein Fußball rollt von links nach rechts an dir vorbei. Du trittst auf den Ball, wobei die Kraft quer zur Bewegungsrichtung wirkt (Abb. 7.45). Zeichne den Geschwindigkeitsvektor des Balls nach dem Stoß ein. → L

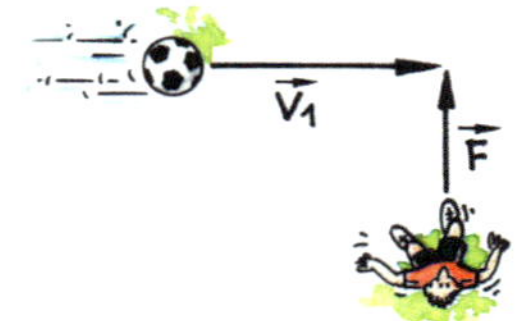

Abb. 7.45

F 35 ● a) Ein Fußball fliegt von links nach rechts. Ein Stürmer springt in die Höhe und köpft den Ball ins Tor. In welche Richtung muss die Kraft beim Stoß zeigen, wenn er das so wie in Abb. 7.46 eingezeichnet schaffen möchte? v_1 und v_2 sollen die gleiche Länge haben.

Abb. 7.46

b) Welche Kraft wirkt auf den Ball (und somit auch auf den Kopf), wenn $v_1 = v_2 = 20\,m/s$ (72 km/h), die Kontaktzeit 6 ms beträgt und der Ball eine Masse von 450 g besitzt? → L

F 36 ● Du drückst eine Taste auf der Computertastatur. Nach dem Wechselwirkungsprinzip übt die Taste aber eine genau gleich große Kraft auf deinen Finger aus. Müssten sich diese Kräfte nicht genau ausgleichen? Wieso kannst du dann die Taste trotzdem drücken? → L

F 37 ◒ Nach einer berühmten Lügengeschichte zog Baron Münchhausen sich selbst samt Pferd an seinen Haaren aus dem Sumpf (Abb. 7.47). Warum ist das nicht möglich? → L

Abb. 7.47

8 Arbeit und Energie

In diesem Kapitel geht es um alle möglichen Formen der Energie. Du hörst davon, wie sich Energien ineinander umwandeln und dass man auf diese Weise eine Menge Dinge recht einfach abschätzen kann. Und du hörst von einem Eckpfeiler der gesamten Physik: vom Energieerhaltungssatz.

8.1 Eine gute und eine schlechte Nachricht
Definition der Arbeit

In diesem Abschnitt geht es um eine Definition der Arbeit, den Unterschied zur Energie und um die „Goldene Regel der Mechanik". Letztere beinhaltet eine gute und eine schlechte Nachricht bezüglich Arbeit und Kraftaufwand.

F1 Die Straße in Abb. 8.1 ist genau 100 m lang. Weil sie sehr steil ist, fährst du mit dem Rad einen 200 m langen Zick-Zack-Kurs. Verändert sich dabei die benötigte Kraft? Und verändert sich die Arbeit?

Abb. 8.1

F2 Du musst Fässer auf einen Lkw laden. Wofür benötigst du mehr Kraft: Wenn du sie über die Rampe rollst (a) oder wenn du sie hebst (b)? Kannst du in einem der beiden Fälle Arbeit sparen?

Abb. 8.2

Die Begriffe Arbeit und Energie werden oft im Alltag verwendet. Man sagt etwa „ich hab in dieser Woche aber sehr viel Arbeit" oder „ich habe heute wenig Energie". Die Bedeutung der Begriffe in der Physik ist ähnlich, aber doch etwas anders und vor allem exakter. Das „Etikett" Arbeit beziehungsweise Energie darf in der Physik nur dann verwendet werden, wenn man diese in Joule messen kann, wie du später noch genauer hören wirst.

Zuerst die gute Nachricht: Du kannst in vielen Fällen durch geeignete Wahl des Weges **Kraft sparen**. Wenn der Weg doppelt so lange ist, dann brauchst du nur die Hälfte der Kraft (→ F1 und → F2). Die schlechte Nachricht: Man kann dadurch leider **keine Arbeit sparen**, weil sich gleichzeitig der Weg verdoppelt (siehe Abb. 8.3).

Das nennt man die „Goldene Regel der Mechanik": Man kann Kraft sparen, wenn man den Weg verlängert, aber man kann damit keine Arbeit sparen. Als Gleichung kann man das wie in der Formelbox formulieren. Entscheidend für die Arbeit ist nur die Kraft, die parallel zum Weg zeigt ($\vec{F}_{Weg}$). In Abb. 8.3 wäre das die Kraftkomponente $\vec{F}_{\parallel}$. Das ist die sogenannte **Hangabtriebskraft** und jener Anteil der Gewichtskraft $\vec{F}_G$, der parallel zum Hang zeigt (siehe auch Abb. 3.16).

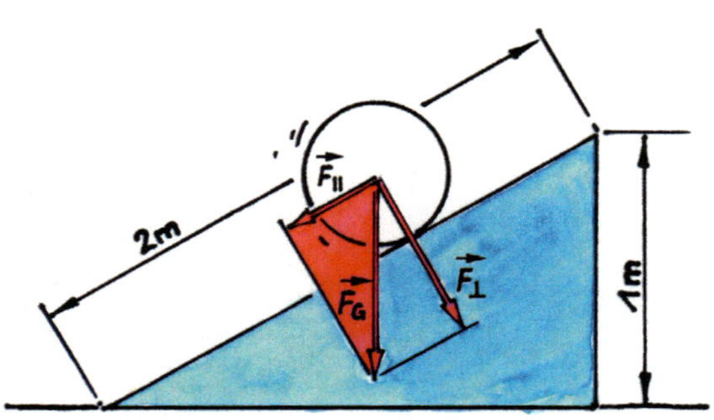

Abb. 8.3 Wenn du die Fässer wie in Abb. 8.2 hebst bzw. rollst, dann verhalten sich die Wege wie 1:2. Die zu überwindende Kraft beim Heben ist das Gewicht $\vec{F}_G$, beim Rollen die Komponente $\vec{F}_{\parallel}$. Das rote und das blaue Dreieck sind ähnlich (haben also gleiche Winkel), daher ist $\vec{F}_{\parallel} = \vec{F}_G/2$: also halbe Kraft, dafür doppelter Weg.

FORMEL Arbeit

Arbeit = Kraft (in Wegrichtung) · Weg

$W = \vec{F}_{Weg} \cdot \vec{s}$

W … Arbeit (work)
$\vec{F}_{Weg}$ … Kraft parallel zum Weg
$\vec{s}$ … Weg

$[W] = N \cdot m = \frac{kg \cdot m^2}{s^2} = J$ (Joule)
$[F] = N$
$[s] = m$

Die **Einheit der Arbeit** ist das **Joule (J)**. Vor allem beim Energiegehalt der Nahrung ist auch noch die Einheit **Kalorie (cal)** im Umlauf (siehe Kap. 8.8; 1 cal ≈ 4,2 J). Diese ist aber **keine SI-Einheit** (Kap. 2.1) und sollte eigentlich nicht mehr verwendet werden.

Die Begriffe **Arbeit** und **Energie** sind nicht voneinander zu trennen! Wenn man an einem Gegenstand Arbeit verrichtet, dann kann man dessen Energie erhöhen. Wenn du zum Beispiel ein **Gewicht** in die Höhe **hebst**, dann erhöhst du durch deine Muskelarbeit dessen Energie. Wenn dir das Gewicht auf den Fuß fällt, kannst du spüren, wie die gespeicherte Energie wieder frei wird (Abb. 8.4).

Auf der anderen Seite wird beim Heben des Gewichts aber auch **Energie von einer in eine andere Form umgewandelt**, nämlich die chemische Energie deiner Muskeln (siehe Kap. 8.8) in die **Lageenergie** des Gewichts. Man kann also auch so sagen: Energie ist gespeicherte Arbeitsfähigkeit und Arbeit ist Energieübertragung (Abb. 8.4 und Abb. 8.5). Die **Einheit der Energie** ist wie auch die der Arbeit **das Joule**.

Abb. 8.4 Die gespeicherte Energie wird wieder freigesetzt!

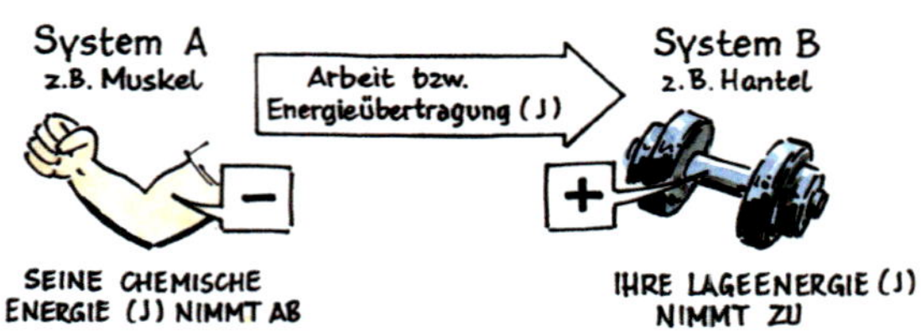

Abb. 8.5 Durch Arbeit wird Energie übertragen und/oder werden Energieformen umgewandelt.

INFO **Energy Drink**

Das „**Etikett**" **Arbeit** beziehungsweise **Energie** darf in der Physik nur dann verwendet werden, wenn man diese in **Joule** messen kann. Es ist sehr wichtig, dass du das immer im Hinterkopf behältst, etwa wenn du mal im Internet auf eine Esoterikseite gerätst. Da findet man zum Beispiel den Beruf „Energetiker". Diese „arbeiten mit der Energie eines Menschen, eines Tieres oder eines Raums. Durch die Wiederherstellung des natürlichen Flusses der Lebensenergie können alle energetischen Systeme ins Gleichgewicht kommen. Ein Energetiker entfernt oder reduziert energetische Verunreinigungen." Hm!?

Hier wird, wie in der Esoterik so üblich, mit Begriffen aus der Physik hantiert, aber diese werden in einen völlig anderen Kontext gesetzt. Jeder hat eine zumindest skizzenhafte Vorstellung davon, was man unter „Lebensenergie" verstehen kann, aber diese lässt sich eben **nicht in Joule** messen und hat daher mit Physik rein gar nichts zu tun – wie auch die im Text oben angesprochenen „energetischen Verunreinigungen". Auch die Energie in einem **Energy Drink** ist keine Energie im physikalischen Sinn, weil sie auf der Wirkung des Koffeins oder anderer aufputschender Stoffe beruht, die keinen Brennwert haben. Ein zuckerfreier Energy Drink hat zum Beispiel gar keine Joule. Energie Begriffe, die in der Physik anders – und natürlich genauer – verwendet werden, wirst du noch kennenlernen.

ZUSAMMENFASSUNG

Man kann Kraft auf Kosten des Wegs sparen. Die Arbeit bleibt aber leider immer gleich. Wird Arbeit verrichtet, geht Energie von einem Körper auf einen anderen über und/oder wird eine Energieform in eine andere umgewandelt. Energie ist gespeicherte Arbeitsfähigkeit!

8.2 Die Cheops-Pyramide

Hubarbeit und Lageenergie

Wenn ein Gegenstand gehoben wird, dann erhöht sich seine Energie. Man spricht von Lageenergie. Dazu muss man aber Hubarbeit aufwenden.

F3 ○ In Deutschland gibt es 36 Speicherkraftwerke. Das sind Becken, in die man zu bestimmten Zeiten Wasser hinaufpumpt. Warum macht man das?

F4 ◒ Die 137 m hohe Cheops-Pyramide ist das letzte der 7 Weltwunder, das noch erhalten ist. In ihr ist sehr viel Hubarbeit von sehr vielen Menschen gespeichert. Angenommen, man könnte diese Energie ohne Verlust in Strom umwandeln, wie lange – meinst du – könnte man Deutschland damit versorgen:
a) etwa 30 Jahre, b) etwa 30 Wochen,
c) etwa 30 Tage oder d) etwa 30 Sekunden?

Abb. 8.6 Die Cheops-Pyramide

Abb. 8.7 Um diese Uhr aufzuziehen, muss man ein Gewicht in die Höhe ziehen. Die gespeicherte Energie bewegt dann die Zeiger.

Elektrizität lässt sich in großen Mengen leider nicht speichern (→ F3). Also muss man Strom dann erzeugen, wenn man ihn braucht. In der Nacht ist meist ein Überfluss da. Damit kann man Wasser in höher gelegene **Stauseen** pumpen. Gibt es einen Stromengpass, lässt man den Stausee ab und erzeugt mit dem fallenden Wasser elektrischen Strom. Bei dieser Technik nutzt man aus, dass durch das Heben eines Gegenstandes **Energie gespeichert** wird, die beim Sinken wieder frei wird. Nach diesem Prinzip funktionieren auch die ersten genauen Uhren, die Räderuhren (siehe Abb. 8.7). Diese werden aufgezogen, indem man ein Gewicht in die Höhe hebt.

Die Arbeit, die man zum Heben aufwenden muss, nennt man **Hubarbeit**, und die Energie, die man dadurch speichert, **Lageenergie**, **Höhenenergie** oder **potenzielle Energie**.

Potenziell bedeutet möglich! Die Energie kann, muss aber nicht frei werden! Wenn zum Beispiel das Ventil des Stausees nicht geöffnet wird, dann bleibt das Wasser oben und die Energie gespeichert.

Zur Gleichung der Hubarbeit kommt man ganz einfach über die mechanische Definition der Arbeit: **Arbeit ist Kraft mal Weg.** Die Kraft, die man beim Heben überwinden muss, ist die Gewichtskraft eines Gegenstandes, und der Weg ist die Hubhöhe. Also gilt: Hubarbeit ist Gewicht mal Hubhöhe. Du siehst, dass die Hubarbeit linear mit der Hubhöhe wächst: doppelte Höhe, doppelte Hubarbeit.

FORMEL Hubarbeit

Hubarbeit (W_H) und potenzielle Energie (E_{pot})

$$W_H = E_{pot} = m \cdot g \cdot h$$

m	… Masse	$[m]$	= kg
g	… Erdbeschleunigung	$[g]$	= $\frac{m}{s^2}$
$m \cdot g$	… Gewicht	$[m \cdot g]$	= N
h	… Hubhöhe	$[h]$	= m

Manchmal wird die potenzielle Energie negativ angegeben. Das liegt daran, dass man den **Nullpunkt**, von dem aus man die Höhe misst, beliebig wählen kann. Um eine 1-kg-Kugel aus einer 1 m tiefen Mulde zu rollen, braucht man etwa 10 J (Abb. 8.8). Es ist völlig egal, ob man den Nullpunkt oben (a) oder in der Mulde (b) annimmt. Die Differenz zwischen unten und oben sind immer 10 J. Wenn man den Nullpunkt oben annimmt, dann hat die Kugel unten −10 J. Das Minus bedeutet, dass sich die Kugel in einem **„gebundenen Zustand"** befindet und dass man Energie braucht, um sie da rauszukriegen.

Abb. 8.8 Die Wahl des Nullniveaus ist Geschmackssache. Zum Rausrollen der Kugel sind in beiden Fällen 10 J nötig.

Man muss sich das einmal vorstellen: Beim Bau der **Cheops-Pyramide** haben 20 Jahre lang bis zu 25 000 Arbeiter geschuftet! Könnte man diese potenzielle Energie ohne Verlust in elektrischen Strom umwandeln, dann könnte man Deutschland damit aber für bloß 30 Sekunden versorgen (→ F4)! 20 Jahre Arbeit in nur **30 Sekunden** verbraucht! Daran siehst du zwei wichtige Dinge: Erstens steckt im Strom unglaublich viel Energie (siehe auch Kap. 8.5), und zweitens ist unser intuitives Verständnis für Energien nicht wirklich ausgeprägt!

INFO **Cheops**

Die Cheops-Pyramide hat eine Seitenlänge von 230 m und eine Höhe von 137 m. Das Volumen beträgt daher sagenhafte $2{,}42 \cdot 10^6\,m^3$! Der Schwerpunkt einer Pyramide liegt bei einem Viertel der Höhe, bei der Cheops daher bei etwa 34 m. Als Material wurde Kalkstein mit einer Dichte von 2 500 kg pro Kubikmeter verwendet. Die Gesamtmasse der Pyramide beträgt daher etwa $6 \cdot 10^9\,kg$. Und damit kann man nun die **gespeicherte Energie** ausrechnen: $E_P = m \cdot g \cdot h = 6 \cdot 10^9 \cdot 10 \cdot 34\,J \approx 2 \cdot 10^{12}\,J$.
Der **elektrische Energiebedarf in Deutschland** liegt momentan bei etwa $2 \cdot 10^{18}\,J$ pro Jahr. Könnte man die Lageenergie der Cheops-Pyramide ohne Verlust in Strom umwandeln, dann könnte man damit nur 10^{-6} Jahre auskommen. Ein Jahr hat $60 \cdot 60 \cdot 24 \cdot 365 \approx 32 \cdot 10^6\,s$. 10^{-6} Jahre sind daher bloß etwa 30 Sekunden!

ZUSAMMENFASSUNG
Wenn man Hubarbeit aufwendet, kann man potenzielle Energie speichern. Die Hubarbeit ist proportional zur Höhe und zur Masse.

8.3 Hammer im freien Fall
Beschleunigungsarbeit und Bewegungsenergie

Wenn sich ein Gegenstand bewegt, dann hat er Bewegungsenergie. Um ihn in Bewegung zu versetzen, muss man Beschleunigungsarbeit verrichten.

Abb. 8.9

F5 ● Dem Dachdecker fällt der Hammer runter. Nach einer Sekunde ist er 5 m tief gefallen. Wie tief ist er nach zwei Sekunden? Welche Geschwindigkeit hat er nach ein und zwei Sekunden? Welche Energie wurde in der ersten und in der zweiten Sekunde frei?

F6 ● Ein Auto braucht, um auf 50 km/h zu beschleunigen, eine bestimmte Menge Benzin. Wie viel Energie braucht das Auto, um von 50 auf 100 km/h zu beschleunigen? a) gleich viel, b) weniger, c) mehr. Vernachlässige die Reibung!

F7 ◒ Was besitzt mehr kinetische Energie: ein Auto (1 500 kg) im Schritttempo oder eine abgeschossene Gewehrpatrone (0,02 kg)?

Nicht nur gehobene, sondern auch bewegte Körper enthalten Energie. Man nennt diese **Bewegungsenergie** oder **kinetische Energie** (kinetisch bedeutet bewegend). Wird ein Gegenstand abgebremst, dann wird diese Energie frei. Mit fallendem Wasser kann man aus diesem Grund elektrischen Strom erzeugen, mit einem Hammer einen Nagel einschlagen und wenn ein Auto gegen ein Hindernis prallt, dann knautscht die frei werdende Bewegungsenergie die Front zusammen (Abb. 8.10). Welchen Zusammenhang gibt es zwischen Geschwindigkeit und kinetischer Energie?

Abb. 8.10 Mit der frei werdenden Bewegungsenergie kann Arbeit verrichtet werden, in diesem Fall Verformungsarbeit.

Energie kann nicht erzeugt oder vernichtet werden, es kann nur eine Energieform in eine andere **umgewandelt** werden (siehe Kap. 8.6). Wenn zum Beispiel ein Gegenstand fällt, dann nimmt seine **potenzielle Energie ab**. Im gleichen Maße nimmt aber seine **kinetische Energie zu**, und somit bleibt die Gesamtenergie erhalten. Mit Hilfe dieser Tatsache kann man sich den Zusammenhang zwischen Geschwindigkeit und kinetischer Energie überlegen. Nimm an, dass ein fallender Gegenstand 2 kg hat (→ **F5**). Die ersten beiden Sekunden sind in Abb. 8.11 eingezeichnet.

Durch das Fallen werden in der ersten Sekunde 100 J frei ($m \cdot g \cdot h = 2 \cdot 10 \cdot 5$ J). Also wächst die kinetische Energie um diesen Betrag an. Nach zwei Sekunden hat sich die potenzielle Energie bereits um 400 J verringert, während sich die Geschwindigkeit nur verdoppelt hat.

Du siehst also: doppelte Geschwindigkeit, aber bereits vierfache kinetische Energie! Die **kinetische Energie** muss daher **proportional zu** v^2 sein.

INFO

Kinetische Energie

Auch die Ableitung für die kinetische Energie kann aus der **allgemeinen Gleichung** für die **Arbeit** erfolgen. Wir nehmen eine gleichmäßige Beschleunigung an (siehe Kap. 5.4).

Wir setzten in $W_B = F \cdot s$ für $F = m \cdot a$ und für $s = \frac{a}{2} \cdot t^2$ ein:

$$W_B = m \cdot a \cdot \frac{a}{2} \cdot t^2 = \frac{m \cdot a^2 \cdot t^2}{2} = \frac{m \cdot (a \cdot t)^2}{2}$$

Nun für $a \cdot t = v$ einsetzen und fertig:

$$W_B = \frac{m \cdot v^2}{2}$$

Diese Beschleunigungsarbeit entspricht gleichzeitig der kinetischen Energie (E_{kin}).

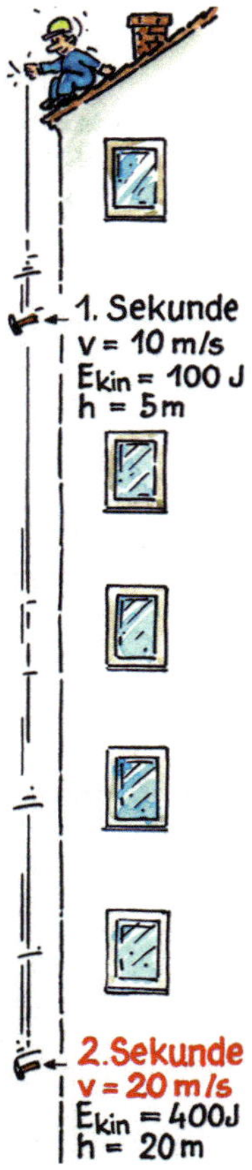

Abb. 8.11 Kinetische Energie eines fallenden Hammers mit 2 kg

FORMEL Beschleunigungsarbeit

Beschleunigungsarbeit (W_B) und kinetische Energie (E_{kin})

$$W_B = E_{kin} = \frac{m \cdot v^2}{2}$$

m ... Masse $[m]$ = kg
v ... Geschwindigkeit $[v] = \frac{m}{s}$

Bei einer Geschwindigkeit von 100 km/h hat ein Auto daher viermal so viel kinetische Energie wie bei einer Geschwindigkeit von 50 km/h (→ **F6**), und bei 150 km/h bereits die neunfache. Das bedeutet, dass man zum Beschleunigen von 50 auf 100 km/h **dreimal so viel Benzin** verbraucht wie von **0 auf 50 km/h**, und von 100 auf 150 km/h wäre dazu schon fünfmal so viel Sprit nötig. Die mit dem Tempo zunehmende Reibung ist dabei noch gar nicht berücksichtigt!

Weil die kinetische Energie mit dem Quadrat der Geschwindigkeit wächst, können auch sehr leichte Gegenstände hohe Energien haben. Ein **Auto** mit 1 500 kg, das mit 1,5 m/s (etwa 5,5 km/h) dahinfährt, hat eine kinetische Energie von knapp **1700 J**. Eine **Gewehrpatrone** mit 20 Gramm, die mit 900 m/s abgefeuert wird, hat über **8 000 J** an kinetischer Energie, also fast das 5-fache (→ **F7**)! Und das, obwohl das Auto 75 000-mal schwerer ist als die Patrone. Eine **kugelsichere Weste** kann natürlich diese Energie nicht vermindern. Aber sie verteilt die einwirkende Kraft auf eine größere Fläche, sodass das Geschoss nicht eindringen kann (Abb. 8.12).

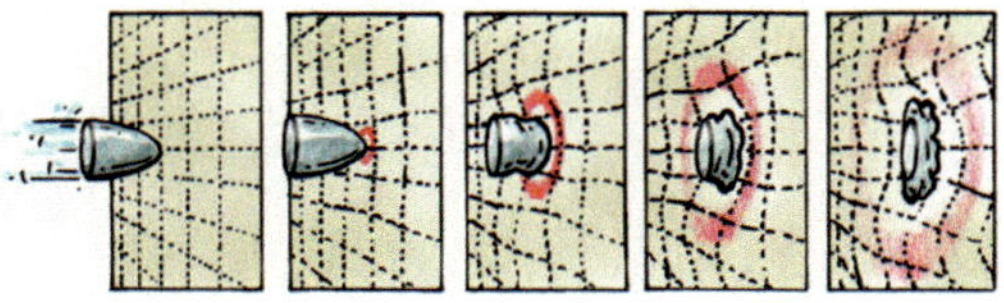

Abb. 8.12 Eine kugelsichere Weste verteilt die Energie auf eine größere Fläche. Die Patrone wird durch die frei werdende Energie flach gedrückt – und Rippen können dabei brechen.

ZUSAMMENFASSUNG

Die kinetische Energie eines Gegenstandes entspricht der Arbeit, die nötig ist, um ihn auf diese Geschwindigkeit zu bekommen. Sie hängt vom Quadrat der Geschwindigkeit ab.

8.4 Flach wie eine Flunder

Verformungsenergie und ungeordnete Bewegungsenergie

In diesem Abschnitt werfen wir einen kurzen Blick auf zwei weitere Energieformen: Die Verformungsenergie und das, was man etwas sperrig als ungeordnete Bewegungsenergie bezeichnet.

F8 ○ Was versteht man unter Energieerhaltung? Lies nach in Kap. 8.6!

F9 ◒ Du hältst einen 1-kg-Tonklumpen 1 m über dem Boden (Abb. 8.13 a). Wenn du ihn fallen lässt, wandeln sich die 10 J in Bewegungsenergie um (b). Wo ist die Energie nach dem Poff (c) hinverschwunden?

Abb. 8.13 Wohin verschwindet E_{kin}?

F10 ◒ → L In Abb. 8.14 siehst du einen hüpfenden Basketball. Warum ist klar, dass er sich nach rechts bewegt? Welche Energie spielt an den Punkten a bis e eine Rolle?

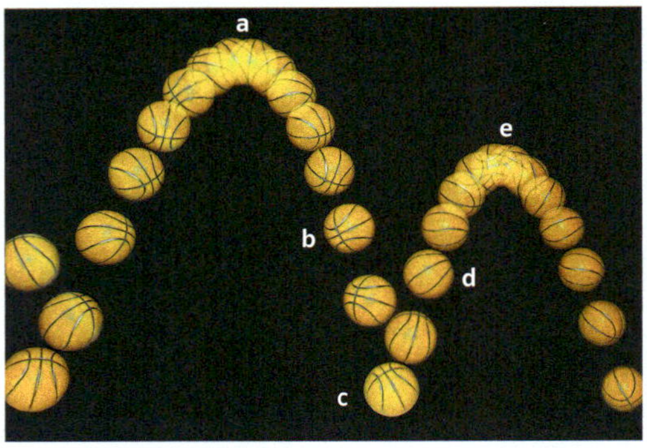

Abb. 8.14 Ein hüpfender Basketball

Wenn man elastische Gegenstände verformt, muss man **Verformungsarbeit** aufwenden und kann auf diese Weise Energie speichern. Man spricht daher auch von **Verformungsenergie,** aber auch die Begriffe **Spannenergie** oder **elastische Energie** sind gebräuchlich und werden meistens synonym verwendet. Alle diese Begriffe bezeichnen die Energie, die in einem elastisch verformten Objekt steckt.

In deinem Körper spielt das eine nicht unwesentliche Rolle, zum Beispiel beim **Herz**. Dieses zieht während des Schlages die linke **Hauptkammer** zusammen und drückt das Blut in die **Aorta** (Abb. 8.15 a), die dadurch gedehnt wird und ihr Volumen vergrößert. So wird ein Teil der Herzarbeit in Form von **elastischer Energie** zwischengespeichert. In der Schlagpause zieht sich die Aorta zusammen (b) und die elastische Energie wird wieder in **kinetische Energie** des Bluts umgewandelt. Durch diesen Trick werden die Blutdruckschwankungen zwischen Herzschlag und Schlagpause abgeschwächt und es kommt zu einem relativ **konstanten Blutstrom**. Bei Erwachsenen wird rund die Hälfte des normalen Schlagvolumens auf diese Weise zwischengespeichert. Verblüffend, oder?!

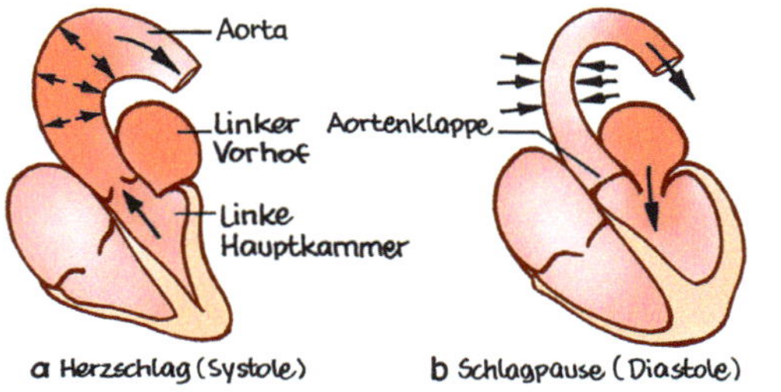

Abb. 8.15 Ein Teil der kinetischen Energie des Bluts wird beim Herzschlag elastisch zwischengespeichert.

Auch in den **Sehnen** und **Muskeln** wird elastische Energie gespeichert, wenn sie gedehnt werden (siehe auch Abb. 7.32). Durch die **Auftaktbewegungen** bei Sprung, Wurf oder Schlag wird somit kurzfristig Energie zwischengespeichert, die bei der eigentlichen Aktion in zusätzliche Bewegungsenergie umgewandelt wird. Ein gutes Beispiel ist der **Aufschlag beim Tennis**. Dabei wird der Schlägerkopf zuerst extrem weit nach hinten geschwungen, um **Muskeln** und **Sehnen** zu dehnen (Abb. 8.17). Mit dieser Extraportion elastischer Energie kann man dann den Ball schneller wegpfeffern und so über 250 km/h erreichen!

Abb. 8.16 Verformung eines Tennisballes auf der Schlägerfläche

Abb. 8.17 Bei einem Tennisaufschlag wird der Körper zunächst sehr überstreckt, um elastische Energie zu speichern, und dann bammm!

Wenn der Ball auf den Schläger trifft, spielt ebenfalls die Spannenergie eine Rolle. Einerseits werden die Saiten des Schlägers elastisch verformt, andererseits aber auch der Ball selbst. Die **Hochgeschwindigkeitsaufnahme** in Abb. 8.16 offenbart, dass der Ball bei einem harten Schlag flach wie eine Flunder wird. Bei komplexen Systemen wie dem Tennisaufschlag ist die **Quantifizierung** der gespeicherten elastischen Energie sehr knifflig. Es gibt aber Situationen, in denen das recht einfach geht (→ **INFO** Bungee-Jumping).

INFO

Bungee-Jumping

Wenn für ein dehnbares Ding das **Hooke'sche Gesetz** gilt (siehe Kap. 7.4.3), kann man die **Spannenergie** leicht mit der Gleichung $E_{Sp} = \frac{1}{2} D \cdot s^2$ berechnen. Die Konstante D gibt die **Härte** an. Wenn etwas schwerer zu dehnen ist, kann man auch mehr Energie speichern. Bei einer Schraubenfeder spricht man von der Federkonstanten D. Typische Werte für D liegen bei Bungee-Seilen um 40 N/m. s steht für die **Dehnung** aus der Ruhelänge.

Abb. 8.18 In der Spannenergie im Bungee-Seil sind im tiefsten Punkt die gesamte kinetische und potenzielle Energie speichert.

Sehen wir uns ein konkretes Beispiel an und vernachlässigen bei diesem die Reibung (Abb. 8.19). Die wagemutige Person soll eine Masse von 80 kg haben und 90 m tief fallen. Die **Gesamtenergie**

$$E_{pot} + E_{kin} + E_{Sp} = m \cdot g \cdot h + \frac{1}{2} m \cdot v^2 + \frac{1}{2} D \cdot s^2$$

bleibt während des gesamten Sprunges erhalten (→ **F 8**). Zu Beginn steckt diese komplett in der **Lageenergie**: $m \cdot g \cdot h = 72\,000$ J. Nach dem Absprung sinkt die Lageenergie linear mit der Falltiefe ab. Das Seil hat eine Ruhelänge von 30 m – also 60 m über dem Boden. Bis dahin wächst die **kinetische Energie** linear an. Dann aber beginnt sich das Seil zu dehnen, speichert **elastische Energie** und zehrt die kinetische Energie wieder nach und nach auf. Am tiefsten Punkt ist das Seil 60 m gedehnt und die Gesamtenergie steckt dann in der Spannenergie: $\frac{1}{2} D \cdot s^2 = \frac{40}{2} 60^2$ J $= 72\,000$ J. Und dann geht's wieder rauf!

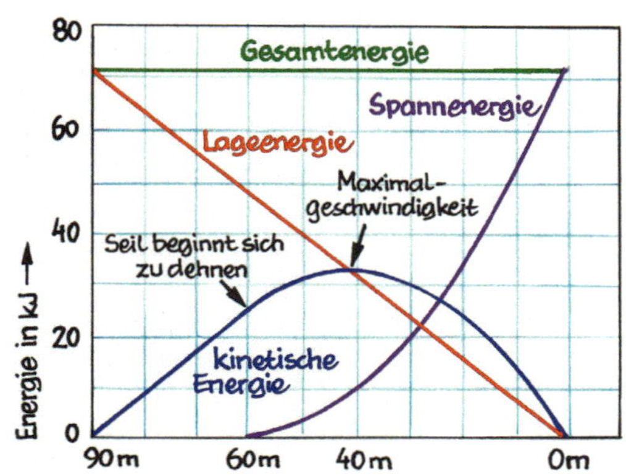

Abb. 8.19 Wie die Energieformen bei einem Bungee-Sprung ineinander umgewandelt werden. Achtung: Die x-Achse ist keine Zeit-Achse, sondern entspricht der Höhe über dem tiefsten Punkt.

Wie ist die Sache mit dem **Tonklumpen** (→ **F 9**)? Wo ist die Energie hin verschwunden, wenn er am Boden klebt? Wenn du das Ganze auf atomarer Ebene betrachtest, verstehst du das sofort. Die Teilchen zittern ja pausenlos hin und her, haben also **ungeordnete Bewegungsenergie**. Während des freien Falls bewegen sich die Teilchen alle in eine Richtung, haben also auch zusätzlich **geordnete Bewegungsenergie** (Abb. 8.20 a). Wenn der Klumpen aufgeprallt ist, dann haben die Moleküle keine gemeinsame Richtung mehr, schwingen allerdings viel stärker um ihre Mittellage (b). Die vorher geordnete Bewegungsenergie ist also in Unordnung gekommen und wird als **Wärme** an die Umgebung abgegeben. Thermische Energie ist salopp gesagt durcheinander gebrachte kinetische Energie.

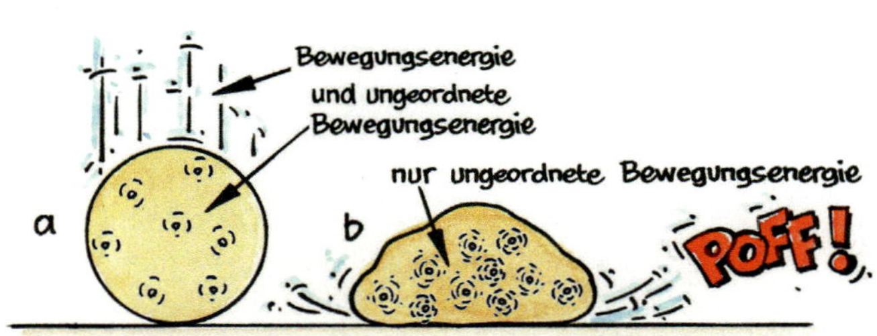

Abb. 8.20 Durch den Aufprall erhöht sich die ungeordnete Bewegungsenergie der Teilchen im Tonklumpen. Mit anderen Worten: Er hat sich erwärmt.

Der Tonklumpen ist **plastisch** und bleibt dauerhaft verformt. Deshalb ist die gesamte kinetische Energie futsch. Aber auch wenn das Objekt **elastisch** ist, tritt der Effekt der Erzeugung ungeordneter Bewegungsenergie teilweise auf. Anders gesagt: Es gibt **keine perfekte, hundertprozentige Elastizität**. Immer dann, wenn etwas verformt wird, entsteht zusätzliche ungeordnete Bewegungsenergie und somit auch thermische Energie. Thermische Energie ist quasi der Friedhof der Energie.

Obwohl thermische Energie also letztlich durch kinetische Energie der Atome und Moleküle verursacht wird, geht ihre Berücksichtigung über den Rahmen der Mechanik hinaus und wird deshalb in der Wärmelehre (Kap. 14 und 15) behandelt. Die Trennung von Mechanik und Wärmelehre hat hauptsächlich praktische Gründe: Ein großes Objekt hat einfach zu viele Teilchen, um diese mechanisch beschreiben zu können, das geht nur statistisch.

ZUSAMMENFASSUNG

Die Energiespeicherung durch Verformung hat unter anderem in Sport und Biologie eine große Bedeutung. Fast jede Energieform wird früher oder später in ungeordnete Bewegungsenergie umgewandelt und es entsteht thermische Energie. Diese ist der Friedhof der Energie.

8.5 Von Pferde- und Menschenstärken

Die Leistung

In diesem Abschnitt geht es um die Leistung. Du kennst diesen Begriff wahrscheinlich von den Autos. Dort wird diese immer noch oft in PS (und nicht in Kilowatt) angegeben, obwohl diese Einheit schon lange nicht mehr verwendet werden sollte.

F11 ○ Zwei Personen beladen einen Lkw mit gleich viel Fässern! Einer ist schneller als der andere! Wer hat mehr geleistet und wer hat mehr gearbeitet?

F12 ◒ Die Frage klingt vielleicht blöd, aber wie viele Pferdestärken hat ein Pferd?

F13 ● Auf den meisten elektrischen Geräten ist die Leistung angegeben. Eine alte, helle Glühbirne oder ein PC haben rund 100 Watt, ein Toaster 800 Watt, ein Föhn 1300 Watt und ein Elektrobackofen 3000 Watt. Wie hoch schätzt du die Kurzzeit- und Dauerleistung eines Menschen im Vergleich dazu ein?

Bei der **Arbeit**, egal ob sie als Beschleunigungs- oder Hubarbeit auftritt, spielt die **Zeit** überhaupt keine Rolle. Man kann durch keinen Trick auf der Welt Arbeit sparen, weder durch Veränderung der Strecke noch durch Veränderung des Arbeitstempos. Wer aber schneller arbeitet, dessen **Leistung** ist höher, denn Leistung ist Arbeit pro Zeit (→ F10).

FORMEL Leistung

$$\text{Leistung} = \frac{\text{Arbeit}}{\text{Zeit}} \qquad P = \frac{W}{t}$$

P ... Leistung (power) $\quad [P] = \frac{[W]}{[t]} = \frac{J}{s} = W$ (Watt)

t ... Zeit $\quad [t] = s$

Die Leistung wird in **Watt** angegeben. Ein **Watt ist 1 Joule pro Sekunde**. Die alte Einheit für die Leistung ist die **Pferdestärke** (PS). Die Definition der Pferdestärke stammt von JAMES WATT, dessen Dampfmaschinen ab **1780** Pferde ersetzten. Deshalb versuchte man, die Leistungen miteinander zu vergleichen. Pferde können kurzfristig Spitzenleistungen bis 24 PS erbringen. Die Dauerleistung eines Pferdes beträgt aber tatsächlich rund 1 PS (→ F11).

Die Pferdestärke (PS) ist **keine SI-Einheit** (Kap. 2.1) und von den Zulassungsscheinen für Autos daher schon vor einiger Zeit verschwunden (siehe Abb. 8.21). Im Alltag werden sich PS aber, wie auch die Kalorie, sicher noch lange halten. Menschen sind eben Gewohnheitstiere.

INFO **PS und Kilowatt**

Die Definition für das PS lautet: Wenn in **einer Sekunde** eine Masse von **75 kg** um einen **Meter** gehoben wird, dann liegt eine Leistung von 1 PS vor.

Rechnen wir diese Leistung in Watt bzw. Kilowatt um. Wir nehmen in diesem Fall den genaueren Wert für *g* an.

$$P = \frac{E_{pot}}{t} = \frac{75 \cdot 9{,}81 \cdot 1}{1}\,\mathrm{W} = 735{,}75\,\mathrm{W} = 0{,}736\,\mathrm{kW} = 1\,\mathrm{PS}$$

Über den Daumen gilt daher recht gut, dass ¾ kW einem PS entsprechen. Ein Auto mit **53 kW** (Abb. 8.21) hat daher etwa **71 PS**.

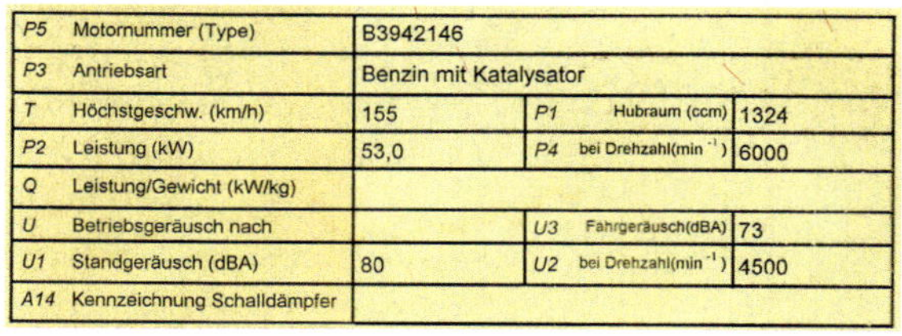

P5	Motornummer (Type)	B3942146			
P3	Antriebsart	Benzin mit Katalysator			
T	Höchstgeschw. (km/h)	155	P1	Hubraum (ccm)	1324
P2	Leistung (kW)	53,0	P4	bei Drehzahl(min⁻¹)	6000
Q	Leistung/Gewicht (kW/kg)				
U	Betriebsgeräusch nach		U3	Fahrgeräusch(dBA)	73
U1	Standgeräusch (dBA)	80	U2	bei Drehzahl(min⁻¹)	4500
A14	Kennzeichnung Schalldämpfer				

Abb. 8.21 Auf dem Zulassungsschein eines Autos steht die Leistung schon lange nur noch in Kilowatt. Die 53 kW entsprechen etwa 71 PS.

Im Gegensatz zu einer Maschine hängt die **Leistung eines Lebewesens** von der Dauer der Belastung ab, wie du ja schon eben gehört hast. Wenn das nicht so wäre, dann könnte man ja den Marathon durchsprinten. Je kürzer eine Belastung ist, desto höher kann die Leistung sein.

Beispiel	Leistung	Kommentar
Mensch, Dauerleistung	100 – 500 W	Der untere Wert gilt für Untrainierte, der obere Wert für Weltklasseathleten (siehe Kap. 8.8).
helle, alte **Glühbirne, PC**	100 W	Seit 2009 dürfen nur noch Lagerbestände der alten Glühbirnen verkauft werden.
Toaster	800 W	Diese Angaben sind geräteabhängige Richtwerte.
Föhn	1 300 W	
Backofen	3 000 W	
Mensch, Höchstleistung	≈ 7 500 W	Berechenbare kurzzeitige Höchstleistung von Weltklasseathleten
Pkw-Motor	37 – 882 kW	Vom kleinen Smart bis zum kräftigen Bugatti Veyron: Nach oben gibt es fast keine Grenzen!
E03/103 (stärkste Lok der DB)	7 440 kW	Entspricht 10 116 PS und somit der Leistung von etwa 270 Smarts.
Pumpspeicherkraftwerk Goldisthal	10^9 W	Ist mit einer Leistung von 1 060 MW das größte Wasserkraftwerk Deutschlands.
Blitz	10^9 W	Ein Blitz hat eine sehr hohe Leistung, dauert aber nur etwa 10^{-4} s.
Sonne	10^{26} W	Mit Abstand die größte Energiequelle im Sonnensystem.

Tab. 8.1 Einige Beispiele zu Leistungen: Beim Menschen sind die Nettowatt angegeben, also die abgegebene Leistung. Die Bruttowatt, was also der Körper drinnen aufwenden muss, sind etwa 3- bis 5-mal so groß (siehe Wirkungsgrad Kap. 8.8).

Abb. 8.22 Kuchenbacken mit „Menschenstärken"

Ein **untrainierter Mensch** kann auf Dauer **etwa 100 W** leisten, und das ist nicht wirklich viel (→ **F12**). Um einen Backofen mit 3 000 W zu betreiben, wären also 30 Menschen nötig. Stell dir mal vor, auf diese Weise einen Kuchen zu backen (Abb. 8.22)! Auch dieses Beispiel zeigt, wie viel Energie im Strom steckt. Für kurze Zeit können Menschen allerdings erstaunlich hohe Leistungen erzielen.

EXPERIMENT

Stufenlauf

Deine **maximale Kurzzeitleistung** kannst du mit ganz einfachen Mitteln feststellen. Du brauchst dazu nur eine Stoppuhr, eine Treppe und eventuell eine Waage.

Abb. 8.23

Du nimmst etwas Anlauf und rennst volles Rohr die Stufen hinauf (Abb. 8.23). Du kannst dabei so viel Stufen auf einmal nehmen, wie du willst. Die Zeit stoppst du nur in dem Bereich, in dem du auch deinen **Körperschwerpunkt** hebst (rote Linien). Es soll ja die **Hubleistung** ermittelt werden.

Für die Leistung gilt dann:

$$P = \frac{W_H}{t} = \frac{m \cdot g \cdot h}{t}$$

Für die gesamte Stufenhöhe genügt es, die Höhe einer Stufe mit der Anzahl der Stufen zu multiplizieren. Wenn keine Waage da ist, dann schätze deine Masse. Die **absolute Leistung** ist natürlich von der Körpermasse abhängig. Interessant ist es daher auch, die **relative Leistung** zu berechnen, also Watt pro Kilogramm, weil diese nicht von der Körpermasse abhängt.

INFO

Spitzenleistung im Sport

Wenn ein Hochspringer seinen Schwerpunkt hebt, dann muss er die **potenzielle Energie** $E_{pot} = m \cdot g \cdot h$ zuführen. Dafür steht ihm jedoch nur die kurze Bodenkontaktzeit während des Absprungs zur Verfügung.

Nehmen wir den Weltrekordsprung von Javier Sotomayor mit 2,45 m und schätzen die Leistung ab: **Masse** des Athleten 80 kg, **Schwerpunkthebung** 1,2 m, **Bodenkontaktzeit** 0,13 s. Für die Leistung ergeben sich dann:

$$P = \frac{E_{pot}}{t} = \frac{m \cdot g \cdot h}{t} = \frac{80 \cdot 1 \cdot 1{,}2}{0{,}13}\,\text{W} \approx 7390\,\text{W}$$

Im Vergleich mit der Dauerleistung eines trainierten Athleten (500 W, siehe Tab. 8.1) ist das unglaublich viel. Aber leider kann man so hohe Leistungen auch nur Bruchteile von Sekunden erbringen.

Als zweites Beispiel nehmen wir die **Beschleunigungsleistung** beim **100-m-Sprint** (Abb. 8.24). Bei der WM 2009 stürmte Usain Bolt (94 kg) nach sagenhaften 9,58 s ins Ziel. Dabei brauchte er für die ersten 10 m 1,74 s und hatte danach eine Geschwindigkeit von rund 9 m/s. Wir haben in Kapitel 5.7 die Leistung mit Hilfe der Teilzeiten durch Differenzieren der *t-s*-Funktion ermittelt. Man kann die Beschleunigungsleistung mit weit weniger Aufwand zumindest grob abschätzen. Wenn wir die Daten von oben verwenden, bekommen wir:

$$P = \frac{E_{kin}}{t} = \frac{\frac{m \cdot v^2}{2}}{t} = \frac{94 \cdot (9)^2}{2 \cdot 1{,}74}\,\text{W} \approx 2188\,\text{W}$$

Diese rund 2200 W sind die durchschnittliche Beschleunigungsleistung auf den ersten 10 m. In der genauen Auswertung in Abb. 5.51 siehst du, dass der Maximalwert bei knapp 3000 W liegt. Trotzdem, auch dieser Wert klingt im Vergleich zum Hochsprung beinahe mickrig. Du darfst aber nicht vergessen, dass dabei die Leistung nur etwa 0,1 Sekunden dauert. Mit zunehmender Zeit sinkt die körperliche Leistungsfähigkeit sehr schnell ab.

Abb. 8.24 Usain Bolt katapultiert sich aus dem Startblock.

Abb. 8.25 Der Kubaner Javier Sotomayor mit der Flop-Technik. Er hält mit sagenhaften 2,45 m den Weltrekord im Hochsprung (Stand 2019).

INFO **Kilowattstunde**

Die Energie, die im elektrischen Strom steckt, wird in **Kilowattstunden** (kWh) angegeben. Darunter versteht man die Energie, die ein Gerät mit der Leistung von **einem Kilowatt** (1000 W) **in einer Stunde** umsetzt. Wie viel Joule sind das?

$P = \frac{W}{t}$ folgt $W = P \cdot t$

Also gilt: $1\,\text{kWh} = 1000\,\text{W} \cdot 3600\,\text{s} = 3{,}6 \cdot 10^6\,\text{J}$
3,6 Millionen Joule! Das ist doch erstaunlich viel Energie! Deshalb verwundert es, dass eine kWh nur etwa 30 Cent kostet (Stand 2019). Für dieselbe Energieabgabe müssten 10 Menschen eine Stunde lang schuften! Der Stundenlohn pro Person beträgt in diesem Fall daher rund 3 Cent – sehr mager! Kein vernünftiger Mensch würde für diesen Lohn arbeiten. Es steckt also **unglaublich viel Energie** im elektrischen Strom, und diese Energie ist (leider) sehr billig.

ZUSAMMENFASSUNG

Die Leistung ist Arbeit pro Zeit und wird in Watt angegeben. Die durchschnittliche Leistung von Lebewesen hängt von der Zeitdauer der Belastung ab. Im Vergleich mit der elektrischen Leistung sind die Leistungen der Lebewesen aber nur Peanuts.

8.6 Vergebliche Maschinenträume

Energieerhaltungssatz und Entropie

Kaum etwas hat die Menschen von jeher so fasziniert wie das Perpetuum mobile. Das wäre eine sagenhafte Maschine, die Energie herstellen kann. Diese Maschine kann es aber nicht geben, weil sie den Energieerhaltungssatz verletzt.

F14 ◒ Im Film „Flubber" erfindet ein verrückter Professor einen superelastischen Stoff, der nach jedem Aufprall noch höher springt (wie in Abb. 8.14, aber von rechts nach links). Was sagt die Physik dazu? → L

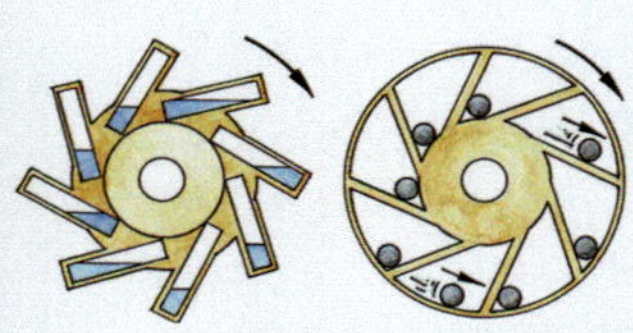

Abb. 8.26

F15 ● Unten links siehst du das älteste überlieferte Perpetuum mobile (Indien um 1150) mit wassergefüllten Kammern, rechts eine spätere Variante mit Kugeln. Die Idee: Durch das Übergewicht auf der einen Seite sollten sich die Räder ewig drehen! Bloß: Es funktioniert nicht! Was ist der Überlegungsfehler? → L

F16 ● Ist die Bildfolge unten möglich? Verletzt sie den Energieerhaltungssatz?

Abb. 8.27 Zeitumkehr: Ist das nach dem Energieerhaltungssatz möglich?

Abb. 8.28 Der Arzt Robert Mayer (1814–1878)

Die Welt sähe anders aus, wenn es eine Energie erzeugende Maschine gäbe. Doch die Erfindung eines solchen **Perpetuum mobile** („das sich ewig Bewegende") ist seit mehr als 800 Jahren ein Traum geblieben. Sämtliche Konstruktionsversuche, auch von klügsten Köpfen wie Leonardo da Vinci, sind gescheitert. Die erste zündende Idee, warum es diese Maschine nicht geben kann, lieferte ironischerweise ein Arzt: Robert Mayer (Abb. 8.28).

Abb. 8.29 Der Wasserfall von M.C. Escher wäre ein Perpetuum mobile. Eine solche Maschine gibt es aber leider nicht!

Er stellte beim Blutabnehmen in den **Tropen** fest, dass das **venöse Blut** (also das Blut, das zum Herz zurückströmt) dort heller und somit **sauerstoffreicher** ist als in Europa. Weniger Sauerstoffverbrauch bedeutet auch **weniger Energieumsatz** des Organismus. Das liegt daran, dass man in den Tropen weniger Körperwärme verliert. Der menschliche Körper wandelt also chemische Energie nicht nur in kinetische um, sondern auch in thermische. Mayer schloss daher folgerichtig, dass auch **thermische Energie eine Form der Energie** sein muss (siehe Kap. 8.4; Kap. 11.1). Das brachte ihn auf die Idee, dass die Gesamtenergie generell konstant sein muss.

INFO **Körperwärme**

Damit dein **Organismus** gut funktioniert, muss die **Körperkerntemperatur** immer um etwa **37 °C** liegen. Weil die Außentemperatur meist viel niedriger ist, muss dein Körper natürlich den ganzen Tag heizen. Dazu ist die chemische Energie aus den gespeicherten Kohlenhydraten und Fetten notwendig. Für Zucker zum Beispiel, der zu den Kohlenhydraten gehört, lautet die Gleichung bei der „Verbrennung" so:

$$C_6H_{12}O_6 + 6\,O_2 \rightarrow 6\,H_2O + 6\,CO_2 + \text{Energie}$$

Du siehst, dass bei dieser Reaktion **Sauerstoff** verbraucht wird. Gleichzeitig wird durch das Umgruppieren der Atome **Energie freigesetzt**. Diese kann für alles Mögliche genutzt werden, etwa für den Betrieb deiner Organe oder für die Bewegung deiner Muskeln. Letztlich wird aber die gesamte umgesetzte Energie in **thermische Energie** umgewandelt, sie ist also gewissermaßen „Energieabfall" (Abb.8.30). Das merkst du zum Beispiel daran, dass dir beim Sport sehr heiß wird.
Je nach Außenbedingungen werden aber auch 5 % bis 10 % der Energie direkt, also ohne Umwege, zur Körperheizung verwendet. Im Sommer brauchen wir weniger direkte Heizenergie als im Winter und in warmen Ländern weniger als in kalten. In tropischen Ländern ist daher auch der Sauerstoffverbrauch etwas geringer und somit der O_2-Gehalt im venösen Blut, das wieder zur Lunge zurückfließt, höher. Das macht das Blut wiederum etwas heller, und genau diesen Zusammenhang entdeckte Robert Mayer, als er 1840 als Schiffsarzt in Indonesien unterwegs war.

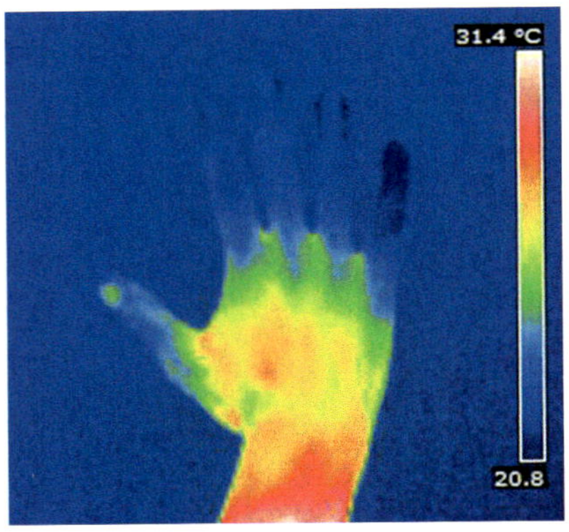

Abb. 8.30 Der Körper gibt pausenlos Energie in Form von Wärme ab. Je größer der Abbau der chemischen Energie, desto mehr Sauerstoffverbrauch und desto größer die Wärmeabgabe. Durch Zusammenziehen der Blutgefäße kann der Organismus diese jedoch etwas steuern, wie du gut an den kalten Fingern sehen kannst.

Auch James Prescott Joule und Hermann von Helmholtz beschäftigten sich in den folgenden Jahren mit der Energieerhaltung. Helmholtz formulierte **1848** den **Energieerhaltungssatz** sinngemäß so: In einem abgeschlossenen System ist die Gesamtenergie konstant. Energie kann weder erzeugt noch vernichtet, sondern nur in eine andere Form umgewandelt werden.

INFO **Abgeschlossenes System**

Im **Energieerhaltungssatz** ist von einem **abgeschlossenen System** die Rede. Damit meint man ein System, aus dem nichts raus und in das nichts rein kann: keine Energie, keine Masse, keine Strahlung. Das einzige System, das dieser Definition standhält, ist das gesamte Universum, und nicht einmal da kann man zu 100 % sicher sein (vielleicht sind wir ja Teil eines Multiversums).
Die **Erde** ist deshalb **kein abgeschlossenes System**, weil sie ständig Strahlung von der Sonne aufnimmt und auch selbst wieder abgibt. Außerdem wird sie durch Meteoriten ständig massenreicher. Trotzdem kann man unter bestimmten Bedingungen annehmen, dass ein System abgeschlossen ist, wenn man die dadurch entstehenden Fehler eingrenzen kann (man vereinfacht also; siehe Kap. 8.7).

Die „Menge der Joule" bleibt immer gleich groß. Wenn also zum Beispiel bei Wasserkraftwerken von „Energieerzeugung" gesprochen wird, dann handelt es sich genau genommen um die **Umwandlung** der potenziellen Wasserenergie in elektrische Energie. Und wenn man salopp von „Energieverbrauch" spricht, meint man, dass Energie letztlich in thermische Energie umgewandelt wird, die leider als Energieform meistens nicht mehr nutzbar ist. In Wärmekraftwerken (zu denen auch die Kernkraftwerke zählen) wird thermische Energie in elektrische Energie umgewandelt. Ein Großteil der thermischen Energie ist „Abwärme", kann aber noch für Fernwärme (Heizung) genutzt werden.

Der Energieerhaltungssatz ist längst ein **Grundpfeiler** der gesamten Physik geworden. Durch moderne Theorien wie Quantenmechanik oder Relativitätstheorie wurde er bestärkt. Heute wissen wir mit sehr großer Sicherheit, dass der Energieerhaltungssatz **für alle bekannten Naturvorgänge** gilt. Ein Perpetuum mobile kann es nicht geben, weil dieses ja aus dem **Nichts** Energie herzaubern würde. Würdest du doch einmal eines erfinden, dann wäre dir der Nobelpreis sicher …

Mit dem Energieerhaltungssatz kann man sehr viele Phänomene der Energieumwandlung erklären, aber nicht alle. Denk an den Tonklumpen in Abb. 8.18. Es würde die Energieerhaltung nicht verletzten, würde der Klumpen plötzlich wieder vom Boden in die Höhe springen. Auch die Bildfolge in Abb. 8.27 verletzt nicht den Energieerhaltungssatz (→ F16). Die durcheinander gekommene kinetische Energie könnte sich ja wieder ordnen. Du weißt aber aus Erfahrung, dass so etwas nicht vorkommt. Es muss also neben dem Energieerhaltungssatz noch eine andere Gesetzmäßigkeit geben. Wir müssen noch die sogenannte **Entropie** mit einbeziehen. Sie ist ein **Maß für die Unordnung** eines Systems (siehe Kap. 16.5). Je größer die Unordnung ist, desto größer ist die Entropie.

INFO

Absurd winzig

In Abb. 8.31 siehst du eine Box, die halb mit Gas gefüllt ist. Es liegt also eine sehr hohe Ordnung bzw. eine niedrige **Entropie** vor. Dann wird die Trennwand entfernt. Das Gas verteilt sich nach kurzer Zeit gleichmäßig und kommt in Unordnung. Die **Entropie wächst**, die Energie bleibt aber erhalten. Der Energieerhaltungssatz verbietet daher nicht, dass dieser Vorgang wieder von rechts nach links abläuft. Trotzdem wird das nicht passieren! Warum?

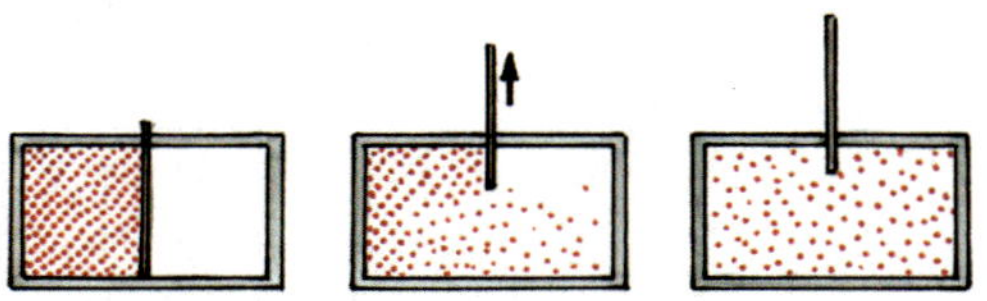
Abb. 8.31

Um das zu verstehen, müssen wir uns die Wahrscheinlichkeiten ansehen. Wie groß ist zum Beispiel die Wahrscheinlichkeit, dass ein bestimmtes Teilchen in der linken Hälfte ist? ½! Und zwei bestimmte Teilchen? $½ \cdot ½ = ¼$! Allgemein kann man sagen: **Die Wahrscheinlichkeit, dass sich N bestimmte Teilchen in einer Hälfte befinden, ist $½^N$.**

Bereits die Wahrscheinlichkeit, dass sich läppische 24 bestimmte Teilchen in einer Hälfte befinden, ist so gering wie ein **6er im Lotto**, nämlich etwa 1 zu 17 Millionen. Die Wahrscheinlichkeit, dass **ein ganzes Mol** eines Gases (knapp 10^{24} Teilchen) zufällig in einer Hälfte ist, liegt nur noch bei 1 zu $10^{181\,284\,522\,963\,288\,121\,091\,626} \approx 10^{10^{24}}$. Lass dir diese Zahl auf der Zunge zergehen!

Die **größte Wahrscheinlichkeit** liegt vor, wenn links und rechts **gleich viel Teilchen** sind. Deshalb stellt sich automatisch bei allen Naturvorgängen immer der Zustand mit der größten Unordnung ein und somit auch **die maximale Entropie**. Das ist nämlich der Zustand mit der größten Wahrscheinlichkeit. Schwankungen sind zwar möglich, aber je größer sie sind, desto unwahrscheinlicher sind sie (siehe Abb. 8.32).

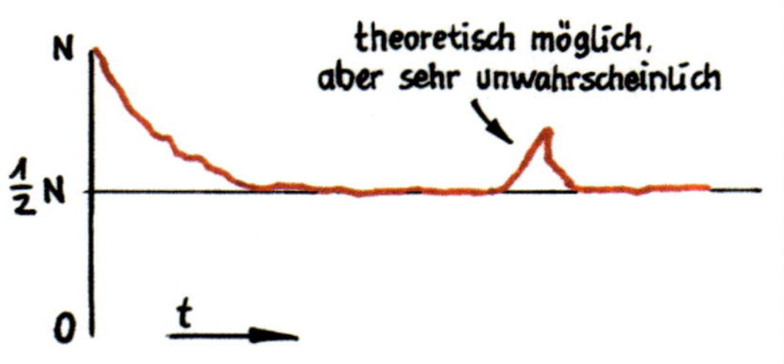

Abb. 8.32 Anzahl der Teilchen in der linken Hälfte. Zu Beginn sind natürlich alle Teilchen links. Dann pendelt sich das Gleichgewicht bei etwa 50 : 50 ein. Je größer die Schwankungen, desto unwahrscheinlicher.

Wenn man etwas sich selbst überlässt, wenn man also keine Energie aufwendet, dann kommt alles immer mehr in **Unordnung**. Um das zu überprüfen, brauchst du nur eine Zeitlang dein Zimmer nicht aufzuräumen (sag deinen Eltern, es ist ein physikalisches Experiment). Die Entropie ist ein Maß für die Unordnung und wächst daher bis zu einem bestimmten (größten) Wert an. Dann sind nur mehr kleine **Schwankungen** wahrscheinlich (Abb. 8.32). Je größer die Abweichung von der maximalen Unordnung, desto weniger wahrscheinlich ist sie. Der Energieerhaltungssatz verbietet also weder, dass der Tonklumpen von selbst wieder von der Wand springt oder dass die Zeit rückwärts läuft (Abb. 8.27). Trotzdem wird beides ziemlich sicher nicht passieren, weil die **Wahrscheinlichkeit praktisch null** ist! Es könnte aber passieren. Nach und nach wandelt sich die gesamte Energie in thermische Energie um (Kap. 8.4). Diese ist gewissermaßen der Energiefriedhof, weil dann die größte Unordnung vorliegt. Man kann also auch sagen: Die Entropie des gesamten Universums strebt einem Maximalwert zu.

ZUSAMMENFASSUNG

Energie kann niemals erzeugt oder vernichtet, sie kann nur umgewandelt werden. Die Menge an Joule in unserem Universum muss seit dem Urknall gleich groß geblieben sein. Gleichzeitig wächst aber die Entropie des Universums, es wird immer ungeordneter. Alle Energie wandelt sich nach und nach in thermische Energie um.

8.7 Bremsweg und Salamitaktik
Beispiele zum Energieerhaltungssatz

In diesem Abschnitt wenden wir den Energieerhaltungssatz an vier Beispielen an. Alle lassen sich auch mit den Newton'schen Gesetzen lösen, aber mit dem Energieerhaltungssatz ist es in diesen Fällen bequemer.

Abb. 8.33

F17 ◒ Eine Achterbahn ist 20 m hoch und der Wagen erreicht unten 20 m/s. Das ist dir zu langsam! Wie hoch muss die Bahn sein, damit sich die Geschwindigkeit verdoppelt? Spielt die Masse des Wagens eine Rolle?

F18 ● Kannst du die mögliche Sprunghöhe beim Stabhochspringen mit Hilfe des Energieerhaltungssatzes abschätzen? Nimm als Anlaufgeschwindigkeit 10 m/s an!

F19 ● Unter welchem Winkel fliegen zwei Billardkugeln auseinander (Abb. 8.33), wenn man nicht zentral trifft? Verwende den Energieerhaltungssatz!

F20 ◒ Der Bremsweg wächst mit dem Quadrat der Geschwindigkeit (Kap. 5.4.2). Kannst du das mit Hilfe des Energieerhaltungssatzes begründen?

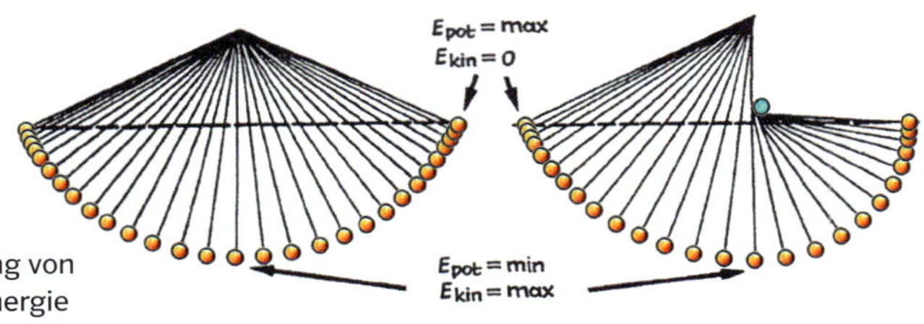

Abb. 8.34 Umwandlung von Lage- in Bewegungsenergie und wieder zurück. Das rechte Pendel nennt man Galilei-Pendel, weil der Physiker damit experimentiert hat.

Bei einem schwingenden **Pendel** ist am höchsten Punkt die **potenzielle Energie** E_{pot} maximal und die **kinetische Energie** E_{kin} null. Am tiefsten Punkt hat sich die gesamte potenzielle Energie in kinetische umgewandelt. Das gilt auch dann, wenn man die Bewegung des Pendels behindert (Abb. 8.34).

Immer wenn sich E_{pot} und E_{kin} vollkommen ineinander umwandeln, kann man sie gleichsetzen (die Reibung vernachlässigen wir jetzt). Man bekommt dann einen **Zusammenhang** zwischen der **Höhendifferenz** und der **Geschwindigkeit** am tiefsten Punkt.

INFO

Energiegleichsetzung

Wenn potenzielle und kinetische Energie ohne Verluste ineinander umgewandelt werden, dann kann man sie gleichsetzen und entweder nach v oder h auflösen:

$$E_{kin} = E_{pot} \Rightarrow \frac{m \cdot v^2}{2} = m \cdot g \cdot h$$

$$\Rightarrow v = \sqrt{2 \cdot g \cdot h} \Rightarrow h = \frac{v^2}{2g}$$

Diese Gleichungen geben einen Zusammenhang zwischen dem **Höhenunterschied und der daraus resultierenden Geschwindigkeit** an der tiefsten Stelle. Wenn wir die Richtung vernachlässigen, spielt es dabei keine Rolle, ob ein Gegenstand frei fällt, schwingt oder entlang einer Achterbahn hinunterrollt. Umgekehrt kann man auch die Geschwindigkeit ausrechnen, die man benötigt, um auf eine bestimmte Höhe zu kommen, etwa beim Stabhochsprung oder auch bei einem senkrechten Wurf. In allen Fällen **spielt die Masse keine Rolle**. Das war zu erwarten, weil es beim freien Fall ja ebenso ist!

Mit diesen Gleichungen kann man auch die Frage mit der **Achterbahn** lösen (→ F17). Du siehst, dass die Höhe proportional zum Quadrat der Geschwindigkeit ist. Also musst du die Höhe vervierfachen, damit du die doppelte Geschwindigkeit erzielst. Das war eigentlich zu erwarten, weil Rollen nur ein Verlangsamen des freien Falls ist, und dort ist es genauso (Abb. 8.11, Kap. 8.3 und F12, Kap. 5.4.1).

Sergej Bubka ist der **erfolgreichste Stabhochspringer aller Zeiten** (Abb. 8.35). Er gewann 10-mal die Weltmeisterschaften und verbesserte 35-mal den Weltrekord in Salami-Taktik um jeweils 1 cm. Warum? Um jedes Mal die Weltrekord-Prämie zu bekommen. Schätzen wir die mögliche Sprunghöhe mit dem Energieerhaltungssatz ab (→ F17)! Auch hier erfolgt eine Umwandlung zwischen kinetischer und potenzieller Energie (Abb. 8.36). Es sind zwischendurch auch andere Energieformen beteiligt, etwa die Verformungsenergie im Stab oder die Rotationsenergie des Springers. Wenn wir aber nur Anfang und Ende des Sprungvorganges betrachten, fallen diese nicht ins Gewicht. Unter dem Strich wird nur Bewegungsenergie beim Anlauf in potenzielle Energie bei der Lattenüberquerung umgewandelt.

Abb. 8.35 Sergej Bubka, der erfolgreichste Stabhochspringer aller Zeiten

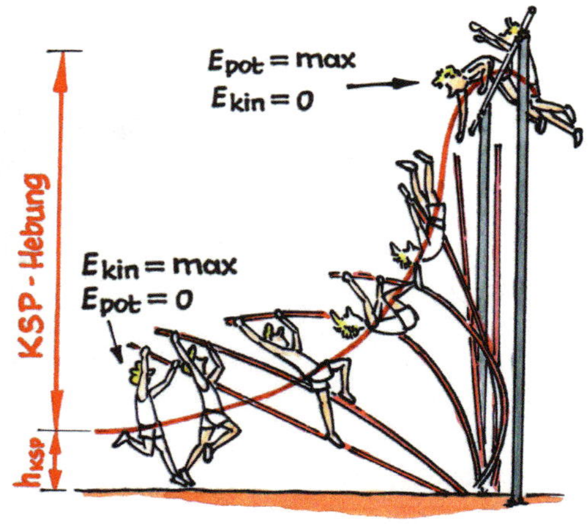

Abb. 8.36 Direkt beim Einstechen hat der Springer nur kinetische Energie, über der Latte (fast) nur potenzielle Energie. Die rote Linie zeigt die Bahn des Schwerpunkts.

Die schnellsten Sprinter erreichen über 12 m/s (siehe Tabelle 5.1), aber die Stabhochspringer müssen ja den Stab mittragen. Deshalb sind 10 m/s realistisch. Wenn du das einsetzt, dann kannst du für die **Schwerpunkthebung 5 m** berechnen. Es ist aber so wie beim Hochsprung: Du musst auch noch die KSP-Höhe zur Zeit des Absprungs dazurechnen (Abb. 8.36). Also ergeben sich insgesamt $h = \frac{v^2}{2g} + h_{KSP} = 5\,\text{m} + 1{,}2\,\text{m} = \mathbf{6{,}2\,m}$. Das ist eine sehr gute Schätzung, denn der **Weltrekord** in der Halle liegt bei **6,16 m** (gehalten von Renaud Lavillenie, Stand 2019)!

Um das **Billardproblem** zu lösen (→ F19), brauchst du sogar nur die kinetische Energie. Nehmen wir vereinfacht an, dass die Kugeln 100 % elastisch sind, also keine Wärme abgegeben wird. Ein Teil der kinetischen Energie der weißen Kugel geht dann auf die rote Kugel über, aber die **gesamte kinetische Energie muss gleich groß bleiben**. Das ist nur dann der Fall, wenn die Kugeln unter einem Winkel von 90° abprallen.

INFO

Klick

Die weiße Kugel gibt kinetische Energie an die rote ab. Die **Energiebilanz** lautet daher (E' ist nach dem Stoß):

$E_{\text{kin weiß}} = E'_{\text{kin weiß}} + E'_{\text{kin rot}}$

$$\Rightarrow \frac{m \cdot v_{\text{weiß}}^2}{2} = \frac{m \cdot v'^2_{\text{weiß}}}{2} + \frac{m \cdot v'^2_{\text{rot}}}{2}$$

Weil die Massen der Kugeln gleich groß sind, fallen diese raus und es bleibt Folgendes übrig:
$v_{\text{weiß}}^2 = v'^2_{\text{weiß}} + v'^2_{\text{rot}}$

Wenn du die Variablen umbenennst, dann kannst du auch schreiben $a^2 = b^2 + c^2$. Das ist der bekannte **Satz des Pythagoras**. Er gilt nur für **rechtwinklige** Dreiecke. Die Kugeln müssen daher unter 90° abprallen (siehe Abb. 8.37).

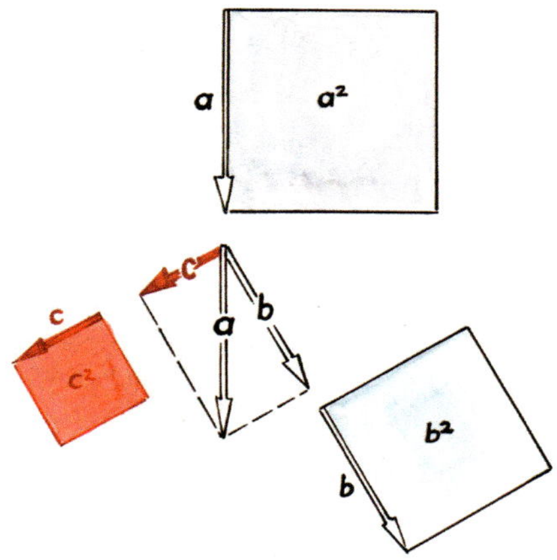

Abb. 8.37 Geschwindigkeit vor und nach dem Aufprall. a entspricht $v_{\text{weiß}}$, $b \mathrel{\hat{=}} v'_{\text{weiß}}$ und $c \mathrel{\hat{=}} v'_{\text{rot}}$.

Auch das **Bremswegproblem** (→ F20) lässt sich mit der Energieerhaltung lösen. Was passiert beim Bremsen? Die kinetische Energie des Autos wird zu 100 % in **thermische Energie** umgewandelt. Bremsen, Reifen und Straße werden dabei erwärmt. Es gilt dabei: doppelter Weg, doppelte Wärmeabgabe. Weil sich bei der doppelten Geschwindigkeit E_{kin} aber vervierfacht und somit auch die abzugebende Wärme, muss sich auch der Bremsweg vervierfachen.

ZUSAMMENFASSUNG

Viele Probleme der Mechanik lassen sich mit dem Energieerhaltungssatz lösen. Natürlich kommt dasselbe heraus wie mit den Newton'schen Gesetzen, aber der Energieerhaltungssatz macht es oft einfacher.

8.8 Die Sache mit der Sachertorte

Der Energieerhaltungssatz und der Mensch

In diesem letzten Abschnitt wenden wir den Energieerhaltungssatz auf den Menschen an. Schließlich wurde er ja auch am Menschen entdeckt.

Abb. 8.38

F 21 ● Halte eine Zeit lang einen sehr schweren Gegenstand ruhig in der Hand. Rein physikalisch wird dabei keine Arbeit verrichtet. Wieso ist es dann trotzdem so anstrengend? Gilt hier der Energieerhaltungssatz nicht?

F 22 ○ Warum wird uns beim Sport eigentlich warm?

F 23 ● Eine Person mit 100 kg steigt eine 10 m hohe Treppe hinauf. Wie viel Hubarbeit verrichtet sie dabei?

F 24 ◒ Wie viele Tage muss man Nulldiät halten, um ein Kilogramm Fett zu verlieren? Und wie viele Kilometer müsste man dafür laufen? Gib einen Tipp ab!

Warum ist das **Halten** eines schweren Gegenstandes so anstrengend, wenn dabei doch – scheinbar – gar keine Arbeit verrichtet wird (→ F21)? Um das zu verstehen, muss man sich die Arbeitsweise eines Muskels ansehen.

Auf unterster Ebene besteht dieser aus **zwei Arten von Eiweißfäden** (Abb. 8.39). Entwickelt der Muskel Kraft, dann heften sich die Myosinköpfchen an das Aktin und kippen um. Dieser Vorgang läuft bis zu 50-mal pro Sekunde ab und dazu wird chemische Energie benötigt. Wenn die äußere Kraft geringer ist, zieht sich der Muskel zusammen. Ist sie **gleich groß** wie die Muskelkraft, dann bewegt sich von außen gesehen nichts – eben beim Halten eines Gegenstandes. Aber **drinnen** ist jede Menge **Bewegung**. Also benötigt der Muskel auch beim Halten ständig chemische Energie. Der Energieerhaltungssatz ist erfüllt!

Wohin „verschwindet" aber die chemische Energie, wenn nichts gehoben oder beschleunigt wird? Sie wird ohne Umweg direkt in **thermische Energie** umgewandelt. Und hier sind wir bei einem ganz wichtigen Punkt: Ein großer Teil der chemischen Energie im Muskel geht in Form von **Wärme** verloren. Das ist der Grund, warum uns beim Sport warm wird (→ F22). Beim Halten gehen sogar 100 % der Energie als Wärme verloren.

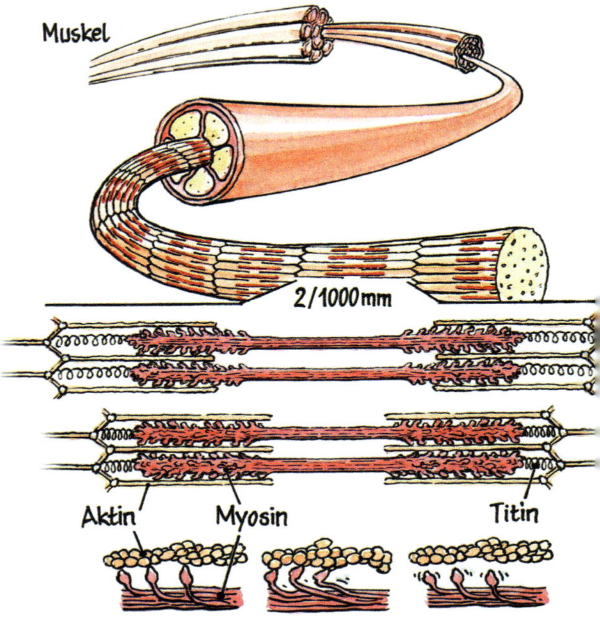

Abb. 8.39 So funktioniert die Muskelkontraktion: Auf unterster Ebene besteht ein Muskel aus den Eiweißfäden Aktin und Myosin.

Diesen **Energieverlust** muss man bei allen Berechnungen in die Energiebilanz einbeziehen. Wenn eine Person mit 100 kg eine 10 m hohe Treppe hinaufsteigt, dann erhöht sich die potenzielle Energie um 10 kJ. Das ist aber die **Nettoenergie**, also das, was letztlich im System drinnen steckt. Es geht beim Steigen aber viel thermische Energie verloren. Die **Bruttoenergie**, die diese Person aufwenden muss, ist etwa 5-mal so groß (→ F23)! Der Zusammenhang zwischen Netto- und Bruttoenergie wird durch den **Wirkungsgrad** beschrieben.

FORMEL Wirkungsgrad

$$\text{Wirkungsgrad } \eta = \frac{\text{Nettoenergie } E_N}{\text{Bruttoenergie } E_B}$$

$[\eta] = \frac{J}{J} = 1$

η (sprich: eta) ist eine reine Zahl ohne Einheit.
Der Wirkungsgrad wird auch oft in % angegeben.

Der **Wirkungsgrad des Menschen** hängt stark von der Art der Betätigung ab und kann auch im Extremfall null sein, etwa beim Halten von Gegenständen, weil dabei keine mechanische Arbeit verrichtet wird. Bei **Dauerleistungen** liegt der Wirkungsgrad meistens bei 15 bis 25 %. Sogar im besten Fall gehen also ¾ der Energie in Form von Wärme verloren. Die „Maschine Mensch" ist also nicht ganz so wirkungsvoll wie ein Automotor. Für den Treppensteiger bedeutet das: Um 10 kJ herauszubekommen (Nettoenergie), muss er rund 50 kJ an chemischer Energie investieren (Bruttoenergie)! 40 kJ gehen in Form von Wärme verloren! Beim Stufenlauf (Kap. 8.5) haben wir zum Beispiel die Nettoleistung berechnet.

INFO

Dauerleistung eines Radfahrers

Abb. 8.40 Spiroergometer zur Bestimmung des Sauerstoffverbrauchs und der Nettoleistung

Mit einem **Spiroergometer** (Abb. 8.40) kann man den Wirkungsgrad beim Radfahren messen. Das spezielle Rad kann die Nettoleistung in Watt messen und gleichzeitig wird über eine **Atemmaske** der **Sauerstoffverbrauch** des Sportlers ermittelt.

Kohlenhydrate liefern bei der Verbrennung pro Liter Sauerstoff etwa 20 kJ. Weltklassesportler haben pro Minute einen Sauerstoffverbrauch von etwa 6 Liter! Damit kann man die **Bruttoleistung** berechnen!

6 Liter Sauerstoff pro Minute bedeuten einen Energieumsatz von **120 kJ pro Minute**, also 2 kJ oder **2 000 J pro Sekunde**. Das entspricht einer Leistung von 2 000 W (Bruttowatt). Wenn am Ergometer 500 W (Nettowatt; siehe Tab. 8.1) gemessen werden, dann beträgt der Wirkungsgrad 25 %.

Manche Leute behaupten, dass sie allein **der Blick auf eine Sachertorte** bereits zunehmen lässt. Eine sehr kühne Behauptung, weil das den Energieerhaltungssatz verletzen würde. Generell wird beim Thema Abnehmen gelogen, dass sich die stärksten Balken biegen. Kein Wunder, weil sich auf diese Art und Weise enorm viel Geld verdienen lässt. Die Physik kann hier ein paar Dinge richtigstellen!

System	η	Bruttoenergie ⇒ Nettoenergie
Generator	99 %	mechanisch ⇒ elektrisch
Elektromotor	95 %	elektrisch ⇒ mechanisch
Batteriezelle	90 %	chemisch ⇒ elektrisch
Automotor	25 %	chemisch ⇒ mechanisch
Dauerleistung Mensch	15–25 %	chemisch ⇒ mechanisch
Energiesparlampe	25 %	elektrisch ⇒ Licht
Solarzelle	15–20 %	Licht ⇒ elektrisch
alte Glühlampe	5 %	elektrisch ⇒ Licht
Photosynthese	1 %	Licht ⇒ chemisch
Halten von Gegenständen	0 %	chemische ⇒ mechanische

Tab. 8.2 Richtwerte für den Wirkungsgrad bei verschiedenen Energieumwandlungen

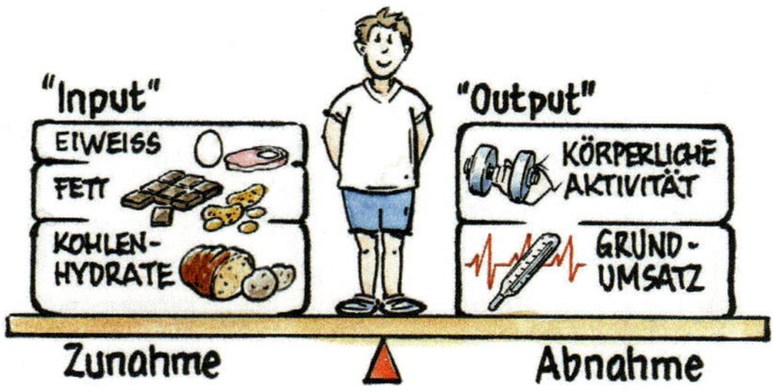

Abb. 8.41 Wenn Input und Output einander die Waage halten, dann bleibt dein Gewicht gleich.

Auch beim **Ab- und Zunehmen** gilt natürlich der **Energieerhaltungssatz**. Du nimmst jeden Tag Nährstoffe in Form von Eiweiß, Fett und Kohlenhydraten auf (das ist der **Input**). Diese werden im Körper letztlich immer gespeichert und enthalten chemische Energie. Auf der anderen Seite gibt dein Körper jeden Tag Energie in Form von Bewegung und Wärme ab (das ist der **Output**). Wenn Input und Output einander die Waage halten, dann bleibt auch deine Masse gleich groß (Abb. 8.41). Wenn der Input größer ist, dann nimmst du zu, wenn der Output größer ist, ab.

Sehen wir uns den **Output** näher an. Auch wenn du den ganzen Tag im Bett liegen bleibst, benötigt dein Körper Energie. Das nennt man den **Grundumsatz**. Dieser stellt sicher, dass deine Organe mit genügend Energie versorgt werden. Die Abwärme, die dabei entsteht, wird dazu verwendet, um die Körpertemperatur immer auf dem Wert von 37 °C zu halten.

Und dann gibt es den **Leistungsumsatz**. Damit ist die Energie gemeint, die die Muskeln zum Zusammenziehen benötigen. Grundumsatz und Leistungsumsatz gemeinsam machen den **Tagesenergiebedarf** aus. Dieser ist natürlich von vielen Faktoren abhängig (Alter, Geschlecht, Masse, Außentemperatur und Arbeit). Ein Richtwert für den Tagesbedarf sind 10 000 kJ.

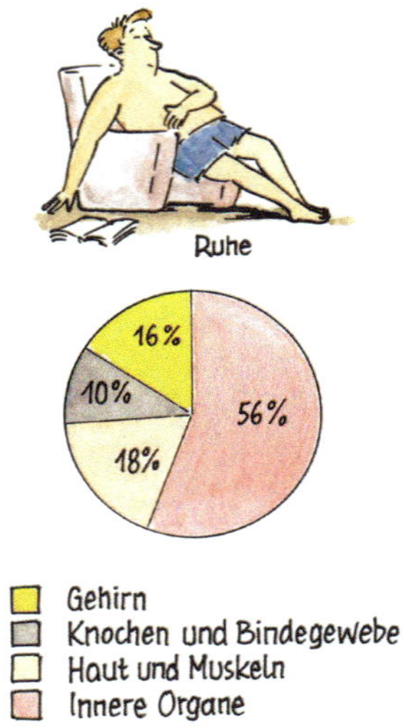

Abb. 8.42 Relativer Anteil der Organe an der Wärmebildung in Ruhe bei Zimmertemperatur

Und nun zum **Input**. Wie viel Energie die Nährstoffe liefern, kannst du in Tab. 8.3 sehen. Du siehst, dass vor allem Fette einen sehr hohen Energiegehalt haben. Wenn von „Gewichtsabnahme“ die Rede ist, dann ist immer das Fett gemeint. Niemand will Muskelmasse verlieren. **Ein Kilogramm Körperfettgewebe** hat über den Daumen 30 000 kJ. Was also tun, um 1 kg abzunehmen?

1 g Kohlenhydrate	17 kJ	(4,1 kcal)
1 g Eiweiß	17 kJ	(4,1 kcal)
1 g Körperfettgewebe	30 kJ	(7,1 kcal)
1 g Fett	39 kJ	(9,3 kcal)
1 g Alkohol	30 kJ	(7,1 kcal)

Tab. 8.3 Energiegehalt verschiedener Nährstoffe

Es gibt nur zwei Möglichkeiten: Den Input verringern, also weniger essen, und/oder den Output erhöhen, also Sport machen. Nehmen wir einmal an, du reduzierst den Input auf null, also **Nulldiät** eben. Die 10 000 kJ an Energie, die du pro Tag benötigst, holt sich der Körper aus den Fettpolstern. Sogar in diesem Extremfall dauert es **3 Tage**, bis 30 000 kJ und somit 1 kg Fett weg sind (→ F 24). Abgesehen davon ist von Nulldiäten sehr abzuraten, weil man dadurch viel Muskelmasse verliert und der Körper extrem belastet wird.

Wie ist es mit Sport? Für das **Laufen** gibt es eine ganz einfache Faustregel: **Pro Kilometer und pro Kilogramm braucht man rund 4 kJ.** Eine Person mit 60 kg braucht also pro Kilometer 240 kJ. Trübe Aussichten: Um 1 kg Fett abzunehmen, muss man dann fast 125 km laufen – natürlich nicht auf einmal (siehe auch Tab. 8.4).

Betätigung		**kJ/h**	**h, um 1 kg abzunehmen**
Gehen in der Ebene	3 km/h	600	50
	5 km/h	1000	30
	7 km/h	1800	17
Laufen in der Ebene (Person mit 60 kg)	10 km/h (6 min/km)	2400	12,5
	12 km/h (5 min/km)	2880	10,4
	15 km/h (4 min/km)	2600	8,3
Radfahren in der Ebene	12 km/h (5 min pro km)	890	34
	16 km/h (3:35 min pro km)	1300	23
	20 km/h (3 min pro km)	2000	15
Schwimmen	1,7 km/h (20 m/min)	1730	17
	2,2 km/h (36 m/min)	2500	12
	3 km/h (50 m/min)	2850	11

Tab. 8.4 Energieumsatz bei verschiedenen Betätigungen und wie viele Stunden man braucht, um 30 000 kJ bzw. ein kg Fett zu verbrennen. Die Zahlen sind als Richtwerte zu sehen.

Wie sieht es mit **Radfahren** aus? Auf dem Ergometer schafft man als Untrainierter 100 W Leistungsabgabe. Wenn der Wirkungsgrad 25 % beträgt, muss die Leistung im Körperinneren 400 W betragen (= 400 J/s = 0,4 kJ/s). Um 1 kg Fett abzunehmen, müsste man daher $\frac{30\,000\,\text{kJ}}{0{,}4\,\text{kJ/s}} = 75\,000\,\text{s} \approx 21\,\text{h}$ strampeln. Das ist noch wesentlich frustrierender und zeigt, dass Laufen zum Abnehmen sehr gut geeignet ist.

Noch zwei wichtige Dinge: Wunderkuren, bei denen man angeblich mehrere Kilogramm in einer Woche verliert, basieren hauptsächlich auf **Flüssigkeitsverlust**. Auch durch Sport oder Sauna kann man sehr leicht „abnehmen“. Wasserverlust führt aber zu einer Eindickung des Blutes und ist somit sehr gefährlich. Und das Tempo beim Sport ist egal, es kommt ausschließlich auf die Summe des Energieumsatzes an, beziehungsweise auf die negative Energiebilanz. Also es muss nicht „Fatburning“ sein.

ZUSAMMENFASSUNG

Der Wirkungsgrad gibt an, wie viel Energie in Form von thermischer Energie bei einem Arbeitsvorgang verloren geht. Ob sich die Körpermasse ändert, hängt nur von Energieinput und -output ab. Um abzunehmen, muss der Output über dem Input liegen.

Teste dich

Abb. 8.43

F25 ◒ Ein Läufer beginnt vom Stand weg zu laufen. Steckt er mehr E_{kin} in sich oder in den Boden? Ein Schwimmer beginnt aus der Ruhelage zu schwimmen. Steckt er mehr E_{kin} in sich oder in das Wasser? → L

F26 ◒ Die „trinkende Ente" hat scheinbar keinen Antrieb und pendelt trotzdem munter vor sich hin. Ist sie ein Perpetuum mobile? → L

F27 ● Ein Skifahrer gleitet aus dem Stand einen Hügel hinunter und hat unten 8 m/s. Beim zweiten Mal startet er oben mit 6 m/s? Wie schnell ist er dann unten? → L

Abb. 8.44

F28 ◒ Verletzt dieses Pendel den Energieerhaltungssatz, weil es nicht mehr genau dieselbe Höhe erreicht? → L

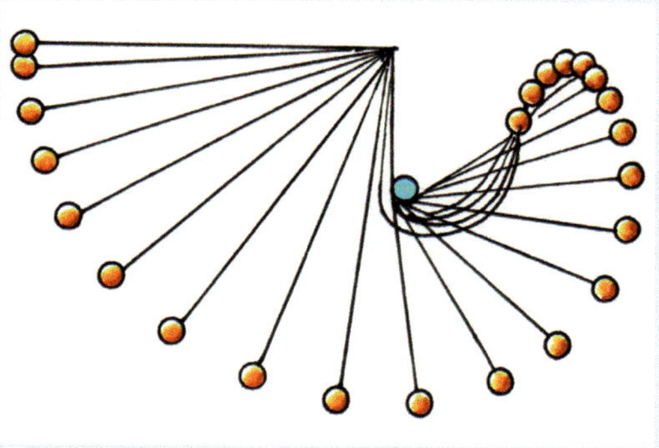

Abb. 8.45

F29 ◒ Du lässt einen Stein aus 80 m Höhe fallen. Wie schnell ist er am Boden? Rechne auf zwei Arten! → L

F30 ◒ Wie kann man die Formel für die Spannenergie einer Feder oder eines Bungee-Seils ableiten? Versuche mit Hilfe des Lösungsteiles Schritt für Schritt nachzuvollziehen. → L

F31 ○ Was für einen Wirkungsgrad hätte ein Perpetuum mobile? → L

F32 ◒ Du fährst eine Stunde lang mit 100 W auf dem Fahrrad. Wie viel Energie benötigst du dabei? Wie lange müsstest du fahren, um 1 kg Fett abzunehmen? → L

F33 ◒ Wie viel nimmt eine Person mit 75 kg in einem Jahr ab, wenn sie jeden Tag zweimal zu Fuß in den 5. Stock geht (15 m) und ihre Ernährung nicht ändert? → L

F34 ◒ Im Film *X-Men: The Last Stand* reißt der Superschurke Magneto die Golden Gate Bridge aus der Verankerung und hebt sie in die Höhe. Die Brücke hat eine Masse von 900 000 t! Berechne, wie viel Hubenergie notwendig ist, um diese Brücke bloß 1 m in die Höhe zu heben. Ein Big Mac hat einen Brennwert von rund 2 000 kJ. Wie viel solcher Superburger muss Magneto essen, um die Energieabgabe bei seinem Kraftakt auszugleichen? → L

Abb. 8.46 Magneto hebt die Golden Gate Bridge.

F35 ◒ Der Energieumsatz eines Menschen beträgt rund 10 000 kJ pro Tag. Rechne diese Leistung in Watt um. Rechne den Umsatz außerdem in Kilowattstunden um (→ **INFO** Kilowattstunde, Kap. 8.5). Wie viel würde es kosten, einen Menschen mit Strom zu betreiben? → L

9 Impuls

In diesem Kapitel geht es um den Impuls. Ähnlich wie die kinetische Energie ist er eine Bewegungsgröße, aber natürlich gibt es Unterschiede. Gemeinsam mit dem Energieerhaltungssatz ist der Impulserhaltungssatz ein sehr mächtiges Instrument, mit dem man viele Probleme der Mechanik lösen kann. Zum Beispiel kann man etwa erklären was passiert, wenn Gegenstände zusammenprallen.

9.1 Feuerwerk im Weltall

Der Impulserhaltungssatz

In diesem Abschnitt geht es um die Definition des Impulses. Außerdem geht es darum, dass der Gesamtimpuls in einem abgeschlossenen System immer gleich groß ist.

F1 ○ Neujahr im Weltall! Fliegt der Gesamtschwerpunkt der Rakete nach der Explosion weiter (b) oder nicht (a)?

Abb. 9.1

F2 ◒ Du drückst dich auf dem Eis von deinem doppelt so schweren Freund ab. Wie schnell bewegt ihr euch relativ zueinander? Und kannst du das begründen?

Abb. 9.2

F3 ● Wenn du in die Höhe springst und wieder landest, dann hast offensichtlich nur du deine Geschwindigkeit verändert. Wie ist das mit dem Impulserhaltungssatz zu vereinbaren?

F4 ◒ Und wie ist das, wenn ein Teller auf den Boden fällt? Woher kommt der vertikale Impuls beim Fallen des Tellers und wohin verschwindet er wieder? Woher kommt der Impuls der auseinanderfliegenden Teile? → L

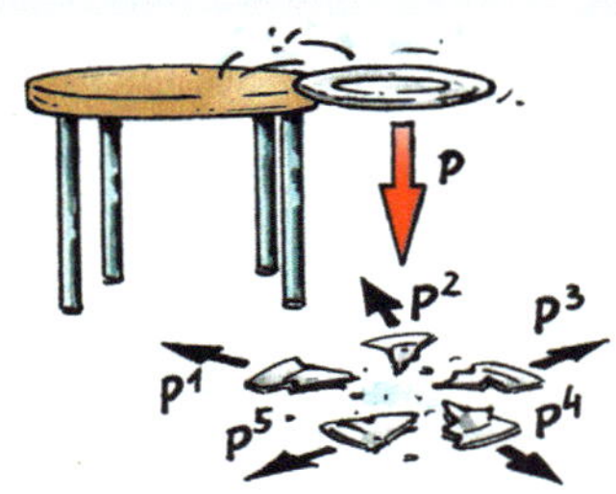

Abb. 9.3 Wie lässt sich das Fallen des Tellers mit dem Impulserhaltungssatz vereinbaren?

Die **Rakete** in **F1** zerreißt es zwar in tausend Stücke, aber trotzdem bewegt sich der Gesamtschwerpunkt mit gleicher Geschwindigkeit weiter. Auf die einzelnen Teile wirkt **keine Kraft von außen**, und deshalb kann sich auch die Geschwindigkeit nicht ändern (siehe Kap. 7.2).

Bei den **Eisläufern** in **F2** ist es ganz ähnlich. Weil auch hier keine Kräfte von außen wirken, muss der **Gesamtschwerpunkt** in Ruhe bleiben (siehe Kap. 7.5). Wenn dein Freund doppelt so schwer ist wie du, dann bewegt er sich durch das Abdrücken halb so schnell weg. Warum? Nur dann bleibt der **Gesamtschwerpunkt** in Ruhe (Abb. 9.4). Wie schnell sich jeder von euch wegbewegt, hängt also von der Masse ab. Bei doppelter Masse bewegt man sich halb so schnell. Das Produkt aus Masse und Geschwindigkeit ist in beiden Fällen gleich groß und entgegengesetzt gerichtet. Das Produkt von Masse und Geschwindigkeit ist der **Impuls**!

Abb. 9.4 Wenn dein Freund doppelt so schwer ist, bewegt er sich halb so schnell weg. Warum? Weil der Gesamtschwerpunkt an derselben Stelle bleiben muss!

FORMEL Impuls

$\vec{p} = m \cdot \vec{v}$	$\vec{p}$ … Impuls	$[p] = kg \cdot \frac{m}{s}$
	m … Masse	$[m] = kg$
	$\vec{v}$ … Geschwindigkeit	$[v] = \frac{m}{s}$

Im Gegensatz zur kinetischen Energie ist der **Impuls ein Vektor**. Die (vektorielle) Summe der Impulse in einem abgeschlossenen System bleibt immer erhalten. Das nennt man den **Impulserhaltungssatz**. Mathematisch formuliert bedeutet das:

$\vec{p_1} + \vec{p_2} + \vec{p_3} + \ldots + \vec{p_n} = \text{konstant}$

In F2 ist vor dem Abdrücken der Gesamtimpuls null. Es bewegt sich ja nichts. Nach dem Abdrücken gilt: $2m \cdot ½\vec{v} + m \cdot (-\vec{v}) = 0 \Rightarrow$ Die Summe der Impulse ist null, also gleich geblieben.
An diesem Beispiel sieht man etwas sehr Wichtiges: **Ein Objekt alleine** kann seine **Geschwindigkeit nicht ändern** (siehe Abb. 7.42, Kap. 7.5). Es ist unmöglich, dass du dich von deinem Freund abdrückst und der in Ruhe bleibt! Warum? Weil sich dann plötzlich der Gesamtschwerpunkt nach rechts bewegen würde, und das verbietet der **Trägheitssatz** (siehe Kap. 7.2).

Ein Objekt alleine kann seine Geschwindigkeit niemals ändern! Wenn du also in die Höhe springst, dann muss sich auch etwas anderes bewegen (→ F3)! Was? Es klingt unglaublich, aber es ist die **gesamte Erde** (Abb. 9.5)! Nun ist aber die Masse der Erde wirklich sehr groß, und deshalb kannst du ihre Bewegung nicht bemerken. Nicht einmal, wenn ganz viele Menschen auf einmal springen.

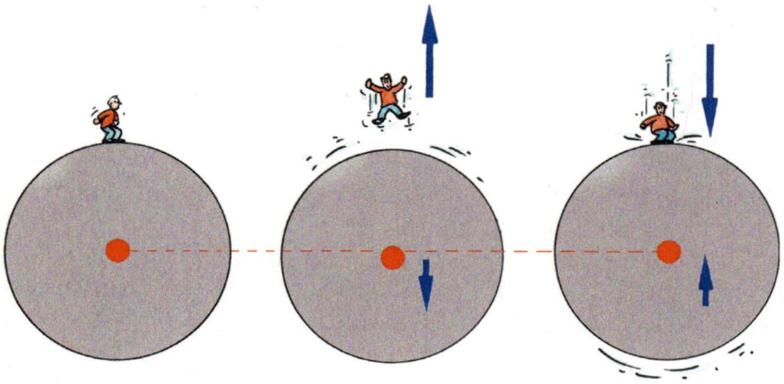

Abb. 9.5 Wenn du springst, dann bewegt sich die Erde – hier sehr übertrieben dargestellt – in die Gegenrichtung! Warum? Ein Objekt alleine – also zum Beispiel du – kann seine Geschwindigkeit nicht ändern.

INFO

Unvorstellbar klein

Abb. 9.6

Nimm mal an, **eine Milliarde Chinesen** springt gleichzeitig 1 m hoch. Wie weit bewegt sich dabei die Erde in die Gegenrichtung? Weniger als du denkst!
Wenn die Chinesen durchschnittlich 60 kg haben, dann ist ihre Gesamtmasse $6 \cdot 10^{10}$ kg. Die Masse der Erde beträgt $6 \cdot 10^{24}$ kg, ist also um den Faktor 10^{14} größer! Was bedeutet das?

Der **Gesamtschwerpunkt** muss **an derselben Stelle** bleiben. Wenn die Chinesen 1 m hoch springen, dann muss sich die Erde um 10^{-14} m in die Gegenrichtung bewegen. Das entspricht dem Durchmesser von nur 10 Protonen!

Wenn du 60 kg hast und allein springst, dann bewegt sich die Erde gar nur mehr um 10^{-23} m in die Gegenrichtung. Das ist noch viel viel weniger als ein Quarkdurchmesser (etwa 10^{-18} m), also wirklich unvorstellbar klein.

ZUSAMMENFASSUNG

Der Impuls ist das Ergebnis von Masse mal Geschwindigkeit. In einem abgeschlossenen System bleibt die Summe aller Impulse immer konstant. Ein Objekt kann daher niemals alleine die Geschwindigkeit ändern.

9.2 Bomben aus dem All

Plastische Stöße

Wenn Gegenstände aufeinander prallen, dann nennt man das in der Physik einen Stoß. Bei plastischen Stößen verformen sich die Gegenstände dauerhaft, bleiben aneinander kleben, und es wird Wärme frei.

F5 ● Ein Auto rollt mit 10 m/s gegen ein gleich schweres stehendes Auto. Welche Geschwindigkeit haben beide nach dem Crash? Wie viel Prozent der kinetischen Energie wandeln sich dabei in thermische um?

F6 ◒ Der Barringer-Krater in Arizona kam durch einen Meteoriteneinschlag vor etwa 50 000 Jahren zustande. Wohin ist der Meteorit verschwunden?

Abb. 9.7 Der Barringer-Krater hat einen Durchmesser von 1,2 km und ist 170 m tief.

Abb. 9.8

F7 ◒ Sollten Leitplanken neben den Straßen eher plastisch oder elastisch sein? Kannst du das begründen?

F8 ◒ Die Aufsprunghügel von Skisprungschanzen sehen von ihrem Verlauf her alle sehr ähnlich aus. Warum? Wieso ist die Landung im Flachen gefährlich? Und welchen Punkt markiert die Fahne (Abb. 9.8)? → L

Es gibt **keine völlig plastischen** oder **elastischen** Stöße. Aber um das Wesentliche zu verstehen, vereinfachen wir wieder. In diesem Abschnitt nehmen wir an, dass die Objekte 100 % plastisch zusammenstoßen, also völlig verformt bleiben. Wie groß ist dann die Geschwindigkeit nach dem **Aufprall der Autos** (→ F5)? Überlegen wir einmal ohne Gleichung.

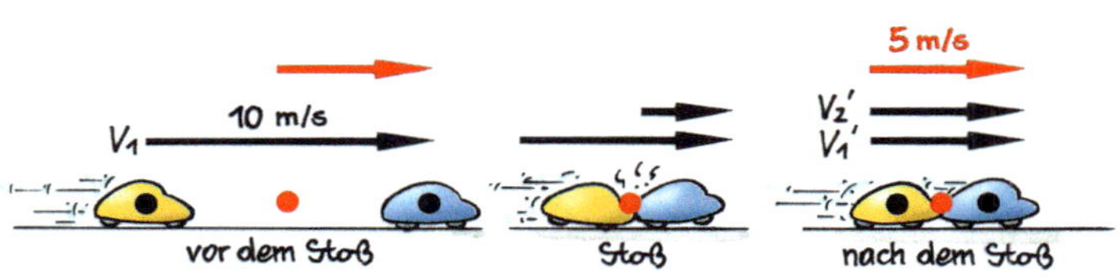

Abb. 9.9 Während des Stoßes verliert das linke Auto Geschwindigkeit und das rechte gewinnt sie dazu. Der Stoß ist abgeschlossen, wenn beide Autos dieselbe Geschwindigkeit haben.

Vor dem Stoß nähert sich das linke Auto mit 10 m/s (siehe Abb. 9.9). Der Gesamtschwerpunkt befindet sich immer exakt in der Mitte zwischen den Schwerpunkten der Autos. Bis zum Aufprall legt er also die Hälfte des Weges zurück und bewegt sich daher mit der **halben Geschwindigkeit** des linken Autos, also mit 5 m/s. Weil keine Kräfte von außen wirken, muss der Gesamtschwerpunkt auch nach dem Aufprall seine **Geschwindigkeit beibehalten**.

Daher bewegen sich beide Autos gemeinsam nach dem Crash ebenfalls mit 5 m/s. Natürlich kann man das auch ausrechnen.

INFO

Autocrash

Die **Summe der Impulse** vor und nach dem Crash ist **gleich groß**. Mathematisch sieht das so aus (′ ist nach dem Crash):

$$m_1 \cdot v_1 + m_2 \cdot v_2 = m_1 \cdot v_1' + m_2 \cdot v_2' = \text{konstant}$$

Die Masse der beiden **Autos** ist gleich groß, man kann m_1 und m_2 durch m ersetzen. Außerdem steht ein Auto vor dem Crash, v_2 ist also null. Und nach dem Crash kleben die Autos aneinander, man kann also v_1' und v_2' durch v' ersetzen. Dadurch vereinfacht sich die Gleichung:

$$m \cdot v_1 = 2 \cdot m \cdot v'$$

$$\frac{v_1}{2} = v'$$

Beide Autos zusammen bewegen sich also nur mehr mit der **halben Geschwindigkeit**. Wie viel kinetische Energie ist dabei in thermische Energie umgewandelt worden? Vor dem Crash beträgt die kinetische Energie

$$E_{kin} = \frac{m \cdot v^2}{2}$$

Nach dem Crash ist die Masse doppelt so groß und die Geschwindigkeit halb so groß. Es gilt daher:

$$E_{kin}' = 2 \cdot m \cdot \frac{\left(\frac{v}{2}\right)^2}{2} = \frac{2 \cdot m \cdot \frac{v^2}{4}}{2} = \frac{m \cdot v^2}{4} = \frac{E_{kin}}{2}$$

50 % der kinetischen Energie sind also in thermische umgewandelt worden.

Charakteristisch für **plastische Stöße** ist, dass **kinetische Energie** in **thermische Energie** umgewandelt wird (siehe auch → F9 in Kap. 8.4). Es sind 50 %, wenn beide Objekte die gleiche Masse haben, etwa beim Autocrash. Je größer der Massenunterschied, desto mehr Prozent der kinetischen Energie werden umgewandelt (Abb. 9.10).

Der Meteorit, der den **Barringer-Krater** schlug, hatte zur Erde ein Massenverhältnis von $1/10^{16}$. Praktisch seine gesamte kinetische Energie wurde in thermische umgewandelt. Vor dem Einschlag hatte er eine Masse von rund 10^8 kg und etwa 20 km/s drauf. Er hatte daher eine kinetische Energie von rund 10^{16} J. Die frei werdende Energie entsprach etwa **150 Hiroshima-Bomben** und verdampfte den Meteoriten praktisch vollständig (→ F6). Dieses Schicksal ereilt generell alle Meteoriten über 100 t.

Gute **Leitplanken** müssen immer zu **plastischen Stößen** führen (Abb. 9.11, → F7). Erstens würde das Auto sonst wieder auf die Fahrbahn zurückgeworfen. Zweitens ist der Aufprall sanfter als bei einem elastischen Stoß (siehe auch → F12, Kap. 9.3). Die Wucht des Aufpralls hängt nur von der Geschwindigkeitskomponente **senkrecht zur Leitplanke** ab ($\vec{v_\perp}$). Die parallele Komponente $\vec{v_\parallel}$ bleibt auch nach dem Stoß erhalten (wenn wir die Reibung vernachlässigen). Wie viel Prozent der kinetischen Energie in thermische Energie umgewandelt werden, hängt vom **Aufprallwinkel** ab.

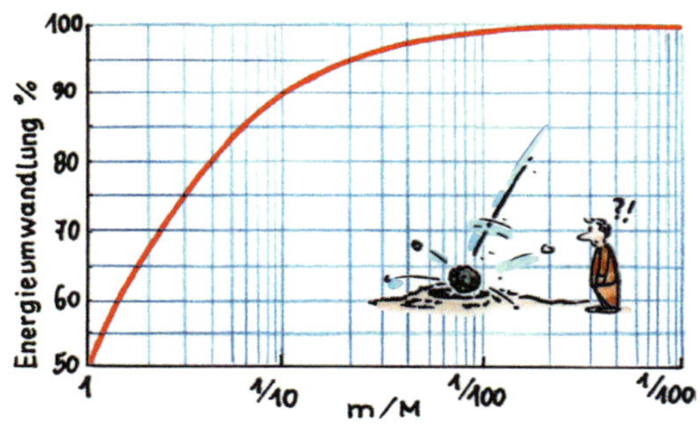

Abb. 9.10 Zusammenhang zwischen Massenverhältnis und umgewandelter E_{kin}. Die x-Achse ist logarithmisch aufgetragen: Von Markierung zu Markierung sinkt der Wert auf ein Zehntel.

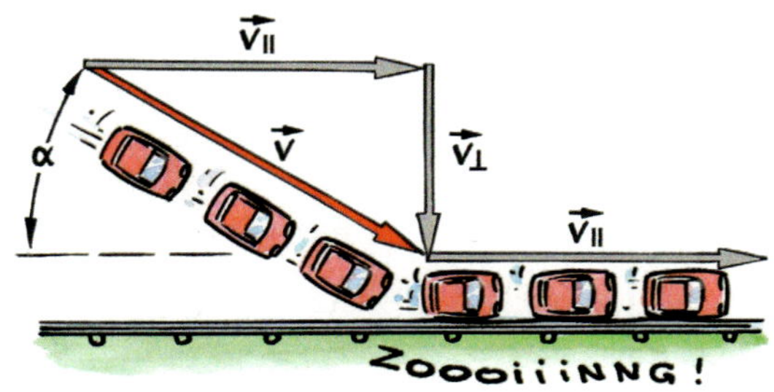

Abb. 9.11 Wenn man die Reibung vernachlässigt, dann bleibt $\vec{v_\parallel}$ konstant.

Das gilt auch für den **Skispringer** (→ F8). Der Aufsprung entspricht einem plastischen Stoß. Natürlich bleibt der Skispringer nicht dauerhaft verformt, aber es wird Wärme frei. Der Hügel ist so gekrümmt, dass der Springer nahezu parallel zum Hang fliegt und unter einem Winkel von etwa 10° landet. Dann muss er nur rund 3 % seiner kinetischen Energie abfangen (Abb. 9.12).

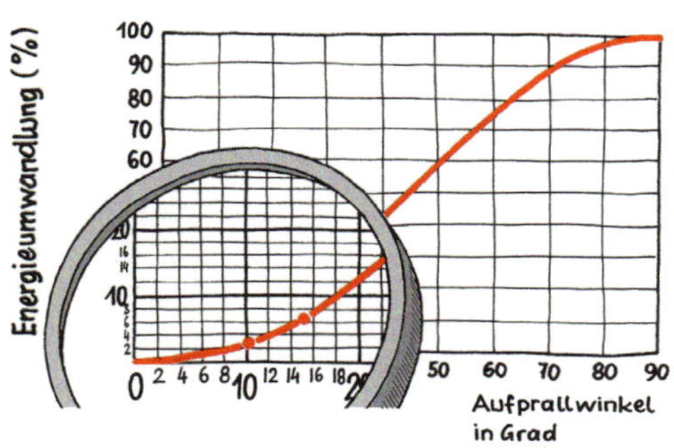

Abb. 9.12 Umwandlung von kinetischer Energie in Wärme bei unterschiedlichem Aufprallwinkel (siehe Lösungsteil zu F8)

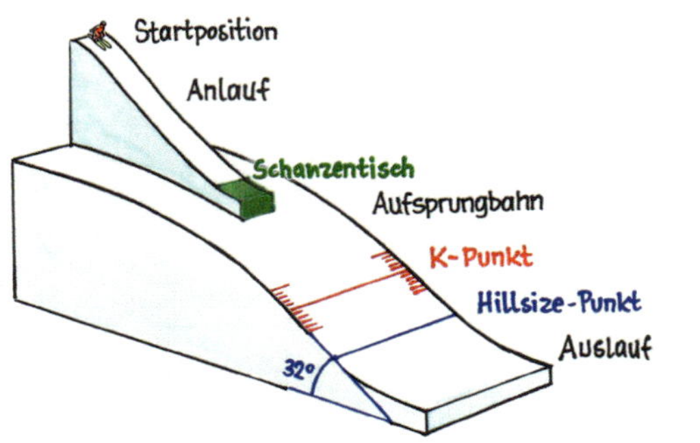

Abb. 9.13 Die Hillsize ist die Strecke zwischen der Kante des Schanzentisches und jenem Punkt im Aufsprunghang, an dem der Schanzenauslauf noch ein Gefälle von 32 Grad aufweist.

Würde er mit 15° aufsetzen, müsste er bereits die doppelte Energie abfangen und bei 20° schon die vierfache. Je weiter er also ins Flache kommt, desto schwieriger wird der Aufsprung. Die Fahne zeigt den **K-Punkt** an, ab dem der Hang wieder flacher wird. Mathematisch gesehen handelt es sich dabei um den **Wendepunkt des Hanges**. Heutzutage orientiert man sich nicht mehr am K-Punkt, sondern an der **Hillsize** (Abb. 9.13).

ZUSAMMENFASSUNG

Bei plastischen Stößen werden die Objekte dauerhaft verformt (außer es handelt sich um Lebewesen) und ein Teil der Bewegungsenergie wird in thermische Energie umgewandelt. Bei sehr ungleich schweren Objekten können es praktisch 100 % sein.

9.3 Billard- und Fußballstoß

Elastische Stöße

Bei elastischen Stößen bleibt nicht nur der Impuls, sondern auch die kinetische Energie komplett erhalten. Bei einem 100 % elastischen Stoß würde also keine Bewegungsenergie in thermische Energie umgewandelt. In der Praxis gibt es so etwas nicht, wir vereinfachen also wieder, um das Wesentliche zu verstehen.

F9 ◒ Eine Billardkugel prallt ohne Drall mit 1 m/s zentral auf eine ruhende. Damit ist gemeint, dass sich die Schwerpunkte genau aufeinander zu bewegen. Wie bewegen sich die Kugeln nach dem Stoß?

F10 ◒ Welche Mindestmasse relativ zum Meißel sollte ein Hammer haben: leichter, schwerer oder gleich schwer? Und kannst du das begründen?

F11 ● Fußballschuss (Abb. 9.14): Wieso sinkt die Geschwindigkeit des Fußes kurz vor dem Ballkontakt wieder ab? Und wie ist es möglich, dass der Ball eine größere Geschwindigkeit hat (knapp 120 km/h) als die Fußspitze (etwa 105 km/h)?

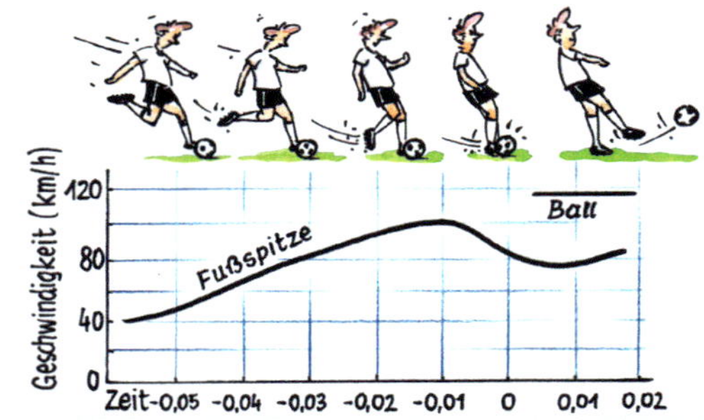

Abb. 9.14

F12 ● Du wirfst zwei gleich schwere Kugeln, eine aus Gummi, eine aus Ton, gegen einen Pflock. Mit welcher Kugel kannst du den Pflock eher umwerfen und welche beschädigt ihn eher? → L

Um die Geschwindigkeit nach dem Stoß zu berechnen, genügt bei plastischen Stößen der Impulserhaltungssatz. **Elastische Stöße** sind komplizierter, weil sich die Stoßpartner nach dem Stoß getrennt weiterbewegen. Deshalb braucht man zusätzlich den **Energieerhaltungssatz** und es ist in diesem Fall praktischer, die Situation mathematisch zu beschreiben. Wir werden aber einen Spezialfall zunächst ohne Gleichungen überlegen, nämlich den Zusammenstoß von zwei gleich schweren **Billardkugeln** (→ F9).

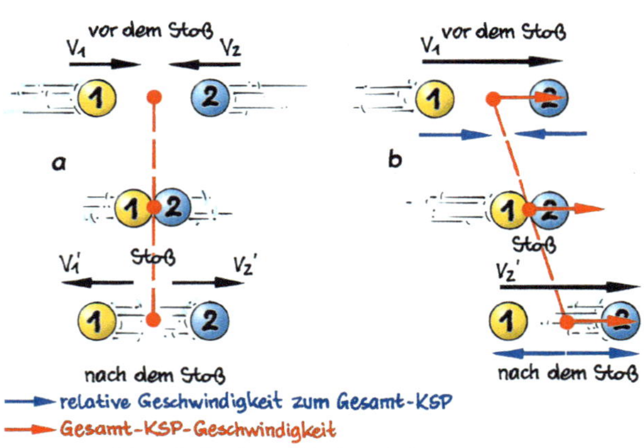

Abb. 9.15 Zwei verschiedene Sichtweisen eines elastischen Stoßes mit 2 gleich schweren Kugeln

Das **Bezugssystem** kann beliebig gewählt werden. Zunächst legen wir es in den **Gesamtschwerpunkt** der beiden Kugeln (Abb. 9.15 a). Wenn er zu Beginn in Ruhe ist, dann muss er in Ruhe bleiben, weil keine Kräfte von außen wirken. Die Kugeln bewegen sich aufeinander zu, stoßen elastisch zusammen und werden in die Gegenrichtung reflektiert. Es ist im Prinzip so, als wäre eine unsichtbare Mauer zwischen den beiden Kugeln. Nehmen wir an, sie bewegen sich vor und nach dem Stoß mit 0,5 m/s, nur **die Richtung ist umgekehrt**. Diese Bewegung der Kugeln **relativ zum Gesamtschwerpunkt** bleibt auch dann erhalten, wenn wir das Bezugssystem wechseln.

Wir wählen das Bezugssystem nun so, dass der Gesamtschwerpunkt mit 0,5 m/s nach rechts fliegt, also die **rechte Kugel in Ruhe ist** (Abb. 9.15 b; rote Pfeile). Die **relativen Geschwindigkeiten** der Kugeln zum Gesamtschwerpunkt (blaue Pfeile) sind gleich wie im Fall a, also vor und nach dem Stoß 0,5 m/s. Wenn du diese Geschwindigkeiten addierst, dann bekommst du die **Gesamtgeschwindigkeiten der Kugeln** (schwarze Pfeile).

Du siehst, dass die linke Kugel auf die ruhende rechte prallt und dabei ihren gesamten Impuls abgibt. Nach dem Stoß ist die linke Kugel in Ruhe und genau so ist das auch beim **Billard** (→ F9). Auf ähnliche Weise könnte man sich alle möglichen elastischen Stöße überlegen. In diesem Fall ist die **mathematische Lösung** praktikabler, weil die Gleichungen allgemein gelten und du nicht jedes Mal wieder von vorne zu überlegen beginnen musst.

INFO **4-mal Wumm**

Mit Hilfe des **Impuls- und Energieerhaltungssatzes** kann man **allgemeine Gleichungen aufstellen**, wie sich Gegenstände nach elastischen Stößen verhalten. Wir nehmen an, dass das zweite Objekt zu Beginn immer in Ruhe ist ($v_2 = 0$). Für die kinetische Energie gilt (′ ist nach dem Stoß):

$\frac{1}{2} \cdot m_1 \cdot v_1^2 = \frac{1}{2} m_1 \cdot v_1'^2 + \frac{1}{2} \cdot m_2 \cdot v_2'^2$ bzw.
$m_1 \cdot v_1^2 = m_1 \cdot v_1'^2 + m_2 \cdot v_2'^2$

Für den Impuls gilt: $m_1 \cdot v_1 = m_1 \cdot v_1' + m_2 \cdot v_2'$
Wir haben nun **zwei Gleichungen** mit **zwei Unbekannten**, nämlich den Geschwindigkeiten nach dem Stoß (v_1' und v_2'). Mit der Substitutionsmethode kann man die Gleichungen auflösen und erhält:

$$v_1' = \frac{m_1 - m_2}{m_1 + m_2 \cdot v_1} \quad \text{und} \quad v_2' = \frac{2m_1}{m_1 + m_2 \cdot v_1}$$

Mit diesen Gleichungen kann man alle elastischen Stöße mit zwei Objekten berechnen. Nehmen wir **4 Spezialfälle** (rechne nach).

1 $m_1 \ll m_2$ In diesem Fall kannst du m_1 vernachlässigen und bekommst $v_1' = -v_1$ und $v_2' = 0$. Das zweite Objekt rührt sich nicht vom Fleck und die Geschwindigkeit des ersten wird umgekehrt. Das ist etwa der Fall, wenn du einen **Flummi** oder Ball auf die Erde wirfst (siehe Abb. 8.14).

2 $m_1 = \frac{m_2}{2}$ In diesem Fall erhältst du $v_1' = -\frac{1}{3} \cdot v_1$ und $v_2' = \frac{2}{3} \cdot v_1$. Das erste Objekt prallt also ab und fliegt mit verminderter Geschwindigkeit zurück, während das zweite Objekt etwas langsamer fliegt als das erste vor dem Stoß. Das ist der Fall, wenn du einen doppelt so schweren **Pflock** mit einem **Ball** umwirfst.

3 $m_1 = m_2$ Bei gleichen Massen bekommst du $v_1' = 0$ und $v_2' = v_1$. Das erste Objekt kommt zur Ruhe und das zweite fliegt mit der Geschwindigkeit des ersten weg (Abb. 9.15 b). Das ist beim **Billardstoß** der Fall.

4 $m_1 = 2m_2$ In diesem Fall erhältst du $v_1' = \frac{1}{3} \cdot v_1$ und $v_2' = \frac{4}{3} \cdot v_1$. Das erste Objekt kommt also **nicht zum Stillstand**, sondern fliegt mit ⅓ der ursprünglichen Geschwindigkeit weiter. Das zweite, leichtere Objekt hat sogar eine höhere Geschwindigkeit, als das erste zuvor. Das ist zum Beispiel beim **Fußballstoß** der Fall (→ F11).

Die **Grundaussagen der Gleichungen** sind in Tab. 9.1 noch einmal zusammengefasst. Immer dann, wenn man mit einem Stoß etwas in Bewegung versetzen möchte (etwa Meißel, Tennisball oder Fußball), sollte m_1 mindestens so groß sein wie m_2, sonst prallt man ab (→ F10). Besser wäre natürlich eine größere Masse. Die Fußballspieler spannen kurz vor dem Stoß die Beinmuskeln an und erreichen dadurch, dass nicht nur der Unterschenkel, sondern **das ganze Bein** am Stoß beteiligt ist (m_1 wird dadurch größer; → F11).

Durch das Anspannen sinkt die Fußgeschwindigkeit kurz vor dem Stoß etwas ab, die Ballgeschwindigkeit wird dadurch aber erhöht. Wäre das Bein leichter als der Fußball, dann würde es sich nach dem Stoß wieder in die Gegenrichtung bewegen.

Abb. 9.16 Der Ball bewegt sich nachher schneller als die Fußspitze, weil das Bein schwerer ist als der Ball.

Massenverhältnis	Geschwindigkeiten: schwarz vor dem Stoß, rot danach	Beispiel
1 $m_1 \ll m_2$		Flummi wird auf die Erde geworfen
2 $m_1 < m_2$		Ball wirft Pflock um
3 $m_1 = m_2$		Billardstoß
4 $m_1 > m_2$		Fußball, Tennis, Hammer auf Meißel

Tab. 9.1 Qualitative Zusammenfassung der Möglichkeiten bei einem elastischen Stoß

Abb. 9.17 Münzen-Crash

EXPERIMENT **Münzencrash**

Du kannst die Angaben in Tab. 9.1 **qualitativ** mit Hilfe von **Münzen** überprüfen. Schieße dazu eine Münze zentral auf eine ruhende. Bei zwei gleich schweren Münzen bleibt die erste stehen und die zweite übernimmt die Geschwindigkeit.

Überprüfe auch die Angaben aus der Tabelle, wenn die Münzen **unterschiedlich schwer** sind. Weil die Reibung hier eine recht große Rolle spielt, sollten die Massen der beiden Münzen deutlich unterschiedlich sein. Nimm etwa 1 Cent (2,3 g) und 2 Euro (8,5 g).

ZUSAMMENFASSUNG

Wie viel Geschwindigkeit bei einem elastischen Stoß auf das zweite Objekte übertragen wird, hängt vom Massenverhältnis ab. Ist die Masse des ersten Objekts größer, dann ist v_2' sogar größer als v_1.

9.4 Verdammt alte Technologie

Der Kraftstoß

Oft ist es interessant, die Kräfte zu kennen, die bei einer Impulsänderung auftreten. Die Verbindung zwischen Kraft und Impulsänderung ist die Zeit.

Abb. 9.18

F13 Eine Masse von 1 kg fällt aus 1 m auf den Boden. Welche Kraft entsteht beim Aufprall? → L

F14 Wie alt – denkst du – ist die Rückstoßtechnik, mit der etwa der Raketenantrieb funktioniert? Wer hat sie „erfunden"?

F15 Ein Schwarm Fliegen befindet sich in einem verschlossenen Glas auf einer Waage (Abb. 9.18). Verändert sich das Gewicht, wenn die Fliegen am Boden sitzen bzw. herumfliegen? → L

F16 Welche Rolle spielt der Impuls bei der Schubkraft einer Rakete?

Um einen Gegenstand zu beschleunigen, braucht man eine Kraft (siehe Kap. 7.3). Weil sich dabei der Impuls ändert, kann man sagen: **Zur Impulsänderung braucht man eine Kraft.** Die Verbindung zwischen Impulsänderung und Kraft ist die Zeit! Frage F13 ist nicht zu beantworten. Nur wenn man die Zeitdauer des Stoßvorganges kennt (oder den „Bremsweg"), kann man die Kraft berechnen (siehe Lösungsteil zu F13). Das Produkt von Kraft mal Zeit nennt man den **Kraftstoß** und dieser ist identisch mit der Impulsänderung des Objekts. Kraft kann man auch als Impulsänderung innerhalb einer bestimmten Zeitspanne auffassen.

FORMEL Kraft und Kraftstoß

$$\vec{F} = m \cdot \vec{a} = m \cdot \frac{\Delta \vec{v}}{\Delta t} = \frac{\Delta \vec{p}}{\Delta t}$$

$$\text{Kraftstoß} = \vec{F} \cdot \Delta t = \Delta \vec{p} = m \cdot \Delta \vec{v}$$

$\Delta \vec{p}$ … Impulsänderung — $[\Delta p] = [F \cdot t] = \text{N} \cdot \text{s} = \text{kg} \cdot \frac{\text{m}}{\text{s}}$

m … Masse — $[m] = \text{kg}$

$\vec{a}$ … Beschleunigung — $[a] = \frac{\text{m}}{\text{s}^2}$

$\Delta \vec{v}$ … Geschwindigkeitsänderung — $[\Delta v] = \frac{\text{m}}{\text{s}}$

Abb. 9.19 Die Saturn V beim Start zum ersten Mondflug: Pro Sekunde wurden 14 Tonnen Treibstoff verbrannt!

Bei einer **Rakete** spricht man von der **Schubkraft**. Sie ist eine Folge des Impulserhaltungssatzes. Zu Beginn steht die Rakete still da, der Impuls ist null. Beim Start strömt das Gas in die eine Richtung und die Rakete muss sich daher in die andere Richtung bewegen (→ F16). Impulserhaltung eben! Was für eine Schubkraft erzeugt zum Beispiel die Saturn V beim Start (siehe Abb. 7.14)? Dazu muss man nur wissen, dass pro Sekunde sagenhafte 14 Tonnen Treibstoff verbrannt werden und die Verbrennungsgase mit 2 500 m/s durch die Düsen ausströmen. Die Impulsänderung pro Sekunde ist also etwa $35 \cdot 10^6$ N. Wow! Die Schubkraft beträgt 35 Millionen Newton (siehe auch Kap. 7.3)!

Diese Rückstoßtechnik ist übrigens ein sehr alter Hut. **Tintenfische** bewegen sich schon seit 500 Millionen Jahren so fort, indem sie durch Zusammenziehen des Körpers Wasser mit hoher Geschwindigkeit nach hinten ausstoßen (→ F14; Abb. 9.20). Auch wenn du schwimmst, nutzt du diese Technik. Du drückst dabei das Wasser mit Armen und Beinen nach hinten und erzeugst somit einen Kraftstoß nach vorne.

Abb. 9.20 500 Millionen Jahre alte Technik

INFO **Kraftstoß beim Strecksprung**

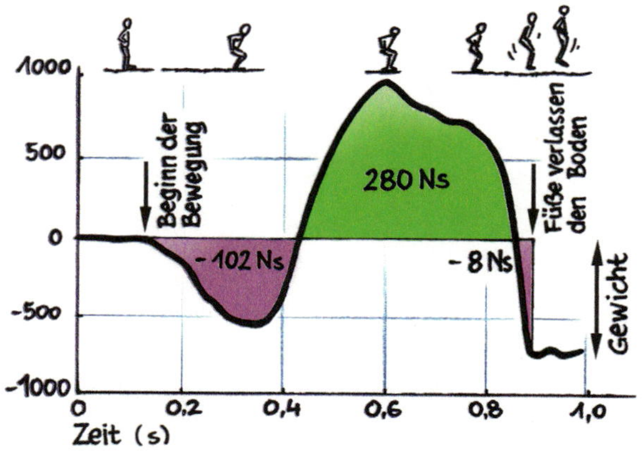

Abb. 9.21 Kraftverlauf bei einem Strecksprung

Mit Hilfe von Kraftmessplatten lässt sich die **Absprunggeschwindigkeit** sehr präzise eruieren. Abb. 9.21 zeigt den Kraftverlauf bei einem Strecksprung. Die Anzeige ist so eingestellt, dass sie beim ruhigen Stehen null zeigt. Die roten Flächen sind Impulse, die den Schwerpunkt nach unten beschleunigen, etwa bei der Auftaktbewegung. Der **Nettoimpuls** ergibt sich aus der Differenz zwischen den roten und den grünen Flächen und beträgt

280 Ns − 102 Ns − 8 Ns = 170 Ns.

Das Gewicht des Athleten beträgt 750 N, das bedeutet eine Masse von 76,5 kg. Für die Abfluggeschwindigkeit lassen sich somit 2,22 m/s errechnen, was eine **Schwerpunktshebung** von etwa 25 cm bedeutet.

INFO **Sotomayor**

Der **Absprung zum Flop** erfolgt einbeinig (Abb. 9.22). Weil sich dabei die Richtung des Geschwindigkeitsvektors stark dreht – der Absprung erfolgt unter rund 55° – treten dabei enorme Kräfte auf.

Abb. 9.22 AIRINE PALŠYTE springt hier entspannt über eine Trainingshöhe.

Der Weltrekord bei den Männern wird von Javier Sotomayor gehalten. Wir schätzen die Kraft auf das Sprungbein bei seinem Weltrekordsprung über 2,45 m ab.

Die **Hebung des Körperschwerpunktes** (KSP) nehmen wir dabei mit 1,2 m an. Die dafür nötige Absprunggeschwindigkeit beträgt:

$$v = \sqrt{2 \cdot g \cdot h} = \sqrt{2 \cdot 9{,}81\,\frac{\text{m}}{\text{s}^2} \cdot 1{,}2\,\text{m}} = 4{,}85\,\frac{\text{m}}{\text{s}}$$

Nun setzen wir in die Gleichung für die Kraft ein (Masse 80 kg, Kontaktzeit 0,13 Sekunden):

$$F = \frac{m \cdot \Delta v}{\Delta t} = \frac{80\,\text{kg} \cdot 4{,}85\,\frac{\text{m}}{\text{s}}}{0{,}13\,\text{s}} = 3\,000\,\text{N}$$

3 000 N mit nur einem Bein, das ist schon sehr beachtlich. Die Gleichung liefert übrigens nur die **durchschnittliche Kraft**. Die Spitzenkraft ist wesentlich höher!

ZUSAMMENFASSUNG

Das Produkt von Kraft mal Einwirkungszeit bezeichnet man als Kraftstoß. Er ist identisch mit der dadurch erzielten Impulsänderung des Objekts. Auf diese Weise kann man sehr einfach die Kräfte bei einer Impulsänderung berechnen.

Teste dich

F17 ◒ Wie groß ist die Rückstoßkraft bei einem Gewehr, das eine Kugel mit 20 g mit 900 m/s abschießt? Der Lauf des Gewehrs ist 50 cm lang. → L

F18 ● Ein offener Wagen rollt im Regen dahin. Die Tropfen fallen völlig senkrecht. Welche Wirkung hat der sich ansammelnde Regen auf $\vec{v}$ und $\vec{p}$? Dann hört der Regen auf und der Abfluss wird geöffnet. Welchen Effekt hat das nun auf $\vec{v}$ und $\vec{p}$? → L

Abb. 9.23

F19 ● Ein Pkw mit 1 t und 72 km/h und ein Lkw mit 3 t und 24 km/h nähern sich im rechten Winkel. In welche Richtung werden sie sich nach dem Aufprall weiterbewegen? → L

F20 ◒ Zeige, dass die Einheit des Kraftstoßes (N · s) äquivalent zur Einheit des Impulses (kg · $\frac{m}{s}$) ist. → L

F21 ● Hängt das Gewicht einer Sanduhr davon ab, ob der Sand in Ruhe ist oder gerade rinnt? Müsste die Sanduhr nicht weniger wiegen, wenn sich ein Teil des Sandes im freien Fall befindet? → L

F22 ◒ Auch wenn du auf einer genauen analogen Waage vollkommen ruhig stehst, schwankt der Zeiger leicht um einen Mittelwert. Wieso? → L

F23 ● Der Kugelstoßapparat ist ein sehr bekanntes physikalisches Spielzeug. Was passiert, wenn man nicht nur eine, sondern zwei oder drei Kugeln hebt? Warum muss das so sein? → L

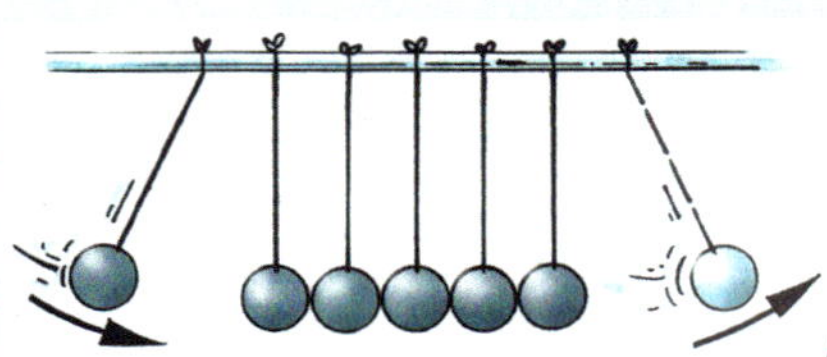

Abb. 9.24

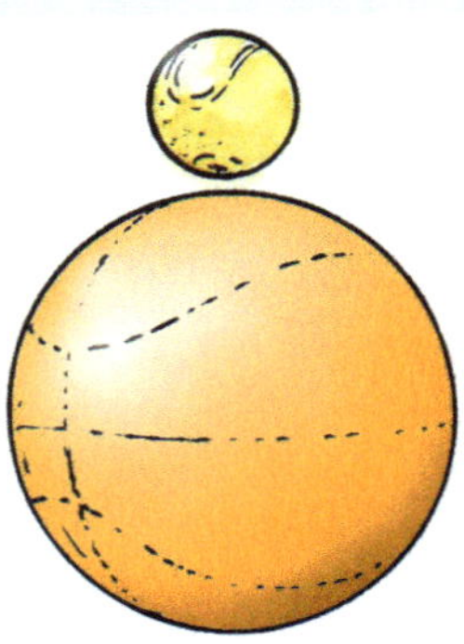

Abb. 9.25

F24 ● Wenn aus einer mit Pressluft gefüllten Rakete die Luft nach rechts austritt, bewegt sich diese dadurch nach links (Abb. 9.26 oben). Wie ist es aber im umgekehrten Fall, wenn im Inneren ein Vakuum herrscht und die Luft einströmt? In welche Richtung bewegt sich die Rakete nach dem Einströmen der Luft (Abb. 9.26 unten)? → L

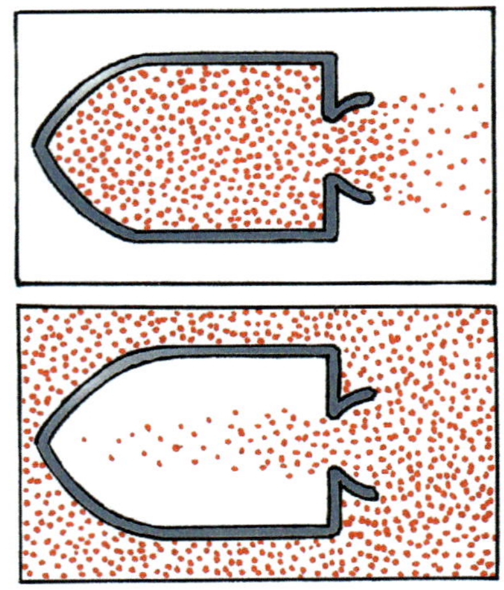

Abb. 9.26 Die obere Rakete bewegt sich durch den Rückstoß nach links. Wohin bewegt sich aber die untere Rakete?

F25 ◒ Ein Pinguin steht auf dem linken Ende eines Schlittens, der sich reibungsfrei auf Eis befindet (Abb. 9.27). Schlitten und Pinguin haben dieselbe Masse. Der horizontale Abstand der Schwerpunkte soll 1 m betragen. Nun watschelt der Pinguin 2 m an das rechte Ende.

a) Wie weit bewegt sich dadurch der Gesamt-KSP Schlitten-Pinguin?

b) Wie weit bewegt sich der KSP des Schlittens relativ zum Boden?

c) Wie weit bewegt sich der KSP des Pinguins relativ zum Boden? → L

Abb. 9.27

F26 ● Für diesen Versuch brauchst du zwei elastische Bälle mit möglichst unterschiedlicher Masse. Die absolute Masse der Bälle spielt dabei keine Rolle. Halte den kleinen Ball in geringem Abstand über dem großen Ball (Abb. 9.25). Lasse beide Bälle nun etwa aus Bauchhöhe fallen. Das Zusammenspiel beider Bälle führt zu einem verblüffenden Ergebnis: Der obere Ball fliegt nach dem Aufprall auf dem Boden weit in die Höhe. Man nennt diesen Versuch auch Ballschleuder. Überlege, warum der kleine Ball so hoch fliegt, und schätze ab, um wie viel höher er springt, als er fallen gelassen wird.
Du brauchst dazu die Infobox „4-mal Wumm" in Kap. 9.3 und die Formel für den Zusammenhang von Höhe und Geschwindigkeit (→ **INFO** Energiegleichsetzung, Kap. 8.7). Achtung: Wenn du die Bälle nicht exakt übereinander hältst, dann fliegt der obere Ball mit Karacho zur Seite! → L

10 Rotationen

Wenn bis jetzt von Bewegungen die Rede war, dann nur von geradlinigen. Solche nennt man Translationen. In diesem Kapitel geht es um Drehbewegungen, also um Rotationen. Du wirst hören, dass Katzen intuitiv eine ganze Menge von Physik verstehen und deshalb immer auf den Pfoten landen. Du wirst hören, wie man sich beim Eislaufen, Gerätturnen oder Turmspringen die Gesetze der Physik zunutze macht und warum Butterbrote fast immer auf der Butterseite landen.

10.1 Ein Pendel am Nordpol

Drehwinkel und Drehgeschwindigkeit

Die geradlinige Geschwindigkeit gibt man in m/s an. Aber wie gibt man an, wie schnell sich ein Gegenstand dreht? Darum geht es in diesem Abschnitt.

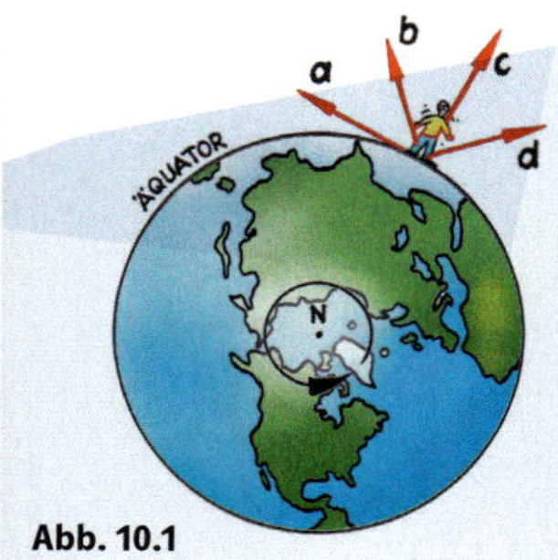

Abb. 10.1

F1 ○ Welche Zahl kommt immer raus, wenn du den Umfang eines beliebigen Kreises durch seinen Radius dividierst?

F2 ◒ Nimm an, dass die Erdgravitation plötzlich aufhört – das kann Gott sei dank nicht passieren! In welche Richtung würdest du dann wegfliegen? Und kannst du die Geschwindigkeit abschätzen?

F3 ● Wie lange dauert eine ganze Erdumdrehung? Dauert sie genau einen Tag lang? Einen Tag lang?

F4 ◒ Warum versucht man, Weltraumraketen immer in der Nähe des Äquators zu starten? Warum sollten sie nach Osten starten?

Um die **Drehgeschwindigkeit** zu definieren, brauchen wir ein wenig Mathematik. Der **Umfang eines Kreises** ist $2\pi \cdot r$. Wenn man durch den Radius dividiert, bleiben immer 2π übrig (→ **F1**). Bei jedem Kreis! Ein voller Kreisumfang entspricht also einerseits 360° und andererseits 2π. In der Physik gibt man daher den Winkel oft in soundsoviel π an. Das nennt man auch das **Bogenmaß** (siehe Abb. 10.2), das wir im Folgenden verwenden werden. Es hat den Vorteil, dass es sich hier um eine reine Zahl handelt, und sie ist SI-konform. Um vom Bogenmaß auf Grad zu kommen, musst du mit rund 57 $\left(\frac{360°}{2\pi}\right)$ multiplizieren (genau sind es 57,296°). Diesen Wert nennt man auch einen **Radianten**.

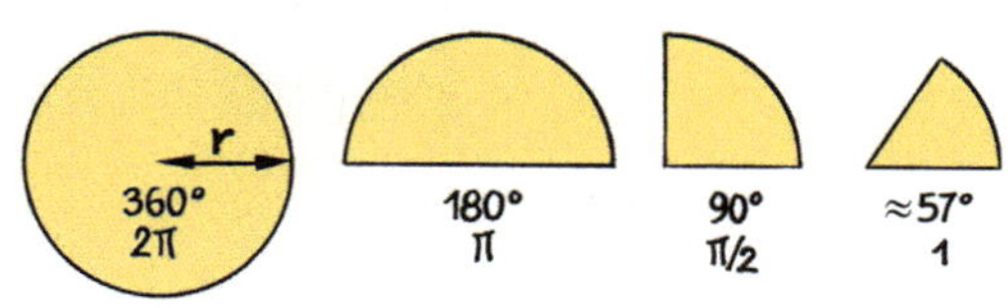

Abb. 10.2 oben die Angabe in Grad, unten in Radianten

Um zu beschreiben, wie schnell sich ein Gegenstand dreht, gibt man den Drehwinkel pro Sekunde an. Das nennt man die **Winkelgeschwindigkeit**. 2π pro Sekunde entspricht also einer ganzen Umdrehung pro Sekunde.

FORMEL Winkelgeschwindigkeit

$$\omega = \frac{\Delta\varphi}{\Delta t}$$

$[\omega] = \frac{1}{s} = s^{-1}$

φ … Drehwinkel „phi" im Bogenmaß $[\varphi] = \frac{m}{m} = 1$

Es gibt aber noch eine zweite Möglichkeit, die Geschwindigkeit bei einer Drehung anzugeben. Erinnere dich: Wenn du mit einem Auto durch eine Kurve fährst, ohne vom Gas zu gehen, ändert sich trotzdem die Geschwindigkeit, weil sich der Vektor dreht (Kap. 3.1)! Dieser zeigt immer tangential zur Bahn, auf der du dich bewegst (Abb. 10.4). Deshalb nennt man diese Geschwindigkeit auch die **Tangentialgeschwindigkeit** (oft auch Bahngeschwindigkeit).

FORMEL Tangentialgeschwindigkeit

$v = \omega \cdot r$ bzw. allgemein $\vec{v} = \vec{\omega} \times \vec{r}$

$[v] = \frac{m}{s}$

ω … Winkelgeschwindigkeit $[\omega] = \frac{1}{s} = s^{-1}$

r … Abstand von der Drehachse $[r] = m$

INFO Mit der rechten Hand

Die **Winkelgeschwindigkeit** $\vec{\omega}$, die **Geschwindigkeit** $\vec{v}$ und der **Radius** $\vec{r}$ sind Vektoren. Sie stehen alle im rechten Winkel aufeinander. $\vec{\omega}$ ist das Kreuzprodukt von $\vec{r}$ und $\vec{v}$. Der Vektor $\vec{\omega}$ liegt in der Drehachse. In welche Richtung er zeigt, kannst du mit der rechten Hand bestimmen. Du hältst sie so, dass die gekrümmten Finger in Drehrichtung zeigen. Der Daumen zeigt dann in Richtung $\vec{\omega}$ (Abb. 10.3). Die Erde dreht sich, vom Nordpol aus betrachtet, gegen den Uhrzeigersinn (Abb. 10.7), daher zeigt $\vec{\omega}$ wie bei a nach oben. In welche Richtung würde $\vec{\omega}$ in Abb. 10.4 zeigen?

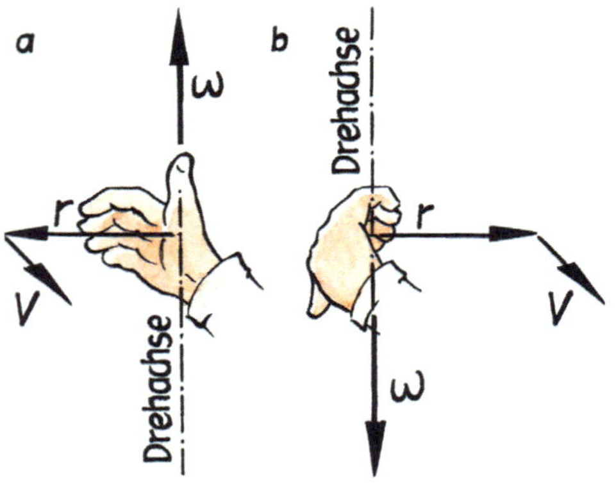

Abb. 10.3 Bestimmung der Richtung des Vektors $\vec{\omega}$ mit Hilfe der rechten Hand

Wenn die Erdgravitation plötzlich weg wäre, würde keine Kraft mehr auf dich wirken. Ab diesem Zeitpunkt bleibt deine Geschwindigkeit unverändert und du fliegst daher **tangential** weg (→ F2). Das kann man auch sehr gut an den Funken bei einer Schleifscheibe sehen (Abb. 10.4) oder wenn ein Auto in einer Kurve auf eine Eisplatte kommt (Abb. 10.5).

Abb. 10.4 Die Funken fliegen tangential weg.

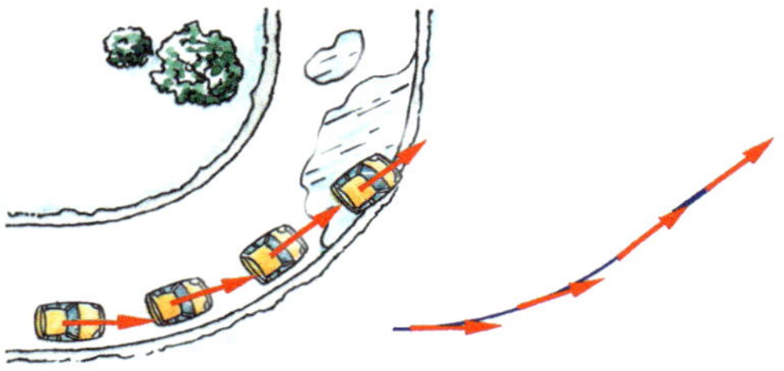

Abb. 10.5 In der Kurve dreht sich der Geschwindigkeitsvektor und steht immer tangential zur Bewegungsbahn.

INFO Karussell Erde

Wie lange braucht die **Erde** für eine ganze **Drehung** (→ F3)? Vielleicht liegen dir 24 Stunden auf der Zunge, aber das ist falsch. Weil sich die Erde im Laufe eines Tages auch um die Sonne dreht, sind etwa **361°** notwendig, damit die Sonne von uns aus gesehen wieder an derselben Stelle steht (Abb. 10.6 b). 24 Stunden entsprechen also etwas mehr als einer Drehung. Für genau eine Drehung (Sterntag) braucht die Erde vier Minuten weniger, also 86 160 Sekunden. Die Winkelgeschwindigkeit der Erde ist daher

$$\omega = \frac{2\pi}{86\,160\,\text{s}} = 7{,}3 \cdot 10^{-5}\,\frac{1}{\text{s}}.$$

Zugegeben, darunter kann man sich kaum etwas vorstellen. Rechnen wir also die **Tangentialgeschwindigkeit** am Äquator aus. Der Radius der Erde liegt bei etwa $6{,}37 \cdot 10^6$ m.

Daher ist $v = \omega \cdot r = 7{,}3 \cdot 6{,}37 \cdot 10\,\text{m/s} = 465\,\text{m/s}$ (siehe Abb. 10.7). Das entspricht fast **1,5-facher Schallgeschwindigkeit**, mit der man ins All hinausgeschossen würde (→ F2)! Beachtlich! Weil der Abstand von der Drehachse abnimmt, je weiter man nach Norden kommt, wird auch die Tangentialgeschwindigkeit kleiner. Für den Abstand zur Drehachse gilt:

r = Erdradius · cos (geografische Breite)

Deutschland liegt zwischen dem 47. und 55. Breitengrad, die Tangentialgeschwindigkeit beträgt daher zwischen 267 m/s und 317 m/s.

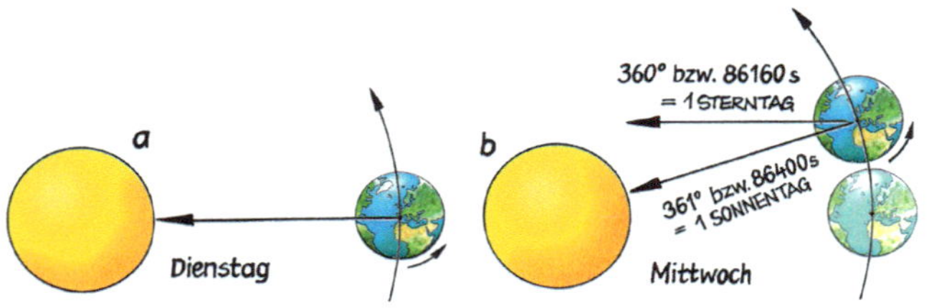

Abb. 10.6 Sonnentag und Sterntag

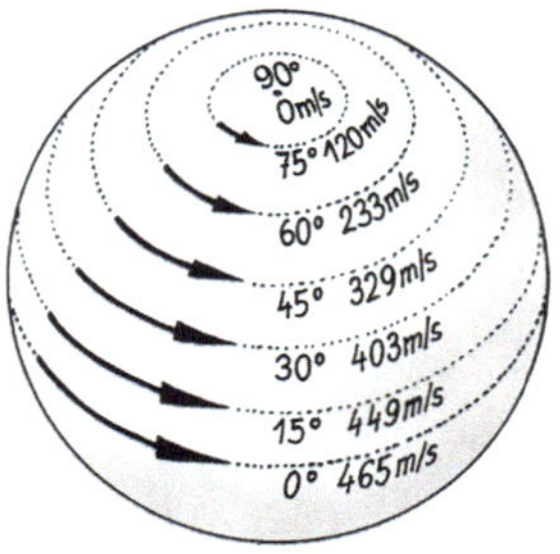

Abb. 10.7 Am Äquator ist die Tangentialgeschwindigkeit am größten.

Die Tangentialgeschwindigkeit der Erde nutzt man bei **Raketenstarts** aus, weil man somit schon eine Startgeschwindigkeit hat, bevor man überhaupt abhebt. Das spart Treibstoff. Man muss aber nach Osten fliegen! Wenn man nach Westen fliegt, startet man quasi mit einer negativen Geschwindigkeit. Je näher man am Äquator ist, desto größer ist natürlich der Effekt (→ F4; Abb. 10.8). Der Startplatz der **NASA** ist im Kennedy Space Center in Florida bei etwa 28°, die Raketen der **ESA** starten in Kourou in Französisch-Guyana bei etwa 5° (Abb. 10.8). Im zweiten Fall liegt die Geschwindigkeit noch etwa 13 % höher.

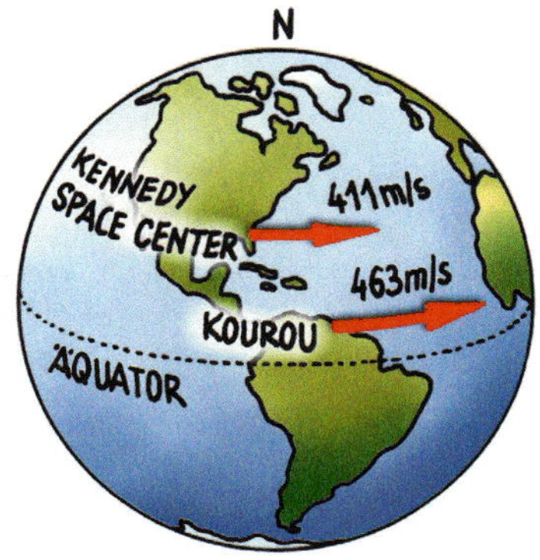

Abb. 10.8 Tangentialgeschwindigkeiten der Startplätze von NASA und ESA

ZUSAMMENFASSUNG

Die Drehgeschwindigkeit kann entweder als Winkelgeschwindigkeit oder als Tangentialgeschwindigkeit angegeben werden. Manchmal ist die eine Angabe übersichtlicher und manchmal die andere.

10.2 Dornröschens Spinnrad

Die Drehmasse

Die Masse gibt an, wie schwer es ist, einen Gegenstand in Bewegung zu setzen. Aber wovon hängt es ab, wie schwer es ist, einen Gegenstand in Rotation zu versetzen? Darum geht es jetzt.

F5 ◒ Ein Vollzylinder und ein Hohlzylinder mit gleicher Masse rollen eine schiefe Ebene hinunter. Kommen beide gleich schnell an? Und wenn nicht: Welcher ist schneller?

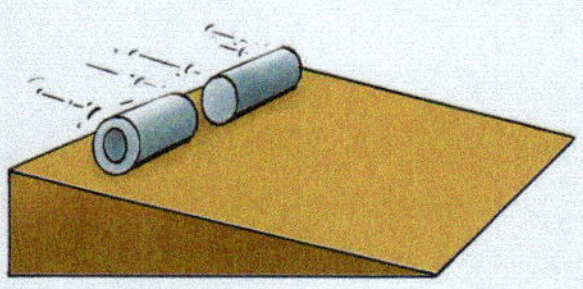

Abb. 10.9

F6 ○ In Abb. 10.10 siehst du zwei Räder mit gleicher Masse aber unterschiedlicher Verteilung der Masse. Welches eignet sich besser als Schwungrad?

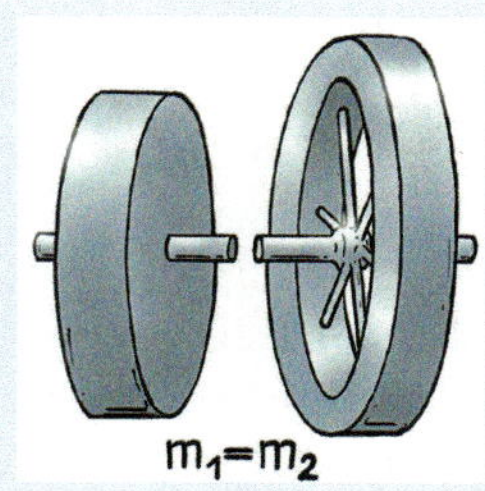

Abb. 10.10

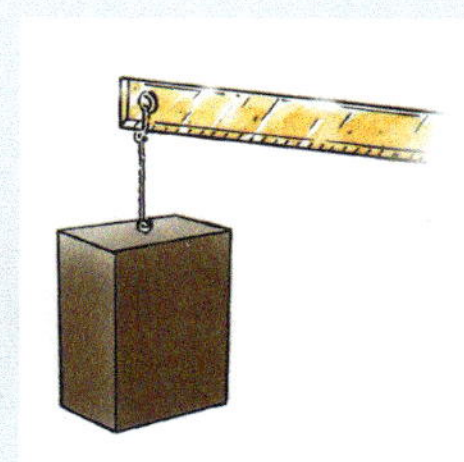

Abb. 10.11

F7 ○ Du hast einen Stab. Ist es leichter, ihn um die Längsachse oder um die Querachse zu drehen? Und hast du eine physikalische Begründung dafür?

F8 ● Du hängst einen Quader an einer Schnur auf, so wie in der Abb. 10.11. Was passiert, wenn der Quader in Rotation versetzt wird? → L

Was bestimmt, wie schwer es ist, einen Gegenstand in **Translation** zu versetzen? Die **Masse**! Was bestimmt, wie schwer es ist, einen Gegenstand in **Rotation** zu versetzen? Die **Drehmasse** – sie wird auch **Trägheitsmoment** genannt. Sie hängt nicht nur von der Masse ab, sondern auch davon, wie weit diese von der Drehachse entfernt ist. Je weiter außen die Masse ist, desto schwerer wird es, den Gegenstand in Rotation zu versetzen.

Abb. 10.12 Schon Dornröschen wusste, wie ein Schwungrad zu bedienen ist. Das mit dem Fuß angetriebene Spinnrad versetzt die Spindel in eine gleichmäßige Drehung.

Deshalb rollt der hohle Zylinder langsamer hinunter als der volle, weil seine Drehmasse größer ist (→ F5). Und deshalb eignet sich auch das rechte Rad in F6 besser als **Schwungrad**. Einmal auf Touren gebracht, ist es schwerer abzubremsen als das linke. Und den Schwung aufrechtzuerhalten, ist ja seine Aufgabe (Abb. 10.12).

Jeder Gegenstand hat klarerweise nur eine Masse. Er kann aber **mehrere Drehmassen** haben, weil diese ja relativ sind und von der Lage der Drehachse abhängen. Ein Stab ist viel leichter in Rotation um die Längs- als um die Querachse zu bringen (→ F7; Tab. 10.1). Im ersten Fall liegen die Massenteile wesentlich näher an der Drehachse. Mathematisch kann die Drehmasse folgendermaßen definiert werden:

FORMEL Drehmasse (Trägheitsmoment)

$I = \sum I_{\text{Teil}} = \sum_i m_i \cdot r_i^2$

m ... Masse $[I] = \text{kg} \cdot \text{m}^2$
r ... Abstand von der Drehachse $[m] = \text{kg}$
$[r] = \text{m}$

Objekt	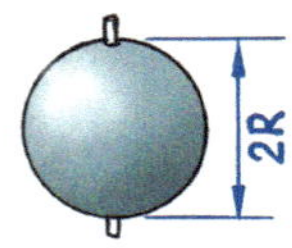	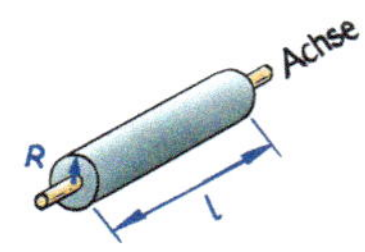	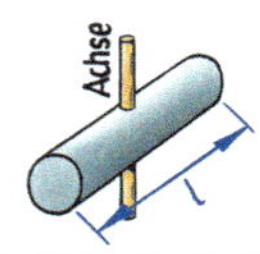	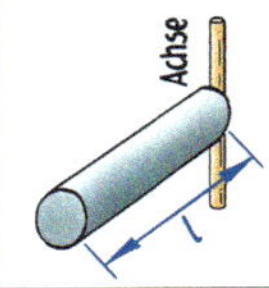
Drehmasse	$I = \frac{2}{5} \cdot m \cdot R^2$	$I = \frac{1}{2} \cdot m \cdot R^2$ **Bsp.:** $R = 0{,}01\,\text{m}$, $m = 1\,\text{kg}$ $I = 5 \cdot 10^{-5}\,\text{kg} \cdot \text{m}^2$	$I = \frac{1}{12} \cdot m \cdot l^2$ **Bsp.:** $l = 0{,}77\,\text{m}$, $m = 1\,\text{kg}$ $I = 5 \cdot 10^{-2}\,\text{kg} \cdot \text{m}^2$	$I = \frac{1}{3} \cdot m \cdot l^2$

Tab. 10.1 Vier Beispiele für durch Integration berechnete Drehmassen bei geometrischen Objekten: Wenn der Stab 77 cm lang ist und einen Radius von 1 cm hat, dann ist es 1000-mal so schwer, ihn in Rotation um die Querachse zu bringen wie um die Längsachse.

Im Prinzip müsste man zur genauen Berechnung der Drehmasse den Gegenstand gedanklich in seine Atome zerlegen und von allen Atomen Masse und Abstand zur Drehachse bestimmen. Natürlich kann man das in der Praxis nicht machen.

Bei geometrischen Gegenständen kann man das Problem durch **Integration** lösen (Tab. 10.1; Integration lernst du im Mathematikunterricht). Bei nichtgeometrischen Objekten wird die Drehmasse oft im **Experiment** bestimmt. Wie macht man das aber bei komplizierten und beweglichen Körpern wie dem des Menschen?

Abb. 10.13 Ein langer Stab hat eine sehr große Drehmasse und wird daher oft als Hilfe beim Seiltanzen verwendet.

Es ist unmöglich, die **Drehmasse eines Menschen** zu jedem Zeitpunkt völlig exakt zu bestimmen, weil sich die Teile des Körpers durch die Bewegung pausenlos zueinander verschieben. Man kann aber für biomechanische Untersuchungen gute Abschätzungen vornehmen, wenn man den Körper aus geometrischen Figuren zusammensetzt (Abb. 10.14). Dazu müssen die Körperteile der Person sehr genau vermessen werden. Später kann man die Drehmasse um jede beliebige Achse ausrechnen. Oft ist vor allem die relative Drehmasse des Menschen interessant (Abb. 10.15). Wir werden sie im Kapitel 10.4 noch brauchen.

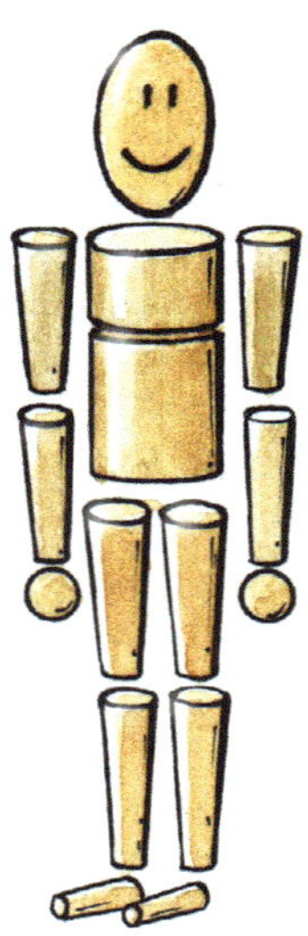

Abb. 10.14 Um Drehmasse und Schwerpunkt eines Menschen in jeder Lage möglichst genau abschätzen zu können, muss man ihn vorher exakt vermessen und dann mit geometrischen Figuren „modellieren".

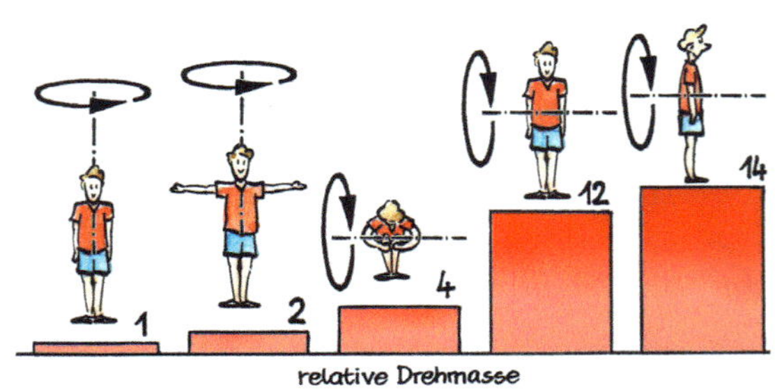

Abb. 10.15 Es ist zum Beispiel doppelt so schwer, einen Menschen mit ausgestreckten Armen in Rotation um seine Längsachse zu bringen, als wenn er die Arme angezogen hat.

ZUSAMMENFASSUNG

Die Drehmasse (das Trägheitsmoment) gibt an, wie schwer es ist, einen Gegenstand in Rotation zu versetzen oder abzubremsen. Sie hängt von der Masse und von der Lage der Drehachse ab. Nur für geometrische Objekte kann sie exakt berechnet werden.

10.3 Brote auf der Butterseite
Das Drehmoment

Eine Kraft versetzt einen Gegenstand in Translation. Aber was versetzt einen Gegenstand in Rotation? Außerdem geht es in diesem Abschnitt um Hebel und um vom Tisch fallende Butterbrote.

Abb. 10.16

F9 ● Du möchtest eine weggerollte Zwirnrolle am Faden wieder zu dir herziehen (Abb. 10.16). Ist das möglich? Und spielt die Fadenlänge dabei eine Rolle?

F10 ○ Du kriegst eine Schraube nicht auf. Womit kannst du dir helfen: Mit der Schnur oder dem Rohr (Abb. 10.17)? Kannst du das auch physikalisch begründen?

F11 ◒ Vom Tisch fallende Butterbrote landen angeblich immer auf der Butterseite! Ist da was dran?

Abb. 10.17

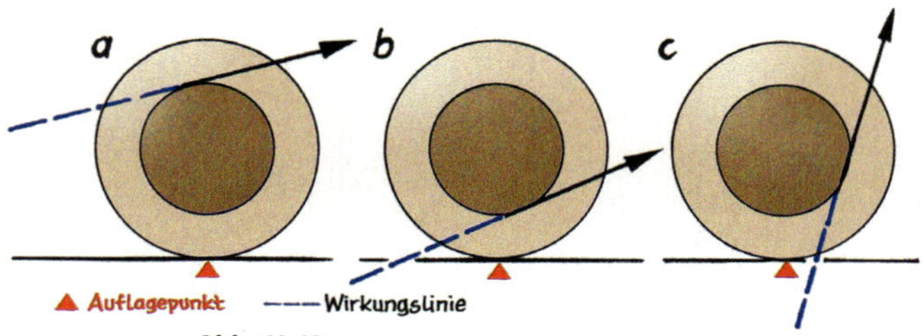

Abb. 10.18

Wo die **Zwirnspule** hinrollt, hängt zunächst von der **Lage des Fadens** ab. Wenn er oben liegt, bewegt sich die Rolle immer zu dir (Abb. 10.18 a). Wenn er unten liegt, rollt sie nur dann zu dir, wenn die gedachte Verlängerung links am Auflagepunkt vorbeigeht (b). Du musst also flach ziehen (→ F9). Ziehst du zu steil, rollte sie weg (c). Probier es aus!

Spielt die Fadenlänge eine Rolle? Nein! Eine Kraft wirkt immer entlang einer Linie, der sogenannten **Wirkungslinie**. Wo entlang auf dieser die Kraft ansetzt, spielt keine Rolle. Deshalb kannst du dir bei der Schraube mit dem Seil nicht helfen (→ F10), da es die Wirkungslinie nicht verändert. Mit dem Rohr geht das aber schon (Abb. 10.19 b). Die Wirkungslinie entfernt sich dabei von der Drehachse, das Drehmoment wird dadurch größer und das Aufdrehen der Schraube wird leichter.

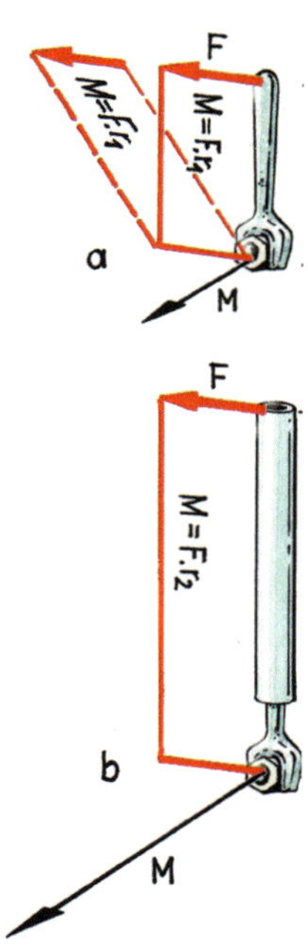

Abb. 10.19 Die beiden Flächen links bei a sind gleich groß. Das Drehmoment *M* ist das Kreuzprodukt von *F* und *r*.

Das Produkt aus Kraft und Abstand zur Drehachse nennt man das Drehmoment (Achtung: **das** Moment hat nichts mit **dem** Moment zu tun). Eine Kraft verändert den Impuls, ein Drehmoment verändert den Drehimpuls (Kap. 10.4). Mathematisch drückt man das Drehmoment so aus:

FORMEL Das Drehmoment

$M = F \cdot r$ bzw. allgemein $\vec{M} = \vec{F} \times \vec{r}$

F ... Kraft
r ... Abstand zwischen Drehachse und Wirkungslinie der Kraft

$[M] = [F] \cdot [r] = \mathrm{N \cdot m}$
$[F] = \mathrm{N}$
$[r] = \mathrm{m}$

r ist der Abstand zwischen Drehachse und Wirkungslinie der Kraft. Diesen Abstand nennt man **Hebelarm**. Es zählt immer der **Normalabstand**. Wenn du schräg ziehst, so wird der Hebelarm kleiner und kann sogar null werden (Abb. 10.20). In diesem Fall erzeugst du kein Drehmoment mehr.

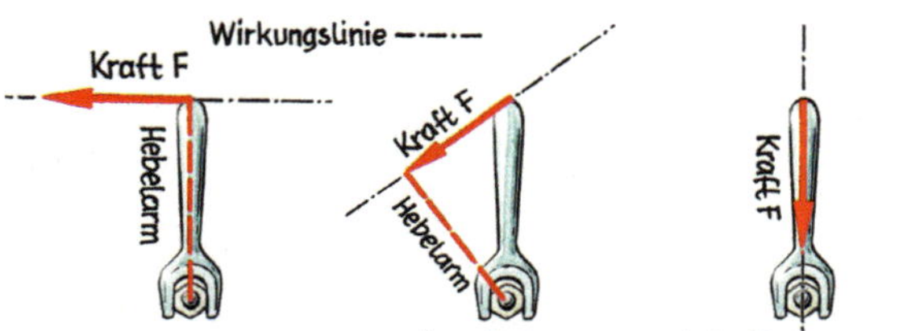

Abb. 10.20

Das **Drehmoment** kann man auch grafisch darstellen. Es ist die Fläche, die durch Kraft und Radius aufgespannt wird (Abb. 10.19). Daran wird auch ersichtlich, warum es egal ist, wo die Kraft entlang der **Wirkungslinie** ansetzt. Die Flächen des Rechtecks und des Parallelogramms (Abb. 10.19 a) sind nämlich in jedem Fall gleich groß und somit auch die Drehmomente. Das Drehmoment ist ein Vektor. Seine Richtung kann wie die der Winkelgeschwindigkeit mit der **rechten Hand** bestimmt werden. Die gekrümmten Finger zeigen in Richtung $\vec{F}$ und der Daumen zeigt dann in Richtung $\vec{M}$.

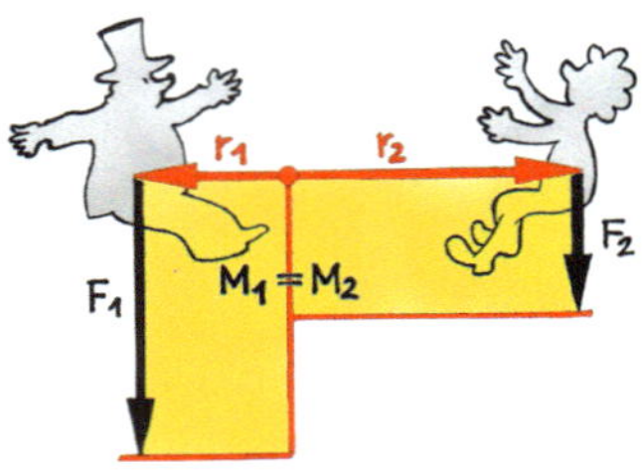

Abb. 10.21 ω bleibt null, wenn wie hier die Drehmomente gleich groß sind.

Bei der Translation gilt: Wenn alle Kräfte im Gleichgewicht sind, dann gibt es keine Änderung der Geschwindigkeit. Bei der Rotation gilt: Wenn alle Drehmomente im Gleichgewicht sind, dann gibt es keine Änderung der Winkelgeschwindigkeit. Ein gutes Beispiel dafür ist eine **Wippe**.

In Abb. 10.21 ist das berühmte **Hebelgesetz** dargestellt, das bereits in der Antike bekannt war. Dieses lautet: Kraft mal Kraftarm ist Last mal Lastarm oder – wie in unserem Beispiel – $F_1 \cdot r_1 = F_2 \cdot r_2$. Eine Wippe ist also dann im Gleichgewicht, wenn die Drehmomente auf beiden Seiten gleich groß sind. Das Hebelgesetz findet in der Technik breite Anwendung. Aber auch viele Belastungen im menschlichen Körper kann man mit seiner Hilfe erklären.

INFO

Der Arm als Hebel

Unterarm und Ellbogen bilden einen **einarmigen Hebel**, weil sich beide Hebelarme auf einer Seite der Drehachse befinden. Die Abstände Ellbogen – Handteller und Ellbogen – Bizepssehne haben ein Längenverhältnis von etwa 7 : 1 (Abb. 10.22). Nehmen wir vereinfacht an, dass der **Bizeps** senkrecht zieht. Er muss in diesem Fall die **7-fache Kraft** aufwenden, um einem Gewicht in der Hand die Waage zu halten. Bei 100 N (entspricht 10 kg) muss der Bizeps also mit 700 N ziehen! Das klingt nach einem verdammt schlechten Deal! Es hat aber überraschend auch einen Vorteil.

Wenn sich der Bizeps um 1 cm verkürzt, dann bewegt sich der Handteller um ganze 7 cm. Der Bizeps muss zwar um den Faktor 7 mehr Kraft aufwenden, dafür bewegt sich die Hand um den Faktor 7 schneller. Der Arm übersetzt also **auf Geschwindigkeit**, es ist ähnlich wie bei

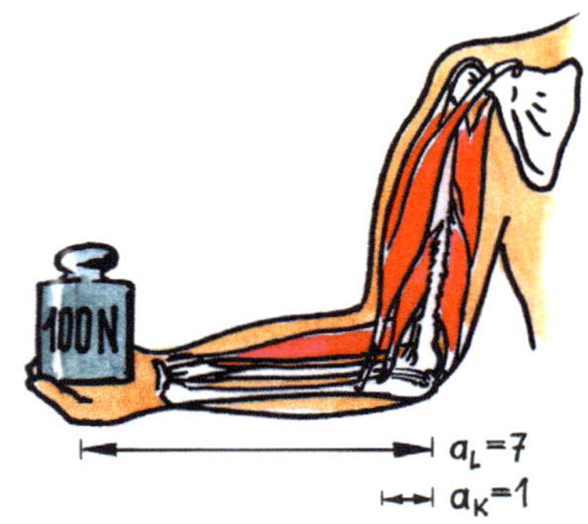

Abb. 10.22

einem hohen Gang beim Radfahren. Bei einem Wurf ist das ein großer Vorteil. In der ersten Phase, wenn man nach dem Ausholen die Hand zum Kopf zieht, verkleinert sich ja der Armwinkel. Und durch die Übersetzung auf Geschwindigkeit kann man dem Wurfgeschoss dabei wesentlich mehr Geschwindigkeit mitgeben. In unserer Vergangenheit als **Jäger** war das eine sehr wichtige Sache.

INFO

Der Fuß als Hebel

Das **System Fuß** ist ein zweiarmiger Hebel und die Hebelarme verhalten sich etwa wie 2,5 : 1 (Abb. 10.23). Wenn wir vereinfacht annehmen, dass die **Achillessehne** senkrecht nach oben zieht, dann ist die Kraft, die auf sie wirkt, immer 2,5-mal so groß wie die Kraft, die auf den Fußballen wirkt. Dafür gilt aber ähnlich wie beim Arm: Wenn sich der Wadenmuskel um 1 cm verkürzt, bewegt sich der Fußballen um 2,5 cm. Auch der Fuß übersetzt auf **Geschwindigkeit**!

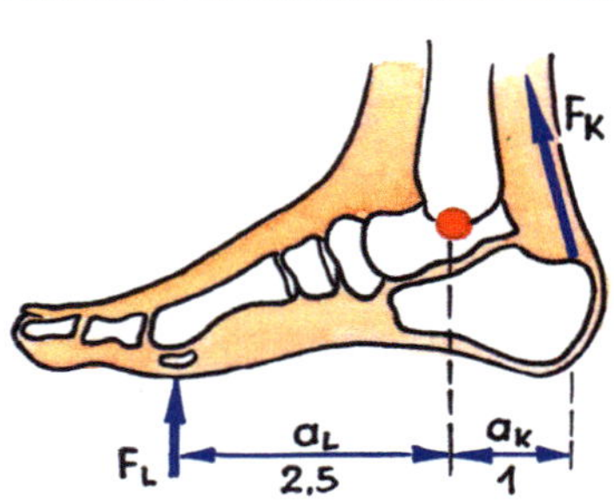

Abb. 10.23 Hebelverhältnisse am Fuß

Abb. 10.24 zeigt die Kraft, die beim **Weitsprung** am Fuß entsteht. Die erste Spitze ist vom Fersenaufsatz. Dort wo der Pfeil eingezeichnet ist, hebt die Ferse gerade ab. Auf den Fußballen wirken in diesem Moment 4 000 N und auf die Achillessehne daher **10 000 N**! Die Sehne hält Maximalbelastungen von sogar **18 000 N** aus. Das ist so, also würdest du 1,8 t an die Sehne hängen!

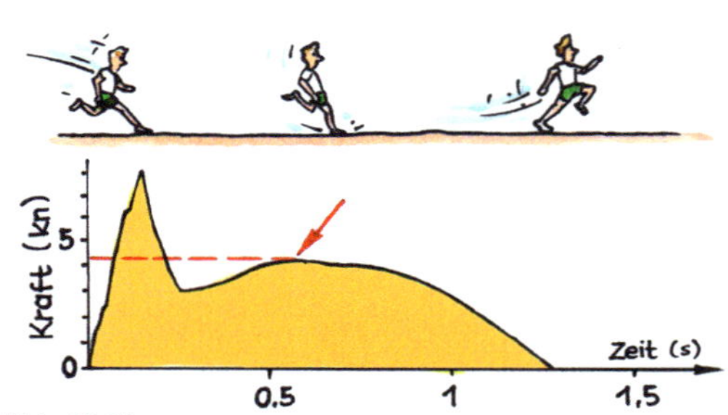

Abb. 10.24

INFO

Ein schmerzhafter Vorfall

Die **Bandscheiben** liegen als Pufferkissen zwischen den Wirbeln. Durch langjährige Überbelastung kann es zur Vorwölbung (Abb. 10.25 oben) oder sogar zum Einreißen der Bandscheibe kommen (Bandscheibenvorfall; Abb. 10.25 unten). In beiden Fällen schmerzhaft für das Rückenmark! Auslöser ist **wiederholt falsches Heben**.

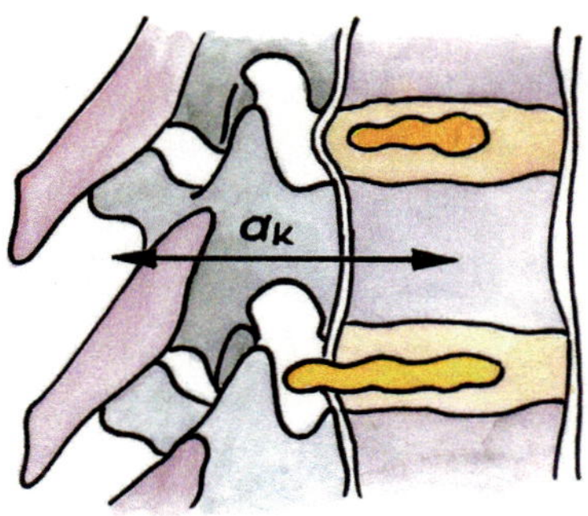

Abb. 10.25 Der Kraftarm beim Heben von Gewichten reicht von der Mitte der Wirbel (Drehpunkt) bis zum Rückenstrecker, der an den Wirbelfortsätzen ansetzt.

Der **Drehpunkt** liegt in diesem Fall in der Mitte der Wirbelkörper. Die Rückenmuskeln setzen etwa 5 cm entfernt an den Wirbelfortsätzen an (Abb. 10.25). Das entspricht dem Kraftarm. Der **Lastarm** ist die Entfernung vom Mittelpunkt des Wirbels bis zur Wirkungslinie des Gewichts (Abb. 10.26). Je stärker man den Rücken krümmt und die Beine streckt, desto größer wird der Lastarm und desto ungleichmäßiger wird die Bandscheibe belastet. Durch schlechtes Heben kann die Belastung in der Lendenwirbelsäule auf rund das **4-fache** ansteigen.

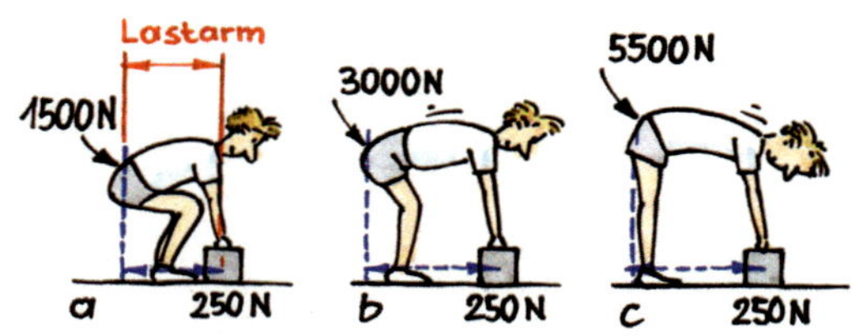

Abb. 10.26 Die Größe des Lastarms hängt von der Technik ab.

Landen vom Tisch rutschende **Butterbrote** wirklich immer auf der Butterseite (→ F11)? Nicht alle, aber **der Großteil**. Und das hat einen recht einfachen physikalischen Grund. Wenn das Brot vom Tisch rutscht, entsteht ein **Drehmoment**, sobald der Schwerpunkt außerhalb der Tischkante liegt (Abb. 10.27). Bei einer alltäglichen Über-die-Kante-Rutschgeschwindigkeit ist die entstehende Drehgeschwindigkeit so groß, dass das Brot bei üblicher Tischhöhe tatsächlich meist auf der Butterseite landet.

Es gibt allerdings **Abhilfen**: Entweder du frühstückst an einem drei Meter hohen Tisch oder du bevorzugst Toasts mit 2,5 cm Kantenlänge. In beiden Fällen schafft dann das Brot nämlich eine ganze Drehung. Oder du gibst dem vom Tisch rutschenden Toast noch einen kräftigen Stoß – dann schafft er nicht mal eine halbe Drehung (Abb. 10.28).

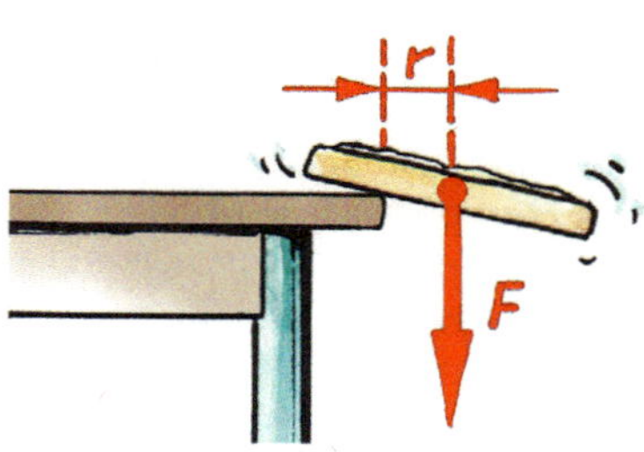

Abb. 10.27 Wenn ein Toast über die Tischkante rutscht, dann entsteht ein Drehmoment.

Abb. 10.28 Drei physikalische, aber natürlich nicht ganz ernstgemeinte Möglichkeiten, um zu verhindern, dass ein Brot mit der Butterseite nach unten auf den Boden fällt.

ZUSAMMENFASSUNG

Wenn ein Drehmoment wirkt, dann wird der Drehimpuls verändert. Zwei Hebel sind dann im Gleichgewicht, wenn die Summe der Drehmomente null ist. Das ist das berühmte Hebelgesetz.

10.4 Wag the cat

Drehimpuls und Drehimpulserhaltungssatz

In diesem Abschnitt geht es um den Drehimpuls, und dass dieser in einem abgeschlossenen System erhalten bleibt. Damit kann man unter anderem viele Phänomene aus dem Sport erklären.

F12 ◒ In Abb. 10.29 siehst du eine Eisläuferin, die eine Pirouette dreht. Warum zieht sie dazu beide Arme und ein Bein an?

Abb. 10.29

F13 ● Kann ein Turmspringer seine Rotation vor dem Eintauchen ins Wasser völlig abstoppen? Und warum werden beim Turnen gestreckte Salti höher bewertet als gehockte?

F14 ◒ Bei extremen Wetterphänomenen wie El Niño oder nach sehr starken Erdbeben verändert sich manchmal die Drehgeschwindigkeit der Erde um einige Millisekunden pro Tag. Wie kann das sein? → L

F15 ◒ Das Hubble-Teleskop schwebt etwa 600 km über der Erde (Abb. 10.31). Aber wie kann man es dann drehen und auf Sterne richten, wenn keine Drehmomente auftreten?

F16 ● Ist es möglich, dass ein nicht rotierender Astronaut ohne Hilfsmittel von Position a nach b kommt (Abb. 10.32)? Würde das den Drehimpulserhaltungssatz verletzen?

F17 ● Wie schafft es eine Katze immer auf den Pfoten zu landen, auch wenn sie mit dem Rücken nach unten fällt (Abb. 10.30)?

F18 ◒ Warum hat ein Hubschrauber immer auch einen Heckrotor? Wozu ist der nötig?

Abb. 10.30

Abb. 10.31

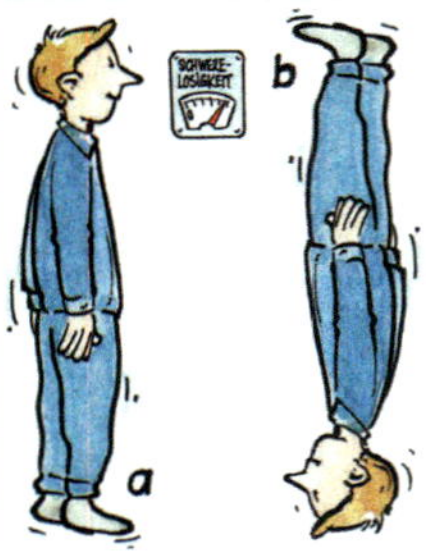

Abb. 10.32

Abb. 10.33

Für jede Größe aus der Translation gibt es ein **Gegenstück** bei der **Rotation**. Das Gegenstück zum Impuls ist der **Drehimpuls**. Der Impuls ist Masse mal Geschwindigkeit, der Drehimpuls ist Drehmasse mal Winkelgeschwindigkeit. Der Drehimpuls ist ein Vektor und wird – wie auch Winkelgeschwindigkeit und Drehmoment – mit der rechten Hand bestimmt (siehe Abb. 10.3).

FORMEL Drehimpuls

$\vec{L} = I \cdot \vec{\omega}$

I ... Drehmasse

$\vec{\omega}$ ... Winkelgeschwindigkeit

$[L] = [I] \cdot [\omega] = \frac{kg \cdot m^2}{s} = \frac{kg \cdot m^2 \cdot s}{s^2} = Js$

$[I] = kg \cdot m^2$

$[\omega] = \frac{1}{s} = s^{-1}$

Die Summe der Drehimpulse in einem abgeschlossenen System bleibt immer erhalten. Das nennt man den Drehimpulserhaltungssatz. Man kann es auch anders ausdrücken: Der Drehimpuls bleibt erhalten, wenn keine Drehmomente auftreten. In Abb. 10.15 siehst du die **relativen Drehmassen eines Menschen**. Wenn man mit gestreckten Armen um die Längsachse rotiert, dann ist die Drehmasse doppelt so groß wie mit angezogenen Armen. Das nutzt man bei einer **Pirouette** aus (→ F12). Durch die geringe Reibung zwischen Kufe und Eis tritt praktisch kein Drehmoment auf und der Drehimpuls bleibt erhalten. Wenn die Eisläuferin die Arme anzieht, halbiert sich die Drehmasse und die Winkelgeschwindigkeit muss sich verdoppeln, weil ja der Drehimpuls erhalten bleibt. Mathematisch kann man das so formulieren: $\vec{L} = I \cdot \vec{\omega} = ½ I \cdot 2\vec{\omega}$ = konstant. Wenn die Eisläuferin zusätzlich ein Bein zu Hilfe nimmt, kann sie den Effekt noch verstärken.

EXPERIMENT **Drehsessel**

Mit drei ganz **einfachen Experimenten** kannst du die Erhaltung des Drehimpulses überprüfen. Du brauchst dazu einen Drehsessel oder noch besser einen Drehschemel.

Abb. 10.34

1 Nimm zwei Gewichte in die Hand (das verstärkt den Effekt) und lass dich mit ausgestreckten Armen in Drehung versetzen (Abb. 10.34). Dann zieh die Arme an. Durch das Absinken der Drehmasse erhöht sich die Drehgeschwindigkeit – wie bei der **Eisläuferin**. Wenn du die Arme wieder ausstreckst, dann hast du wieder die Ausgangsgeschwindigkeit.

Abb. 10.35

2 Wenn du ruhig auf dem Drehsessel sitzt und in der Hand ein ruhendes Rad hältst, dann ist der Gesamtdrehimpuls null und muss das auch bleiben (Abb. 10.35 a). Wenn du nun selbst das Rad in Rotation versetzt, dann beginnst du dich in die Gegenrichtung zu drehen. Beide Drehimpulse müssen sich ja aufheben. Weil deine Drehmasse viel größer ist als die des Rades, drehst du dich natürlich langsamer in die Gegenrichtung. Auf diese Weise dreht sich das Hubble-Teleskop (→ F15).

Abb. 10.36

3 Lass das **Schwungrad** von einem Helfer in Schwung bringen, ohne dass du dich dabei zu drehen beginnst (Abb. 10.36 a). Wenn du das Rad nun um 90° kippst, beginnt sich der Sessel zu drehen (b). Wenn du das Rad um 180° kippst, dann dreht sich der Sessel sogar doppelt so schnell (c). In allen drei Fällen ist die Summe der vertikalen Drehimpulse immer gleich groß.

Abb. 10.37 Die Rotation kann nicht völlig abgestoppt, sondern nur auf 1/3 reduziert werden.

Ähnlich ist das bei einem **Turmspringer**, der einen gehockten Salto macht (Abb. 10.37). Die Drehmasse bei gestreckter Position ist 3-mal so groß wie bei gehockter (Abb. 10.15). Wenn der Turmspringer den Hocksalto beendet, dann sinkt die Winkelgeschwindigkeit auf ein Drittel ab. Dadurch hast du den Eindruck, als würde die Rotation völlig aufhören. Das ist aber eine Täuschung des Auges (→ F13).

Auch bei Gesamtimpuls null sind Rotationen möglich. Aber jede Drehung hat die Gegendrehung eines anderen Teils zur Folge. Das **Hubble-Teleskop** hat innen vier Schwungräder. Wenn sich eines dieser Räder zu drehen beginnt, dann dreht sich das tonnenschwere Teleskop in die Gegenrichtung (→ F15). Der Gesamtdrehimpuls bleibt erhalten (es ist so wie in Abb. 10.35). Ein **Hubschrauber** würde sich ohne Heckrotor in Gegenrichtung des Hauptrotors drehen (→ F18). Und nach dem Prinzip von Drehung und Gegendrehung können sich auch Astronauten in Schwerelosigkeit um Längs- und Querachse drehen.

INFO **Astronauten-Tricksereien**

In **Schwerelosigkeit** ruft jede Drehung eines Körperteils eine Gegendrehung des restlichen Körpers hervor. Dadurch bleibt der Gesamtdrehimpuls null. Ein solcher **„drehmomentfreier Salto“** ist für Astronauten wichtig und daher ein fixer Bestandteil der Ausbildung. 2-mal durchgeführt lässt er einen Astronauten Kopfstehen (→ F16; Abb. 10.38).

Abb. 10.38

Abb. 10.39

Was für den Salto gilt, gilt auch für die **Schraube**. Die Bildsequenz in Abb. 10.39 zeigt einen Astronauten mit Gesamtdrehimpuls null. Er streckt zunächst seine Beine weg (b) und dreht dann den Oberkörper nach rechts (c). Die Beine antworten wegen ihrer größeren Drehmasse mit einer wesentlich kleineren Gegendrehung. Danach erhöht der Astronaut die Drehmasse der Arme und dreht den Oberkörper wieder zurück (e + f). Diesmal fällt die Gegendrehung der Beine wesentlich geringer aus. In Summe hat er seinen Körper nach rechts gedreht, ohne den Drehimpulserhaltungssatz zu verletzen.

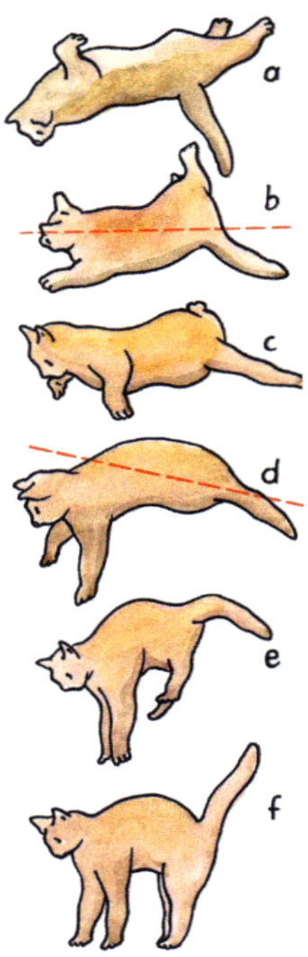

Abb. 10.40

Katzen verstehen eine ganze Menge von Mechanik und landen bei einem Sturz immer auf den Pfoten. Auch dann, wenn man sie mit den Pfoten nach oben loslässt – dieses Experiment ist nur im Dienst der Wissenschaft erlaubt! Im Prinzip macht die Katze dabei dasselbe wie der Astronaut in Abb. 10.39.

Nach einer kurzen Orientierung (a) dreht sie zuerst den Vorderkörper (a – c) und dann den Hinterkörper (c – e) in die richtige Richtung. Durch Wegstrecken der Beine und durch Verlagern der Drehachse (in b und d eingezeichnet) **erhöht** sie jeweils die **Drehmasse einer Körperhälfte sehr stark**.

Wichtige Voraussetzung: Die Wirbelsäule muss um die Längsrichtung extrem beweglich sein. Dieser Trick wird zwar durch den Schwanz erleichtert, ist aber auch ohne ihn möglich. Der Beweis: Kaninchen beherrschen ihn ebenfalls.

ZUSAMMENFASSUNG

Der Drehimpuls ist Drehmasse (Trägheitsmoment) mal Winkelgeschwindigkeit. In einem abgeschlossenen System ist die Summe aller Drehimpulse konstant. Jede beginnende Drehung hat dann die Gegendrehung eines anderen Teils zur Folge.

10.5 Sehr lange Arbeitstage

Drehenergie

In diesem Abschnitt geht es um die Drehenergie. Sie ist das Gegenstück zur kinetischen Energie bei der Translation.

F19 ● Ein Hohlzylinder mit gleicher Masse rollt auf der schiefen Ebene langsamer hinunter als ein Vollzylinder (Abb. 10.9). Kannst du das auch aus Sicht des Energieerhaltungssatzes erklären?

F20 ● Durch die Gezeitenreibung verliert die Erde an Drehgeschwindigkeit. Jeder Tag wird im Vergleich zum Vortag um winzige 50 Nanosekunden länger. Wie ist das mit dem Drehimpulserhaltungsatz zu vereinbaren?

Auch die kinetische Energie der Translation hat ein Gegenstück bei der Rotation, nämlich die **Rotationsenergie**. Die Masse wird hierbei durch die Drehmasse und die Geschwindigkeit durch die Winkelgeschwindigkeit ersetzt. Mathematisch formuliert man das so:

FORMEL Rotationsenergie (Drehenergie)

$$E_{rot} = \frac{I \cdot \omega^2}{2}$$

I ... Drehmasse
ω ... Winkelgeschwindigkeit

$[E_{rot}] = [I] \cdot [\omega^2] = \frac{kg \cdot m^2}{s^2} = J$
$[I] = kg \cdot m^2$
$[\omega] = \frac{1}{s} = s^{-1}$

Wie ist das mit den Zylindern in Abb. 10.9? Beide haben zu Beginn nur potenzielle Energie. Am unteren Ende der schiefen Ebene hat sich diese in E_{kin} und E_{rot} umgewandelt. Der **Hohlzylinder** hat eine **größere Drehmasse**. Warum? Weil bei gleicher Masse diese weiter von der Drehachse entfernt ist. Der Hohlzylinder hat also mehr Rotationsenergie. Deshalb muss seine kinetische Energie kleiner sein und somit auch seine Rollgeschwindigkeit (→ F19).

Die **Drehenergie der Erde** ist astronomisch groß. Wie ist es aber möglich, dass die Erde durch die Gezeitenreibung – also durch den Wechsel von Ebbe und Flut – langsamer wird? Wird dadurch nicht der **Drehimpulserhaltungssatz** verletzt (→ F20)? Nein! Man darf die Erde nicht isoliert betrachten. Sie bildet gemeinsam mit dem **Mond** ein **System**. Während sich der Drehimpuls der Erde verringert, erhöht sich der des Mondes.

INFO

Erdrotation

Schätzen wir die **Drehenergie der Erde** ab und nehmen dazu vereinfacht an, dass diese eine homogene Kugel ist. Aus Masse ($6 \cdot 10^{24}$ kg) und Radius ($6{,}37 \cdot 10^6$ m) ergibt sich dann die Drehmasse (siehe Tab. 10.1):

$$I = \frac{2}{5} \cdot m \cdot r^2 = 10^{38}\,kg \cdot m^2$$

Die **Winkelgeschwindigkeit** der Erde beträgt größenordnungsmäßig $10^{-4}\,s^{-1}$. Das ergibt für die **Drehenergie** astronomische 10^{34} J. Was kann man sich darunter vorstellen? Die **Sonne** strahlt pro Sekunde 10^{26} J ab. Obwohl die Erde also so langsam rotiert, hat sie so viel Drehenergie, wie die Sonne in 10^8 s oder rund 3 Jahren abstrahlt! Das ist sehr erstaunlich!

Wie viel Energie geht jeden Tag durch die **Gezeitenreibung** in Form von Wärme verloren? Wir müssen dazu die Winkelgeschwindigkeit genau ausrechnen.

$$E_{rot} = \frac{I \cdot (\omega_1^2 - \omega_2^2)}{2} = \frac{\frac{2}{5} \cdot m \cdot r^2 \cdot (\omega_1^2 - \omega_2^2)}{2}$$

$\omega_1^2 - \omega_2^2$ ist so winzig, dass man eine Näherungsgleichung braucht, nämlich $(8\pi^2 \cdot \Delta T)/T^3$. Das gibt etwa $6 \cdot 10^{-21}\,s^{-1}$. Für ΔE_{rot} ergibt das dann $3 \cdot 10^{17}$ J pro Tag. Der Energieverlust durch die Gezeitenreibung in einem Monat ist etwa so groß wie der **jährliche Gesamtenergiebedarf von ganz Deutschland**! Leider kann man diese Energie nicht nutzen!

INFO

Das Ende der Gezeiten

Die **Gezeiten** bremsen die **Erdrotation** und jeder Tag dauert 50 Nanosekunden länger als der Vortag. Die Erde alleine kann aber ihre Rotationsgeschwindigkeit nicht verändern. Sie ist mit dem **Mond** durch die Gravitation verbunden und als Ausgleich muss sich dessen Drehimpuls erhöhen. Der Mond wird beschleunigt und entfernt sich pro Jahr um etwa 3 cm von der Erde. Dieser Vorgang dauert so lange, bis die Erde dem Mond immer dieselbe Seite zuwendet. Dann stehen die Flutberge relativ zur Erde still (nur die kleinere Gezeitenwirkung der Sonne würde übrig bleiben).

Vor etwa 400 Millionen Jahren hatte ein Jahr noch 400 Tage. Erst wenn der Mond 1,5-mal so weit weg ist wie heute, werden die Tage nicht mehr länger. Dann allerdings ist die Erde so langsam geworden, dass sie sich in einem Jahr nur mehr knapp 7-mal um die eigene Achse drehen wird. Das wären verdammt lange Arbeitstage!

ZUSAMMENFASSUNG

Die Drehenergie ist eine besondere Form der kinetischen Energie und sie unterliegt, wie auch alle anderen Energieformen, dem Energieerhaltungssatz.

10.6 Der Schein trügt

Kräfte in rotierenden Systemen

In diesem Abschnitt geht es um Kräfte, die bei Rotationen auftreten. Es ist ziemlich schwer, diese Kräfte zu verstehen, weil sie scheinbar unseren Alltagserfahrungen widersprechen.

Abb. 10.41

F21 ◒ Was versteht man beim Rennfahren unter dem „Schneiden" einer Kurve und warum wird das gemacht?

F22 ● Allo Diavolo fuhr 1901 als erster Mensch mit dem Fahrrad durch einen Looping. Wie kann man erklären, dass er am höchsten Punkt nicht runterfiel?

F23 ● Auf dem Jahrmarkt sieht man manchmal Zylinderkarusselle (Abb. 10.42). Durch die Rotation fühlen sich die Personen gegen die Wand gepresst, und man kann sogar den Boden wegklappen. Welche Kräfte wirken aus deiner Sicht, wenn du von außen deinen Freund betrachtest.

F24 ◒ Man sagt ja, dass um die Erde kreisende Astronauten schwerelos sind. Heißt das also, dass es dort keine Schwerkraft mehr gibt? Und gibt es eine Möglichkeit, durch Rotation künstliche Schwerkraft zu erzeugen?

Abb. 10.43

F25 ◒ Welche Kurve wird der Ball aus deiner Sicht beschreiben, wenn du auf einer rotierenden Scheibe stehst? Und wie ist das für eine Person, die nicht auf der Scheibe steht?

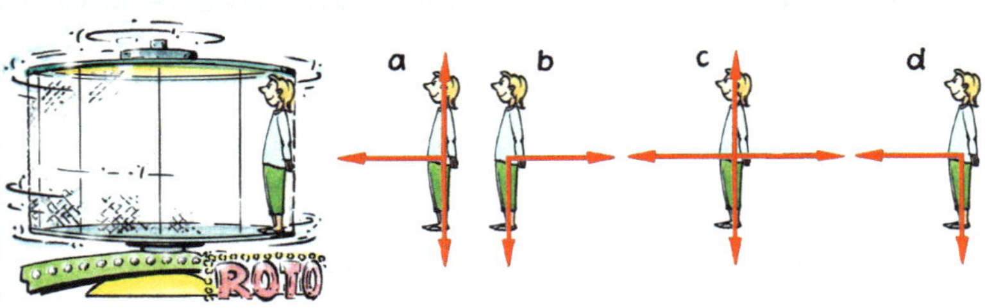

Abb. 10.42

Abb. 10.44

Die Geschichte von **Zentripetal- und Zentrifugalkraft** ist voll von Missverständnissen. Wir fangen zunächst einmal an, alles aus der Sicht eines **ruhenden Beobachters** zu betrachten, der sich nicht mitdreht. Zur Erinnerung: Wenn ein Gegenstand seine Geschwindigkeit ändert, wenn er also beschleunigt wird, dann wirkt eine Kraft auf ihn. Oder anders formuliert: $\vec{F} = m \cdot \vec{a}$. Das ist die Bewegungsgleichung (Kap. 7.3).

Wenn sich zum Beispiel ein Auto auf einer Kreisbahn bewegt, dann dreht sich der **Geschwindigkeitsvektor** (Abb. 10.45). Das Auto wird beschleunigt und dazu ist eine Kraft notwendig. Diese Kraft zeigt immer zum Mittelpunkt der Kreisbahn. Man nennt sie **Zentripetalkraft**. Salopp übersetzt bedeutet das „zum Zentrum zeigende Kraft". Um die Kreisbahn des Autos aus der Sicht eines ruhenden Beobachters erklären zu können, ist also eine Kraft notwendig, die nach innen zeigt!

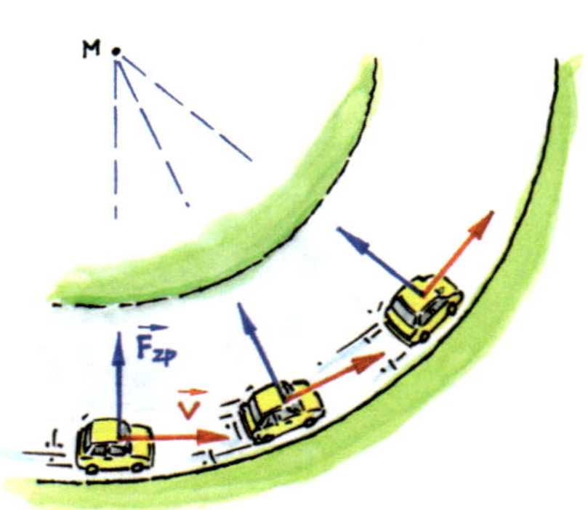

Abb. 10.45 Die Zentripetalkraft $\vec{F}_{ZP}$ steht immer senkrecht auf $\vec{v}$. Daher wird $\vec{v}$ bei gleichem Betrag gedreht.

FORMEL Zentripetalkraft

$$F_{ZP} = m \cdot \frac{v^2}{r} = m \cdot \frac{(\omega \cdot r)^2}{r} = m \cdot \omega^2 \cdot r$$

m	… Masse	$[m] = \mathrm{kg}$
r	… Radius der Kreisbahn	$[r] = \mathrm{m}$
v	… Tangentialgeschwindigkeit	$[v] = \frac{\mathrm{m}}{\mathrm{s}}$
ω	… Winkelgeschwindigkeit	$[\omega] = \frac{1}{\mathrm{s}} = \mathrm{s}^{-1}$

$[F] = \mathrm{N}$

INFO

Zentripetalkraft

Wie groß ist die **Zentripetalkraft**? Bestimmen wir zuerst geometrisch die **Zentripetalbeschleunigung**. Erinnere dich an Folgendes:

1 Die **Tangentialgeschwindigkeit** steht immer senkrecht auf den Kurvenradius (Abb. 10.46).

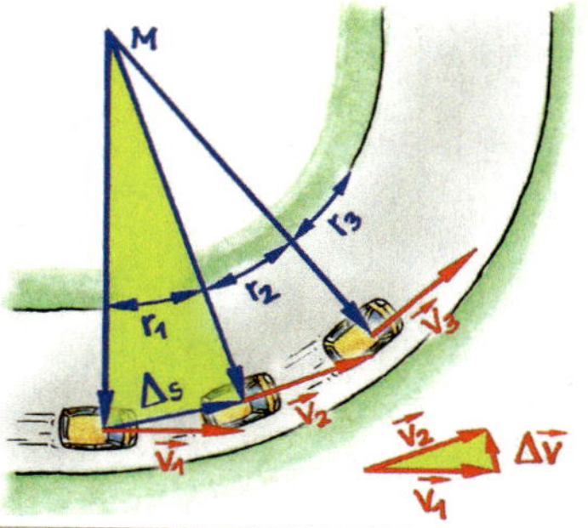

Abb. 10.46

2 $v = \Delta s / \Delta t$ und daher ist $\Delta s = v / \Delta t$

3 Für die Beschleunigung gilt immer: $a = \Delta v / \Delta t$

In der Zeit Δt legt das Auto den Weg Δs zurück und ändert dabei die Geschwindigkeit um Δv (Abb. 10.47). Das gelbe Dreieck $r_1 \cdot r_2 \cdot \Delta s$ und das gelbe Dreieck $v_1 \cdot v_2 \cdot \Delta v$ sind ähnlich (für das zweite Dreieck wurden die Vektoren parallel verschoben). Daher gilt

$$\frac{\Delta v}{v} = \frac{\Delta s}{r} = \frac{v \cdot \Delta t}{r} \Rightarrow \frac{\Delta v}{\Delta t} = \frac{v^2}{r} = a$$

Die **Zentripetalbeschleunigung** ist also $a_{ZP} = v^2/r$. Da für jede Kraft $F = m \cdot a$ gilt, ist die Zentripetalkraft daher $F_{ZP} = m \cdot v^2/r$.

Die **Zentripetalkraft ist keine spezielle Kraft** wie etwa die Gravitation. Der Name gibt nur an, in welche Richtung sie wirkt. Es kann sich dabei um eine Reibungskraft handeln wie beim Auto, eine Gravitationskraft wie beim Raumschiff im Orbit oder um die Kraft, mit der die Wand des Karussells auf dich drückt. Die **Zentripetalkraft** setzt sich aus den wirklich am Körper angreifenden Kräften zusammen und **ist nicht eine Kraft, die zusätzlich zu diesen wirkt!**

Warum **„schneiden"** Rennfahrer die Kurven (→ F21)? Es gibt eine maximale Zentripetalkraft, die durch die **Haftreibung** begrenzt ist. Wird sie überschritten, fliegt man aus der Kurve (Abb. 10.5). Durch das Schneiden wird der Radius der Kreisbahn größer, und man kann bei gleicher F_{ZP} schneller fahren (Abb. 10.47). Wenn man den Radius verdoppelt, kann man die Geschwindigkeit um 41% erhöhen. Rechne nach!

Wie ist das mit dem **Looping** (→ F22)? Überlegen wir einmal qualitativ. Nimm an, dass die rechte Seite des Loopings fehlt (Abb. 10.48). Die Geschwindigkeit von Allo Diavolo muss am höchsten Punkt so groß sein, dass seine Flugparabel **außerhalb des Loopings** liegt (grün). Ist die Geschwindigkeit zu klein, dann liegt die Flugparabel **innerhalb des** Loopings (rot), und er würde den Boden über den Rädern verlieren. Er würde zwar wieder gegen den Looping prallen, aber kontrolliert wäre das nicht mehr. Die Minimalgeschwindigkeit, mit der er gerade noch durch den Looping fahren kann, ohne dass er den Bodenkontakt verliert, kann man natürlich auch berechnen.

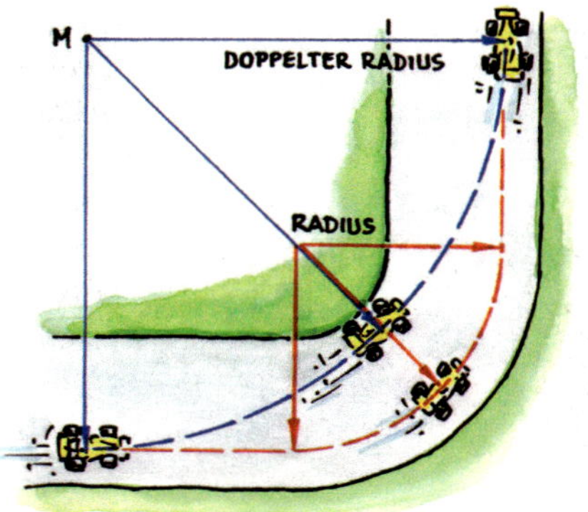

Abb. 10.47 Radiusvergrößerung durch Kurvenschneiden

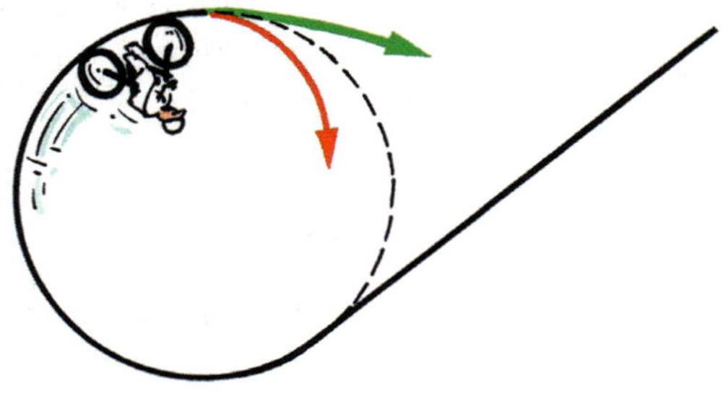

Abb. 10.48 Flugparabeln bei offenem Looping

INFO

Loop the Looping

Die **Zentripetalkraft** setzt sich aus den wirklich am Körper angreifenden Kräften zusammen. Am höchsten Punkt sind das die **Gravitationskraft $\vec{F_G}$** und die **Normalkraft $\vec{F_N}$**. Die Normalkraft entsteht durch den Druck der Loopingbahn auf das Rad. Beide zusammen ergeben die Zentripetalkraft (Abb. 10.49 a). Daher gilt:

$$\vec{F_N} + \vec{F_G} = \vec{F_{ZP}} \Rightarrow F_N + m \cdot g = m \cdot \frac{v^2}{r}$$

Im Grenzfall ist die Geschwindigkeit so gering, dass die Normalkraft völlig verschwindet. Die Zentripetalkraft kommt dann nur durch $\vec{F_G}$ zustande (b).

$$g = \frac{v^2}{r} \Rightarrow v = \sqrt{g \cdot r}$$

Wenn wir annehmen, dass der Looping einen Radius von 3 m hat, dann ergibt das eine **Grenzgeschwindigkeit** von etwa 5,5 m/s, mit der sich Allo Diavolo an der höchsten Stelle mindestens bewegen muss. Ist er langsamer, bewegt er sich entlang der roten Kurve (Abb.10.48).

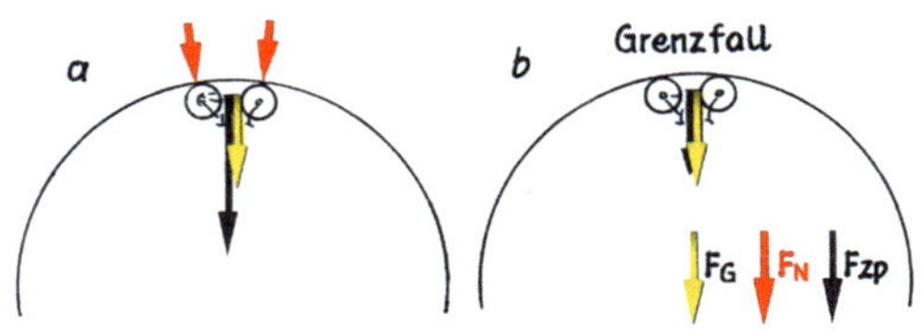

Abb. 10.49

Die Frage mit dem **Zylinderkarussell** (→ F 23) ist eine harte Nuss. Bedenke: Du betrachtest deinen Freund von außen. Wenn dieser nicht nach unten rutscht, dann muss die **Schwerkraft** durch eine Gegenkraft kompensiert sein. Diese Kraft ist die **Reibungskraft**. Somit heben sich die vertikalen Kräfte auf und er rutscht nicht. Für die Kreisbahn ist außerdem wieder die nach innen gerichtete **Zentripetalkraft** notwendig. Also ist Abb. 10.42 a richtig!

Und jetzt kommen wir zur ominösen **Zentrifugalkraft**. Stell dir vor, auf einer rotierenden Scheibe ist eine Kugel an einer Feder montiert (Abb. 10.50). Der Beobachter außen (a) sagt: „Die Kugel beschreibt eine Kreisbahn. Dazu ist eine Zentripetalkraft notwendig. Sie zeigt nach innen." Diese Sichtweise kennst du schon. Der mitrotierende Beobachter (b) sagt aber: „Scheibe und Kugel sind in Ruhe. Alle Kräfte sind im Gleichgewicht. Die Federkraft wird von einer Kraft ausgeglichen, die von mir weg zeigt." Diese Kraft nennt man Zentrifugalkraft ($\vec{F_{ZF}}$). Es gilt: $\vec{F_{ZP}} = -\vec{F_{ZF}}$

Stell dir nun vor, dass die Befestigung der Kugel abreißt (Abb. 10.51). Der Beobachter außen (a) sagt: „Auf die Kugel wirken keine Kräfte und sie fliegt tangential weg". Der rotierende Beobachter (b) sagt: „Die Kugel fliegt durch die Zentrifugalkraft nach außen weg."

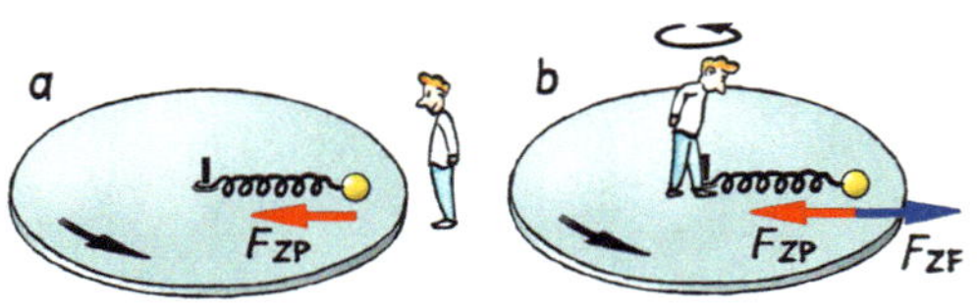

Abb. 10.50

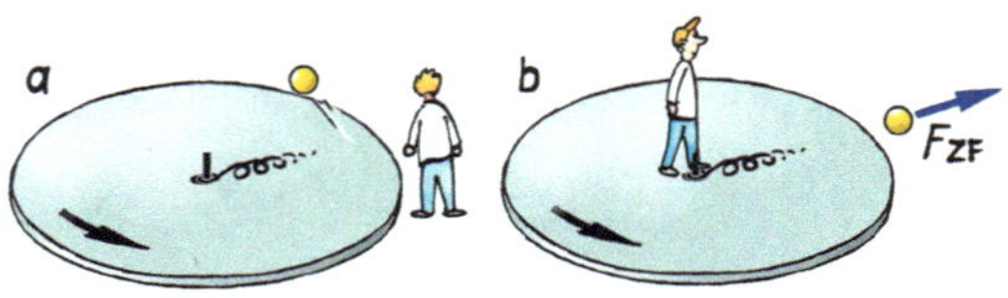

Abb. 10.51

Du siehst, dass die Zentrifugalkraft nur für einen rotierenden Beobachter existiert. In einem Inertialsystem gibt es diese Kraft nicht! Man nennt die Zentrifugalkraft daher auch eine **Scheinkraft**. Damit meint man Kräfte, die nur in bestimmten Bezugssystemen existieren. Damit meint man aber nicht, dass sie gar nicht existiert. Schließlich kannst du sie in einer Kurve tatsächlich spüren. Aber was spürst du da eigentlich? Begeben wir uns jetzt ins rotierende System!

Warum fühlt sich ein **Astronaut** in der Umlaufbahn **schwerelos** (→ F 24)? Weil Zentripetalkraft (die Gravitation) und Zentrifugalkraft aus Sicht des kreisenden Astronauten einander aufheben (Abb. 10.52 a). Oder anders erklärt: Im Orbit befindest du dich im freien Fall und dann verschwindet die Gravitation immer (siehe Kap. 6.1).

In Science-Fiction-Filmen sehr beliebt ist die **künstliche Gravitation**. Die einzige technisch machbare Lösung ist eine mit Hilfe von Beschleunigung. Wenn man etwa eine ringförmige Raumstation mit der richtigen Geschwindigkeit dreht, dann kann man 1 *g* erzeugen und es herrschen Erdverhältnisse (Abb. 10.52 b). Aber wie können Schwerelosigkeit und 1 *g* auf praktisch gleiche Weise zustande kommen? Das ist doch paradox!

Der Unterschied liegt darin, wie die Zentripetalkraft für die Insassen entsteht! Im Fall a greifen Zentrifugalkraft und Zentripetalkraft (Gravitation) an **jedem einzelnen Atom** deines Körpers an und heben einander dort auf (Abb. 10.52 a). Das macht dich schwerelos. Im Fall b greift die Zentrifugalkraft zwar auch an jedem Atom deines Körpers an, aber die Zentripetalkraft (Normalkraft) der Raumstation drückt nur auf deine Füße. Dadurch wird dein Körper verformt und das kannst du spüren.

Du kannst Kräfte, die an allen Atomen angreifen, nicht spüren. Egal ob es nun die Gravitation ist (etwa im freien Fall), die Zentrifugalkraft (wie bei Abb. 10.51 b) oder eine Kombination von beiden (Abb. 10.53 a). Es klingt absurd, weil du es anders empfindest, aber du spürst in einer Kurve eigentlich, **dass die Zentripetalkraft nicht an derselben Stelle angreift wie die Zentrifugalkraft** (Abb. 10.53 b). Das ist schwer zu verstehen, aber es lohnt sich, ein wenig darüber nachzudenken!

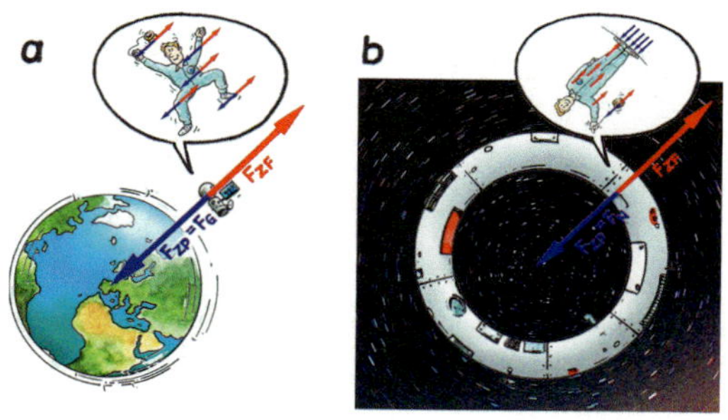

Abb. 10.52 Schwerelosigkeit und 1 g entstehen scheinbar auf gleiche Weise.

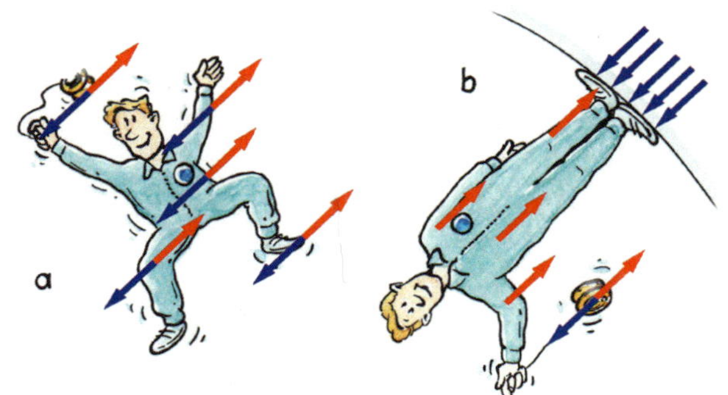

Abb. 10.53 Vergrößerung aus Abb. 10.52

Bei frisch gemolkener Milch setzt sich nach einiger Zeit der Rahm oben ab, weil er leichter ist als die Magermilch. Beim Blut ist es ähnlich: Die leichten, flüssigen Bestandteile steigen auf und die festen sinken ab. Könntest du die Gravitation erhöhen, dann würden diese Vorgänge wesentlich schneller ablaufen. Nach diesem Prinzip funktioniert eine **Zentrifuge**. Durch die Rotation erzeugst du eine **gewaltige Zentrifugalkraft**, die praktisch wie eine künstliche Schwerkraft wirkt (wie in Abb. 10.52 b). So wird zum Beispiel Blut mit 700 g zentrifugiert, um es in seine Bestandteile zu zerlegen.

INFO

Corioliskraft

Neben der **Zentrifugalkraft** tritt in rotierenden Systemen noch eine zweite Scheinkraft auf, die sogenannte **Corioliskraft**. Sie wirkt auf bewegte Gegenstände und ihre Wirkungsweise kann man mit einem Wurf auf einer rotierenden Scheibe erklären (→ F25)? Für die **Person außen** fliegt der Ball geradewegs zur anderen Fahne und somit rechts an deinem Freund vorbei (Abb. 10.54 a).

Abb. 10.54

Für **dich auf der Scheibe** drehen sich die Fahnen scheinbar im Uhrzeigersinn. Der Ball fliegt zur Fahne und daher in eine Kurve nach rechts (b). Auf den Ball wirkt also **eine scheinbare Kraft, die quer zur Flugrichtung steht.** Die Corioliskraft spielt auf der Erde meist keine Rolle, weil sich diese so langsam dreht. Nur bei den Winden ist sie zu merken. Durch die Corioliskraft entstehen nämlich die riesigen Wolkenspiralen (Abb. 10.55). Ohne diese Kraft würden die Winde gerade wehen.

Abb. 10.55 Ein spiralförmiges Tiefdruckgebiet

ZUSAMMENFASSUNG

In rotierenden Systemen treten zwei Scheinkräfte auf. Die Zentrifugalkraft zeigt von der Drehachse weg. Die Corioliskraft wirkt auf bewegte Gegenstände und zeigt quer zur Bewegungsrichtung. Beide Kräfte verschwinden, wenn man sich in einem Inertialsystem befindet.

10.7 War einmal ein Bumerang

Der Kreisel

In diesem Abschnitt geht es darum, warum Kreisel sich so eigenartig verhalten. Außerdem geht es um die legendären Bumerangs.

F 26 ○ Was passiert mit der Geschwindigkeit eines Gegenstandes, wenn eine Kraft in Bewegungsrichtung wirkt beziehungsweise quer dazu?

F 27 ◒ Pistolen- und Gewehrkugeln bekommen beim Abschuss einen Drall mit. Warum macht man das? → L

F 28 ● Stimmt die folgende Behauptung? Der Bumerang ist eine Jagdwaffe der Aborigines in Australien, die den Vorteil hat, dass sie nach einem Fehlwurf wieder zurückkommt. → L

Zur Erinnerung: Die **Winkelgeschwindigkeit** wird durch einen Vektor beschrieben, dessen Richtung mit der rechten Hand bestimmt werden kann (siehe Abb. 10.3). Für das **Drehmoment** gilt dasselbe (Abb. 10.19). In Abb. 10.56 a siehst du den Vektor der Winkelgeschwindigkeit eines rotierenden Kreisels. Bei b siehst du einen nicht rotierenden Kreisel, der schwerkraftbedingt gerade umfällt. Der Drehmomentvektor, der das Kippen verursacht, zeigt in die Buchebene hinein. Überprüfe das mit Hilfe der rechten Hand.

Um nun das eigenartige Verhalten eines Kreisels zu verstehen, gehen wir noch einmal zur Translation zurück (→ F 26). Wenn auf einen Gegenstand eine **Kraft in Bewegungsrichtung** wirkt, dann wird seine **Geschwindigkeit größer**. Das ist zum Beispiel der Fall, wenn du auf einem Tretroller Schwung gibst (Abb. 10.57 a). Wenn auf einen Gegenstand eine **Kraft quer zur Bewegungsrichtung** wirkt, dann dreht sich der **Geschwindigkeitsvektor** bei gleicher Länge. Das ist zum Beispiel bei einem Auto in der Kurve so (Abb. 10.57 b). Die Länge des Vektors, also sein Betrag, bleibt dabei jedoch gleich.

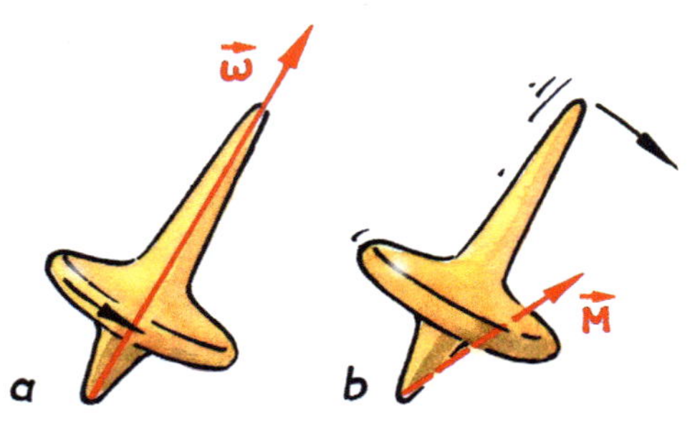

Abb. 10.56 Der Drehmomentvektor $\vec{M}$ bei b zeigt in die Buchebene hinein.

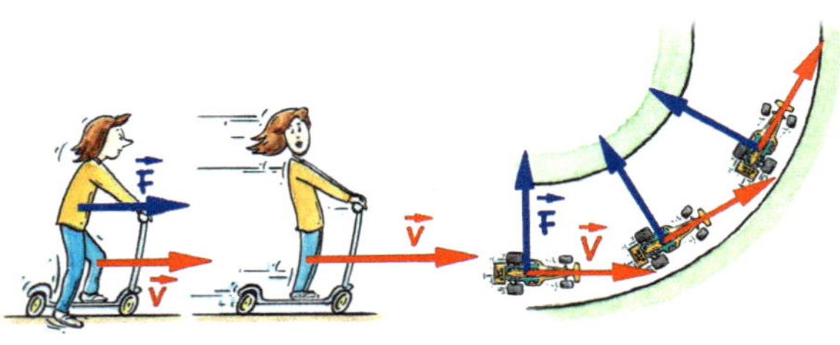

Abb. 10.57

Bei **Drehmoment ($\vec{M}$) und Winkelgeschwindigkeit ($\vec{\omega}$)** ist es ganz ähnlich. Wenn $\vec{M}$ und $\vec{\omega}$ **parallel** stehen, dann wird die Winkelgeschwindigkeit größer. Das ist der Fall, wenn du auf einem Karussell Schwung gibst (Abb. 10.58). Wenn $\vec{M}$ und $\vec{\omega}$ aber **senkrecht aufeinander stehen**, dann wird der Vektor der Winkelgeschwindigkeit bei gleicher Länge gedreht. Und das ist eben bei einem Kreisel der Fall. Man würde bei Abb. 10.59 a erwarten, dass die Achse durch die Schwerkraft nach rechts kippt, aber sie kippt im rechten Winkel dazu – in diesem Fall nach hinten.

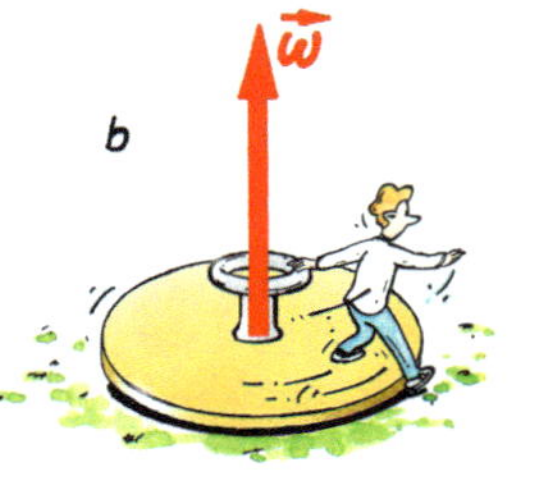

Abb. 10.58 Die Vektoren der Winkelgeschwindigkeit $\vec{\omega}$ und des Drehmoments $\vec{M}$ stehen senkrecht aufeinander.

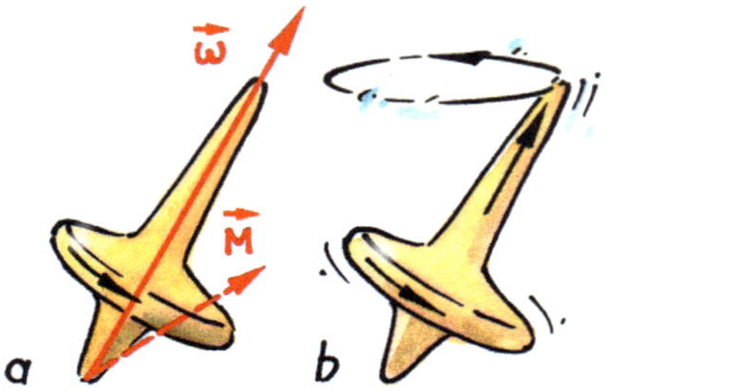

Abb. 10.59 Die Vektoren der Winkelgeschwindigkeit $\vec{\omega}$ und des Drehmoments $\vec{M}$ stehen senkrecht aufeinander.

Ein rotierender Gegenstand weicht der erwarteten Bewegung immer im rechten Winkel aus. Oder anders ausgedrückt: Die Kräfte, die an einem Kreisel angreifen, wirken sich scheinbar um 90° in Rotationsrichtung verdreht aus. Dadurch entsteht eine kreisende Achsenbewegung, die man **Präzession** nennt (Abb. 10.59 b).

Diese Präzession ermöglicht zum Beispiel den Rückkehrflug eines **Bumerangs**. Dieser wird beinahe senkrecht abgeworfen, dass der sogenannte Startwinkel beinahe 0° beträgt (Abb. 10.60). Ein Bumerang besteht aus zwei oder mehr Tragflächen und ist somit ein **Kreisel mit Flügeln** (Abb. 10.61 a). Wenn er rotierend durch die Luft fliegt, dann strömt diese von den Stirnkanten an und erzeugt an den Tragflächen einen **Auftrieb** (Abb. 10.61 b). Weil sich der obere Arm durch die Rotation in Flugrichtung bewegt und der untere dagegen, ist die Anströmgeschwindigkeit der Luft oben größer als unten (in Abb. 10.62 a in m/s angegeben). Deshalb erhält der obere Arm auch den größeren Auftrieb (b).

Man würde nun erwarten, dass der Bumerang nach links kippt, wie in Abb. 10.62 c dargestellt. Die Kräfte, die an einem Kreisel angreifen, wirken sich aber um 90° in Rotationsrichtung verdreht aus. Daher kippt der Bumerang so wie in Abb. 10.62 d. Er lenkt gewissermaßen wie ein Rad ein und beschreibt dadurch seine Kreisbahn.

Abb. 10.60 Wie man den Bumerang richtig wirft.

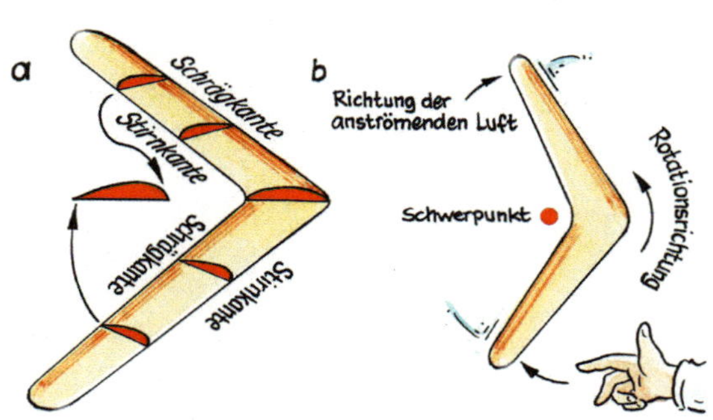

Abb. 10.61 Profil eines Bumerangs und wie die Luft anströmt.

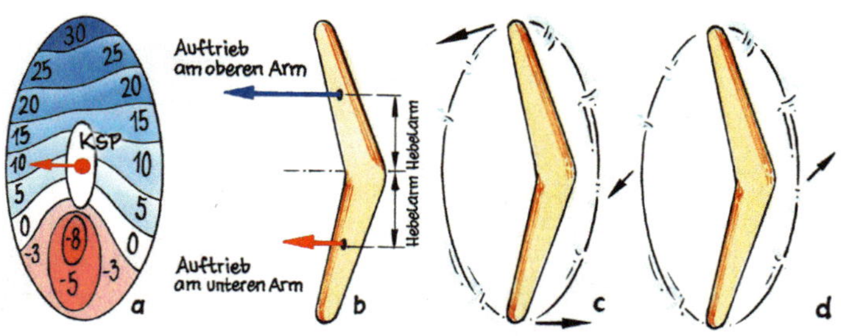

Abb. 10.62 Warum der Bumerang die Kurve kratzt.

EXPERIMENT **Zimmerbumerang**

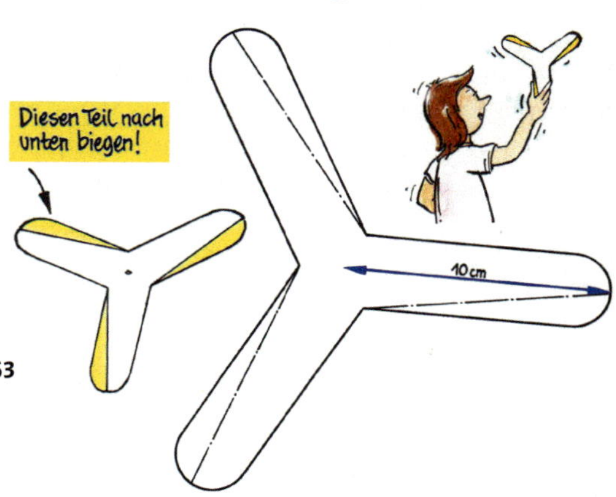

Abb. 10.63

In der Abb. 10.63 siehst du einen sogenannten **Zimmerbumerang**, Karton mit 350 g/m² wäre ideal. Da du kein Profil einarbeiten kannst, musst du den Karton an den gekennzeichneten Linien nach unten biegen, um eine Art Tragflächenprofil zu erzeugen.

Der Durchmesser der Flugbahn liegt bei rund 2 m. Schwierig ist der richtig ausgeführte Wurf. Du musst vor allem aus dem Handgelenk werfen, um dem Bumerang viel Rotation mitzugeben. Sei geduldig, die Rückkehr klappt erst mit ein wenig Übung!

Teste dich

F29 ◒ Ein Auto fährt durch eine Kurve, deren engster Radius 15 m beträgt. Welche Zentripetalbeschleunigung wirkt bei einem Tempo von 30, 60, 90 und 120 km/h?
Und welche dieser Beschleunigungen ist realistisch? → L

F30 ◒ Was macht die Zwirnrolle in Abb. 10.18, wenn die Wirkungslinie genau durch den Auflagepunkt geht und warum? → L

F31 ● Die Einheit des Drehmoments ist das Newtonmeter. Das ist dieselbe Einheit wie die der Arbeit. Ist das Drehmoment daher eine Arbeit? → L

F32 ○ Zeichne in Abb. 10.21 die Drehmomentsvektoren ein. → L

F33 ● Früher hieß es, dass afroamerikanische Sprinter deswegen so gut sind, weil sie längere Fersenbeine besitzen. Was ist dazu aus physikalischer Sicht zu sagen? → L

F34 ● Die Eisläuferin zieht ihre Arme an und erhöht dabei ihre Winkelgeschwindigkeit. Was ist mit dem Drehimpuls und der Drehenergie? Verändern sie sich? → L

F35 ● Versuche die Gleichung für die Drehmasse abzuleiten. Gehe von den Gleichungen für die kinetische Energie und die Bahngeschwindigkeit aus und nimm an, dass sich ein rotierender Gegenstand aus vielen kleinen Massenpunkten zusammensetzt. → L

F36 ● Um wie viel Meter muss der Anlauf von Allo Diavolo über dem Looping liegen, damit er diesen schaffen kann? → L

Abb. 10.64

F37 ● Eine Raumstation (Abb. 10.64) hat einen Radius von 90 m. Wie schnell muss sie rotieren, damit die Zentripetalkraft 1 *g* beträgt? Wie würde sich die künstliche Schwerkraft auswirken? → L

F38 ◒ Stimmt es, dass das Wasser aus dem Waschbecken auf der Nordhalbkugel im Uhrzeigersinn und auf der Südhalbkugel gegen den Uhrzeigersinn ausläuft? Und dass sich Eisenbahnschienen unterschiedlich abnützen und Flussufer durch die Corioliskraft unterschiedliche Erosion aufweisen? → L

F39 ● Leite die Gleichung für die Tangentialgeschwindigkeit ab. Gehe dabei von der allgemeinen Gleichung für die Geschwindigkeit aus. → L

F40 ◒ In Abb. 10.65 siehst du ein Autobahnkreuz. Die kleeblattförmigen Zu- und Abfahrten sind nicht kreisrund, sondern etwas gestaucht. Was hat das für einen Grund? → L

Abb. 10.65

F41 ◒ Du hast zwei gleich große und gleich schwere Eier. Eines ist gekocht, das andere roh. Du lässt sie eine schiefe Ebene runterrollen. Welches kommt schneller unten an? Begründe mit der Rotationsenergie sowie mit der Drehmasse. → L

F42 ○ Bei ihrem Vorbeiflug am Planeten Uranus 1986 begann die Raumsonde Voyager 2 immer dann zu rotieren, wenn an Bord ein Kassettenrekorder eingeschaltet war. Wie kann man diesen eigenartigen Effekt erklären? → L

11 Newtons Gravitationsgesetz

Hier beschäftigen wir uns mit einer der weitreichendsten Verallgemeinerungen, die der Menschenverstand je getroffen hat: Alles im Universum folgt dem raffiniert einfachen Gesetz der Gravitation! Jeder Gegenstand zieht jeden Gegenstand an! Der Mann, der diese Entdeckung machte, ist einer der größten Physiker, die jemals gelebt haben: Sir Isaac Newton.

11.1 Ein genialer Wurf

Das Gravitationsgesetz

Eine der wichtigsten Fragen, die Physiker beschäftigt, lautet: Warum? In diesem Abschnitt geht es unter anderem um die Frage: Warum fällt der Mond nicht vom Himmel? Und Newton fand als Erster eine Antwort darauf.

Abb. 11.1

F1 ◒ Angenommen, du besitzt Superkräfte. Ist es möglich, dass du von einem hohen Berg einen Apfel so schnell abwirfst, dass er die ganze Erde umrundet, wenn wir den Luftwiderstand vernachlässigen (Abb. 11.1)?

F2 ◒ Gelten überall im Universum dieselben mechanischen Gesetze? Wenn ja, warum fällt ein Apfel zu Boden, der Mond aber nicht? Warum fallen die Planeten nicht vom Himmel? Warum bleibt dieses Buch nicht am Tisch „kleben" und die Seiten nicht aneinander? Warum wirst du von deinem Sitznachbarn nicht angezogen?

Abb. 11.2 Ein Stern und ein Schwarzes Loch mit gleicher Masse. Die Maßstäbe stimmen nicht, damit man diese besser darstellen kann.

F3 ● Im Weltall schwebt ein Tisch, auf den du die Erde legst. Wie viel würde sie wiegen? Und wie viel würde sie wiegen, wenn sie bei gleichem Radius die doppelte Masse hätte?

F4 ○ Was besagt das dritte Newton'sche Axiom (siehe Kap. 7.5) und was versteht man unter der Zentripetalkraft (Kap. 10.4.4)?

F5 ◒ Du leuchtest mit einer Taschenlampe an eine Wand. Der Lichtfleck hat eine bestimmte Helligkeit! Wie groß ist diese, wenn die Wand doppelt so weit weg ist?

F6 ● Welche Masse hat die Erde? Kannst du dir vorstellen, woher man das eigentlich weiß? Und wie weit muss man sich von der Erde entfernen, damit keine Gravitation mehr wirkt?

F7 ◒ Einmal befindest du dich in der Nähe eines Sterns (Abb. 11.2 a), einmal bei einem Schwarzen Loch mit derselben Masse (b). In welchem Fall ist die Gravitation größer? Oder ist es egal? Kannst du das begründen?

Dass die **Erde** alle Gegenstände anzieht, weiß man aus Erfahrung. Wie ist das aber zwischen Erde und Mond oder zwischen Sonne und Planeten? Johannes Kepler lieferte mit seinen Gesetzen (→ INFO Kepler'sche Gesetze) ab **1609** das „Wie" zu den Planetenbahnen. Es dauerte aber bis **1687**, bis uns Newton das fehlende „Warum" liefern konnte! Früher glaubte man, dass am Himmel andere Gesetze herrschen als auf der Erde, denn der Mond und die Planeten fallen ja bekanntermaßen nicht vom Himmel.

Abb. 11.3

Und jetzt kommt der **berühmte Apfel** ins Spiel. Angeblich beobachtete Newton unter einem Baum liegend den Mond, als ihm ein Apfel auf den Kopf fiel. Und da hatte er diese großartige Idee: Er verstand in diesem Augenblick die Bewegung des Mondes als ein „Fallen um die Erde". Er kam zu dem Schluss, dass die Umlaufbahn des Mondes und der Fall des Apfels auf dieselben Gesetzmäßigkeiten zurückzuführen sind, nämlich auf die **Gravitation zwischen allen Gegenständen.**

Wie soll man sich das vorstellen? Wenn du einen Apfel einfach loslässt, dann fällt er aufgrund der Gravitation zu Boden. Wenn du ihn wirfst, fliegt er umso weiter, je schneller er ist (Abb. 11.4). Der Grund, dass er schließlich doch zu Boden fällt, ist immer noch derselbe: die Gravitation der Erde. Bei einer horizontalen **Abwurfgeschwindigkeit** von **knapp 8 km/s** passiert nun aber etwas Verblüffendes: Der Apfel bewegt sich auf einer Kreisbahn um die Erde (→ F1). Was lässt ihn auf der **Kreisbahn** fliegen? Die Gravitation der Erde! Der Apfel befindet sich immer noch im freien Fall! Seine Bewegung verläuft genau **parallel zur Erdoberfläche**. Gegenstände, die so schnell um die Erde fliegen, dass sie nicht aufprallen, nennt man Satelliten (Abb. 11.4 bis 11.6)!

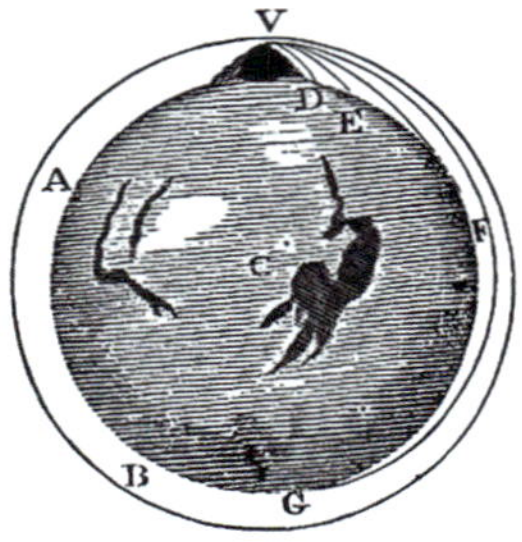

Abb. 11.4 Flugbahnen bei verschiedenen Abwurfgeschwindigkeiten. Es handelt sich hier um eine Originalzeichnung Newtons aus seinem Buch **Philosophiae Naturalis Principia Mathematica** von 1687.

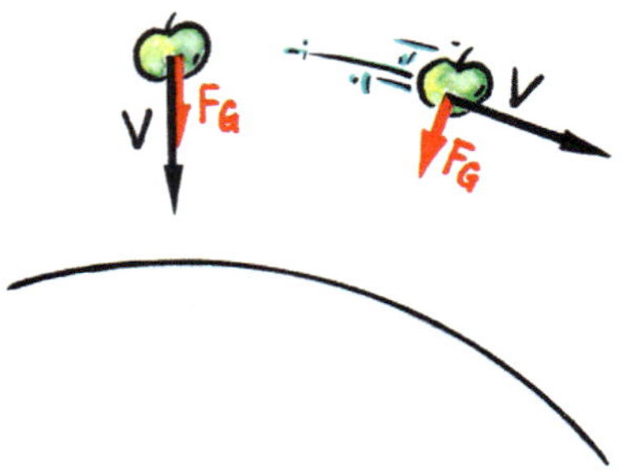

Abb. 11.5 Bei einem „normalen" Apfel wirkt die Gravitationskraft in Bewegungsrichtung (links). Dadurch wird die Fallgeschwindigkeit größer. Bei einem „Satellitenapfel" wirkt aber die Gravitationskraft immer quer zur Bewegungsrichtung (rechts) und dreht den Geschwindigkeitsvektor bei gleicher Länge.

Abb. 11.6 Die internationale Raumstation ISS ist ebenfalls ein Satellit – wenn auch ein sehr großer! Sie ist zur Zeit das größte künstliche Objekt im Erdorbit (Stand 2019) und kreist in rund 400 km Höhe.

Damit aus einer **Hypothese** eine Theorie oder ein **Gesetz** wird, muss man sie belegen können (Kap. 1.2). Newton konnte das, denn er stand auf den Schultern von Riesen: einerseits auf seinen eigenen und andererseits auf denen von Kepler. Wir werden die Überlegungen, die zur Formulierung des **Gravitationsgesetzes** geführt haben, kurz nachvollziehen. Fangen wir mit dem Gewicht der Erde an (→ F3)!

Ein Tisch mit zum Beispiel 20 kg wiegt auf der Erde rund 200 N. Erde und Tisch ziehen einander aber mit derselben Kraft an. Das besagt das 3. Newton'sche Gesetz! Also wiegt die Erde auf dem Tisch ebenfalls 200 N (Abb. 7.21, Kap. 7.4.1). Oder anders gesagt: **Die gegenseitige Anziehungskraft beträgt 200 N.**

Wenn der Tisch die **doppelte Masse** hat, dann ist er klarerweise auch **doppelt so schwer**. Somit ist aber auch die gegenseitige Anziehungskraft doppelt so groß, also 400 N. Wenn der Tisch die dreifache Masse hat, dann beträgt die gegenseitige Anziehung 600 N und so weiter. Daraus wird klar: Die Gravitationskraft (F_G) zwischen zwei Gegenständen ist proportional zum Produkt der beiden Massen, also $F_G \sim m_1 \cdot m_2$.
Nun ging es aber auch darum, wie die Gravitationskraft vom **Abstand der Gegenstände** abhängt. Um das zu berechnen, griff Newton auf das 3. Kepler'sche Gesetz zurück (→ INFO Kepler'sche Gesetze). Gemeinsam mit der vorherigen Überlegung konnte er daraus sein Gravitationsgesetz ableiten (→ INFO Auf Newtons Spuren). Wichtig: Verwechsle nicht die Gravitationskonstante G mit der Erdbeschleunigung g (Kap. 5.4.1)! Für die Massen schreibt man entweder m_1 und m_2 oder, wenn es sich um eine große und eine kleine Masse handelt, m und M.

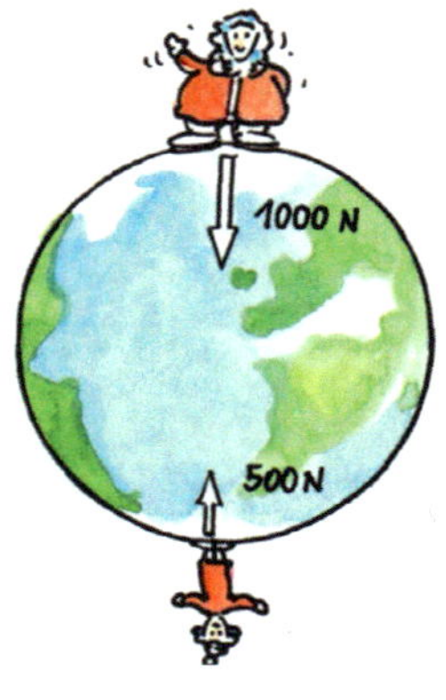

FORMEL Gravitationsgesetz

$$F_G = G \cdot \frac{m_1 \cdot m_2}{r^2}$$

F_G … Gravitationskraft
m_1 und m_2 … Massen der Gegenstände
r … Abstand der Schwerpunkte

G … Gravitationskonstante
$G = 6{,}673 \cdot 10^{-11} \frac{N \cdot m^2}{kg^2}$
$= 6{,}673 \cdot 10^{-11} \frac{m^3}{kg \cdot s^2}$

Die **Gravitationskraft** zwischen zwei Gegenständen ist indirekt proportional zum Quadrat des Abstandes, also $F_G \sim 1/r^2$. Warum ist das so? Das kann man sich mit einer Analogie überlegen. Wenn du mit einer **Taschenlampe** an eine Wand leuchtest, dann hat der Lichtfleck eine bestimmte Helligkeit. Wenn du doppelt so weit weggehst, verdoppelt sich der Radius des Kreises und seine Fläche vervierfacht sich ($A = \pi \cdot R^2$; Abb. 11.8). Gleiche Lichtmenge auf vierfacher Fläche ergibt ein

Viertel an Intensität (→ F5). Wenn die Wand dreimal so weit weg ist, dann ist die Intensität bereits auf ein Neuntel abgesunken. Die Lichtintensität an der Wand ist also proportional zu $1/r^2$.

Dieser Zusammenhang gilt allgemein, wenn man eine **punktförmige „Quelle"** hat. Die Erde und im Prinzip alle Objekte sind eine punktförmige Quelle der Gravitation. Man kann (in den meisten Fällen) jeden Gegenstand durch seinen Körperschwerpunkt ersetzen (siehe Kap. 4). Dieser Zusammenhang zwischen Gravitation und Abstand bedeutet allerdings auch, dass die Gravitation eines Gegenstandes niemals auf null absinken kann (→ F6). Im Prinzip wirkt auf dich die Gravitation des gesamten sichtbaren Universums!

INFO

Auf Newtons Spuren

Mit Hilfe von Proportionen kann man auf relativ einfachem Weg zeigen, wie die Gravitationskraft von der Entfernung abhängt. Auf ähnliche Weise hat das Newton vor über 300 Jahren berechnet. Wir nehmen vereinfacht an, dass die **Planetenbahnen** Kreise sind. Für die Kreisbahn ist eine **Zentripetalkraft** notwendig, die von der **Gravitationskraft** kommt:

$$F_{ZP} = F_G = \frac{m \cdot v^2}{r} \Rightarrow F_G \sim \frac{v^2}{r}$$

Die Geschwindigkeit v ist Weg pro Zeit. Bei einem Planeten bietet es sich an, für die Geschwindigkeit den Bahnumfang durch die Umlaufzeit zu nehmen, also

$$v = \frac{2\pi \cdot r}{T} \sim \frac{r}{T}$$

Wenn man oben einsetzt, erhält man

$$F_G \sim \frac{v^2}{r} \sim \frac{\frac{r^2}{T^2}}{r} = \frac{r}{T^2}$$

Und nun griff Newton auf **Keplers 3. Gesetz** zurück. Wenn wir eine Kreisbahn annehmen, dann wird aus der großen Halbachse a der Radius r und es gilt (→ INFO Kepler'sche Gesetze):

$$T^2 \sim r^3$$

Das setzen wir noch einmal ein:

$$F_G \sim \frac{r}{T^2} \sim \frac{r}{r^3} = \frac{1}{r^2}$$

Weil man sich außerdem überlegen kann, dass die Gravitation proportional zum Produkt beider Massen ist (→ F3), ergibt sich als fertige Form:

$$F_G \sim \frac{m_1 \cdot m_2}{r^2}$$

Damit man dazwischen ein „=" setzen kann, braucht man noch eine **Konstante G**.

$$F_G = G \cdot \frac{m_1 \cdot m_2}{r^2}$$

INFO

Die Erde wiegen

Die **Gravitationskonstante G** kann nur im Experiment bestimmt werden. Der genaue Wert konnte erst 1797 von Henry Cavendish ermittelt werden, also mehr als 100 Jahre nach der Entdeckung des Gravitationsgesetzes. Das liegt daran, dass die große Masse der Erde eine so starke Kraft erzeugt, dass die gegenseitige Anziehung **aller Gegenstände** praktisch überdeckt wird. Cavendish musste also einen Trick anwenden: Er erfand die **Drehwaage**.

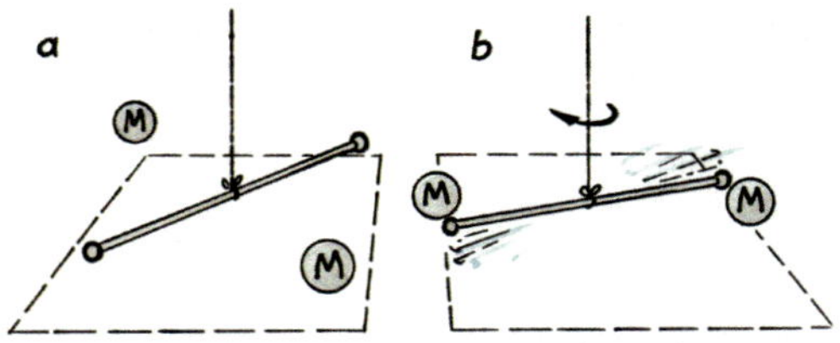

Abb. 11.7 Schematische Darstellung zur Bestimmung von G mit Hilfe einer Drehwaage. Der Stab und die Massen liegen auf gleicher Höhe.

Man bringt zwei größere Massen in die Nähe von zwei kleineren. Diese sind an einem Stab befestigt, der wiederum an einer Schnur hängt (Abb. 11.7a). Durch die Gravitation werden die kleinen Massen leicht angezogen und der **Faden verdreht sich** ein bisschen (b). Durch die Verdrehung entsteht im Faden eine **elastische Kraft**. Der Stab kommt zum Stillstand, wenn diese Kraft so groß ist wie die Gravitationskraft zwischen den Massen. Die elastische Kraft kann man sehr genau berechnen und somit auch F_G und die Gravitationskonstante G.

Wenn man G exakt kennt, kann man die Masse der Erde bestimmen (→ F6). Deshalb nahm Cavendish für sich in Anspruch, die Erde „gewogen" zu haben. Genau genommen bestimmte er aber deren Masse. Wie?

Das **Gewicht** jedes Körpers ist $F_G = m \cdot g$ und gibt an, mit welcher Kraft er von der Erde angezogen wird. Diese Anziehungskraft kann man aber auch mit dem **Gravitationsgesetz** berechnen und daher beide gleichsetzen:

$$F_G = m \cdot g = G \cdot \frac{m \cdot m_E}{r^2} \Rightarrow m_E = \frac{g \cdot r^2}{G}$$

Wenn man nun die bekannten Werte für g und r einsetzt ($g = 9{,}81\,m/s^2$, $r = 6{,}37 \cdot 10^6\,m$), ergibt sich eine **Erdmasse von knapp $6 \cdot 10^{24}$ kg.**

Von den **vier Grundkräften** in der Natur ist die Gravitation mit Abstand die schwächste (Tab. 11.1). Trotzdem spielt sie in unserem Alltag die unmittelbarste Rolle, weil sie unendlich weit reicht und die Masse der Erde so groß ist. Die Gravitation wirkt natürlich zwischen **allen Gegenständen** – auch zwischen diesem Buch und dir. Aber die Masse der im Alltag vorkommenden Gegenstände ist im Vergleich mit der Erde so verschwindend klein, dass man die Gravitationskräfte zwischen ihnen praktisch vernachlässigen kann.

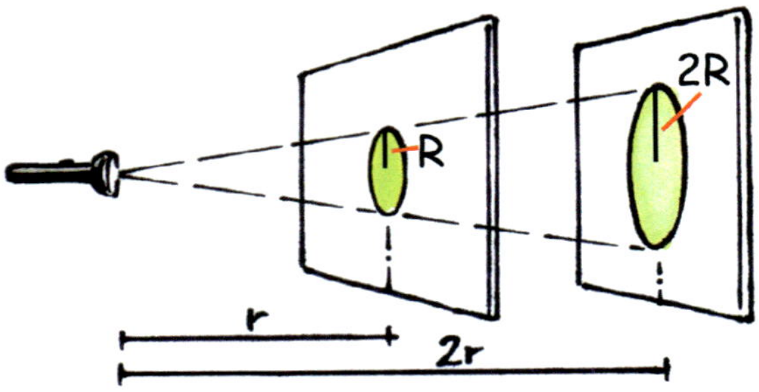

Abb. 11.8 Bei doppelter Entfernung vervierfacht sich die Fläche des Kreises, weil sich der Radius R verdoppelt.

Grundkraft (Wechselwirkung)	relative Stärke	Reichweite
starke Kraft	1	$\approx 10^{-15}$ m
elektromagnetische Kraft	10^{-2}	unendlich
schwache Kraft	10^{-5}	$\approx 10^{-18}$ m
Gravitation	10^{-38}	unendlich

Tab. 11.1 Vergleich zwischen Stärke und Reichweite der vier Grundkräfte in der Natur. Die elektromagnetische Kraft ist um den Faktor 10^{36} größer als die Gravitationskraft.

INFO

Halbkugelberg

Wie groß sind die **Gravitationskräfte** zwischen **Objekten im Alltag** (→ F 2)? Wie stark wirst du zum Beispiel von deinem **Sitznachbarn** angezogen? Rechnen wir in Größenordnungen und nehmen an, dass der Abstand der Körperschwerpunkte 1 m ist und jeder von euch 100 kg hat (ist ja nur eine Schätzung). Die Anziehungskraft ist dann:

$$F_G = G \cdot \frac{m_1 \cdot m_2}{r^2} = 6{,}67 \cdot 10^{-11} \cdot 10^4\,\text{N} \approx 10^{-6}\,\text{N}$$

Abb. 11.9 Die Anziehungskräfte zwischen dir und der Erde bzw. dir und deinem Nachbarn. Die Länge der Pfeile ist nicht maßstabsgetreu.

Die Anziehungskraft zwischen dir und deinem Nachbarn liegt also bloß in der Größe von Millionstel Newton! Gleichzeitig wirst du aber von der Erde mit 1 000 N angezogen, also eine Milliarde mal so stark wie von deinem Sitznachbarn (Abb. 11.9).

Gut, nehmen wir nun etwas wirklich Schweres, zum Beispiel einen **großen Berg**. Unser Modellberg ist eine Halbkugel mit 10 km (10^4 m) Radius (Abb. 11.10) – und damit wesentlich höher als der Mount Everest (8 848 m). Das Volumen einer Halbkugel ist $V = \frac{4\pi \cdot r^3}{6}$. Gestein hat eine Dichte von rund 2 500 kg/m³. Dichte ist Masse pro Volumen (siehe Kap. 2.6), Masse daher Dichte mal Volumen:

$$m = \varrho \cdot V = 2500 \cdot \frac{4\pi \cdot (10^4)^3}{6}\,\text{kg} \approx 5 \cdot 10^{15}\,\text{kg}$$

Unser Berg hat also rund 5 Billiarden kg! Wie stark wirst du von ihm angezogen? Wir nehmen an, dass du 100 kg hast und 10 km vom Schwerpunkt entfernt bist (das stimmt nicht ganz, weil der Schwerpunkt nicht in der Basis liegt, aber für eine Schätzung ist die Annahme okay). Für die Anziehung ergibt sich dann:

$$F_G = G \cdot \frac{m_1 \cdot m_2}{r^2} = 6{,}67 \cdot 10^{-11} \cdot \frac{10^2 \cdot 5 \cdot 10^{15}}{(10^4)^2}\,\text{N} \approx 0{,}3\,\text{N}$$

Trotz der gigantischen Ausmaße wirst du bloß mit rund ⅓ N vom Berg angezogen! Mit Präzisionsgeräten kann man das messen. Durch Berge, Täler oder Hohlräume in der Erde verändert sich deshalb auch ein klein wenig die Erdbeschleunigung $\vec{g}$ (siehe Abb. 5.18). Auf der anderen Seite wirst du aber 3 000-mal so stark von der Erde angezogen. Im Alltag spielt also nur die Gravitation der Erde eine Rolle!

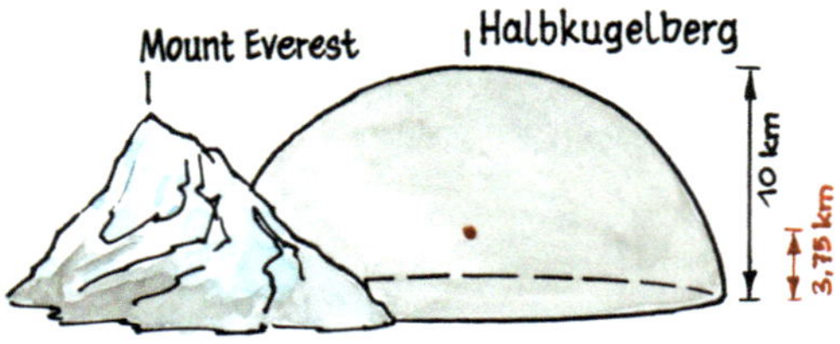

Abb. 11.10 Ein wirklich großer Halbkugelberg. Der Schwerpunkt liegt auf ⅜ der Höhe.

INFO

Kepler'sche Gesetze

Der Däne Tycho Brahe hatte jahrzehntelang die **Planeten** beobachtet und deren **Positionsbestimmung** noch ohne Fernrohr bis zu einer unglaublichen Genauigkeit verbessert. Nach seinem Tod 1601 hatte Johannes Kepler die Möglichkeit, diese sehr genauen Daten auszuwerten. Er wollte überprüfen, welche Bahnen die Planeten tatsächlich beschreiben. Für seine Berechnungen verwendete er die Daten der **Marsbahn** und konnte damit belegen, dass Erde und Mars eine Ellipsenbahn beschreiben. Kepler war somit der Erste, der die vollkommenen Kreisbahnen des Aristoteles verwarf.

Später erweiterte er die Theorie der Ellipsenbahnen auf **alle Planeten** und veröffentlichte im Jahr 1609 seine ersten beiden Gesetze. Der Unterschied zu den bisherigen Weltmodellen war, dass Kepler seine Ansichten durch exakte Daten belegen konnte. Genau das macht aber den Unterschied zwischen einer **Hypothese** (also einer Vermutung) und einer **Theorie** aus (siehe Kap. 1). Deshalb sagt man auch, dass das Jahr **1609** der Beginn der modernen Astronomie ist.

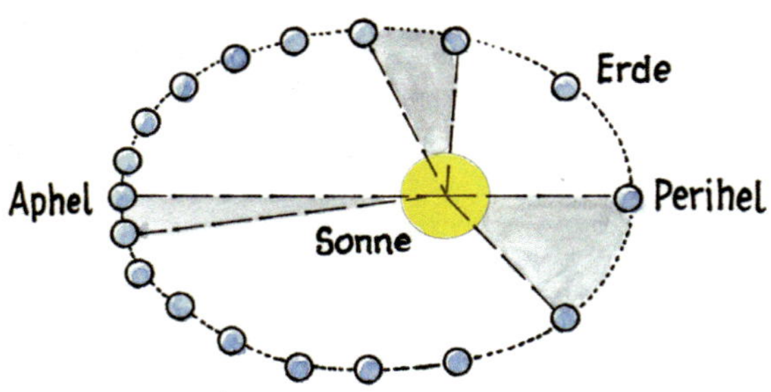

Abb. 11.11 Alle Planeten beschreiben Ellipsenbahnen (1. Kepler'sches Gesetz). In Sonnennähe bewegen sich die Planeten schneller. Die grauen Flächen sind alle gleich groß (2. Kepler'sches Gesetz oder Flächensatz).

Das **1. Kepler'sche Gesetz** besagt, dass jeder Planet die Sonne auf einer Ellipse umrundet. Die Sonne befindet sich dabei in einem der beiden Brennpunkte der Ellipse (Abb. 11.11). Den sonnennächsten Punkt nennt man **Perihel**, den sonnenfernsten **Aphel**. Kepler hatte Glück, weil der Mars, den er für seine Berechnungen heranzog, relativ gesehen stark von der Kreisbahn abweicht. Diese Abweichungen sind bei den meisten Planeten nämlich minimal.

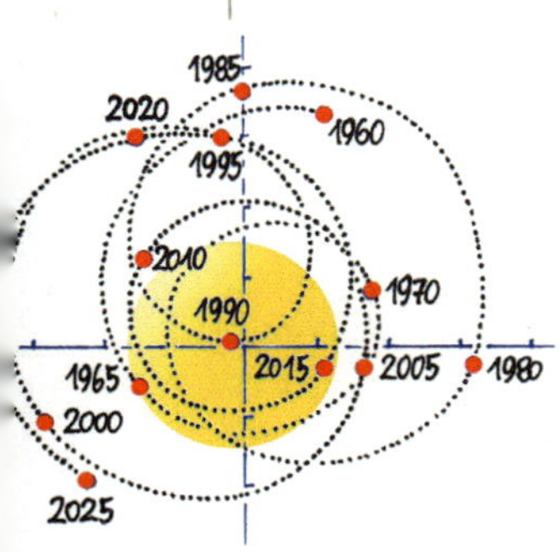

Abb. 11.12 Bewegung des Mittelpunkts unserer Sonne in den Jahren 1960 bis 2025. Zum Größenvergleich ist die Sonne eingezeichnet.

Wir wissen heute, dass das **1. Kepler'sche Gesetz** in seiner damaligen Formulierung nicht **ganz exakt ist**. Sehen wir einmal nur einen Planeten an. Im Brennpunkt der Ellipsenbahn befindet sich dann nicht die Sonne, sondern **deren gemeinsamer Schwerpunkt**. Die Sonne beschreibt selbst also ebenfalls eine sehr kleine Ellipse. Die anderen Planeten unseres Sonnensystems beeinflussen einander und die Sonne noch einmal zusätzlich. Weil die Sonnenmasse aber mehr als 700-mal so groß ist wie die aller Planeten zusammen, befindet sich der Schwerpunkt des Sonnensystems immer in ihrer Nähe, **zeitweise auch im** Inneren der Sonne. Trotzdem: In der Realität schlingert die Sonne ein wenig herum (Abb. 11.12) und kein einziger Planet beschreibt eine exakte Ellipsenbahn. Diese spätere Erkenntnis schmälert allerdings nicht Keplers ursprüngliche Entdeckung.

Weiter konnte Kepler beobachten, dass sich die Planeten nicht immer mit gleicher Geschwindigkeit bewegen. Je näher sie der Sonne kommen, desto schneller werden sie. Das **2. Kepler'sche Gesetz** lautet: Die Linie zwischen einem Planeten und der Sonne überstreicht in gleichen Zeitabschnitten gleiche Flächen. Man spricht daher auch vom **Flächensatz** (Abb. 11.11).

1619 entdeckte Kepler noch ein drittes Gesetz. Bei diesem geht es um die zeitliche und räumliche Beziehung der Planeten zueinander. Das **3. Kepler'sche Gesetz** lautet ein wenig sperrig: Das Verhältnis der Quadrate der Umlaufzeiten zweier Planeten ist so groß wie das Verhältnis der dritten Potenzen ihrer großen Halbachsen. Mathematisch ausgedrückt lautet es:

$$\frac{T_1^2}{T_2^2} = \frac{a_1^3}{a_2^3} \Leftrightarrow \frac{a_1^3}{T_1^2} = \frac{a_2^3}{T_2^2} = C$$

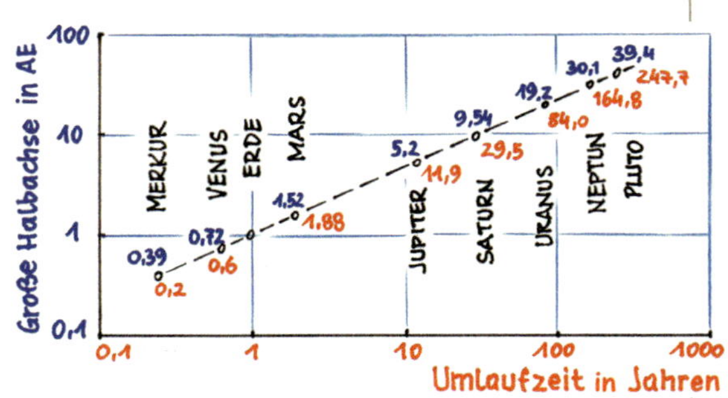

Abb. 11.13 Abstand und Umlaufzeit aller Planeten und von Pluto, dem 2006 der Planetenstatus aberkannt wurde. Die *x*-Achse ist logarithmisch aufgetragen – von Markierung zu Markierung verzehnfacht sich der Wert. Für jedes beliebige, die Sonne umkreisende Objekt gilt, dass die Werte für *T* und *a* auf dieser Geraden liegen müssen.

Zwischen den Umlaufzeiten und den großen Halbachsen gibt es also in unserem Sonnensystem ein genau definiertes Verhältnis (Abb. 11.12). Der Mars hat zum Beispiel eine Umlaufdauer von 687 Tagen oder 1,88 Jahren. Er muss sich daher in einer Entfernung von 1,52 AE von der Sonne befinden, er hat quasi keine andere Wahl. Das 3. Kepler'sche Gesetz war später für Newton extrem wichtig, weil er mit dessen Hilfe sein Gravitationsgesetz ableiten konnte. **Newton stand also auf Keplers Schultern.**

INFO **Kosmischer Staubsauger**

Ein **Schwarzes Loch** entsteht, wenn ein Stern von mehr als 8 Sonnenmassen ausbrennt und in sich zusammenstürzt. Seine Gravitation wird dann so unglaublich groß, dass nicht einmal Licht entweichen kann. Ein Schwarzes Loch ist also eine Art kosmischer Staubsauger. Das ist aber gar nicht eine Folge der Masse, wie oft vermutet wird!

Egal ob du dich in der Nähe eines Sterns oder eines Schwarzen Lochs mit gleicher Masse befindest (→ F7), **die Anziehungskraft ist in beiden Fällen gleich groß**. Das besagt das Gravitationsgesetz! Was macht dann aber Schwarze Löcher so gefräßig? Die große Dichte beziehungsweise der dadurch sehr kleine Radius (siehe Abb. 2.21).

Die Anziehungskraft F_G ist proportional zu $1/r^2$. Deshalb wächst bei Annäherung an ein Objekt F_G sehr rasch an. Dem Stern kannst du dich nur bis Position b nähern (Abb. 11.14). An das Schwarze Loch kommst du aber viel näher heran. Du siehst, wie groß die Kraft bei c bereits ist. Knapp vor dem Schwarzen Loch wird F_G so gigantisch groß, dass es in diesem Diagramm nicht dargestellt werden kann. **Das** ist die verheerende Wirkung eines Schwarzen Lochs.

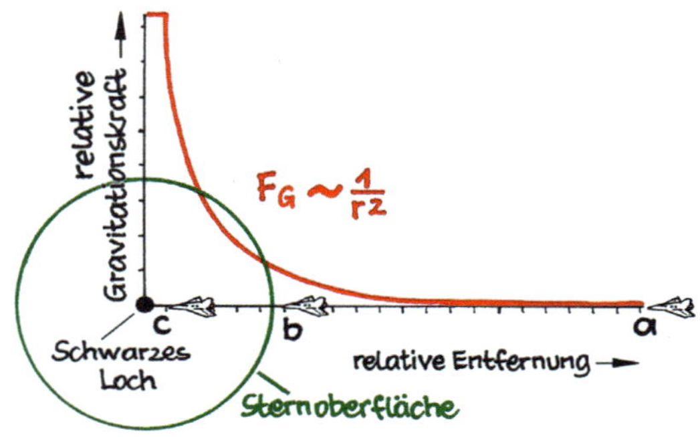

Abb. 11.14 Krafterhöhung bei Annäherung an einen Stern bzw. ein Schwarzes Loch mit gleicher Masse

ZUSAMMENFASSUNG

NEWTONS geniale Idee war, dass man mit einem allgemeinen Gesetz der Gravitation sowohl den Fall eines Apfels als auch die Bahnen der Objekte am Himmel berechnen kann. Jeder Gegenstand zieht im Universum jeden Gegenstand an. Für uns im Alltag ist nur die Anziehung durch die Erde bedeutend.

11.2 Planet X

Das Gravitationsfeld

An jedem Punkt in der Umgebung eines Gegenstandes hat die Gravitation eine bestimmte Stärke und Richtung. Man spricht dabei vom Gravitationsfeld und darum geht es in diesem Abschnitt.

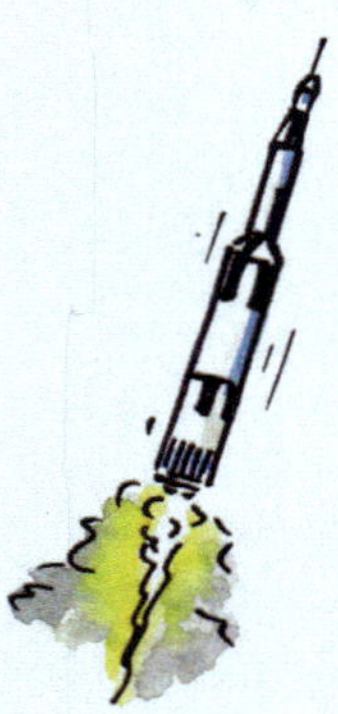

F8 ● Gelten die Kepler'schen Gesetze auch in Bezug auf Erde und Mond?

F9 ● Ein Gegenstand auf der Erdoberfläche fällt in einer Sekunde 5 m tief. Der Mond fällt ja um die Erde. Aber um wie viel fällt er pro Sekunde? Rate mal!

F10 ● Was denkst du, um wie viel % die Erdbeschleunigung auf dem Mount Everest geringer ist als am Meer?

F11 ○ Was versteht man unter Newtons Bewegungsgleichung? Lies nach in Kap. 7.3!

F12 ○ Eine der wichtigsten Säulen der Physik ist der Energieerhaltungssatz. Was besagt dieser? Sieh nach in Kap. 8.6. Und was versteht man unter kinetischer und potenzieller Energie (Kap. 8.2 und 8.3)?

F13 ◒ Kannst du mit dir bekannten Argumenten aus der Mechanik begründen, warum Planeten im Perihel schneller sein müssen als im Aphel? Als kleine Hilfe zwei Begriffe: Vektorenzerlegung und Energieerhaltungssatz!

F14 ● Stell dir vor, jemand schaltet die Gravitation der Sonne aus. Welches der Kepler'schen Gesetze würde dann noch gelten? Alle? Keines? Oder doch eines?

F15 ◒ Der achte Planet unseres Sonnensystems, Neptun, wurde 1846 entdeckt, indem man in den Jahren zuvor den Uranus genau beobachtete! Was konnte man dabei feststellen? Und warum war diese Entdeckung ein Indiz für einen noch unbekannten Planeten?

Die Entdeckung des Gravitationsgesetzes durch Newton lässt sich gar nicht hoch genug einschätzen! Auf einmal waren **alle** Bewegungen im Sonnensystem **auf dieselbe Weise zu erklären**. Der Fall des Apfels zu Boden, die Bahnen des Mondes und der Planeten (quasi auch ein freier Fall um einen Zentralkörper), das alles ließ sich mit dem Gravitationsgesetz berechnen. Die Physik war dadurch einfacher und übersichtlicher geworden.
Aber wie sehen diese Berechnungen in der Praxis aus? Nehmen wir mal die Erde. Die Physiker sagen, dass sie ein Gravitationsfeld besitzt. Damit ist gemeint, dass die Gravitationskraft an jedem Punkt in der Umgebung der Erde eine völlig exakt bestimmbare Richtung und Größe hat. (Bedenke: Die Kraft ist ein Vektor.) Meistens zeichnet man in einem Kraftfeld auch die **Feldlinien** ein (Abb. 11.15).

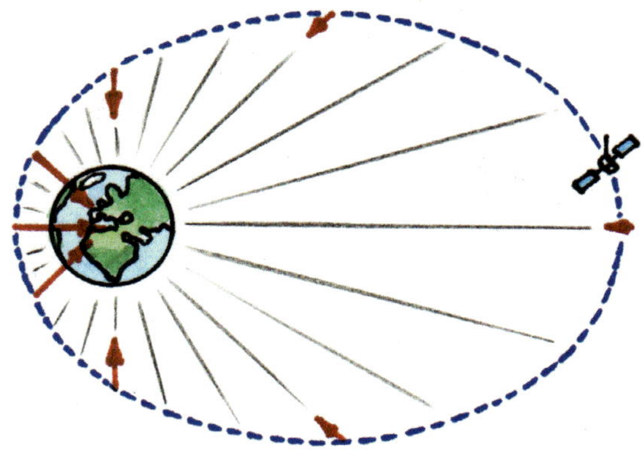

Abb. 11.15 Die Ellipsenbahn eines Satelliten im Gravitationsfeld der Erde. An einigen Punkten ist die Größe der Gravitationskraft eingezeichnet (rote Pfeile).

In diesem Fall gehen sie vom Schwerpunkt der Erde aus und geben die Richtung an, in die die Kraft zeigt. Die **Dichte** der Feldlinien gibt die **Stärke** der Kraft an. In der Nähe der Erdoberfläche sind sie dichter, und dort ist somit auch die Gravitationskraft stärker. Wie viele Feldlinien hat ein Objekt? Unendlich viele! Wie viel man davon in einer Abbildung einzeichnet, ist Geschmackssache.

Nehmen wir jetzt einen **Satelliten**, der sich im Gravitationsfeld der Erde bewegt. Die Kepler'schen Gesetze gelten auch in diesem Fall, nur hat die Konstante C beim 3. Gesetz einen anderen Wert (→ F8). Das liegt daran, dass bei gleicher Umlaufbahn die Umlaufzeit von der Zentralmasse abhängt. Gemeinsam mit der Bewegungsgleichung kann man nun an jedem Punkt die Beschleunigung des Satelliten und somit auch seine exakte Bahn ausrechnen. Man muss dazu nur den **Ort** und die **Startgeschwindigkeit** des Objekts kennen.

Der Flächensatz (Abb. 11.11) besagt, dass Planeten im Perihel schneller sind als im Aphel! Warum das so sein muss, werden wir uns auf zwei Arten überlegen (→ F13). **Erstens** einmal mit der **Richtung der Gravitationskraft**. Bei einer Kreisbahn wirkt diese ja immer genau normal zur Bewegungsrichtung. Bei einer Ellipse ist das nicht so (Abb. 11.16).
Nehmen wir einmal Erde und Sonne und starten wir im **Perihel** (a). Dort stehen $\vec{v}$ und $\vec{F_G}$ senkrecht, $\vec{v}$ wird also nur gedreht. $\vec{F_G}$ zeigt aber immer zur Sonne.

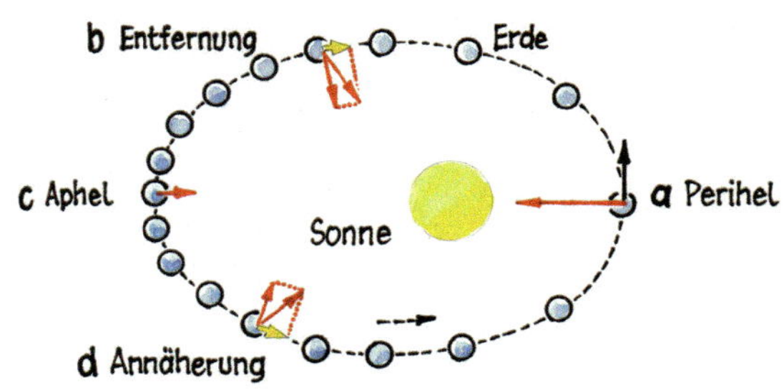

Abb. 11.16 Die bremsende (b) bzw. beschleunigende Komponente (d) der Gravitationskraft ist gelb gezeichnet.

Wenn sich der Planet entfernt, entsteht somit eine **bremsende Komponente** der Gravitationskraft, die gegen die Flugrichtung zeigt (b). Der Planet wird so lange gebremst, bis er das **Aphel** (c) erreicht. Dort stehen $\vec{v}$ und $\vec{F_G}$ wieder senkrecht und seine Geschwindigkeit ist ein Minimum. Wenn sich der Planet der Sonne wieder annähert (d), dann gibt es eine **beschleunigende Komponente**, bis er wieder das Perihel erreicht und so weiter.

Zweitens kann man den Flächensatz mit Hilfe des **Energieerhaltungssatzes** erklären. Erinnere dich: Die Energie in einem abgeschlossenen System ist immer gleich groß. Die um die Sonne kreisende Erde hat einerseits kinetische (E_{kin}) und andererseits potenzielle Energie (E_{pot}). Der Energieerhaltungssatz besagt nun, dass die Summe dieser beiden Energieformen immer gleich bleibt, also $E_{kin} + E_{pot} = \text{konstant}$. Wenn sich die Erde auf ihrer Bahn der Sonne nähert, dann sinkt E_{pot} ab. E_{kin} und somit auch die Geschwindigkeit müssen daher höher werden.

Du kannst für die potenzielle Energie aber in diesem Fall nicht die Gleichung $E_{pot} = m \cdot g \cdot h$ verwenden. Warum? Diese Gleichung setzt ja voraus, dass sich g bei der Hebung **nicht ändert**. Das ist streng genommen zwar nie der Fall, aber auf der Erdoberfläche sind diese Änderungen so gering, dass man sie vernachlässigen kann (siehe Abb. 11.17). Trotzdem sollte dir bewusst sein:

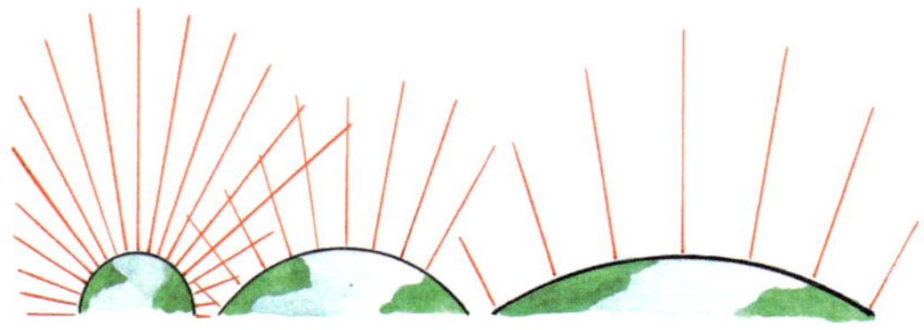

Abb. 11.17 Je stärker man die Erde vergrößert, desto weniger laufen die Feldlinien auseinander. Feldlinien, die auf Meeresniveau 1 m auseinander sind, wären am Everest 1,001 m auseinander. Auf fast 9 km nur 1 mm Unterschied ist so gut wie parallel. Das bedeutet aber wiederum, dass sich auch g praktisch nicht ändert.

Diese Gleichung ist nur eine **Näherungsgleichung**. Es gibt aber eine allgemeine Gleichung, die auch dem sich ändernden g gerecht wird und die man etwa zur Berechnung von Satellitenbahnen benötigt (zur Herleitung der Gleichung siehe **F 27**).

FORMEL Hubarbeit (W_H) und potenzielle Energie (E_{pot})

$$W_H = E_{pot} = m \cdot G \cdot M \cdot \left(\frac{1}{r_1} - \frac{1}{r_n}\right)$$

m ... Masse des gehobenen Objekts
M ... Zentralmasse
G ... Gravitationskonstante; $G = 6{,}673 \cdot 10^{-11} \frac{m^3}{kg \cdot s^2}$
r_1, r_n ... Abstand der beiden Massen vor und nach der Hebung

INFO Mondfall

Mit Hilfe des **Gravitationsgesetzes** kann man die Kraft ausrechnen, die auf ein Objekt im Gravitationsfeld wirkt. Gleichzeitig besagt die **Bewegungsgleichung**, dass Kraft Masse mal Beschleunigung ist ($F = m \cdot a$). In diesem Fall ist die Beschleunigung die Erdbeschleunigung g. Man kann beide Gleichungen gleichsetzen und somit g für jeden beliebigen Punkt im Gravitationsfeld berechnen:

$$F = m \cdot g = G \cdot \frac{m \cdot M}{r^2} \Leftrightarrow g = \frac{G \cdot M}{r^2}$$

M ist dabei die Erdmasse ($5{,}97 \cdot 10^{24}$ kg). Diesmal nehmen wir's genau, weil wir auch einen genauen Wert für g ausrechnen wollen. Wenn du den Erdradius einsetzt ($6{,}37 \cdot 10^6$ m), dann bekommst du für g auf Meeresniveau 9,813 m/s^2 (rechne nach!). Diese Zahl überrascht dich hoffentlich nicht (siehe Kap. 5.4.1)!

Um wie viel verringert sich g, wenn man auf dem **Mount Everest** ist (Abb. 11.18)? Gib zum Erdradius noch 8,8 km dazu und dann kommst für g auf 9,786. Die Änderung beträgt bloß 0,3 % (→ **F 10**)! Dieselbe Größenordnung für g hast du, wenn du an Bord eines Flugzeugs bist. Egal, wo du auf der Erde bist, g ändert sich also nicht nennenswert (siehe Abb. 5.18).

Der **Mond** ist im Schnitt 380 000 km von der Erde entfernt. Er ist somit rund 60-mal so weit vom Zentrum der Erde weg wie die Erdoberfläche (6 370 km). Deshalb muss die Gravitation auf den Faktor $\frac{1}{60^2}$ gesunken sein, also auf ein $\frac{1}{3600}$. Der Mond fällt somit den 3 600sten Teil von 5 m, das sind 1,4 mm (→ **F 9**)! Was hast du getippt?

Abb. 11.18 Der Mount Everest ist mit 8 848 m der höchste Berg der Welt. Trotzdem ist dort oben g bloß um 0,3 % geringer als bei uns.

INFO Gravitationsschalter

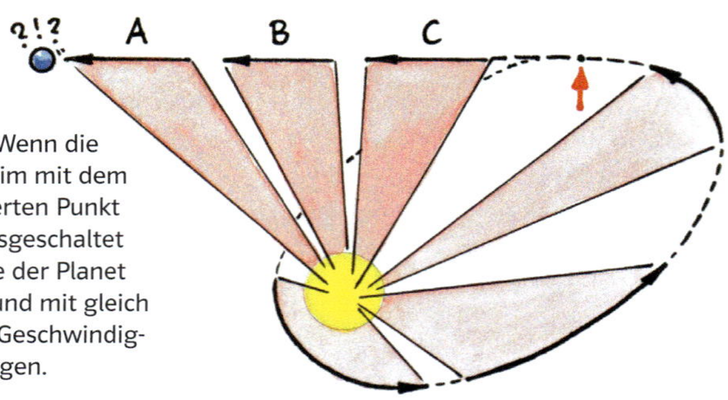

Abb. 11.19 Wenn die Gravitation im mit dem Pfeil markierten Punkt plötzlich ausgeschaltet wäre, würde der Planet tangential und mit gleich bleibender Geschwindigkeit wegfliegen.

Könnte man die **Gravitation** mit einem Klick **ausschalten**, dann wäre der **Flächensatz** als einziges Kepler'sches Gesetz trotzdem noch gültig (→ **F 14**; Abb. 11.19). Aufgrund seiner Trägheit würde sich der Planet dann mit gleich bleibender Geschwindigkeit weiterbewegen. Die Flächen A, B und C wären immer noch gleich groß, weil Dreiecke mit gleicher Höhe und gleicher Basis die gleiche Fläche haben. **Ist das nicht sehr erstaunlich?**

INFO **Planet X**

Nicht nur die Sonne, sondern auch jeder Planet wirkt auf jeden anderen Planeten ein. Genau genommen beschreibt also **kein einziger Planet eine exakte Ellipse**, sondern jeder wobbelt ein wenig auf seiner Bahn herum (→ INFO Kepler'sche Gesetze). Wenn man für **Jupiter** und **Saturn** alle diese Kräfte berücksichtigte, dann könnte man eine Bahn berechnen, die mit der tatsächlichen übereinstimmte. Der **Uranus** jedoch verhielt sich ziemlich seltsam und folgte nicht der berechneten Bahn (→ F15). Die Gravitationstheorie war daher in großer Gefahr!

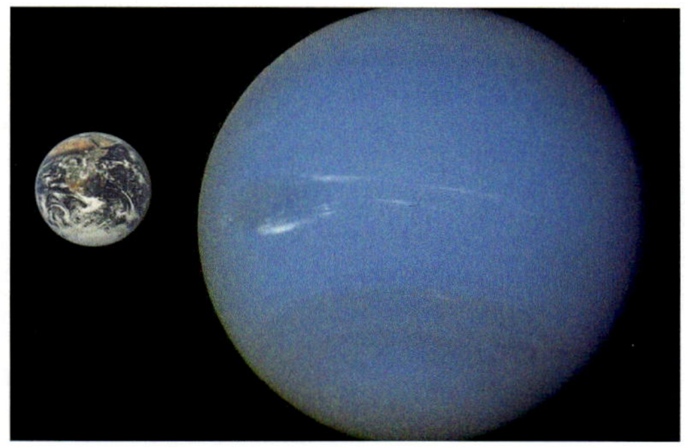

Abb. 11.20 Neptun und Erde im Vergleich

Der Engländer John Couch Adams und später auch der Franzose Urbain Le Verrier zogen, unabhängig und ohne voneinander zu wissen, eine andere Möglichkeit in Betracht: Vielleicht gab es noch einen bisher **unentdeckten Planeten**, der die Bahn des Uranus beeinflusste. Sie berechneten, wo sich dieser **Planet X** befinden müsste. Tatsächlich fand man **1846** mit Neptun einen neuen Planeten (Abb. 11.20) und das war wiederum ein Triumph für Newtons Gravitationstheorie!

Später kam es zu einem **Streit** zwischen den beiden, wer der eigentliche Entdecker war. Adams hatte die Berechnungen zwar als erster durchgeführt, Le Verrier seine Daten jedoch als einziger an ein Observatorium weitergeleitet.

ZUSAMMENFASSUNG

Auch bei Satellitenbahnen um die Erde gilt der Energieerhaltungssatz – der Energieerhaltungssatz gilt immer! Die Gleichung für die Hubarbeit ist allerdings in diesem Fall etwas komplizierter, weil sich ja g mit dem Abstand zur Erde ändert.

11.3 Alice und das Kaninchenloch

Satelliten

Satelliten spielen nicht nur in der Astronomie eine große Rolle, sondern auch im Alltag (z. B. für TV, Wetter, Telefon). Mehr darüber erfährst du in diesem Kapitel.

Abb. 11.21

F16 ● Als Alice durch das Kaninchenloch in das Wunderland fällt, denkt sie nach: Was würde passieren, wenn das Loch vom Nordpol der Erde zum Südpol führt (Abb. 11.21 a)? Würde man am Südpol herauskommen oder in der Mitte bleiben? Und wäre es im Prinzip möglich, in einem Tunnel parallel unter der Erdoberfläche zu fliegen (Abb. 11.21 b)? → L

F17 ◒ Kreis und Parabel sind Grenzformen der Ellipse! Was ist damit gemeint?

F18 ◒ Es gibt eine Richtung, in die eine TV-Satellitenschüssel niemals zeigen kann. Welche ist das und warum?

F19 ◒ Warum entstehen bei Telefongesprächen über große Distanzen (z. B. Übersee) so seltsame Pausen? Und wie kann man abschätzen, wie lang diese sind?

F20 ● Frei fallende Gegenstände beschreiben Ellipsen. Das besagen die Kepler'schen Gesetze. Wieso spricht man dann aber bei einem Wurf von einer Wurfparabel?

F21 ◒ Mit welchem Tempo flogen die Space Shuttles um die Erde? Und mit welchem Tempo bewegt sich der Mond um die Erde?

Abb. 11.22 Die Space Shuttles flogen ab 1981 um die Erde und wurden 2011 nach 30 Dienstjahren eingemottet.

In Abb. 11.23 siehst du mögliche Bahnen, die ein **Satellit** im Gravitationsfeld beschreiben kann. Gehen wir es langsam an: Wenn die Geschwindigkeit für eine Kreisbahn nicht reicht, prallt das Objekt auf der Erdoberfläche auf (a). Auch in diesem Fall bewegt sich der Gegenstand – bis zum Aufprall – auf einer **Ellipse**. Warum spricht man dann aber von einer **Wurfparabel** (→ F20; Kap. 6.2)?

Weil wir bei einem Wurf auf der Erde vereinfacht annehmen, dass die Erdoberfläche eben ist. Dann wandert aber der Mittelpunkt der Erde ins Unendliche und somit auch der Brennpunkt der Ellipse. Es entsteht eine Parabel (Abb. 11.24). Die **Wurfparabel ist also eine Näherung**, die im Alltag aber zur Berechnung völlig ausreicht.

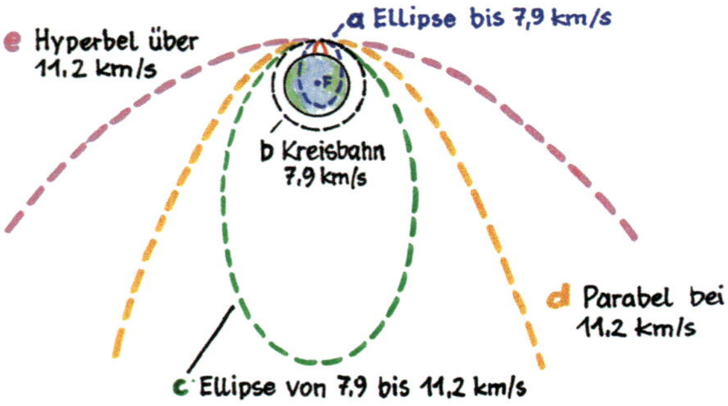

Abb. 11.23 Die möglichen Bahnen eines um die Erde fliegenden Objekts sind immer Kegelschnitte, also Kreis, Ellipse, Parabel und Hyperbel.

Abb. 11.24 Eine Parabel ist eine Ellipse, bei der ein Brennpunkt im Unendlichen ist (→ F17). In einer Perspektive liegt der Horizont im Unendlichen und die Parabel wird daher wieder zur Ellipse.

Ab einer Geschwindigkeit von **7,9 km/s** prallt das Objekt nicht mehr auf (Abb. 11.23 b). Diese Mindestgeschwindigkeit für Satelliten nennt man auch **1. kosmische Geschwindigkeit** oder Kreisbahngeschwindigkeit. Steigert man die Abschussgeschwindigkeit, ergibt sich wieder eine Ellipse (c). Der Erdmittelpunkt ist dann im näheren Brennpunkt.

INFO

Tiefflieger

Die **Zentripetalkraft** wird bei allen Satelliten durch die Gravitationskraft (F_G) verursacht. Wir nehmen an, dass sich der Satellit im Tiefflug befindet (g = 9,81 m/s²) und setzten F_{ZP} und F_G gleich:

$$F_{ZP} = \frac{m \cdot v^2}{r} = F_G = m \cdot g \iff v_1 = \sqrt{g \cdot r}$$

Wenn man für den Erdradius $6{,}37 \cdot 10^6$ m einsetzt, ergeben sich **7,9 km/s**. Diese Geschwindigkeit nennt man auch **1. kosmische Geschwindigkeit** (v_1). Diese muss man erreichen, will man etwas in den Orbit schießen, zum Beispiel einen tieffliegenden Satelliten zur Wetterbeobachtung.

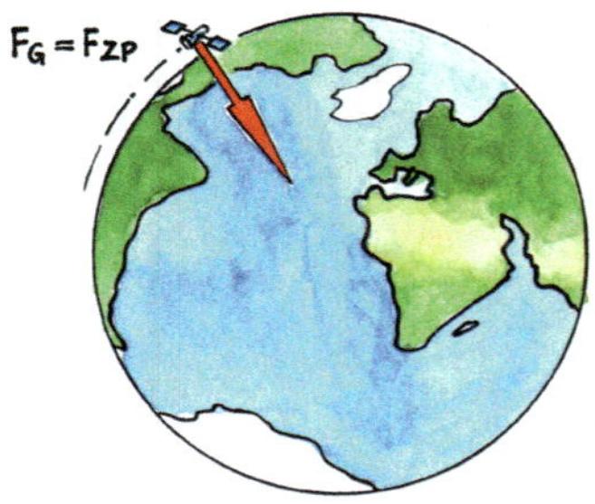

Abb. 11.25 Die Gravitation liefert die Zentripetalkraft.

Steigert man die Geschwindigkeit noch weiter, wird die Ellipse immer länger, bis bei **11,2 km/s** eine **Parabel** entsteht (Abb. 11.23 d). Eine Parabel ist offen – der Satellit kommt daher nicht wieder. Diese Geschwindigkeit nennt man **2. kosmische Geschwindigkeit** oder **Fluchtgeschwindigkeit**. Diese müssen alle Satelliten mindestens haben, die die Anziehungskraft der Erde überwinden wollen, etwa bei einer **Mond-** oder **Marsmission** oder wenn man eine unbemannte Sonde wie die **Voyager** ins All schießen möchte.

Bei noch höheren Geschwindigkeiten entsteht eine **Hyperbel** (Abb. 11.23 e). Alle genannten Kurven gehören zu den sogenannten **Kegelschnitten** (Abb. 11.26). Ist es nicht sehr verblüffend, dass sich die konkrete Natur mit im Prinzip abstrakter Mathematik berechnen lässt?

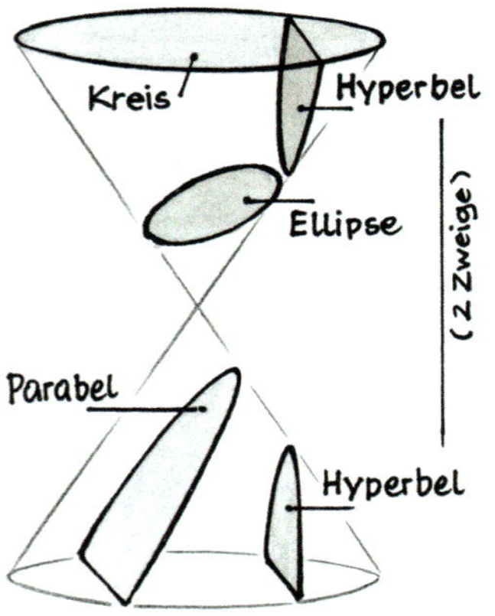

Abb. 11.26 Die Familie der Kegelschnitte: Kreis (beide Brennpunkte fallen zusammen) und Parabel (ein Brennpunkt liegt im Unendlichen) sind Grenzformen der Ellipse (→ F17).

INFO **Voyager**

Abb. 11.27 Die Voyager 1 (siehe auch Kap. 7.2) ist das am weitesten von der Erde entfernte Objekt, das je von den Menschen gebaut wurde.

Will man eine Sonde wie die **Voyager** (Abb. 11.27) ins All schießen, dann muss man die **Fluchtgeschwindigkeit** (v_2) überwinden. Diese muss so groß sein, dass die Geschwindigkeit des Satelliten erst im Unendlichen auf null gesunken ist. Dann hat sich die gesamte kinetische Energie in potenzielle umgewandelt. Man kann v_2 daher mit dem **Energieerhaltungssatz** berechnen:

$$E_{kin} = \frac{m \cdot v^2}{2} = E_{pot} = m \cdot G \cdot M \cdot \left(\frac{1}{r_1} - \frac{1}{r_n}\right)$$

Wenn man m wegkürzt und für $r_1 = r$, $r_n = \infty$ setzt, vereinfacht sich die Gleichung:

$$\frac{v^2}{2} = \frac{G \cdot M}{r} \Rightarrow v = \sqrt{\frac{2G \cdot M}{r}}$$

Nun berücksichtigen wir die allgemeine Form von g:

$$g = \frac{G \cdot M}{r^2}$$

und ersetzen diesen Ausdruck. Für die Fluchtgeschwindigkeit ergibt sich dann:

$$v_2 = \sqrt{2 \cdot g \cdot r} = \sqrt{2} \cdot v_1$$

Die **2. kosmische Geschwindigkeit** ist daher genau um den Faktor $\sqrt{2}$ größer als die 1. Das gilt **generell** für alle Planeten. Bei der Erde ergibt sich für v_2 **11,2 km/s.**

Die **Kreisbahngeschwindigkeit** ist nur ein **theoretischer Wert**. Solche Tiefflieger werden durch die Atmosphäre gebremst und stürzen ab. Satelliten bewegen sich in einem Abstand von mindestens 300 km zum Boden (Abb. 11.28). Dort ist die Luftdichte schon vernachlässigbar gering. Soll ein Satellit höher kreisen, dann muss die Abschussgeschwindigkeit höher sein. Verblüffenderweise ist aber seine Orbitgeschwindigkeit dann geringer (Abb. 11.28 und Tab. 11.2). Das liegt daran, dass er beim Aufsteigen im Gravitationsfeld der Erde an kinetischer Energie und somit auch an Geschwindigkeit verliert.

Für die **Navigation** spielen die **GPS-Satelliten** eine große Rolle. GPS steht für **G**lobal **P**ositioning **S**ystem. Es handelt sich dabei um etwa 30 Satelliten, die in einer Höhe von 20 000 km in 6 verschiedenen Bahnen die Erde umlaufen (Abb. 11.29 und Abb. 11.30). Die Anzahl und Anordnung der Satelliten hat zur Folge, dass immer mindestens vier Satelliten überall auf der Welt zu jeder Zeit empfangen werden können. Das GPS-Gerät misst die Entfernung zu diesen Satelliten und errechnet daraus seine Position auf wenige Meter genau.

Darüber hinaus spielen im Alltag **geostationäre Satelliten** eine Rolle (Abb. 11.29). Darunter versteht man Satelliten, die scheinbar ruhig über der Erdoberfläche stehen. Ein solcher Satellit muss zwei Dinge erfüllen: **Erstens** muss seine Flugbahn möglichst **in der Äquatorebene** der Erde liegen. Ist das nicht der Fall, pendelt er aus unserer Sicht ständig zwischen Nord und Süd hin und her (wie in Abb. 11.30). **Zweitens** muss er **genau einen Tag** um die Erde brauchen (Tab. 11.2). Das ist ausschließlich in einer Höhe von 36 000 km über der Erdoberfläche der Fall. Der Satellit dreht sich dann praktisch genau im Tempo der Erde und steht von uns aus gesehen still.

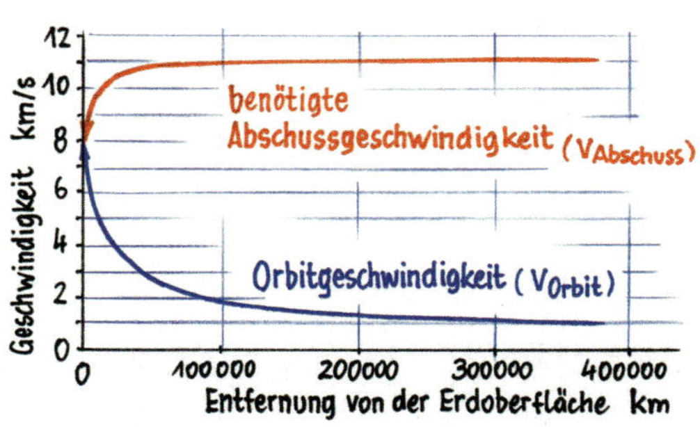

Abb. 11.28 Benötigte Geschwindigkeit beim Abschuss und Endgeschwindigkeit für die in Tab. 11.2 angegebenen Objekte. Die benötigte Abschussgeschwindigkeit nähert sich asymptotisch 11,2 km/s, also der Fluchtgeschwindigkeit.

Abb. 11.29 Maßstabsgetreue Darstellung von Satellitenpositionen: Jeder der Punkte stellt einen Satelliten dar. Besonders viele befinden sich in einigen 100 km Entfernung von der Erde. Die GPS-Satelliten fliegen in einer Höhe von etwa 20 000 km, die geostationären Satelliten in einer Höhe von 36 000 km.

Warum brauchen wir geostationäre Satelliten? Um die Satellitenantennen nicht den ganzen Tag nachjustieren zu müssen, zum Beispiel die für den TV-Empfang. Da alle geostationären Satelliten über dem **Äquator** stehen, müssen wir unsere Antennen nach Süden ausrichten (und eventuell etwas nach Westen oder Osten; → F18).

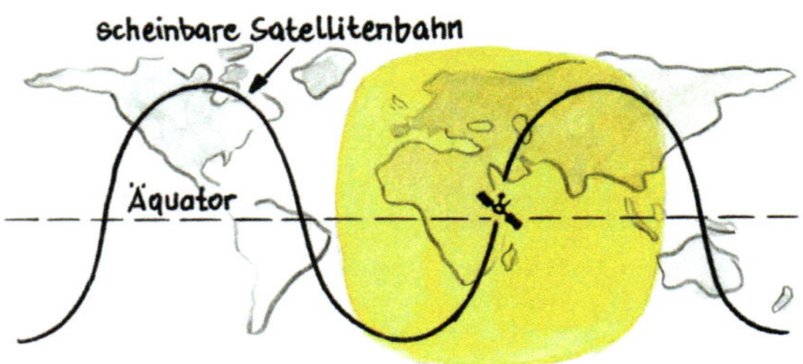

Abb. 11.30 Weil die Bahnen der GPS-Satelliten zur Äquatorebene geneigt sind, pendelt der Satellit scheinbar zwischen Nord und Süd hin und her. Im markierten Bereich ist der Satellit zu empfangen.

Auch **Telefongespräche** über große Distanzen laufen über geostationäre Satelliten. Das erklärt die seltsamen Pausen in den Gesprächen. Bis eine Antwort zurückkommt, muss das Signal nämlich zweimal zum Satelliten rauf und wieder runter, macht also 144 000 km. Weil die Signalgeschwindigkeit etwa 300 000 km/s beträgt, ergibt sich eine Pause von rund einer halben Sekunde (→ F19).

Objekt	*h* in km	$v_{Abschuss}$ in km/s	v_{Orbit} in km/s	*T*
„Tieflieger"	0	7,91	7,91	84 min
Space Shuttle, ISS	350	8,10	7,70	91 min
GPS-Satellit	20 000	10,48	3,88	12 h
geostationärer Satellit	36 000	10,75	3,07	24 h
theoretischer Satellit in Mondentfernung	373 630	11,13	1,02	27 d

Tab. 11.2 zu Abb. 11.25: *h* = Höhe über der Erdoberfläche, *T* = Umlaufzeit um die Erde (→ F21): Die Höhe der ISS variiert zwischen 320 km und 430 km über der Erdoberfläche.

ZUSAMMENFASSUNG

Je nach Geschwindigkeit beschreiben Satelliten verschiedene Bahnen, die alle zu den Kegelschnitten gehören. Bei hohen Geschwindigkeiten sind diese Bahnen offen – die Satelliten kehren nie wieder zurück. Die Satelliten befinden sich mit wenigen Ausnahmen in drei Bereichen: einige 100 km, 20 000 km (GPS) und 36 000 km (geostationäre Satelliten).

11.4 Der Herr der Gezeiten

Wie Ebbe und Flut entstehen

Ebbe und Flut nennt man auch die Gezeiten. Wie diese entstehen und was die Saturnringe und Wurmlöcher damit zu tun haben, erfährst du in diesem Abschnitt.

F22 ◒ Man sagt ja, dass der Mond um die Erde kreist. Das ist nicht ganz exakt. Kannst du dir vorstellen, warum?

F23 ● Wenn die Gravitation des Mondes für Ebbe und Flut verantwortlich ist, warum gibt es dann auch auf der mondabgewandten Seite der Erde einen Flutberg?

F24 ● Kannst du dir vorstellen, was Ebbe und Flut mit den Ringen des Saturn (Abb. 11.31) zu tun haben?

F25 ◒ In Science-Fiction-Filmen kommen ständig Wurmlöcher vor. Was ist das und was passiert angeblich, wenn du in eines hineinfällst?

Abb. 11.31 Saturn mit seinen imposanten Ringen

Ebbe und **Flut** nennt man auch die **Gezeiten**. Diese Gezeiten haben der Gezeitenkraft ihren Namen gegeben. Um das Prinzip dieser Kraft zu verstehen, sehen wir uns zunächst jene faszinierenden Objekte an, die die größten Gezeitenkräfte im gesamten Universum erzeugen: **Schwarze Löcher**!

Stell dir vor, du fällst in ein **Schwarzes Loch** (Abb. 11.32 a). Deine Füße sind näher zu diesem als dein Kopf und werden deshalb stärker angezogen. Je näher du kommst, desto stärker wird dieser Effekt (b). Du wirst dadurch schön langsam in die Länge gezogen. Die Kraft, die das mit dir macht, nennt man Gezeitenkraft. Darunter versteht man ganz allgemein, dass die Gravitationskraft an einem Objekt nicht überall gleich groß ist.

Die Abb. 11.32 macht Folgendes deutlich: Erstens sind die Gezeitenkräfte umso stärker, **je näher** man sich bei einer Gravitationsquelle befindet. Weil man sich Schwarzen Löchern am stärksten annähern kann, haben diese daher auch die größten Gezeitenkräfte (siehe auch Abb. 11.11). Zweitens wirken die Gezeitenkräfte auf **große Objekte** stärker als auf kleine. Das ist der Grund für die Ringe des Saturns.

Es gibt nämlich einen Abstand, unter dem jeder Körper durch die Gezeitenkräfte zerrissen wird (→ F24). Bei großen Objekten nennt man diese Grenze nach ihrem Entdecker **Roche-Grenze**. Die **Saturnringe** bestehen aus Milliarden von Brocken, die wahrscheinlich die Überreste eines bedauernswerten Mondes sind, der in diese Grenze eingedrungen ist (Abb. 11.33). Nur kleine Objekte können innerhalb existieren. Klarerweise befinden sich alle Monde unseres Sonnensystems außerhalb der Roche-Grenze. Für den **Erdmond** liegt diese bei etwa 12 000 km über der Erdoberfläche. Käme er näher, würde er zerbröseln und wir könnten einen Erd-Ring bestaunen!

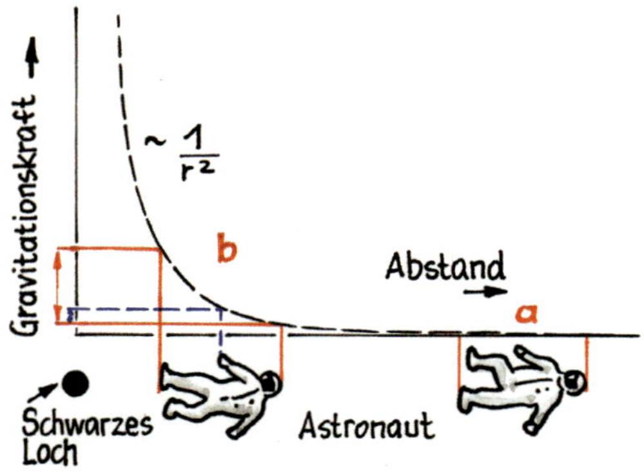

Abb. 11.32 Gezeitenkraft zwischen Kopf und Füßen eines Astronauten in der Nähe eines Schwarzen Lochs. Bei a ist der Unterschied der Anziehungskräfte noch so gering, dass man ihn nur schwer einzeichnen kann. Bei b kannst du ihn schon sehr deutlich sehen. Wäre der Astronaut nur halb so groß (blaue Linie), dann wäre die Gezeitenkraft an dieser Stelle wesentlich geringer.

Abb. 11.33 Die Saturnringe bestehen aus Myriaden von Wassereis- und Gesteinsbrocken in der Größe von Staubkörnern bis hin zu einigen Metern großen Trümmern. Weil auf kleine Objekte die Gezeitenkräfte geringer wirken, können die Brocken des Saturnringes auch innerhalb der Roche-Grenze sein – nicht aber ein Mond.

INFO

Gezeiten-Spaghetti

Es wurde schon viel darüber spekuliert, ob man zwei **Schwarze Löcher** zur Reise durchs All verwenden könnte, wenn sie durch ein sogenanntes **Wurmloch** in Verbindung stünden (→ F25). Dieses könnte eine Abkürzung durch den Raum sein, weil sich dieser in der Nähe von Schwarzen Löchern unendlich stark krümmt.

Leider würde man den Sturz durch ein Schwarzes Loch ziemlich sicher nicht überleben. Je näher man zum Zentrum kommt, desto größer werden die Gezeitenkräfte und verarbeiten den Astronauten regelrecht zu **Gezeiten-Spaghetti**. Sie reißen zuerst ihn auseinander, danach die Moleküle, die Atome, die Atomkerne und schließlich sogar die Elementarteilchen!

Damit haben wir ein Modell für die Erschaffung der Welt in umgekehrter Reihenfolge. Beim **Urknall** war die gesamte Materie auf einen winzigen Punkt verdichtet. Die Gezeitenkräfte waren in diesem Zustand so unglaublich groß, dass noch keine Elementarteilchen existieren konnten. Erst durch die Expansion des Weltalls konnten sich diese bilden.

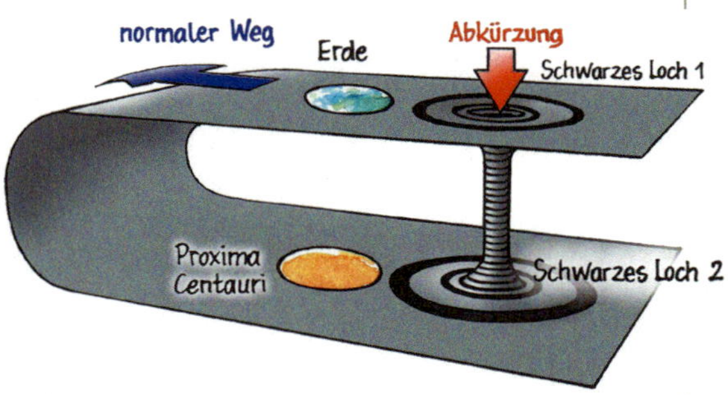

Abb. 11.34 Ein Wurmloch ist die Abkürzung durch eine höhere Dimension. In diesem Modell kürzt man den zweidimensionalen Raum durch die 3. Dimension ab. (Der sonnennächste Stern, Proxima Centauri, ist 4,2 Lichtjahre entfernt.)

Auch das **Gravitationsfeld des Mondes** ist inhomogen und erzeugt Gezeitenkräfte. Weil der Mond aber sehr weit von der Erde weg ist (Abb. 11.35) und eine kleine Masse hat, sind seine Gezeitenkräfte sehr gering. Sie liegen auf der Erde bei etwa $10^{-7}g$, also bei bloß einem 10-Millionstel der Erdbeschleunigung. Das ist im Alltag praktisch nicht zu bemerken. Obwohl die Gezeitenkräfte des Mondes so gering sind, lösen sie verblüffenderweise **zwei riesige Flutberge** aus. Aber wieso zwei?

Wenn man sagt, dass der Mond um die Erde kreist, dann ist das nicht ganz exakt (aber im Alltag natürlich vollkommen ausreichend). Mond und Erde kreisen um ihren gemeinsamen Schwerpunkt, das **Baryzentrum** (→ F 22; Abb. 11.35). Der springende Punkt ist nun der: **Nicht nur der Mond, sondern auch die Erde befindet sich ständig im freien Fall.** Beide fallen innerhalb eines Monats um das Baryzentrum.

Die **Gravitationskraft**, die für die Kreisbahn der Erde verantwortlich ist, ist aber nicht an jedem Punkt der Erde gleich groß. Auf der dem Mond zugewandten Seite ist sie etwas größer als am Erdmittelpunkt, auf der dem Mond abgewandten Seite etwas kleiner (Abb. 11.36 a). Warum dadurch zwei Wasserbäuche entstehen, erkennst du am besten, wenn du die durchschnittliche Kraft, die auch auf den festen Erdkörper wirkt (roter Pfeil), abziehst (Abb. 11.36 b und c; → F 23).

Alles auf der Erde wird durch ihren freien Fall beschleunigt, aber das Wasser auf der mondnäheren Seite stärker und auf der mondfernen Seite schwächer als der feste Erdkörper selbst. Und dadurch entstehen eben zwei Flutbäuche. Ebbe und Flut sind der Beleg dafür, dass das **Gravitationsfeld** des Mondes **nicht homogen** ist. Und sie sind ein Beweis dafür, dass die Erde frei fällt, denn sonst gäbe es nur einen Flutberg auf der mondnäheren Seite.

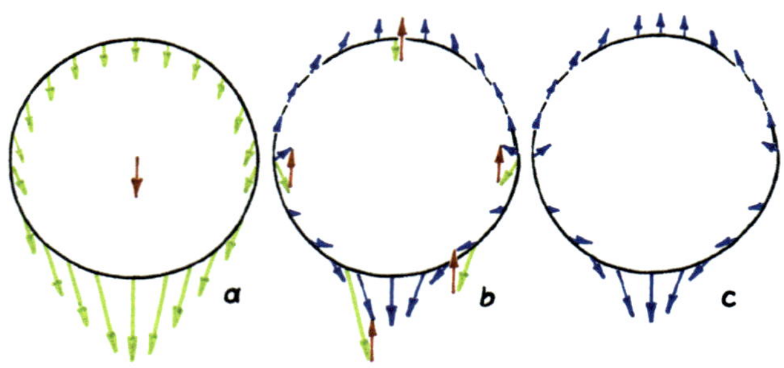

Abb. 11.36 a) Auf der mondzugewandten Seite (unten) ist die Gravitationskraft (grün) größer. Zur besseren Verdeutlichung des Effekts wurde der Mond sehr nahe angenommen. b) Wenn man die Kraft, die auf den KSP der Erde wirkt (rot), abzieht, bleiben die Differenzen der Kräfte übrig (blau), also die Gezeitenkräfte. An fünf Punkten ist das exemplarisch dargestellt. c) Diese Netto-Kräfte formen die beiden Flutberge der Meere.

ZUSAMMENFASSUNG

Jedes Gravitationsfeld erzeugt durch seine Inhomogenität Gezeitenkräfte. Das führt unter anderem zur Spaghettisierung in einem Schwarzen Loch, zum Zerreißen von Monden innerhalb der Roche-Grenze und, nicht ganz so dramatisch, zu Ebbe und Flut.

11.5 Planet Vulkan

Grenzen des Gravitationsgesetzes

Das Newton'sche Gravitationsgesetz hat seine Grenzen. Eine dieser Grenzen tritt in der Nähe von sehr großen Massen auf und führt uns zu Einstein und seiner Allgemeinen Relativitätstheorie. Wir werfen hier nur mal einen kurzen Blick auf das Konzept der sogenannten Raumkrümmung.

F 26 ● Nimm an, du vermisst Umfang und Durchmesser der Merkurbahn mit Schnüren. Was siehst du später, wenn du die Schnüre im Ebenen auflegst: a, b oder c? Und was würde passieren, wenn du eine Planetenbahn um ein Schwarzes Loch herum vermisst?

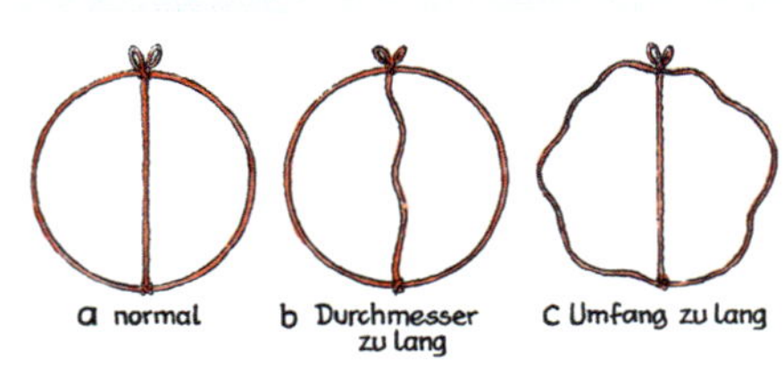

Abb. 11.37

Abb. 11.35 Erde, Mond und gemeinsamer Schwerpunkt (maßstäblich)

Die **Planetenbahnen** werden nicht nur von der Sonne, sondern auch von den anderen Planeten beeinflusst. Deshalb folgt streng genommen keiner einer exakten Ellipse. Aus den Unregelmäßigkeiten der Uranusbahn konnte Le Verrier die **Bahn des Neptuns** berechnen, den man 1846 tatsächlich fand (→ **INFO** Planet X, Kap. 11.2). Aber auch bei der **Merkurbahn** stimmte etwas nicht. Das Perihel verschiebt sich nach jedem Umlauf (Abb. 11.38).

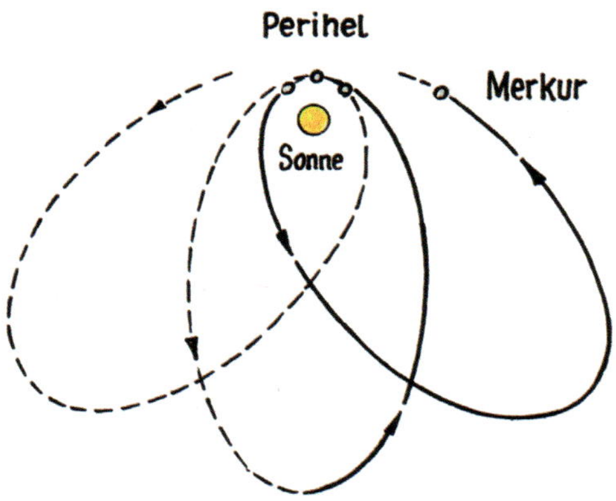

Abb. 11.38 Das Perihel des Merkur verschiebt sich bei jedem Umlauf ein klein wenig. Hier ist das sehr übertrieben dargestellt, denn tatsächlich beträgt die **Periheldrehung** nur 0,148° in 100 Jahren. Davon konnte man 0,012° nicht erklären.

Ein Großteil dieser **Periheldrehung** war durch die Gravitation der anderen Planten zu erklären. Es blieb aber ein unerklärbarer Rest von 0,012° übrig, der groß genug war, um die Astronomen nicht ruhig schlafen zu lassen. Die Ungenauigkeit mag dir winzig vorkommen, aber es ist so: Entweder stimmt eine Theorie oder nicht. Ein bisschen stimmen gibt es in der Physik nicht. **Newtons Gravitationstheorie** war daher wieder in Gefahr.

Le Verrier dachte, dass es innerhalb der Merkurbahn einen Planeten geben müsste, den er **Vulkan** nannte. Anders als beim Neptun konnte dieser vermutete Planet niemals gefunden werden, weil er nicht existiert (trotzdem gibt es Vulkanier – zumindest in der Serie „Star Trek"). Damit war aber auch Newtons Gravitationstheorie an eine Grenze gestoßen. Während sie sich im Allgemeinen glänzend bewährte, war sie in der Nähe von großen Massen nicht mehr ganz exakt. Dort konnte man die Bahnen von Planeten nicht mehr genau berechnen. Erst **1916** legte Albert Einstein mit seiner **Allgemeinen Relativitätstheorie** (ART; siehe Big Bang 2) eine neue Theorie der Gravitation vor, die mit der beobachteten Periheldrehung exakt übereinstimmte.

Eine der Kernaussagen der ART ist die, dass der **Raum** in der Umgebung einer Masse **gekrümmt ist**. Kein Mensch kann sich eine Krümmung eines dreidimensionalen Raumes bildlich vorstellen. Deshalb lässt man in den Abbildungen immer eine Dimension weg und stellt sich die Krümmung eines zweidimensionalen Raumes, also eine Ebene, im Dreidimensionalen vor.

In Abb. 11.39 a siehst du einen Raum ohne Krümmung. Bei b siehst du ein **Modell für die Raumkrümmung** in der Umgebung einer kugelförmigen Masse, etwa der Sonne. Wenn du hier Umfang und Durchmesser einer Planetenbahn abmisst, dann ist der Durchmesser größer als erwartet (→ **F26**, Antwort b). Klar, du misst diesen ja auch durch die Mulde durch. In der Nähe eines Schwarzen Lochs wäre die Krümmung sogar unendlich stark (c). Das würde bedeuten, dass der Durchmesser unendlich groß wäre. Schwarze Löcher sind wirklich bizarre Objekte! Wenn du zwei solche Trichter zusammensteckst, dann bekommst du ein Wurmloch wie in Abb. 11.34.

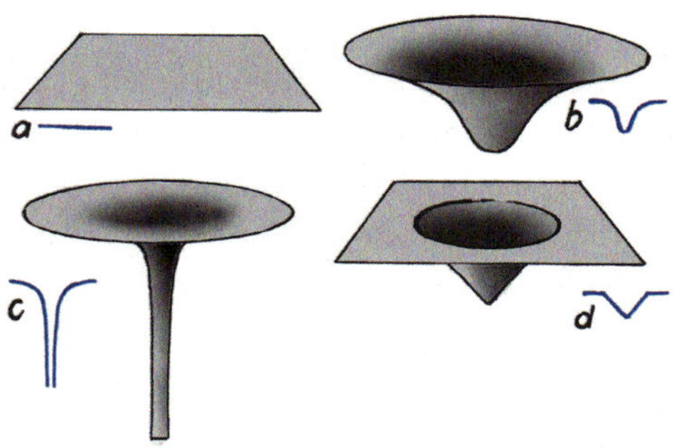

Abb. 11.39 Ebener Raum (a), Raumkrümmung in der Nähe der Sonne (b), Raumkrümmung in der Nähe eines Schwarzen Lochs (c), vereinfachtes Modell für b (d)

Abb. 11.40 Die Raumkrümmung in der Nähe eines Schwarzen Lochs führt auch dazu, dass Umgebung und Hintergrund sehr spektakulär verzerrt wirken – hier in einer Computersimulation.

INFO Raumkrümmungstrichter

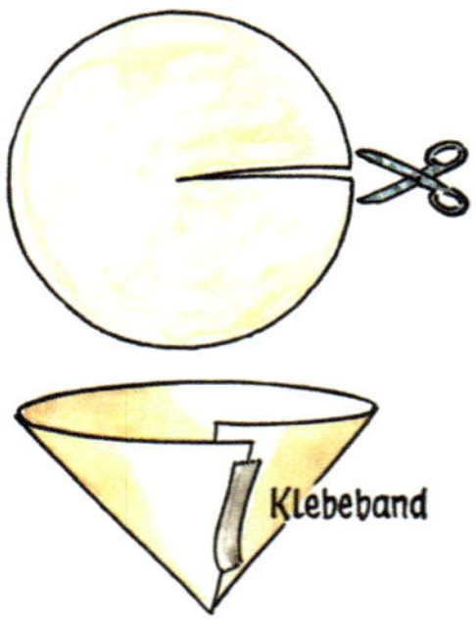

Abb. 11.41 So machst du aus einer Scheibe einen Trichter.

Die **ART** ist eine wirklich sehr schwer zu verstehende Theorie. Man kann aber das **Modell der Raumkrümmung** um die Sonne so weit vereinfachen, dass du auch ohne Mathematik das Prinzip verstehst. Wir vereinfachen Abb. 11.39 b und stellen uns die Raumkrümmung in der Nähe der Sonne nicht als Mulde, sondern als **Trichter** vor (Abb. 11.39 d). Einen solchen Trichter kannst du nämlich ganz leicht selbst herstellen (Abb. 11.41). Damit kannst du die seltsame Bahn des Merkur verstehen.

Zeichne dazu die Ellipsenbahn des Merkur auf ein Blatt Papier oder, noch besser, auf eine Folie (Abb. 11.42 a). So sieht das aus, wenn der Raum flach ist.

Der Raum um die Sonne ist aber gekrümmt. Diese Krümmung kannst du nun selbst herstellen, indem du das Blatt mit der Ellipsenbahn bis zur Sonne einschneidest (b) und daraus einen Trichter formst (c) – der in diesem Fall asymmetrisch ist. Du siehst, dass dabei die Bahn aus Abb. 11.38 entsteht. Die Periheldrehung des Merkurs ist eine Folge der Krümmung des Raums.

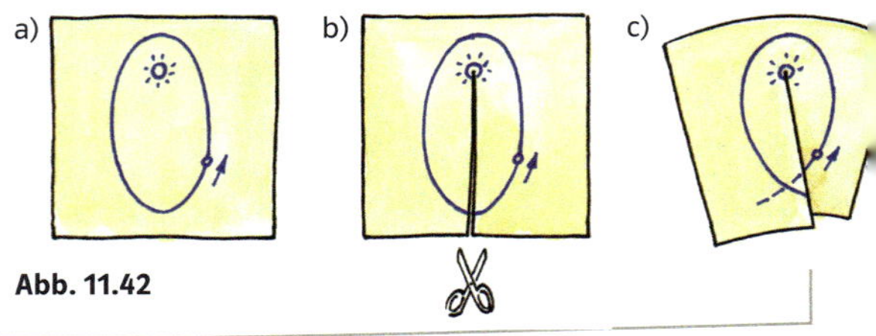

Abb. 11.42

ZUSAMMENFASSUNG

Seit 1916 wissen wir, dass Newtons Gravitationstheorie nicht uneingeschränkt gültig ist. Zum Beispiel ist sie in der Nähe von großen Massen nicht mehr exakt, weil sie die Raumkrümmung nicht berücksichtigt. Exakte Berechnungen unter diesen Bedingungen kann man nur mit der Allgemeinen Relativitätstheorie durchführen.

Teste dich

F 27 ● Wie kann man die Gleichung für die Arbeit im Gravitationsfeld herleiten (Kap. 11.2)? Versuche mit Hilfe des Lösungsteils Schritt für Schritt nachzuvollziehen. → L

F 28 ● Nimm an, ein Schwarzes Loch hat die 5-fache Sonnenmasse (also 10^{31} kg) und deine Füße befinden sich in einem Abstand von 1000 km zum Mittelpunkt. Berechne die Kräfte, die pro kg Masse auf deine Füße und auf deinen Kopf wirken, wenn du 2 m bzw. nur 1 m groß wärst. Wie groß wären die Kräfte, wenn du auf 100 km herankommen würdest? Verwende dazu das Newton'sche Gravitationsgesetz. → L

F 29 ◒ Astrologieungläubige (wie Physiker) sagen oft scherzhaft, dass die Gravitation des Arztes während der Geburt stärker auf das Baby wirkt, als die der Planeten. Kann das stimmen? → L

F 30 ○ Auch die anderen Planetenbahnen weisen eine Periheldrehung auf. Warum ist sie aber beim Merkur am stärksten? → L

F 31 ◒ Warum sind Ebbe und Flut nicht genau alle 6 Stunden? Sie sind nämlich alle 6 Stunden und 12 Minuten und verschieben sich somit relativ zur Tageszeit. → L

F 32 ◒ Schätze die Masse der Sonne ab. Verwende dazu das Gravitationsgesetz (Kap. 11.1) und die Zentripetalkraft (Kap. 10.6), die auf die Erde wirkt. Der Abstand Erde-Sonne beträgt rund 150 Millionen Kilometer. → L

F 33 ○ Der Komet Shoemaker-Levy 9 passierte im Juli 1992 den Planeten Jupiter und zerbrach dabei in 21 Fragmente zwischen 50 und 1000 m Größe, die sich auf einer mehrere Millionen Kilometer langen Kette aufreihten (Abb. 11.43). Zwischen dem 16. und dem 22. Juli 1994 schlugen diese Bruchstücke dann auf Jupiter auf. Wieso zerbröckelte der Komet beim ersten Vorbeiflug am Jupiter? → L

F 34 ◒ Mit welcher Mindestgeschwindigkeit tritt ein aus dem Weltall kommender Brocken in 250 km Höhe in die Erdatmosphäre ein? Überschlage zuerst mit einer Schätzung, welcher Wert in etwa herauskommen muss. Der Radius der Erde beträgt $6{,}37 \cdot 10^6$ m und ihre Masse $6 \cdot 10^{24}$ kg. → L

Abb. 11.43 Der zerbröselte Komet Shoemaker-Levy 9

12 Grundlagen der Schwingungen

Unter einer Schwingung versteht man einfach gesagt, dass sich etwas pausenlos um einen Ruhepunkt hin und her bewegt. Alles schwingt, jedes einzelne Atom und Molekül in deinem Körper, im Tisch, im Sessel und in diesem Buch. Du merkst bloß in den meisten Fällen nichts davon. Der gesamte Boden, auf dem du stehst oder sitzt, schwingt unentwegt in der Größe von Tausendstel Millimetern. Luftmoleküle schwingen und übertragen dadurch den Schall, der wiederum dein Trommelfell zum Schwingen bringt. Elektromagnetische Wellen schwingen und übertragen Daten zum Handy oder Fernseh- und Radioprogramme. Und auch in deiner Uhr schwingt entweder ein Quarz oder eine sogenannte Unruh. In diesem Kapitel geht es um wichtige Grundlagen und Grundbegriffe zum Thema Schwingungen, von denen wir viele für das Verständnis von Wellen (siehe Kapitel 13) noch brauchen werden.

12.1 Schaukeln auf dem Mond

Das Fadenpendel

Angeblich machte Galileo Galilei in der Kathedrale von Pisa eine sehr bedeutende Entdeckung, die in weiterer Folge für die Zeitmessung eine wichtige Rolle spielte: Er entdeckte das Pendel als exakten Zeitmesser.

F1 ◒ Wozu ist ein Pendel in der Pendeluhr? Hat es eine Aufgabe oder soll es nur nett aussehen? Warum ist bei fast allen Uhren das Pendel 25 cm oder 1 m lang?

F2 ● Kinderschaukel: Hat deine Masse einen Einfluss auf die Schaukelgeschwindigkeit? Wie verändert sich die Geschwindigkeit, wenn du im Stehen schaukelst? Was passiert mit der Schaukelgeschwindigkeit, wenn du auf dem Mond schaukelst? → L

Abb. 12.1 Wie wäre Schaukeln auf dem Mond?

F3 ◒ Geht eine Pendeluhr, die in Europa gebaut, aber dann am Äquator, am Pol oder auf dem Mond aufgestellt wird, immer noch genau? Versuche zu begründen!

F4 ◒ Kleine Kinder machen viel schnellere Schritte als Erwachsene. Woher kommt das?

F5 ○ Was versteht man unter der Drehmasse bzw. dem Trägheitsmoment? Lies nach in Kap. 10.2!

EXPERIMENT **Fadenpendel**

Bau dir ein einfaches Pendel aus einem dünnen Faden und einem daran hängenden Gewicht (Abb. 12.2). So etwas nennt man ein **Fadenpendel**. Führe nun folgende **3 Versuche** durch und trage alle Werte in eine Tabelle ein.

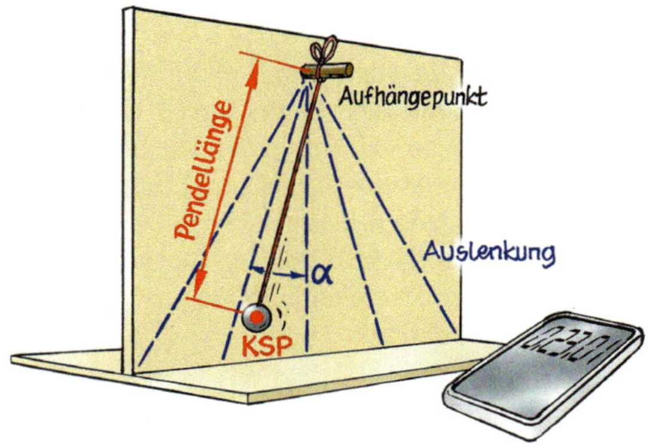

Abb. 12.2

1 Stoppe für 5 **verschiedene Pendellängen** die Zeitdauer für je 10 Schwingungen, also für **10 Hin- und Herbewegungen**. Lass die anderen Werte (Masse und Auslenkung α) gleich. Die Pendellänge misst du vom Aufhängepunkt bis zum Körperschwerpunkt (KSP) des Gewichts (siehe Abb. 12.2). Zeichne deine beobachteten Werte in ein Diagramm. Um welchen Faktor muss man die Pendellänge vergrößern, damit sich die Pendelzeit verdoppelt?

2 Stoppe die Zeitdauer für 10 Schwingungen für 5 **unterschiedliche Startwinkel** (α etwa 5 bis 90°). Verändert sich dabei die Schwingungsdauer?

3 Stoppe die Zeitdauer für 10 Schwingungen für 5 **unterschiedliche Massen**. Verändert sich dabei die Schwingungsdauer? Bedenke, dass die Pendellänge vom Aufhängepunkt bis zum KSP gemessen wird und du vielleicht die Fadenlänge beim Ändern der Gewichte ebenfalls etwas ändern musst.

Fasse nun zusammen, wovon deiner Meinung nach die Schwingungsdauer abhängt. **Versuche nun ein Pendel zu bauen, mit dem man eine Sekunde möglichst genau messen kann.**

Im Alter von 19 Jahren, also **1583**, beobachtete Galileo Galilei in der Kathedrale von Pisa angeblich die schwingenden Kronleuchter (Abb. 12.3) und bemerkte, dass die Schwingungsdauer unabhängig von der Schwingungsweite ist: Egal, wie weit ein Lüster hin und her schwingt, er braucht dafür immer gleich lang. Dass er für einen längeren Weg trotzdem gleich lang braucht, ist natürlich schon sehr verblüffend.

Galilei unternahm daraufhin eine Reihe von Messungen an Pendeln – ähnlich wie die oben beschriebenen –, um diese Beobachtung auch wissenschaftlich belegen zu können. Dabei entdeckte er auch noch, dass die Schwingungsdauer unabhängig von der Masse ist. Die mathematische Beschreibung lautet folgendermaßen (zur Herleitung der Gleichung siehe → F43):

FORMEL Schwingungsdauer eines Fadenpendels (mathematischen Pendels)

$$T = 2\pi \cdot \sqrt{\frac{l}{g}}$$

$$T \sim \sqrt{l} \text{ und } T \sim \frac{1}{\sqrt{g}}$$

T ... Dauer für eine Hin- und Herbewegung (= Schwingungsdauer) $[T]$ = s
l ... Pendellänge $[l]$ = m
g ... Erdbeschleunigung (9,81 $\frac{m}{s^2}$)

Die Schwingungsdauer ist also direkt proportional zur Wurzel der Pendellänge und indirekt proportional zur Wurzel der Erdbeschleunigung. Weil in der Formel weder die Masse noch die Auslenkung vorkommt, ist die Schwingungsdauer von diesen beiden Faktoren auch nicht abhängig. Weil ein genau definiertes Verhältnis zwischen Pendellänge und Schwingungsdauer besteht, kam Galilei auf die geniale Idee, Pendel zur **Zeitmessung** einzusetzen.

Abb. 12.3 Lüster in der Kathedrale von Pisa, der Galilei zu seinen Pendelexperimenten angeregt haben soll.

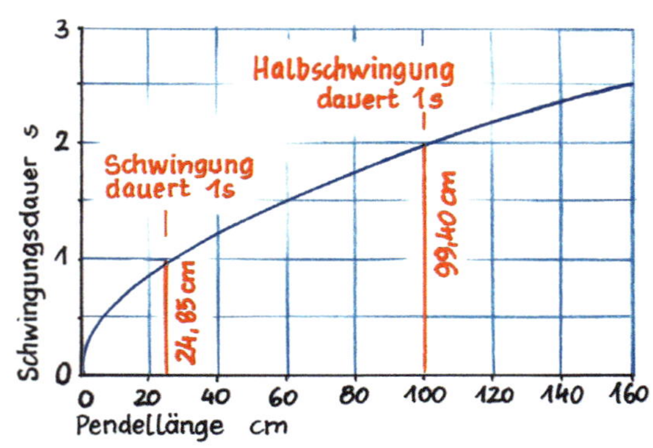

Abb. 12.4 Zusammenhang zwischen Pendellänge und Schwingungsdauer beim Fadenpendel: Vergleiche mit deinen Ergebnisse aus den Experimenten!

Um die Zeit gut messen zu können, soll das Pendel auch möglichst im **Sekundentakt** schwingen. Dafür eignet sich eine Pendellänge von rund **25 cm** oder **1 m** (→ F1; Abb. 12.4). Im ersten Fall dauert die gesamte Schwingung eine Sekunde, im zweiten Fall die Halbschwingung. Du siehst an diesem Beispiel: Eine Vervierfachung der Pendellänge verdoppelt die Schwingungsdauer. Galilei hatte zwar die Idee für die **Pendeluhr** geboren, konnte sie aber zu Lebzeiten nicht mehr umsetzen. Erst Christiaan Huygens (sprich „Heychens") nutzte dieses Wissen Jahrzehnte später zum Bau einer **Pendeluhr**. Diese hatte eine Ganggenauigkeit von 10 s pro Tag – eine extreme Verbesserung gegenüber den bisherigen Uhren ohne Pendel!

INFO **Pendeluhr**

Huygens baute um **1660** die erste gut funktionierende Pendeluhr, die eine Abweichung von nur 10 Sekunden pro Tag hatte. Das war ein ganz **wichtiger Schritt in der Genauigkeit der Zeitmessung**, denn die bis dahin gängigen Räderuhren hatten eine tägliche Abweichung von etwa 15 Minuten (siehe Kap. 2.4).

Das **Prinzip einer Pendeluhr** ist einfach. Mit einem Gewicht wird die Uhr aufgezogen. Das Absinken des Gewichts liefert die Energie für die fortlaufende Pendelbewegung. Am oberen Ende des Pendels befindet sich der sogenannte Anker (Abb. 12.5 a). Er verhindert, dass das Gewicht sofort hinunterrasselt. Bei jeder Schwingung gibt der **Anker** das **Ankerrad** kurz frei (Abb. 12.5 b) und dieses kann sich um einen Zahn weiterdrehen. Dabei schubst es den Anker etwas an und gibt ihm somit immer wieder neuen Schwung. Die Uhr läuft so lange, bis das Gewicht ganz abgesunken ist.

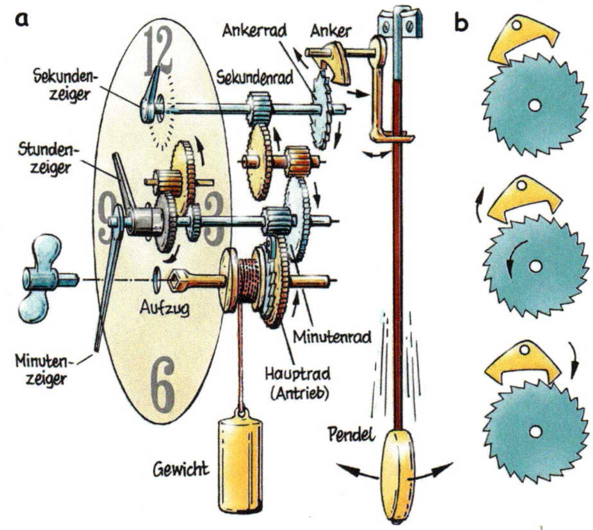

Abb. 12.5 Das Prinzip einer Pendeluhr: Das 1-m-Pendel liefert den genauen Takt, das Gewicht liefert die Energie für die fortlaufende Schwingung. Nach 60 „Zähnen" ist eine Minute vergangen, nach 3600 eine Stunde.

Die **Ganggenauigkeit** einer Pendeluhr hängt, neben vielen anderen Faktoren, natürlich auch von der Erdbeschleunigung ab (siehe Kap. 5.4.1), und dieser Einfluss ist nicht zu unterschätzen. Wenn du zum Beispiel eine Pendeluhr exakt auf **Frankfurt a. M.** abgestimmt hast, dann geht sie in **Hamburg** pro Tag um 5 Sekunden zu schnell (Tab. 12.1). An den **Polen** und am **Äquator** würde die Abweichung im Minutenbereich liegen. Auf dem **Mond** kannst du deine Pendeluhr überhaupt vergessen: Dort dauert die Schwingung jedes Pendels 2,45-mal so lang wie auf der Erde. Schaukeln auf dem Mond wäre daher echt langweilig (→ F2)!

Ort	*g*	tägliche Abweichung
Frankfurt a. M.	9,8127 m/s²	0 s
Hamburg	9,8137 m/s²	+5 s
Pol	9,832 m/s²	+108 s
Äquator	9,780 m/s²	−121 s
Mond	1,63 m/s²	−14 h 10 min

Tab. 12.1 Gangungenauigkeit in Abhängigkeit von der Erdbeschleunigung für eine Pendeluhr, die auf Frankfurt am Main abgestimmt ist (+ bedeutet schnelleren Gang).

Das große Verdienst Galileis war die Erkenntnis, dass die **Pendelmasse** für die Schwingungsdauer **keine Rolle spielt**. Diese Entdeckung ist uneingeschränkt richtig! Aber in einem Punkt irrte Galilei. Er dachte nämlich, dass die Schwingungsweite keinen Einfluss auf die Schwingzeit hat. Das ist aber nicht uneingeschränkt richtig. Bei kleinen Winkeln, wie etwa bei einem leicht schwingenden Kirchenlüster oder beim Pendel einer Uhr ist diese Abweichung winzig und so gut wie nicht zu bemerken (Abb. 12.6 und Tab. 12.2). Das erklärt auch, warum sie dem kritischen Blick Galileis entging. Nur bei wirklich **großen Auslenkungen** kann man eine **Abweichung feststellen**. Was hast du bei deinem Experiment herausgefunden?

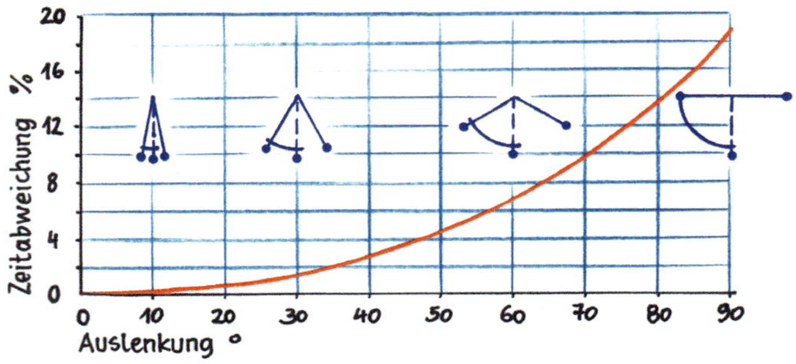

Abb. 12.6 Verlängerung der Schwingungsdauer in Abhängigkeit von der Auslenkung in %: Die Angaben beziehen sich auf ungedämpfte Schwingungen.

Auslenkung in Grad	Abweichung vom berechneten Wert in % und in Sekunden pro Minute	
5°	0,05 %	+ 0,03 s
10°	0,2 %	+ 0,1 s
23°	1 %	+ 0,6 s
68°	10 %	+ 6 s
90°	19 %	+ 13 s

Tab. 12.2 Detaildaten zur Abb. 12.6: Die rechte Spalte bezieht sich auf die Ungenauigkeit pro Minute bei einer ungedämpften Schwingung.

Es gibt aber noch eine zweite Ungenauigkeit in der Schwingungsgleichung. Beim Fadenpendel wird angenommen, dass der Faden keine Masse hat und diese auf einen einzigen Punkt am unteren Ende des Pendels konzentriert ist. Das ist eine Idealisierung, weil es ein solches Pendel in Wirklichkeit nicht geben kann. Man nennt diese idealisierten Pendel auch **mathematische Pendel**, die in der Realität vorkommenden **physikalische Pendel**.

INFO

Bummeltempo

Du kannst die Schwingungsdauer **jedes beliebigen Objekts** berechnen. Du musst dazu allerdings die **Drehmasse** (I; siehe Kap. 10.2) und den Abstand d zwischen Drehpunkt und Körperschwerpunkt (KSP) kennen. Die Gleichung für die Schwingungsdauer lautet dann folgendermaßen:

$$T = 2\pi \cdot \sqrt{\frac{I}{m \cdot g \cdot d}}$$

Für einen **punktförmigen Gegenstand** ist die Drehmasse $m \cdot d^2$. Wenn du das oben einsetzt, dann bekommst du logischerweise wieder die Gleichung für das mathematische Pendel.
Wie ist es aber, wenn die Masse nicht auf einen Punkt konzentriert ist? Nehmen wir als Beispiel einen **schwingenden Stab** (Länge = l). Dieser hat eine Drehmasse von $\frac{m \cdot l^2}{3}$ (siehe Tab. 10.1). Der KSP eines solchen Stabs befindet sich in der Mitte. d ist daher $l/2$. Das setzen wir oben ein und bekommen:

$$T = 2\pi \cdot \sqrt{\frac{I}{m \cdot g \cdot d}} = 2\pi \cdot \sqrt{\frac{m \cdot l^2}{3m \cdot g \cdot \frac{l}{2}}} = 2\pi \cdot \sqrt{\frac{\frac{2}{3}l}{g}}$$

Ein Stab von einem Meter Länge hat also dieselbe Schwingungsdauer wie ein mathematisches Pendel mit 2/3 m Länge. Damit können wir das **Bummeltempo** abschätzen (siehe auch Kap. 5.2). Wenn du bummelst, dann lässt du das Bein **einfach schwingen** und spannst die Muskeln praktisch nicht an. Nehmen wir vereinfacht an, dein Bein verhält sich wie ein 1 m langer Stab. Ein Schritt ist eine halbe Schwingung und die Schwingungsdauer beträgt daher:

$$T_{Schritt} = \pi \cdot \sqrt{\frac{\frac{2}{3}l}{g}} = \pi \cdot \sqrt{\frac{2l}{3g}} = 0{,}8\,s$$

Wenn du das Bein ohne Anstrengung schwingen lässt, dann dauert ein Schritt also 0,8 s. Wenn dein Schritt 0,7 m lang ist, ergibt das eine **Geschwindigkeit** von $v = s/t = 0{,}7\,m/0{,}8\,s = 0{,}88\,m/s$ oder rund 3 km/h.

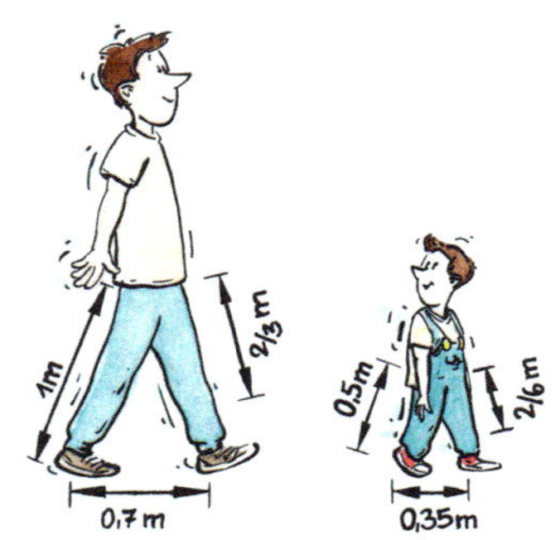

Abb. 12.7 Ein Bein mit 1 m Länge hat eine Schwingungsdauer wie ein mathematisches Pendel mit 2/3 m Länge.

Das Bein eines **kleinen Kindes** hat bei 1/2 m Länge eine Schwingungsdauer von 0,58 Sekunden. Für das Bummeltempo ergibt das 0,6 m/s rund bzw. 2,2 km/h. Rechne nach! Kleine Kinder machen daher schnellere Schritte, kommen aber trotzdem langsamer vorwärts (**→ F4**).

ZUSAMMENFASSUNG

Die Schwingungsdauer eines Pendels hängt im Wesentlichen von der Pendellänge und der Erdbeschleunigung ab. Zudem besteht ein kleiner, im Alltag aber vernachlässigbarer Zusammenhang mit der Schwingungsweite. Pendeluhren waren jahrhundertelang für die exakte Zeitmessung unentbehrlich.

12.2 Die Astronautenwaage
Federpendel, Frequenz und Amplitude

Das Federpendel hat nicht sehr viele alltägliche Anwendungen und auch keine kulturhistorische Bedeutung wie das Fadenpendel. Mit seiner Hilfe kann man aber einige Eigenschaften von Schwingungen einfach erklären.

F6 ● Aufgrund der Schwerelosigkeit können Astronauten sehr leicht Muskelmasse verlieren und müssen sich zur Kontrolle bei längeren Aufenthalten im Orbit wiegen! Aber wie machen sie das ohne Schwerkraft?

F7 ○ Was versteht man unter dem Hooke'schen Gesetz und der Federkonstanten D? Schau nach in Kapitel 7.4.3!

F8 ● Was versteht man unter dem Treibhauseffekt? Und was könnte dieser Effekt mit einer schwingenden Feder zu tun haben?

F9 ○ Wenn du mit der Hand auf einen Lautsprecher greifst, dann kannst du die Musik sogar spüren. Versuche den Unterschied zwischen leiser und lauter Musik auf diese Weise zu beschreiben.

F10 ◒ Das Summgeräusch von Mücken empfindest du als unangenehm – vor allem in der Nacht, wenn du schlafen willst! Hummeln oder Bienen brummen gemütlich. Woher kommt dieser Unterschied?

F11 ◒ Zum Stimmen eines Instruments verwendet man meistens eine Stimmgabel mit 440 Hertz. Was bedeutet diese Angabe?

F12 ◒ Welche Sinnesorgane des Menschen können Schwingungen sehr genau messen?

INFO

Federpendel

Nimm eine **harte** und eine **weiche Feder**, ein Stativ und einige Massenstücke und überprüfe dann Folgendes:

1 Wie hängen **Schwingungsdauer und Masse** zusammen? Zähl dazu jeweils 10 volle Schwingungen. Wie muss die Masse verändert werden, damit sich die Schwingungsdauer verdoppelt?

2 Welche Feder schwingt schneller: Die **harte** oder die **weiche**? Gib vorher einen Tipp ab! Welche dieser Federn hat die größere Federkonstante?

3 Überprüfe, ob die **Schwingungsdauer** wie beim Fadenpendel von der **Auslenkung** abhängt.

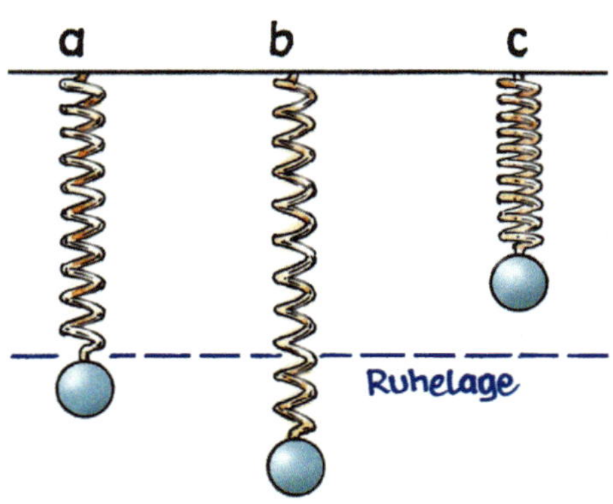

Abb. 12.8 Lenke die Feder aus der Ruhelage aus und stoppe dann die Schwingungsdauer.

Zwischen **Kraft** und **Dehnung** bei einer Schraubenfeder besteht ein proportionaler Zusammenhang. Was heißt das? Doppelte Kraft → doppelte Dehnung, dreifache Kraft → dreifache Dehnung und so weiter. Diesen wichtigen Zusammenhang beschreibt das **Hooke'sche Gesetz** (siehe Kap. 7.4.3). Wie leicht oder schwer sich eine Feder dehnen lässt, zeigt die Federkonstante D. Sie gibt an, wie viele Newton notwendig sind, um die Feder um einen Meter zu dehnen. Je größer D, desto härter ist also die Feder.

In deinen Versuchen wirst du bemerkt haben, dass die Federschwingung umso **langsamer** erfolgt, **je größer die Masse** ist. Bei der vierfachen Masse schwingt die Feder doppelt so lange. Es muss also eine Wurzel im Spiel sein. **Weiche Federn** (also solche mit kleinem D) **schwingen langsamer** als **harte**. Bei Federpendeln hat die Auslenkung keinerlei Effekt auf die Schwingungsdauer – außer du ziehst so stark an, dass du statt der Feder nur mehr ein Stück Draht in der Hand hast. Mathematisch lässt sich die Schwingungsdauer so ausdrücken (zur Herleitung der Gleichung siehe **F47** am Ende des Kapitels):

FORMEL Schwingungsdauer eines Federpendels

$T = 2\pi \cdot \sqrt{\frac{m}{D}}$

T ... Schwingungsdauer $[T] = s$
m ... Masse an der Feder $[m] = kg$
D ... Federkonstante $[d] = \frac{N}{m}$

INFO Massenbestimmung im All-Tag

Hier eine Anwendung eines **Federpendels**, die gewissermaßen aus dem All-Tag stammt. Wie kann die Astronautin in Abb. 12.9 ihre **Masse ohne die Schwerkraft bestimmen?** Mit Hilfe einer Federschwingung (→ F 6)! Die Astronautin sitzt dazu in einem Sessel, der sich zwischen zwei Schraubenfedern befindet (Abb. 12.10).

Weil in diesem Fall zwei Schraubenfedern beteiligt sind, muss auch D mit dem Faktor 2 multipliziert werden. Die Gleichung lautet daher:

$$T = 2\pi\sqrt{\frac{m_{Astronautin} + m_{Sessel}}{2D}}$$

Wenn man nach $m_{Astronautin}$ auflöst, bekommt man:

$$m_{Astronautin} = \frac{2D \cdot T^2}{4\pi^2} - m_{Sessel}$$

Beispiel: Die Federkonstanten sind jeweils 300 N/m und die Masse des leeren Sessels ist 12 kg. Wenn die Astronautin im Sessel eine Schwingungsdauer von 2 Sekunden hat, beträgt ihre Masse knapp 49 kg. Rechne nach!

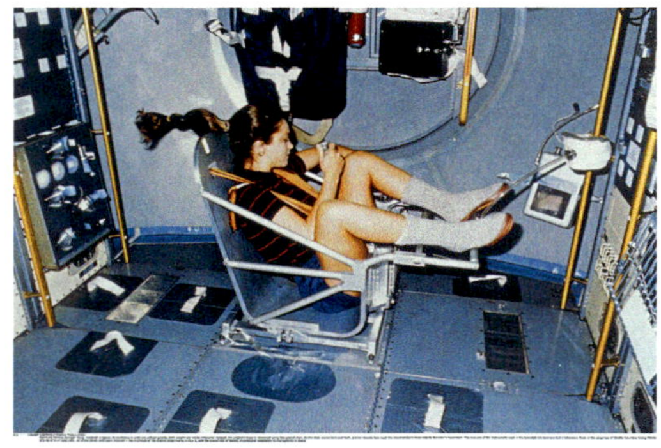

Abb. 12.9 Vorrichtung zum Messen der Masse in Schwerelosigkeit: Die Federn befinden sich unter dem Sessel und sind nicht zu sehen.

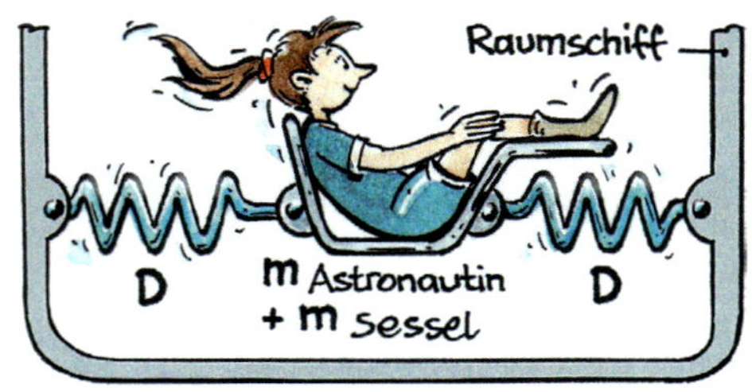

Abb. 12.10 Modell des schwingenden Sessels: Dieser befindet sich zwischen zwei Schraubenfedern.

INFO Federmoleküle

Alles schwingt! Zum Beispiel schwingen die **Atome in Molekülen** ganz ähnlich wie mit Federn verbundene Kugeln (Abb. 12.11). Natürlich sind sie nicht mit einer Feder verbunden, sondern durch **elektrische Kräfte**. Bei 2-atomigen Molekülen lässt sich die Schwingungsdauer sogar mit der Gleichung des Federpendels berechnen. D gibt in diesem Fall allerdings die Stärke der elektrischen Bindung an. Mehratomige Moleküle schwingen komplizierter.

Was hat das aber mit dem **Treibhauseffekt** zu tun (→ F 8)? Das sichtbare Licht der Sonne kann die Atmosphäre ungehindert durchdringen (Abb. 12.12 a). Es regt also deren Atome nicht zum Schwingen an. Wenn es auf die Erde trifft, entsteht teilweise **Infrarotstrahlung** (b). Diese Strahlung wird vom CO_2 in der Atmosphäre absorbiert (c), also geschluckt. Dabei werden die Moleküle wie in Abb. 12.11 b zu Schwingungen angeregt. Das schwingende Molekül sendet die Infrarotstrahlung nun aber in alle Richtungen aus, auch zurück zur Erde, und das führt zur Erwärmung.

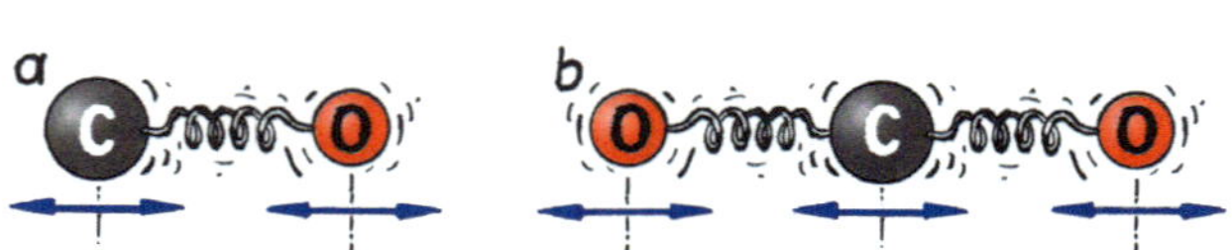

Abb. 12.11 Federmodell für Molekülschwingungen bei CO und CO_2

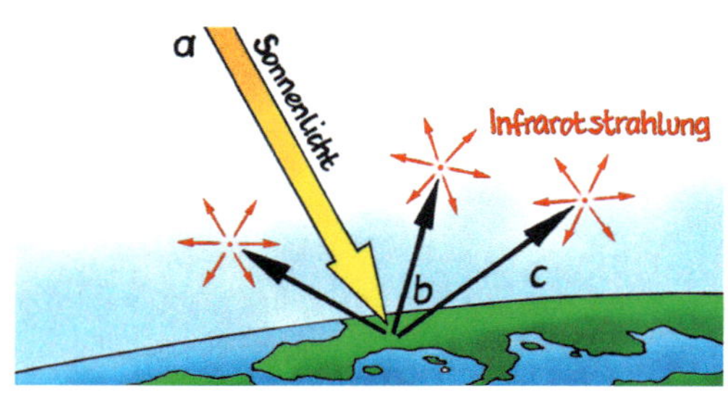

Abb. 12.12

Die Gleichung für das Federpendel stellt einen Zusammenhang zwischen Schwingungsdauer, Masse und Federkonstante her. Die Gleichung sagt dir, wie lang die Schwingung dauert. Sie sagt dir aber nicht, wo sich die Masse zu einem bestimmten Zeitpunkt befindet. Dazu brauchst du ein **Zeit-Ort-Diagramm** (siehe Kap. 5.3).
Ein solches Diagramm kann man von jeder beliebigen Schwingung erstellen. Das Prinzip lässt sich aber bei einer Schraubenfeder besonders leicht erklären.

Abb. 12.13

Stell dir dazu vor, dass sich neben der Feder ein Papierstreifen bewegt, auf dem die Schwingung mit einem Stift aufgezeichnet wird (Abb. 12.14 und 12.15). Wir gehen dabei idealisiert davon aus, dass die Schwingung nicht gedämpft wird. Auf dem Papier hast du dann ein Diagramm von der **zeitlichen Veränderung** der Auslenkung. Wir sehen uns das qualitativ an.

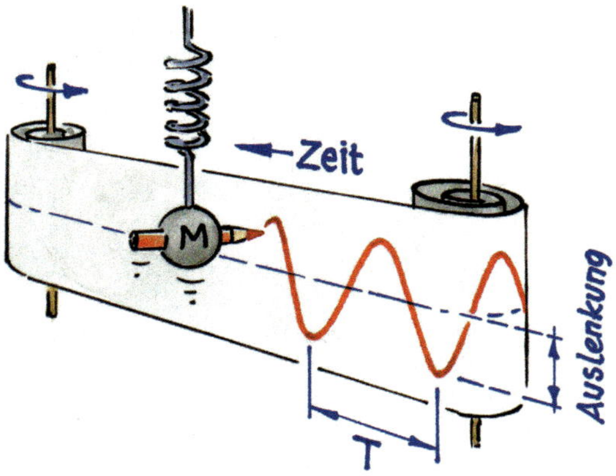

Abb. 12.14 Die Schwingung des Federpendels wird auf das vorbeigezogene Papier aufgezeichnet.

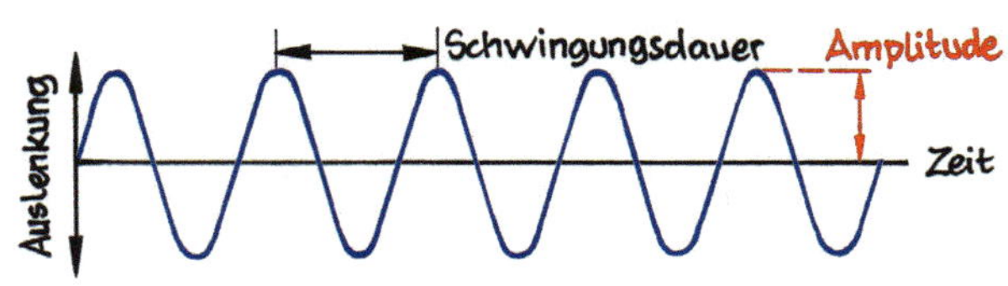

Abb. 12.15 So sieht das Diagramm aus, das die schwingende Masse in Abb. 12.14 erzeugt. Es ist ein Zeit-Ort-Diagramm.

Anhand dieses Diagramms kannst du zwei wichtige Merkmale jeder Schwingung erkennen. Da ist zunächst einmal die **Amplitude**. Sie gibt die maximale Auslenkung aus der Ruhelage an. Das zweite Merkmal ist die dir schon bekannte **Schwingungsdauer**. Sie wird für eine ganze Hin- und Herbewegung gemessen, also zum Beispiel von Berg zu Berg. Vor allem bei sehr schnellen Schwingungen ist es aber praktischer, die **Frequenz** anzugeben. Darunter versteht man die Anzahl der Schwingungen pro Sekunde. Die Frequenz ist somit der Kehrwert der Schwingungsdauer. Sie hat die Einheit 1/s. Man hat ihr aber zusätzlich zu Ehren des Physikers Heinrich Hertz (1857–1894) die **Einheit Hertz** (Hz) gegeben.

FORMEL Frequenz

$f = \frac{1}{T}$

f … Frequenz
T … Schwingungsdauer

$[f] = \frac{1}{s} = s^{-1}$ bzw. Hz (Hertz)
$[T] = s$

Was bedeuten diese beiden Merkmale im Alltag? Nehmen wir dazu die zwei wichtigsten Sinnesorgane, die Schwingungen sehr gut messen können: Augen und Ohren (→ F12)! Beim **Schall** bedeutet eine größere Amplitude einen **lauteren Ton** (Abb. 12.16 a).

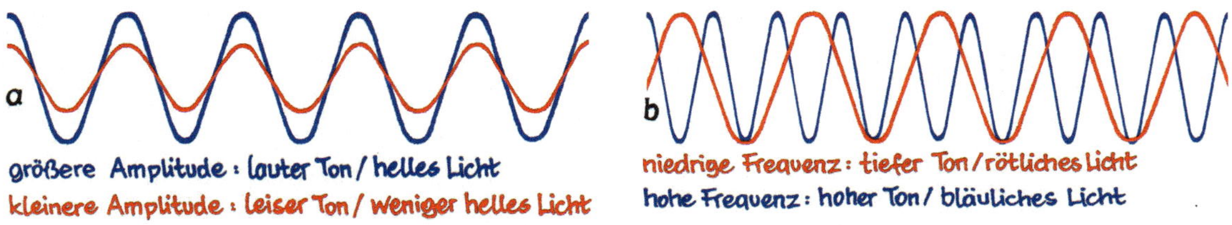

Abb. 12.16 a) Unterschiedliche Amplitude bei Schall und Licht b) Unterschiedliche Frequenz bei Schall und Licht

Abb. 12.17 Hummeln erzeugen ein tiefes Brummen, Stechmücken ein nerviges hohes Surren.

Bei lauter Musik schwingt die Membran des Lautsprechers stärker. Das kannst du sogar mit der Hand direkt am Lautsprecher spüren (→ F9). In der Haut befinden sich Rezeptoren, die mechanische Schwingungen wahrnehmen können. Bei einer **elektromagnetischen Schwingung** wie dem Licht bedeutet eine größere Amplitude **mehr Helligkeit**.

Einen **Ton** mit einer **höheren Frequenz** nimmst du auch höher wahr (Abb. 12.16 b). Die Höhe eines Tons gibt dir sofort Rückschluss, wie schnell die Tonquelle schwingt. Hummeln schlagen zum Beispiel rund 200-mal pro Sekunde mit den Flügeln und erzeugen ein tiefes Brummen (Abb. 12.17). Mücken machen 400 oder mehr Flügelschläge pro Sekunde (→ F10). Das ergibt das dir bekannte unangenehme, hohe Geräusch. Eine Stimmgabel mit 440 Hz schwingt 440-mal in der Sekunde (→ F11). Beim **Licht** ergibt eine **niedrige Frequenz rotes** Licht, eine **hohe blaues** Licht. Die Frequenz kann so hoch (Ultraschall bzw. Ultraviolett) oder so tief werden (Infraschall bzw. Infrarot), dass du sie nicht mehr mit deinen Sinnesorganen wahrnehmen kannst.

ZUSAMMENFASSUNG

Die Schwingungsdauer eines Federpendels hängt nur von der Federhärte und der schwingenden Masse ab. Die beiden wichtigsten Eigenschaften einer Schwingung sind die Schwingungsdauer bzw. Frequenz und die Amplitude.

12.3 Alice und das Kaninchenloch

Die harmonische Schwingung

Die Königin der Schwingungen ist die harmonische. Das hat zwei Gründe: Erstens kann man mit ihrer Hilfe viele Probleme aus dem Bereich der Mechanik, aber auch aus anderen Bereichen wie etwa der Optik lösen. Zweitens kann man fast jede beliebige Schwingung aus harmonischen Schwingungen zusammensetzen.

F13 ◒ Welches der gleichen Federpendel (Abb. 12.19 links) schwingt schneller in die Ausgangslage zurück, wenn du es loslässt: a, b oder c? Welches der Fadenpendel (rechts) schwingt schneller in die Ausgangslage zurück, wenn du es loslässt: a, b oder c?

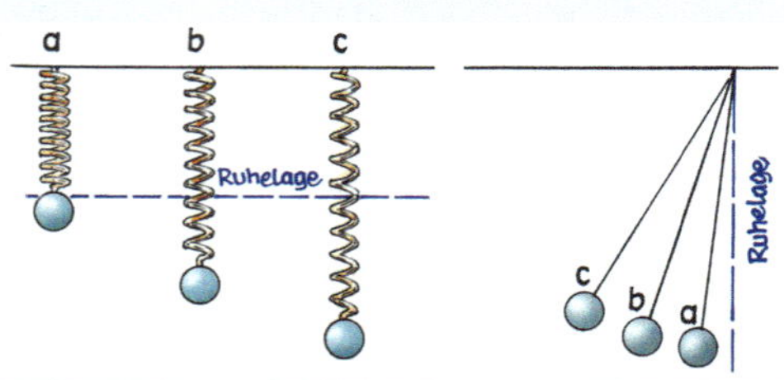

Abb. 12.19

F14 ◒ Warum ändert sich die Tonhöhe von Instrumenten nicht, wenn man lauter oder leiser spielt? → L

Abb. 12.18 Wer ist schneller am Südpol: der Satellit oder das Kaninchen?

F15 ○ Was versteht man unter dem Bogenmaß? Lies nach in Kap. 10.1!

F16 ● Wenn ein Kaninchen in ein Loch fällt, das vom Nordpol der Erde zum Südpol führt (Abb. 12.18), dann schwingt es zwischen den Polen hin und her (siehe Kap. 11.3). Wie lange braucht es für eine Schwingung? Was denkst du? Welche Geschwindigkeit erreicht es in der Mitte? Und wenn gleichzeitig ein Satellit am Nordpol startet, wer ist dann schneller am Südpol?

F17 ● Du siehst in der Dunkelheit von vorne einen Radfahrer, der von einem Autoscheinwerfer beleuchtet wird. Welche Bewegungen führen die beleuchteten Pedale scheinbar aus? Wie könnte man sie beschreiben?

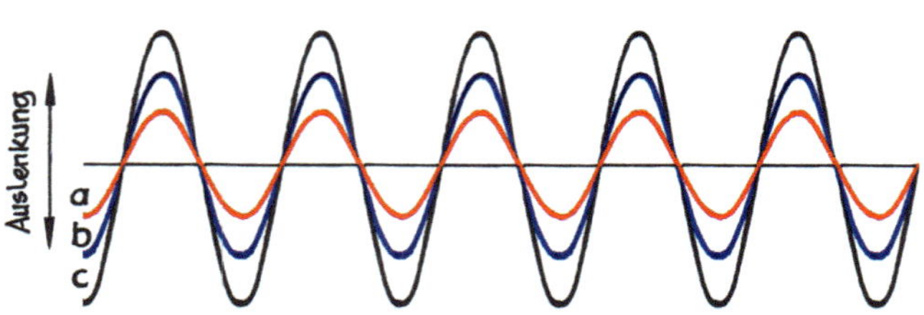

Abb. 12.20 Die Amplitude und somit auch die Startposition haben keinen Einfluss auf die Schwingungsdauer. Daher braucht auch das Pendel aus den Positionen a bis c gleich lang, um die Ruhelage zu erreichen (→ F13).

Beim Federpendel hängt die Schwingungsdauer nicht von der Amplitude ab (Kap. 12.2.). Beim Fadenpendel gilt das auch, aber nur für kleine Auslenkungen (Kap. 12.1). Was ist daher die Antwort auf F13? Es ist egal, von welcher Position die Pendel starten, sie brauchen exakt gleich lang, bis sie durch die Ruhelage schwingen. Man könnte F13 auch so formulieren: Hängt die Schwingungsdauer von der Amplitude ab? Nein! Das siehst du in Abb. 12.20!

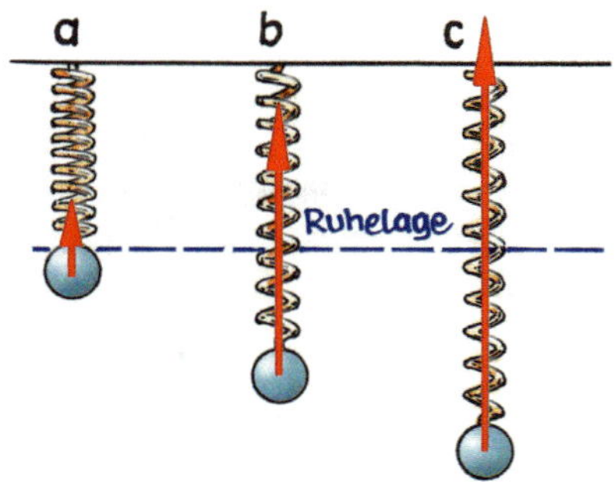

Abb. 12.21 Erklärung für das Zustandekommen der Kurven in Abb. 12.20: Je weiter das Federpendel ausgelenkt wird, desto stärker wird die zurücktreibende Kraft.

Aber warum ist die **Schwingungsdauer nicht** von der **Amplitude** abhängig? Sehen wir uns das anhand des Federpendels an. Die Kraft, die auf das Pendel wirkt, ist proportional zur Auslenkung (Abb. 12.21). Es gilt also das **Hooke'sche Gesetz**. Je weiter du am Pendel ziehst, desto größer wird auch die Federkraft und desto stärker wird das Pendel zur Ruhelage hin beschleunigt. Das gleicht sich immer genau aus und deshalb dauert das Zurückschwingen in jedem Fall gleich lange. Auch bei einem Fadenpendel gilt bei kleinen Schwingungsweiten das Hooke'sche Gesetz.

Immer dann, wenn die zurücktreibende Kraft **proportional zur Auslenkung** ist (wenn also das Hooke'sche Gesetz angewendet werden kann), führt ein Pendel eine ganz besondere Schwingung aus, nämlich eine harmonische Schwingung. Diese erzeugt im Zeit-Ort-Diagramm immer eine Sinuskurve.

INFO

Sinusschwingung

Machen wir einen kurzen Sinus-Wiederholungscrashkurs. Wir nehmen dazu einen Kreis mit dem Radius 1 (Man nennt das einen **Einheitskreis**). Zeichne nun einen beliebigen Winkel zwischen 0 und $\frac{\pi}{2}$ (= 90°) ein (grüne Linie in Abb. 12.22). Der Sinus dieses Winkels gibt dir dann die Länge der roten Linie an, also des Lots an dieser Stelle.

Bei einem Winkel von $\frac{\pi}{2}$ ist die rote Linie so lang wie der Radius. Also ist der **Sinus von $\frac{\pi}{2}$ gleich 1**. Bei einem Winkel von null wird auch die Länge der roten Linie null. Also ist der **Sinus von 0 gleich 0**. Rechne mit dem Taschenrechner nach – du musst ihn dazu auf Radianten einstellen!

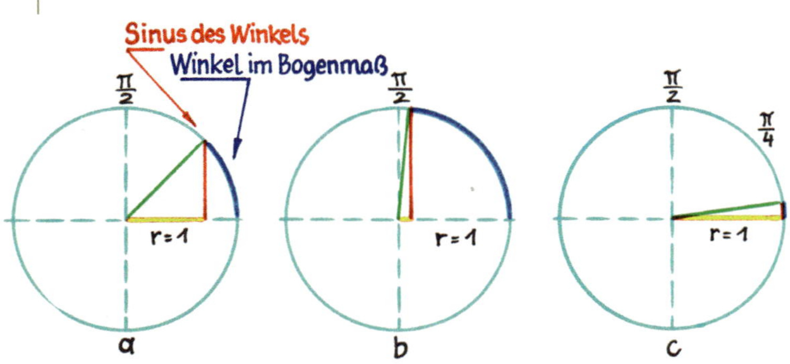

Abb. 12.22 Bei einem Winkel von $\frac{\pi}{2}$ wird der Sinus 1 und bei einem Winkel von null wird der Sinus ebenfalls null. Zur besseren Übersicht ist der Winkel etwas kleiner als $\frac{\pi}{2}$ (b) bzw. etwas größer als null (c) eingezeichnet.

Mathematisch lässt sich die **harmonische Schwingung** folgendermaßen beschreiben (es wurde dabei angenommen, dass das Pendel zur Zeit null in der Ruhelage ist):

$$y(t) = A \cdot \sin\left(2\pi \cdot \frac{t}{T}\right) = A \cdot \sin(2\pi \cdot f \cdot t)$$
$$= A \cdot \sin(\omega \cdot t)$$

A ist die **Amplitude**, ***T*** die **Schwingungsdauer**, $\boldsymbol{f} = \frac{1}{T}$ die **Frequenz** und $\boldsymbol{\omega}$ die **Winkelgeschwindigkeit** (siehe Kap. 10.1). Mit dieser Gleichung kannst du ausrechnen, wo sich zu einem **beliebigen Zeitpunkt** t das schwingende **Pendel befindet**, wie groß also seine aktuelle Auslenkung ist. Nehmen wir als Beispiel für die Amplitude 1 m und für die Schwingungsdauer a) eine bzw. b) zwei Sekunden. Das Zeit-Ort-Diagramm dieser beiden Schwingungen sieht dann wie in Abb. 12.23 aus. Versuche dieses Diagramm mit einer Tabellenkalkulation nachzumachen.

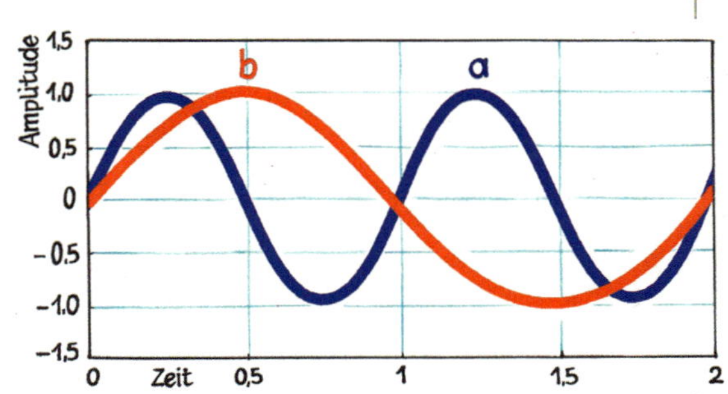

Abb. 12.23 Gleiche Amplitude, verschiedene Schwingungsdauern

Vielleicht ist dir aufgefallen, dass bei allen Schwingungsgleichungen der **Faktor 2π** auftritt, also beim Fadenpendel (Kap. 12.1), beim Federpendel (Kap. 12.2) und auch bei der allgemeinen Formel für die harmonische Schwingung oben. Dieser Faktor lässt sich durch die enge Verwandtschaft zwischen der Kreisbahn und der harmonischen Schwingung erklären. Und das kann man mit dem durch die Erde fallenden Kaninchen gut verstehen.

INFO

Harmonischer Kaninchenflug

Abb. 12.24 Satellit und Kaninchen befinden sich immer auf derselben geografischen Breite.

Ein **Kaninchen**, das in ein Loch zwischen den Polen fällt, führt eine **harmonische Schwingung** aus! Warum? Weil innerhalb der Erde – vereinfacht angenommen – die Gravitation linear abfällt (Abb. 12.25). Im Erdmittelpunkt ist sie null, weil man dort von allen Seiten gleich stark angezogen wird. Also gilt auch hier das **Hooke'sche Gesetz** und das Kaninchen pendelt harmonisch wie an einer Spiralfeder.

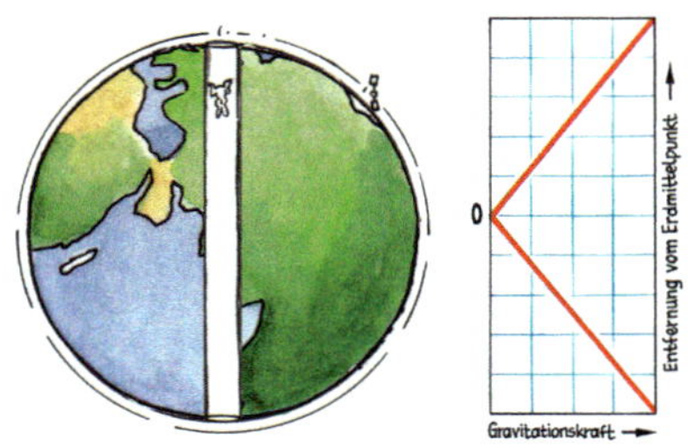

Abb. 12.25 Innerhalb der Erde fällt die Gravitationskraft linear ab. Für das Kaninchen gelten daher dieselben Voraussetzungen wie für ein Federpendel.

Wie lange braucht das Kaninchen bis zum anderen Pol (→ F16)? Wenn das Kaninchen und ein Satellit zur selben Zeit am Nordpol starten, dann befinden sie sich immer auf derselben Höhe (Abb. 12.24). Das bedeutet, dass das Kaninchen in der Erdmitte mit 7,9 km/s seine höchste Geschwindigkeit erreicht und für eine volle Schwingung 84 Minuten benötigt, also genauso lange wie der Satellit für eine volle Umrundung. An der Abbildung kannst du sehr schön sehen, **dass eine harmonische Schwingung** (wie die des Kaninchens) **auf die Projektion einer Kreisbahn zurückgeführt werden kann**. Daher erklärt sich auch der Faktor 2π in den Schwingungsgleichungen.

Wenn du in der Nacht einen von Autoscheinwerfern beleuchteten Radfahrer von vorne oder von hinten betrachtest, dann siehst du die Pedalbahn in der Projektion (→ F17; Abb. 12.26). Die Pedale beschreiben dann scheinbar eine harmonische Schwingung, die der Bewegung eines Federpendels entspricht. **Eine ganze Umdrehung entspricht einer ganzen Schwingungsperiode**.

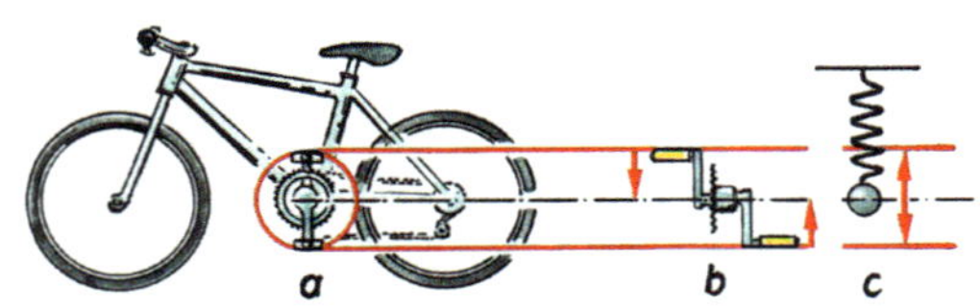

Abb. 12.26 Die Projektion einer Kreisbahn (a) ergibt eine eindimensionale Auf- und Abbewegung (b), die einer harmonischen Schwingung entspricht (siehe auch Abb. 12.24). Die Bewegung der Pedale (b) und des Pendels (c) sind daher identisch.

ZUSAMMENFASSUNG

Wenn bei einem beliebigen schwingenden Gegenstand die Rückstellkraft proportional zur Auslenkung ist, dann schwingt dieser harmonisch. Das Zeit-Ort-Diagramm ergibt dann eine Sinuskurve. Eine harmonische Schwingung lässt sich auch als Projektion einer Kreisbewegung auffassen.

12.4 Von pianissimo bis fortissimo

Die Mathematik des harmonischen Oszillators

In diesem Abschnitt sehen wir uns an, wie mit Hilfe einer sogenannten Differenzialgleichung die Schwingungsdauer eines harmonisch schwingenden Pendels elegant abgeleitet werden kann.

F18 ○ Was versteht man in der Mathematik unter dem Differenzialquotienten beziehungsweise unter der Ableitung? Wie kann man Geschwindigkeit und Beschleunigung als Differenzialquotient darstellen? Lies in Kap. 5.7 nach!

F19 ○ Was versteht man unter dem 2. Newton'schen Grundgesetz? Lies nach in Kap. 7.3. Was versteht man unter dem Hooke'schen Gesetz? Lies in Kap. 7.4.3 nach!

F20 ○ Bei einer harmonischen Schwingung hat die Amplitude keine Auswirkung auf die Frequenz (Abb. 12.20). Welcher Zusammenhang muss daher zwischen Rückstellkraft und Auslenkung bestehen? Hilf dir mit Abb. 12.21.

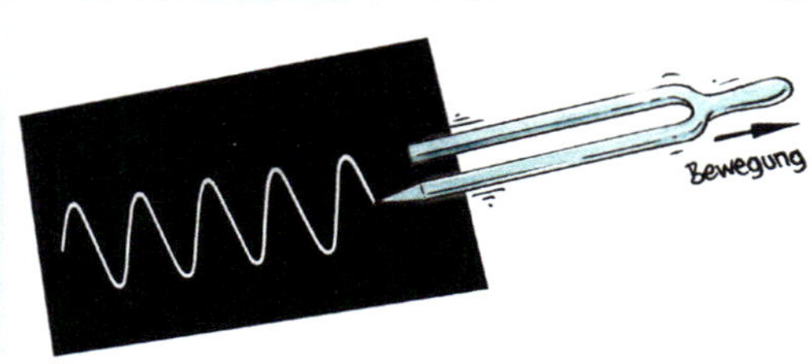

F21 Egal, ob Pop, Rock, Jazz, Klassik (Abb. 12.27) oder was auch immer: Ohne harmonische Schwingung wäre Musizieren ein generelles Desaster! Warum?

F22 ● Suche dir aus Kap. 12.1 und 12.2 die Formeln für die Schwingungsdauer bei Faden- und Federpendel heraus. Warum spielt beim Fadenpendel die Masse keine Rolle, beim Federpendel aber schon? Ist das nicht irgendwie … unlogisch?

Abb. 12.27 Beeindruckendes Foto einer gezupften Kontrabasssaite im Videoausschnitt. Warum ist es unglaublich wichtig, dass solche Schwingungen in Musikinstrumenten stets harmonisch sind?

In der Physik sagt man statt schwingen oft **oszillieren** (lat. oszillare = schaukeln, schwingen) und nennt ein schwingendes Objekt daher einen Oszillator. Auf schlau gesagt, nehmen wir uns hier also **harmonische Oszillatoren** mathematisch zur Brust, die wir uns im vorigen Kapitel vor allem qualitativ angesehen haben. Beginnen wir mit einer schwingenden Spiralfeder, also einem **Federpendel**. Mit Hilfe des Hooke'schen Gesetzes, des 2. Newton'schen Grundgesetzes und eleganter Mathematik kann man seine Schwingungsdauer ableiten.

INFO

Harmonischer Oszillator

Bei einem harmonischen Oszillator gilt das Hooke'sche Gesetz (→ F19). **Rückstellende Kraft** F und **Auslenkung** s sind also proportional: $F = D \cdot s$ (→ F20). Gemeinsam mit dem 2. Newton'schen Grundgesetz erhältst du $F = m \cdot a = -D \cdot s$. Wieso das Minuszeichen? Weil die Beschleunigung immer in die Gegenrichtung der Auslenkung zeigt (Abb. 12.28).

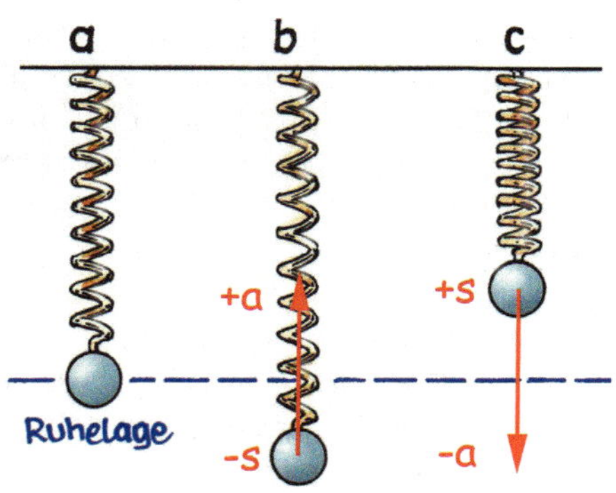

Abb. 12.28 Wenn die Auslenkung negativ ist, zeigt die Beschleunigung in positive y-Richtung (b) und umgekehrt (c). s und a haben also immer ein umgekehrtes Vorzeichen.

Als zweiten Puzzlestein brauchen wir die **Differenzialquotienten** für **Geschwindigkeit** und **Beschleunigung** (→ F18). Es gilt $v(t) = \dot{s}(t)$ und $a(t) = \dot{v}(t) = \ddot{s}(t)$. Wenn wir oben einsetzen, erhalten wir $F = m \cdot \ddot{s}(t) = -D \cdot s(t)$ oder umgeformt $m \cdot \ddot{s}(t) + D \cdot s(t) = 0$. Weil in dieser Gleichung $s(t)$ „normal" und auch in abgeleiteter Form vorkommt, spricht man von einer **Differenzialgleichung**.

Gesucht ist für $s(t)$ nun eine Funktion, die salopp gesagt, mit ihrer zweiten Ableitung übereinstimmt – nur dann ist die Gleichung für jede beliebige Zeit t richtig. Das trifft auf Sinus- und Kosinus-Funktion zu, es ist aber üblich, den **Sinus** zu verwenden. Die Auslenkung eines harmonischen Oszillators als Funktion der Zeit wird so beschrieben: $s(t) = A \cdot \sin(\omega \cdot t)$ (siehe Kap. 12.3). Dabei entspricht A der **Amplitude** und ω der **Winkelgeschwindigkeit** (siehe Kap. 10.1).

Die erste Ableitung ergibt nun die **Geschwindigkeit** $v(t) = \dot{s}(t) = A \cdot \omega \cdot \cos(\omega \cdot t)$ und die zweite Ableitung die **Beschleunigung** $a(t) = \dot{v}(t) = \ddot{s}(t) = -A \cdot \omega^2 \cdot \sin(\omega \cdot t)$. Wenn wir das in die Differenzialgleichung oben einsetzen und umformen, erhalten wir

$$(D - m \cdot \omega^2) \cdot A \cdot \sin(\omega \cdot t) = 0.$$

Damit diese Gleichung zu jedem Zeitpunkt t erfüllt ist, muss der erste Ausdruck in der Klammer null sein. Es muss daher $D = m \cdot \omega^2$ gelten und somit $\omega = \sqrt{D/m}$. Für Winkelgeschwindigkeit und Umdrehungsdauer gilt der Zusammenhang $\omega = 2\pi/T$ (siehe Kap. 10.1). Daraus folgt für die **Schwingungsdauer eines Federpendels** $T = 2\pi \cdot \sqrt{m/D}$. Voilà!

Die hergeleitete Gleichung für die Schwingungsdauer gilt im Prinzip auch bei einem **Fadenpendel**. Allerdings ist dort der Begriff „Federkonstante“ unter Anführungszeichen zu setzen, weil sich diese quasi aus Masse, Fallbeschleunigung und Pendellänge zusammensetzt (siehe Tab. 12.3). Außerdem ist zu beachten, dass ein Fadenpendel nur bei kleinen Auslenkungen harmonisch schwingt (siehe Abb. 12.6).

Federpendel	Fadenpendel
$T = 2\pi \cdot \sqrt{\frac{m_T}{D}}$	$T = 2\pi \cdot \sqrt{\frac{m_T}{D}} = 2\pi \cdot \sqrt{\frac{m_T \cdot l}{m_S \cdot g}} = 2\pi \cdot \sqrt{\frac{l}{g}}$
D = Federkonstante	$D = \frac{m_S \cdot g}{l}$

Tab. 12.3 Schwingungsdauer bei Feder- und Fadenpendel. Die Masse m ist in dieser Tabelle noch extra in die träge Masse m_T und die schwere Masse m_S aufgedröselt.

Warum spielt beim Fadenpendel die Masse keine Rolle (→ F22)? Beim **Federpendel** kommt die Masse nur als träge Masse (m_T) im Zähler vor. Wenn sie sich vergrößert, erhöht sich dadurch natürlich die Schwingungsdauer. Beim **Fadenpendel** kommt die Masse aber zusätzlich als schwere Masse (m_S) im Nenner vor. Weil träge und schwere Masse letztlich dasselbe sind (siehe Kap. 7.1), kürzen sie sich daher beim Fadenpendel immer exakt weg – die Schwingung hängt nicht von der Masse ab! Es ist ähnlich wie beim **freien Fall**. Eine größere Masse ist zwar schwerer in Bewegung zu setzen (größere m_T), wird jedoch auch von der Erde stärker angezogen (größere m_S). Beide Effekte heben einander exakt auf, und deshalb fällt im Vakuum alles gleich schnell (siehe Kap. 5.4.1).

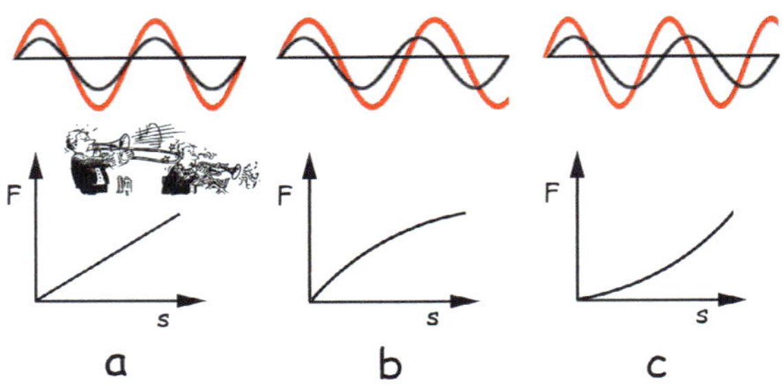

Abb. 12.29 Oben: Schwingungsverhalten bei leisen Tönen (schwarz) und lauten Tönen (rot). Unten: Dehnung-Kraft-Verhalten des Oszillators. Nur wenn das Hooke'sche Gesetz gilt (a), haben laute und leise Töne die gleiche Tonhöhe. In allen anderen Fällen (b und c) würde sich durch Verändern der Lautstärke die Tonhöhe ändern – für Musikinstrumente inakzeptabel.

Für den Alltag haben harmonische Schwingungen vor allem bei **Musikinstrumenten** eine große Bedeutung. Warum? Wären die Schwingungen nicht harmonisch, würden sie von der Auslenkung und somit von der Lautstärke abhängen (Abb. 12.29). Fazit: Wenn ein Musiker forte spielt, hätten die Töne eine andere Höhe als bei piano. Das würde natürlich scheußlich klingen, vor allem, wenn mehrere Instrumente zusammen spielen. Stell dir mal das Tohuwabohu in einem großen Orchester vor (Abb. 12.30)!

Abb. 12.30 Silvesterkonzert der Berliner Philharmoniker: Ohne harmonische Schwingungen akustisch ein Desaster.

Egal ob Saiten, Luftsäulen oder irgendetwas anderes, in Musikinstrumenten müssen die Schwingungen immer harmonisch sein. Anders gesagt: In der Evolution der Musikinstrumente können sich nur solche mit harmonischen Oszillatoren durchsetzen.

ZUSAMMENFASSUNG

Wenn die rückstellende Kraft linear zur Auslenkung ist, dann sind Schwingungen immer harmonisch. Das kann man mit Hilfe einer Differenzialgleichung ableiten. Das bedeutet erstens, dass die Schwingung des Oszillators sinusförmig erfolgt und zweitens, dass die Frequenz nicht von der Amplitude abhängt. Letzteres ist in der Musik sehr wichtig.

12.5 Schwabbelnde Brücken
Gedämpfte Schwingungen

Bei jeder realen Schwingung treten Reibungskräfte auf, die mit der Zeit die Amplitude verringern. Man spricht dann von einer gedämpften Schwingung. Oft sind diese Dämpfungen unerwünscht, manchmal aber durchaus erwünscht.

F23 ● In Abb. 12.31 siehst du die Vorderachse eines Autos. Du siehst zwei sehr dicke Spiralfedern. Wie nennt man diese Teile und welche Aufgabe haben sie?

Abb. 12.31

F24 ◒ Überlege dir möglichst viele Beispiele, bei denen die Dämpfung einer Schwingung von Vorteil oder aber auch von Nachteil ist (siehe dazu auch Abb. 12.32). → L

Abb. 12.32

F25 ○ Nimm zwei Fadenpendel: ein normales und eines mit einem Stück Karton am Ende. Welches pendelt schneller aus und warum? Versuche in deiner Erklärung das Wort Dämpfung zu verwenden. Was passiert mit der kinetischen Energie?

Bis jetzt haben wir die **Reibung** außer Acht gelassen. Ohne diese schwingt ein angeschubstes Pendel ewig dahin. Durch die Reibung wandelt sich nun aber pausenlos Bewegungsenergie in für uns **wertlose Wärme** um (siehe auch Kap. 7.4.2). Wenn man diese Energie nicht laufend ersetzt, dann nimmt die Amplitude der Schwingung mit der Zeit ab (Abb. 12.33). Man spricht dann von einer **gedämpften Schwingung**. Je stärker die Dämpfung, desto mehr Bewegungsenergie wird pro Zeit in Wärme umgewandelt (→ F25). Im Extremfall kann man dann gar nicht mehr von einer Schwingung sprechen, weil das Pendel niemals die Ruhelage überquert (Abb. 12.33 d). Das ist dann ungefähr so, als ob du ein Pendel in Honig „schwingen" lässt.

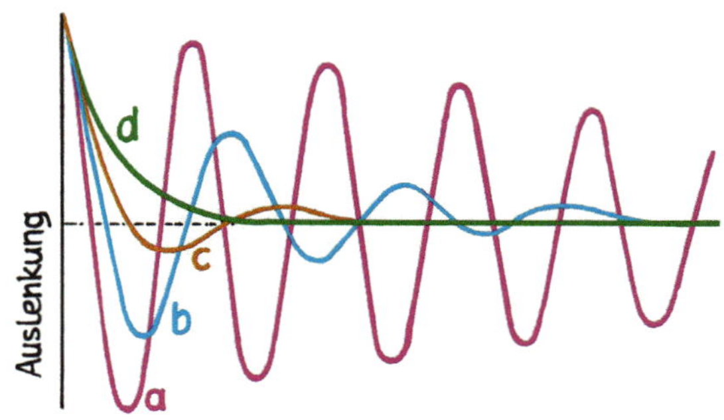

Abb. 12.33 Vier Schwingungen mit unterschiedlich starker Dämpfung (siehe auch Abb. 12.35). Bei der stärksten Dämpfung (d) schwingt das Objekt gar nicht durch die Nulllage.

Die Federn in Abb. 12.31 sollen die Räder möglichst gut auf der Straße halten, indem sie Bodenschläge abfangen. Diese Federn alleine genügen aber nicht für eine sichere Fahrt, denn nach jeder Bodenwelle würde das Auto noch viele Mal hin- und herschwingen (Abb. 12.34 a). **Die Federn sind also keine Stoßdämpfer**, obwohl das viele Leute vermuten (→ F23). Diese liegen innerhalb der Federn (Abb. 12.35).

Abb. 12.34 Schematische Darstellung schlechter (a) und guter Stoßdämpfer (b). Es ist die Bahn eines Punktes der Karosserie eingezeichnet.

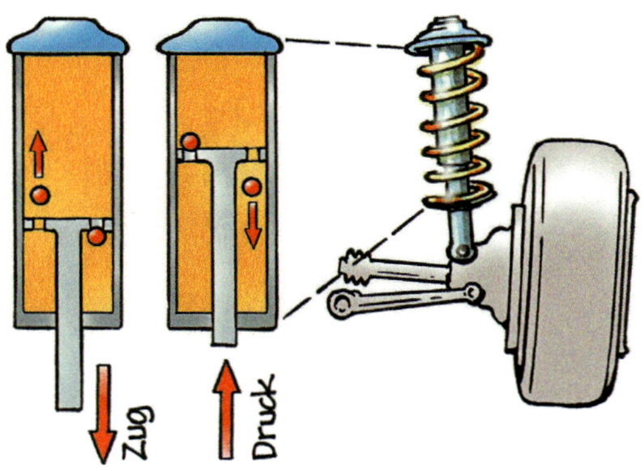

Abb. 12.35 Die Dämpfung für Zug und Druck kann unterschiedlich sein, wenn das Öl jeweils durch ein anderes Ventil strömt. Den Stoßdämpfer und die Feder zusammen nennt man ein **Federbein** (rechts).

Stoßdämpfer bestehen im Prinzip aus **mit Öl gefüllten Zylindern,** in denen sich bei Zug oder Druck ein Kolben bewegt (Abb. 12.35). Dadurch wird das Öl durch Ventile von einer in eine andere Kammer gedrückt. Es entsteht Wärme, und die Schwingung wird gedämpft. Deshalb ist die Bezeichnung Stoßdämpfer nicht gelungen, es wäre besser von **Schwingungsdämpfern** zu sprechen. Diese Dämpfung ist wichtig, um die Fahrsicherheit zu gewährleisten. Schaukelt das Auto zu sehr (siehe Abb. 12.34 a), verlängert sich der Bremsweg und das Kurvenverhalten wird schwammig.

Auch in der Architektur spielt die Schwingungsdämpfung immer wieder eine Rolle. Die **Millennium-Brücke** in **London** (Abb. 12.36) musste im Jahr 2000 kurz nach ihrer Einweihung gleich wieder geschlossen werden. Der Grund: Tausende schaulustige Fußgänger versetzten die Brücke in ungewollte Schwingungen. Später wurden unter der Brücke Schwingungsdämpfer eingebaut, die diese Schwingungen fast auf Null reduzierten – die Brücke war allerdings 1½ Jahre gesperrt. Einer der höchsten **Wolkenkratzer** der Welt in **Taipeh** (508 m) hat in seiner Spitze ein gedämpftes 600-Tonnen-Pendel (Abb. 12.37), das starke Gebäudeschwingungen durch Erdbeben verhindern soll.

Abb. 12.36 Die Millennium-Brücke in London

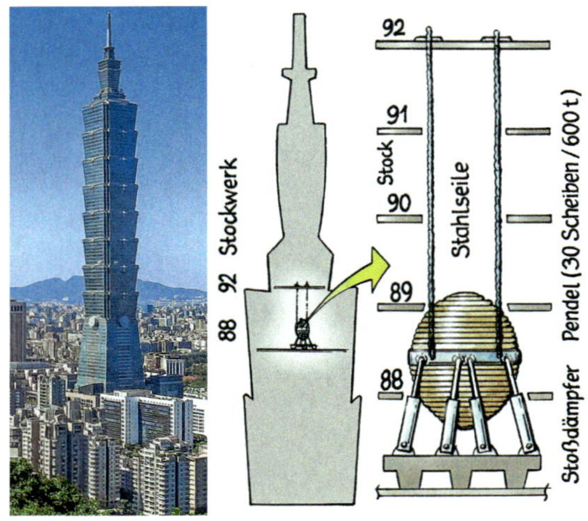

Abb. 12.37 Der „Taipeh 101" war mit 508 m einmal das höchste Gebäude der Welt. Zwischen dem 88. und 92. Stock befindet sich ein gedämpftes Pendel.

INFO **Schwingkreis**

Mit einem sogenannten Schwingkreis kann man **elektromagnetische Schwingungen** erzeugen (siehe Abb. 13.7). Mit Hilfe dieser Schwingungen funktioniert zum Beispiel die Informationsübertragung bei Handy, WLAN, Radio oder Fernsehen. Ein Schwingkreis (siehe Band 2) besteht im Prinzip nur aus einer Spule und einem Kondensator. Die Stromstärke in diesem Stromkreis schwingt harmonisch. Ein Schwingkreis ist somit das **elektromagnetische Gegenstück zur mechanischen Schwingung einer Feder** (Abb. 12.38).

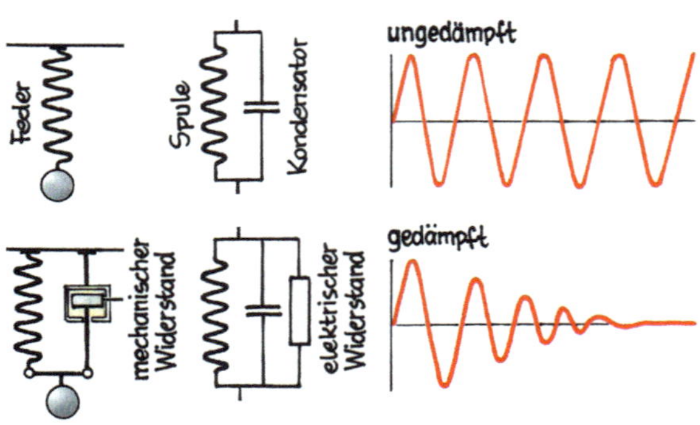

Abb. 12.38 Gegenüberstellung zwischen **mechanischer** und **elektromagnetischer Schwingung**: oben der ideale Fall einer Schwingung ohne Wärmeverluste, unten der reale Fall mit Wärmeverlusten

Eine ungedämpfte Schwingung gibt es in der Realität aber nicht. Genauso wie die Schwingungsamplitude eines Federpendels mit der Zeit abnimmt, nimmt auch die **Stromstärke im Schwingkreis mit der Zeit ab**. Für die Wärmeerzeugung ist hier der elektrische Widerstand (siehe Kap. 22.4) verantwortlich.

ZUSAMMENFASSUNG

Unter Schwingungsdämpfung versteht man, dass ein Teil der Schwingungsenergie in Wärme umgewandelt wird. Dadurch verkleinert sich die Schwingungsamplitude. Dieses Prinzip gilt allgemein, egal ob es sich um ein Auto, eine Brücke oder einen elektrischen Schwingkreis handelt.

12.6 Ein schlechter Platz zum Parken

Angeregte Schwingungen und Resonanz

Jede im Alltag vorkommende Schwingung ist gedämpft. Damit man die Amplitude gleich groß halten kann, muss man Energie zuführen. Man spricht dann von einer angeregten Schwingung. Trifft man eine ganz bestimmte Frequenz, dann kommen Objekte besonders stark ins Schwingen. Man spricht dann von der Resonanzfrequenz.

F26 ◒ Ein einziger Mensch kann eine riesengroße Glocke zum Schwingen bringen. Wie muss er das machen?

F27 ◒ Wenn man mit dem Auto im Schnee festsitzt, dann hilft es manchmal, in einem ganz bestimmten Rhythmus Gas zu geben. Welcher ist das? → L

F28 ◒ Wenn du einen Teller Suppe oder eine volle Tasse trägst, dann kann es passieren, dass die Flüssigkeit immer stärker schaukelt, bis sie schließlich überschwappt. Warum ist das so?

F29 ● Wie du unten siehst, ist die Bay of Fundy in Kanada ein schlechter Platz zum Sonnenbaden (Abb. 12.39). Der Unterschied zwischen Ebbe und Flut macht dort an bestimmten Tagen bis zu 17 m aus! Wie kommt es aber, dass gerade dort die Flut so hoch ist?

Abb. 12.40

Abb. 12.39 Die Bay of Fundy ist an manchen Tagen ein sehr schlechter Platz ohne Wasserfahrzeug.

F30 ◒ Wenn du über eine Flasche bläst, dann kannst du nur ganz bestimmte Töne erzeugen, die von der Flaschengröße und der Flüssigkeitsmenge abhängen. Warum kannst du nicht beliebige Töne erzeugen? Und warum hängt die Tonhöhe von der Flüssigkeitsmenge ab?

F31 ◒ Kann es einen physikalischen Grund dafür geben, warum angeblich so viele Leute in der Badewanne singen?

F32 ● Warum kann man eigentlich in einer Muschel das Rauschen des Meeres hören? Stimmt es, dass man dabei sein eigenes Trommelfell hören kann? → L

F33 ● Wolkenkratzer sind bei Erdbeben sehr stark gefährdet! Stimmt das?

F34 ● Der „Specht an der Stange" ist ein uraltes Kinderspielzeug (Abb. 14.40)! Aber wie funktioniert es eigentlich? → L

F35 ◒ Wenn jemand mit dem Mikrofon in die Nähe der Lautsprecherbox kommt, dann ergibt das ein sehr unangenehmes Geräusch. Was passiert dabei?

F36 ● Kann man tatsächlich Gläser „zersingen", und wenn ja, wie funktioniert das?

EXPERIMENT

Federpendel 2

Nimm ein **Federpendel** und bring es in Schwingung, indem du mit der Hand das obere Ende der Feder auf und ab bewegst (Abb. 12.41).

Probiere verschiedene Frequenzen aus. Kannst du einen Zusammenhang zwischen der Anregungsfrequenz und der Amplitude feststellen?

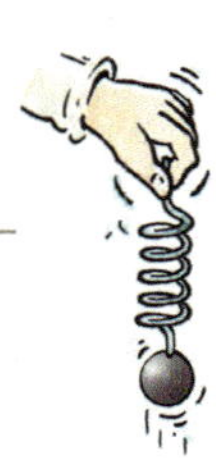

Abb. 12.41

Eine **schwere Glocke** kannst du dann alleine in Schwung versetzen, wenn du den richtigen Rhythmus triffst (→ F26). Es ist wie bei einer Schaukel: Du musst immer an einem Umkehrpunkt einen kleinen Schubs geben. Wenn man einer Schwingung Energie zuführt, dann nennt man das eine **angeregte Schwingung**. Du musst den Rhythmus des Schwunggebens an den natürlichen Rhythmus der Glocke oder der Schaukel anpassen. In der Physik nennt man den natürlichen Schwingungsrhythmus eines Gegenstandes die Eigenfrequenz oder Resonanzfrequenz. Für die natürliche Frequenz von Feder- und Fadenpendeln hast du schon einige Gleichungen kennengelernt (siehe Kap. 12.1 und 12.2).

Was passiert, wenn man nicht genau in der richtigen Frequenz Schwung gibt? Dann kann man das Objekt zwar auch zum Schwingen bringen, aber die **Amplitude wird nicht so groß** (Abb. 12.42). Je genauer man die Resonanzfrequenz trifft, desto größer wird die maximale Auslenkung.

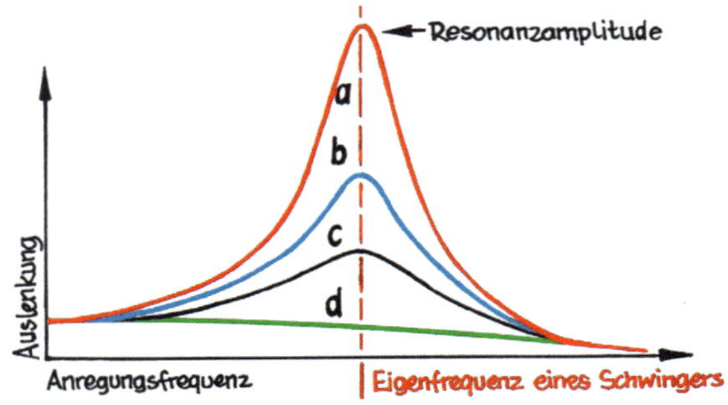

Abb. 12.42 Zusammenhang zwischen Anregungsfrequenz und Amplitude der Schwingung bei verschieden starken Dämpfungen (a = schwache Dämpfung, d = starke Dämpfung; siehe auch Abb. 12.33)

Die praktische Umsetzung dieses Sachverhaltes ist der **Stoßdämpfertest**. Dabei wird das Auto auf eine Vorrichtung gestellt, mit der man Schwingungen erzeugen kann (Abb. 12.43). Dann wird das Auto bei verschiedenen Frequenzen zum Schwingen gebracht und die Amplitude gemessen. Selbst bei der Resonanzfrequenz darf das Auto nicht allzu stark schwingen. Sonst sind die Stoßdämpfer im Eimer und müssen gewechselt werden (Abb. 12.44).

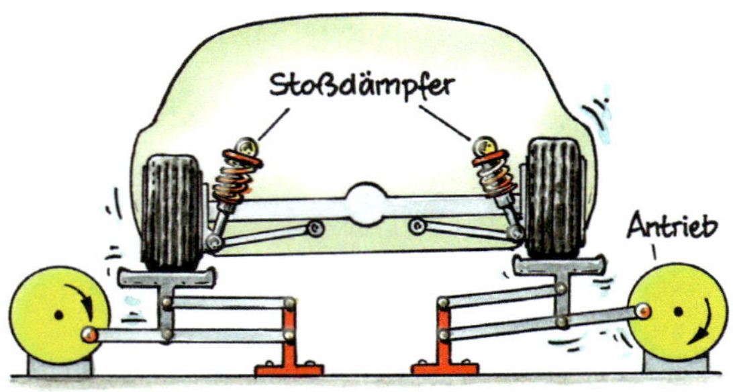

Abb. 12.43 Jeder Stoßdämpfer kann auf dieser Vorrichtung einzeln getestet werden.

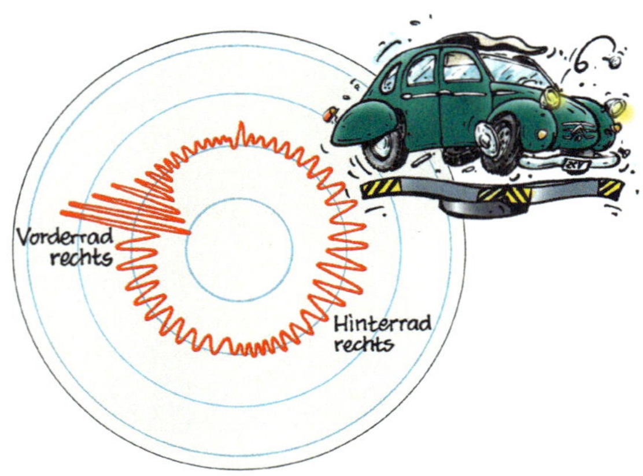

Abb. 12.44 Prüfdiagramm für Stoßdämpfer: Rechts hinten ist alles ok, der rechte vordere Stoßdämpfer schwingt aber bei der Resonanzfrequenz zu stark und muss daher ausgetauscht werden.

Abb. 12.45 Mit Flaschen kann man prima Musik machen. Die Tonhöhe erhält eine Flasche aufgrund der Länge der Luftsäule und des Phänomens der Resonanz (siehe auch Kap. 13.5).

Auch **Flüssigkeiten** und **Gase** können schwingen und somit auch in **Resonanz** kommen. Die Luftsäule in einer Flasche hat zum Beispiel eine ganz bestimmte Eigenfrequenz, die ausschließlich von ihrer Länge abhängt. Je kleiner und voller eine Flasche ist, desto höher klingt sie, weil dann die Luftsäule im Inneren kürzer ist. Wenn du über die Flasche bläst, dann erzeugst du alle möglichen Frequenzen, aber die Eigenfrequenz der Flasche wird am meisten verstärkt. Deshalb hat man immer den Eindruck einer bestimmten Tonhöhe (→ F30; siehe auch Abb. 13.29).

Für das freudvolle Singen in der Badewanne gibt es zwei Gründe: **Reflexion** und **Resonanz** (→ F31). Erstens wird der Schall zwischen den nahen Wänden viele Male reflektiert und verpufft nicht sofort wie in einem großen Raum. Dazu kommt noch der Resonanzeffekt der schwingenden Luft, der die Stimme verstärkt, ähnlich wie bei der Flasche.

INFO

Gezeitenweltrekord

Auch eine **Flüssigkeit** kann schwingen und hat daher eine bestimmte Resonanzfrequenz. Wenn deine Schrittfrequenz gerade zufällig diese Resonanzfrequenz trifft, dann kann sich die Wasseroberfläche **aufschaukeln** und die Suppe oder der Kaffee schwappen über (→ F 28). Du kannst das durch Ändern deiner Schrittfrequenz verhindern. **Die Resonanzfrequenz** einer Flüssigkeit **hängt vom „Behälter" ab**. Das kann ein Teller sein, aber auch eine ganze Bucht. Je kleiner dieser „Behälter" ist, desto größer ist die Resonanzfrequenz.

Der Unterschied zwischen Ebbe und Flut auf dem freien Ozean beträgt nur etwa einen halben Meter. In der **Bay of Fundy** in Kanada kann der Unterschied an manchen Tagen aber 17 Meter betragen (Abb. 12.46). Das ist Weltrekord! Der Grund dafür ist, dass sich die Bucht zum Ozean wie ein Teller zur Suppe verhält. Weil die Bucht so groß ist, beträgt die natürliche Schwingungsperiode 13 Stunden. Das entspricht aber beinahe der Zeit zwischen zwei Fluten (12,5 Stunden). Die hohe Flut ist also auf ein **Resonanzphänomen** zurückzuführen (→ F 29).

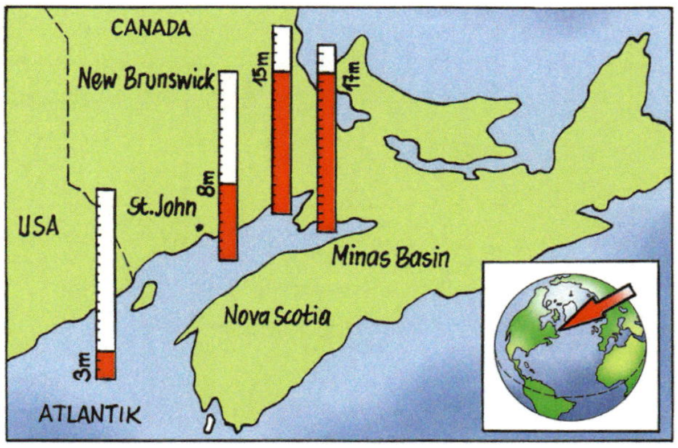

Abb. 12.46 Maximaler Unterschied zwischen Ebbe und Flut an verschiedenen Stellen in der Bay of Fundy

INFO

Blick in den Körper

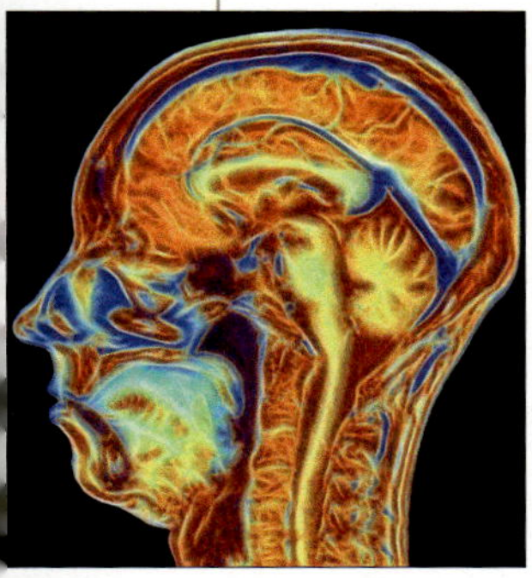

Abb. 12.47 Ein Falschfarbenbild mit Hilfe einer MRT

Die **Magnetresonanztomografie (MRT)** ist eine diagnostische Technik zur Darstellung der inneren Organe und Gewebe und wird seit Mitte der 1980er angewandt. Die exakte Funktionsweise kann man nur mit Hilfe der Quantenmechanik verstehen, deshalb wird hier nur das grundlegende Prinzip vorgestellt.

Bei der MRT nutzt man die Tatsache aus, dass Protonen und somit auch der gesamte Atomkern einen Eigendrehimpuls (Spin) besitzen – deshalb sagt man zur MRT auch **Kernspintomografie**. Durch den Kernspin wirkt jeder Atomkern, salopp gesagt, wie ein kleiner Magnet.

Legt man ein künstliches, sehr starkes Magnetfeld an, dann können die Kernspins beim Bestrahlen mit elektromagnetischen Wellen in **Resonanz** geraten, absorbieren dabei diese Wellen und geben sie kurz darauf wieder ab. Bei welcher Frequenz das passiert, hängt vom Element und somit von der Gewebeart ab. Ähnlich wie beim Schichtröntgen kann man so die **Art des Gewebes** im Körper Schicht für Schicht erkennen und somit virtuelle Schnitte durch den Körper machen (Abb. 12.47). Das Verfahren ist so wichtig, dass schon vier Nobelpreise dafür vergeben wurden. Es darf aber nicht mit dem PET-Scanner verwechselt werden.

Auch **Weinliebhaber** können sich freuen. Mit der MRT kann man nämlich ohne Öffnen der Flasche erkennen, ob alte Weine noch in Ordnung sind. Ein verdorbener Wein enthält Essigsäure und die kann man mit der MRT erkennen. Das ist gut, denn wer möchte schon für 30 000 Euro eine Flasche Essig kaufen?

Um eine Schwingung am Schwingen zu halten, brauchst du eine **Energiequelle**. Manchmal sind diese Energiequelle und das schwingende Objekt direkt miteinander verbunden. Die Schwingung steuert sich dann praktisch von selbst.

Das nennt man in der Technik eine **Rückkopplung**. Das älteste Beispiele für eine Rückkopplung ist die Pendeluhr (siehe Abb. 12.5). Das Pendel und der Anker steuern dabei selbst die Energiezufuhr und diese erfolgt zwangsläufig im richtigen Rhythmus. Dadurch erhält man eine ungedämpfte Schwingung – zumindest bis zum nächsten Aufziehen. Auch alle Streichinstrumente und die Autohupe funktionieren nach dem Prinzip der Rückkopplung.

INFO **Tüüüt**

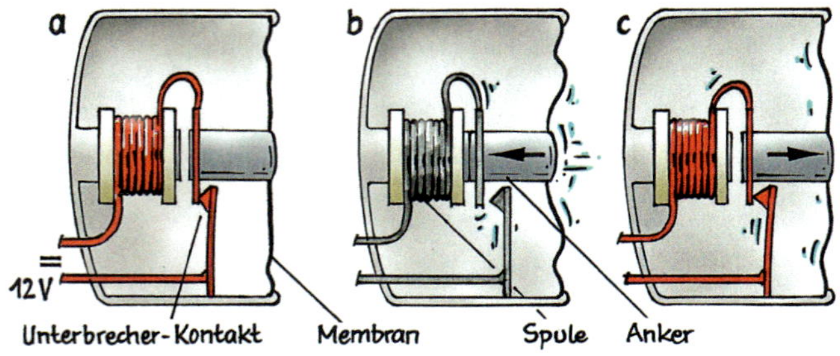

Abb. 12.48 Funktionsweise einer Autohupe

Man hört sie im hektischen Straßenverkehr ständig, die **Autohupen**. Aber hast du dir einmal überlegt, wie so eine Hupe funktioniert?

Eine Hupe ist im Prinzip eine **Mischung aus Klingel und Lautsprecher**. Sobald jemand auf die Hupe drückt, beginnt Strom durch die Spule zu fließen (Abb. 12.48 a). Diese erzeugt dadurch ein Magnetfeld und zieht die Membran an (b). Dadurch wird der Stromkreis unterbrochen, es gibt kein Magnetfeld mehr und die Membran schwingt wieder in die Ausgangsstellung zurück (c). Dadurch schließt sich der Stromkreis und so weiter.

Aus dem Alltag ist dir auch eine unangenehme Form der Rückkopplung bekannt: das Pfeifen, das entsteht, wenn man mit dem **Mikro** zu nahe an den **Lautsprecher** kommt (→ F35).

Aber was passiert da eigentlich? Das Mikrofon fängt die Schallschwingungen ein und diese werden verstärkt über den Lautsprecher ausgegeben. Natürlich „hört" das Mikrofon auch diese Schwingungen, verstärkt sie erneut und so weiter. Der Ton würde dadurch eigentlich unendlich laut werden. Gott sei Dank schafft das kein Lautsprecher – wenn es ihm zu viel wird, **übersteuert** er und beginnt zu pfeifen. Der legendäre Jimi Hendrix war übrigens der erste Musiker, der die Rückkopplung seiner E-Gitarre konsequent zum Musikmachen eingesetzt hat.

Abb. 12.49 Ein Glas nur mit Hilfe der Stimme kaputt zu machen, ist unter normalen Umständen nicht möglich. Die Leistung der Stimme ist dazu um den Faktor 100 zu gering.

Kann man ein **Glas zersingen** (→ F36)? Unter normalen Umständen nicht! Man müsste dazu nämlich mit der Stimme 130 Dezibel (siehe Kap. 15.2) erzeugen. Selbst ausgebildete Sänger schaffen aber „nur" 110 Dezibel, was nur 1/100 des Schalldruckpegels entspricht. Es gibt im Internet allerdings Videos, die das Zersingen eines Glases zeigen. Weil es sich dabei aber nicht um wissenschaftliche Versuche handelt, wird vermutet, dass die verwendeten Gläser Vorschäden aufwiesen. Mit einem Lautsprecher kann man ein Glas aber sehr schnell erledigen. Nach einigen Sekunden hat sich die Schwingung so stark aufgeschaukelt, dass das Glas zerspringt. Das nennt man eine **Resonanzkatastrophe**.

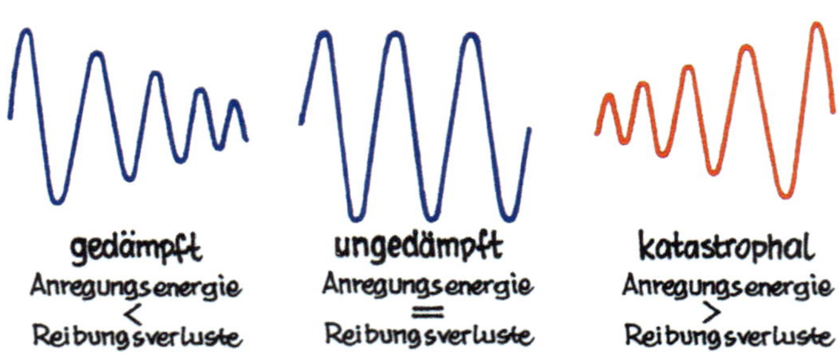

Abb. 12.50 Mögliche zeitliche Verläufe der Amplitude einer Schwingung

Grob gesehen gibt es nur **drei Möglichkeiten**, wie sich eine Schwingungsamplitude mit der Zeit verhalten kann (Abb. 12.50). Wenn die zugeführte Energie zu gering ist oder gar keine Energie zugeführt wird, dann sinkt die Amplitude ab. Wenn die zugeführte Energie die Reibungsverluste gerade ausgleicht, hat man eine ungedämpfte Schwingung. Wenn aber die zugeführte Energie sogar höher ist als die Verluste, dann wird die Amplitude immer größer und das endet letztlich in der vorhin erwähnten **Resonanzkatastrophe**.

Dann hat man im harmlosesten Fall einen ausgeschütteten Teller Suppe (→ F 28). Resonanzkatastrophen können aber auch **Bauten zum Einsturz** bringen. 1985 gab es in Mexiko City ein Beben, bei dem die niedrigen und die hohen Häuser stehen blieben, während die mittelhohen einstürzten. Warum? Ein Haus verhält sich ähnlich wie ein Pendel: **Je höher** es wird, desto **langsamer** ist seine **Eigenschwingung**. Die Erdbebenwellen hatten in diesem Fall eine Frequenz von etwa 0,5 Hz und das war eben gerade die Resonanzfrequenz der mittelhohen Häuser. Es klingt absurd, aber sehr hohe Häuser sind generell bei Beben kaum gefährdet, weil ihre Eigenfrequenz so niedrig ist und damit weit unter der Frequenz von Erdbebenwellen liegt (→ F 33).

INFO

Galoppierende Gertie

Eines der bekanntesten Beispiele für eine **Resonanzkatastrophe** ist der Einsturz der **Tacoma-Brücke 1940** in den USA. Im Volksmund war diese Fehlkonstruktion einer Hängebrücke schon vorher **galoppierende Gertie** genannt worden, weil sie zu unkontrollierten Schwingungen neigte.

Abb. 12.51 Diese starken Drehschwingungen gaben der Brücke den Rest.

Vier Monate nach der Eröffnung begann bei einer Windgeschwindigkeit von 60 km/h der Mittelteil heftig zu schwingen. Zuerst gab es Auf- und Abschwingungen mit rund 0,6 Hz und einer Amplitude von 0,5 m. Aber dann setzte eine **Drehschwingung** mit einer Frequenz von 0,2 Hz ein. Und kaum zu glauben: Zeitweise war der rechte Gehweg über 8 m höher als der linke und umgekehrt (siehe Abb. 12.51)! Vor allem diese Schwingung brachte die Brücke zum **Einsturz**. Eine Folge davon war, dass heute alle Hängebrücken vor ihrem Bau als Modell im **Windkanal** getestet werden. Neuere Untersuchungen haben gezeigt, dass neben der Resonanzkatastrophe aber auch noch andere Gründe eine Rolle gespielt haben müssen.

ZUSAMMENFASSUNG

Jedes Objekt hat eine natürliche Schwingungsfrequenz, die man auch Resonanzfrequenz nennt. Regt man das Objekt mit genau dieser Frequenz an, dann gerät es in Resonanz, also es schwingt besonders heftig. Durch Rückkopplung kann man diesen Effekt ausnutzen, um eine Schwingung aufrecht zu erhalten. Manchmal schaukeln sich Schwingungen aber zu stark auf. Das nennt man eine Resonanzkatastrophe.

12.7 Lärm + Anti-Lärm = Stille

Einfache Überlagerung von Schwingungen

Schwingungen treten so gut wie nie in Reinform auf, sondern immer in Überlagerungen. Wir sehen uns in diesem Abschnitt einfache Fälle davon an.

F 37 ◒ Wie kann es sein, dass man Lärm mit Gegenlärm bekämpft und auf einmal Stille eintritt? Müsste es dann nicht noch lauter sein?

F 38 ● Wie kommt es zu den netten, schillernden Farberscheinungen bei Seifenblasen oder wenn Öl auf Wasser schwimmt?

F 39 ● Zwei Töne hört man nicht immer als zwei Töne! Was hört man, wenn die Frequenz der beiden Töne sehr knapp beieinander liegt?

F 40 ● Vielleicht hast du am Meer einmal bemerkt, dass die Flut zu Vollmond und Neumond immer am stärksten ist. Woran könnte das liegen?

F 41 ● Hexen und Zauberer schneiden angeblich Kräuter bei Vollmond, weil sie dann besser wirken sollen. Dafür gibt es tatsächlich eine physikalische Begründung! Welche? → L

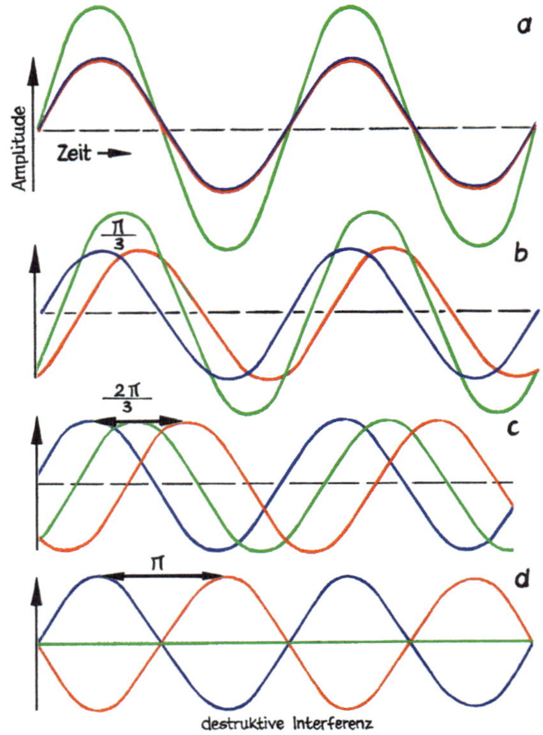

Abb. 12.52 Überlagerung von zwei Schwingungen mit gleicher Amplitude (rot und blau) und die dabei entstehende Schwingung (grün). Bei b bis d ist die Phasenverschiebung als Winkel eingezeichnet. 2π entsprechen 360°.

Sehen wir uns zunächst an, was passiert, wenn man zwei Schwingungen mit **gleicher Frequenz** überlagert. Wenn diese zu denselben Zeiten den Nulldurchgang haben, dann sagt man, sie schwingen **in Phase** (Abb. 12.52 a). Wenn das nicht der Fall ist, dann spricht man von einer **Phasenverschiebung** (Abb. 12.52 c bis d). Man kann diese als Zeit angeben oder als Winkel. Bedenke den Zusammenhang zwischen einer harmonischen Schwingung und einer Kreisbewegung (siehe Abb. 12.22). Eine Phasenverschiebung von π entspricht zum Beispiel einer Verschiebung um eine halbe Schwingungsperiode (d).

Die Überlagerung von zwei harmonischen Schwingungen mit gleicher Frequenz gibt in Summe wieder eine harmonische Schwingung.

Es gibt zwei Spezialfälle:
Wenn beide Schwingungen in Phase sind, also genau gleich, dann ist die Amplitude der Gesamtschwingung maximal (a). Das nennt man eine **konstruktive Interferenz** (konstruktiv heißt aufbauend).

Wenn die Schwingungen genau gegengleich sind, dann löschen sie einander aus (d). Das nennt man eine **destruktive Interferenz** (destruktiv heißt wörtlich „zerstörend"). Bei jeder beliebigen anderen Phasenverschiebung liegt die Gesamtamplitude irgendwo dazwischen (b und c). Verstärkung und Auslöschung von Schwingungen sind wichtige Phänomene in der Physik und werden dir noch öfters begegnen. Die schillernden Farberscheinungen bei Seifenblasen kommen durch destruktive Interferenz bestimmter Lichtfarben zustande (siehe Band 2; → F38).

INFO **Anti-Lärm-Kopfhörer**

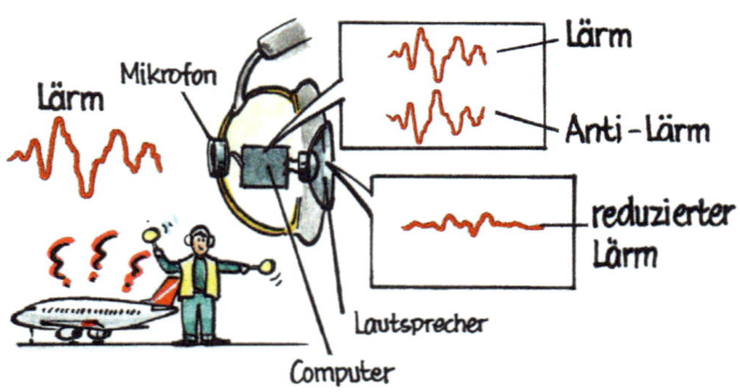

Abb. 12.53 Prinzip der Anti-Lärm-Kopfhörer: Die ankommenden Schallwellen erzeugen Schwingungen, die vom Kopfhörer analysiert und „gespiegelt" werden. Zum Unterschied zwischen Schwingung und Welle siehe Kap. 13.4.

Wo es viel Lärm gibt (zum Beispiel am Flughafen), verwendet man manchmal **Anti-Lärm-Kopfhörer.** Sie basieren auf dem Prinzip der destruktiven Interferenz. Diese funktioniert bei jeder Art von Schwingung, auch bei den komplizierten Schallschwingungen, aus denen Lärm besteht.

Bei diesen speziellen Kopfhörern sitzen winzige Mikrofone in den Hörerschalen. Diese analysieren den Lärm, also die Schallschwingungen, und produzieren einen **Anti-Lärm**, dessen Schwingungen genau gegengleich zum Lärm sind (→ F37). Auch für den Privatbereich werden solche Noise-Cancelling-Kopfhörer angeboten, die vor allem bei tiefen Frequenzen besonders gut funktionieren. Es ist schon eine geniale Erfindung, Lärm mit Gegenlärm zu bekämpfen!

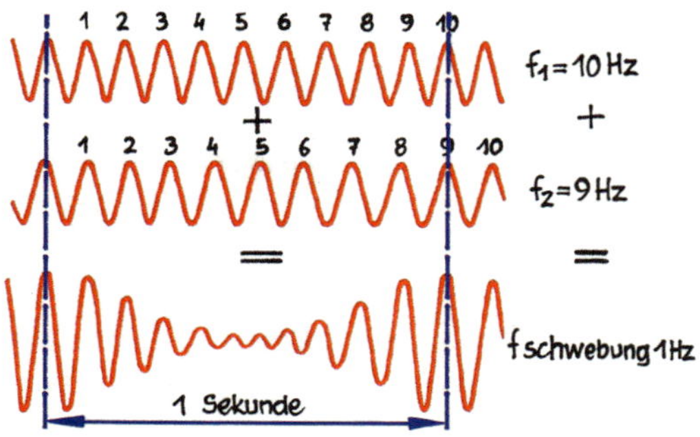

Abb. 12.54 Die Schwebfrequenz ist die Differenz der Einzelfrequenzen. In unserem Beispiel haben die Schwingungen 9 und 10 Hz (so niedrige Frequenzen sind nicht hörbar, aber hier besser darzustellen). Die Schwebfrequenz beträgt daher 1 Hz.

Wir haben uns angesehen, was passiert, wenn man **zwei Schwingungen** mit gleicher Frequenz überlagert. Was passiert aber, wenn die Frequenzen leicht unterschiedlich sind? Dann entsteht eine sogenannte **Schwebung** (**→ F 39**; Abb. 12.54). Die Amplitude der Gesamtschwingung schwillt dabei ständig an und wieder ab. Zwei Töne mit leicht unterschiedlicher Frequenz hörst du daher nicht getrennt, sondern als **einen Ton, der ständig leiser und lauter wird.**

Die Schwebfrequenz gibt an, wie oft die Schwingung in einer Sekunde an- und wieder abschwillt. Sie ist die Differenz der Frequenzen der beiden Schwingungen, also $f_1 - f_2 = f_{\text{Schwebung}}$. Der Mensch kann übrigens rund 20 Schwebungen pro Sekunde wahrnehmen. Sind zwei Töne in ihrer Frequenz also weniger als 20 Hertz auseinander, hörst du nur einen Ton.

INFO **Spring- und Nippflut**

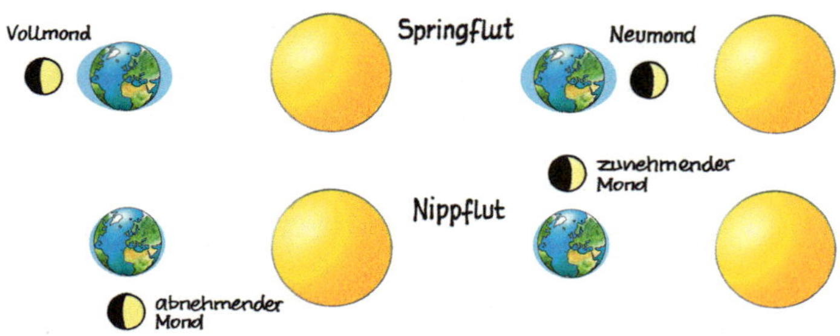

Abb. 12.55 Bei Vollmond und Neumond ist die Flut am stärksten (Springflut), bei Halbmond am schwächsten (Nippflut).

Der **Mond** erzeugt durch die Gezeitenkräfte auf der Erde **zwei Flutberge**, einen auf der ihm zugewandten und einen auf der abgewandten Seite („Mondflut", siehe Abb. 11.36). Aber nicht nur der Mond, auch die Sonne übt auf die Erde Gezeitenkräfte aus („Sonnenflut"). Dieser Effekt ist allerdings nur rund **halb so groß**.

Wenn Sonne, Mond und Erde in einer Linie stehen, dann addieren sich beide Effekte und es entsteht eine besonders starke Flut, die **Springflut** (Abb. 12.55; **→ F 40**). Wenn Mond, Erde und Sonne im rechten Winkel stehen, dann schwächen sich beide Effekte gegenseitig ab und es entsteht die sogenannte **Nippflut** (Abb. 12.55 unten).

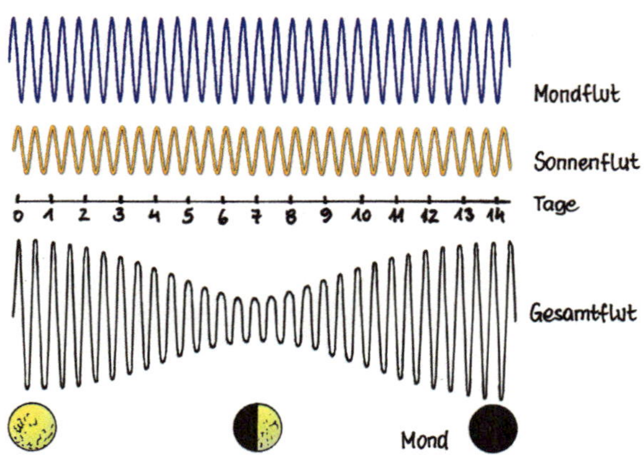

Abb. 12.56 Die Schwebung der Meeresoberfläche zwischen Vollmond und Neumond: Die Schwingung durch die Sonnenflut ist etwas schneller als die durch die Mondflut und dadurch entsteht eine Schwebung.

Eine andere Erklärungsmöglichkeit ist mit Hilfe der **Überlagerung von Schwingungen**. Sowohl der Mond als auch die Sonne erzeugen eine Schwingung der Meeresoberfläche. Die Schwingungsperiode der Sonnenflut liegt bei 12 h (also genau einem halben Tag), die der Mondflut bei 12 h : 26 h (weil sich der Mond um die Erde dreht). Dadurch entsteht eine **Schwebung**, die wir durch Veränderung der Fluthöhe bemerken (Abb. 12.56). Von Nippflut zu Nippflut dauert es knapp 15 Tage, also einen halben Mondmonat (29,52 Tage). Weil beide Schwingungen nicht dieselbe Amplitude haben, sinkt die Gesamtamplitude im Gegensatz zu Abb. 12.54 nie ganz auf null ab.

ZUSAMMENFASSUNG

Schwingungen gleicher Frequenz können einander maximal verstärken (konstruktive Interferenz) oder völlig auslöschen (destruktive Interferenz). Ist die Frequenz leicht unterschiedlich, dann schwillt die Amplitude ständig an und wieder ab. Das nennt man eine Schwebung.

12.8 Eine Schwingung ohne Hakennase

Komplizierte Überlagerung von Schwingungen

In diesem Abschnitt geht es darum, dass man einzelne Sinusschwingungen zu wirklich komplizierten Schwingungen zusammensetzen, aber auch wieder auseinandernehmen kann. Es geht somit auch um deine Ohren und MP3-Musik.

F 42 ● Was ist eigentlich der Unterschied zwischen einem Ton, einem Klang und einem Geräusch? Warum sind Geigenstars bereit, für eine Stradivari-Geige Hunderttausende oder sogar Millionen Euro hinzublättern?

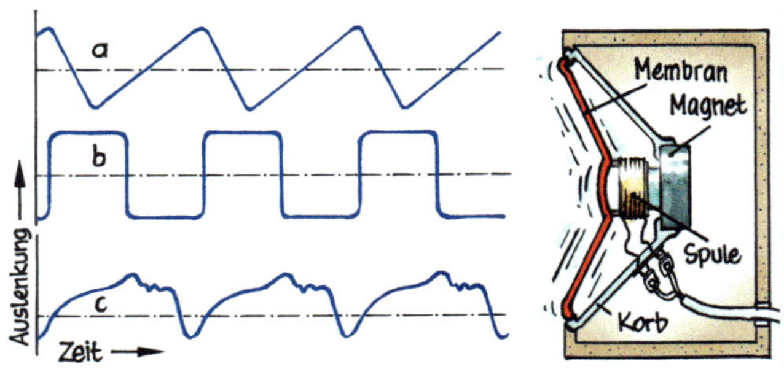

Abb. 12.57 Die waagerechte Achse ist die Zeit-Achse.

F 43 ◒ Wie schwingt die Lautsprechermembran, wenn sie mehrere Töne gleichzeitig erzeugt? Kann sie wirklich gleichzeitig mit verschiedenen Frequenzen schwingen?

F 44 ● Mit einem Synthesizer kann man wirklich alle möglichen Klänge erzeugen und den Klang von beliebigen Instrumenten wie Geige, Flöte oder E-Gitarre nachmachen. Aber wie funktioniert ein Synthesizer technisch?

F 45 ● Abb. 12.57 zeigt das Schwingungsverhalten einer Lautsprechermembran. Was denkst du, welche der drei Schwingungen im Prinzip möglich sind?

F 46 ◒ Was versteht man eigentlich unter MP3? Und was ist der Vorteil des MP3-Formats gegenüber dem „normalen" Format auf einer CD?

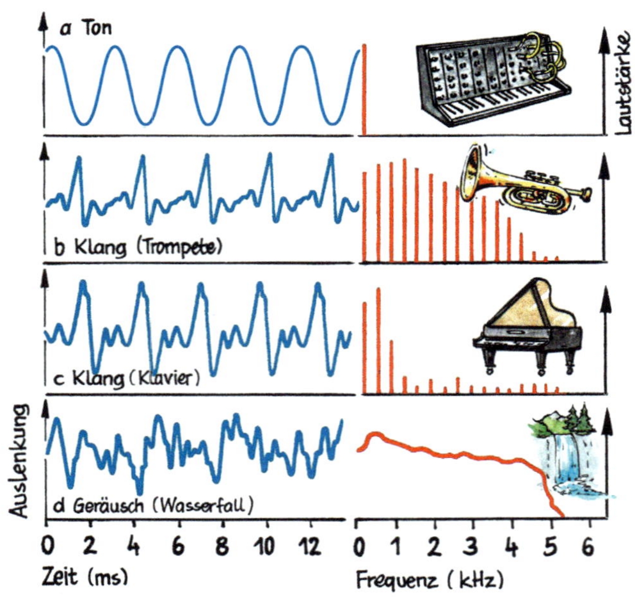

Abb. 12.58 Schwingungsverlauf (links) und **Frequenzspektrum** (rechts) eines reinen Tons (a), eines Trompeten- (b) und eines Klavier-Klangs (c) mit jeweils 440 Hz (a1), sowie das Rauschen eines Wasserfalls (d).

Sehen wir uns zunächst den Unterschied zwischen Ton, Klang und Geräusch an (→ F 42). Ein **Ton** ist eine reine Sinusschwingung (Abb. 12.58 a). Er besteht also nur aus einer einzigen Frequenz und klingt langweilig und kalt. Im Alltag kommt ein einzelner Ton praktisch nicht vor. Man kann ihn nur elektronisch erzeugen. Alle Instrumente erzeugen nämlich Klänge.

Ein **Klang** entsteht durch die Überlagerung von mindestens zwei Schwingungen mit verschiedener Frequenz. In Abb. 12.58 siehst du den Klang einer Trompete (b) und eines Klaviers (c) aufgeschlüsselt. Welche Klanghöhe du wahrnimmst, hängt von der tiefsten Frequenz ab. Deshalb hörst du den reinen Ton und die beiden Klänge in unserem Beispiel gleich hoch, weil sie dieselbe Grundfrequenz von 440 Hz haben. Übrigens: Es ist etwas verwirrend, aber Musiker sagen zu den Klängen ebenfalls Ton. In der Physik nennen wir aber nur reine Sinusschwingungen Töne.

Jedes Instrument schwingt in vielen verschiedenen Frequenzen gleichzeitig. Die tiefste, die sogenannte **Grundfrequenz**, macht die Klanghöhe aus. Alle anderen Frequenzen nennt man **Oberfrequenzen** und diese machen die **Klangfarbe** aus. Beim Klavier schwingen zum Beispiel viel weniger höhere Frequenzen mit als bei einer Trompete. Du weißt das intuitiv aus Erfahrung und kannst diese beiden Instrumente daher leicht unterscheiden. Besonders gute und damit auch teure Instrumente haben ein Frequenzspektrum, das wir als angenehm und ausdrucksstark empfinden. Das geht aber oft ziemlich ins Geld – eine Stradivari-Geige kann sogar einige Millionen Euro kosten!

Ein **Geräusch** (Abb. 12.58 d) besteht wie der Klang aus einem Frequenzgemisch. Die Auslenkungen sind aber nicht periodisch, wiederholen sich also nicht. Es hat daher keine gleichbleibende Grundfrequenz und auch keine bestimmte Klanghöhe (siehe Tab. 12.4).

Tab. 12.4 Physikalische Bezeichnung für verschiedene Schallschwingungen und deren Eigenschaften

Schallschwingung	periodisch/aperiodisch	Frequenzen	Beispiele
Ton	periodisch	1	elektronisch erzeugte Sinusschwingung
Klang	periodisch	2 – ∞	Klänge von Klavier, Geige, Gitarre oder der Singstimme
Schwebung (sie ist ein spezieller Klang)	periodisch	2	Überlagerung von Tönen mit leicht unterschiedlicher Frequenz
Geräusch	aperiodisch	2 – ∞	Schlagzeug, Percussion, Türknarren, Rauschen, Knall, Rascheln, …

Wenn du Musik hörst, die ja aus vielen verschiedenen Schwingungen besteht, dann schwingt der Lautsprecher tatsächlich gleichzeitig mit vielen verschiedenen Frequenzen (→ F43). Die Lautsprechermembran schwingt dann zum Beispiel so wie in Abb. 12.58 b bis d. Wie ist das nun, wenn man **elektronisch** einen Klang nachmachen möchte, etwa mit einem **Synthesizer**? Dann muss man eine Schwingung erzeugen, die genauso aussieht wie das Original. Wie macht man das?

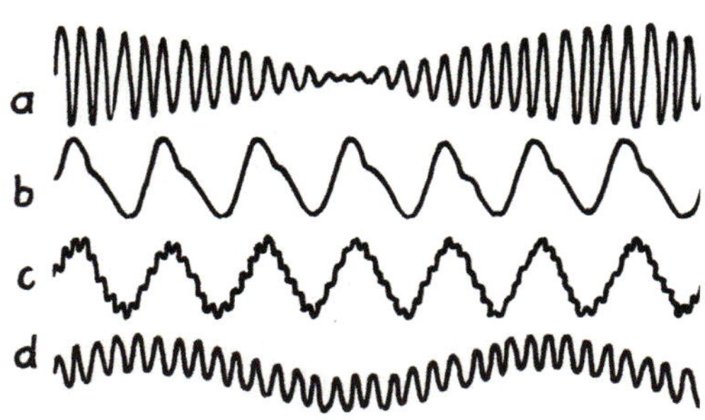

Abb. 12.59 Vier Schwingungen, die durch die Überlagerung von zwei Teilschwingungen entstanden sind: Die Frequenz- und Amplitudenverhältnisse sind a) 9:10 und 1:1 (das ergibt eine Schwebung), b) 1:2 und 3:1, c) 1:10 und 5:1 und d) 1:20 und 1:1.

Wiederholen wir kurz: Wenn du zwei Schwingungen gleicher Frequenz überlagerst, entsteht eine Schwingung mit derselben Frequenz (Abb. 12.52). Wenn du zwei Schwingungen mit leicht unterschiedlicher Frequenz überlagerst, dann entsteht eine Schwebung (Abb. 12.54). Was passiert aber, wenn du zwei **völlig unterschiedliche Schwingungen** überlagerst? Dann bekommst du alles Mögliche! Exemplarisch siehst du in Abb. 12.59 einige Möglichkeiten!

Je mehr Schwingungen du überlagerst, desto komplexer kann auch die Gesamtschwingung werden. Der Clou ist nun der: Beinahe jede Schwingung lässt sich durch die Überlagerung von Sinusschwingungen erzeugen. Das entdeckte vor rund 200 Jahren der Mathematiker Joseph Fourier.

INFO

Fourier-Synthese

Der französische Mathematiker J. B. Joseph Fourier entdeckte um **1820**, dass man **beinahe jede beliebige Schwingung durch die Überlagerung von Sinusschwingungen erzeugen kann**. Nehmen wir als Beispiel die Rechteckschwingung aus Abb. 12.57. In Abb. 12.60 siehst du, wie man durch Addition von bereits 5 Sinusschwingungen eine Schwingung bekommt, die einer Rechteckschwingung schon ziemlich ähnlich sieht. Die mathematische Beschreibung zur Abbildung lautet so ($\omega = \frac{2\pi}{T}$):

$$y(t) = \sin(\omega \cdot t) + \tfrac{1}{3}\sin(3\omega \cdot t) + \tfrac{1}{5}\sin(5\omega \cdot t) + \tfrac{1}{7}\sin(7\omega \cdot t) + \tfrac{1}{9}\sin(9\omega \cdot t) + \ldots$$

Die einzelnen Schwingungen werden in der Frequenz immer höher und in der Amplitude immer kleiner. Das **Zusammensetzen von Sinusschwingungen** nennt man auch **Fourier-Synthese.** Synthese bedeutet salopp formuliert, dass man etwas Kompliziertes aus etwas Einfachem zusammenbaut.

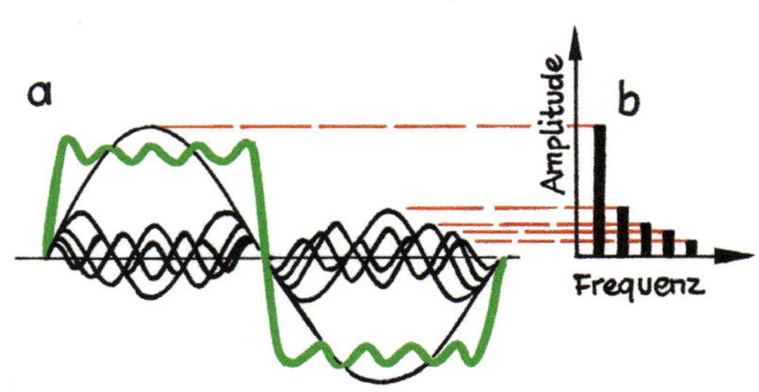

Abb. 12.60 Erzeugung einer Rechteckschwingung durch Überlagerung von Sinusschwingungen

Eine **exakte Rechteckschwingung** ist übrigens einer der wenigen Fälle, die sich nicht völlig genau durch die Überlagerung von Sinusschwingungen erzeugen lässt – selbst bei unendlich vielen bleibt immer ein leichtes Überschwingen an den Ecken. Je enger die „Radien" einer Schwingung sein sollen, desto mehr hohe Frequenzen werden benötigt und „echte Ecken" sind daher nicht zu schaffen. Eine etwas abgerundete Rechteckschwingung wie in Abb. 12.57b ist aber machbar.

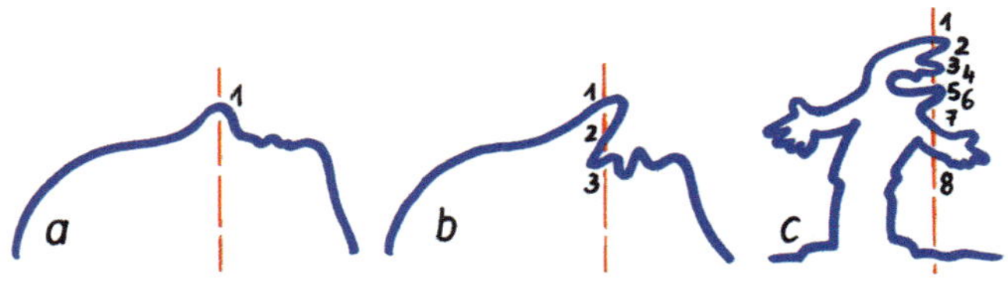

Abb. 12.61 Damit die Erzeugung einer Schwingung durch die Überlagerung von Sinusschwingungen möglich ist, muss diese *einwertig* sein. Wenn du eine senkrechte Linie ziehst, dann darf diese die Schwingung nur einmal schneiden. Das ist bei a der Fall, nicht aber bei b und c.

Zu jedem Zeitwert darf es aber nur einen Wert für die Auslenkung geben. Klar, die Lautsprechermembran kann ja auch nicht zu einer Zeit an zwei Orten sein. Diese Bedingung ist bei allen drei Schwingungen in Abb. 12.57 gegeben (→ F45) und daher sind diese auch möglich. Ein Profil mit Hakennase (12.61 b) oder die Trickfigur „La Linea" (c) sind jedoch nicht durch die Überlagerung von Sinusschwingungen zu erzeugen.

Die Sache mit der Profil-Schwingung ist nur eine Spielerei. Aber sie zeigt die allgemeine Möglichkeit, wie man durch Überlagerung von Schwingungen zu **jeder beliebigen Schwingung** kommen kann. Manche **Synthesizer** arbeiten nach diesem Prinzip (→ F44). Im Alltag spielt die Fourier-Synthese aber keine besonders große Rolle.

Abb. 12.62 Der Klang einer Trommel wurde auf seine einzelnen Frequenzen hin analysiert. Ein ähnlicher Vorgang läuft im Inneren deines Kopfes ab. Du siehst, dass sich der Klang mit der Zeit verändert, weil die Trommel ausschwingt.

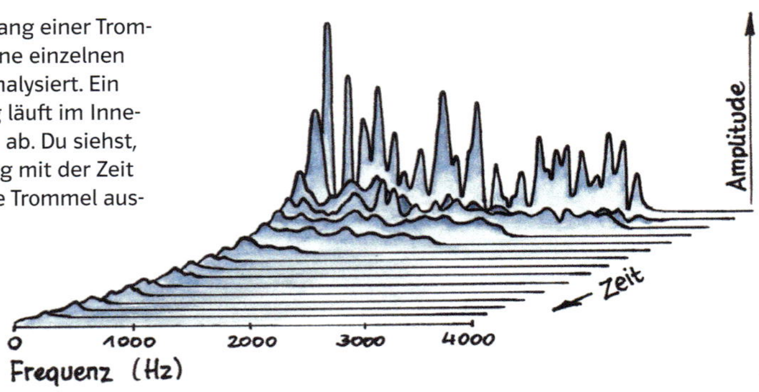

Das Gegenteil der Fourier-Synthese ist die **Fourier-Analyse**. Dabei wird ein Klang in seine Einzelschwingungen zerlegt (Abb. 12.62). Das geht nicht nur mit Klängen, sondern auch mit Geräuschen. Und das spielt im Alltag eine unglaublich große Rolle. Du hast nämlich einen Fourier-Analysator in deinem Kopf: deine **Ohren** und die **Schnecken** im **Innenohr** (siehe Abb. 15.12 bis 15.14)! Dieses System ist in der Lage, den Schwingungsmix, der ständig auf dich trifft, wieder in die einzelnen Frequenzen zu zerlegen.

Deshalb bist du zum Beispiel in der Lage, die Menschen an ihren **Stimmen zu erkennen,** denn jede Stimme hat ein einzigartiges Frequenzspektrum. Aber noch mehr: Das Hörsystem ist so fein, dass du auch sofort hörst, ob jemand etwas freundlich sagt, ob er verärgert ist oder traurig. Das Frequenzspektrum ist dann immer ein wenig anders. Ohne Fourier-Analyse im Kopf jedes Menschen käme es sicher zu sehr vielen Missverständnissen im Alltag. Dein Hörsystem ist aber nicht perfekt. Das macht man sich bei der Komprimierung von Musikdateien zunutze.

INFO

MP3

Eine **MP3-Datei** kann je nach Klangqualität bis auf etwa 1⁄12 der ursprünglichen Datenmenge komprimiert werden. Es gibt **mehrere Komprimierungsschritte**. Bei einem spielt es eine große Rolle, dass das Hörsystem **nicht** perfekt ist! Es ist nämlich so: Wenn sich in einem Klangspektrum ein lauter Ton befindet, dann kann dieser andere Töne überdecken, so dass sie für dich nicht gleichzeitig zu hören sind. Wenn du sie aber nicht hören kannst, dann musst du sie auch nicht speichern. Das ist einer der Komprimierungs-Tricks bei MP3.

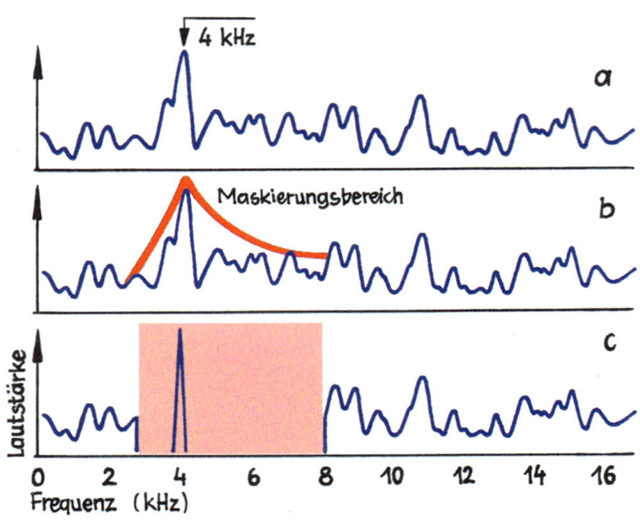

Abb. 12.63 Der rosa Bereich bei c muss in diesem Beispiel nicht gespeichert werden, weil alle Töne darin unter dem Maskierungsbereich liegen und nicht zu hören sind.

Das technische Prinzip funktioniert folgendermaßen: Zunächst wird vom Klang eine **Fourier-Analyse** durchgeführt (Abb. 12.63 a). Dann wird geschaut, ob es Töne gibt, die die anderen überdecken oder, wie man auch sagt, maskieren. In unserem Beispiel ist ein lauter Ton bei 4 kHz (4 000 Hz), der alle Töne unter der roten Linie überdeckt (b). Die Töne, die unter diesem sogenannten Maskierungsbereich liegen, kann man nicht hören, und sie können daher praktisch ohne Qualitätsverlust beim Speichern weggelassen werden (c). Deshalb passen so viele Songs auf einen MP3-Player (→ F46).

ZUSAMMENFASSUNG

Fast jede einwertige Schwingung lässt sich aus einzelnen Sinusschwingungen zusammensetzen. Das nennt man Fourier-Synthese. Das Gegenteil ist die Fourier-Analyse. Dabei wird ein Klang in seine einzelnen Schwingungen zerlegt, dabei kann man herausfinden, was ihn so charakteristisch macht. Diese Klang-Zerlegung ist für unsere Kommunikation sehr wichtig und auch für die MP3-Musik.

Teste dich

F47 ◒ Wie kann man die Gleichung für die Schwingungsdauer eines Federpendels (Kap. 12.2) ohne Differenzialgleichung herleiten? Versuche mit Hilfe des Lösungsteils Schritt für Schritt nachzuvollziehen. → L

F48 ◒ Wie kann man die Gleichung für die Schwingungsdauer eines Fadenpendels (Kap. 12.1) ohne Differenzialgleichung herleiten? Versuche mit Hilfe des Lösungsteils Schritt für Schritt nachzuvollziehen. → L

F49 ◒ Bei Gleichungen müssen ja nicht nur die Zahlen, sondern auch die Einheiten stimmen. Wie ist das aber bei der Differenzialgleichung $m \cdot \ddot{s}(t) + D \cdot s(t) = 0$? Die Beschleunigung $\ddot{s}(t)$ hat doch eine andere Einheit als der Weg $s(t)$! → L

F50 ◒ Was wäre, wenn das Minuszeichen in der Gleichung $F = m \cdot a = -D \cdot s$ nicht wäre? Was würde dann passieren? → L

F51 ● Ein Klavierstimmer stimmt mit Hilfe einer Schwebung. Er schlägt eine Taste und eine Gabel an und hört auf die Schwebungsfrequenz. Wie lange braucht er, um eine perfekte Stimmung zu bekommen? → L

F52 ◒ Wackeltiere (Abb. 12.64) sind ein uraltes Kinderspielzeug. Durch den Zug am Faden beginnen sie wie von selbst zu gehen. Welche Bedingungen müssen erfüllt sein, damit das funktioniert? → L

Abb. 12.64

F53 ○ Das originale Foucault'sche Pendel im Pantheon in Paris (Abb. 12.65) aus dem Jahr 1850 hatte eine Pendellänge von 67 m. Wie lang war seine Schwingungsdauer? → L

Abb. 12.65 Das Pantheon in Paris hat eine riesige Kuppel, unter der das Foucault'sche Pendel baumelt.

F54 ● Warum fangen manche Autos bei einem bestimmten Tempo so unangenehm zu „flattern" an? → L

F55 ● Das Pfeifen eines Lautsprechers bei einer Rückkopplung ist ein Resonanzphänomen! Richtig oder falsch? Und kannst du deine Antwort begründen? → L

F56 ● Stimmt es, dass Brücken aufgrund der Resonanzfrequenz einstürzen, wenn Soldaten im Gleichschritt darübermarschieren? → L

F57 ● Versuche mit einem Tabellenkalkulationsprogramm Überlagerungen von Schwingungen zu erzeugen. Versuche zu ähnlichen Ergebnissen zu kommen wie in Abb. 12.59. Benutze dazu die Gleichung aus Kap. 12.3. → L

13 Wellengrundlagen (1)

Wenn du mit einer Freundin oder einem Freund ausführlich schriftlich kommunizieren möchtest, dann hast du im Prinzip zwei Möglichkeiten: Du kannst entweder einen Brief oder eine der digitalen Möglichkeiten nutzen und zum Beispiel eine E-Mail schreiben. Das sind sehr gute Beispiele für zwei grundsätzliche Konzepte der Physik.
Der schon sehr aus der Mode gekommene Brief beinhaltet das Konzept „Teilchen". Dabei bewegt sich ein materieller Gegenstand von einem Ort zum anderen, in diesem Fall der Brief. Die zweite Möglichkeit, die E-Mail, beruht auf dem Konzept „Welle". Dabei wird Information übertragen, ohne dass sich ein materieller Gegenstand bewegt. Deine getippten Buchstaben werden in Zahlen übersetzt, durch elektromagnetische Wellen z. B. durch Glasfaserkabel übertragen und im anderen Computer oder Handy wieder in Buchstaben zurückübersetzt. Du hast somit eine Nachricht überbracht, ohne dass sich etwas Materielles bewegt hätte. Teilchen und Welle sind zwei fundamentale Konzepte der klassischen Physik. In Kapitel 13 und 14 geht es um allgemeine Grundlagen zum Wellenkonzept.

13.1 Korken, Blitze und Orangenbäume

Wie eine Welle entsteht

Etwas unromantisch formuliert, kann man sagen: Eine Welle entsteht durch die Ausbreitung einer Störung. Was damit gemeint ist, erfährst du in diesem Abschnitt.

F1 ◒ Du weißt, was passiert, wenn du einen Stein ins Wasser wirfst: Es breiten sich Kreiswellen von der Einschlagstelle in alle Richtungen aus! Warum ist das so?

F2 ◒ Im Wasser befindet sich ein Korken, an dem eine Welle vorüber streicht. Wo befindet sich der Korken, wenn die Welle vorbei ist? Bleibt er an derselben Stelle oder wird er mit der Welle mitbewegt?

F3 ○ Erdbeben können verheerende Wirkungen haben. Aber wie entstehen die meisten Erdbeben eigentlich?

F4 ◒ Was versteht man unter einem Tsunami und wie entsteht dieser?

F5 ◒ Für uns ist es selbstverständlich: Auf einen Blitz folgt der Donner. Aber wie und warum entsteht dieser?

Um das Prinzip der Entstehung einer Welle zu verstehen, sehen wir uns zunächst drei Beispiele aus dem Alltag an: eine **Wasserwelle**, eine **Schallwelle** und eine **Erdbebenwelle**.

1 Stell dir eine ruhige Wasseroberfläche vor. Ungestört ist sie waagerecht und eben, weil dann die potenzielle Energie minimal ist. Wenn etwas ins Wasser fällt, wird an dieser Stelle die Flüssigkeit nach unten gedrückt und die ruhige Oberfläche dadurch gestört. Eine Flüssigkeit lässt sich aber praktisch nicht zusammendrücken. Deshalb muss sie auf die Seite ausweichen.

Dadurch einsteht eine Kreiswelle (Abb. 13.1), die sich von der Einschlagstelle entfernt (→ F1). Die **Wasserwelle** wurde also durch eine Störung verursacht (nämlich die Störung der Oberfläche). Dieses Prinzip gilt allgemein für Wellen, und daher sagt man: Eine Welle ist die Ausbreitung einer Störung.

Abb. 13.1 Die nach unten gedrückte Wasseroberfläche kann nur auf die Seite ausweichen. Dadurch entstehen Kreiswellen. Der Tropfen wird, bevor er untergeht, noch einmal – wie auf einem Sprungtuch – in die Höhe geschleudert.

Das Eindrücken der Wasseroberfläche erfordert Energie. Diese Energie wandert mit der Welle nach außen weg. Was passiert mit einem Korken, an dem die Welle vorbeistreift? Der Korken tanzt hin und her, aber wenn die Welle vorbei ist, ist er wieder in Ruhe und noch immer an derselben Stelle (→ F2). Warum?
Eine Welle ist keine Strömung! In einer Welle wird zwar Energie, nicht aber Materie transportiert. Daher kann man auch sagen: Eine Welle ist die Ausbreitung von Energie ohne Materietransport.

2 Auch **Erdbebenwellen** entstehen durch Störungen. Bei einem Erdbeben verschieben sich die Kontinentalplatten ruckartig (→ F3). Diese Bewegung ist eine Störung, bei der unglaubliche Energie freigesetzt wird. Die Erdbebenwellen sind der Abtransport dieser Energie. Findet das Beben unter Wasser statt, dann können zusätzlich große und verheerende Wasserwellen entstehen, die **Tsunamis** (→ F4). Diese zeigen auf eindrucksvolle, aber auch tragische Weise den Energietransport in einer Welle (Abb. 13.2).

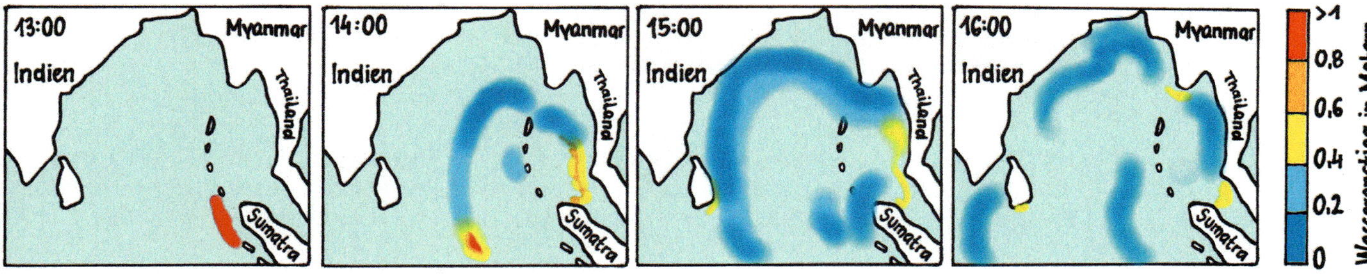

Abb. 13.2 Ausbreitung des Tsunamis vom 26.12.2004, der bei **Sumatra** seinen Ursprung hatte (siehe auch Abb. 13.3). Die Bilder zeigen die Welle im Abstand von je einer Stunde. Der Farbcode gibt den Wasseranstieg in Metern an. Die mittransportierte Energie führte an den Küsten zu unglaublichen Verwüstungen, auch wenn diese zum Teil Tausende Kilometer entfernt waren. Ein Tsunami transportiert nur Energie, keine Materie!

INFO **Orangenbäume in San Francisco**

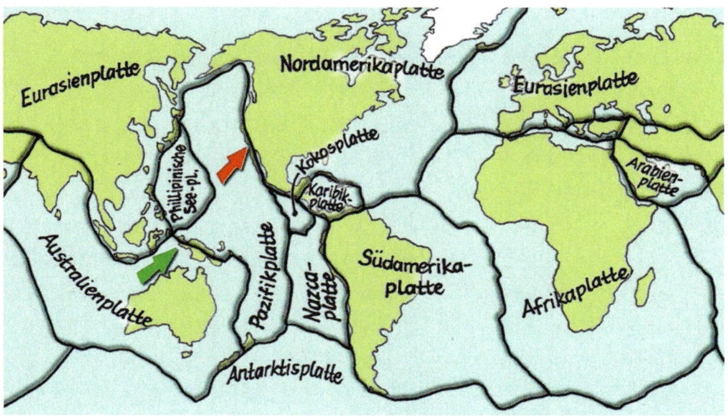

Abb. 13.3 Der rote Pfeil zeigt San Francisco, der grüne den Entstehungsort des Tsunamis von 2004 (Sumatra; siehe Abb. 13.2).

Die Erdoberfläche besteht aus sechs großen und zahlreichen kleinen **Kontinentalplatten** (Abb. 13.3). Erdbeben entstehen fast immer dort, wo zwei Platten zusammenstoßen. Diese verschieben sich nämlich jedes Jahr um **ein paar Zentimeter**. Zwischen den zerklüfteten Kanten besteht aber eine sehr große Reibung. Die Platten haben sich oft schon mehrere Meter verschoben, aber die Ränder haften immer noch. Irgendwann wird die Belastung für das Gestein zu groß und die Ränder rutschen nach. Das ist die Störung, die die Bebenwelle auslöst.

Diese Erkenntnis verdanken wir einer Orangenbaumreihe, die **1851** in **San Francisco** gepflanzt wurde. Diese Stadt liegt an der Grenze zwischen Pazifik- und Nordamerika-Platte (Abb. 13.3) und die Bäume wurden zufällig quer darüber gepflanzt (Abb. 13.4 a). Im Laufe der Jahre bewegten sich die Platten, aber die Ränder hafteten (b + c). **Bei einem großen Beben 1906** verschoben sie sich dann in kurzer Zeit um mehrere Meter (d). Die gut dokumentierte Verschiebung diese Baumreihe über den Zeitraum von 55 Jahren war der Grundstein zur modernen Erdbebenforschung.

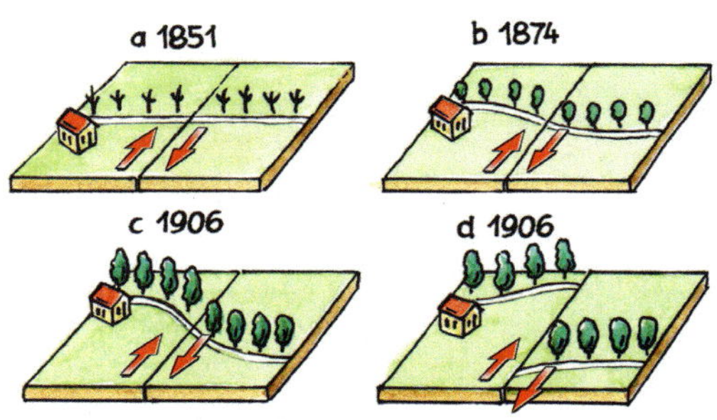

Abb. 13.4 Verlauf der Baumreihe: c ist vor dem Erdbeben 1906, d unmittelbar danach. Da die Erdbewegung schon vor dem Pflanzen begonnen hatte, war die Baumreihe nach dem Beben gekrümmt.

Abb. 13.5 Im Inneren des Blitzkanals können die Temperaturen bis auf 30 000 °C steigen. Seeehr heiß!

3 Bleibt noch als drittes Beispiel die **Schallwelle** eines Donners. Im Inneren eines Blitzes kann es unglaublich heiß werden, bis rund 30 000 °C! Das ist etwa 5-mal so heiß wie auf der Sonnenoberfläche! Die heiße Luft dehnt sich extrem schnell aus und wird nach außen hin zusammengedrückt. Diese Dichteschwankung der Luft ist die Störung, die die Schallwelle erzeugt, die du dann als Donner hörst (→ F5).

ZUSAMMENFASSUNG

Eine Welle ist die Ausbreitung einer Störung und somit von Energie ohne Materietransport. Die Störung kann zum Beispiel das Eindrücken der Wasseroberfläche sein (Wasserwelle), das Rutschen der Kontinentalplatten (Erdbebenwelle) oder eine Dichteschwankung der Luft (Schallwelle).

13.2 Der ganze Wellenzoo

Wellenarten und Wellenformen

In diesem Abschnitt verschaffen wir uns einen Überblick darüber, welche Arten von Wellen es generell gibt und welche Schwingungsrichtungen sie haben können.

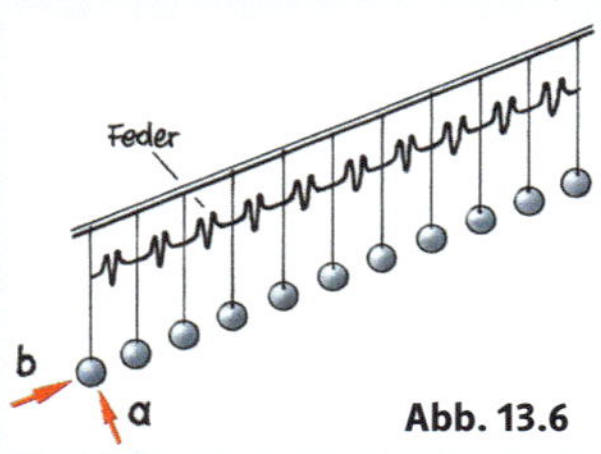

Abb. 13.6

F6 ○ In Abb. 13.6 siehst du eine Reihe von Fadenpendeln, die durch Federn verbunden sind. So etwas nennt man gekoppelte Pendel! Was, meinst du, passiert mit den anderen Pendeln, nachdem du dem ersten einen kleinen Stups in Richtung a bzw. b gibst?

F7 ◒ Was haben das Licht, eine flatternde Flagge und eine knallende Peitsche gemeinsam? Was haben eine kriechende Raupe und eine Schallwelle in der Luft gemeinsam?

F8 ● Die tiefste Erdbohrung ist bloß schlappe 12 km tief. Woher weiß man dann, dass der äußere Erdkern flüssig ist? Dieser beginnt 2900 km unter der Oberfläche!

F9 ◒ Im Wasser schwimmt ein Korken und eine Welle zieht vorbei. Wie schwingt der Korken: a) senkrecht, b) waagerecht oder c) auf einer Kreisbahn?

F10 ● Es gibt keine Wasserwelle ohne Wasser, keine Erdbebenwelle ohne Erde und keine Dauerwelle ohne Haare. Daher gibt es auch keine Lichtwelle ohne ... was? → L

Es gibt viele verschiedene Arten von Wellen und auch viele verschiedene Einteilungsmöglichkeiten. Wir werden hier die Wellen in **vier Arten** einteilen (Tab. 13.1), wobei wir uns vor allem mit den ersten beiden beschäftigen werden.

Wellenart	Was schwingt?	Beispiel	Schwingungsrichtung	Medium nötig	v
mechanische Wellen	Materie	Schall-, Wasser- und Erdbebenwellen, ...	longitudinal und transversal	ja	$< c$
elektromagnetische Wellen	Kraftfeld (elektromagnetisches Feld)	Licht, Radiowellen, Handywellen, ...	nur transversal	nein	c
Gravitationswellen	Kraftfeld (Gravitationsfeld)	Wellen in der Raum-Zeit	nur transversal	nein	c
Materiewellen	Wahrscheinlichkeitsdichte	Atome, Moleküle, Elektronen, Protonen, ...	longitudinal und transversal	nein	$< c$

Tab. 13.1 Überblick über die verschiedenen Arten von Wellen. In der Quantentheorie werden elektromagnetische Wellen, Gravitationswellen und Materiewellen als „Quantenfelder" beschrieben. Aber das ist eine andere Geschichte... („Big Bang 2"). Die farbig hervorgehobenen Wellen werden in den Kapiteln 13 und 14 besprochen.

1 Da sind zunächst einmal die **mechanischen Wellen**. Diese sind dir aus dem Alltag sehr vertraut, denn dazu gehören die drei Einleitungsbeispiele: Schallwellen, Wasserwellen und Erdbebenwellen (falls du letztere schon einmal erlebt hast). Bei dieser Art von Welle schwingt Materie, also zum Beispiel die Luft, die Wasseroberfläche oder der Boden. Es schwingt also etwas, was du greifen und sehen kannst. Mechanische Wellen beruhen auf den Newton'schen Gesetzen (siehe Kap. 7). Diese Wellen sind dir am besten bekannt und deshalb werden wir uns mit ihnen zunächst beschäftigen.

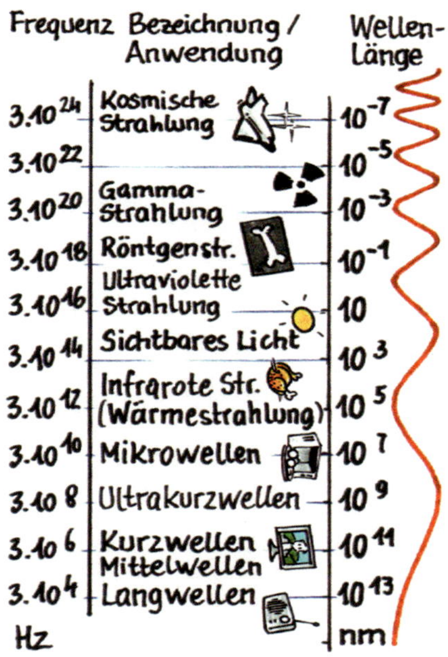

Abb. 13.7 Überblick über das Spektrum der elektromagnetischen Wellen. Nur einen winzigen Bruchteil davon kannst du wahrnehmen, sichtbares Licht mit den Augen und Infrarot mit den Wärmerezeptoren der Haut.

2 Dann gibt es die **elektromagnetischen Wellen**. Diese sind dir weniger vertraut, obwohl sie ebenfalls alltäglich sind (Abb. 13.7). Das liegt daran, dass du nur einen winzigen Teil davon körperlich wahrnehmen kannst, nämlich sichtbares Licht und Infrarot. Den überwiegenden Teil kannst du nicht direkt spüren. Im Folgenden wirst du immer wieder Beispiele zu den elektromagnetischen Wellen finden, aber im Wesentlichen werden diese in Big Bang 2 besprochen.

3 + 4 Es gibt noch zwei weitere Arten von Wellen, die hier aufgezählt sind, damit der Überblick komplett ist: **Gravitationswellen** und **Materiewellen**. Wir werden diese Wellenformen aber ebenfalls erst viel später genauer besprechen („Big Bang 2").

INFO

Etwas Science Fiction

Die **allgemeine Relativitätstheorie** von Albert Einstein aus dem Jahr **1916** sagt voraus, dass ein im Gravitationsfeld bewegter Körper Gravitationswellen aussendet. Das sind Änderungen in der Struktur der Raumzeit, die sich mit Lichtgeschwindigkeit ausbreiten. Klingt das nicht nach Star Trek? Niemand zweifelte an der Existenz der **Gravitationswellen**, aber erst 2016 gelang der experimentelle Nachweis. Das liegt daran, dass nur bei außergewöhnlichen Ereignissen, etwa der Kollision zweier Schwarzer Löcher, Gravitationswellen mit so viel Energie entstehen, dass wir diese direkt messen könnten.

Abb. 13.8 Computersimulation der Gravitationswellen, wenn zwei sehr massige Objekte einander umkreisen.

Seit etwa 1925 weiß man, dass auch kleinste Teilchen wie Elektronen Welleneigenschaften haben. Man nennt sie **Materiewellen** und sie gehören zum schweren Brocken **Quantenmechanik** (siehe „Big Bang 2"). In Abb. 13.9 siehst du das Muster, das entsteht, wenn man einen Röntgen- (links) beziehungsweise Elektronenstrahl (rechts) durch Aluminiumpulver schießt. Beide Strahlen werden abgelenkt und erzeugen am Schirm dahinter ein fast gleiches Muster, ein Beleg für die Welleneigenschaften der Elektronen. Wären diese nur „kleine Kugeln", würde das Muster nämlich ganz anders aussehen. Auf den Welleneigenschaften der Elektronen basiert das **Elektronenmikroskop**.

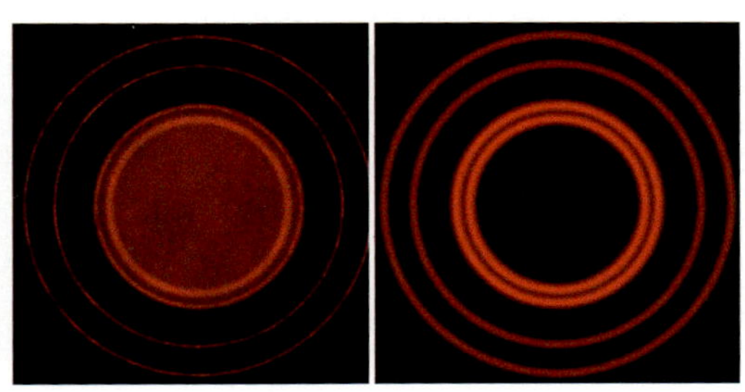

Abb. 13.9 Treffen Wellen auf Hindernisse, so werden sie gebeugt (siehe Kap. 14.2.3). Links das Beugungsmuster eines Röntgenstrahls, also einer elektromagnetischen Welle, rechts das einer Materiewelle gleicher Wellenlänge nach dem Durchqueren von Aluminiumpulver.

Mit Hilfe von **gekoppelten Pendeln** (→ F6) kann man zwei Dinge sehr schön zeigen: Erstens, dass eine Welle die Ausbreitung einer Störung ist, und zweitens, dass es zwei mögliche Schwingungsrichtungen gibt: **transversal** und **longitudinal**.

Nimm an, du stupst das erste Pendel **quer** zur Aufhängung an (Abb. 13.10 a). Weil die Pendel verbunden sind, wird auch das nächste Pendel ausgelenkt, dieses lenkt das übernächste aus und so weiter, immer mit einer kleinen Verzögerung. Die Störung der Ruhelage des ersten Pendels breitet sich also als Welle nach rechts aus. Wenn die Pendelkörper quer zur Ausbreitungsrichtung schwingen, dann spricht man von einer Transversalwelle (lat. transversus = quer). Wenn die Pendelkörper auf einer Sinuskurve liegen, dann spricht man zusätzlich von einer **harmonischen Schwingung**. Die für uns im Alltag wichtigsten Transversalwellen sind die elektromagnetischen Wellen und somit auch das Licht (Abb. 13.11).

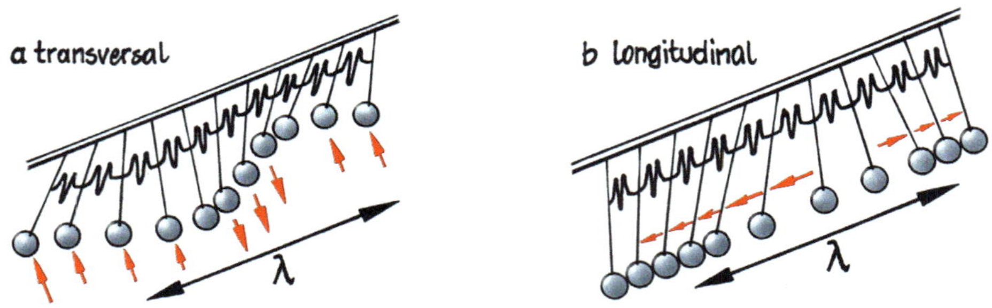

Abb. 13.10 Transversal- und Longitudinalwelle und ihre Wellenlänge (siehe Kap. 13.3)

Wenn du das erste Pendel **parallel** zur Aufhängung anstupst (Abb. 13.10 b), dann breitet sich eine Welle nach rechts aus, die durch „Verdichtungen" und „Verdünnungen" gekennzeichnet ist. Wenn die Pendelkörper in Ausbreitungsrichtung schwingen, dann spricht man von einer Longitudinalwelle (lat. longitudo = Länge). Die im Alltag wichtigste Longitudinalwelle ist der Luftschall (Abb. 13.12 b).

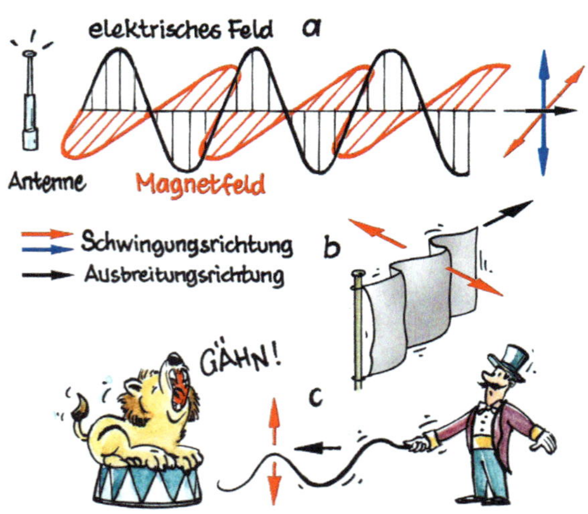

Abb. 13.11 Drei weitere Beispiele für Transversalwellen: a) elektromagnetische Welle: Hier schwingen elektrisches und magnetisches Feld; b) Flagge im Wind; c) Welle in einer geschwungenen Peitsche (→ F7).

Abb. 13.12 Beispiele für Longitudinalwellen: a) kriechende Raupe; b) Schallwelle in der Luft (→ F7).

Mechanische Longitudinalwellen können sich in allen Medien ausbreiten, also in festen, flüssigen und gasförmigen. **Mechanische Transversalwellen** können sich aber nur in festen Stoffen und an der Oberfläche von Flüssigkeiten ausbreiten. Diese Tatsache hilft uns bei der Erforschung der inneren Struktur der Erde.

INFO Wasserwellen

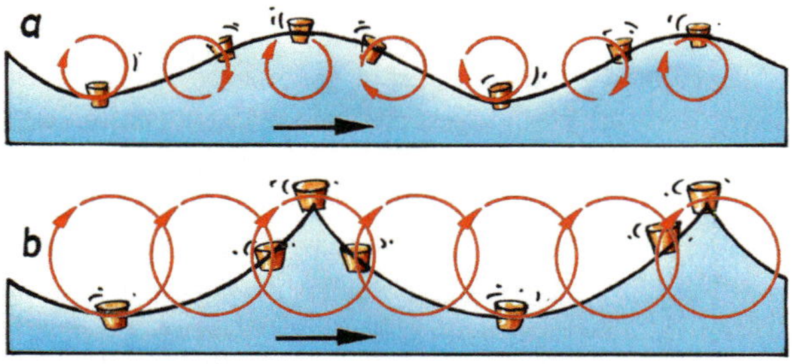

Abb. 13.13 Wenn sich die Wasserwelle nach rechts ausbreitet, dann bewegen sich die Korken im Uhrzeigersinn.

Wenn du an das ständige Auf und Ab eines Schiffes denkst, dann liegt die Vermutung nahe, dass **Wasserwellen transversal** schwingen. Das ist aber nur die halbe Wahrheit, denn sie schwingen zusätzlich auch **longitudinal**. Die Überlagerung beider Bewegungen ergibt eine **Kreisbahn** (→ F9, Abb. 13.13 a). Je höher die Wasserwelle wird (Abb. 13.13 b), desto größer wird der Durchmesser der Kreisbahn.

Ein Korken im Wasser beschreibt also eine Kreisbahn, während die Welle vorbeizieht. Er treibt durch die Welle aber nicht ab, sondern bleibt im Mittel immer an derselben Stelle. **Eine Welle ist also keine Strömung!** Die in der Praxis auftretenden Wasserströmungen kommen zum Beispiel durch Winde zustande, die das Wasser quasi in eine bestimmte Richtung schieben oder durch Dichte-Unterschiede wie beim Golfstrom.

INFO „Röntgen“ für die Erde

Erdbebenwellen sind hochkompliziert. Die beiden häufigsten Formen sind aber „normale“ Longitudinal- und Transversalwellen (Abb. 13.14). Erstere haben die höchsten Geschwindigkeiten (etwa 8 km/s). Sie kommen daher an entfernten Orten am schnellsten an und heißen demnach auch **Primär- oder P-Wellen** (a). Die Transversalwellen sind langsamer (4,5 km/s) und heißen **Sekundär- oder S-Wellen** (b).

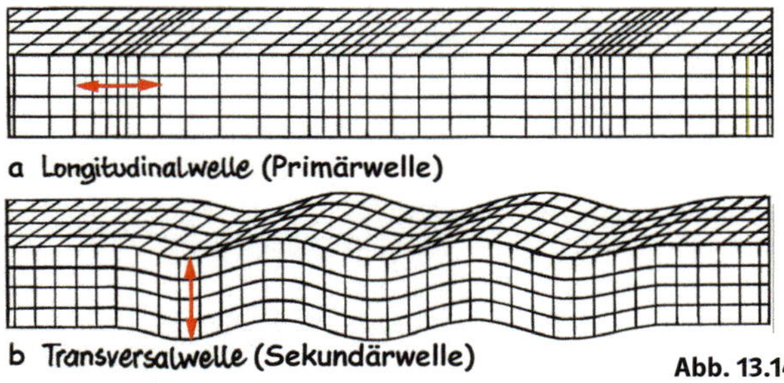

Abb. 13.14

Dass man durch Anwendung physikalischer Grundlagen oft neue Erkenntnisse gewinnen kann, zeigt folgendes Beispiel: Nach einem Beben gibt es auf der **gegenüberliegenden** Seite der Erde einen sehr großen Bereich, in dem keine S-Wellen auftreten, die sogenannte Schattenzone (Abb. 13.15). Man wusste früher nicht, warum das so ist. Dann kam aber RICHARD D. OLDHAM **1906** auf die richtige Idee, dass der **Erdkern flüssig** sein muss, weil sich in Flüssigkeiten keine Transversalwellen ausbreiten können – es ist gut, wenn man in Physik aufgepasst hat (→ F8). Dass der innere Teil des Kerns wieder fest ist, konnte man **1936** ebenfalls durch die Auswertung von Erdbebenwellen herausfinden.

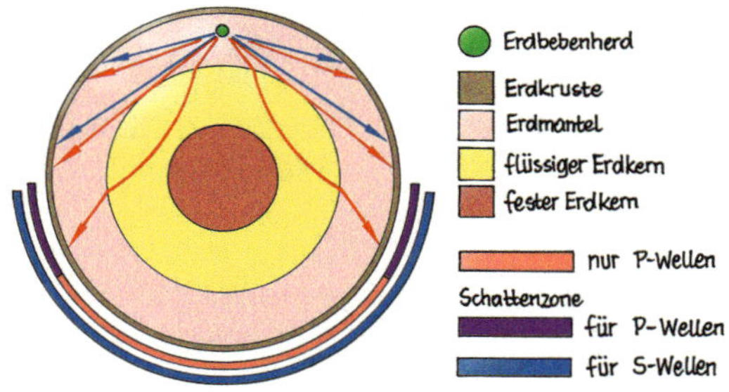

Abb. 13.15 Vereinfachte Darstellung, wie Bebenwellen durch die Erde laufen. Weil durch den flüssigen Bereich keine S-Wellen laufen können, liegt dahinter eine riesige Schattenzone für S-Wellen.

ZUSAMMENFASSUNG

Wir unterscheiden vier Arten von Wellen: mechanische und elektromagnetische Wellen, Gravitations- und Materiewellen. (Wir werden uns hier mit den ersten beiden Arten beschäftigen.) Die Wellen kann man nach ihrem Schwingungsverhalten in Transversal- und Longitudinalwellen einteilen.

13.3 Ozean und Wasserpfütze
Wellenlänge und -geschwindigkeit

In diesem Abschnitt geht es um weitere Grundeigenschaften von Wellen: Länge und Geschwindigkeit. Wir werden uns diese am Beispiel Licht, Schall und Wasserwellen anschauen.

F11 ○ Was versteht man unter den Begriffen Amplitude, Schwingungsdauer und Frequenz? Lies nach in Kap. 12.2.

F12 ● Wenn du einen Stein ins Wasser wirfst und den ersten Ring beobachtest, wirst du sehen, dass sich dieser bald in mehrere Ringe aufteilt. Warum?

F13 ◒ Wie schnell ist eine Tsunami-Welle? Und welche Wellenlänge hat sie? Was denkst du?

F14 ◒ Wenn man die Sekunden zwischen Blitz und Donner zählt – und dann irgendwie rechnet – weiß man, wie weit der Blitz weg war! Wie geht das genau?

F15 ● Wie lange dauert es, bis wir auf der Erde eine Änderung in Licht und Gravitation spüren, wenn ein Megasuperheld die Sonne plötzlich entfernt?

F16 ◒ Bei Sprintstarts in der Leichtathletik hat jeder Teilnehmer hinter seinem Startblock einen eigenen Lautsprecher. Das ist vor allem beim 400-m-Lauf sehr wichtig! Warum? → L

F17 ◒ Ein Sandskorpion kann einen Käfer aus einigen Dezimetern Entfernung exakt orten, ohne dass er ihn dazu sehen oder hören muss. Wie geht das? Es hat mit den Wellengeschwindigkeiten zu tun! → L

Bei der Beschreibung von Wellen treten zwei neue Begriffe auf: **Wellenlänge** und **Wellengeschwindigkeit**. Die Wellenlänge wird immer zwischen zwei Punkten gemessen, die gleich stark ausgelenkt sind. Man sagt dazu, dass sie in „gleicher Phase" sind. Welche Punkte du nimmst, ist im Prinzip egal. Meistens misst man aber zwischen zwei Wellenbergen (Abb. 13.16 b) bzw. zwischen Punkten maximaler Verdichtung (Abb. 13.16 a). Die Wellenlänge trägt immer den Buchstaben λ (Lambda), das ist ein kleines griechisches L. Die Wellengeschwindigkeit v ist die Geschwindigkeit, mit der sich die Welle ausbreitet. Diese kann maximal so groß sein wie die Lichtgeschwindigkeit c (siehe auch Tab. 13.1).

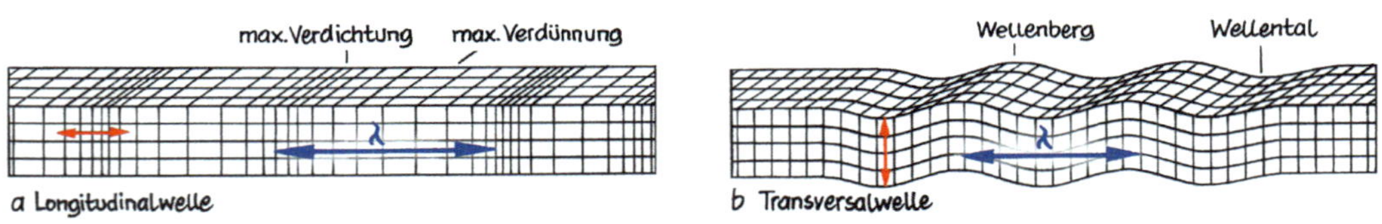

Abb. 13.16 Definition der Wellenlänge am Beispiel einer longitudinalen und transversalen Erdbebenwelle

Darüber hinaus gelten für Wellen drei Begriffe, die du schon von den Schwingungen kennst: Die **Amplitude** gibt an, wie stark die Welle ausgelenkt ist. Die **Frequenz** gibt an, wie viele Wellenberge oder Stellen maximaler Verdichtung an einem Beobachter pro Sekunde vorüberziehen. Und die **Schwingungsdauer** der Welle ist der **Kehrwert der Frequenz** (siehe Kap. 12.2). Zwischen Wellengeschwindigkeit, Frequenz und Wellenlänge besteht ein fundamentaler Zusammenhang, der immer gültig ist. Kennst du zwei Größen, kannst du die dritte sofort berechnen (siehe Tab. 13.2):

FORMEL allgemeine Wellengeschwindigkeit

$$v = f \cdot \lambda \quad \text{oder} \quad v = \frac{\lambda}{T}$$

v … Geschwindigkeit $[v] = \frac{m}{s}$
f … Frequenz $[f] = Hz = s^{-1}$
λ … Wellenlänge $[\lambda] = m$
T … Schwingungsdauer $[T] = s$

Welle	λ [m]	v [m/s]	f [s^{-1}]	T [s]
grünes Licht	$5 \cdot 10^{-7}$	$c \approx 3 \cdot 10^{8}$	$6 \cdot 10^{14}$	$1{,}7 \cdot 10^{-5}$
„Kammerton" 440 Hz	0,77	≈ 340	440	$2{,}3 \cdot 10^{-3}$
10 000 Hz	0,034	≈ 340	10 000	10^{-4}
Trägerwellen Radiosender	3,003	$c \approx 3 \cdot 10^{8}$	99,9 (DLF)	$1{,}001 \cdot 10^{-9}$
Tsunami	$2 \cdot 10^{5}$	200	0,001	1000

Tab. 13.2 Fünf Beispiele für Wellenlängen: Licht hat eine extrem kurze Wellenlänge. Schall- und Radiowellen liegen im Zentimeter- bzw. Meterbereich. Tsunamis haben Wellenlängen von rund 200 km!

INFO **Wasserwellen – etwas genauer**

Von einer **Tiefwasserwelle** spricht man, wenn die Wassertiefe mindestens 1/6 der Wellenlänge beträgt. Der Begriff Tiefwasser ist somit relativ. Bei einer 100 m langen Welle muss die Tiefe rund 17 m sein. Für eine 10-cm-Welle ist aber schon eine Pfütze mit 1,7 cm Tiefe Tiefwasser. Die Geschwindigkeit von Tiefwasserwellen hängt von ihrer Wellenlänge ab. Man nennt das **Dispersion** (siehe Punkt 4 nächste Seite; weißer Bereich in Abb. 13.17).
Was aber, wenn das Wasser seichter ist als 1/6 der Wellenlänge? Dann wird die Welle durch den Boden gebremst und man spricht von **Flachwasserwellen** (gelber Bereich in Abb. 13.17). Bei diesen tritt **keine Dispersion** auf und die Wellengeschwindigkeit hängt nur von der Wassertiefe ab. Ozeane haben im Schnitt eine Tiefe von 4 000 m. Deshalb können sich Wellen mit maximal 200 m/s ausbreiten! Tsunamis haben Wellenlänge bis 200 km, für sie sind Ozeane Flachwasser (→ F13).

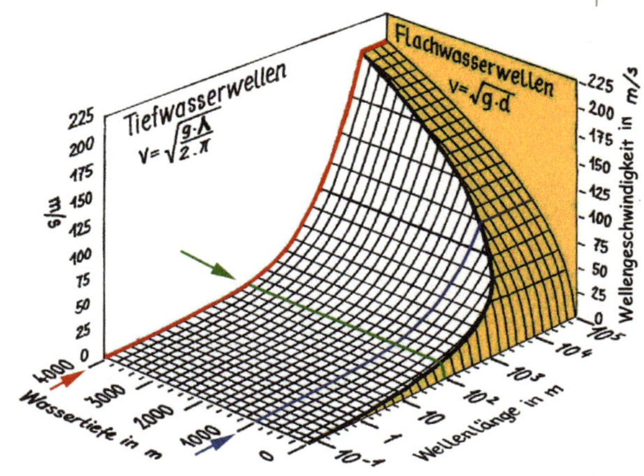

Abb. 13.17 Zusammenhang zwischen Wassertiefe, Wellenlänge und Wellengeschwindigkeit: weißer Bereich Dispersion, gelber Bereich keine Dispersion. An den Seiten stehen die Gleichungen zur Berechnung von v (d = Wassertiefe).

Die rote Linie in Abb. 13.17 zeigt die möglichen Geschwindigkeiten bei 4 000 m Wassertiefe. Bis zu einer Wellenlänge von rund 24 000 m steigt sie an (Dispersion), dann knickt die Kurve. Noch längere Wellen werden durch den Boden gebremst und daher nicht mehr schneller (keine Dispersion). Bei einer Wassertiefe von 1 000 m erfolgt der Knick schon bei einer Länge von rund 6 000 m. Die grüne Linie zeigt, was passiert, wenn eine Welle aus dem Ozean an die Küste rollt. Wird das Wasser zu seicht, wird die Welle gebremst.

Wovon kann die Geschwindigkeit einer Welle generell abhängen? 1) Von der Art der Welle, 2) vom Medium, 3) von der Schwingungsart und 4) von der Wellenlänge. Diese Kriterien treffen allerdings nicht immer alle gleichzeitig zu! Sehen wir uns ein paar Beispiele an.

1 Die Wellengeschwindigkeit hängt von der Art der Welle ab (Tab. 13.1). Die Lichtgeschwindigkeit c ist die Obergrenze aller Geschwindigkeiten im Universum. Licht, Funksignale und Gravitationswellen bewegen sich mit dieser Maximalgeschwindigkeit. Wäre die Sonne in diesem Moment weg, dann würdest du das Verschwinden des Lichts und der Gravitation erst rund 8 Minuten später merken (→ F15).

2 Die Wellengeschwindigkeit hängt von der Beschaffenheit des Mediums ab. Schallwellen bewegen sich zum Beispiel in der Luft mit rund 340 m/s, in Wasser mit 1 500 m/s und in Stahl mit fast 6 000 m/s. Aber auch in der Luft sind Schallwellen nicht immer gleich schnell, sondern v hängt von der Lufttemperatur ab (Abb. 13.18). Über den Daumen kann man aber sagen, dass die Schallgeschwindigkeit bei normalen Temperaturen rund 1/3 km/s beträgt. Daher muss man die Sekunden zwischen Blitz und Donner durch 3 dividieren, damit man die Blitzentfernung in Kilometern erhält (→ F14).

Abb. 13.18 Die Schallgeschwindigkeit in Luft (in m/s) kann man mit der Gleichung $v_{Luft} = 20 \cdot \sqrt{T}$ berechnen. T ist die Temperatur in Kelvin (≈ Grad Celsius + 273).

3 In Festkörpern hängt die Wellengeschwindigkeit von der Schwingungsrichtung der Welle ab. Longitudinalwellen breiten sich schneller aus als Transversalwellen. Deshalb sind die P-Wellen eines Erdbebens schneller als die S-Wellen (→ **INFO** Röntgen für die Erde, Kap. 13.2). Das nutzen die Menschen aus, um die Entfernung eines Erdbebens zu messen, und der Sandskorpion, um die Entfernung zu seinem Abendessen zu ermitteln (Lösung zu F17).

4 Die Wellengeschwindigkeit kann von der Wellenlänge abhängen. Das bezeichnet man in der Physik als **Dispersion**. Diese tritt zum Beispiel bei Tiefwasserwellen auf (→ INFO Wasserwellen – etwas genauer). Je größer die Wellenlänge, desto größer die Geschwindigkeit. Das kannst du sehr schön sehen, wenn etwas ins Wasser fällt (→ F12). Es entsteht zunächst ein schmaler Wellenring um die Einschlagstelle. Dieser besteht aber aus überlagerten Wellen mit verschiedenen Wellenlängen und wird daher mit der Zeit immer breiter (Abb. 13.19). Die größte Rolle spielt die Dispersion bei der **Aufspaltung des weißen Lichts in seine Spektralfarben** (siehe Abb. 14.18).

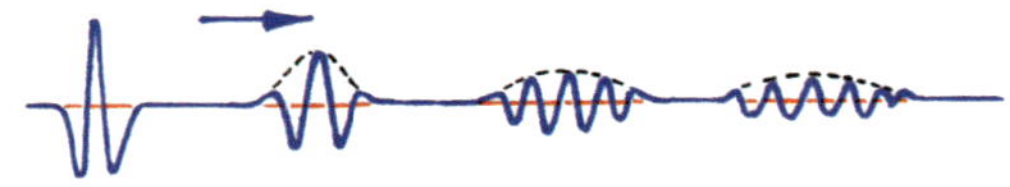

Abb. 13.19 Der Wellenberg, den ein Stein im Wasser erzeugt (links), besteht aus mehreren Wellen mit unterschiedlicher Wellenlänge. Deshalb läuft dieses „Wellenpaket" mit der Zeit auseinander.

ZUSAMMENFASSUNG

Die Ausbreitungsgeschwindigkeit hängt von der Art der Welle, vom Medium und von der Schwingungsart ab. Hängt sie von der Wellenlänge ab, so spricht man von Dispersion.

13.4 Wellen tun einander nichts

Überlagerung von Wellen

In diesem Abschnitt geht es darum, was bei der Überlagerung von Wellen passiert und dass Wellen einander im Prinzip nicht stören. Und es geht um eine besondere Form einer Welle, die sich salopp gesagt nicht vom Fleck bewegt.

F18 ○ Was versteht man unter Überlagerung von Schwingungen? Lies in Kap. 12.7 und 12.8 nach!

F19 ◒ Welcher Zusammenhang besteht eigentlich zwischen Schwingungen und Wellen? Überlege mit Hilfe der gekoppelten Pendel in Abb. 13.10.

F20 ○ Zwei gekreuzte Lichtstrahlen beeinflussen einander nicht! Zwei gekreuzte Tischgespräche auch nicht! Was kann man daraus schließen?

F21 ● Es gibt Teile an einem Waggon, die sich pausenlos gegen die Fahrtrichtung bewegen! Wie kann das sein?

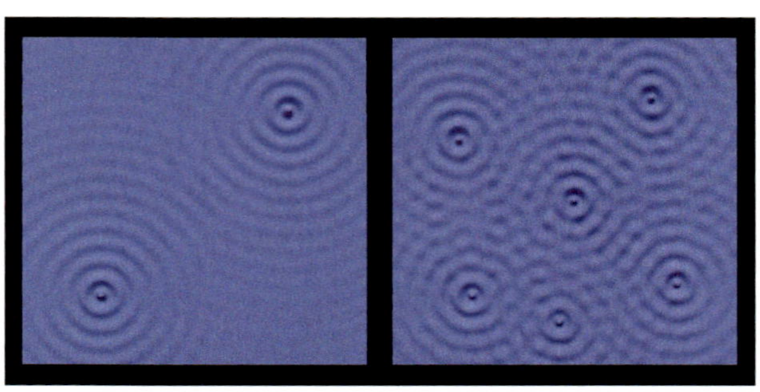

Abb. 13.20 Überlagerung von zwei bzw. sechs Kreiswellen: Man kann sehr gut die Stellen konstruktiver und destruktiver Interferenz erkennen.

Alles, was du über Überlagerungen von Schwingungen gehört hast, gilt auch für die Überlagerung von Wellen. Warum? **Weil sich eine Welle aus unzähligen einzelnen Schwingungen zusammensetzt** – denk an die gekoppelten Pendel (Abb. 13.10). Eine Überlagerung von Wellen ist somit nichts anderes als eine Überlagerung unzähliger Schwingungen (→ F19). Um aus den Einzelwellen auf die Gesamtwelle zu kommen, muss man bloß an jeder Stelle die Amplituden addieren. Auch bei Wellen kann es daher zu konstruktiver und destruktiver Interferenz kommen (Abb. 13.20). Und durch das Zusammensetzen von Sinuswellen (Fourier-Synthese) kann man komplizierte Wellenformen erzeugen.

Warum beeinflussen einander gekreuzte Gespräche oder Lichtstrahlen nicht (→ F20)? Weil Wellen einander ungestört durchlaufen. Bei ihrer Überlagerung kommt es zu Interferenzen, ohne dass dabei jedoch die einzelnen Wellen beeinflusst werden. Das nennt man das **Superpositionsprinzip** (superponieren = überlagern). Wenn die Wellen aneinander vorbeigelaufen sind, haben sie daher wieder die ursprüngliche Form (Abb. 13.23). Das Superpositionsprinzip gilt für alle Wellen – mit ganz wenigen Ausnahmen (→ INFO Wasserwellenbruch).

INFO

Schwingung – Welle

Um den **Zusammenhang zwischen Schwingung und Welle** besser zu verstehen, sehen wir uns eine eindimensionale transversale Sinuswelle an (grüne Welle in Abb. 13.21), die sich nach rechts ausbreitet. Um das grafisch darzustellen, brauchen wir eine **zusätzliche Zeitachse**, die in die Bildebene hineinzeigt.

Welche Schwingung beschreibt ein einzelner Punkt, während die Welle an dir vorbeizieht? Um das festzustellen, musst du nur das Diagramm nach hinten durchschneiden (gelbe Linie). Es ergibt sich dabei eine Sinusschwingung. Das kannst du an jeder beliebigen Stelle machen. Daraus folgt: **Durch die Überlagerung von vielen harmonischen Schwingungen entsteht eine harmonische Welle.**

Man kann das natürlich auch mathematisch formulieren. Die harmonische Schwingung (siehe Kap. 12.3) wird so beschrieben:

(1) $y(t) = A \cdot \sin\left[2\pi \cdot \left(\frac{t}{T}\right)\right]$

und eine eindimensionale harmonische Welle so:

(2) $y(x, t) = A \cdot \sin\left[2\pi \cdot \left(\frac{t}{T} - \frac{x}{\lambda}\right)\right]$

Bei der Schwingung hängt die Auslenkung nur von der **Zeit**, bei der Welle **von Zeit und Ort** ab. (1) erhalten wir, wenn wir in (2) einen festen Ort x wählen. Wählen wir eine feste Zeit t, erhalten wir den momentanen Zustand der Welle. Der Zusammenhang zwischen Wellenform und Schwingungsform gilt übrigens für alle gleichförmigen Wellen (Abb. 13.22).

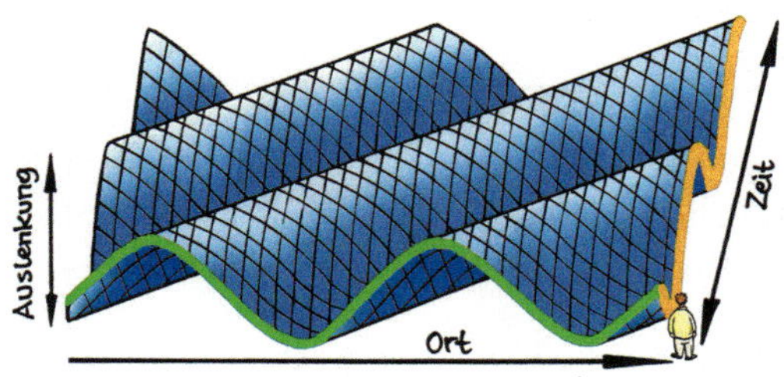

Abb. 13.21 Eine Transversalwelle breitet sich nach rechts aus.

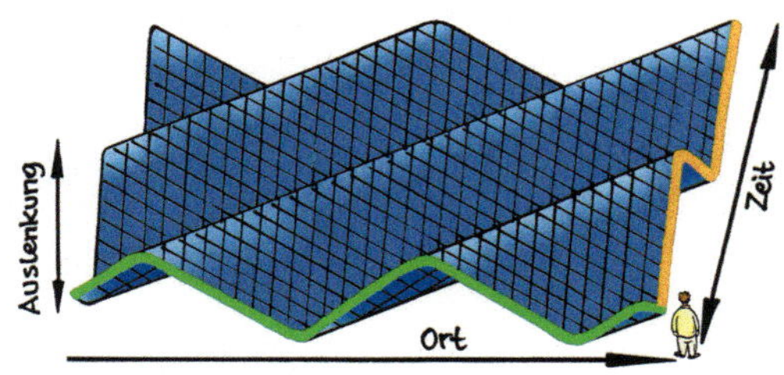

Abb. 13.22 Eine Dreieckswelle (grün) wird durch die Überlagerung von Dreiecksschwingungen (gelb) erzeugt. Für „eckige" Schwingungen und somit auch „eckige" Wellen sind hohe Frequenzen nötig.

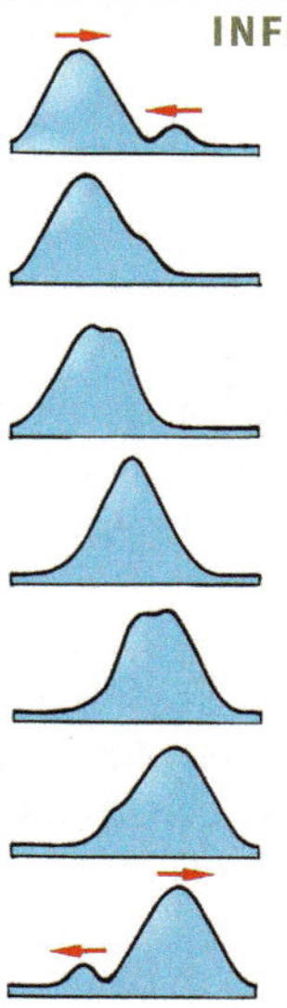

Abb. 13.23 Zwei gegenläufige Wellen überlagern sich. Die Amplituden addieren sich, aber die Wellen beeinflussen einander nicht – außer die kritische Höhe wird überschritten.

INFO

Wasserwellenbruch

Eine der wenigen **Ausnahmen vom Superpositionsprinzip** sind **hohe Wasserwellen**. Diese haben generell die Form von umgedrehten **Rollkurven** (Zykloiden; siehe auch Abb. 13.13). Darunter versteht man die Bahnen von Punkten auf rollenden Rädern. Je nach deren Lage entstehen dabei mehr oder weniger spitze Bahnen (Abb. 13.24). Befindet sich der Punkt außerhalb des Rollradius (das kann z. B. bei Eisenbahnrädern der Fall sein), dann haben die Rollkurven Schleifen (Abb. 13.24 e). Punkte unter dem Rollniveau bewegen sich also tatsächlich **gegen** die Rollrichtung (→ F21)!

Wenn du das Buch umdrehst, dann zeigen Abb. 13.24 a bis d mögliche Formen einer Wasserwelle. Höher als bei d kann die Welle natürlich nicht werden, weil dann müssten die Wasserteilchen einen Looping machen. Wellenhöhe (Kreisdurchmesser) und Wellenlänge (Kreisumfang) verhalten sich wie $1:\pi$ (siehe d). **Eine Wasserwelle kann also nur rund 1/3 so hoch wie lang werden.** Würde sich durch Überlagerung von Wasserwellen eine größere Höhe ergeben, bricht die Welle – das Superpositionsprinzip gilt also nicht mehr.

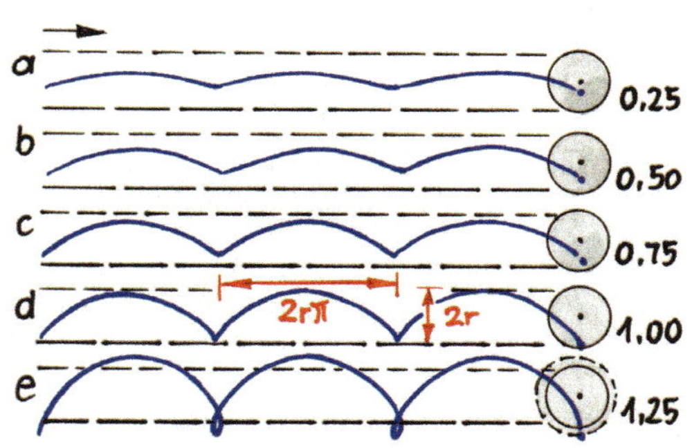

Abb. 13.24 Beispiele für Rollkurven: Die Zahl gibt die Entfernung des beobachteten Punktes vom Mittelpunkt in Radien an. Eine Zahl größer als 1 ist nur auf Schienen möglich.

ZUSAMMENFASSUNG

Wellen setzen sich aus Schwingungen zusammen. Alles, was für die Überlagerung von Schwingungen gilt, gilt daher auch für die Überlagerung von Wellen. Wellen tun einander nichts. Sie durchlaufen einander ungestört und die Schwingungsamplituden addieren einander. Das nennt man das Superpositionsprinzip.

13.5 Marshmallows in der Mikrowelle

Stehende Wellen

Durch Überlagerung von Wellen entsteht auch eine ganz besondere Form, nämlich die stehenden Wellen. Warum diese in der Musik eine wichtige Rolle spielen, erfährst du hier.

Abb. 13.25 Marshmallows in der Mikrowelle

F 22 ◒ Nimm den Drehteller aus der Mikrowelle, leg Backpapier auf den Boden und fülle ihn mit Marshmallows. Wenn du einschaltest, dann blähen sich diese unterschiedlich stark auf (Abb. 13.25). Warum?

F 23 ○ Was versteht man unter Resonanz bzw. Klangfarbe? Lies in Kap. 12.5 und in Kap. 12.7 nach!

F 24 ◒ Wenn du über eine Flasche bläst, dann kannst du – je nach Höhe der Luftsäule – durch Resonanz einen ganz bestimmten Ton erzeugen. Woher weiß aber die Flasche, welche ihre Resonanzfrequenz ist? → L

F 25 ◒ Wenn du Wasser in eine Flasche füllst, dann hörst du dabei ein Geräusch, das immer höher wird! Warum?

F 26 ● Eine gezupfte Geigensaite klingt viel härter als eine gestrichene. Was könnte der Grund sein? Hilf dir mit der Infobox Fourier-Synthese (Kap. 12.7). → L

F 27 ◒ In einem Film siehst du eine Maus, die wie ein Löwe brüllt. Kann das sein? Versuche zu begründen!

F 28 ● Am Bodensee kann man beobachten, dass sich der Wasserspiegel manchmal im Lauf einer Stunde um einen Meter hebt und wieder senkt. Wie kommt das?

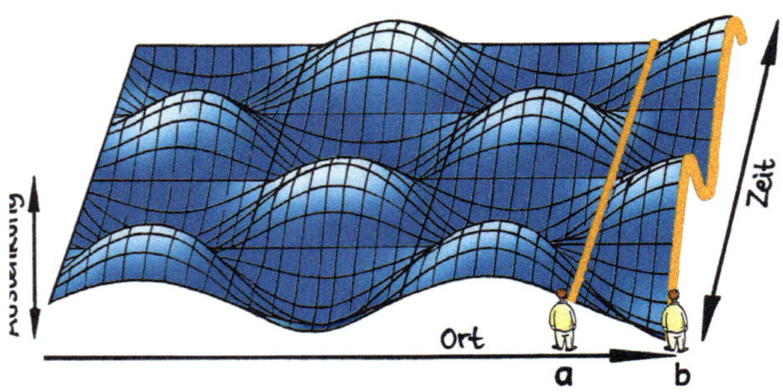

Abb. 13.26 *t*-*x*-Diagramm einer stehenden Welle. Bei a befindet sich ein Schwingungsknoten, bei b ein Schwingungsbauch. Vergleiche mit Abb. 13.21.

Eine besondere Form von überlagerten Wellen sind die **stehenden Wellen** (Abb. 13.26). Am besten kann man das anhand einer schwingenden Saite erkennen (Abb. 13.28 a). Bei dieser bilden sich an den Enden Schwingungsknoten und in der Mitte ein Schwingungsbauch aus. Knoten und Bäuche bleiben immer an derselben Stelle. Deshalb spricht man von einer stehenden Welle. Stehend bedeutet aber nicht statisch! Die Saite schwingt ja pausenlos. Eine Sanddüne zum Beispiel ist keine stehende Welle.

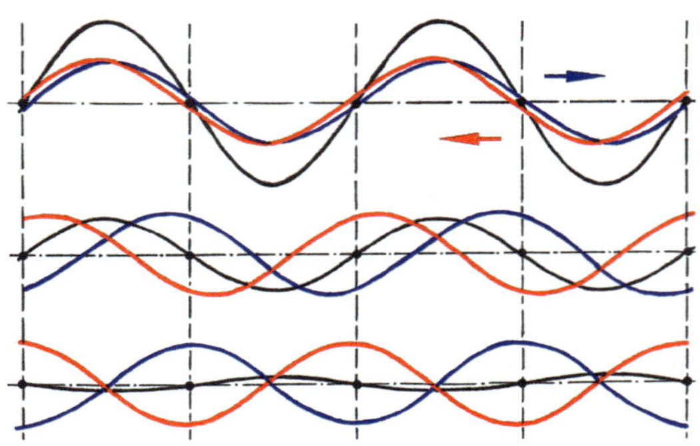

Abb. 13.27 Eine stehende Welle (unten) entsteht durch die Überlagerung von zwei gleichen, aber gegenläufigen Wellen (oben). Du siehst, dass Bäuche und Knoten immer an derselben Stelle bleiben.

Wie entsteht eine stehende Welle? Wenn zwei gleiche Wellen in die Gegenrichtung laufen! Wenn du eine Saite zum Schwingen bringst, dann breiten sich in beide Richtungen Transversalwellen aus. Diese werden an den Enden reflektiert, laufen wieder durch die Saite bis zum anderen Ende und so weiter. Durch die Überlagerung der gegenläufigen Wellen entsteht dann eine stehende Welle (Abb. 13.27).

Auch im **Mikrowellenherd** bilden sich durch Reflexionen stehende elektromagnetische Wellen aus. Das bedeutet, dass die Speisen an manchen Stellen stark erhitzt werden (Schwingungsbauch) und an anderen gar nicht (Schwingungsknoten). Deshalb dehnen sich auch die Marshmallows unterschiedlich stark aus (→ F 22). Damit die Speisen gleichmäßig erwärmt werden, gibt es eben den Drehteller!

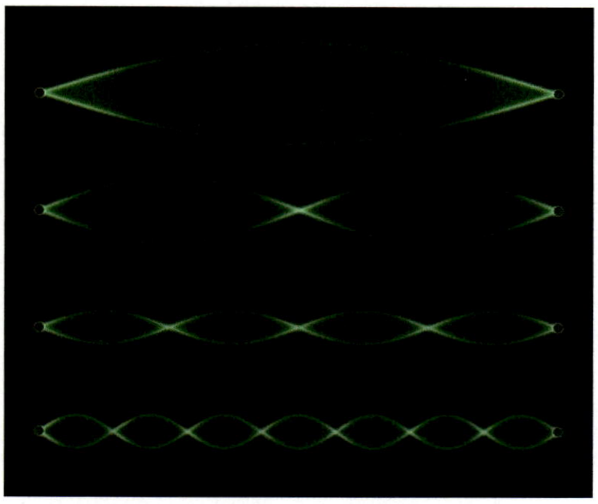

Abb. 13.28 Grundwelle und drei Oberwellen bei einer schwingenden fluoreszierenden Saite im UV-Licht: Die Saitenlänge ist dabei immer ein ganzzahliges Vielfaches von $\lambda/2$.

Eine stehende Seilwelle kann sich nur bei **ganz bestimmten Verhältnissen** von Wellenlänge und Seillänge ausbilden (Abb. 13.28). Bei der Grundwelle (Abb. 13.28 a) passt genau eine halbe Wellenlänge auf die Saite.

Weil nur ganz bestimmte Wellenlängen auf eine Saite passen, kann diese auch nur ganz bestimmte Frequenzen erzeugen. Bei **Longitudinalwellen** in Blasinstrumenten und Orgelpfeifen ist das im Prinzip genauso, es gibt aber einen wesentlichen Unterschied. Weil bei einer Saite die Enden eingespannt sind und nicht schwingen können, entstehen dort natürlich immer Knoten. Bei einer schwingenden Luftsäule entstehen an geschlossenen Enden ebenfalls **Knoten**, denn wie sollten die Luftteilchen direkt an der Wand schwingen? An offenen Enden entstehen aber **Bäuche**. Wenn die Röhre beidseitig offen ist, beträgt ihre Länge $\lambda/2$ des Grundtons (Abb. 13.29). Wenn sie aber einseitig geschlossen ist, muss sie nur $\lambda/4$ lang sein.

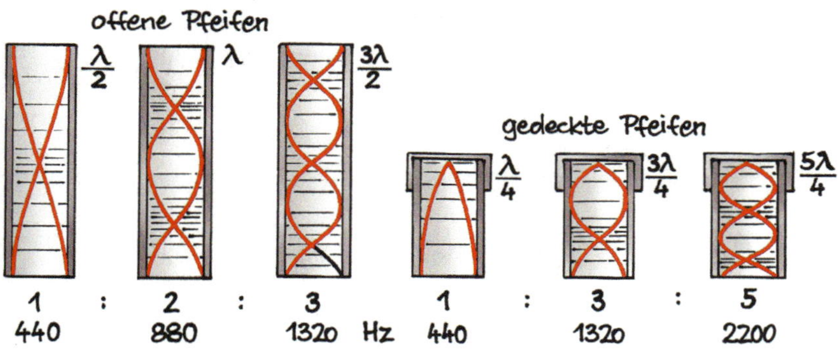

Abb. 13.29 Grund- und Oberwellen in offenen und gedeckten Orgelpfeifen am Beispiel eines Grundtons mit 440 Hz (Kammerton a). Die Schwingungen sind longitudinal, aber zur besseren Übersicht ist auch die Schwingungsamplitude eingezeichnet. Die Schwingungsbäuche sind dort, wo die Luft am dünnsten ist.

INFO

Hohlmaus

Der **Grundton einer Luftsäule** hängt von ihrer Länge ab und ob sie gedeckt ist oder nicht. Auch für stehende Wellen gilt die Gleichung $v = f \cdot \lambda$ (siehe Kap. 13.3). Die Schallgeschwindigkeit bei Zimmertemperatur beträgt 342 m/s. Eine Schallwelle mit 440 Hz hat eine Länge von 0,77 m. Eine offene 440-Hz-Pfeife muss daher rund 39 cm hoch sein und eine gedeckte 19 cm (siehe Abb. 13.29). Eine **Glasflasche** ist wie eine unten gedeckte Pfeife (also oben offen und unten geschlossen). Es passt eine Viertelwelle in sie hinein. Ist sie 26 cm hoch, so kannst du einen Ton mit rund 330 Hz erzeugen. Je höher die Flüssigkeit in ihr ist, desto höher ist auch der erzeugte Ton. Das ist der Grund, warum beim Füllen einer Flasche das Geräusch immer höher wird (→ F25).

Abb. 13.30 Welche ist die tiefste Resonanzfrequenz einer Hohlmaus mit 8 cm Länge?

Eine **Maus** kann niemals so brüllen wie ein Löwe (→ F27)! Selbst wenn sie völlig hohl wäre, würde nur eine Viertelwelle von 8 cm in sie hineinpassen. Die tiefste Frequenz, die sie dann verstärken kann, ist rund 1070 Hz. Auch eine Hohlmaus hätte also eine Fistelstimme.

Daher sind manche **Orgelpfeifen** auf einer Seite geschlossen. Man nennt sie dann **gedeckte Pfeifen.** Man spart zwar die Hälfte des Materials, dafür haben sie aber einen völlig anderen Klang, weil sich in ihnen nur ungeradzahlige Obertöne ausbilden können (siehe Abb. 13.29). Erinnere dich: Die Höhe, die du von einem Klang wahrnimmst, kommt von der Grundfrequenz, die Klangfarbe hängt von seinem Frequenzspektrum ab, also von Anzahl und Intensität der Obertöne (siehe Abb. 15.8).

INFO Die Sonne ist ein Riesengong

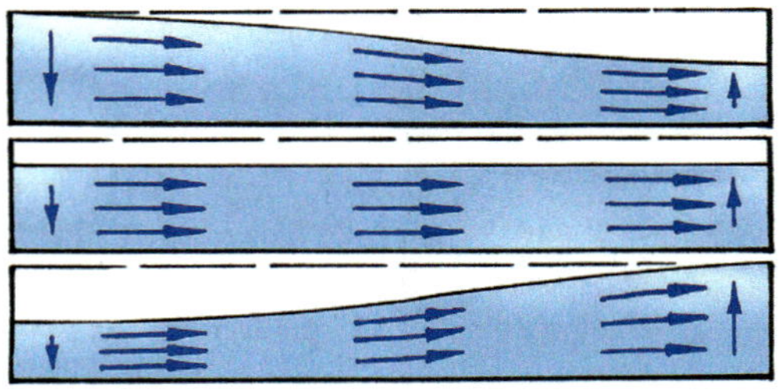

Abb. 13.31 Stehende Welle in einem See: In diesen passt eine halbe Welle, wie bei einer offenen Orgelpfeife. In der Seemitte befindet sich ein Knoten.

Auch in **Seen** können stehende Wellen mit rund 1 m Höhe entstehen. Man nennt sie **Seiches** (sprich „ßäsch"). Diese werden aber nicht durch die Gezeiten ausgelöst (→ F 28), sondern durch Wind, Druckschwankungen oder Bebenwellen.

Aus allen Frequenzen verstärkt der See nur bestimmte – wie bei der Flasche.

Die **Schwingungsdauer** eines Seiches lässt sich einfach abschätzen. Der Bodensee ist rund 50 km lang und hat eine durchschnittliche Wassertiefe von 90 m. Eine Flachwasserwelle kann sich daher mit 30 m/s (= 108 km/h) ausbreiten (siehe Abb. 13.17). Für einmal Hin-und Zurückschaukeln benötigt die Welle daher etwas weniger als eine Stunde.

Auch die **Sonne** wirkt als Resonanzkörper für Schallwellen, die durch die Konvektion (siehe Kap. 12.2) im Sonneninneren erzeugt werden und eine verwirrende Vielfalt von Mustern stehender Wellen bilden (Abb. 13.32). Die Sonne ist also eine Art dreidimensionaler Riesengong.

Abb. 13.32 Stehende Wellen auf der Sonnenoberfläche, stark übertrieben dargestellt

ZUSAMMENFASSUNG

Zwei gleiche, aber gegenläufige Wellen erzeugen eine stehende Welle. Wellenknoten und -bäuche befinden sich dann immer an denselben Stellen. Im Alltag spielt das vor allem in der Akustik eine Rolle – und im Mikrowellenherd, wenn der Drehteller kaputt ist.

Teste dich

F 29 ● Kurz vor 1900 suchte man beinahe verzweifelt nach einem Medium, das das Licht transportiert. Braucht Licht ein Medium? Warum suchte man nach einem solchen Medium? → L

F 30 ● Wie kann man zwischen den Erdwellen von einem illegalen Atomtest und einem normalen Erdbeben unterscheiden? → L

F 31 ◒ Hast du eine Erklärung dafür, warum sich mechanische Transversalwellen nur in Festkörpern und an der Oberfläche von Flüssigkeiten ausbreiten können? → L

F 32 ● Wenn man eine Glocke anschlägt und mit einem Stethoskop am Rand hört, was findet man dabei heraus? → L

Abb. 13.33

F 33 ◒ Welche Reiter springen, wenn du die Saite so wie in Abb. 13.33 anzupfst? → L

F 34 ◒ Die Geschwindigkeit einer Wasserwelle hängt von ihrer Wellenlänge ab. Hängt sie aber auch von ihrer Höhe ab? → L

F 35 ● Hat eine Wasserwelle Energie? Und besitzt sie einen Impuls? → L

F 36 ◒ Hast du eine Erklärung dafür, warum in warmer Luft die Schallgeschwindigkeit größer ist als in kalter? → L

F 37 ● Wenn du einen Stein auf dünnes Eis wirfst, dann hörst du eine Art „Piuuuu", also ein Geräusch, dessen Höhe sehr schnell abnimmt. Warum ist das so? → L

F 38 ◒ Wie schnell wäre ein Tsunami, wenn er sich in Tiefwasser bewegen würde? Wie tief müsste das Wasser dazu sein? Die Gleichung findest du in Abb. 13.17. → L

F 39 ● Die Töne einer Grille kann man 800 m weit hören! Dieses kleine Insekt bringt daher die Luft in einer Halbkugel mit dem Durchmesser von 1600 m zum Schwingen. Das entspricht einer unglaublichen Masse von 1 Milliarde kg! Wie kann so ein winziges Tier so viel Masse bewegen? → L

F 40 ◒ Welche Frequenzen verstärkt ein Badezimmer mit 3 m Höhe? → L

F 41 ○ Was weißt du Spezielles über Wasserwellen? Fasse zusammen und verwende dabei Abb. 12.46, 13.1, 13.2, 13.13, 13.17, 13.20, 13.24 und 13.31.

F 42 ○ Was weißt du Spezielles über Erdbebenwellen? Fasse zusammen und verwende dabei Abb. 12.38 und die Abb. 13.3, 13.4, 13.14 und 13.15.

14 Wellengrundlagen (2)

Wenn sich eine Welle in einem gleichförmigen Medium ohne Hindernisse ausbreitet, dann tut sie das geradlinig. Das ist langweilig! Spannend wird es, wenn sich das Medium in irgendeiner Weise ändert, weil dann die Welle ihre Richtung ändert. Um solche Richtungsänderungen geht es in diesem Kapitel. Vorher ist aber noch von zwei wichtigen Prinzipien die Rede, mit deren Hilfe man diese Richtungsänderungen einfach erklären kann. Wenn man mehrere Darstellungsmöglichkeiten kennt, dann versteht man eine Sache nicht nur tiefer, sondern kann sich auch die beste für die jeweilige Situation heraussuchen.

14.1 Wieso die Welle den Weg weiß

Die Prinzipien von Huygens und Fermat und die Interferenz

In diesem Abschnitt ist von zwei wichtigen Prinzipien die Rede, mit deren Hilfe wir die Richtungsänderungen von Wellen einfach erklären können.

F1 ○ Wie breitet sich eine zweidimensionale Welle aus, die an einem Punkt ausgelöst wird – etwa eine Wasserwelle? Wie breitet sich eine dreidimensionale Welle aus – etwa der Luftschall?

F2 ○ Was versteht man in Physik und Chemie unter einem Element?

F3 ◒ Was passiert eigentlich, wenn sich zwei Wellen überlagern – zum Beispiel zwei Wasserwellen?

F4 ● Eine ungestörte Welle breitet sich geradlinig aus. Woher weiß aber die Welle, in welche Richtung das ist?

F5 ● Drei Lichtstrahlen gehen gleichzeitig von der Flamme aus (Abb. 14.1). Welcher kommt zuerst am Schirm an? Und woher wissen die Wellen, welchen Weg sie nehmen müssen?

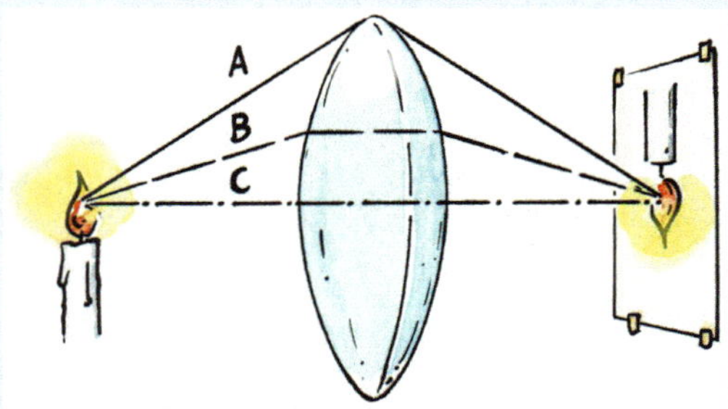

Abb. 14.1 Welcher ist der schnellste Weg?

Wenn ein Tropfen ins Wasser fällt, dann entstehen rund um die Einschlagstelle konzentrische Kreise (→ **F1**, Abb. 13.1). Eine solche Welle nennt man **Kreiswelle**. Wenn ein Knallkörper in der Luft explodiert, dann breitet sich der Schall kugelförmig aus. Das nennt man eine **Kugelwelle**. In beiden Fällen handelt es sich um sogenannte **Elementarwellen**.

Elementar bedeutet grundlegend. Ein elementarer Stoff ist zum Beispiel ein mit chemischen Methoden nicht mehr zerlegbarer Stoff (→ **F2**). Ein Element bezeichnet also einen grundlegenden Stoff. Eine Elementarwelle ist eine Welle, die nicht mehr weiter zerlegt werden kann. Sie ist also gewissermaßen eine **grundlegende Welle**. Genau genommen kommen solche Wellen im Alltag nicht vor, denn sie könnten nur durch eine exakt punktförmige Störung verursacht werden und weder der Tropfen noch der Knallkörper sind wirklich punktförmig. Aber es geht hier ums Prinzip!

Der niederländische Physiker Christiaan Huygens (1629–1695) formulierte um **1680** ein nach ihm benanntes Prinzip, das für alle Arten von Wellen gilt. Das Huygens-Prinzip lautet: Jeder Punkt, der gerade von einer Welle erfasst wird, sendet eine neue Elementarwelle aus. Die Überlagerung all dieser Wellen ergibt die sichtbare Welle.

Welche **Belege** gibt es für seine Behauptung? Wenn etwa eine Wasserwelle durch ein Loch geht, dann entsteht dahinter eine Kreiswelle, also eine Elementarwelle. Dabei ist es völlig egal, wie die ursprüngliche Welle aussieht (Abb. 14.2). So kann man eine neu entstandene Elementarwelle isolieren. Das ist ein Beleg für den ersten Teil des Prinzips.

Nun entstehen also zu **jeder Zeit** an **jedem Punkt der Wellenfront** neue Elementarwellen. Ein Tohuwabohu von unendlich vielen Wellen! Und jetzt kommt die **Interferenz** ins Spiel (Kap. 12.7). Alle diese Wellen überlagern sich und verstärken einander oder löschen einander aus.

Und dadurch entsteht genau die „simple" Welle, die du dann siehst. Jede beliebige Welle lässt sich also aus unendlich vielen Elementarwellen zusammensetzen. Beispiele dafür kannst du in Abb. 14.3 und 14.4 sehen. Das ist der Beleg für den zweiten Teil des Prinzips.

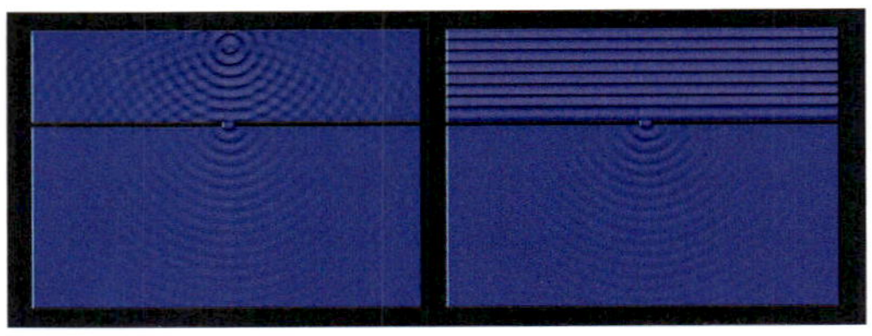

Abb. 14.2 Simulation der Entstehung einer Elementarwelle an einem Loch: Es spielt dabei keine Rolle, ob die ursprüngliche Welle eine Kreiswelle (links) oder eine ebene Welle ist (rechts).

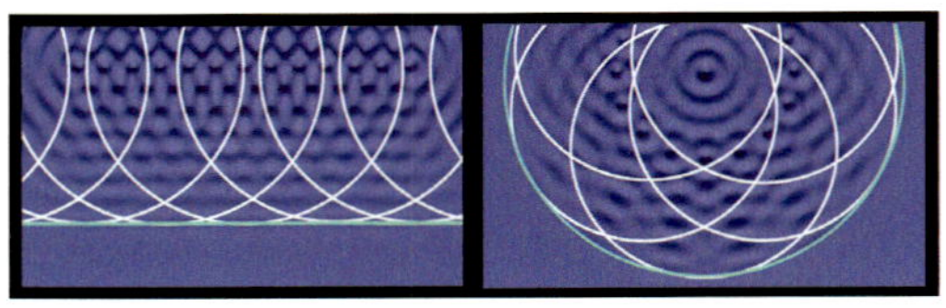

Abb. 14.4 Die Wellenfront (türkis) ist immer die Einhüllende aller Elementarwellen (weiß). Es sind exemplarisch nur ein paar Elementarwellen eingezeichnet.

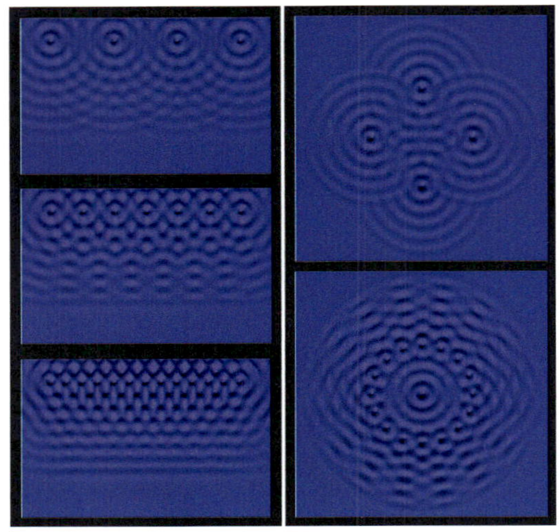

Abb. 14.3 Links: Erzeugung einer ebenen Welle aus 4, 7 und 13 Elementarwellen. Rechts: Erzeugung einer Kreiswelle aus 4 und 16 Elementarwellen. Die Wellenfront wird umso glatter, je mehr Elementarwellen man überlagert. In Wirklichkeit sind es unendlich viele. Rechts unten sieht man sogar die virtuelle Quelle in der Mitte.

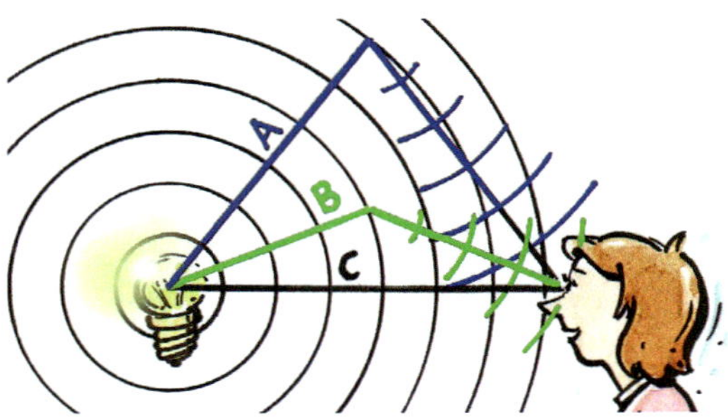

Abb. 14.5 Nach dem Huygens-Prinzip sind auch die Wege über A und B möglich. Aber diese Lichtstrahlen löschen einander aus – sonst würdest du die Lampe von überall sehen! (Anm.: Das Licht ist natürlich einfarbig, aber zur besseren Übersicht hier farbig dargestellt.)

Woher weiß eine Welle, in **welche Richtung** sie muss (→ F4)? Die Welle hat keine Ahnung! Tatsächlich „probiert" sie ständig alternative Wege und schickt Elementarwellen aus. Aber die Wellen auf den Irrwegen interferieren in Summe destruktiv, nur auf dem geraden Weg bleiben sie über (siehe Abb. 14.5). Eine Linie, die senkrecht auf der Wellenfront steht, nennt man übrigens allgemein einen **Wellenstrahl**! Den Begriff **Lichtstrahl** kennst du aus dem Alltag!

Warum gibt man zuerst etwas dazu (die Elementarwellen), wenn es nachher durch Interferenz sowieso wieder weg ist und nur die **ursprüngliche Welle** übrig bleibt? Solange die Welle an kein Hindernis kommt, ist dieses Prinzip wirklich nicht sonderlich sinnvoll. Zur Erklärung von Phänomenen wie **Brechung** oder **Beugung** ist es aber enorm praktisch, wie du im nächsten Abschnitt sehen wirst.

Ein zweites wichtiges Prinzip stammt von einem Zeitgenossen Huygens', dem französischen Mathematiker Pierre de Fermat (1607–1665). Das Fermat-Prinzip lautet: Eine Welle läuft zwischen zwei Punkten auf jenem Weg, für den sie am wenigsten Zeit benötigt. Warum macht das eine Welle? Weil sie sich auf allen anderen Wegen durch destruktive Interferenz auslöscht! Hier siehst du den Zusammenhang zwischen den beiden Prinzipien.

Wenn sich das Medium nicht ändert, dann ist der **zeitlich kürzeste Weg** zwischen zwei Punkten natürlich auch der **räumlich kürzeste**. Die Wellenfront bewegt sich dann geradlinig. Wenn sich aber das Medium ändert und somit die Geschwindigkeit der Welle, dann ist der **zeitlich** kürzeste Weg **nicht gerade**.

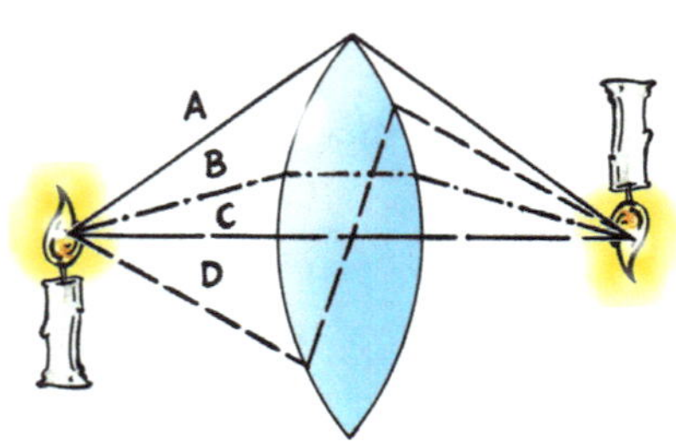

Abb. 14.6 Wenn sich das Medium ändert, dann ändert sich auch die Ausbreitungsgeschwindigkeit und die Strahlen knicken. Strahl D ist nicht möglich, weil das Licht über diesen Weg länger braucht.

Die **Lichtstrahlen** A bis C in Abb. 14.6 kommen alle gleichzeitig an (→ F5)! Wieso? Nach dem Fermat-Prinzip nimmt **jede** Welle den zeitlich kürzesten Weg. Wäre also eine der drei Wellen schneller, so müssten alle Strahlen diesen Weg nehmen. Natürlich ist Weg A viel länger als C. Dafür hat aber A den kürzesten Weg durch das bremsende Glas. Das gleicht sich genau aus.

Würde eine Welle früher oder später ankommen, dann wäre sie phasenverschoben und es käme zur destruktiven Interferenz. Ein Bild kann aber nur durch konstruktive Interferenz entstehen und deshalb müssen alle Strahlen die gleiche Zeit benötigen. Man kann also sagen: Wenn zwischen zwei Punkten mehrere Wege möglich sind, dann braucht die Welle auf allen diesen Wegen gleich lange!

ZUSAMMENFASSUNG

Das Huygens-Prinzip besagt, dass jeder Punkt einer Wellenfront eine Elementarwelle aussendet. Das Fermat-Prinzip besagt, dass eine Welle zwischen zwei Punkten den Weg wählt, für den sie am wenigsten Zeit benötigt. Bei der Überlagerung von Wellen (Interferenz), werden die Amplituden einfach addiert.

14.2 Eine Welle biegt ab

Reflexion, Brechung und Beugung

Richtig Biss bekommen diese Prinzipien, wenn eine Welle zu einem anderen Medium oder zu einem Hindernis kommt. In diesem Abschnitt sehen wir uns die Wellenphänomene Reflexion, Brechung und Beugung genauer unter diesem Aspekt an.

14.2.1 Mit den Ohren sehen

Reflexion

F6 ● Wenn ein Taucher unter Wasser spricht, hörst du in der Umgebung kaum etwas. Warum nicht? Wasser leitet den Schall doch viel besser als Luft!

F7 ○ Glas ist einerseits durchsichtig, spiegelt andererseits aber auch etwas. Was muss daher mit dem Licht an der Grenze zwischen Luft und Glas passieren?

F8 ◒ Wie funktionieren Radar, Sonar der U-Boote, Ultraschall in der Medizin und das Ortungssystem der Fledermäuse?

F9 ◒ Du willst so schnell wie möglich von A nach B und musst dabei die Linie berühren. Welchen Weg nimmst du? Und welchen Weg nimmst du, wenn du von A' nach B willst? Fällt dir dabei etwas auf?

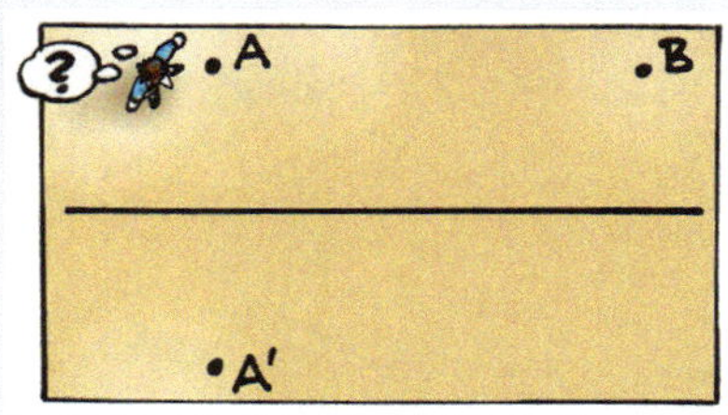

Abb. 14.7

Wenn eine Welle abrupt an die **Grenze zu einem anderen Medium** kommt, dann gibt es nur zwei Möglichkeiten: Entweder wird die gesamte Energie zurückgeworfen (reflektiert) oder nur ein Teil und der Rest läuft weiter. Je mehr sich Dichten und Wellengeschwindigkeiten der Medien unterscheiden, desto mehr Energie wird reflektiert. Dazu drei Beispiele:

1 Ein **Spiegel** reflektiert fast 100 % der Energie des Lichts (wie in Abb. 14.8 links).

2 Wenn ein Taucher **unter Wasser** spricht, dann werden an der Grenzfläche zum Wasser mehr als 99 % der Schallenergie reflektiert (→ F6). Deshalb ist es praktisch unmöglich, jemanden unter Wasser zu verstehen.

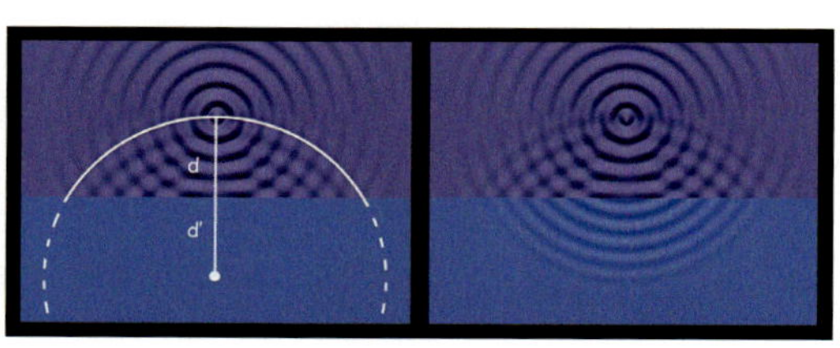

Abb. 14.8 Links wird die Welle wie beim Spiegel komplett reflektiert, rechts kann wie beim Glas ein Teil ins untere Medium eindringen. Das scheinbare Zentrum der reflektierten Welle ist in jedem Fall genau so weit von der Grenzlinie entfernt (d'), wie das tatsächliche (d).

3 Wenn Licht senkrecht auf **Glas** trifft, dann werden nur etwa 5 % der Energie reflektiert. Ein klitzekleiner Teil wird absorbiert, und der Löwenanteil von etwa 95 % wird durchgelassen. Deshalb ist Glas durchsichtig und spiegelt nur ganz wenig (→ F7). Zur Reflexion von Wellen gibt es zahlreiche Beispiele aus Alltag, Natur und Technik.

INFO **Radar und Ultraschall**

Radar, **Sonar** und das **Ultraschallverfahren** in der Medizin funktionieren so wie das Ortungssystem der **Fledermäuse**: durch Auswertung von Echos (→ F8)! Radar wird nicht nur im Straßen-, sondern auch im Flugverkehr eingesetzt. Dabei wird ein elektromagnetischer Puls ausgesendet. Aus der Zeit bis zur Rückkehr des reflektierten Signals kann man auf die Entfernung des Flugzeugs schließen. Ist dieses zum Beispiel 150 km (= s) entfernt, dann ist der reflektierte Puls nach $t = 2s/c = 0{,}001\,\text{s}$ wieder da. Die Intensität gibt zusätzlich Aufschluss über Art und Größe des Objekts.

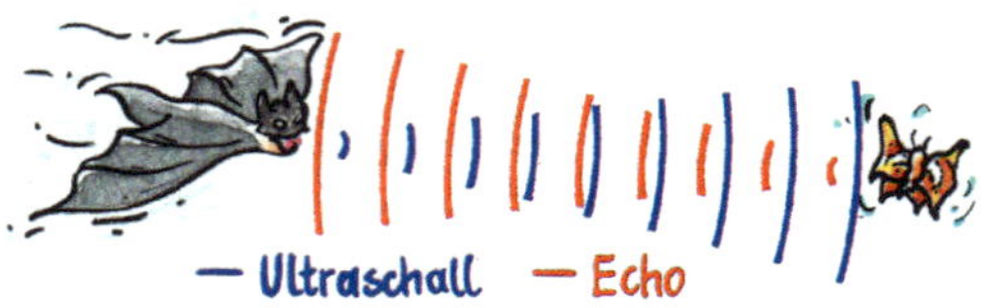

Abb. 14.9 Ortung mit Hilfe eines Ultraschallechos: Genauso funktioniert Radar, allerdings nicht mit Schall, sondern mit elektromagnetischen Wellen.

In den anderen drei Fällen werden **Schallwellen** verwendet. Das U-Boot-**Sonar** arbeitet mit Hörschall (siehe Kap. 15.2). **Fledermäuse** arbeiten mit Ultraschall von 20 bis 200 kHz und „brüllen" quasi ihre Beute an (Abb. 14.9). Beachtlich: Mit ihrer inneren Uhr können sie Zeitunterschiede bis etwa $5 \cdot 10^{-5}\,\text{s}$ erkennen. Sie können daher Entfernungen auf weniger als **1 cm** genau abschätzen! Fledermäuse „sehen" mit den Ohren! Ihr Gehirn fügt die Echos in den beiden Ohren zu einem 3D-„Bild" zusammen. Das „innere Bild" von Fledermäusen muss ähnlich plastisch sein wie jenes, das man durch **3D-Ultraschallverfahren** in der **Medizin** bekommt (siehe Abb. 14.10).

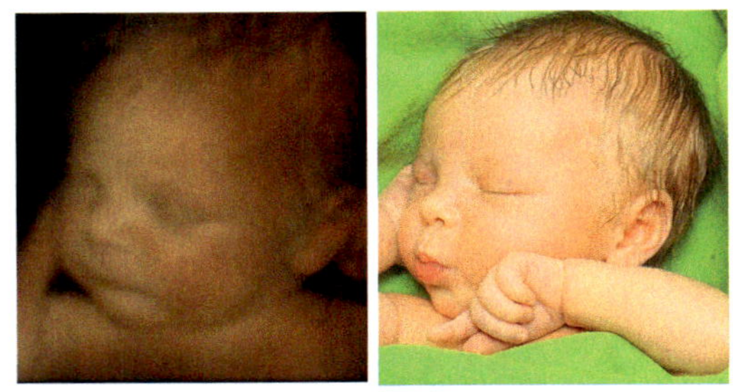

Abb. 14.10 Das Ultraschallverfahren in der Medizin funktioniert nach demselben Prinzip wie das Ortungssystem der Fledermäuse: Das Reflexverhalten von Ultraschall wird analysiert.

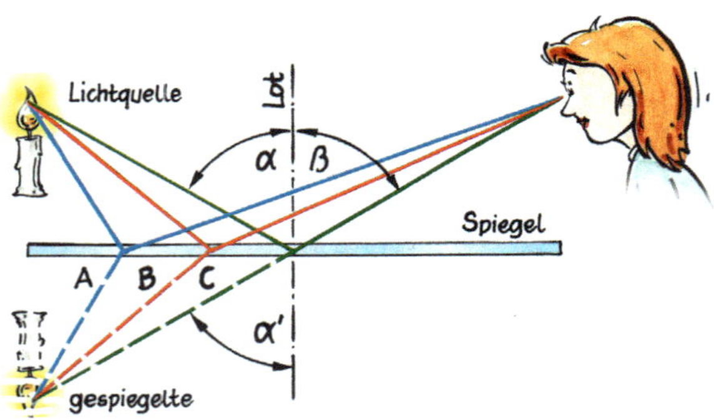

Abb. 14.11 α und β sind gleich groß, weil das der kürzeste Weg zum Auge ist. Über A und B sind die Wege länger. Das gilt auch für die scheinbaren Lichtstrahlen vom Spiegelbild.

Was ist, wenn ein **Wellenstrahl** nicht senkrecht, sondern **schräg** gegen eine Wand prallt? Dann gilt das Reflexionsgesetz: Einfallender und reflektierter Strahl haben zum Lot denselben Winkel (siehe Abb. 14.11). Aber warum ist das so? Am übersichtlichsten lässt sich das mit dem Fermat-Prinzip erklären. Erinnere dich: Ein Wellenstrahl nimmt immer den schnellsten Weg. Wenn sich das Medium nicht ändert, dann ist der schnellste Weg auch der kürzeste (→ F9)!

Sieh dir Abb. 14.11 an. Die Strahlen der Lichtquelle gelangen auf dem schnellsten – also kürzesten – Weg in dein Auge, und das ist immer der, bei dem α und β gleich groß sind (siehe auch Abb. 14.5). Das kannst du mit einem Lineal ganz einfach nachprüfen. Noch logischer erscheint die Erklärung, wenn du das Spiegelbild betrachtest. Auch der Weg vom Spiegelbild in dein Auge ist immer der schnellste, also gerade! Aus geometrischen Gründen muss somit α' so groß sein wie β. Ein Spiegelbild befindet sich scheinbar immer so weit hinter dem Spiegel wie das Objekt vor dem Spiegel (siehe auch Abb. 14.8). Und deshalb muss α' gleich α sein. Daher gilt: $\alpha' = \alpha = \beta$. Voilà!

ZUSAMMENFASSUNG

An einer Grenzfläche werden bis zu 100 % der Energie einer Welle reflektiert. Einfallender und reflektierter Strahl haben zum Lot immer denselben Winkel. Das gilt für alle Wellen.

14.2.2 Wellen schlagen an den Strand
Brechung

F10 ○ Ein Mensch und ein Pinguin sind Rettungsschwimmer. Welchen Weg müssen sie nehmen, damit sie so schnell wie möglich bei der Schwimmerin in Seenot sind und warum?

F11 ○ Du gehst eingehakt in einer Gruppe. In welche Richtung wird diese im Fall a und b in Abb. 14.13 schwenken, wenn sich der Boden ändert? Versuche zu begründen!

F12 ● Du weißt, dass man weißes Licht mit einem Prisma in seine Spektralfarben zerlegen kann. Hast du eine Idee, warum das so ist?

F13 ● Die Wellenberge, die an den Strand rollen, verlaufen immer parallel zur Küstenlinie. Aber woher wissen die Wellen, welche Richtung die Küste hat?

F14 ● Unsichtbar sein, das wär' sehr fein! Die Sache hat aber einen großen Haken! Welchen?

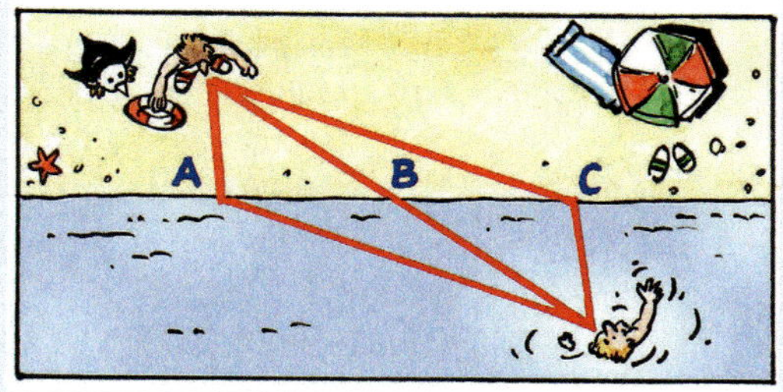

Abb. 14.12 Welche sind die jeweils schnellsten Wege?

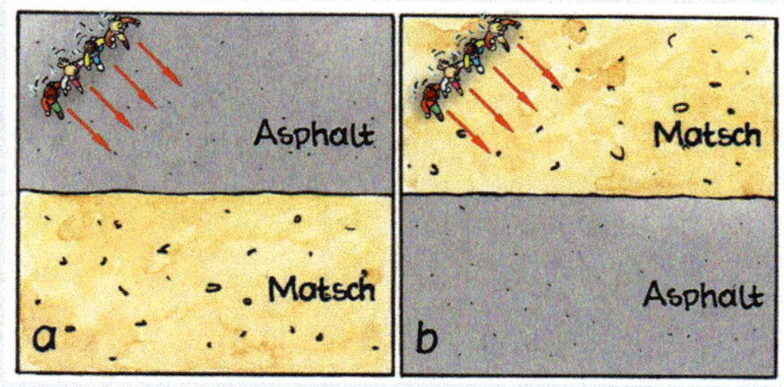

Abb. 14.13

Brechung bedeutet, dass eine Wellenfront beim Eintritt in ein anderes Medium die Richtung ändert. Der Grund dafür ist immer ein **Geschwindigkeitsunterschied** in den beiden Medien. Beginnen wir die Erklärung mit dem Fermat-Prinzip und somit mit den **Rettungsschwimmern** (→ F10). Der Mensch ist auf Sand schneller als im Wasser. Deshalb ist für ihn über C der schnellste Weg. Beim Pinguin ist es umgekehrt, sein schnellster Weg führt über A. B wäre für beide zwar kürzer, aber langsamer. Genauso ist es bei einer Welle. Diese nimmt immer den schnellsten Weg, also den zeitlich kürzesten. Genau das besagt ja das Prinzip von Fermat (siehe Kap. 14.1). Deshalb muss eine Welle die Richtung ändern, wenn sich ihre Geschwindigkeit ändert. Wie stark der Knick ist und in welche Richtung er erfolgt, hängt ausschließlich von den Geschwindigkeiten in den beiden Medien ab.

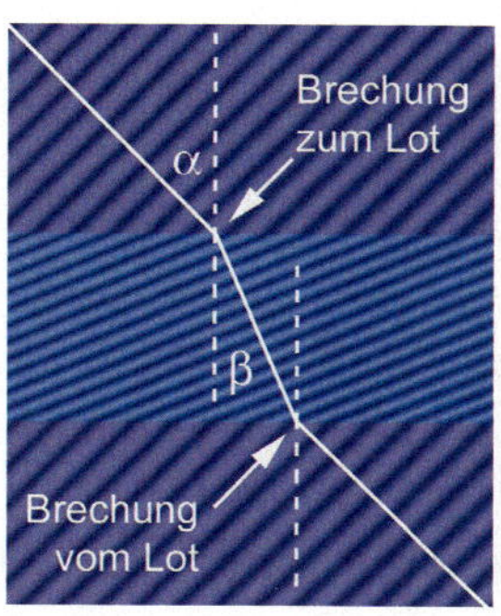

Abb. 14.14 Links: Brechung eines Strahls: Im mittleren Medium ist die Geschwindigkeit kleiner. Deshalb kommt es zuerst zu einer Brechung zum Lot und dann zu einer vom Lot. Rechts: Analogie mit der Menschenkette (→ F11): Weil man sich im Matsch langsamer bewegt, schwenkt die Kette zuerst zum Lot hin, dann wieder vom Lot weg.

Trifft ein Strahl auf ein Medium, in dem er sich **langsamer** bewegt, dann wird er **zum Lot gebrochen** (Abb. 14.14). Damit meint man, dass nach der Brechung der Winkel zum Lot kleiner ist. Trifft ein Strahl auf ein Medium, in dem er sich **schneller** bewegt, dann wird er **vom Lot gebrochen**. Damit meint man, dass nach der Brechung der Winkel zum Lot größer ist.

Einer der ersten, der das **Brechungsgesetz** formuliert hat, war der Niederländer Willebrord van Roijen Snell (kurz Snellius) um etwa **1620**. Es gilt für alle Wellen und gibt einen Zusammenhang zwischen den Winkeln und den Geschwindigkeiten an. Am einfachsten kann man das Brechungsgesetz mit dem Huygens-Prinzip ableiten.

INFO Brechungsmathematik

Nimm an, dass eine **Wellenfront** mit v_1 auf ein **anderes Medium** trifft, in dem die Geschwindigkeit kleiner ist (v_2). Der linke Strahl ist bereits bei A′ eingetroffen und hat dabei im neuen Medium eine Elementarwelle erzeugt (rot). Der rechte Strahl hat gerade die Grenze bei B′ erreicht. Seine „Elementarwelle" ist daher noch ein Punkt. Die neue Wellenfront ist die Einhüllende und somit die Tangente von B′ an die Elementarwelle (Abb. 14.15). Jetzt brauchen wir nur noch drei Dinge:

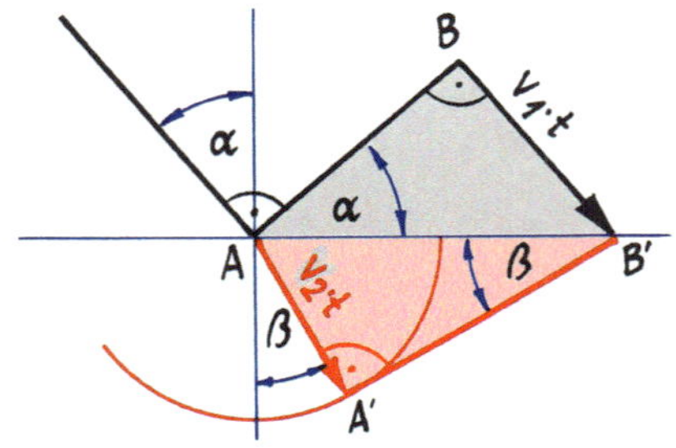

Abb. 14.15 Alte Wellenfront (schwarz) und neue Wellenfront (rot), nachdem die Zeit t vergangen ist

1 Der **Weg** ist allgemein $v \cdot t$. Deshalb können wir die Wege BB′ und AA′ durch folgenden Ausdruck ersetzen:

$AA' = v_2 \cdot t,\ BB' = v_1 \cdot t$

2 Aus geometrischen Gründen kann man die **Winkel zum Lot** auch in den Dreiecken ABB′ und AA′B′ einzeichnen.

3 Der **Sinus** eines Winkels ist Gegenkathete durch Hypotenuse. Und nun setzen wir ein:

$$\frac{\sin\alpha}{\sin\beta} = \frac{\frac{BB'}{AB'}}{\frac{AA'}{AB'}} = \frac{v_1 \cdot t}{v_2 \cdot t} = \frac{v_1}{v_2}$$

Das ist das berühmte Brechungsgesetz von Snellius, abgeleitet aus dem Prinzip von Huygens!

FORMEL Brechungsgesetz von Snellius

$$\frac{\sin\alpha}{\sin\beta} = \frac{v_1}{v_2}$$

α und β ... Winkel des einfallenden und des gebrochenen Strahls zum Lot $[\alpha, \beta] = °$
v_1 und v_2 ... Geschwindigkeiten der Welle in Medium 1 und 2 $[v_1, v_2] = \frac{m}{s}$

Sehen wir uns exemplarisch noch drei Beispiele zur Brechung an:

1 Die für uns Menschen **wichtigste Auswirkung der Brechung** betrifft die Lichtstrahlen in unseren **Augen**. Würden die Lichtstrahlen in den Augen nämlich nicht abgelenkt werden, dann wären wir Menschen unendlich weitsichtig und somit praktisch blind.

INFO Unsichtbarkeit

Hornhaut und Augenlinse bündeln im **Auge** durch Brechung die einfallenden Lichtstrahlen auf deiner **Netzhaut** (Abb. 14.16). Ist das Auge aber zum Beispiel weitsichtig, dann treffen die Strahlen erst hinter der Netzhaut zusammen (gestrichelte Linie) und du siehst unscharf.

Und genau hier liegt das Problem der **Unsichtbarkeit**. Unsichtbar zu sein bedeutet, dass alle Lichtstrahlen deinen Körper völlig gerade und **ungehindert** durchdringen. Dann sieht man nicht dich, sondern den Hintergrund. Das bedeutet aber auch, dass dann die Linsen in deinen Augen das Licht nicht mehr brechen. Du wärst unendlich weitsichtig, also in gewisser Weise blind (→ F14; Abb. 14.17). Genauso wäre es auch, wenn es den Effekt der Brechung gar nicht gäbe.

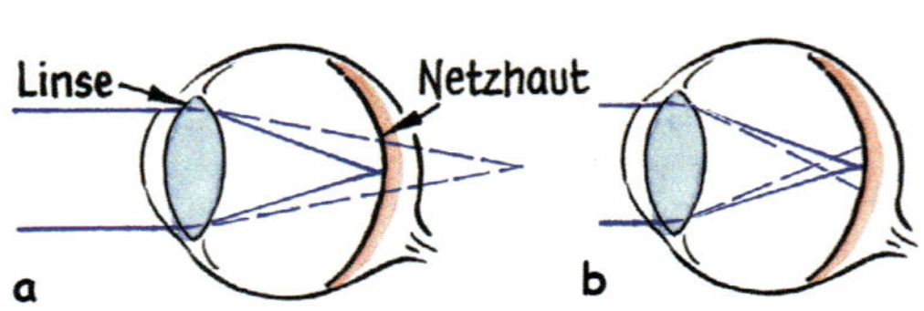

Abb. 14.16 Normaler Strahlengang (durchgezogene Linie) und Strahlengang bei Weitsichtigkeit (a) und bei Kurzsichtigkeit (b) (gestrichelte Linie)

Abb. 14.17 So würde die Erde aus der Sicht von Aliens aussehen, wenn diese gerade ihre Tarnvorrichtung aktivieren. Wenn sie vollkommen unsichtbar sind, dann verschwimmt das Bild so, dass alles dieselbe Farbe hat.

2 Ein zweites Beispiel ist die **Aufspaltung der Lichtstrahlen** in einem Prisma (Abb. 14.18). Der Brechungswinkel der austretenden Strahlen ist unterschiedlich. Daraus folgt, dass die Lichtstrahlen je nach Farbe unterschiedliche Geschwindigkeiten im Glas haben müssen. Wie kommt das?

Abb. 14.18 In Flintglas ist das rote Licht etwa 3 % schneller als das blaue. Das nennt man Dispersion. Durch diese kommt es wiederum zur unterschiedlich starken Brechung.

Rote Lichtwellen ($\lambda_R = 7{,}5 \cdot 10^{-7}$ m) sind etwa doppelt so lang wie blaue ($\lambda_B = 4 \cdot 10^{-7}$ m)! Die Wellengeschwindigkeit kann aber in bestimmten Fällen von der Wellenlänge abhängen. Diesen Effekt nennt man Dispersion (siehe Kap. 13.3). Er tritt zum Beispiel auf, wenn eine elektromagnetische Welle das Vakuum verlässt.

Rotes Licht ist in Glas um ein paar Prozent schneller als blaues und daher wird es nicht so stark gebrochen (→ F12). Aber sagt man nicht, die Lichtgeschwindigkeit ist immer gleich groß? Ja, aber das gilt nur im Vakuum.

3 Und schließlich kann man mit der Brechung auch erklären, warum **Wellen** immer **parallel zur Küste** an den Strand laufen (Abb. 14.19 rechts). Die Geschwindigkeit von Wasserwellen hängt im Flachwasser von der Wassertiefe ab (siehe Abb. 13.17): je flacher, desto langsamer. Erfolgt die Änderung der Wassertiefe sprunghaft (Abb. 14.19 links), dann knicken die Wellenfronten scharf ab – praktisch eine „normale" Brechung. Wenn aber an einem flachen Strand die Tiefe kontinuierlich abnimmt, dann kommt es auch zu einer kontinuierlichen Brechung. Die Wellenkämme drehen sich so lange, bis sie parallel zum Strand verlaufen (→ F13). Das Brechen von Wasserwellen, also das Überschlagen, hat mit dem physikalischen Begriff Wellenbrechung übrigens nichts zu tun.

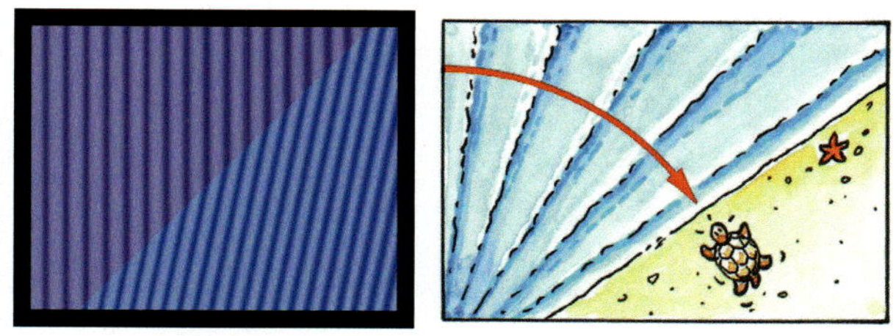

Abb. 14.19 Links: abrupte Richtungsänderung bei sprunghafter Verringerung der Wassertiefe. Rechts: Kontinuierliches Drehen der Wellenkämme

ZUSAMMENFASSUNG

Unter Brechung von Wellen versteht man eine Richtungsänderung, die durch eine Änderung der Ausbreitungsgeschwindigkeit entsteht. Die für uns im Alltag wichtigste Brechung ist die der Lichtstrahlen in unseren Augen.

14.2.3 Um die Ecke sehen

Beugung

F15 ○ Welche Wellenlänge haben Licht- und Schallwellen etwa? Schau nach in Tab. 13.2.

F16 ● Warum kann man um die Ecke hören, aber nicht um die Ecke sehen? Und warum gibt es hinter einem Baum einen Lichtschatten, aber keinen Schallschatten?

F17 ◒ Warum kannst du eine Person sprechen hören, auch wenn sie nicht in deine Richtung spricht? Und warum kann man sich eigentlich selber sprechen hören?

F18 ◒ Warum kannst du eine Schallquelle auch mit dem abgewandten Ohr hören? Wieso kann der Schall um deinen Kopf herum eine Kurve machen?

F19 ● Wenn eine Welle an eine kleine Öffnung kommt, dann entsteht eine neue Elementarwelle (siehe Abb. 14.2). Wenn aber ein Lichtstrahl durch ein kleines Loch geht, dann breitet er sich gerade aus (Abb. 14.20)? Gilt das Huygens-Prinzip nicht für Licht?

Abb. 14.20 Ein Buddha-Tempel in Myanmar

Unter Beugung versteht man, dass ein Teil einer Welle an einem Hindernis die Richtung ändert (siehe Abb. 14.21 und Abb. 14.22). Das kann man mit dem Huygens-Prinzip erklären. Die an der Wellenfront entstehenden Elementarwellen können auch **hinter** ein Hindernis laufen. Der springende Punkt ist nun aber der: Es wird nur jener Teil der Welle gebeugt, dessen Abstand zum Hindernis **etwa eine Wellenlänge** beträgt (Abb. 14.21 rechts). Der Rest läuft geradlinig weiter. Darin liegt der Grund des unterschiedlichen Verhaltens von Schall und Licht im Alltag.

Stell dir vor, ein Freund steht hinter einer Ecke und spricht mit dir (→ F16). Die **Wellenlänge von Luftschall** liegt im Bereich von **einigen Dezimetern** (→ F15; Tab. 13.2). Deshalb werden all jene Schallwellen gebeugt, die bis zu einem Abstand von einigen Dezimetern an der Kante vorbeilaufen. Es wird somit genug Energie abgelenkt, dass du den Freund tatsächlich ums Eck hören kannst. Im Alltag erweist sich die Beugung somit als sehr praktischer Effekt!

Lichtwellen haben aber bloß eine **Wellenlänge von** etwa **einem Millionstel Meter**. In diesem Abstand zur Kante kommt es auch tatsächlich zur Beugung – das Huygens-Prinzip gilt für alle Wellen! Es wird dabei aber nur ein winzig kleiner Teil abgelenkt, den niemand bemerken kann. Die Wellenlänge ist also der Grund, warum man um die Ecke hören, aber nicht um die Ecke sehen kann. Stell dir vor, mit den Wellenlängen von Schall und Licht wäre es genau umgekehrt. Dann könntest du ums Eck sehen, dafür nicht ums Eck hören.

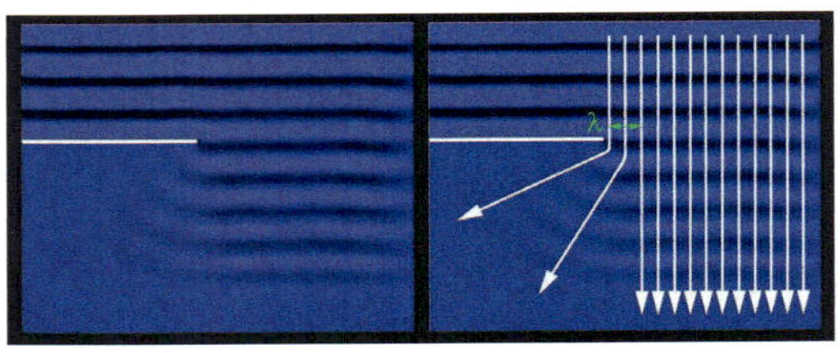

Abb. 14.21 Eine Welle läuft gegen eine Kante. Es wird nur der Teil der Welle gebeugt, dessen Abstand zum Hindernis innerhalb der Wellenlänge liegt.

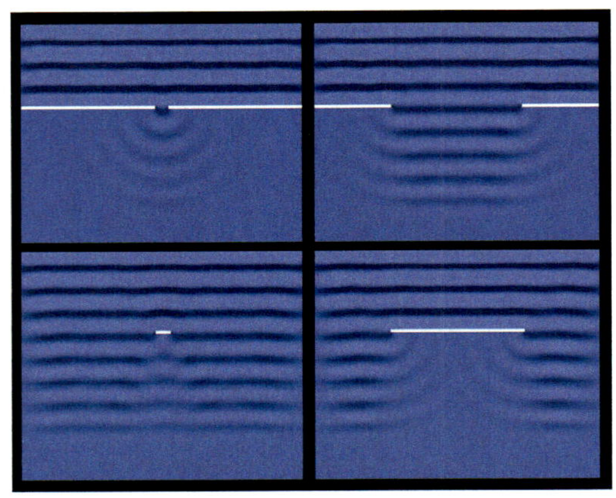

Abb. 14.22 Eine Welle läuft auf eine Öffnung bzw. ein Hindernis. Links (Modell für Schallwellen) wird ein Großteil der Welle gebeugt, rechts (Modell für Lichtwellen) geht der Großteil gerade weiter.

Abb. 14.22 gibt dir noch einmal einen Überblick über das Beugungsverhalten von Wellen. Links liegen Spalt und Hindernis in der Größe der Wellenlänge. Dadurch entsteht an einem Spalt eine vollständige Beugung oder die Welle läuft ziemlich unbeeindruckt um das Hindernis herum. Diese Verhältnisse liegen bei **Schallwellen** im Alltag vor. Damit kann man erklären, warum man Menschen auch von der Seite sprechen hören kann und warum du dich selbst hören kannst (→ F17).
Beim Austritt der Schallwellen aus dem Mund tritt eine sehr starke Beugung auf. Diese Beugung ermöglicht auch, dass Schallwellen um deinen Kopf zum abgewandten Ohr laufen (→ F18). Du siehst also, wie wichtig die „richtige" Schallwellenlänge für unsere Kommunikation ist.

Abb. 14.23 Das Sonnenlicht wird an den dünnen Fäden des Spinnennetzes gebeugt. Weil der Effekt von der Wellenlänge abhängt, kommt es (ähnlich wie bei Abb. 14.24) zu Farberscheinungen.

In Abb. 14.22 rechts sind Spalt und Hindernis viel größer als die Wellenlänge. Solche Verhältnisse liegen bei **Lichtwellen** vor, nur noch viel viel extremer. Du siehst, dass hinter dem Spalt ein Großteil der Welle gerade weiterläuft. Deshalb geht auch der Lichtstrahl in Abb. 14.20 gerade (→ F19). Die Öffnung ist einfach viel größer als die Wellenlänge des Lichts. Wäre sie zum Beispiel 1 cm breit, würden rund 99,98 % der Energie unbeeindruckt gerade weiterlaufen. Hinter einem Hindernis läuft auch nur ein kleiner Teil der Welle zusammen. Deshalb gibt es hinter einem Baum einen Lichtschatten, aber keinen Schallschatten (→ F16). Nur in seltenen Fällen kann man den Effekt der Lichtbeugung mit freiem Auge sehen (Abb. 14.23; → INFO Lichtwellenbeugung).

INFO **Lichtwellenbeugung**

Abb. 14.24

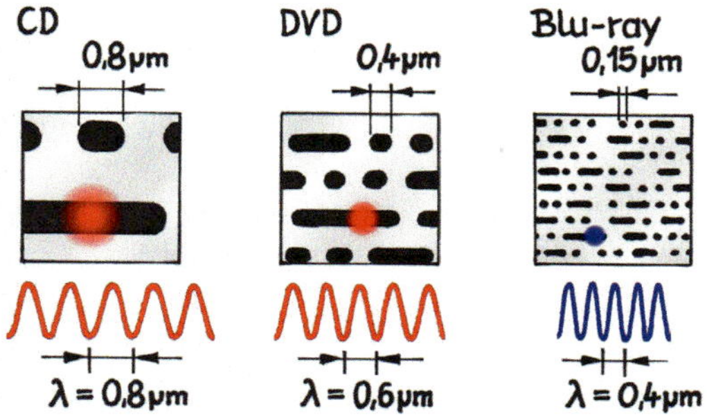

Abb. 14.25 Spurabstand, Pits und Größe des Laserpunktes im Vergleich: Bei einer CD wird ein Infrarot-Laser verwendet, dessen Licht du nicht sehen kannst. Bei einer Blu-ray ist der Abstand zwischen den Pits so klein, dass das Licht kaum gebeugt wird. Deshalb schillern Blu-rays nicht.

Aufgrund der kleinen Wellenlängen ist die **Lichtbeugung** im Alltag nur selten zu beobachten. Am häufigsten fällt es wahrscheinlich beim Schillern einer CD oder DVD auf (Abb. 14.24). Wodurch kommt es zustande?

Die Information wird bei optischen Speichermedien in Form von **Pits**, die in die Oberfläche eingepresst oder eingebrannt werden, gespeichert (Abb. 14.25). Der Spurabstand ist winzig und liegt in Größenordnung der Lichtwellenlänge. Daher wird das einfallende Licht stark gebeugt. Weil die **Beugung aber von der Wellenlänge abhängt**, wird das Licht dabei in seine einzelnen Farben zerlegt.

ZUSAMMENFASSUNG

Bei einer Beugung ändert ein Teil einer Welle an einem Hindernis seine Richtung. Die Stärke des Effekts hängt von Wellenlänge und Hindernis ab. Im Alltag spielt fast nur die Schallbeugung eine Rolle.

14.3 Autoraser und Schwarze Löcher

Doppler-Effekt

Zum Schluss geht es darum, wie man die Geschwindigkeit von Autorasern messen kann, Schwarze Löcher entdeckt und warum ein Überschallflugzeug knallt!

F20 ◒ Jeder kennt es, aber wie funktioniert eigentlich das Geschwindigkeitsradar im Straßenverkehr? → L

F21 ● Das Geräusch eines schnell vorbeifahrenden Autos, etwa in der Formel 1, klingt irgendwie so: iiiiiiuuuuu. Kannst du das Geräusch genauer mit Worten beschreiben? Und wie kommt es dazu?

F22 ● Schwarze Löcher (siehe Abb. 2.21) haben eine unfassbare Dichte. In ihrer Nähe wird die Gravitation so stark, dass sie sogar Licht verschlucken. Wie kann man sie dann entdecken, wenn sie doch unsichtbar sind?

F23 ◒ Was versteht man unter der Schallmauer und was ist ein Überschallknall?

Abb. 14.26 Wasserläufer

Ein **vorbeirasendes Auto** macht iiiiiiuuuuuuu. Beim Annähern ist das Geräusch hoch, beim Entfernen plötzlich tief (→ F21). Warum das so ist, kann man mit der Hilfe von Kreiswellen im Wasser gut verstehen.

Stell dir einen **Wasserläufer** vor (Abb. 14.26), der im Dienste der Wissenschaft mit den Beinen zappelt. Bleibt er dabei auf der Stelle, entstehen **Kreiswellen** wie in Abb. 14.27 a. Bewegt er sich aber nach rechts, schieben sich die Wellenberge rechts zusammen und links auseinander (b). Für einen Beobachter rechts würde daher die Wellenfrequenz zunehmen und für einen links abnehmen.

Diesen Effekt nennt man nach seinem Entdecker CHRISTIAN DOPPLER den **Doppler-Effekt:** Bewegen sich Quelle und Beobachter aufeinander zu, dann erhöht sich die Wellenfrequenz im Vergleich zur Ruhe, bewegen sie sich voneinander weg, dann sinkt sie. Dieser qualitative Zusammenhang gilt auch, wenn sich der Beobachter bewegt und er gilt für alle Wellen. Den quantitativen Zusammenhang siehst du in Tab. 14.1.

Zwei besondere Fälle treten nur bei mechanischen Wellen auf und wenn sich die Quelle bewegt: Bewegt sich der Wasserläufer genau mit Wellengeschwindigkeit, dann können die Wellen nach rechts nicht mehr entkommen (Abb. 14.26 c) und bilden dort eine sogenannte **Stoßwelle**.

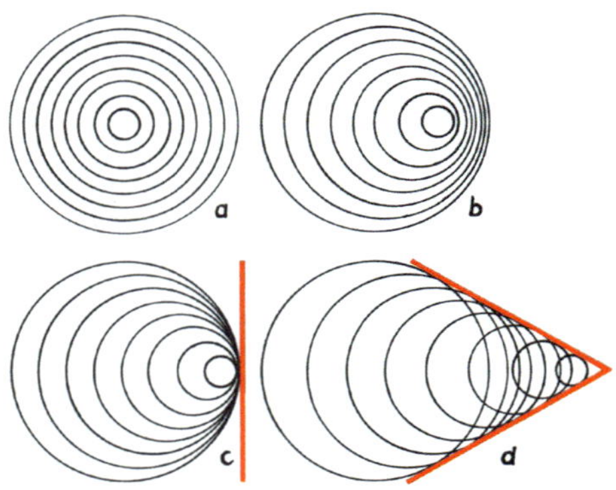

Abb. 14.27 Effekte bei mechanischen Wellen mit bewegter Quelle: Die Fälle a und b treten auch bei Lichtwellen auf, c und d allerdings nicht. Es gibt zwar eine Schallmauer, aber keine „Lichtmauer".

Bewegt sich der Wasserläufer noch schneller, dann entsteht ein **Kegel**, aus dem die Wellen nicht nach außen dringen können (d). Beide Fälle spielen vor allem bei Flugzeugen eine Rolle (→ INFO Mach 1). Zur Herleitung der Gleichung für den Doppler-Effekt: Siehe F 24.

Der Doppler-Effekt hat zahlreiche Anwendungen in der **Astronomie**. Wenn sich eine Lichtquelle entfernt, verschieben sich alle Frequenzen ins Rote und man spricht von **Rotverschiebung**. Bei Annäherung kommt es zu einer **Blauverschiebung**.
Das Spektrum mancher Sterne wechselt ständig zwischen Rot- und Blauverschiebung. Das lässt sich nur so erklären, dass diese mit anderen, nicht sichtbaren Objekten um einen gemeinsamen Schwerpunkt rotieren, etwa um ein Schwarzes Loch (→ F 22) und sich dadurch abwechselnd auf uns zu- und von uns wegbewegen.

INFO

Mach 1

Wenn ein Flugzeug Schallgeschwindigkeit erreicht (wie in Abb. 14.27 c), dann spricht man von **Mach 1**, benannt nach dem österreichischen Physiker ERNST MACH. Durch die dabei erzeugte Stoßwelle erhöht sich der Luftwiderstand sehr stark. Erst wenn das Flugzeug Mach 1 überschreitet, sinkt der Widerstand wieder ab. Deshalb gibt es den bildlichen Begriff der **Schallmauer** (→ F 23), die aber nicht wirklich existiert. Über Mach 1 bildet sich ein **Mach'scher Kegel** aus (Abb. 14.27 d). Man kann das Flugzeug erst dann hören, wenn der Kegelmantel den Boden erreicht hat. Dann treffen sehr viele Wellen auf einmal in deine Ohren und das nennt man den **Überschallknall**.

Abb. 14.28 Diese F/A 18 durchbricht gerade die Schallmauer. Hinter der Stoßfront sinkt der Luftdruck stark ab. Dadurch kondensiert der Wasserdampf zu einem netten Wölkchen. Man nennt das Wolkenscheibeneffekt.

Mechanische Wellen		**Elektromagnetische Wellen**	
bewegter Beobachter $+v_B$ nähernd $-v_B$ entfernend	$f_B = f_Q \cdot \left(1 \pm \frac{v_B}{v}\right)$	Bei Annäherung muss v_{BQ} im Zähler und Nenner mit −1 multipliziert werden. v_{BQ} = Relativgeschwindigkeit zwischen Quelle und Beobachter; c = Lichtgeschwindigkeit	$f_B = f_Q \cdot \sqrt{\frac{1 - \frac{v_{BQ}}{c}}{1 + \frac{v_{BQ}}{c}}}$
bewegte Quelle $-v_Q$ nähernd $+v_Q$ entfernend	$f_B = f_Q \cdot \frac{1}{1 \pm \frac{v_Q}{v}}$		

Tab. 14.1 Doppler-Frequenzveränderungen in Abhängigkeit von Bewegungsform und Wellenart: Elektromagnetische Wellen benötigen zur Ausbreitung kein Medium (siehe Tab. 13.1). Daher kommt es nur auf die Relativgeschwindigkeit zwischen Beobachter und Sender an. Das wird im Rahmen der Relativitätstheorie in „Big Bang 2" noch ausführlich erklärt.

INFO **Doppel-Doppler-Effekt**

Geschwindigkeitsmessungen von Autos auf der Straße und von Blut in den Adern funktioniert nach demselben Prinzip: dem Doppler-Effekt. Beim **Auto-Radar** trifft eine elektromagnetische Welle ($f = 2 \cdot 10^9$ Hz) aufs Auto. Das Auto ist also zunächst der „Beobachter“. Wenn das Signal reflektiert wird, wird das Auto aber zur Quelle. Es kommt also zu einem doppelten Doppler-Effekt. Die Frequenzveränderung beträgt $\Delta f \approx 2f \cdot \frac{v_{Obj}}{c}$, also in unserem Beispiel pro 0,27 km/h 1 Hz (→ F20, siehe Lösungsteil)!

Beim **Doppler-Ultraschall** gilt haargenau dasselbe Prinzip. Allerdings handelt es sich hier um eine mechanische Welle ($f = 10^7$ Hz, $v \approx 1500$ m/s). Außerdem muss man berücksichtigen, dass der Schallkopf sehr schräg aufgesetzt wird (Anm.: Auch das Auto-Radar ist etwas schräg). Die Frequenzveränderung beträgt daher $\Delta f = 2f \cdot \frac{v_{Obj}}{v} \cdot \cos\alpha$. In einer gesunden Arterie beträgt die Blutgeschwindigkeit rund 0,1 m/s. Δf liegt daher bei $\alpha = 45°$ bei knapp 10^3 Hz. Rechne nach!

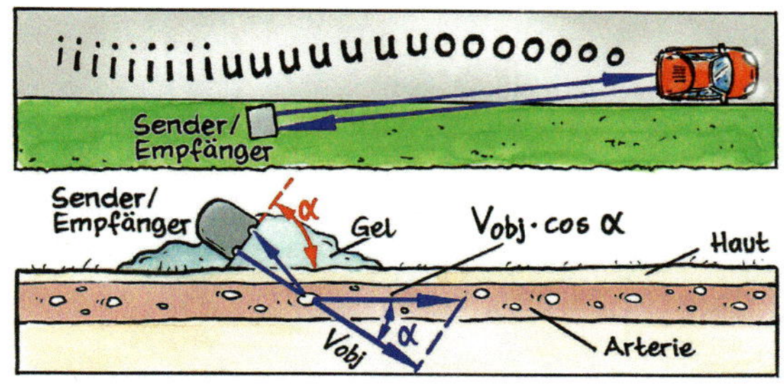

Abb. 14.29

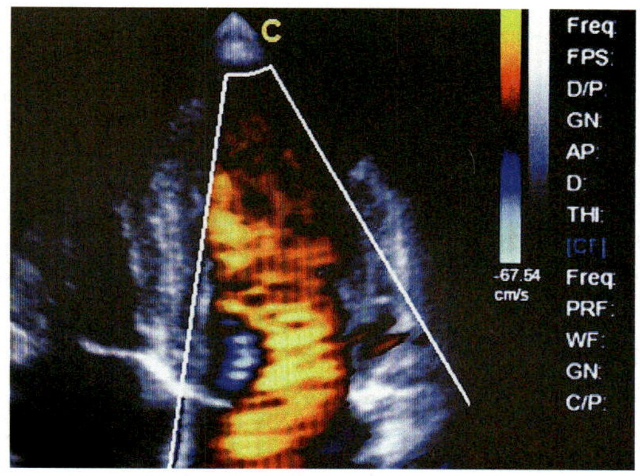

Abb. 14.30 Beim Doppler-Ultraschall werden die Strömungsgeschwindigkeiten des Blutes in Farbwerte übersetzt.

ZUSAMMENFASSUNG

Für alle Wellen gilt: Bei Annäherung zwischen Wellenquelle und Beobachter erhöht sich die Frequenz, bei Entfernung sinkt sie. Das ist der Doppler-Effekt.

Teste dich

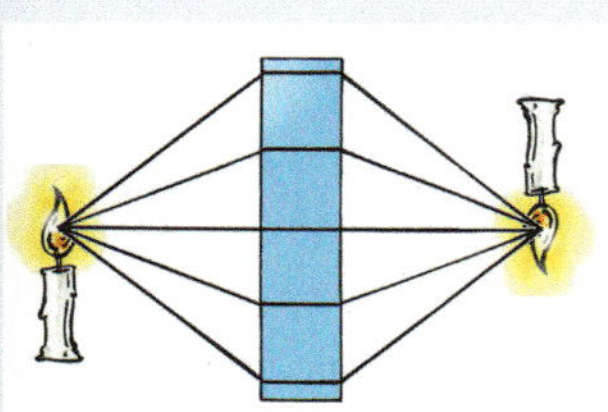

Abb. 14.31

F24 ◒ Wie kann man die Gleichungen zum Doppler-Effekt in Tab. 14.1 herleiten? Versuche mit Hilfe des Lösungsteils Schritt für Schritt nachzuvollziehen. → L

F25 ● Es heißt, dass ein Spiegel Links und Rechts vertauscht! Stimmt das überhaupt? → L

F26 ◒ Überlege dir ein paar Argumente, warum dieses Stück Glas (Abb. 14.31) nicht wie eine Lupe wirken kann! → L

F27 ◒ Zum Reflektieren von Licht braucht man einen Spiegel. Bei Radarwellen genügt aber eine gitterartige Antenne. Warum? → L

F28 ◒ Bei Schallwellen gibt es eine Schallmauer. Gibt es bei Licht eine „Lichtmauer“? → L

F29 ◒ Miss die Winkel in Abb. 14.15 und berechne mit dem Brechungsgesetz, wie sich v_1 und v_2 verhalten. → L

F30 ◒ Konstruiere den Übergang einer Welle in ein anderes Medium mit Hilfe des Huygens-Prinzips wie in Abb. 14.15. Nimm als Verhältnis der Geschwindigkeiten 1:0,6, 1:0,8, 1:1,2 und 1:1,4 und als Winkel α immer 45°. → L

F31 ◒ Wie F30! Nimm aber diesmal ein fixes Geschwindigkeitsverhältnis von 1:0,7 und variiere α von 10° bis 80°. → L

F32 ● Warum knallt es, wenn eine Zirkuspeitsche geschwungen wird? → L

F33 ● Du weißt, wie ein Kuckuck ruft! Das entspricht einer kleinen Terz und einem Frequenzverhältnis von 6:5. Auf der Autostraße fährt ein Auto vorbei und du nimmst eine kleine Terz wahr. Wie schnell war das Auto? Welches Intervall schaffen Formel-1-Rennwagen? Schaffen sie eine Oktave (2:1)? → L

F34 ● Spielt es beim optischen Doppler-Effekt eine Rolle, wer sich bewegt? → L

F35 ◒ Was sind Echo und Hall und wie entstehen sie? → L

15 Sprache und Gehör

In diesem letzten Wellen-Kapitel geht es um jene Wellen, die bei deiner Kommunikation die größte Rolle spielen: die Schallwellen. Gäbe es sie nicht, dann könntest du dich nur sehr schwer verständigen und die Menschheit hätte sich niemals in dieser Weise entwickeln können. In diesem Kapitel erfährst du, wie deine Stimme und dein Gehör funktionieren und wie viele Hunde doppelt so laut bellen wie einer.

15.1 Das Instrument, das jeder spielt

Die menschliche Stimme

Der Stimmapparat ist das komplizierteste motorische System im gesamten Körper, denn beim Sprechen und Singen sind rund 100 Muskeln in Brust und Hals zu koordinieren. Noch längst sind nicht alle Rätsel der Stimme gelöst, aber wir machen hier auch nur einen Crashkurs.

F1 ◒ Was weißt du bereits über Schallwellen? Fasse zusammen und verwende dabei Abb. 12.27, 12.29 und 12.30, **F30** bis **F32** und **F36** in Kap. 12.6, Abb. 12.53 und 12.54, Abb. 12.57 bis 12.60, Tab. 12.3, Abb. 12.62 und 12.63, **F44** in Kap. 12.7, Abb. 13.12, Abb. 13.18 sowie Abb. 13.28 bis 13.30.

F2 ◒ Was passiert, wenn du zwischen zwei hängenden Papierblättern durchbläst oder durch einen Trichter mit Papierhütchen (Abb. 15.1)? Probiere es aus! Was könnte beides mit einer im Luftzug zufallenden Tür zu tun haben?

Abb. 15.1

F3 ◒ Wenn du aus einem aufgeblasenen Ballon die Luft entweichen lässt und dabei das Öffnungsstück in die Breite ziehst, entsteht so ein seltsames Geräusch! Wieso?

F4 ○ Die Saiten einer Gitarre sind unterschiedlich. In welcher Weise und warum? Und was passiert physikalisch gesehen, wenn du eine Gitarre stimmst?

F5 ● Warum haben Frauen höhere Stimmen als Männer? Warum ist die Stimme am Morgen tiefer als sonst? Und was passiert im Stimmbruch?

F6 ● A, E, I, O, U! Jeder kann diese Vokale sofort erkennen. Aber wodurch unterscheiden sie sich physikalisch?

F7 ● Affen haben keine Sprechstimme wie wir Menschen. Und das hat einen physikalischen Grund! Welchen?

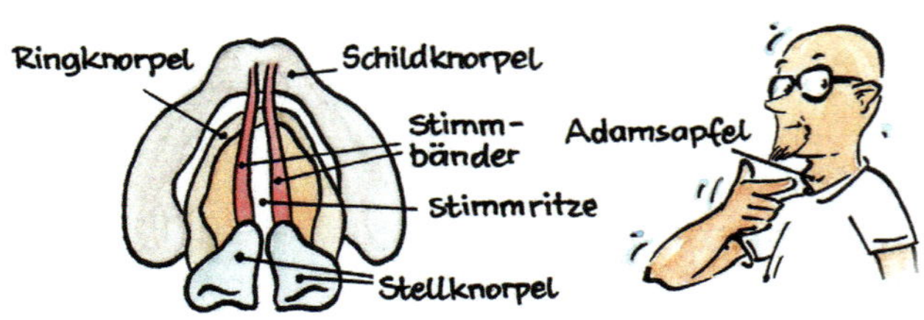

Abb. 15.2 Aufsicht auf die Stimmbänder, die von einigen Knorpeln gehalten werden: Der größte ist der Schildknorpel, den du vorne am Kehlkopf ertasten kannst und der bei manchen Männern als Adamsapfel vorsteht.

Die Schallwellen, die beim Sprechen oder Singen entstehen, werden im **Kehlkopf** erzeugt (Abb. 15.2). Dieser besteht aus einigen Knorpeln und den eigentlichen schwingenden Teilen: den **Stimmbändern**. Diese können durch Muskeln bewegt und gespannt werden und somit die Stimmritze verschließen. Die Stimmbänder können viele 100-mal pro Sekunde schwingen. Das schafft kein Muskel. Der Körper muss deshalb zu einem Trick greifen!

Eigentlich würde man ja erwarten, dass die Blätter in Abb. 15.1a auseinandergedrückt werden (→ **F2**). Strömende Luft erzeugt aber verblüffenderweise einen **Unterdruck**. Deshalb sagt man dazu auch **aerodynamisches Paradoxon**. Und dieses bewirkt, dass die Blätter zueinander gesaugt werden. Auch das Hütchen (b) wird nicht etwa hinausgedrückt, sondern in den Trichter gesaugt. Eine Tür im Luftzug wird nicht zugedrückt, sondern zugesaugt. Diesem Effekt hast du es auch zu verdanken, dass du sprechen und singen kannst.

Um die **Stimmbänder zum Schwingen** zu bringen, werden sie zunächst geschlossen. Dann erhöhen die Lungen den Druck um etwa 1%. Das genügt, um die Stimmbänder wieder aufzudrücken. Die durchströmende Luft erzeugt dann aber einen Unterdruck, die Stimmbänder werden wieder zueinander gesogen und so weiter. Das gleiche Prinzip liegt vor, wenn du aus einem aufgeblasenen Luftballon die Luft entweichen lässt und dabei das Öffnungsstück verengst: Frrrrzzzzz (→ F3).

Wie kommt es zu den unterschiedlichen Stimmlagen? Man kann die Stimmbänder vereinfacht als **Saiten** auffassen. Eine Saite schwingt umso schneller, je geringer ihre Masse ist, je kürzer sie ist und je stärker sie gespannt ist. Erhöhen die **Stellknorpel** den Zug auf die Stimmbänder, dann wird deren Frequenz höher. Wenn die Stimmbänder ganz entspannt sind, dann wird der tiefstmögliche Ton erzeugt. Dieser hängt dann von Masse und Länge der Stimmbänder ab.

INFO **Gitarre**

Die Frequenz f einer **schwingenden Saite** kann mit folgender Gleichung beschrieben werden (zur Herleitung der Gleichung siehe F14):

$$f = \frac{1}{2l} \cdot \sqrt{\frac{F}{\varrho \cdot A}}$$

F ist die Kraft (in N), mit der die Saite gespannt ist, ϱ die Dichte (in kg/m^3), A die Querschnittsfläche (in m^2) und l die Länge der Saite (in m). Die hohen, leichten Saiten einer **Konzertgitarre** sind aus Nylon oder Darm, während die tiefen, schweren Saiten mit Metall umwickelt sind (→ F4; Abb. 15.3). So haben alle etwa die gleiche Spannung. Im Prinzip könnte man auch 6-mal die tiefste Saite nehmen (82,5 Hz) und einfach stärker spannen. Die höchste Saite ist aber 2 Oktaven höher (330 Hz) und müsste deshalb 16-mal so stark gespannt sein. Das hält keine Gitarre aus!

Abb. 15.3 Je tiefer die Saite klingen soll, desto schwerer muss sie sein. Die drei tiefsten Saiten sind deshalb dicker und zusätzlich mit Metall umwickelt.

Die Stimmbänder von **Männern** sind 17 bis 25 mm lang, die der **Frauen** 13 bis 18 mm und außerdem dünner. Deshalb ist ihre Stimme in Summe etwa eine Oktave höher als die der Männer (→ F5; Abb. 15.4). Am Morgen ist die Stimme generell immer etwas tiefer, weil sich durch das Liegen die Stimmbänder mit mehr Flüssigkeit füllen. Dadurch haben sie mehr Masse und somit eine niedrigere Frequenz.
Im **Stimmbruch** beginnen die Stimmbänder – wie auch alles andere im Körper – plötzlich stark zu wachsen und dadurch ist die Muskulatur des Stimmapparates schlichtweg koordinativ überfordert. Überspitzt gesagt ist das Kieksen ein Softwareproblem.

INFO **Stimmbruch**

Durch die Ausschüttung des Hormons **Testosteron** beginnt der männliche Körper in der Pubertät sehr schnell zu wachsen. Natürlich wachsen auch die **Stimmbänder**. Sie werden fast 10 mm länger und auch etwas dicker. Beide Effekte bewirken in Summe, dass die Sprechstimme rund eine Oktave absinkt (Abb. 15.4). Die „Software" im Gehirn, die die Sprachmuskeln steuert, ist darauf aber nicht vorbereitet und die Stimme kippt in dieser Zeit oft zwischen tiefer und hoher Lage hin und her – Stimmbruch eben. Dieser ist also ein koordinatives Problem! Bei Mädchen ist die Testosteronproduktion viel geringer. Ihre Stimmbänder wachsen nur leicht und der Stimmbruch verläuft ziemlich unauffällig.

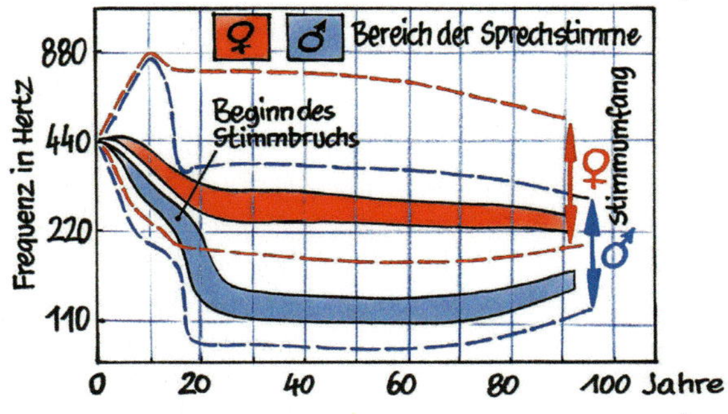

Abb. 15.4 Veränderung von Sprechstimme und Stimmumfang bei Frauen und Männern (die Frequenzen sind nur exemplarisch eingezeichnet): Im Stimmbruch sinkt die Männerstimme sehr stark ab, die Frauenstimme kaum.

Die Stimmhöhe wäre also geklärt. Aber wie erzeugen wir die Vokale (→ F6)? Um das zu verstehen, muss man zwei Fakten miteinander verknüpfen:

1 Die Stimmbänder schwingen **nicht sinusförmig** (Abb. 15.5 b) und erzeugen daher auch jede Menge Oberfrequenzen bzw. **Obertöne** (siehe Abb. 12.58 und 13.29).

2 Mund- und Rachenraum bilden gemeinsam einen Resonanzkörper, den man **Vokaltrakt** nennt (Abb. 15.6). Man kann ihn vereinfacht als Röhre betrachten, in der sich nur bei bestimmten Frequenzen stehende Wellen bilden.

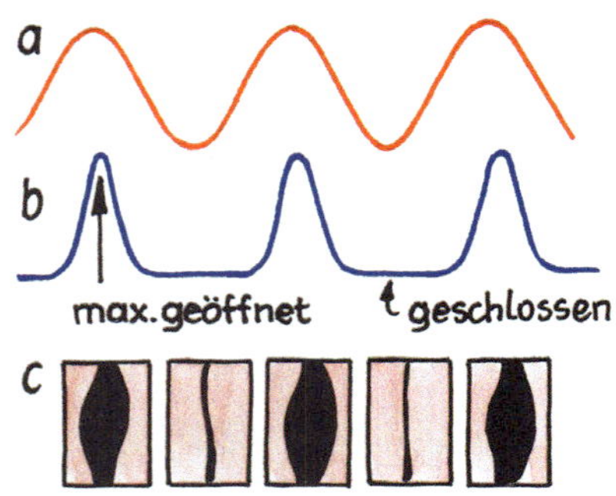

Abb. 15.5 a: Sinusschwingung, die einen reinen Ton erzeugt (siehe Abb. 12.58 a). Die Stimmbänder schwingen aber so wie in b. Dadurch entstehen auch viele Obertöne.

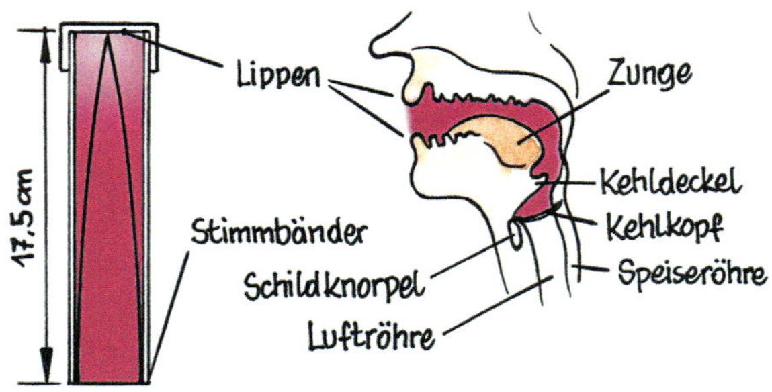

Abb. 15.6 Man kann sich den Vokaltrakt vereinfacht als Röhre vorstellen, in der sich stehende Wellen ausbilden – ähnlich wie in einer gedeckten Orgelpfeife (siehe auch Abb. 13.29)!

Und jetzt verknüpfen wir diese beiden Fakten. Die Stimmbänder erzeugen jede Menge **Obertöne** (Abb. 15.8 a). Der Vokaltrakt verstärkt aber nur seine Resonanzfrequenzen. Diese nennt man **Formanten** (b). Dadurch werden ganz bestimmte Obertöne besonders gut verstärkt (c). Der Clou ist nun der: Unser Mundraum ist sehr flexibel und deshalb können wir die Formantenfrequenzen verändern. Durch diesen Trick erzeugen wir die Vokale.

INFO

Vokale

Du kannst etwas, was eine Orgelpfeife nicht kann, nämlich die **Form des Resonanzraumes** verändern. Dadurch kannst du die Frequenz des ersten Formanten (F_1) zwischen 250 und 700 Hz variieren und die des zweiten (F_2) zwischen 700 und 2 500 Hz. So erzeugst du die **Vokale**. Wenn du nacheinander „a", „e" und „i" sprichst, kannst du eine Verschiebung deiner Zunge bemerken. In der Abbildung 15.7 links siehst du das Frequenzspektrum dieser drei Vokale (also die Einhüllende wie in Abb. 15.8 b). Vor allem F_2 verschiebt sich sehr stark. Zur Charakterisierung eines Vokals genügen im Wesentlichen die ersten beiden Formanten (Abb. 15.7 rechts).

Warum können **Affen** nicht sprechen? Einer der Gründe ist, dass bei ihnen der Vokaltrakt aus anatomischen Gründen kaum Variationsmöglichkeiten hat. Sie können daher die Formantenfrequenz praktisch nicht variieren (→ F7; Abb. 15.7 rechts).

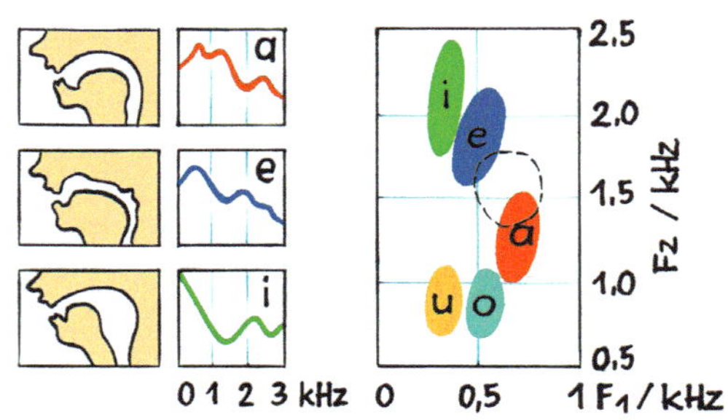

Abb. 15.7 Links: Form des Vokaltraktes bei drei Vokalen und dazugehöriges Frequenzspektrum. Rechts: In diesen Bereichen liegen die ersten beiden Formanten bei den Vokalen. Gestrichelt: Ungefährer Formantenbereich der Affen

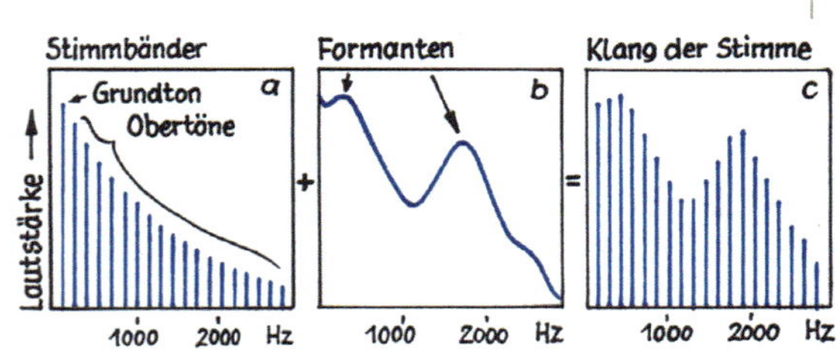

Abb. 15.8 Schematische Darstellung der Entstehung des Stimmklangs

ZUSAMMENFASSUNG

Die Stimmbänder erzeugen einen Grundton, der die Klanghöhe der Stimme ausmacht, und viele Obertöne, die vom Vokaltrakt unterschiedlich verstärkt werden. Die Obertöne machen die Klangfarbe der Stimme aus. Durch Verschiebung der Resonanzfrequenzen können wir Vokale erzeugen.

15.2 Hundert Hunde und doppelter Ohrtrick

Das menschliche Gehör

Die Schwingungen der Luftmoleküle, die du hören kannst, sind dermaßen winzig, dass es an ein Wunder grenzt, dass du überhaupt etwas hören kannst. In diesem Abschnitt geht es um die enorme Leistung unseres Gehörs.

F8 ◒ Wenn sich der Schall mit 340 m/s ausbreitet, dann bedeutet das, dass die Luftmoleküle mit dieser Geschwindigkeit schwingen! Ist das richtig oder falsch?

F9 ● Die Schwinggeschwindigkeit der Luftmoleküle beim Vorbeiziehen einer Schallwelle ist größer als die Geschwindigkeit, die sie aufgrund ihrer Temperatur besitzen. Ist das richtig oder falsch?

F10 ○ Was versteht man unter Joule (J) und Watt (W)? Lies nach in Kap. 8.1 und 8.5!

F11 ● Wie viel Energie transportiert der Schall? Ist es genug, um auf diese Weise technisch sinnvoll Energie über die Luft zu transportieren? Und wie sieht es mit elektromagnetischen Wellen aus?

F12 ● Es gibt einen physikalischen Grund, warum unsere Ohren nicht empfindlicher sein können. Welcher ist das?

F13 ● Zwei Hunde bellen doppelt so laut wie einer! Ist das richtig oder falsch?

Die **Schallgeschwindigkeit** beträgt bei Zimmertemperatur 342 m/s. Das ist aber **nicht** die Geschwindigkeit, mit der sich die Moleküle bewegen, sondern die, mit der sich die Störung in der Luft ausbreitet (→ F8; siehe Kap. 13.1). Mit welcher Geschwindigkeit bewegen sich aber die Moleküle? Zunächst gibt es die **thermische Bewegung** (siehe Kap. 16.1). Bei Zimmertemperatur bewegen sich die Moleküle über den Daumen mit 500 m/s, also weit über Schallgeschwindigkeit! Diese Bewegung ist aber völlig ungeordnet, also jedes Teilchen bewegt sich anders. Deshalb merkst du davon nichts.

Wenn eine Schallwelle vorbeizieht, beginnen die Moleküle zusätzlich zu schwingen. Die durchschnittliche Schwinggeschwindigkeit bezeichnet man mit dem etwas eigenartig klingenden Begriff **Schallschnelle**. Bei Geräuschen, die du gerade noch wahrnehmen kannst, liegt diese bei unglaublich winzigen 0,1 mm/h – also bei rund $3 \cdot 10^{-8}$ m/s (→ F9)! Mit diesem Tempo bräuchtest du von Hamburg nach München über 750 000 Jahre – eine Schnecke ist dagegen ein Sportwagen!

Natürlich schwingen die Moleküle hin und her und nicht in eine Richtung. Warum du diese winzige Geschwindigkeitsdifferenz hören kannst, liegt daran, dass diese Bewegung **geordnet** ist, also viele Teilchen gleichzeitig betrifft. Trotzdem ist es enorm verblüffend, dass du Geschwindigkeitsdifferenzen in der Größenordnung von 10^{-10}, also einem Zehnmilliardstel, hören kannst. Das entspricht einer Höhenveränderung des Mount Everest um weniger als $^1/_{1000}$ mm. Eine solche Genauigkeit überfordert jedes GPS-System um Längen!

Thermische Energie bedeutet immer ungeordnete Bewegung von Teilchen (siehe Kap. 16.1). Auch die Luftmoleküle bewegen sich wärmebedingt und prallen deshalb ständig auf das Trommelfell. Dieses zittert daher immer leicht. Das nennt man die **Brown'sche Bewegung**. Sehen wir uns dazu ein paar Zahlen an!

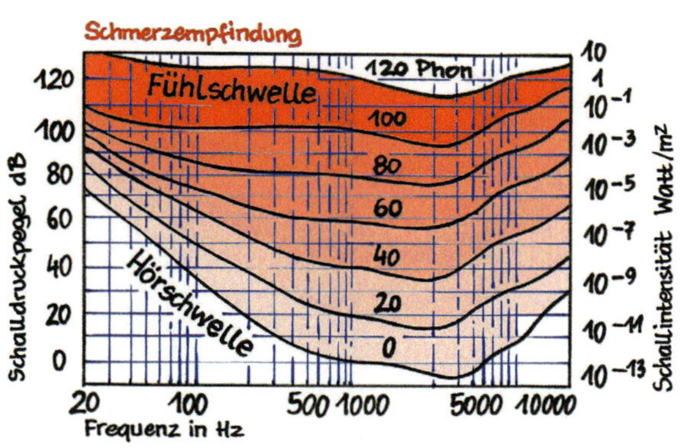

Abb. 15.9 Der Hörbereich des Menschen: Die Schallintensität gibt an, wie viel Energie pro Sekunde durch eine Fläche von 1 m² transportiert wird (1 W = 1 J/s). Entlang einer Phon-Kurve hörst du alles gleich laut.

Die Luft hat durch ihre thermische Bewegung bereits eine **Schallintensität** von etwa 10^{-13} W/m² (siehe Abb. 15.9, rechte Skala). Du siehst, dass die **Hörschwelle** bei 4 000 Hz nur noch ganz knapp darüber liegt. Es wäre daher sinnlos besser zu hören, weil wir dann die Brown'sche Bewegung des eigenen Trommelfells als Rauschen wahrnehmen würden (→ F12). Unser Gehirn könnte das wahrscheinlich wegfiltern, aber leisere Geräusche würden trotzdem in diesem Rauschen untergehen. Jeder Mensch besitzt also praktisch ein Supergehör: Besser geht es (fast) nicht!

Eine Schallwelle transportiert erstaunlich wenig Energie (→ F11)! Selbst wenn uns bereits die Ohren schmerzen – also bei 120 Dezibel –, werden nur 10 Joule Energie pro Sekunde durch einen Quadratmeter transportiert (siehe Abb. 15.9, rechte Skala). **Energietransport** durch Schall bringt's also nicht wirklich. Vergleichen wir es mit der Lichtenergie der Sonne. Pro Quadratmeter und Sekunde treffen auf der Erde rund 1000 J Sonnenenergie auf. Das ist um den Faktor 100 mehr (Abb. 15.11)!

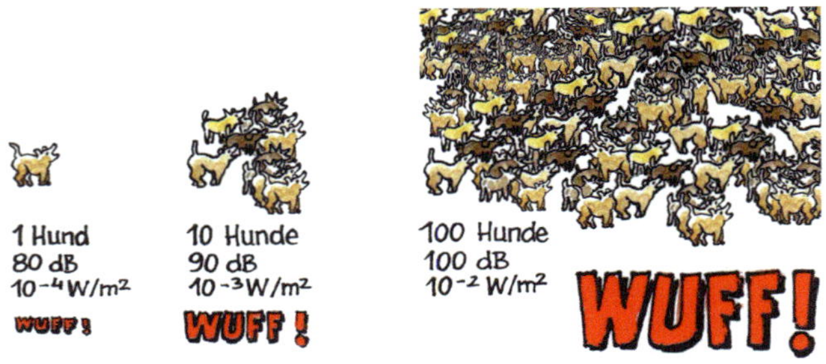

Abb. 15.10 Zur Verdopplung der Lautstärke sind +10 dB bzw. eine 10-fache Schallintensität notwendig. 10 Hunde bellen doppelt so laut wie einer, 100 viermal so laut.

Abb. 15.11 Die Lichtwellen der Sonne, die auf die Erde gelangen, transportieren rund 100-mal so viel Energie pro Zeit und Fläche wie eine schmerzende Schallwelle.

Die Angabe der **Schallintensität** in W/m² ist im Alltag etwas sperrig. Da gibt es zwei andere Maße. Einerseits gibt es die Einheit **Dezibel (dB)**. 0 dB hat man mit einer Intensität von 10^{-12} W/m² einfach festgelegt. Die Fühlschwelle liegt dann bei 120 dB oder 1 W/m². Vergleiche linke und rechte Achse in Abb. 15.9. Eine Erhöhung um 10 dB nehmen wir immer als **Verdopplung der Lautstärke** wahr, völlig egal ob von 3 auf 13 dB, von 57 auf 67 dB oder von 80 auf 90 dB. Das bedeutet aber gleichzeitig eine Verzehnfachung der Schallintensität! Du hörst daher 10 bellende Hunde nur doppelt so laut wie einen (→ F13, Abb. 15.10)! Verblüffend, oder?

Die Angabe in dB ist in der Technik sinnvoll, weil sie objektiv ist. Im Alltag ist sie nicht praktikabel, weil unsere Ohren für verschiedene Frequenzen unterschiedlich empfindlich sind. So ist ein Ton mit 60 dB bei 1000 Hz ganz schön laut, aber bei 20 Hz gar nicht zu hören. Deshalb hat man das **Phon** eingeführt! Entlang einer Phonkurve hörst du alle Frequenzen gleich laut (Abb. 15.9). Man hat festgelegt, dass bei 1000 Hz Phon und Dezibel zahlenmäßig gleich sind. Der Vorteil des Phons ist gleichzeitig sein Nachteil: Die Angabe ist subjektiv und jeder Mensch hat eigentlich eine eigene Phonkurve.

Wie funktioniert das Hören? Die Schallwellen werden in der Ohrmuschel gesammelt und durch den Gehörgang zum **Trommelfell** weitergeleitet. Die Schallanalyse erfolgt in der **Schnecke** im Innenohr (Abb. 15.12). Diese ist mit Flüssigkeit gefüllt. Wäre das Trommelfell ein Teil der Schnecke, dann würde an der Grenze zwischen Luft und Flüssigkeit praktisch die ganze Schallenergie reflektiert (siehe → F6). Dieses Problem wird durch einen doppelten Trick im Mittelohr gelöst!

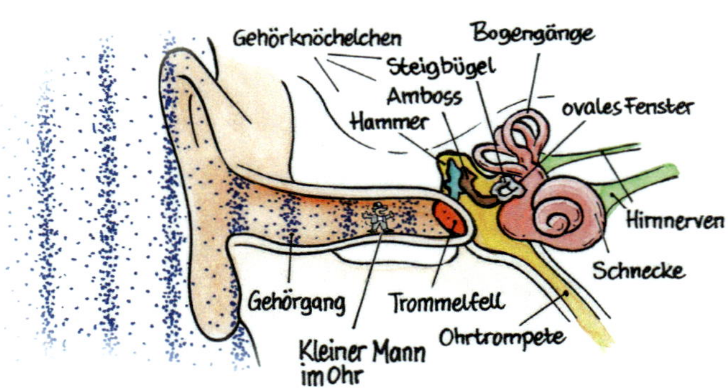

Abb. 15.12 Für das Hören wichtige Teile im Ohr: Der Steigbügel (ein Gehörknöchelchen; siehe auch Abb. 15.13 a) setzt am ovalen Fenster an, das bereits ein Teil der Schnecke ist (Abb. 15.13 b).

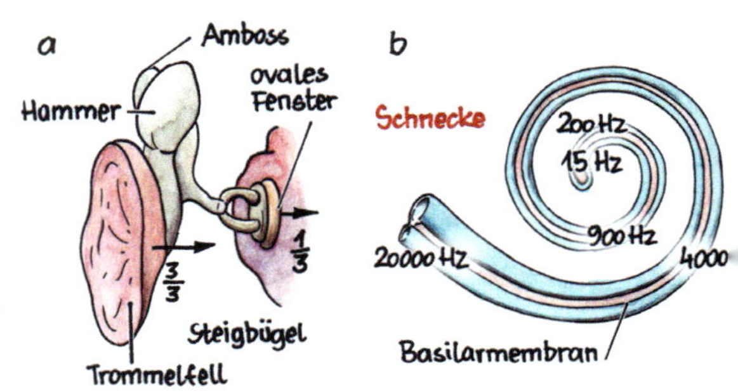

Abb. 15.13 a) Verringerung der Amplitude durch die Gehörknöchelchen b) Je tiefer der Ton, desto weiter läuft die Welle in die Schnecke hinein. Du hörst von etwa 15 Hz bis 20 000 Hz.

Erstens bilden Hammer, Amboss und Steigbügel ein **Hebelsystem**, das die Amplitude der Schwingungen vom Trommelfell bis zum Steigbügel auf ein Drittel verringert (Abb. 15.13 a). Dadurch steigt nach dem Hebelgesetz (siehe Kap. 10.3) die Kraft am Steigbügel auf das 3-fache. Zweitens verhalten sich die Flächen von Trommelfell und ovalem Fenster wie 20 : 1. Druck ist Kraft pro

Fläche. Weil sich die Kraft verdreifacht und die Fläche auf 1/20 sinkt, wird somit der **Schalldruck**, der zunächst auf das Trommelfell wirkt, um den Faktor 60 verstärkt. Dieser verstärkte Druck wirkt auf das ovale Fenster. Diese Druckerhöhung ist für den Übergang einer Schallwelle von Luft in Wasser optimal. Durch diesen Doppel-Trick im Ohr wird also erreicht, dass ein Minimum an Schallenergie reflektiert wird.

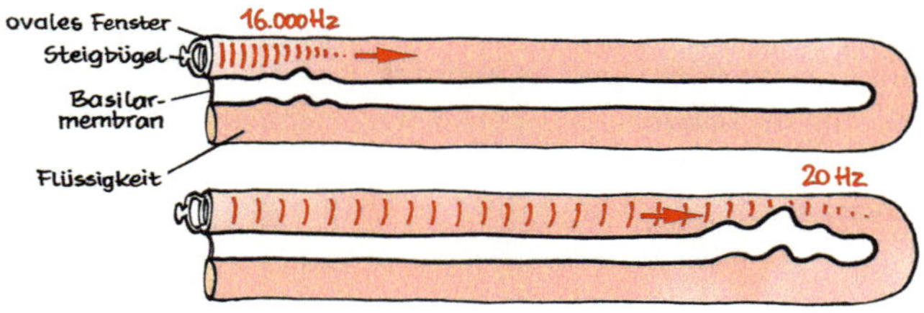

Abb. 15.14 Die entrollte Schnecke aus Abb. 15.13 b: Je tiefer der Ton, desto weiter läuft die Welle auf der Membran entlang.

Der **Steigbügel** setzt am ovalen Fenster an (Abb. 15.13 a), das bereits ein Teil der Schnecke ist. In dieser wird analysiert, aus welchen Frequenzen sich der Schall zusammensetzt. Die Schnecke ist aufgerollt etwa 3 cm lang und wird der Länge nach von der **Basilarmembran** durchzogen. Durch den Druck des Steigbügels laufen Wellen auf der Membran entlang. Sie laufen umso weiter, je tiefer ihre Frequenz ist (siehe Abb. 15.13 b und Abb. 15.14). Auf der Membran befinden sich feinste Sinneshärchen, die messen, an welcher Stelle diese am stärksten schwingt. Diese Information wird über Nervenbahnen zum Gehirn geleitet – du hörst!

Teste dich

F14 ◒ Kannst du die Gleichung der Frequenz einer schwingenden Saite qualitativ erklären? Warum hängt f zum Beispiel von l, ρ und A ab und warum sind diese Größen im Nenner? → L

F15 ◒ Wie kann man die Gleichung für die Schwingungsfrequenz einer Saite herleiten? Versuche mit Hilfe des Lösungsteils Schritt für Schritt nachzuvollziehen. → L

F16 ● Was passiert beim Flüstern? Was passiert bei Heiserkeit? Haben Frauen höhere Formantenfrequenzen als Männer? Wie entstehen die Konsonanten? Und warum klingt die eigene Tonbandstimme so seltsam? → L

F17 ● Was macht den Unterschied zwischen Sprechen und Singen aus? → L

F18 ● Wenn du Helium einatmest und sprichst, klingt deine Stimme wie die von Micky Maus. Kannst du dir vorstellen, warum? → L

F19 ◒ Was könnte es für einen Grund haben, dass wir tiefe Frequenzen relativ schlecht hören? → L

F20 ◒ Besorge dir eine Konzertgitarre und miss die Länge der frei schwingenden Saiten ab. Miss dann mit einer Schieblehre (Kap. 2.9) die Dicke der höchsten drei Saiten und besorge dir Informationen über deren Schwingungsfrequenzen. Die Dichte von Nylon liegt bei 1150 kg/m³. Berechne mit diesen Angaben die Spannung auf diesen Saiten. Verwende dazu die Gleichung aus **INFO** Gitarre aus Kap. 15.1. → L

F21 ○ Was versteht man eigentlich unter einer Oktave? Verwende bei deiner Erklärung den Begriff Frequenz. → L

F22 ◒ Wie viele Oktaven hört der Mensch? Nimm dazu an, dass die tiefsten Töne, die wir hören, bei etwa 20 Hz liegen und die höchsten bei rund 20 000 Hz – zumindest, solange wir noch jung sind. → L

F23 ● Wie viele Oktaven kann man „sehen" und was ist mit dieser Frage eigentlich gemeint? → L

F24 ● In den Agentenfilmen machen Pistolen mit Schalldämpfern (Abb. 15.15) immer ein leises „Plopp". Entspricht das den Tatsachen? Wodurch wird eigentlich der typische Pistolenknall verursacht? → L

Abb. 15.15

F25 ◒ Nimmst du die beiden Klänge in Abb. 15.16 gleich wahr oder unterschiedlich? Die beteiligten Einzeltöne haben in beiden Fällen dieselbe Frequenz. Versuche deine Antwort mit Situationen aus dem Alltag zu begründen. → L

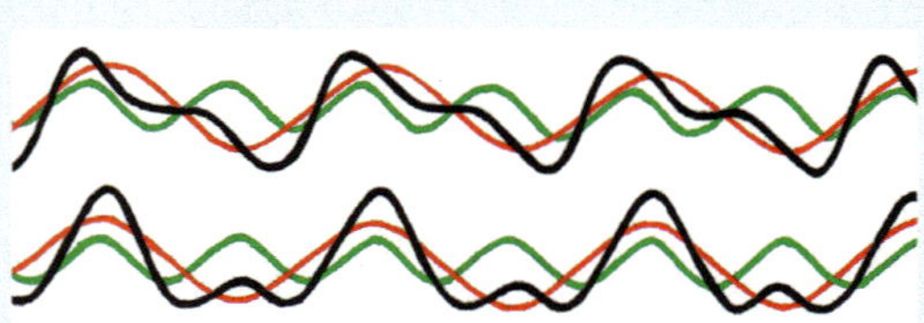

Abb. 15.16

16 Grundlagen zur Thermodynamik

Thermodynamik ist der wissenschaftliche Ausdruck für **Wärmelehre** (gr. „thermos" bedeutet warm). Im Prinzip geht es dabei um die ungeordnete Bewegung von Atomen und Molekülen. Damit lässt sich eine Vielfalt von Phänomenen erklären, etwa warum sich Gegenstände warm oder kalt anfühlen, das Verdampfen und Kondensieren, Schmelzen und Gefrieren, der Druck, die Diffusion, die Wärmeleitung und auch der Tau, der sich frühmorgens auf einer Wiese befindet, um nur ein paar zu nennen.
Die **Fachausdrücke** der Thermodynamik sind dir teilweise aus dem Alltag nicht bekannt oder haben dort eine andere Bedeutung. Außerdem wird mit ein und denselben Begriffen oft Unterschiedliches bezeichnet. Deshalb sind sie in Tabelle 16.1 zusammengefasst. Sie ist zum Zurückblättern gedacht und du kannst sie momentan überspringen.

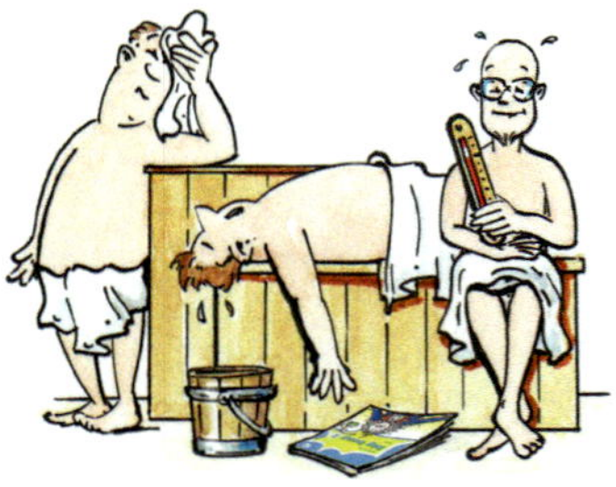

Begriff	Bedeutung in diesem Buch
ungeordnete kinetische Energie Einheit J	jene Energie, die in der ungeordneten Bewegung der Moleküle und Atome eines Objekts gespeichert ist
innere Energie (U) Einheit J	die Summe aus ungeordneter kinetische Energie und Bindungsenergie der Atome und Moleküle eines Objekts
Brown'sche Bewegung	unregelmäßige Bewegung eines sichtbaren Teilchens, die durch die thermische Bewegung kleinerer, nicht sichtbarer Teilchen verursacht wird
Temperatur (T) Einheit K	ein indirektes Maß für die thermische Bewegung der Atome und Moleküle eines Objekts
Wärme (Q) Einheit J	jener Teil der ungeordneten kinetischen Energie, der bei Berührung zweier Körper von selbst überfließt
Wärmekapazität (c) Einheit $\frac{J}{kg \cdot K}$	sie gibt an, wie viel Energie notwendig ist, um 1 kg eines Stoffes um 1 °C zu erwärmen
Entropie (S) Einheit $\frac{J}{K}$	Maß für die Unordnung in einem System

Tab. 16.1 Einige Begriffe aus der Thermodynamik mit Bezeichnungen und Einheiten

16.1 Durcheinandergebrachte Bewegungsenergie
Thermische Bewegung

In diesem Abschnitt geht es gleich um eine Kernfrage in der Thermodynamik: Was passiert, wenn sich ein Gegenstand erwärmt?

F1 ○ Energie bleibt immer erhalten, sie wandelt sich nur um (siehe Kap. 8.6)! Wohin „verschwindet" aber die Bewegungsenergie, wenn du einen Tonklumpen auf den Boden fallen lässt (Abb. 16.2)?

F2 ◒ Der schottische Botaniker Robert Brown entdeckte **1827**, dass Pollenkörner in einem Wassertropfen seltsame Zick-Zack-Bewegungen ausführen (Abb. 16.1). Hast du eine Erklärung dafür?

F3 ◒ Gib ein Stück Zucker in eine Tasse mit kaltem beziehungsweise heißem Wasser. Was wird passieren? Wie kannst du den Unterschied erklären? Welcher Zusammenhang besteht zu **F4**?

F4 ◒ Je höher die Wassertemperatur ist, desto sauberer wird die Wäsche (wenn man nicht aufpasst, kann sie natürlich auch einlaufen). Aber warum wird die Wäsche sauberer? Was bedeutet „warmes Wasser"?

Abb. 16.1 Bahn eines kleinen Teilchens in einem Wassertropfen

Abb. 16.2

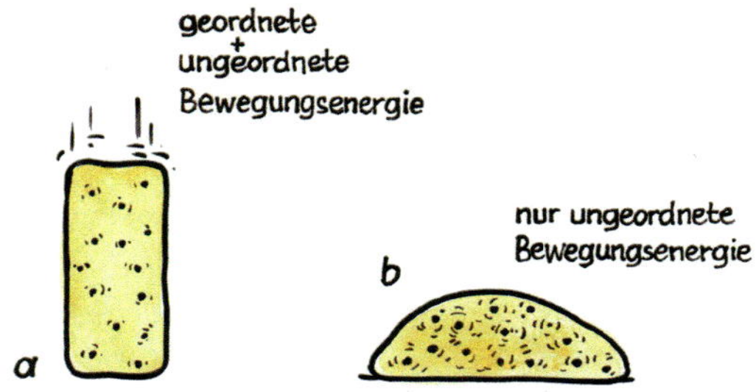

Abb. 16.3 Durch den Aufprall wird die vorher geordnete kinetische Energie in Unordnung gebracht.

Nimm an, du lässt einen **Tonklumpen** auf den Boden fallen (Abb. 16.2). Dabei wandelt sich die gespeicherte potenzielle Energie in kinetische Energie um (siehe Kap. 8.3). Genau beim Aufprall ist diese am größten (b). Wenn der Tonklumpen dann ruhig am Boden liegt, sind aber sowohl potenzielle als auch kinetische Energie verschwunden (c). Weil die Gesamtenergie erhalten bleiben muss, muss eine **andere Energieform** um genau diesen Betrag zugenommen haben! Aber welche?

In jedem Festkörper, jedem Gas und jeder Flüssigkeit bewegen sich Atome und Moleküle zu jeder Zeit. Diese ungeordnete Bewegung aller Teilchen nennt man **thermische Bewegung**. Auch die Teilchen im fallenden Tonklumpen führen diese ungeordnete Bewegung aus (Abb. 16.3 a). Aber zusätzlich bewegen sich alle Teilchen gleichzeitig in *eine* Richtung, führen also eine geordnete Bewegung aus. Nach dem Aufprall ist diese geordnete Bewegung vollkommen verschwunden, dafür hat sich die ungeordnete Bewegung der Teilchen im Tonklumpen drinnen verstärkt: Sie bewegen sich schneller und stärker als vorher. Man kann auch so sagen: Die **geordnete kinetische Energie** des gesamten Klumpens hat sich also in **ungeordnete kinetische Energie** der einzelnen Teilchen umgewandelt (Abb. 16.3 b). Im Alltag sagen wir dazu: Der Tonklumpen hat sich erwärmt (→ **F1**)!

INFO **Einstein und Brown**

ROBERT BROWN dachte zuerst, dass er kleine Lebewesen beobachtet hätte (→ **F2**). Aber auch Ruß- und Staubkörner und sogar kleine Metallsplitter bewegten sich. Die Erklärung für dieses Phänomen liefert **1905**, also fast 80 Jahre später, kein geringerer als Albert Einstein.

Er erkannte, dass die **Brown'sche Bewegung** der sichtbaren Partikel durch die pausenlosen Stöße der unsichtbaren Wassermoleküle verursacht wird (Abb. 16.4). Der Weg, den das sichtbare Teilchen dabei beschreibt, ist dem Zufall überlassen und niemand kann ihn vorhersagen.

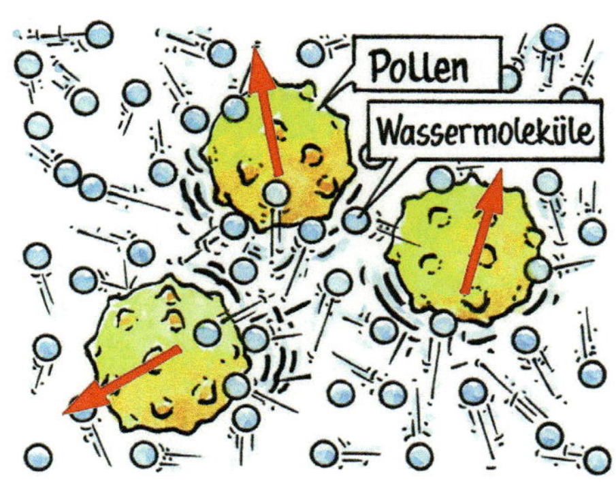

Abb. 16.4 Die großen, sichtbaren Teilchen werden von den kleinen, nicht sichtbaren Teilchen geschubst.

In einem Festkörper können Moleküle nur um ihre Ruhelage oder durch Verformung schwingen. In Flüssigkeiten und Gasen können sie sich zusätzlich frei bewegen und auch noch rotieren. Aber in allen Fällen gilt: Diese Bewegungen sind **ungeordnet** und umso **schneller**, je **wärmer** etwas ist. Aus diesem Grund wird Wäsche bei hohen Temperaturen sauberer: Dann ist nämlich die thermische Bewegung der Wassermoleküle größer und sie können den Schmutz besser aus der Wäsche lösen (→ **F4**). Und auch der Zucker löst sich aus diesem Grund im heißen Wasser viel schneller auf (→ **F3**).

Obwohl Erwärmung also eigentlich mit der kinetischen Energie zu tun hat, die in den einzelnen Atomen und Molekülen steckt, geht ihre Berücksichtigung über den Rahmen der Mechanik hinaus. Die **Trennung von Mechanik und Wärmelehre** hat einen praktischen Grund: Ein großes Objekt hat einfach zu viele Moleküle, um jedes davon einzeln beschreiben zu können. Man kann sie nur **statistisch** beschreiben.

ZUSAMMENFASSUNG

Geordnete kinetische Energie kann in ungeordnete kinetische Energie umgewandelt werden. Dann erwärmt sich ein Gegenstand. Die ungeordnete Bewegung seiner Teilchen nennt man die thermische Bewegung.

16.2 Eine absolute Null
Temperatur

In diesem Abschnitt geht es darum, was Temperatur eigentlich ist und wie man sie misst.

F5 ● Du willst eine neue Temperatur-Skala erfinden. Was brauchst du dazu, damit ein entfernter Freund ebenfalls diese Skala verwenden kann? Welche Probleme könnten dabei auftreten?

F6 ◒ Vor allem in den USA verwendet man zur Temperaturmessung die Fahrenheit-Skala (°F). Kennst du vielleicht zufällig einige Richttemperaturen in °F? Rate, wie hoch die Körpertemperatur in °F ist!

F7 ○ Wie hoch ist die Körpertemperatur des Menschen normalerweise?

F8 ◒ Eis schmilzt bei 0 °C und Wasser kocht bei 100 °C! Richtig oder falsch?

F9 ● Die folgende Frage klingt zwar blöd, ist aber sehr schlau und man kann sie ganz allgemein mit nur zwei Worten beantworten: Welche Temperatur misst ein Flüssigkeitsthermometer? → L

Das Beispiel mit dem **Tonklumpen** hat gezeigt, dass in allen Gegenständen ungeordnete kinetische Energie vorhanden ist. Erhöht sich in einem Gegenstand diese Energie, dann sagen wir, er wird wärmer. Sinkt die ungeordnete kinetische Energie ab, dann sagen wir, er wird kälter. Die Temperatur ist mit der Menge an ungeordneter kinetischer Energie in einem Objekt verknüpft und ein zentraler Begriff in der Thermodynamik.

Kalt und warm sind dir aus dem Alltag bekannt und erscheinen sehr klar zu sein. Aber unser **Temperatursinn** kann sehr leicht getäuscht werden. Temperaturen unter +10 °C und über +50 °C tun uns bereits weh und es ist nicht mehr immer klar zwischen warm und kalt zu unterscheiden. Flüssiger Stickstoff (−196 °C) fühlt sich so wie kochendes Wasser an. Außerdem weißt du, wie sehr die Wärmeempfindung davon abhängt, ob man vorher hohen oder tiefen Temperaturen ausgesetzt war. Kurz: Der Körper ist zur **exakten Temperaturbestimmung** überhaupt **nicht geeignet**.

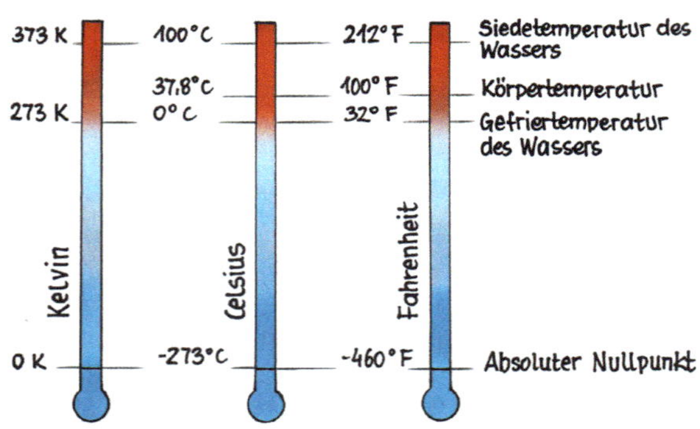

Abb. 16.5 Einige gerundete Vergleichswerte der einzelnen Temperaturskalen (→ F6). Zu den exakten Werten siehe Tab. 16.3. Die Werte gelten bei Normaldruck. **Die Temperaturdifferenzen 1 K und 1 °C sind gleich groß!**

Im Laufe der Geschichte sind zahlreiche Temperaturskalen entwickelt worden. Für uns sind drei Skalen wichtig (Abb. 16.5): Die **Celsius-Skala** wird in den meisten Ländern verwendet. Die **Fahrenheit-Skala** brauchst du, wenn du mal in die USA kommst, und die **Kelvin-Skala** verwendet man in der Technik.

Um eine Temperaturskala zu entwickeln, braucht man zumindest **zwei Fixpunkte**, also zwei Temperaturen, die man jederzeit an jedem Ort reproduzieren können muss (→ F5; Tab. 16.3). Dann muss man nur noch festlegen, wie viele Grad zwischen diesen Fixpunkten bei der neuen Skala liegen. Aber der erste Punkt ist gar nicht so leicht zu erfüllen!

DANIEL FAHRENHEIT definierte **1714** die tiefste Temperatur, die man damals mit einer Kältemischung erzeugen konnte, mit 0 °F. Er verwendete dazu eine Mischung aus Eis, Wasser und Meersalz und konnte damit −17,8 °C erzeugen. Als zweiten Fixpunkt soll Fahrenheit seine eigene Körpertemperatur gewählt haben, der er willkürlich 100 °F zuordnete. Das entspricht 37,8 °C und ist etwas hoch. Nach einer anderen Variante der Geschichte soll er seiner Körpertemperatur 96 °F zugeordnet haben, was mit 35,6 °C wiederum etwas wenig erscheint. Wie dem aus sei, in jedem Fall lag die Gefriertemperatur von Wasser bei 32 °F.

Fahrenheit in Celsius	Kelvin in Celsius	Celsius in Kelvin	Celsius in Fahrenheit
°C = (°F − 32)/1,8	°C = K − 273	K = °C + 273	°F = °C · 1,8 + 32

Tab. 16.2 Die wichtigsten Umrechnungsregeln

Skala	Fahrenheit	Celsius	Kelvin
Erfinder	Daniel Fahrenheit	Anders Celsius	William Thomson („Lord Kelvin“)
Jahr	1714	1742	1848
Fixpunkt 1	Kältemischung **0 °F**	Schmelztemperatur Eis **0 °C**	absoluter Nullpunkt **0 K**
Fixpunkt 2	Körpertemperatur Mensch **100 °F** oder **96 °F**	Siedetemperatur Wasser **100 °C**	Tripelpunkt des Wassers **273,16 K**
sprich	Grad Fahrenheit	Grad Celsius	Kelvin

Tab. 16.3 Die drei wichtigsten Temperaturskalen im Vergleich. Der Tripelpunkt liegt bei 0,01 °C!

INFO **Körpertemperatur**

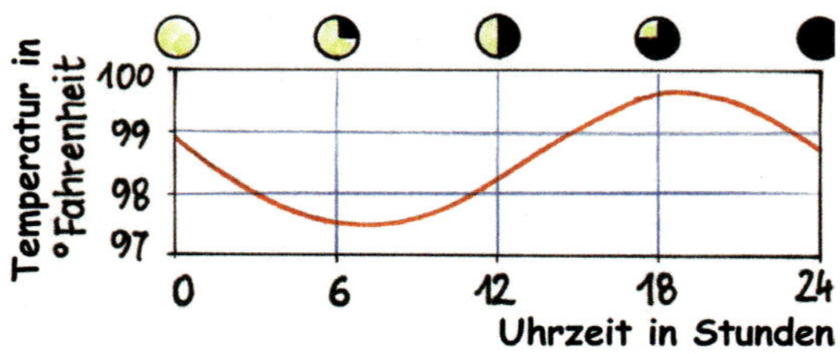

Abb. 16.6 Schematischer Tagesverlauf der Körpertemperatur. Die Körpertemperatur ist am Abend immer höher, nicht nur, wenn man Fieber hat!

Die **Körpertemperatur** eines Menschen hängt von vielen Faktoren ab, etwa von der Außentemperatur, der Bewegung, der Ernährung oder dem Alter. Außerdem hängt sie vom **Ort** der Messung ab (z. B. Achsel, Mund oder Ohr) und sogar von der Tageszeit (→ F7; Abb. 16.6). Du siehst, dass sich die Körpertemperatur schlecht als Fixpunkt eignet. Vielleicht hat Fahrenheit ja doch einen anderen Fixpunkt gewählt (z. B. Schmelztemperatur des Eises), wie in manchen Quellen zu lesen ist!?

Die Fixpunkte von **Celsius** beziehen sich auf reines Wasser. Das kann man sehr leicht überall herstellen. Der Nachteil ist allerdings, dass Schmelz- und Siedetemperatur mit dem Luftdruck schwanken. Auf dem Großglockner (3 798 m) kocht Wasser bereits bei knapp 88 °C (→ F8; siehe Abb. 18.11 a)! Auch die Schmelztemperatur verändert sich ein wenig mit dem Druck. Du siehst das große Problem!?

Die **Kelvin-Skala** hat keine negativen Werte, weil der Nullpunkt bei der tiefsten Temperatur gewählt wurde, die es im gesamten Universum gibt: dem **absoluten Nullpunkt**. Der zweite Fixpunkt ist der sogenannte **Tripelpunkt** des Wassers, der sehr exakt zu reproduzieren ist (siehe Abb. 18.11 a). Die Temperatur ist die fünfte Basisgröße, die du kennenlernst, und ihre Einheit ist das Kelvin (siehe Tab. 2.1, Kap. 2.1). Für uns ist es genau genug, wenn wir auf das Komma verzichten und einfach 273 abziehen, um von Kelvin auf Celsius zu kommen (siehe Abb. 16.5 und Tab. 16.2). Die Kelvin-Skala ist somit eine nach oben verschobene Celsius-Skala.

INFO **Kälter geht's nicht**

Die **thermische Bewegung** der Teilchen nimmt zu, wenn man einen Gegenstand erwärmt, und nimmt ab, wenn man ihn abkühlt. Es muss also zwangsläufig einmal der Punkt erreicht werden, an dem theoretisch die gesamte thermische Bewegung verschwunden ist[1]. Dieser Punkt liegt bei **−273,15 °C** oder **0 K**, und man nennt ihn den **absoluten Nullpunkt**. Kälter geht's nicht!
Man kann zwar heute bis auf Milliardstel Grad an 0 K herankommen, aber erreichen kann man ihn nie. Dazu müsste man die Energie abschirmen können. Z. B. erhöht jede kleinste Erschütterung die thermische Bewegung und somit die Temperatur. Wenn also im Nebenzimmer eine Fliege niest, ist's schon vorbei.

[1] Genau genommen bleibt auch bei 0 K noch etwas Bewegung übrig: die Nullpunktsbewegung. Sie ist eine Konsequenz der Heisenberg'schen Unschärferelation (siehe Band 2) und kann niemals entfernt werden.

ZUSAMMENFASSUNG

Die Temperatur ist ein indirektes Maß für die thermische Bewegung. Alle Fixpunkte der Temperaturskalen sind willkürlich, nur der untere Fixpunkt der Kelvin-Skala ist absolut. Deshalb spricht man dann auch von absoluten Temperaturen.

16.3 Heißer Tee und kalte Limonade
Wärme und spezifische Wärmekapazität

Aus dem Alltag kennt du den Begriff Wärme! Aber was bedeutet er physikalisch gesehen eigentlich?

F10 Nimm zwei Gläser und gieß in das eine heißen Tee und in das andere kalte Limonade. Was passiert dann mit dem Glas und mit der Flüssigkeit, wenn du eine Zeit lang wartest? Versuche den Begriff ungeordnete kinetische Energie zu verwenden! Nimm vereinfacht an, dass keine Energie nach außen abtransportiert wird.

F11 Im Alltag verwendet man die Begriffe Wärme und Kälte. Was könnte das physikalisch gesehen bedeuten?

F12 Im Alltag verwendet man Verbrennungsdurchlauferhitzer, bei denen das Wasser in „Echtzeit" erhitzt wird, aber fast immer elektrische Wasserspeicher! Warum macht man einen Durchlauferhitzer nicht auch elektrisch?

F13 Man unterscheidet zwischen kontinentalem und maritimem Klima. Warum macht es einen klimatischen Unterschied, ob man tief im Festland oder an der Küste lebt? → L

Die **Temperatur** ist ein indirektes Maß für die **Menge der ungeordneten kinetischen Energie** bzw. der Stärke der thermischen Bewegung in einem Körper. Damit wir nicht immer zitternde Teilchen zeichnen müssen, sind ab jetzt in allen Abbildungen **wärmere** Gegenstände **rötlich** und **kältere** **bläulich** dargestellt. Abb. 16.3 würde dann so wie Abb. 16.7 aussehen. Je röter, desto mehr ungeordnete kinetische Energie (= hohe Temperatur), je blauer, desto weniger ungeordnete kinetische Energie (= niedrige Temperatur).

Was passiert nun, wenn sich zwei Objekte oder Substanzen mit **unterschiedlicher Temperatur** berühren, etwa das Wasser und das Glas (→ F10)? Wenn das Wasser wärmer ist als das Glas (Abb. 16.8 a), dann ist die thermische Bewegung seiner Teilchen größer. Die Wasserteilchen prallen ständig an die innere Glaswand und übertragen auf sie einen Teil ihrer ungeordneten kinetischen Energie. Die Teilchen des Glases beginnen dadurch heftiger zu schwingen. Wie viel Energie wird übertragen? So viel, bis die Temperaturen ausgeglichen und Glas und Wasser gleich warm sind. Wenn du eiskaltes Wasser hineingießt (b), dann ist es umgekehrt: Das wärmere Glas gibt ungeordnete kinetische Energie an das Wasser ab.

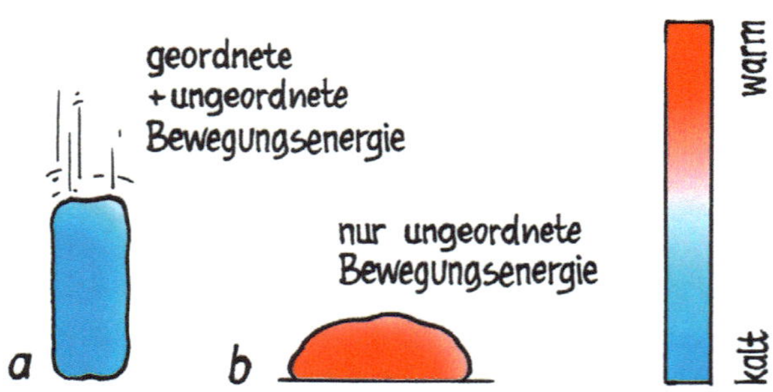

Abb. 16.7 wie 16.3, aber hier ist die Stärke der thermischen Bewegung farblich ausgedrückt. Die Erwärmung ist hier übertrieben dargestellt.

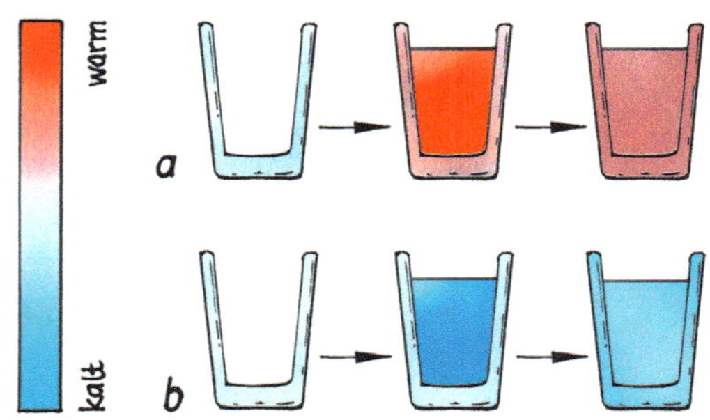

Abb. 16.8 Bei a fließt Wärme vom heißen Wasser zum kühleren Glas, bei b ist es umgekehrt.

Das führt uns zur Definition der Wärme: Wärme ist jene ungeordnete kinetische Energie, die bei Kontakt von einem Körper mit höherer Temperatur von selbst auf einen mit niedrigerer Temperatur überfließt! Sie trägt den Buchstaben Q und wird in Joule angegeben.

Im Alltag unterscheiden wir zwischen **Wärme** und **Kälte**. Man sagt zum Beispiel, dass einem „die Kälte in die Knochen kriecht". Aber was passiert dabei eigentlich (→ F11)? Genau genommen kriecht nämlich die Wärme *aus* den Knochen. Denn beim Erwärmen fließt Wärme in einen Körper ($+Q$), beim Abkühlen aus einem Körper ($-Q$). Das, was wir im Alltag als Einfließen von Kälte spüren, ist also eigentlich das Abfließen von Wärme.

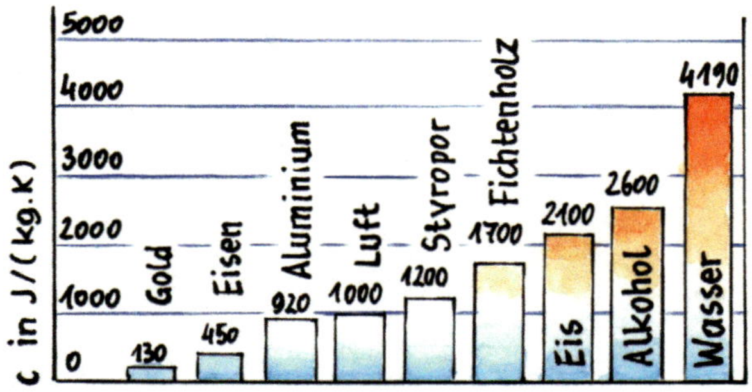

Abb. 16.9 Einige gerundete Werte für die spezifische Wärmekapazität

Stoffe sind unterschiedlich erwärmbar. Man benötigt unterschiedlich viel Energie, um sie um dieselbe Temperatur zu erwärmen. Das nennt man die **spezifische Wärmekapazität** oder kurz die **spezifische Wärme**: Darunter versteht man die benötigte Energie, um 1 kg eines Stoffes um 1 °C zu erwärmen.
Sie trägt den Buchstaben c und die Einheit ist $\frac{J}{kg \cdot K}$. In Abb. 16.9 ist die Wärmekapazität einiger Stoffe zusammengefasst.

Wir sind nun in der Lage, einen exakten Zusammenhang zwischen **Wärme und Temperaturdifferenz** herzustellen:

FORMEL Zusammenhang Wärme – Temperaturdifferenz

$$Q = c \cdot m \cdot \Delta T$$

Q	... Wärme	$[Q] = J$
c	... spezifische Wärmekapazität	$[c] = \frac{J}{kg \cdot K}$
m	... Masse des erwärmten Objekts	$[m] = kg$
ΔT	... Temperaturdifferenz	$[T] = K$

Wasser hat eine relativ **hohe Wärmekapazität** (siehe Abb. 16.9). Es kann also sehr viel Energie aufnehmen, ohne seine Temperatur dabei besonders stark zu erhöhen und umgekehrt. Im Alltag ist das ein Nachteil, weil das Erwärmen von Wasser zum Kochen oder zum Baden leider sehr viel Energie benötigt.

INFO Durchlauferhitzermotorrad

Abb. 16.10

Ein **Durchlauferhitzer** muss pro Minute 10 kg Wasser von 15 auf 50 °C erwärmen können. Sonst wäre Duschen ein lauwarmes Vergnügen. Die benötigte Energie beträgt $Q = c \cdot m \cdot \Delta T$, in unserem Fall also rund $1{,}5 \cdot 10^6$ J. Leistung ist Arbeit pro Zeit (siehe Kap. 8.5). Das macht also in diesem Fall $1{,}5 \cdot 10^6\,J/60\,s = 25\,kW$.

Das entspricht der maximalen Leistung eines Leichtmotorrads (Abb. 16.10)!

Elektrisch wäre diese Erwärmung unmöglich, denn die Haushaltsleitungen sind auf maximal 4 kW ausgelegt – Kabelbrand wäre also vorprogrammiert. Zweitens wäre es **höchst unökologisch**, weil man dann das Stromnetz extrem ausbauen müsste. Deshalb deckt man solche Spitzenleistungen zuhause durch Verbrennung von z. B. Öl oder Gas ab (→ F12). Wasserspeicher brauchen nicht so hohe Leistungen und können problemlos mit Strom betrieben werden.

ZUSAMMENFASSUNG

Wärme ist jener Teil der ungeordneten Bewegungsenergie, der von selbst bei einem Temperaturunterschied zum kälteren Ort fließt. Die spezifische Wärmekapazität gibt an, wie viel Energie man benötigt, um ein Kilogramm eines Gegenstandes um 1 K zu erwärmen.

16.4 Caloricum

1. Hauptsatz der Thermodynamik

In diesem Kapitel geht es um eines der wichtigsten oder sogar um das wichtigste Gesetz der Physik: Es geht um den Energieerhaltungssatz und somit auch um den 1. Hauptsatz der Thermodynamik.

F14 ○ Was besagt der Energieerhaltungssatz? Schau nach in Kap. 8.6!

F15 ○ Arbeit und Energie haben die Einheit Joule. Welchen Unterschied gibt es aber? Schlag nach in Kap. 8.1!

F16 ◒ Früher dachte man, Wärme sei eine Art Flüssigkeit, die von einem wärmeren in einen kälteren Gegenstand fließt. Eigentlich ist das relativ schlüssig – aber trotzdem falsch! Versuche mal, Argumente gegen diese Hypothese zu finden!

Die Idee, dass **Erwärmung** mit der Zunahme der **ungeordneten Bewegungsenergie** der Teilchen eines Gegenstandes zu tun hat, hatte man schon Ende des 17. Jahrhunderts. Es gab aber daneben die Vermutung, dass es sich bei Wärme um eine Flüssigkeit handelt, die von einem Gegenstand zum anderen fließt. Man nannte sie **Caloricum** oder **Phlogiston**! Die meisten Gelehrten am Ende des 18. Jh. vertraten diese zweite Ansicht. Die Idee der „Wärmeflüssigkeit" war ziemlich schlüssig, hatte aber eine große Schwachstelle: Man konnte mit ihr nicht erklären, wie es durch Reibung zur Wärmebildung kommen kann (→ **F16**).

Dann müsste das Caloricum ja praktisch aus dem Nichts in die geriebenen Stoffe fließen! Das Rennen dieser beiden Hypothesen war offen, bis ROBERT MAYER **1842** den Energieerhaltungssatz formulierte (siehe Kap. 8.6): Energie kann weder erzeugt noch vernichtet, sondern nur in eine andere Form umgewandelt werden. Wenn man die Wärme mit einbezieht, dann gelangt man zum 1. Hauptsatz der Wärmelehre. Für die meisten Fälle gilt eine einfache und sehr verständliche Version: Man kann die Temperatur eines Stoffes durch Arbeit oder Wärme erhöhen. Wärme ist demnach also nichts anderes als die Übertragung von Energie!

INFO

Innere Energie

Diese einfache Formulierung des 1. Hauptsatzes gilt, solange kein Phasenübergang stattfindet (siehe Kap. 18.3). Denn wenn man zum Beispiel kochendem Wasser weiter Energie zuführt, dann wird es zwar verdampfen, aber die Temperatur erhöht sich nicht (siehe Abb. 18.18). Für diese speziellen Fälle muss man den 1. Hauptsatz exakter formulieren: Die innere Energie (U) eines Objekts kann durch Zufuhr von Arbeit (W) oder Wärme (Q) erhöht werden. Man schreibt das so: $\Delta U = W + Q$

Was ist mit **innerer Energie** gemeint? Darunter versteht man die Summe der **ungeordneten kinetischen Energie** und der **Bindungsenergie** zwischen den Teilchen in einem System. Bei kochendem Wasser führt Zufuhr von Energie dazu, dass sich die Bindungen zwischen den Wassermolekülen lösen und Dampf entsteht. Dadurch wird zwar die innere Energie insgesamt größer, aber nicht die ungeordnete kinetische Energie und somit auch nicht die Temperatur.

Du kannst zum Beispiel einen Tonklumpen (Abb. 16.3 bzw. Abb. 16.7) erwärmen, indem du ihn immer wieder zu Boden fallen lässt. So erhöhst du die **ungeordnete kinetische Energie** in seinem Inneren durch **Zufuhr von geordneter kinetischer Energie**. Durch den Aufprall kommt diese dann in Unordnung. Man kann auch sagen: Arbeit wird auf den Ton übertragen (Abb. 16.11 a). Du kannst den Tonklumpen aber auch erwärmen, etwa indem du ihn in warmes Wasser legst. In diesem Fall erhöhst du die **ungeordnete kinetische Energie** in seinem Inneren durch **Zufuhr von ungeordneter kinetischer Energie** von außen. Man kann auch sagen: Wärme fließt auf den Ton über (Abb. 16.11 b).

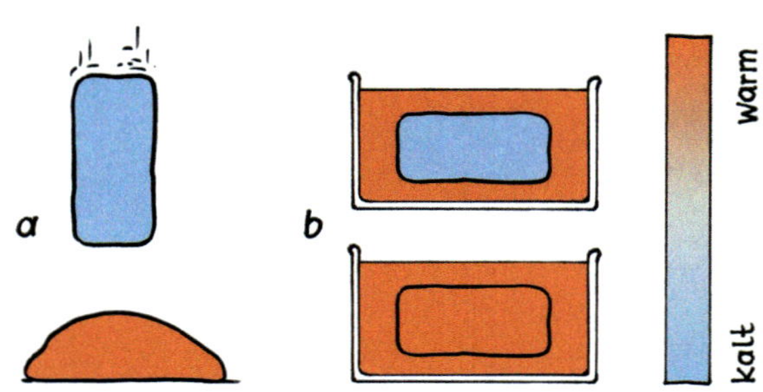

Abb. 16.11 Erhöhung der Temperatur des Tonklumpens durch Zufuhr von Arbeit durch Fallenlassen (a) oder von Wärme in einem Wasserbad (b); siehe dazu auch Abb. 16.3 und 16.7.

Man kann es auch so formulieren: Die Menge der Joule im Universum ist konstant. Erhöhung der Temperatur bedeutet, dass sich die Joule in einem Körper erhöhen, nämlich um die, die in der ungeordneten kinetischen Energie stecken. Deshalb muss es bei der Übertragung von Wärme oder Arbeit zu einer Übertragung von Joule kommen. Darum ist klar, dass Wärme und Arbeit ebenfalls in Joule zu messen sind. Wärme ist also nicht der Fluss eines Caloricums, sondern der „Fluss von Joule“ und somit von Energie.

ZUSAMMENFASSUNG

Der erste Hauptsatz der Wärmelehre ist eine Erweiterung des Energieerhaltungssatzes. Er besagt, dass Wärme – wie auch Arbeit – nichts anderes ist als die Übertragung von Energie. Wärme bedeutet immer einen „Fluss von Joule“ von einem Objekt auf ein anderes.

16.5 Mega-unwahrscheinlich

Entropie und 2. Hauptsatz

Warum spricht man eigentlich manchmal von einer Energiekrise, wenn doch die Energie immer erhalten bleibt? Darum geht es in diesem Kapitel!

F17 ◒ Wärme fließt nur selbstständig vom wärmeren zum kälteren Körper. Anders gesagt: Alle Dinge kühlen mit der Zeit aus. Warum ist das so?

F18 ● Ein Pflasterstein fällt zu Boden und erwärmt sich. Was spricht dagegen, dass er wieder vom Boden wegspringt und sich dabei abkühlt (Abb. 16.12)? Und was würde gegen Abb. 8.27 sprechen? Der Energieerhaltungssatz? Etwas anderes?

Abb. 16.12 Ein gleichmäßig warmer Pflasterstein wird von selbst oben kalt und unten warm, drückt sich vom Boden ab und springt weg.

F19 ● Warum vergeht die Zeit nur in eine Richtung? Warum kann man sie nicht umkehren? Warum erkennt man sofort, ob ein Film rückwärts läuft oder nicht?

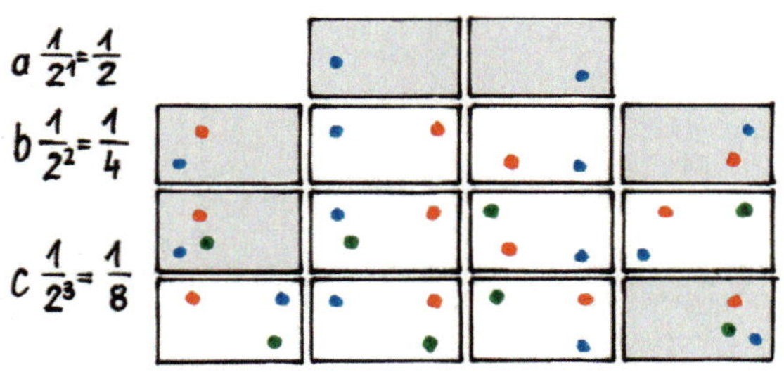

Abb. 16.13 Gas mit 1, 2 und 3 Teilchen in einer Box. Grau unterlegt ist der Zustand, in dem sich alle Teilchen in einer Hälfte befinden.

Nimm einmal an, du hast ein **Gas** mit nur **einem einzigen Teilchen** in einer Box (Abb. 16.13 a). Die Wahrscheinlichkeit, dass dieses herumflitzende Teilchen gerade in der linken Hälfte ist, beträgt 50 %, also ½. Bei **zwei Gasteilchen** gibt es 4 Möglichkeiten der Aufteilung (b), und die Wahrscheinlichkeit, dass beide links sind, sinkt auf 25 % oder ¼ ab. Bei **drei Gasteilchen** gibt es 8 Möglichkeiten (c), und die Wahrscheinlichkeit liegt bei nur mehr 12,5 % oder ⅛.

Allgemein kann man sagen: Die Wahrscheinlichkeit, dass sich ***N* bestimmte Teilchen** in einer Hälfte befinden, liegt bei $\frac{1}{2^N}$. Bereits bei läppischen 24 Teilchen ist die Wahrscheinlichkeit, sie in einer Hälfte anzutreffen, so gering wie ein 6er im Lotto, nämlich etwa 1 zu 17 Millionen. Die Wahrscheinlichkeit, dass ein ganzes Mol eines Gases (etwa 10^{24} Teilchen) zufällig in einer Hälfte ist, liegt nur noch bei 1 zu $10^{181284522963288121091626}$ ($\approx 10^{10^{24}}$). Was für eine Zahl!

In Abb. 16.14 siehst du links eine Box, die **halb mit Gas** gefüllt ist. Wenn man die Trennwand entfernt, dann wird sich das Gas nach einiger Zeit **gleichmäßig** verteilen. Was spricht dagegen, dass es sich wieder von selbst in der linken Hälfte sammelt? Es ist sicher verblüffend, aber das Einzige, was dagegen spricht, ist die unglaublich geringe Wahrscheinlichkeit! Die **größte Wahrscheinlichkeit** liegt nämlich immer dann vor, wenn sich in jeder Hälfte **gleich viele Teilchen** befinden. Deshalb stellt sich dieser Zustand von selbst ein (siehe Abb. 16.15).

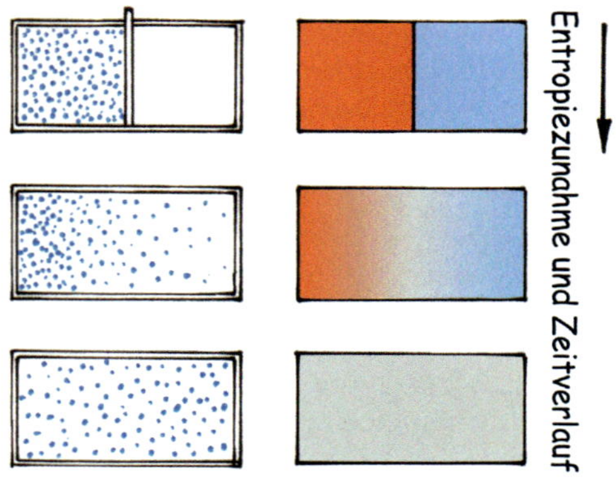

Abb. 16.14 Zwei mögliche Beispiele für die Erhöhung der Unordnung: Links verteilt sich ein Gas gleichmäßig, rechts die ungeordnete Bewegungsenergie, also die Temperatur.

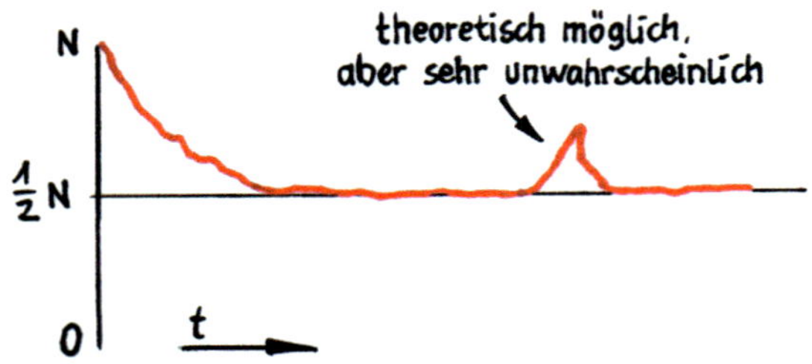

Abb. 16.15 Zu Abb. 16.14 links: Die Kurve zeigt die Anzahl der Teilchen in der linken Hälfte. Das Gleichgewicht pendelt sich bei etwa 50 : 50 ein. Es kann Schwankungen geben, aber je größer sie sind, desto unwahrscheinlicher.

Man kann es auch so formulieren: Vor dem Entfernen der Trennwand befinden sich die Teilchen in **größerer Ordnung** als nachher – sie sind ja nur in einer Hälfte. Durch das Entfernen der Wand erhöht sich die Unordnung. Den Grad der Unordnung nennt man Entropie. Man kann also auch so sagen: Mit dem Verteilen des Gases nimmt die Entropie zu.

Ganz ähnlich verhält es sich, wenn man zwei Körper mit **unterschiedlicher Temperatur** in Kontakt bringt (Abb. 16.14 rechts). Im linken, wärmeren Objekt befindet sich mehr ungeordnete kinetische Energie als rechts. Nach dem Kontakt verteilt sich die ungeordnete kinetische Energie gleichmäßig. Beide Objekte bekommen dieselbe Temperatur. Warum? Weil dieser Zustand **am wahrscheinlichsten** ist (→ F17)! In diesem Zustand ist die ungeordnete kinetische Energie quasi am ungeordnetsten und die **Entropie** somit am **größten**.

Diese Überlegungen kann man zum 2. Hauptsatz der Wärmelehre zusammenfassen: Ein System nimmt von selbst immer den wahrscheinlichsten Zustand an, nämlich den der größten Unordnung bzw. der größten Entropie.

Dieser abstrakte und scheinbar harmlos klingende Satz hat unglaubliche Konsequenzen für unser **gesamtes Universum**. Er sagt nämlich allgemein, dass dieses immer mehr in Unordnung kommt. Diese Unordnung ist unumkehrbar, also **irreversibel**. Die Kurve in Abb. 16.15 kann zum Beispiel nicht mehr in die Gegenrichtung laufen. Somit gibt der 2. Hauptsatz der Zeit eine eindeutige und **nicht umkehrbare Richtung** (→ F19).

INFO

Zeitumkehr

Zur Zeit des **Urknalls** hatte das Universum den Zustand der **höchsten Ordnung**. Die Zeit zeigt nun aber von Richtung Ordnung in Richtung Unordnung. Die Szene in Abb. 16.12 (→ F18) oder in Abb. 8.26 könnte zwar rein theoretisch wirklich so ablaufen, aber das ist mega-unwahrscheinlich. Sehen wir uns dazu die Sache mit dem **Pflasterstein** genauer an.

Wenn der Stein auf den Boden fällt (Abb. 16.16 a), kommt beim Aufprall seine **geordnete kinetische Energie in Unordnung** und die Temperatur an der Unterseite erhöht sich. Die Wärme breitet sich durch den ganzen Stein aus und schließlich ist er überall gleich warm. Das ist genauso wie in Abb. 16.14 rechts. Zum Schluss befindet sich die Energie im Zustand der größten Unordnung und die **Entropie ist maximal**.

Rein theoretisch wäre es nun möglich, dass die **Wärme** von selbst wieder hinunterfließt (Abb. 16.16 b), die Teilchen auf der Unterseite

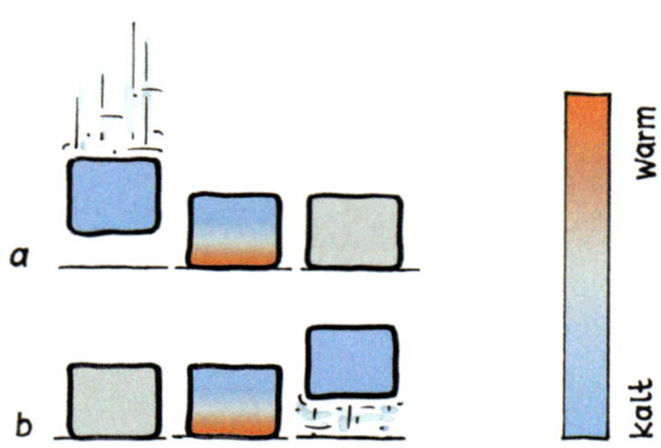

Abb. 16.16 Zeitumkehr! Wir nehmen vereinfacht an, dass der Stein keine Wärme nach außen abgibt.

gleichzeitig in eine Richtung schwingen und der Stein sich dadurch vom **Boden abdrückt**. Das würde aber eine plötzliche größere Ordnung bedeuten und ist mit der Zacke in Abb. 16.15 zu vergleichen. Je mehr Teilchen beteiligt sind, desto unwahrscheinlicher werden solche „Zeitrückläufe". Im Kleinen können noch manche Schwankungen auftreten. Das sichtbare Universum hat aber etwa 10^{80} Atome!!! Deshalb hat die **Zeit im Universum nur eine Richtung**!

Wenn alles **gleich warm** ist, dann kann von selbst keine Energie mehr fließen. Es sind dann zwar noch jede Menge Joule in der ungeordneten kinetischen Energie enthalten, aber wir haben keine Chance mehr, an diese heranzukommen und sie zu nutzen. Deshalb ist diese Energie „wertlos".

Da bei jedem Übergang zwischen zwei Energieformen zwangsläufig auch ungeordnete kinetische Energie entsteht, wird mit der Zeit die gesamte Energie in ungeordnete kinetische Energie umgewandelt. Diese verteilt sich dann gleichmäßig und wird für uns somit wertlos. Das, was wir im Alltag als „Energieverbrauch" bezeichnen, ist also im Grunde eine „**Energieentwertung**". Die ungeordnete kinetische Energie ist der **Energiefriedhof**, denn früher oder später landet hier die gesamte Energie. Von der völlig ungeordneten Energie haben wir leider nichts mehr.

ZUSAMMENFASSUNG

Der zweite Hauptsatz der Wärmelehre legt die Richtung fest, in die sich unser Universum entwickelt: Von Ordnung in Richtung Unordnung. Das führt für uns leider früher oder später zur Entwertung aller Energie.

Teste dich

F 20 ◒ Genau genommen bleibt ein Teil der Energie in Abb. 16.2 nicht im Klumpen, sondern geht in die Umgebung über. Welchen Beleg gibt es dafür? → L

F 21 ◒ Berechne den absoluten Nullpunkt in °F. Mit anderen Worten: Wie viel sind 0 °K in °F? → L

F 22 ◒ 0 °C sind 273,15 K. Aber in Tabelle 16.2, ist der Tripelpunkt von Wasser mit 273,16 K angegeben? Wo kommt dieses 1/100stel Grad her? → L

F 23 ◒ Wie viel Joule ungeordnete Bewegungsenergie stecken im Wasser eines „Quadratsees" mit 1 km Seitenlänge und 150 m Wassertiefe bei 15 °C Wassertemperatur? Was könnte man damit alles machen? Rechne vereinfacht nur mit der spezifischen Wärmekapazität von Eis! → L

F 24 ◒ Ein Mensch kann auf Dauer eine Leistung von 100 W abgeben. Wie lange müsste er zum Beispiel auf einem Ergometer fahren, damit er einen Liter Wasser mit 15 °C zum Kochen bringt (100 °C)? → L

F 25 ◒ Versuche mal mit Hilfe des Teilchenmodells zu erklären, wie durch Reibung Wärme entstehen kann. → L

F 26 ◒ Aus welcher Höhe muss ein Wassertropfen (im luftleeren Raum) fallen, damit er sich um 1 °C erwärmt? → L

F 27 ◒ Begründe, dass Schaum – etwa von einer Limonade, einem Bier, einem Cappuccino oder einem Schaumbad in einer Badewanne – eine kleinere Entropie hat als die Flüssigkeit, zu der er sich dann wieder umwandelt. Überlege mit Hilfe von Abb. 16.17. → L

Abb. 16.17 Bierschaum in einer Detailaufnahme

F 28 ● Welche der folgenden Aussagen formuliert den 2. Hauptsatz der Wärmelehre?

a) Es gibt keine Zustandsänderung, deren einziges Ergebnis die Übertragung von Wärme von einem Körper niederer auf einen Körper höherer Temperatur ist.

b) Es gibt keine Zustandsänderung, deren einziges Ergebnis das Abkühlen eines Körpers ist.

c) In einem geschlossenen System kann die Entropie nicht abnehmen, sie nimmt in der Regel zu. Nur bei reversiblen Prozessen bleibt sie konstant.

d) Es gibt kein Perpetuum Mobile der 2. Art, also keine Maschine, die Arbeit aus der Umgebungswärme gewinnen kann, ohne dass ein negatives Temperaturgefälle notwendig wäre. → L

F 29 ● Alle Lebewesen können im Laufe ihres Lebens ihre Entropie konstant halten. Anders gesagt: Der Körper bleibt in Ordnung, er kann sich sogar selbständig reparieren. Widerspricht das aber eigentlich nicht dem 2. Hauptsatz der Wärmelehre? Müsste nicht der Körper demnach den größten Zustand der Unordnung einnehmen? → L

17 Formen der Wärmeübertragung

Wärme fließt, ohne dass man etwas tun muss, immer von selbst zu Orten mit niedrigerer Temperatur. Das bringt für uns Menschen ein Problem mit sich: Wenn du nicht in den Tropen lebst, dann muss dein Körper den ganzen Tag heizen, damit seine innere Temperatur konstant bleibt. Auch in der Wohnung muss oft geheizt werden. Aber das hat letztlich ebenfalls damit zu tun, dass dein Körper nicht auskühlen soll. Sessel und Tisch wäre es egal, wenn es im Zimmer nur 5 °C hätte. Es gibt drei Möglichkeiten der Wärmeübertragung: Wärmeleitung, Wärmestrahlung und Wärmeströmung („Konvektion"). Die ersten zwei treten bei allen Stoffen auf, Wärmeströmung gibt es nur in Flüssigkeiten und Gasen. Meistens treten mindestens zwei Effekte gleichzeitig auf. Wir sehen sie uns aber zunächst einzeln an.

17.1 Ein Kübel mit Löchern
Wärmeleitung

Unter Wärmeleitung versteht man das Ausbreiten der ungeordneten Bewegungsenergie innerhalb eines Stoffes.

F1 ● Wenn du im Klassenraum verschiedene Materialien berührst, fühlen sich diese unterschiedlich warm an (z. B. Holz wärmer und Metall kälter). Wenn sie aber schon längere Zeit im Raum sind, müssen sie alle Raumtemperatur haben. Wie ist das zu erklären?

F2 ● Luft mit 20 °C im Wohnraum empfinden wir angenehm. Wasser mit 20 °C in der Badewanne ist sehr unangenehm. Warum? → L

F3 ● In der Sauna hat es oft mehr als 100 °C. Warum wird man dabei eigentlich nicht zart durchgekocht? → L

F4 ◒ Warum sollten elektrische Kochplatten, aber auch die Töpfe drauf, vollkommen eben sein?

F5 ◒ Hat es wirklich Sinn, dass man Hausmauern für eine Stange Geld mit einer bloß ein paar Zentimeter dünnen Schicht aus Schaumstoff oder einem ähnlichen Material verkleidet?

F6 ● Du verlässt an einem kalten Tag kurz deine Wohnung. Wie sparst du am besten Energie: a) Die Heizung laufen lassen, b) herunterregeln, c) abschalten? Oder ist es d) egal?

Dass **Wärme** immer in Richtung niedrigerer Temperatur fließt, kann man mit dem Teilchenmodell einfach verstehen. Hat ein einzelnes Teilchen mehr kinetische Energie (= eine höhere Temperatur) als die Umgebung, dann gibt es diese durch **Stöße** an seine Nachbarteilchen weiter, diese geben sie wieder an die Nachbarteilchen ab und so weiter. Die Wärme „will" sich gleichmäßig verteilen, weil das der wahrscheinlichste Zustand ist (siehe Abb. 16.14). Wie schnell die ungeordnete kinetische Energie weitergegeben wird, hängt aber vom Material ab. Man spricht von **guten** und **schlechten Wärmeleitern** (Abb. 17.1).

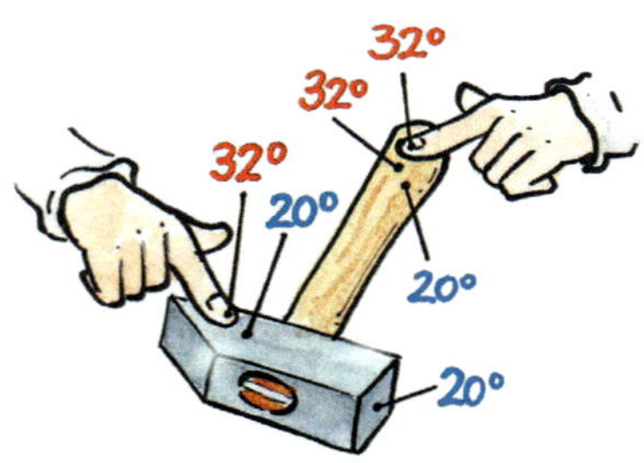

Abb. 17.1 Holz ist ein schlechter Wärmeleiter (siehe auch Tab. 17.1). Wenn du Holz berührst (rechts), dann kann die Wärme deiner Finger **nicht gut abgeleitet** werden und die Kontaktstelle erwärmt sich rasch. Metall transportiert die Wärme aber gut ab (links) und erwärmt sich nicht oder kaum an der Kontaktstelle. Deshalb fühlt es sich bei gleicher Temperatur kühler an (→ F1).

Metalle leiten Wärme besonders gut. Das hängt mit ihrer guten **elektrischen Leitfähigkeit** zusammen (siehe Kap. 22.4). Sie geben die ungeordnete kinetische Energie nämlich nicht nur durch Zusammenstöße ihrer Atome weiter, sondern auch durch ihre **frei beweglichen Elektronen**.
Die Wärmeleitung von Flüssigkeiten und elektrischen Nichtleitern liegt in der gleichen Größenordnung (siehe Tab. 17.1).

Die Übertragung der Wärme vom heißeren zum kälteren Ende wird als Wärmefluss oder **Wärmestrom** bezeichnet. Wichtig: Es fließt **keine Materie**, sondern **Energie**! Der Wärmestrom gibt an, wie viel Wärme bzw. thermische Energie pro Zeit fließt, er hat also die Dimension einer Leistung (zur Herleitung der Gleichung siehe F20).

FORMEL Wärmestrom

$I = \frac{\Delta Q}{\Delta t} = \lambda \cdot \frac{A}{d} \cdot \Delta T$

I	… Wärmestrom	$[I] = \frac{J}{s}$
λ	… Wärmeleitfähigkeit	$[\lambda] = \frac{W}{m \cdot K}$
A	… Querschnitt	$[A] = m^2$
d	… Wanddicke	$[d] = m$
ΔT	… Temperaturdifferenz	$[T] = K$

Stell dir vor, du hast einen Würfel mit der Seitenlänge von 1 m (Abb. 17.2) und auf der einen Seite ist die Temperatur 1 °C höher als auf der anderen (z. B. 20 und 19 °C). Somit haben A, d und ΔT in der Gleichung den Wert 1. Die **Wärmeleitfähigkeit** λ ist dann zahlenmäßig so groß wie die Joule, die pro Sekunde von der heißen zur kalten Seite fließen. Bei Silber sind es zum Beispiel 430 J/s, bei ruhender Luft bloß 0,024 J/s. Die besten Wärmeleiter leiten also fast 20 000-mal so gut wie die schlechtesten (siehe Tab. 17.1 rechte Spalte)!

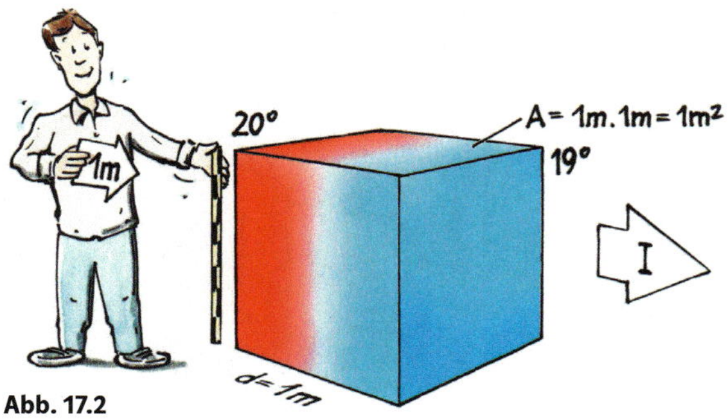

Abb. 17.2

Stoff	$\lambda \left[\frac{W}{m \cdot K}\right]$	relativ	Stoff	$\lambda \left[\frac{W}{m \cdot K}\right]$	relativ
Silber	430	18 000	Fett	0,16	6,7
Aluminium	205	8 500	Gummi	0,16	6,7
Eisen	80	3 300	Fichtenholz	0,13	5,4
Haut (stark durchblutet)	0,8	33	Styropor (Polystyrol)	0,035	1,5
Wasser (ruhend)	0,6	25	Wolle, Federn, Fell	0,025	1
Haut (schwach durchblutet)	0,2 – 0,3	8 – 13	Luft (20 °C, ruhend)	0,024	1

Tab. 17.1 Absolute und gerundete relative Wärmeleitfähigkeit einiger Stoffe (der relative Wert bezieht sich auf Luft)

Die Wärmeleitfähigkeit von Eisen ist rund 600-mal so gut wie die von Holz (siehe auch Abb. 17.1)! Aluminium leitet sogar fast 1 600-mal so gut wie Holz. Deshalb fühlen sich **Metalle** bei Zimmertemperatur immer **kalt** an. Eisen leitet die Wärme über 3 000-mal so gut wie Luft. Deshalb kostet es unglaublich viel zusätzlichen Strom, wenn alte Kochtöpfe nicht eben auf der E-Herdplatte aufliegen (→ F4)! Allgemein gilt: Wie viel Wärme verloren geht, hängt immer von der **Fläche**, der **Wanddicke**, von der **Wärmeleitfähigkeit** des Materials und von der **Temperaturdifferenz** ab. Wenn man also Energie sparen möchte, dann muss man immer diese vier Werte optimieren.

INFO **Info Blauwal**

Blauwale werden bis 33 m lang und 200 t schwer. Sie sind damit die **schwersten bekannten Tiere** der gesamten Erdgeschichte. Als Säugetiere müssen sie eine Kerntemperatur von 37 °C aufrechterhalten. Wie schaffen sie das im saukalten Wasser? Indem sie eine Fettschicht von etwa 30 cm Dicke am ganzen Körper haben. Diese isoliert so gut, dass Blauwale selbst bei einer Wassertemperatur von 5 °C mit einer Heizleistung von bloß 8 000 W auskommen – für diese Bedingungen fast gar nichts. Trotzdem müssen sie jeden Tag einige Tonnen Krill verdrücken, um den Energiebedarf zu decken.

Abb. 17.3 Blauwale sind gigantisch groß!

INFO Wärme im Haushalt

Die **Boden-, Decken- und Wandflächen** einer Wohnung lassen sich bei gleicher Wohnfläche nicht oder kaum vermindern. Man kann aber die Flächen minimieren, an denen es Wärmeverluste gibt. Ein Einfamilienhaus hat 6 Außenflächen und ist daher sehr unökologisch. Ein Reihenhaus in der Mitte hat nur 4 Außenflächen. Am besten ist natürlich eine Wohnung, die 2 oder im Idealfall sogar nur noch 1 Außenfläche hat – besonders wohnlich ist das aber nicht!

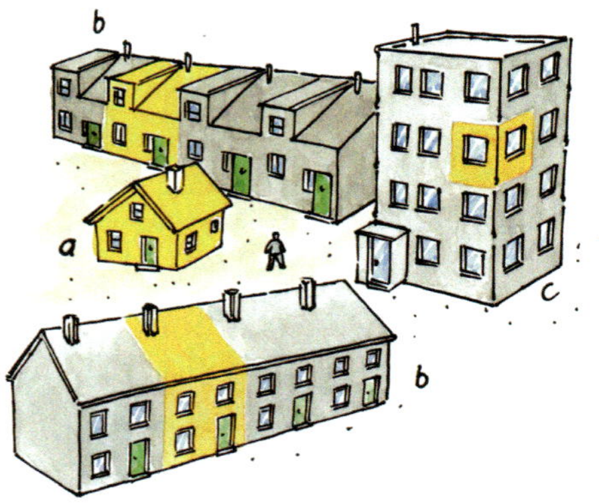

Abb. 17.4 An den Außenflächen geht die meiste Wärme verloren: a: 6, b: 4 und c: 2 Außenflächen

Außerdem kann die **Wärmeübertragung** durch Dämmstoffe vermindert werden (siehe Tab. 17.2). Beim Neubau sollte immer auf den *U*-Wert geachtet werden. Es zahlt sich aber für die Umwelt auch aus, Altbauten mit Wärmedämmung nachzurüsten (→ F5).

Bleibt die Reduzierung der **Temperaturdifferenz**. Man kann eine Wohnung mit einem Kübel Wasser mit Löchern vergleichen, in dem man trotzdem einen konstanten Wasserspiegel halten möchte (Abb. 17.5). Je höher der Wasserspiegel, desto schneller ist der Wasserabfluss und desto schneller muss auch der Wassernachschub sein. Auf die Wärme umgelegt bedeutet das: Je größer der Temperaturunterschied zwischen innen und außen ist, desto größer ist der Wärmeverlust und desto höher muss die Wärmeproduktion durch Heizen sein.

Abb. 17.5 Je niedriger du den Wasserspiegel hältst, desto langsamer kann die Wasserzufuhr erfolgen.

Der **Wärmeverlust** ist **proportional zur Temperaturdifferenz**. Nimm an, dass es draußen 0 °C hat und drinnen 22 °C (ΔT = 22 °C). Wenn du ΔT um 10 % auf 20 °C reduzierst, dann sparst du auch 10 % der Energie. Am meisten spart man also, wenn man die Heizung abschaltet (→ F6). Ein Thermostat, der in der Nacht die Temperatur absenkt, hilft somit Energie zu sparen.

INFO *U*-Wert

Mauern bestehen meistens aus verschiedenen Komponenten. Außerdem spielt manchmal nicht nur die **Wärmeleitung**, sondern auch die **Konvektion** eine Rolle (siehe Kap. 17.2). In der Praxis gibt man daher den ***U*-Wert** an (früher ***k*-Wert** genannt), in dem diese **Effekte zusammengefasst** sind. Er zeigt an, wie viele Watt pro Quadratmeter und pro Kelvin Temperaturdifferenz verlorengehen und wird von den Herstellern angegeben (siehe Tab. 17.2). **Je kleiner der *U*-Wert, desto besser!**

5 cm Styropor haben dieselbe Wirkung wie 1 m Beton, 40 cm Vollziegel oder 25 cm Hohlziegel (→ F5)! Isolation macht sich also sehr bezahlt, um Wärmeleitung zu vermindern! Die schlechteste Wärmedämmung haben Fenster, weil sie so dünn sind (siehe Abb. 17.13).

Material	*U*-Wert $\left[\frac{W}{m^2 \cdot K}\right]$
Doppelfenster Normalglas	2,5
Doppelfenster Thermoglas	1,3
Außenwand Altbau ungedämmt	0,6 bis 2,4
Beton, 1 m	0,6
Ziegel voll 40 cm bzw. hohl 25 cm	0,6
Styropor 5 cm	0,6
Hohlziegel 45 cm + Styropor 5 cm	0,29
Planziegel 50 cm, mineralwollgefüllt (verputzt)	0,19
Außenwand Passivhaus	0,1

Tab. 17.2

ZUSAMMENFASSUNG

Der Wärmeverlust durch Wärmeleitung hängt von der Fläche und der Wärmeleitfähigkeit eines Stoffes ab. Außerdem ist er proportional zur Temperaturdifferenz.

17.2 Kerzen im Weltall
Konvektion

Der zweite Mechanismus der Wärmeübertragung ist die Konvektion. Dabei werden Wärme und Materie transportiert.

F7 ● Wie „funktioniert" Kleidung? Warum halten Wolle, Pelze oder Federn besonders warm? Wie müsste man einen Pelzmantel tragen, damit er noch besser warm hält? Und welcher Trick liegt in Eisbärhaaren verborgen?

F8 ◒ Warum kühlt eigentlich ein Ventilator? Er bläst dich doch nur mit Luft an, kühlt sie aber gar nicht. → L

F9 ◒ Wie kommt es zur typischen Form der Kerzenflamme? Wie wäre das in Schwerelosigkeit und warum?

F10 ● Ein altes Doppelfenster mit 20 cm Glasabstand isoliert viel schlechter als ein neues mit 2 cm Abstand. Warum? Die isolierende Luftschicht ist doch 10-mal so dick?

F11 ◒ Was isoliert besser: Ein Vollziegel oder ein Hohlziegel mit vielen kleinen Lufträumen? Und warum?

F12 ◒ Du kannst Wasser im Topf mit Deckel schneller zum Kochen bringen. Aber warum? Der Deckel hat bald die Temperatur des Wassers! → L

Erwärmte Gase oder Flüssigkeiten dehnen sich aus (siehe Kap. 13.1). Ihre Dichte sinkt und sie steigen auf. Das nennt man **freie Konvektion** und diese wird durch die Gravitation verursacht. Dabei wird Wärme transportiert und an kühlere Stelle abgegeben.

INFO
Kugelrund

Die dir gewohnte Form einer **Flamme** (Abb. 17.6 links) kommt durch **Luft-Konvektion** zustande (→ F9). Die gelbliche Farbe stammt von verbrennenden Rußpartikeln. Im All gibt es keine Konvektion, die Flamme wird rund. Durch den geringeren Sauerstoffnachschub ist sie wesentlich kühler und bläulich.

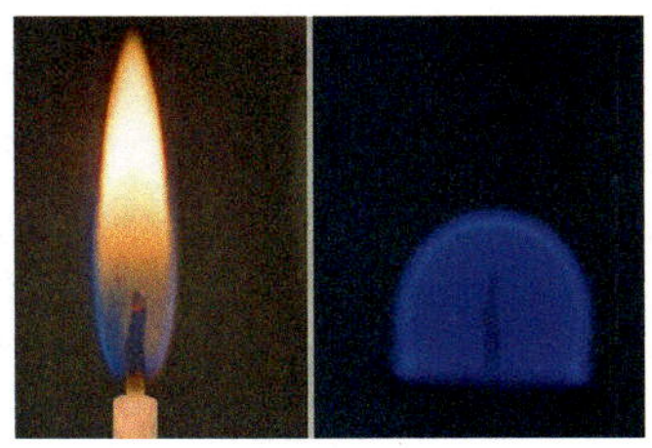

Abb. 17.6 Eine Flamme auf der Erde (links) und im All

Abb. 17.7 Bei der Verteilung der Wärme beim Wasserkochen und beim Heizen im Wohnraum ist die Konvektion sehr hilfreich.

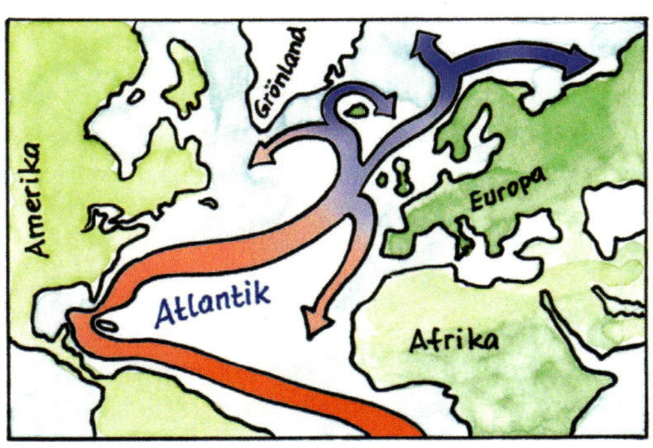

Abb. 17.8 Der Golfstrom ist eine riesige Konvektionswalze. Er befördert pro Sekunde 30-mal mehr Wasser als alle Flüsse der Welt zusammen. An einem Tag transportiert er so viel Energie ($2 \cdot 10^{18}$ J), wie in ganz Deutschland in einem Jahr benötigt wird!

Konvektion hat ihre Vor- und Nachteile. Beim **Erwärmen von Wasser** ist sie enorm hilfreich, weil durch die Umwälzung die Wärme viel schneller verteilt werden kann (Abb. 17.7). Auch beim **Heizen** in der Wohnung profitiert man von diesem Effekt. Er trägt aber leider auch dazu bei, dass Wärme aus dem menschlichen Körper oder aus der Wohnung transportiert wird. Im Inneren der Erde gibt es gigantische Konvektionen des flüssigen **Magmas**, die zu einer Verschiebung der Kontinentalplatten und somit zu Erdbeben führen. Auch die Meeresströmungen kann man als Konvektionen auffassen, etwa den mächtigen **Golfstrom** (Abb. 17.8). Hier spielen aber viele Ursachen eine Rolle, auch der Salzgehalt des Wassers und die Lage der Landmassen. Neben der freien gibt es auch noch die **erzwungene Konvektion**. Darunter versteht man, dass die Konvektionsbewegung durch Ventilation oder Pumpen erzeugt wird. Das ist beim Wasser einer Zentralheizung oder im Kühler eines Autos der Fall. Die erzwungene Konvektion ist aber auch der wichtigste Mechanismus für den Wärmetransport aus dem **Körperinneren** an die **Hautoberfläche** (siehe Kap. 17.4).

INFO **Konvektionsverhinderung**

Wenn man die **Konvektion unterbindet**, ist Luft ein extrem guter Wärmeisolator (siehe Tab. 17.1). Dass unsere **Kleidung** wärmt, liegt weniger am Material selbst, sondern an der Luft, die das Material „festhält". Deshalb ist die Wärmeleitfähigkeit von Wolle, Federn und Fell praktisch genauso klein wie die von Luft. Kleider sind Konvektionsverhinderer (→ F7). Ein **Pelz** ist dann besonders warm, wenn man ihn nach innen trägt, weil dann die Luft noch besser festgehalten wird! Eisbären können ihr Fell zwar nicht innen tragen, aber ihre Haare sind mit Luft gefüllt und somit perfekte Konvektionsverhinderer.

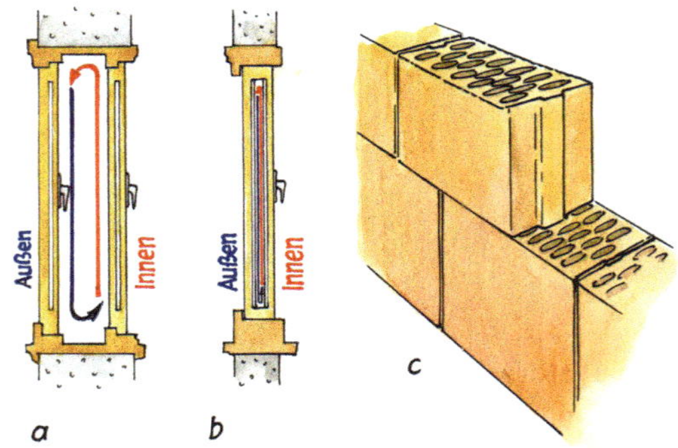

Abb. 17.9 a) Doppelfenster, b) Doppelglasfenster und c) Hohlziegel mit eingeschlossener Luft

Das Prinzip der Konvektionsverhinderung wird auch beim Bauen angewendet (→ F11). Isolationsmaterialien funktionieren immer mit Hilfe von eingeschlossener Luft, die man am Zirkulieren hindert (Abb. 17.9 c). Bei einem **Doppelfenster** (a, → F10) geht durch Konvektion sehr viel Wärme verloren. In einem **Doppelglasfenster** (b) behindern einander auf- und absteigende Luft und die Konvektion wird praktisch unterbunden.

ZUSAMMENFASSUNG

Konvektion ist die Umwälzung von Flüssigkeiten oder Gasen. Der Auslöser ist natürlich (Gravitation) oder künstlich (Pumpe oder Ventilation).

17.3 Sichtbare Temperaturen
Wärmestrahlung

Die dritte Form der Wärmeübertragung ist die Wärmestrahlung oder thermische Strahlung. Wärmeleitung und Konvektion sind an Materie gebunden, Wärmestrahlung gibt es auch im Vakuum.

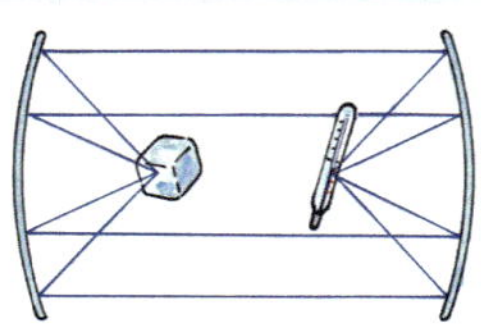

Abb. 17.11

F13 ● Sterne haben, durch das Fernrohr betrachtet, verschiedene Farben (Abb. 17.10)! Aber worin besteht der Unterschied zwischen einem roten und einem blauen Stern?

F14 ● In den Brennpunkten zweier Parabolspiegel befinden sich ein Eiswürfel und ein Thermometer (Abb. 17.11). Was passiert und warum? Was wäre, wenn sich links eine glühende Kohle befände? → L

F15 ● Wie kalt ist es im Weltraum? Kann man dort überhaupt von einer bestimmten Temperatur sprechen?

Abb. 17.10

F16 ◒ Mit einer Lupe kannst du das Licht der Sonne so bündeln, dass du Streichhölzer und Papier entzünden kannst. Wie heiß kann der Punkt werden? Heißer als die Sonne? → L

Durch die thermische Bewegung der Teilchen eines Körpers (siehe Tab. 16.1) entsteht **Wärmestrahlung** bzw. **thermische Strahlung**. Nur ein Körper, der exakt 0 Kelvin hätte, würde nicht strahlen. Solche Objekte gibt es aber nicht. Deshalb kann man sagen: Jeder Körper im Universum sendet Wärmestrahlung aus.

Wärmestrahlung gehört zu den **elektromagnetischen Wellen** (mehr in Band 2). Sie umfasst ein breites Spektrum von Wellenlängen und besitzt ein temperaturabhängiges Strahlungsmaximum. Je heißer der Körper ist, desto kurzwelliger ist das Strahlungsmaximum (siehe Abb. 17.12).

Abb. 17.12 Verteilung der Wellenlängen bei Wärmestrahlern. Bei 300 K liegt das Strahlungsmaximum weit im infraroten Bereich. Außerdem ist die Strahlung so gering, dass man die Kurve stark vergrößern muss.

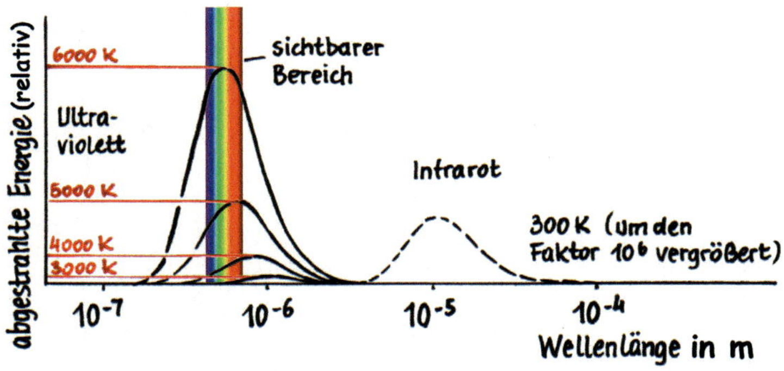

Bei sehr heißen Objekten liegt das Maximum im oder in der Nähe des **sichtbaren Bereichs**. Wir können dann praktisch die Temperatur „sehen". Kühle Sterne mit einer Oberflächentemperatur von 3 000 K sehen wir rot, sehr heiße Sterne mit 10 000 K oder mehr blau (→ **F13**; Abb. 17.12 links). Die Sonne hat rund 6 000 K. Durch die relativ gleichmäßige Mischung der Farben sehen wir sie gelbweiß.

Abb. 17.13 Bei einem Wärmebild wird die Intensität der Wärmestrahlung gemessen und farbig dargestellt. Mit Wärmebildern kann man zum Beispiel sehr gut die Qualität der Isolation von Häusern überprüfen. Dieses Ziegelhaus wurde bereits zur Hälfte mit Schaumstoffplatten verkleidet. Außen blau heißt innen warm!

Bei Zimmertemperatur liegt das Maximum der Wärmestrahlung weit im **infraroten Bereich** (Abb. 17.12 rechts). Deshalb sagt man zu infrarotem Licht oft Wärmestrahlung. Diese Verallgemeinerung gilt aber nur bei niedrigen Temperaturen. Die Farben der Alltagsgegenstände kommen nicht durch Wärmestrahlung, sondern durch **Reflexion** des Lichts zustande. Ihre Wärmestrahlung können wir nicht direkt sehen, aber mit speziellen Kameras sichtbar machen (Abb. 17.13). Wie viel Wärme ein Objekt durch die thermische Strahlung verliert, kann man mit einfachen Mitteln recht gut abschätzen.

INFO

Stefan-Boltzmann-Gesetz

Die **abgestrahlte Wärmemenge** kann man mit einem Gesetz von JOSEPH STEFAN und LUDWIG BOLTZMANN berechnen: $I = \sigma \cdot A \cdot T^4$.
σ (Sigma) ist die Stefan-Boltzmann-Konstante mit dem Wert $5{,}7 \cdot 10^{-8} \frac{\text{W}}{\text{m}^2 \cdot \text{K}^4}$. Die abgestrahlte Wärme hängt also von der **Fläche** und von der **4. Potenz** der **absoluten Temperatur** ab! Die Gleichung gibt im Prinzip die Fläche unter den Kurven in Abb. 17.12 an. Wenn sich die Temperatur verdoppelt, dann steigt diese auf das 16-fache!
Dieses Gesetz gilt – streng genommen – nur für Körper, die alle elektromagnetischen Wellen absorbieren. Das trifft auf die meisten Objekte nicht zu, weil diese auch teilweise reflektieren. Der Fehler in der Abschätzung ist aber nicht besonders groß.

Ein Mensch hat eine **Hauttemperatur** von rund 32 °C (305 K) und eine **Hautfläche** von etwa 1,5 m^2. Nackt strahlt er daher mit 740 W. Das Weltall hat eine Wärmestrahlung, die einem Körper mit 3 K entspricht (→ **F15**). Es strahlt daher nur mit rund 10^{-5} W zurück. Im Weltall würde man also pro Sekunde 740 J Wärme verlieren. Das wäre viel schlimmer als ein Bad in eiskaltem Wasser! Ein Raum mit 20 °C (293 K) strahlt den Menschen mit 630 W an, d. h., der Nettowärmeverlust beträgt nur 110 W!

ZUSAMMENFASSUNG

Jeder Körper im Universum sendet aufgrund der ungeordneten Bewegung seiner Teilchen elektromagnetische Wellen aus, die man als Wärmestrahlung bezeichnet. Die Intensität und das Strahlungsmaximum hängen von der Temperatur ab.

17.4 Wirklich eine Schnapsidee
Wärmehaushalt von Lebewesen

Menschen bzw. Säugetiere im Allgemeinen sind gleichwarme Lebewesen. Ihr Organismus funktioniert nur dann gut, wenn die Kerntemperatur relativ konstant bleibt. Deshalb ist Temperaturregulation für uns extrem wichtig.

F17 ● Durch das Trinken von Alkohol kann man die Körpertemperatur erhöhen! Stimmt das?

F18 ◒ Winterspeck hat für einen Bären einen doppelten Vorteil! Welchen?

F19 ◒ Warum hat ein afrikanischer Elefant größere Ohren als ein indischer? Und warum hatte das artverwandte Mammut so kleine Ohren? → L

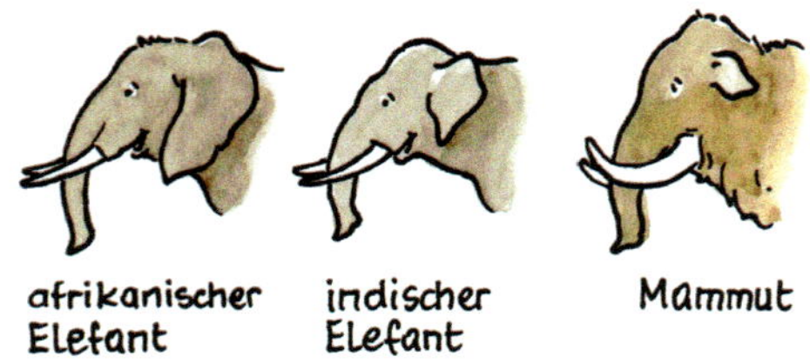

Abb. 17.14

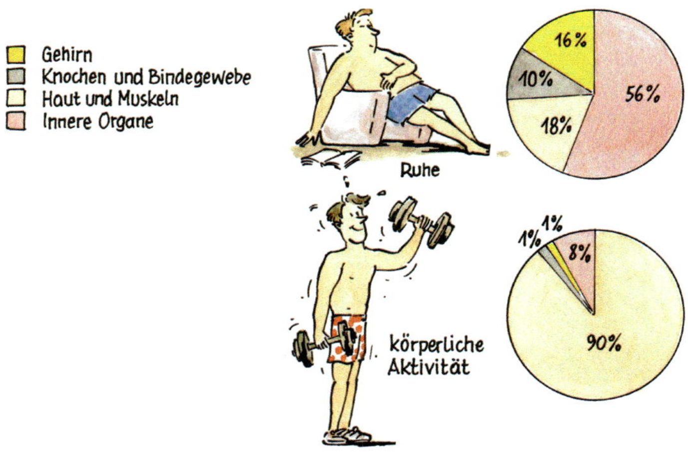

Abb. 17.15 Relativer Anteil der Organe an der Wärmebildung bei Zimmertemperatur

Die **Kerntemperatur eines Menschen** liegt bei etwa 37 °C. Kerntemperaturen unter 25 °C oder über 42 °C sind für uns tödlich. Der maximale Spielraum beträgt also 17 °C. Die Konstanthaltung der Kerntemperatur ist nur möglich, wenn **Wärmeproduktion** und **Wärmeaufnahme** mit der **Wärmeabgabe** im Gleichgewicht stehen.

Die Wärmeproduktion erfolgt bei Ruhe großteils über die **inneren Organe** (Abb. 17.15). Die Wärmeproduktion in Ruhe nennt man den Grundumsatz und er beträgt Pi mal Daumen 6 000 kJ oder 60 % des Gesamtumsatzes. Als Faustregel gilt: Pro kg erzeugt der Körper einen Grundumsatz von 1 W (= 1 J/s). Eine Person mit 70 kg hat also einen Grundumsatz von 70 W. Bei **körperlicher Aktivität** steigt die Wärmeproduktion kurze Zeit auf ein Vielfaches an und erfolgt dann hauptsächlich in der Muskulatur. Der Tagesenergiebedarf (Gesamtumsatz) eines Menschen liegt bei rund 10 000 kJ.

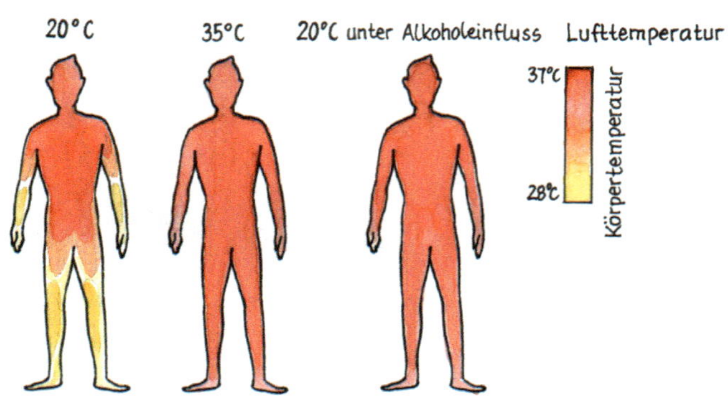

Abb. 17.16

Die erzeugte Wärme wird durch **Wärmeleitung** – vor allem aber durch den Blutstrom (also durch erzwungene Konvektion) – an die Hautoberfläche transportiert. Das Unterhautfettgewebe ist nämlich nicht nur ein wichtiger Energiespeicher, sondern auch ein guter Wärmeisolator (→ F18; Tab. 17.1). Die **Haut** kann aber ihre Temperatur verändern (Abb. 17.16). Sinkt die Kerntemperatur unter den Sollwert, ziehen sich die Blutgefäße zusammen und die Haut kühlt ab. Dadurch kann der Wärmeverlust gedrosselt werden.

Abb. 17.17

Alkohol erhöht die Hautdurchblutung. Man hat dann zwar das subjektive Gefühl der Erwärmung, die Kerntemperatur sinkt aber vor allem bei tiefen Lufttemperaturen weiter ab (→ F17). Alkohol aus dem Fässchen eines Bernhardiners zum Aufwärmen eines Halberfrorenen ist eine wirkliche Schnapsidee (Abb. 17.17) – und kann im schlimmsten Fall tödlich enden.

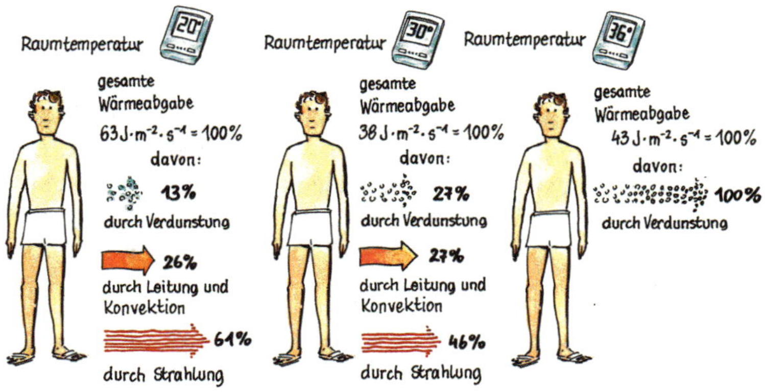

Abb. 17.18 Wärmeabgabe in Ruhe und nackt bei verschiedenen Lufttemperaturen

An der Hautoberfläche wird die Wärme durch vier Mechanismen abgegeben: **Wärmeleitung** durch die Umgebungsluft, **Konvektion**, **Wärmestrahlung** und durch **Verdunstung** von Schweiß. Wie groß der jeweilige Anteil ist, hängt aber von sehr vielen Faktoren ab (siehe Abb. 17.18).

Teste dich

F20 ◒ Wie kann man die Gleichung für den Wärmestrom (Kap. 17.1) herleiten? Versuche mit Hilfe des Lösungsteils Schritt für Schritt nachzuvollziehen. → L

F21 ◒ Wenn man eine sehr heiße Suppe mit einem Silberlöffel isst, mag das elegant sein, hat aber einen großen Nachteil! Welchen? → L

F22 ◒ In jeder Küche gibt es zwei Geräte, die sehr gut wärmeisoliert sind. Welche sind das? → L

F23 ● Warum ist der Begriff „Kühlung“ streng genommen eigentlich nicht korrekt? → L

F24 ◒ Warum brennen breiartige Speisen oft an, wenn man den Herd stärker aufdreht? → L

F25 ◒ Wie musst du den Herd aufdrehen, damit du beim Erhitzen von Wasser möglichst wenig Energie verbrauchst? Wie musst du den Herd einstellen, wenn du das Wasser am Kochen halten möchtest? → L

F26 ● Was versteht man unter Fieber? Warum bekommt man Kältezittern und Schüttelfrost, kurz bevor das Fieber losgeht? Warum bekommt man Schweißausbrüche, wenn man ein fiebersenkendes Mittel schluckt? → L

F27 ○ Geschäumtes Polystyrol (Abb. 17.18), etwa unter dem Markennamen Styropor bekannt, ist mit einer Wärmeleitfähigkeit von $0{,}035\,\frac{W}{m \cdot K}$ ein extrem guter Isolator (Tab. 17.1). Nicht geschäumtes Polystyrol, das zum Beispiel für Joghurtbecher verwendet wird, hat eine Wärmeleitfähigkeit um $0{,}1\,\frac{W}{m \cdot K}$. Warum isoliert geschäumtes Polystyrol besser? → L

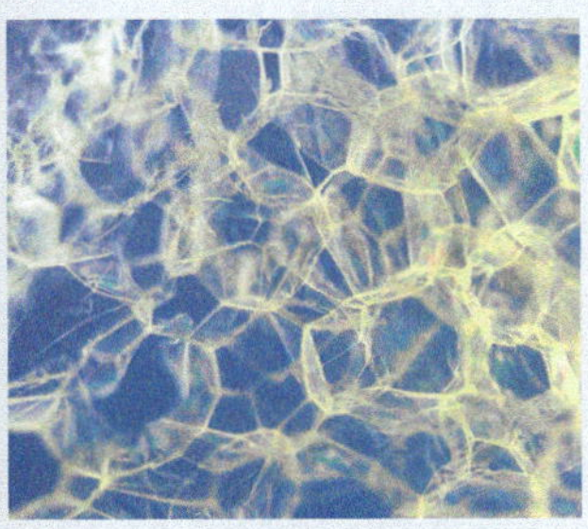

Abb. 17.19 Ein Stück Styropor unter dem Mikroskop

Abb. 17.21 Links Kaiserpinguin, rechts Galapagos-Pinguin

F28 ● Ein ausgewachsener Blauwal wird über 30 m lang und hat eine Oberfläche von rund 500 m². Seine Kerntemperatur beträgt 37 °C und seine Haut hat 5 °C. Welche Heizleistung muss sein Organismus aufbringen, wenn seine Fettschicht 30 cm dick ist? → L

F29 ● Ein Silberlöffel liegt mit einem Ende in einer heißen Suppe (90 °C), der Stiel befindet sich in der Luft (20 °C). Wie groß ist der Wärmefluss durch den Stiel? → L

F30 ● Stell dir zwei würfelförmige Mäuse mit 1 cm und 2 cm Seitenlänge vor (Abb. 17.20). Wie ist das Verhältnis Oberfläche zu Volumen bei den beiden Mäusen? Das ist übrigens ein allgemeiner Zusammenhang, der für alle Tiere gilt – nicht nur für Würfelmäuse. Was folgt daraus für den Wärmehaushalt? → L

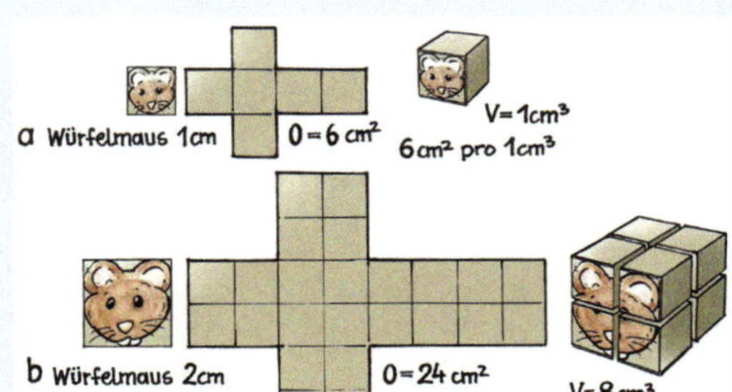

Abb. 17.20

F31 ● Die Bergmann'sche Regel beschreibt die Beobachtung, dass innerhalb eines Verwandtschaftsgrades von Tieren die Angehörigen in den kalten Gebieten größer sind als in den warmen. So ist zum Beispiel der Galapagos-Pinguin, der um den Äquator zu Hause ist, nur 50 cm groß, der Kaiserpinguin, der zwischen dem 65. und 77. Breitenkreis heimisch ist, 1,2 m groß (Abb. 17.21). Wie kann man diese Regel physikalisch begründen? Knifflig! → L

18 Ausdehnung, Diffusion und Phasenübergänge

Man unterscheidet drei Zustände bzw. Phasen, in denen sich Materie befinden kann: fest, flüssig und gasförmig. In diesem Kapitel geht es zuerst um zwei Phänomene, die in allen Phasen auftreten, nämlich Ausdehnung und Diffusion. Dann geht es um die spannenden Phasenübergänge, also zum Beispiel Schmelzen, Gefrieren oder Verdampfen. Besonders genau werden wir uns die Phasen von Wasser ansehen, weil diese Substanz für unser Alltagsleben und „das Leben" allgemein so wichtig ist. Wasser ist gewissermaßen die blaue Eminenz.

18.1 Wächst der Eiffelturm im Sommer?

Ausdehnung durch Erwärmung

Wenn man einen Stoff erwärmt, dann dehnt er sich aus. Das hat auch eine historische Bedeutung, weil nach diesem Prinzip die ersten Thermometer funktionierten.

F1 ◒ Sowohl Glas als auch Alkohol dehnen sich bei Erwärmung aus. Warum steigt dann die Säule in einem Thermometer bei Erwärmung trotzdem an? Müssten sich diese beiden Effekte nicht irgendwie ausgleichen?

F2 ● Füllt man heißes Wasser in ein normales Glas, dann bekommt es meistens einen Sprung. Warum? Springen dicke oder dünne Gläser leichter? Und was versteht man unter Quarzglas?

F3 ● Bügeleisen, Wasserkocher, Filterkaffeemaschinen und elektrische Sicherungen haben etwas gemeinsam! Was?

F4 ◒ Stimmt es, dass die Höhe des Eiffelturms mit der Temperatur schwankt?

F5 ● Bei riesigen Schrauben, die besonders fest sitzen müssen, etwa beim Brückenbau, werden die Muttern vor dem Aufschrauben erhitzt. Warum? → L

Mit wenigen Ausnahmen dehnen sich Stoffe aus, wenn man sie erwärmt. Davon merken wir aber meistens nichts, weil dieser Effekt wirklich gering ist. Beispiele für die relativen **Längen-** und **Volumenausdehnungen** siehst du in Tab. 18.1. Wenn etwa ein 1 m langer Stahlstab um 100 °C erwärmt wird, dann nimmt seine Länge nur um rund 1 mm zu, also um 1‰. Die relative Volumenausdehnung ist etwa 3-mal so groß wie die Längenausdehnung. Das kann man mit Hilfe eines Würfels gut veranschaulichen (Abb. 18.1). Flüssigkeiten dehnen sich um den Faktor 10 bis 100 stärker aus als Festkörper. Das ist gut so, denn sonst würde sich die Flüssigkeitssäule in einem **Thermometer** ja gar nicht verändern (→ F1).

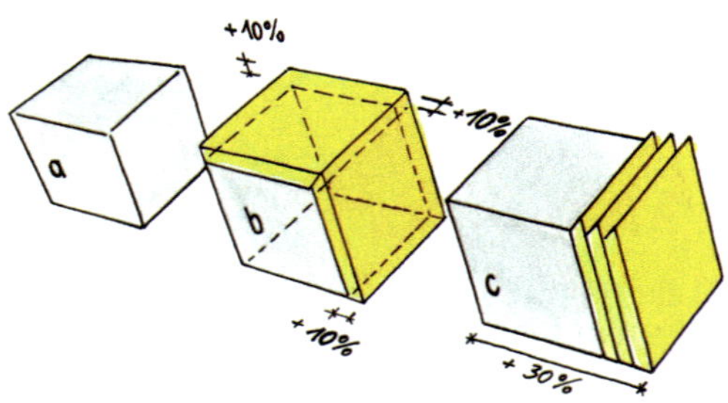

Abb. 18.1 Angenommen, die Seiten eines Würfels dehnen sich durch Erwärmen um 10 % aus (a + b). Das Volumen erhöht sich dann um den farbig markierten Teil. Wenn du diese drei Flächen an eine Seite des ursprünglichen Würfels stellst (c), siehst du, dass die Volumenausdehnung ziemlich exakt 30 %, also das 3-fache der Längenausdehnung beträgt. Nur ein kleiner Rest steht über.

Physikalisch griffiger ausgedrückt: Der Wert für die relative Längenausdehnung α gibt an, um wie viel Millimeter sich ein Stoff pro Meter Ursprungslänge ausdehnt oder zusammenzieht, wenn sich seine Temperatur um 1 K erhöht oder erniedrigt. Entsprechendes gilt natürlich auch für die relative Volumenausdehnung γ.

FORMEL Volumen- und Längenausdehnung

$$\Delta l = \alpha \cdot l_0 \cdot \Delta T$$
$$\Delta V = \gamma \cdot V_0 \cdot \Delta T$$

Δl	... Längenausdehnung	$[\Delta l]$ = mm
l_0	... Ursprungslänge	$[l_0]$ = m
ΔT	... Temperaturänderung	$[\Delta T]$ = K
α	... relative Längenausdehnung	$[\alpha] = \frac{mm}{m \cdot K}$
ΔV	... Volumenänderung	$[\Delta V] = mm^3$
V_0	... Ursprungsvolumen	$[V_0] = m^3$
γ	... relative Volumenausdehnung	$[\gamma] = \frac{mm^3}{m^3 \cdot K}$

Wenn du **heißes Wasser** in ein normales Glas gießt, dann kommt es zu einem enormen Temperaturgefälle in der Glaswand. Das Glas dehnt sich unterschiedlich stark aus – knacks (→ F2, Abb. 18.2 a+b). Dünne Gläser springen dabei überraschenderweise weniger leicht, weil sich die Wärme schneller gleichmäßig verteilt und so die mechanischen Spannungen verschwinden (c). Für hohe Temperaturen verwendet man **Quarzglas**, das aus fast reinem Siliciumdioxid (SiO_2) besteht. Es dehnt sich etwa um den Faktor 20 weniger stark aus als normales Glas (siehe Tab. 18.1).

Abb. 18.2 Wenn du kochendes Wasser in ein Glas mit Zimmertemperatur füllst, dann beträgt das Temperaturgefälle in der Glaswand 80 °C. Innen dehnt sich das Glas um rund 0,7‰ in der Länge aus, außen gar nicht. Quarzglas dehnt sich nur um 0,035‰ aus.

Material	α, relative Längenausdehnung pro Kelvin	γ, relative Volumenausdehnung pro Kelvin
Luft	–	$3{,}7 \cdot 10^{-3}$
N_2-Gas	–	$3{,}7 \cdot 10^{-3}$
Quecksilber	–	$0{,}18 \cdot 10^{-3}$
Alkohol	–	$1{,}1 \cdot 10^{-3}$
Wasser	–	$0{,}2 \cdot 10^{-3}$
Zink	$3{,}6 \cdot 10^{-5}$	$10{,}8 \cdot 10^{-5}$
Stahl	$1{,}2 \cdot 10^{-5}$	$3{,}9 \cdot 10^{-5}$
Beton	$0{,}7 - 1{,}3 \cdot 10^{-5}$	$2{,}1 - 3{,}9 \cdot 10^{-5}$
Glas	$0{,}9 \cdot 10^{-5}$	$2{,}7 \cdot 10^{-5}$
Quarzglas	$0{,}05 \cdot 10^{-5}$	$0{,}15 \cdot 10^{-5}$

Tab. 18.1 Relative Ausdehnungen einiger Materialen. Um auf den absoluten Wert zu kommen, musst du mit der Temperaturdifferenz und dem Ausgangswert multiplizieren. Es gilt: $\gamma \approx 3\alpha$ (siehe Abb. 18.1)

Bei einer **Zentralheizung** muss man die Ausdehnung des Wassers berücksichtigen. Jede Anlage braucht ein Expansionsgefäß, damit bei Erwärmung der Druck in den Rohren nicht zu groß wird (Abb. 18.3 links). Bei **Brücken** wird zumindest ein Ende beweglich gelagert, damit die Wärmeausdehnung keinen Schaden anrichtet (Abb. 18.3 rechts). Bei **Stromleitungen** muss der Durchhang im Sommer entsprechend groß sein, damit im Winter die Leitungen und somit auch die Masten nicht zu stark belastet werden.

INFO

Eiffelturm und Co

Zentralheizung: Nimm an, dass die Heizungsanlage mit 400 l gefüllt ist, die beim Einfüllen 10 °C hatten. Im Betrieb erreicht das Wasser bis zu 85 °C. Es benötigt also ein zusätzliches Volumen von $0{,}2 \cdot 10^{-3} \cdot 75 \cdot 400\,\text{l} = 6\,\text{l}$. Das Expansionsgefäß sollte immer doppelt so groß sein wie die aufzunehmende Wassermenge, in diesem Fall also 12 l (Abb. 18.3 links).

Eiffelturm: Der Eiffelturm in Paris ist aus Stahl und rund 330 m hoch. Bei einer Temperaturdifferenz von 40 °C zwischen Winter und Sommer beträgt seine Längenänderung $1{,}2 \cdot 10^{-5} \cdot 40 \cdot 330\,\text{m}$, also rund 16 cm (→ F4). Beim Eiffelturm ist das egal. Aber auch bei Brücken tritt dieser Effekt auf – auch wenn sie aus Beton sind (siehe Tab. 18.1). Deshalb haben Brücken zumindest auf einer Seite eine bewegliche Lagerung (Abb. 18.3 rechts) und außerdem kammartige Dehnungsfugen auf der Fahrbahn.

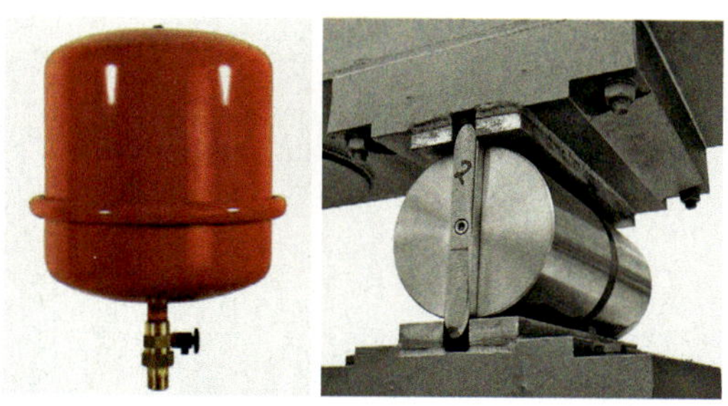

Abb. 18.3 Links: Expansionsgefäß einer Zentralheizung Rechts: Rollenlager am Ende einer Brücke

Die Wärmeausdehnung kann aber auch sehr nützlich sein. Ein Beispiel sind die schon erwähnten **Flüssigkeitsthermometer**. Im Haushalt sehr praktisch sind aber auch **Bimetallstreifen**, die sich, wie schon der Name sagt, aus zwei verschiedenen Metallen zusammensetzen, etwa Zink und Eisen. Zink dehnt sich bei Erwärmung 3-mal so stark aus (Tab. 18.1) und deshalb verbiegt sich der Streifen. Die Stärke dieser Verbiegung hängt von der Temperaturerhöhung ab (Abb. 18.4). Deshalb kann man einen Bimetallstreifen als Thermometer und auch als Thermostat verwenden. Bimetallstreifen befinden sich daher in Bügeleisen, Wasserkochern, in der Warmhalteplatte von Kaffeemaschinen und in Sicherungen (→ F3; Abb. 18.5).

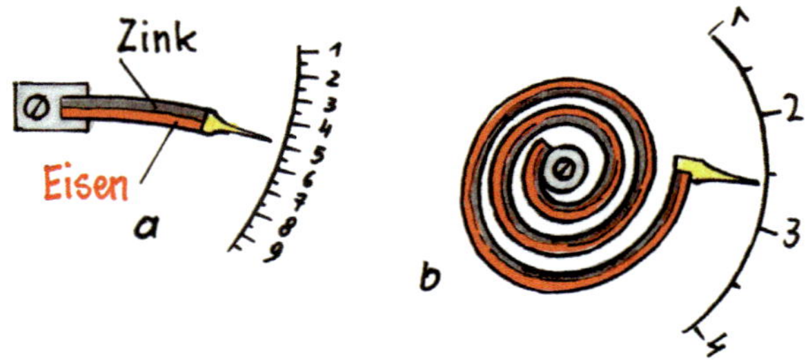

Abb. 18.4 a) Prinzip eines Bimetallthermometers: Um den Effekt zu erhöhen, nimmt man eine Spirale (b).

Abb. 18.5 Prinzip der Wärmeregelung mit einem Bimetallstreifen: a) Der Stromkreis ist geschlossen, die Lampe erwärmt den Streifen. b) Der Streifen hat sich durch Erwärmung verformt, der Stromkreis wird unterbrochen.

ZUSAMMENFASSUNG

Erwärmte Körper dehnen sich aus. Obwohl dieser Effekt selbst bei großen Temperaturschwankungen nur sehr gering ist, muss man ihn in der Technik trotzdem berücksichtigen. Man kann ihn aber im Alltag auch nutzbringend einsetzen.

18.2 In der Todeszone

Diffusion

In vielen Fällen vermischen sich verschiedene Stoffe von selbst, ohne dass man nachhelfen muss. In diesem Abschnitt hörst du warum, und dass es für unser Überleben extrem wichtig ist.

F6 ◒ Wenn du einen Teebeutel in Wasser gibst, dann verbreiten sich die Inhaltsstoffe von selbst in der Tasse. Warum eigentlich? Und wie hängt dieser Vorgang von der Temperatur ab?

F7 ● Ab einer Höhe von etwa 7000 m spricht man von der Todeszone. Dort kann man auch in Ruhe nur kurze Zeit ohne Sauerstoffmaske verbringen, bevor man stirbt. Aber warum? Pro m^3 Luft ist immer noch so viel Sauerstoff da, dass man damit eigentlich 2 Stunden auskommen müsste!

F8 ◒ Warum bekommt man in Gummistiefeln nach kurzer Zeit Schweißfüße? Welches ist der Unterschied zu Lederschuhen? Was versteht man unter „atmungsaktiven Materialien"? → L

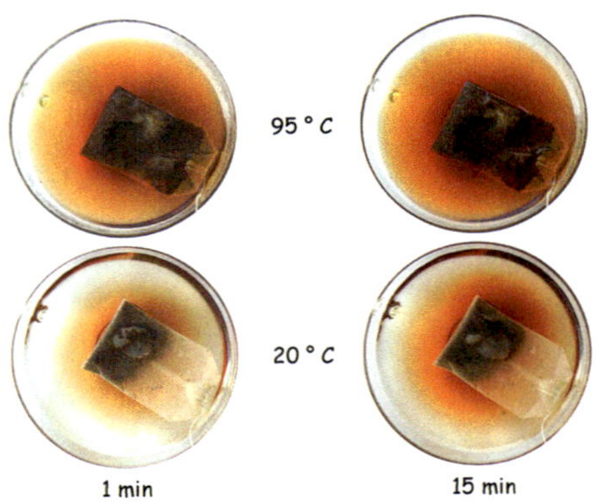

Abb. 18.6 In heißem Wasser erfolgt die Diffusion schneller. Auch die Konvektion (Kap. 17.2) spielt dabei eine wesentliche Rolle. Die Temperatur bezieht sich auf den Zeitpunkt des Eingießens.

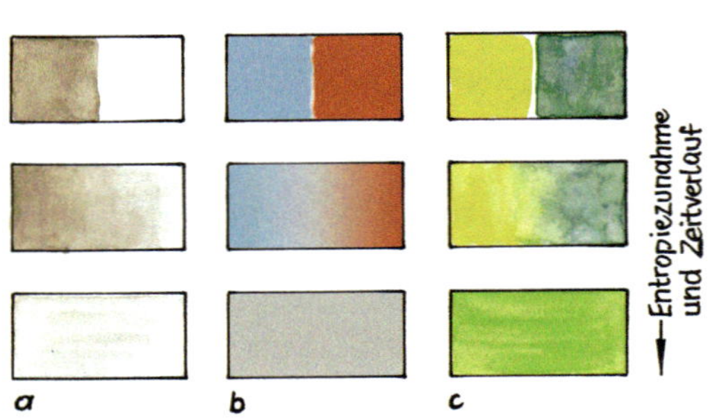

Abb. 18.7 In allen drei Fällen erhöht sich von oben nach unten die Entropie und somit die Wahrscheinlichkeit. a) Ein Gas expandiert; b) Wärme verteilt sich; c) zwei Gase vermischen sich.

Die Inhaltsstoffe des **Tees** werden durch die Wassermoleküle herumgeschubst und verteilen sich deshalb (→ F6). Es ist exakt so wie bei den Pollen des Herrn Brown (Abb. 16.4). Wie schnell sich die Stoffe im Wasser verteilen, hängt von der Geschwindigkeit der Wassermoleküle und somit von der Wassertemperatur ab (Abb. 18.6). Wenn sich ein Stoff von selbst gleichmäßig verteilt, spricht man von Diffusion.

Was spricht dagegen, dass sich die Inhaltsstoffe wieder von selbst in den Teebeutel zurückbewegen? Was spricht also gegen eine Zeitumkehr? **Die unglaublich geringe Wahrscheinlichkeit!** Die größte Wahrscheinlichkeit liegt generell bei einer gleichmäßigen Verteilung vor, egal ob es sich dabei um die Ausbreitung eines einzelnen Stoffes handelt (Abb. 18.7 a), die Vermischung von zwei Stoffen (c) oder den Ausgleich von Temperaturen (b). Man kann es auch so sagen: Bei der Vermischung durch Diffusion erhöht sich die **Entropie**. Ein System „will" immer den Zustand der größten Entropie einnehmen, weil das der wahrscheinlichste Zustand ist (siehe auch Kap. 16.5).

Oft erfolgt die Diffusion durch eine **Membran**, also eine dünne, durchlässige Schicht, die zwei Bereiche trennt. Diese Membran kann zum Beispiel das Leder eines Schuhs sein, durch das der Wasserdampf der Füße entweicht, oder eine Zellmembran im menschlichen Körper, durch die Sauerstoff, Salze oder Wasser diffundieren.

Nehmen wir ein einfaches Beispiel mit „Hausnummern“ (Abb. 18.8 a): 40 Teilchen, die sich zu Beginn in Raum 1 befinden. Pro Sekunde schlüpft aufgrund der thermischen Bewegung jedes zehnte Teilchen durch die Membran. Wir beobachten in einer Sekunde daher 4 Teilchen, die sich durch die Membran nach rechts bewegen. Die **Diffusionsrate** beträgt **4 Teilchen pro Sekunde**.

Kurz später befinden sich in Raum 1 nur noch 30 Teilchen (b). In einer Sekunde bewegen sich drei Teilchen nach rechts und eines nach links. Die Diffusionsrate beträgt nur noch **2 Teilchen pro Sekunde**. Wenn sich die Teilchen gleichmäßig verteilt haben (c), dann bewegen sich im Schnitt gleich viele Teilchen pro Sekunde nach links und rechts. Die Diffusionsrate ist daher **im Schnitt null**. Es kommt zwar immer wieder zu Abweichungen von diesem Gleichgewicht, aber je größer diese sind, desto unwahrscheinlicher sind sie (d).

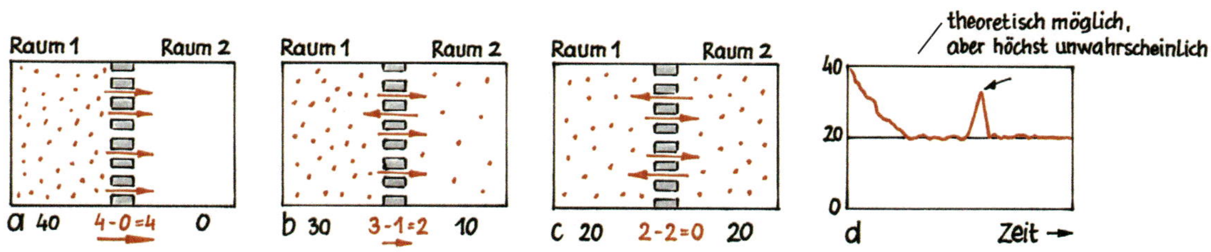

Abb. 18.8 a bis c) Teilchendiffusion durch eine Membran; d) Anzahl der Teilchen in Raum 1 als Funktion der Zeit

An diesem Beispiel siehst du, dass die Diffusionsrate vom **Konzentrationsunterschied** in den beiden Räumen abhängt. Das spielt im menschlichen Körper eine große Rolle, zum Beispiel bei der Atmung. Und du siehst auch, dass trotz eines Teilchengleichgewichts jede Menge Grenzverkehr an der Membran stattfindet (Abb. 18.8 c). Es handelt sich also um ein **dynamisches Gleichgewicht**.

Diffusion tritt nicht nur in Gasen und Flüssigkeiten auf, sondern auch in **Festkörpern**. Kohlenstoffdioxid (CO_2) kann zum Beispiel durch Gummi diffundieren und Wasserstoff durch Stahl.

INFO

Todeszone

Auch der Sauerstoff gelangt durch Diffusion in unser Blut. Die **Luftröhre** fächert sich bis zu den **Lungenbläschen** (Alveolen) auf, die nur noch rund 0,2 mm groß sind (Abb. 18.9). Um jedes Bläschen liegen feine Blutgefäße. Der Sauerstoff gelangt durch Diffusion durch die Wände der Alveolen und Blutgefäße ins Blut – und das CO_2 auf umgekehrtem Weg heraus.

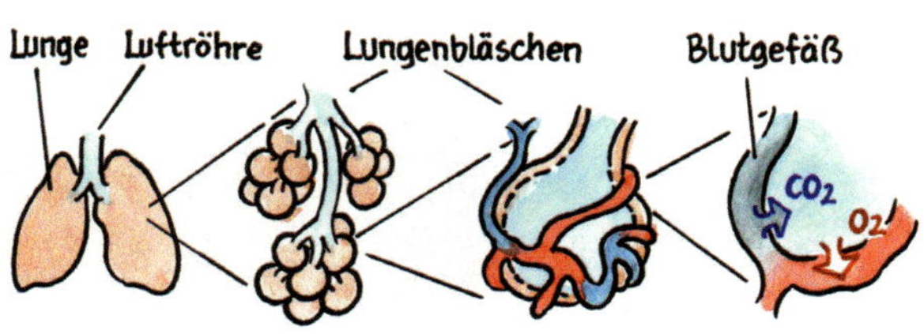

Abb. 18.9

Wie schnell der Sauerstoff ins Blut diffundiert, hängt vom Konzentrationsunterschied (bzw. vom Druckunterschied) des Sauerstoffs in Luft und Blut ab. Mit zunehmender Höhe sinkt der Sauerstoffdruck (siehe Abb. 18.10). Der Abfall in der Luft erfolgt aber stärker als der im Blut. Dadurch verringert sich die Geschwindigkeit der Diffusion. Das Problem in der **Todeszone** liegt also nicht nur an der „dünnen Luft“, sondern auch in der dadurch hervorgerufenen verlangsamten Diffusion (**→ F7**).

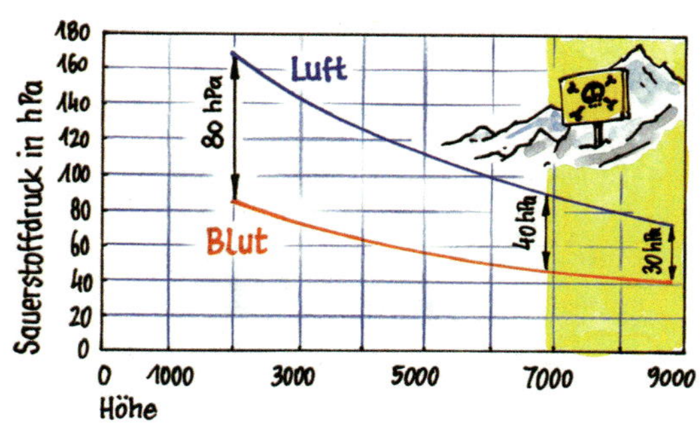

Abb. 18.10 In 2 000 m Höhe beträgt der Druckunterschied noch über 80 Hektopascal (hPa), bei 7 000 m Höhe sind es knapp 40 hPa, auf dem Mount Everest (8 848 m) nur noch 30 hPa (siehe auch Tab. 18.3, Kap. 18.6)

ZUSAMMENFASSUNG

Durch Diffusion verteilen sich Stoffe gleichmäßig, weil das der wahrscheinlichste Zustand ist. Die Diffusionsrate hängt vom Konzentrationsunterschied ab. Ist dieser null, dann herrscht ein dynamisches Gleichgewicht.

18.3 Ein nicht normaler Stoff

Phasendiagramme

Hier geht es um die Zustandsformen von Wasser und darum, dass es ein außergewöhnlicher Stoff ist. Dieser Eigenschaft haben wir es zu verdanken, dass Eiswürfel in einem Getränk schwimmen.

F9 ● Bei wie viel Grad kocht Wasser auf dem Mars?

F10 ◒ Wasser weist zwei sehr ungewöhnliche Eigenschaften auf. Welche sind das?

F11 ● In einem randvollen Wasserglas schwimmt ein Eiswürfel. Was passiert mit der Wasseroberfläche, wenn der Eiswürfel schmilzt? a) Steigt sie, b) fällt sie oder c) bleibt sie gleich? Und kannst du das begründen? → L

F12 ◒ Im Winter können auf Straßen Frostaufbrüche entstehen. Was versteht man darunter und wie kommen diese zustande?

F13 ● Was ist der genaue Grund, warum man mit Schlittschuhen auf Eis so gut gleiten kann?

F14 ● In einer Leuchtstoffröhre, in einer Kerzenflamme und auch im Inneren eines Blitzes befindet sich ein sogenanntes Plasma. Was versteht man genau darunter?

Stoffe kommen im Wesentlichen in drei verschiedenen Zustandsformen vor: fest, flüssig und gasförmig. Man spricht von den **Phasen** eines Stoffes. In welcher Phase er sich befindet, hängt von Temperatur und Druck ab und das kann man in einem Diagramm darstellen. In Abb. 18.11 a siehst du das **Phasendiagramm** von Wasser.

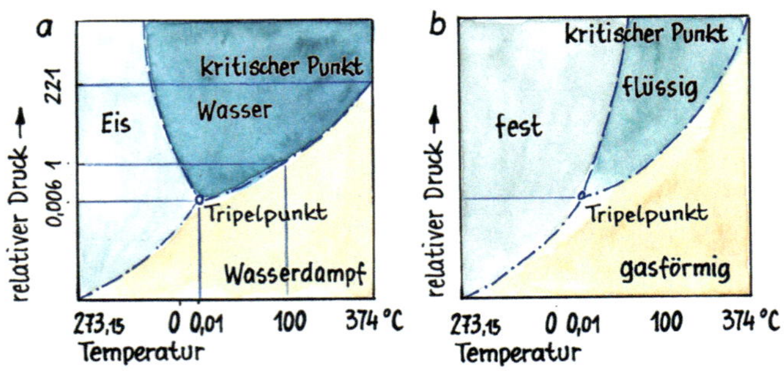

Abb. 18.11 a) Phasen des Wassers in Abhängigkeit von Temperatur und Druck. Zur besseren Übersicht sind die Achsen um den Tripelpunkt sehr stark gedehnt. Der Druck ist relativ aufgetragen, 1 entspricht dem Normaldruck; b) Phasendiagramm ohne Anomalie (wie das etwa bei CO_2 der Fall ist).

Im Diagramm siehst du **drei** voneinander abgetrennte **Bereiche**, in denen die Stoffe fest, flüssig und gasförmig vorkommen können. Spannend wird es dort, wo einander zwei Bereiche berühren. Entlang dieser Kurven können nämlich **zwei Phasen gleichzeitig** existieren: bei Normaldruck und 0 °C Eis und Wasser, bei 100 °C Wasser und Wasserdampf.

INFO

Plasma

Gas kann noch in einer weiteren Form auftreten, die man auch als vierte Zustandsform bezeichnet: das Plasma! Darunter versteht man ein Gas mit sehr vielen freien Ladungsträgern. **Natürliches Plasma** kommt unter anderem im Inneren aller Sterne vor, in Flammen, Blitzen oder im Polarlicht (Abb. 18.12).

Künstlich erzeugtes Plasma befindet sich zum Beispiel in Leuchtstoffröhren, Energiesparlampen und in den aus der Mode gekommenen Plasma-Bildschirmen. In diesen Fällen wird das Gas durch einen elektrischen Strom in den Plasma-Zustand gebracht und somit zum Leuchten angeregt. (→ F14).

Abb. 18.12 Geladene Teilchen von der Sonne dringen an den Polen in die Atmosphäre ein und erzeugen das Polarlicht.

Wenn der **Luftdruck** sinkt, dann wird die Schmelztemperatur von Eis etwas höher und die Siedetemperatur von Wasser deutlich niedriger – ein Problem bei der Eichung von Thermometern (siehe Kap. 16.2). Die drei Linien laufen beim **Tripelpunkt** zusammen. Dieser liegt bei 0,01 °C und 0,6 % des normalen Luftdrucks. Wenn diese Bedingungen gegeben sind, dann können Eis, Wasser und Wasserdampf **gleichzeitig** existieren!

Wenn man also im Labor diese Bedingungen erzeugt und in einem Gefäß alle drei Phasen des Wassers vorkommen, kann man sicher sein, dass die Temperatur bei 0,01 °C liegt und somit die Kelvin-Skala eichen (siehe Tab. 16.2). Auf dem Mars beträgt der atmosphärische Druck rund 0,06 bis 0,1 % des Normaldrucks der Erde. Auf dem Mars würde daher Wasser bereits knapp über 0 °C zu sieden beginnen (→ F9). Verblüffend!

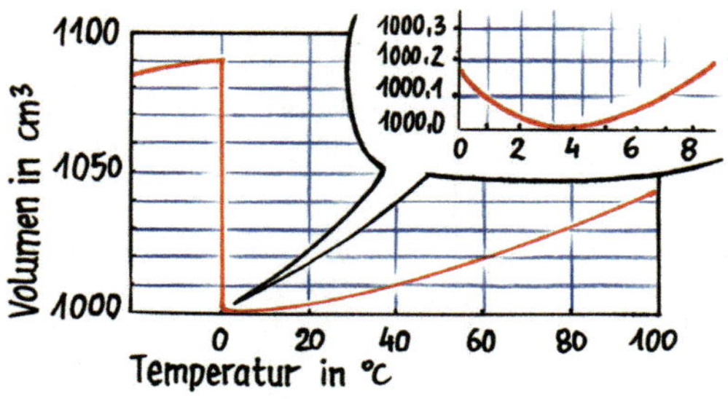

Abb. 18.13 Volumen von 1 Kilogramm Wasser bei unterschiedlichen Temperaturen. Zwischen 4 °C und 0 °C dehnt sich das Wasser wieder geringfügig aus (etwas über 0,01 %; siehe Vergrößerung). Beim Gefrieren nimmt das Volumen um rund 9 % zu.

Stoffe ziehen sich normalerweise zusammen, wenn sie abkühlen. Wasser dehnt sich aber zwischen 4 °C und 0 °C wieder aus. Außerdem vergrößert sich das Volumen beim Gefrieren um etwa 10 % (siehe Abb. 18.13; → F10). Beide Eigenschaften sind generell für Stoffe sehr selten. Deshalb spricht man von der **Anomalie** (Abweichung von der Normalität) des Wassers. Der Grund dafür liegt in der besonderen Form des Wassermoleküls.

INFO

H_2O unter der Lupe

Ein **Wasserstoffatom** besitzt nur ein Elektron, ein **Sauerstoffatom** sechs auf der äußeren Schale. Nun sind aber zwei bzw. acht Außenelektronen besonders stabile Zustände. In einem **Wassermolekül** (H_2O) teilt sich deshalb das Sauerstoffatom mit jedem der beiden Wasserstoffatome je ein Elektron. Auf diese Weise bekommt jeder, was er gerne hätte (Abb. 18.14 a). Weil das Sauerstoffatom die Elektronen stärker anzieht, ist die Ladungsverteilung im Molekül nicht gleichmäßig. Man spricht von einem polaren Molekül (b).

Weil ungleichnamige Ladungen einander anziehen, kann es zwischen Wasserstoff und Sauerstoff **zweier verschiedener Moleküle** zu einer Bindung kommen. Das nennt man eine **Wasserstoffbrücke**. Bei einem Eiskristall (Abb. 18.15) führen diese Brücken zu einer regelmäßigen, sechseckigen Anordnung der Wassermoleküle. Dadurch entstehen kleine Zwischenräume und deshalb ist die Dichte von Eis geringer als die von Wasser. Weil die Bildung dieser Anordnung schon einige Grad über null beginnt, dehnt sich das Wasser bei Abkühlung unter 4 °C wieder aus.

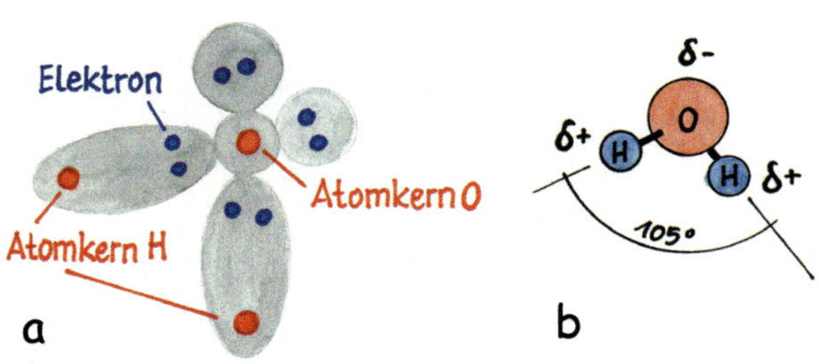

Abb. 18.14 a) Orbitale und Außenelektronen eines Wassermoleküls; b) Vereinfachte Darstellung mit Ladungsverteilung (δ ist ein kleines griechisches Delta). Bei den H-Atomen überwiegt die positive Ladung, beim O die negative.

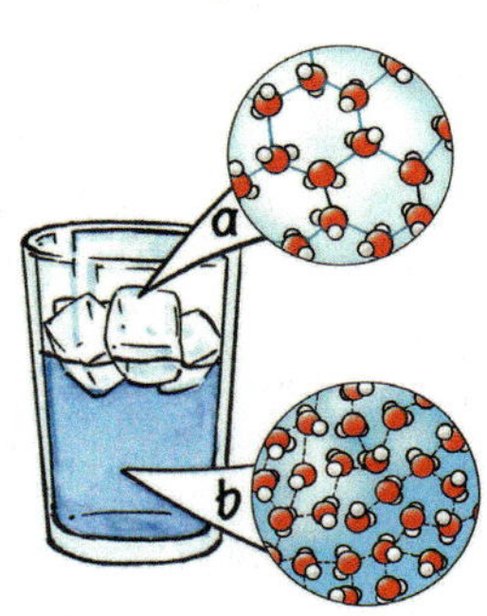

Abb. 18.15 Im Eis sind die Moleküle in Sechsecken angeordnet und das braucht mehr Platz.

Die Anomalie hat zur Folge, dass **Eis** auf Wasser **schwimmt**. Außerdem spielt sie bei der **Verwitterung** im Gebirge eine Rolle. Das Wasser kriecht in die Ritzen eines Steins und kann diesen beim Gefrieren richtiggehend sprengen. Wenn eine Straße nicht gut gebaut ist, dann passiert mit dem Belag dasselbe. Man spricht dann von **Frostaufbrüchen** (→ F12).

Abb. 18.16

Würde Eis absinken, dann könnte ein **See** bei sehr tiefen Lufttemperaturen durch die einsetzende Konvektion ganz einfrieren. So bildet sich aber an der Oberfläche eine gut isolierende Eisschicht und das Wasser mit der größten Dichte (4 °C) sinkt auf den Grund (Abb. 18.16). Dadurch können die Wassertiere auch im Winter überleben.

Die Anomalie des Wassers sieht man auch im **Phasendiagramm** (Abb. 18.11 a). Wenn man den Druck erhöht und Eis komprimiert, dann erhöht man seine Dichte – es muss daher schmelzen. Deshalb geht die Trennlinie zwischen Eis und Wasser vom Tripelpunkt nach links oben. Bei Stoffen ohne Anomalie geht sie nach rechts (b). Durch Erhöhen des Drucks schmilzt also Eis. Dass der Druck von Schlittschuhkufen ausreicht, um diesen Effekt auszulösen, stimmt aber nicht. Es dürfte so sein, dass die Eisoberfläche immer „flüssig" ist, weil die obersten Wassermoleküle nur schwach miteinander verbunden sind. Auch die Reibungswärme spielt eine Rolle (→ F13; siehe auch Abb. 18.19 a).

ZUSAMMENFASSUNG

In einem Phasendiagramm kann man darstellen, bei welcher Temperatur und welchem Druck das Wasser fest, flüssig oder gasförmig ist. Wasser weist eine Dichteanomalie auf, die auf Wasserstoffbrückenbildung zurückzuführen ist.

18.4 Bleiorakel und Eisblockmann

Latente Wärme

Wärmezufuhr erhöht immer die innere Energie, aber nicht zwangsläufig die Temperatur!

F15 ○ Was besagt der 1. Hauptsatz der Wärmelehre? Und was versteht man unter dem Begriff „innere Energie"? Lies nach in Kap. 16.4!

F16 ● In unseren Haushalten passiert es jeden Tag Millionen Mal: Wasser wird Energie zugeführt, aber es wird trotzdem nicht wärmer! Wie kann das sein?

F17 ◒ Wofür braucht man mehr Energie: Um Wasser zum Kochen zu bringen oder um dieselbe Menge vollständig zu verdampfen?

F18 ◒ Bleigießen ist ein alter Orakel-Brauch zu Silvester. Heute verwendet man Zinn, weil Blei giftig ist. Aber warum gerade Blei oder Zinn?

F19 ◒ Bevor es elektrische Kühlschränke gab, gab es Eisblockverkäufer (Abb. 18.17). War das überhaupt sinnvoll? Schmilzt das Eis nicht viel zu schnell?

Abb. 18.17 Ein Eisblockverkäufer um 1950

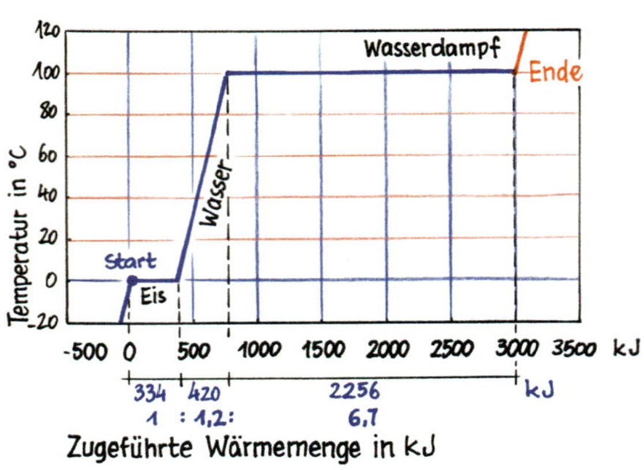

Abb. 18.18 Benötigte Wärme, um 1 kg Eis von 0 °C vollständig zu verdampfen. Zunächst muss man 334 kJ zuführen, um das Eis zu schmelzen. Um das Wasser von 0 °C auf 100 °C zu erwärmen, sind 420 kJ notwendig. Um das Wasser vollständig zu verdampfen, benötigt man sogar 2256 kJ (siehe Tab. 18.2)!

Normalerweise erhöht sich die Temperatur, wenn man einem Stoff Wärme zuführt. Das ist aber **nicht immer** der Fall. Wenn du Wasser erwärmst, dann steigt die Temperatur so lange, bis es zu kochen anfängt (bei Normaldruck ist das bei 100 °C). Wenn du weiter Energie zuführst, bleibt aber die **Temperatur** so lange **konstant**, bis das gesamte Wasser verdampft ist (→ F16). Ganz ähnlich ist es beim Schmelzen. Auch hier bleibt die Temperatur so lange konstant, bis das gesamte Eis geschmolzen ist (Abb. 18.18). Wie kann man das erklären?

Im festen Zustand haben die Wassermoleküle eine **stärkere Bindung** als im flüssigen und im flüssigen Zustand wiederum eine stärkere Bindung als im gasförmigen. Um Wasser von einer Phase in eine andere zu bringen, muss gegen diese Bindungskräfte Arbeit verrichtet werden. Die zugeführte Wärme führt daher nicht zu einer Erhöhung der Temperatur, sondern zum Auflösen der Bindungen zwischen den Wassermolekülen. Weil es sich dabei um eine **Erwärmung ohne Temperaturerhöhung** handelt, spricht man von der verborgenen bzw. **latenten Wärme** (in Abgrenzung zur „fühlbaren" Wärme).

Um einen Stoff zu schmelzen oder zu verdampfen, benötigt man **Schmelzwärme** bzw. **Verdampfungswärme**. Umgekehrt wird beim Erstarren oder Kondensieren **Erstarrungswärme** bzw. **Kondensationswärme** frei. In Tab. 18.2 siehst du Beispiele für einige Stoffe. Eis hat eine sehr hohe Schmelzwärme. Um 1 kg Eis zu schmelzen und um 1 kg Wasser von 0 °C auf 80 °C zu erwärmen, ist gleich viel Energie nötig (siehe Abb. 18.18). Selbst in einem voll aufgedrehten Backofen würde es 45 Minuten dauern, bis der Eisblock in Abb. 18.17 geschmolzen ist. Die Verdampfungswärme ist aber noch um einiges größer! Um 1 kg Wasser zu verdampfen benötigt man fast 7-mal so viel Energie, wie zum Schmelzen von 1 kg Eis (Abb. 18.18, → F17).

INFO

Eisblock

Der **Eisblock** in Abb. 18.17 hat 25 kg. Die benötigte Schmelzwärme beträgt daher 334 kJ · 25 ≈ $8{,}4 \cdot 10^6$ J. Zum Schmelzen sind also über 8 Millionen Joule notwendig! Ein **Backofen** hat eine maximale Leistung von 3 000 W. Er liefert also pro Sekunde 3 000 Joule Wärme.
Zum Schmelzen des Eisblocks sind daher $8{,}4 \cdot 10^6/(3 \cdot 10^3)$ Sekunden notwendig, also 2 800 Sekunden oder rund 45 Minuten. Du musst also den Block eine Dreiviertelstunde bei vollem Saft im Ofen lassen, bis er ganz geschmolzen ist. Du kannst dir somit vorstellen, dass ein Eisblock bei Zimmertemperatur recht lange durchhält (→ F19).

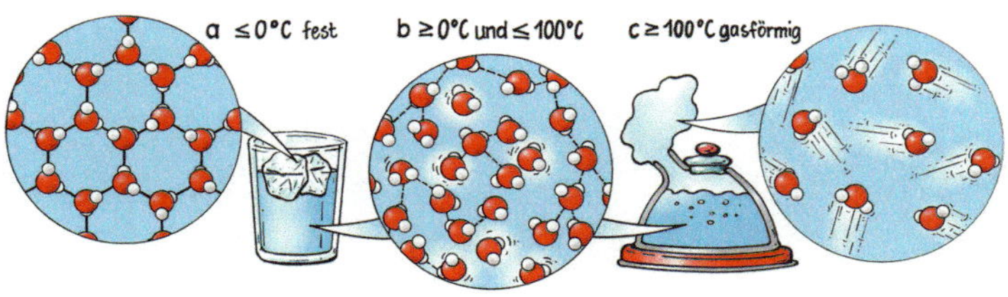

Abb. 18.19 Wassermoleküle im festen, flüssigen und gasförmigen Zustand von Wasser

Warum ist die **Verdampfungswärme** fast immer wesentlich höher als die **Schmelzwärme**? Nach dem Schmelzen berühren die Teilchen noch ihre nächsten Nachbarn. Beim Verdampfen aber wird die Kopplung zwischen den Teilchen praktisch aufgehoben und dazu ist mehr Energie notwendig (Abb. 18.19).

Stoff	Schmelzwärme bzw. Erstarrungswärme $\left[\frac{kJ}{kg}\right]$	Verdampfungswärme bzw. Kondensationswärme $\left[\frac{kJ}{kg}\right]$	spezifische Wärmekapazität $\left[\frac{kJ}{kg \cdot K}\right]$
Eis	334	–	2,1
Wasser	–	2 256	4,2
Wasserdampf	–	–	1,9
Eisen	268	6 364	0,47
Zinn	59	2 450	0,22
Blei	23,2	921	0,13

Tab. 18.2 Spezifische Wärmekapazität und Wärmemenge für Phasenübergänge (siehe Abb. 18.18). Blei und Zinn haben eine sehr niedrige Schmelztemperatur und eine sehr geringe Schmelzwärme und eignen sich daher gut zum „Bleigießen" (→ F18). Beachte, dass die spezifische Wärmekapazität für Eis, Wasser und Wasserdampf unterschiedlich ist. Die Werte gelten für Normaldruck.

ZUSAMMENFASSUNG

Bei Phasenübergängen wird die zugeführte Energie dazu benötigt, um die Bindungsenergie zu überwinden. Daher kommt es zu keiner Temperaturerhöhung. Man spricht von latenter Wärme.

18.5 Schmelzende Anoraks
Schmelzen und Erstarren

In diesem Abschnitt sehen wir uns Beispiele für den Übergang zwischen fester und flüssiger Phase genauer an.

F 20 ● Wenn im Frühjahr Obstbäume und Weinreben austreiben, tritt häufig noch Frost auf. Um die jungen Triebe vor dem Erfrieren zu bewahren, besprüht man sie mit Wasser, das sehr rasch gefriert (Abb. 18.21). Was hat das für einen Sinn?

F 21 ● Wenn auf Wegen und Straßen Glatteis droht, dann wird manchmal das Salzstreuverbot aufgehoben. Aber warum kann man mit Salz Glatteis eigentlich verhindern? Warum schmilzt dann das Eis?

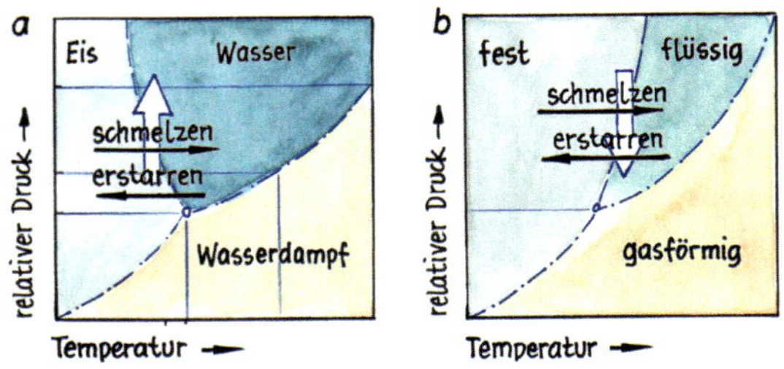

Abb. 18.20 Übergang zwischen fester und flüssiger Phase bei Wasser und einem Stoff ohne Anomalie. Der weiße Pfeil zeigt an, wie es durch Druckveränderung zum Schmelzen des Stoffes kommt.

Den Übergang von der festen zur flüssigen Phase nennt man **Schmelzen**, den von der flüssigen zur festen Phase **Erstarren** oder **Gefrieren**. Die Phasenübergänge können entweder durch Veränderung des Drucks, der Temperatur oder einer Kombination von beidem ausgelöst werden. Bei einem Stoff mit Anomalie wie Wasser kann man durch Druckerhöhung eine Verflüssigung erzeugen, bei einem Stoff ohne Anomalie durch Drucksenkung. Der Grund liegt in der Lage der Phasengrenze (Abb. 18.20).

Um einen Eiswürfel mit 0 °C zu Wasser mit 0 °C zu schmelzen, muss **Schmelzwärme** zugeführt werden (siehe Abb. 18.18). Das bedeutet umgekehrt, dass beim Gefrieren von Wasser zu Eis Wärme frei wird, die **Erstarrungswärme**.

Abb. 18.21 Ausnutzung der Erstarrungswärme und der Wärmeisolation von Eis

Die Erstarrungswärme ist zahlenmäßig genauso groß wie die Schmelzwärme. Diesen Effekt nutzt man in **Frostnächten** beim Besprühen von Obstbäumen aus (→ F 20; Abb. 18.21). Das gefrierende Wasser erzeugt Erstarrungswärme, die an die Blüten abgegeben wird. Zusätzlich ist der Eismantel ein sehr guter Isolator und schützt vor weiterem Absinken der Temperatur. Die Erstarrungswärme wird aber auch bei **Bekleidung** ausgenutzt.

INFO

Phase-Change-Material

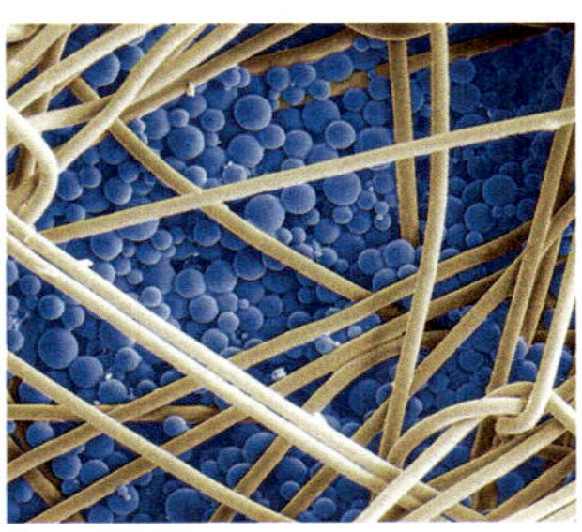

Abb. 18.22 Elektronenmikroskopische Aufnahme von PCM-Kapseln im Stoff eines Anoraks

In den 1960er-Jahren wurde von der NASA eine Technologie für die Anzüge der Astronauten entwickelt, bei der man Schmelz- und Erstarrungswärme nutzt. Man spricht von der **PCM-Technologie** („phase change material") bzw. von **Latentspeichermaterialien**. PCMs können große Wärmemengen aufnehmen und abgeben, ohne dabei ihre Temperatur wesentlich zu verändern.

Bei Kleidung funktioniert das zum Beispiel so: Im Stoff sind Millionen mikroskopisch kleiner Kapseln (Abb. 18.22), die mit **Paraffinwachs** gefüllt sind. Hat der Körper überschüssige Wärme, geht diese auf das Wachs über und es schmilzt. Das PCM speichert dabei Wärme, ohne dass es sich erwärmt. Wenn es kälter wird, dann erstarrt das PCM und gibt die Erstarrungswärme wieder an den menschlichen Körper ab. Das PCM kühlt also bei Hitze und wärmt bei Kälte.

Jacken, die nach diesem Prinzip funktionieren, wurden ab 1990 vom Militär eingesetzt. Aber auch Zivilpersonen können inzwischen **Anoraks, Unterwäsche, Schuhsohlen** oder **Handschuhe** mit dieser Technologie kaufen. Weil es PCMs mit völlig verschiedenen Schmelztemperaturen gibt, kann man sie auch als Baustoffe, zur Kühlung bei Organtransporten (− 20 °C) oder zum Warmhalten beim Catering (+ 80 °C) verwenden.

Nur reines Wasser gefriert bei 0 °C. Wenn man **Salz** in Wasser auflöst, dann sinkt die Gefriertemperatur ab. Die von den Ionen des gelösten Salzes festgehaltenen Wassermoleküle werden dann nämlich gehindert, ein Eiskristallgitter aufzubauen. Diesen Effekt macht man sich beim Salzstreuen im Winter zunutze (→ F21). Herkömmliches Kochsalz eignet sich für Temperaturen bis −10 °C. Das Salz ist aber für Pflanzen und Tiere schädlich. Deshalb gibt es Streuverbote, die nur bei extremer Witterung aufgehoben werden.

ZUSAMMENFASSUNG

Den Übergang vom festen in den flüssigen Zustand und zurück nennt man Schmelzen bzw. Erstarren. Die beim Schmelzen gespeicherte latente Wärme wird beim Erstarren wieder frei. Salzwasser hat eine tiefere Gefriertemperatur als reines Wasser.

18.6 Turbokochtopf

Verdampfen und Kondensieren

In diesem Abschnitt sehen wir uns Beispiele für den Übergang zwischen flüssiger und gasförmiger Phase genauer an.

F22 Du misst die Siedetemperatur von Wasser am Meer, auf dem Mont Blanc, auf dem Mount Everest und in einem Stollen tief unter der Erde. Wie verändert sich die Siedetemperatur mit der Seehöhe und warum?

F23 Wie funktioniert ein Druckkochtopf?

F24 Die Wasserlachen nach einem Regen verschwinden nach einiger Zeit. Wohin? Das Wasser kocht ja nicht?

F25 Der Schweiß ist dazu da, um uns zu kühlen. Aber wie funktioniert das eigentlich genau?

Abb. 18.23 Tau auf einer Wiese

F26 Was versteht man unter Tau (Abb. 18.23), Nebel und Smog. Wie entstehen sie?

F27 Wenn du eine Packung Milch aus dem Kühlschrank nimmst und ins Zimmer stellst, dann bildet sich nach kurzer Zeit außen ein Wasserfilm. Wo kommt dieser her? → L

Den Übergang von der flüssigen zur gasförmigen Phase nennt man **Verdampfen**, den von der gasförmigen zur flüssigen **Kondensieren** (Abb. 18.24). Die Phasenübergänge können durch Veränderung von Druck und/oder Temperatur ausgelöst werden. Du siehst im Diagramm, dass mit zunehmendem Druck die Siedetemperatur des Wassers steigt und umgekehrt. Einige exakte Werte sind in Tab. 18.3 zusammengefasst.

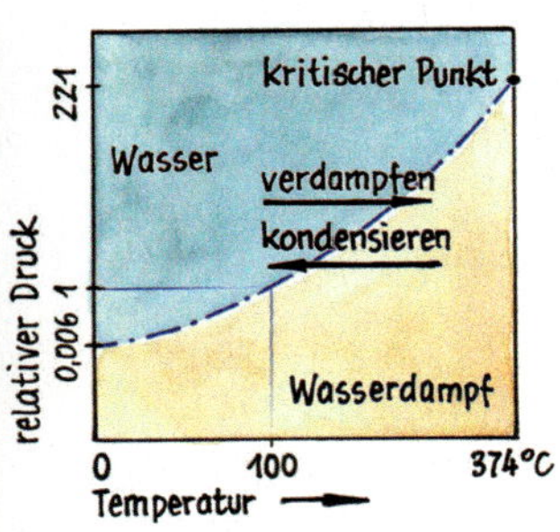

Abb. 18.24 Übergang zwischen fester und flüssiger Phase. Das Diagramm ist ein Ausschnitt von Abb. 18.11 a – die Achsen sind um den Tripelpunkt gedehnt.

relativer Druck	Siedetemperatur	Höhe und Beispiel
0,33	70 °C	8 848 m, Mount Everest
0,56	84 °C	4 810 m, Mont Blanc
1	100 °C	0 m, Meeresniveau
2	120 °C	−5 500 m, Druckkochtopf

Tab. 18.3 Beispiele für Druck, Siedetemperatur und Seehöhe

Nun verändert sich aber der **Luftdruck** mit der **Meereshöhe** und damit auch die Siedetemperatur des Wassers. Auf dem Mont Blanc kocht das Wasser bei 84 °C und auf dem Mount Everest sogar schon bei 70 °C (→ F22, Tab. 18.3). Deshalb ist es auf hohen Bergen sehr schwer, bestimmte Speisen durchzukochen, etwa Kartoffeln. In einem Stollen 5 500 m unter der Erdoberfläche würde die Siedetemperatur bei 120 °C liegen. Solche Verhältnisse liegen in einem Druckkochtopf vor.

INFO

Turbokochtopf

Bei einem **Druckkochtopf** (→ F 23) kann man den Deckel luftdicht verschließen (Abb. 18.25 c), damit der Wasserdampf nicht entweicht. Dadurch erhöht sich beim Sieden der Druck auf etwa den **doppelten Normalwert** und die **Siedetemperatur** auf **120 °C** (bei zu hohem Druck öffnet sich ein Sicherheitsventil). Obwohl die Temperaturerhöhung absolut gesehen nur 5 % ausmacht (von 373 K auf 393 K), verkürzt sich die Kochdauer um etwa **50 %**. Das hat nicht nur mit der höheren Siedetemperatur zu tun, sondern auch mit dem geringeren Wärmeverlust durch die fast eingeschränkte Konvektion. Das spart natürlich jede Menge Energie!

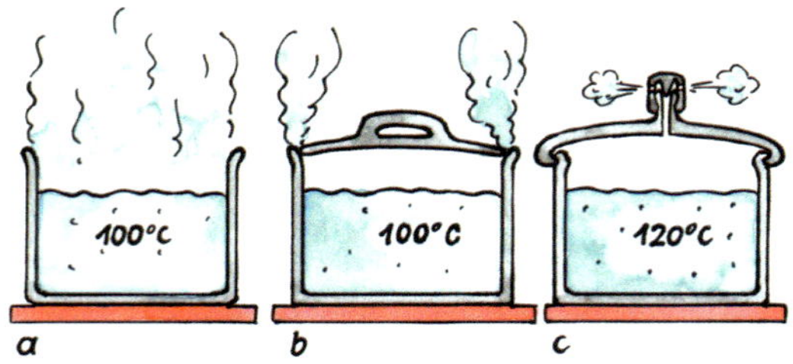

Abb. 18.25 a) Viel Dampf und somit Wärme gehen verloren; b) mit Deckel schon besser; c) ideal!

Abb. 18.26 Eine riesige Gasblase steigt aus dem Inneren eines Geysirs auf.

Warum verändert sich die **Siedetemperatur** mit dem **Druck** (→ F 22)? Beim Sieden steigen aus dem Wasser dampfgefüllte Blasen auf (Abb. 18.26). Eine solche Blase kann nur entstehen, wenn der Druck im Inneren mindestens so groß ist wie außen. Je größer der Druck über der Wasseroberfläche ist, desto größer muss auch der Druck in den Dampfblasen sein und dafür ist eine höhere Temperatur notwendig.

Wenn der Druck den 221-fachen Normalwert erreicht, siedet Wasser erst bei 374 °C! Dort liegen der **kritische Punkt** bzw. die **kritische Temperatur** (**T_k**). Wird die Temperatur nämlich noch größer, dann verschwindet der Dichteunterschied zwischen Wasser und Wasserdampf und man kann nicht mehr zwischen flüssig und gasförmig unterscheiden (Abb. 18.27 und 18.24).

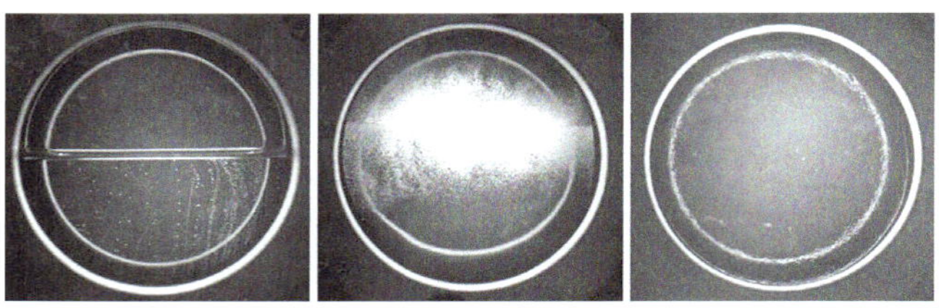

Abb. 18.27 Links kannst du deutlich zwischen flüssig und gasförmig unterscheiden. Wird die **kritische Temperatur** überschritten, verschwindet die Grenzfläche (rechts).

Den Übergang von flüssig zu gasförmig nennt man allgemein **Verdampfen**. Man unterscheidet aber zwischen **Sieden** und **Verdunsten**. Zum Sieden ist immer eine ganz bestimmte Temperatur notwendig (siehe Abb. 18.24 und Tab. 18.3). Verdunsten ist bei **jeder Temperatur** möglich, bei der ein Stoff flüssig ist. Das Wasser in einer Pfütze kann also auch bei 1 °C verdunsten. Wie ist das möglich (→ F 24)?

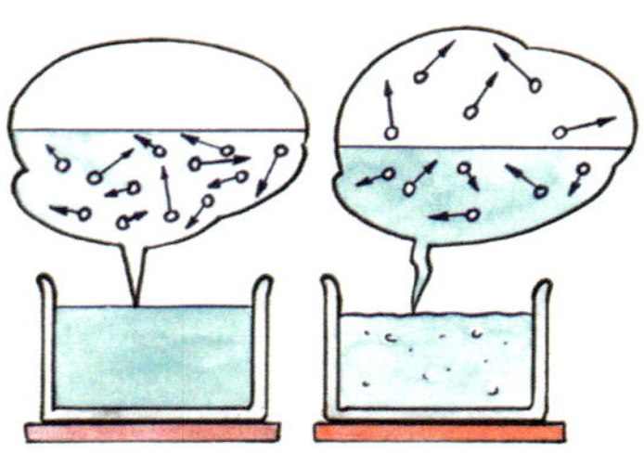

Abb. 18.28 Weil die schnellsten Teilchen die Oberfläche verlassen, sinkt die Temperatur.

Die **Temperatur** ist ein indirektes Maß für die **thermische Bewegung** der Atome und Moleküle (siehe Kap. 16.2). Wenn man es genau nimmt, müsste man aber sagen: „… für die **mittlere** thermische Bewegung"! Die Teilchen haben nämlich unterschiedliche Geschwindigkeiten, es gibt auch ganz langsame und ganz schnelle. Die schnellsten können so viel Bewegungsenergie besitzen, dass sie die Anziehungskraft der anderen Moleküle überwinden und die Flüssigkeit verlassen. Das nennt man dann Verdunsten. Weil dabei die schnellsten Teilchen die Flüssigkeit verlassen, sinkt in ihr nach und nach die mittlere Teilchengeschwindigkeit und damit auch die Temperatur (Abb. 18.28).

Deshalb kann man durch Verdunsten Kühlung erzeugen. Nach diesem Prinzip funktioniert der **Schweiß**! Ein Liter verdunsteter Schweiß entzieht dem Körper eine Energie von 2 256 kJ (siehe Tab. 18.2). Das reicht theoretisch aus, um ihn um rund 7 °C abzukühlen (→ F 25)!

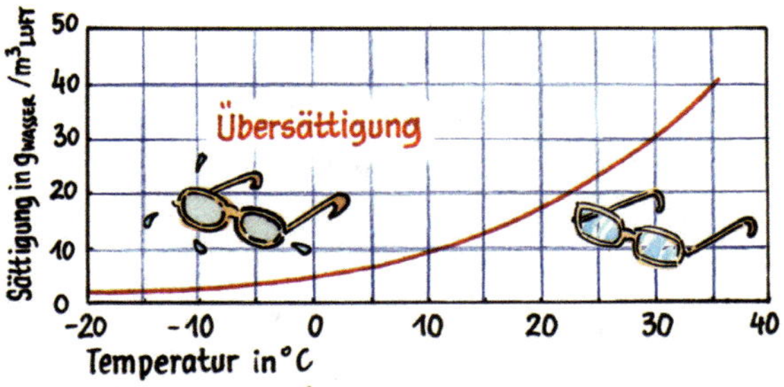

Abb. 18.29 Die Kurve gibt 100 % relative Luftfeuchtigkeit in Abhängigkeit der Temperatur an.

Abb. 18.30 Nebel ist kondensierter Wasserdampf.

Das Gegenteil von Verdampfen ist **Kondensieren**. Bei welcher Temperatur der Wasserdampf kondensiert, hängt von der **relativen Luftfeuchtigkeit** ab. Diese gibt das Verhältnis der tatsächlich vorhandenen Wasserdampfmenge zur maximal aufnehmbaren Menge in Prozent an. Dem Maximum, also 100 %, entsprechen bei Zimmertemperatur rund 17 Gramm Wasserdampf pro m^3 Luft, bei 0 °C nur noch 4,8 g/m^3 (Abb. 18.29). Je wärmer die Luft, desto mehr Wasserdampf kann sie also aufnehmen.

Durch das Abkühlen der Luft steigt daher die relative Luftfeuchtigkeit an. Werden 100 % überschritten, dann kondensiert ein Teil des Wasserdampfs. Auf diese Weise entsteht etwa der **Tau** auf der Wiese, wenn in der Nacht die Luft abkühlt (Abb. 18.23; → F26). Auch **Nebel** ist nichts anderes als kondensierter Wasserdampf, quasi eine am Boden aufliegende Wolke (Abb. 18.30). Die Kondensation wird durch Staub- und Rußteilchen verstärkt. Deshalb entsteht bei starker Luftverschmutzung eine Mischung aus Nebel, Rauch- und Rußteilchen – der **Smog**.

ZUSAMMENFASSUNG

Den Übergang von flüssig zu gasförmig nennt man Verdampfen. Er kann durch Sieden oder Verdunsten erfolgen. Den Übergang von gasförmig zu flüssig nennt man Kondensieren.

18.7 Leise rieselt der Schnee

Sublimieren und Resublimieren

Unter bestimmten Bedingungen kann ein Stoff direkt von fest zu gasförmig übergehen oder umgekehrt. Darum geht es in diesem Abschnitt.

F28 ● Was versteht man unter „Trockeneis"? Was ist daran trocken?

F29 ● Wie entstehen Schneekristalle? Gibt es tatsächlich keine zwei gleichen Schneekristalle und warum sind viele von ihnen sechseckig (Abb. 18.31)?

F30 ◒ Was versteht man unter Reif und Raureif?

F31 ● Löslicher Kaffee wird durch Gefriertrocknung erzeugt. Was meint man damit? → L

Abb. 18.31 Die Vielfalt der Schneekristalle. Wenn sich mehrere von ihnen zusammenballen, spricht man von einer Schneeflocke.

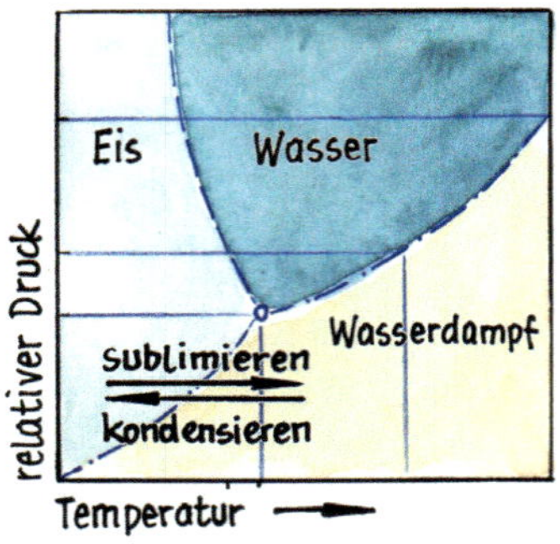

Abb. 18.32 Direkter Übergang zwischen fester und gasförmiger Phase bei Wasser

Abb. 18.33 Trockeneisschwaden

Unter bestimmten Bedingungen kann ein Stoff direkt von der festen in die gasförmige Phase übergehen. Das nennt man **Sublimieren**. Den direkten Übergang von gasförmig zu fest nennt man **Resublimieren** (Abb. 18.32). Kohlenstoffdioxid (CO_2) kann bei Normaldruck nur gasförmig oder fest sein und es gefriert bei −78,5 °C. CO_2-Eis schmilzt nicht, sondern wird sofort gasförmig. Weil es sich trocken anfühlt, nennt man es **Trockeneis** (→ F 28) und es sieht ähnlich wie gepresster Schnee aus. Wirft man diese Brocken in heißes Wasser, dann entstehen dichte CO_2-Schwaden – ein netter Effekt, der oft in Filmen verwendet wird (Abb. 18.33).

Schneekristalle (Abb. 18.34) entstehen bei tiefen Temperaturen durch **Resublimation** von Wasserdampf (→ F 29). Sie sind meist **sechseckig**, weil auch die innere Struktur eines Eiskristalls sechseckig ist (Abb. 18.19). Das Wachstum eines Schneekristalls hängt von der Fallgeschwindigkeit, der momentanen Lufttemperatur und der Luftfeuchtigkeit ab. Diese Bedingungen ändern sich pausenlos und ergeben während des Kristallwachstums Myriaden von Variationsmöglichkeiten. Weil ein typischer Schneekristall rund 10^{18} Moleküle hat, ist die Wahrscheinlichkeit, jemals zwei völlig gleiche zu finden, **so gut wie null** – aber nicht völlig ausgeschlossen. Vielleicht findest du ja einmal zwei völlig gleiche! Wenn ein Schneekristall symmetrisch ist, dann waren aber zumindest die Bedingungen für das Anlagern der Moleküle an jeder Ecke zu jeder Zeit gleich.

Abb. 18.34 Raureifbildung unter Windeinfluss

Ebenfalls durch **Resublimation** des Wasserdampfs entsteht der **Reif**, wenn bei feuchter Luft in der Nacht die Lufttemperatur unter 0 °C sinkt. Der **Raureif** ist eine seltene Form des Reifs, der nur bei Nebel und leichtem Wind entsteht und besonders prachtvolle Eisnadeln hervorbringt (Abb. 18.32).

ZUSAMMENFASSUNG

Sublimation ist der direkte Übergang von der festen zur gasförmigen Phase, Resublimation die Umkehrung davon. Viele Phänomene in der Natur lassen sich damit erklären.

Teste dich

F 32 ● Du holst 500 g tiefgekühlte Suppe (−18 °C) aus dem Gefrierfach. Wir nehmen vereinfacht an, sie besteht zu 100 % aus Wasser. Wie lange dauert es in der Mikrowelle bei 900 W, bis die Suppe kocht? → L

F 33 ● Ein Speedskifahrer hat mit seiner Ausrüstung in Summe eine Masse von 100 kg und legt eine Strecke mit 1 km Länge und einer Neigung von 45° im Schnitt mit 200 km/h zurück. Wie viel Schnee schmilzt er dabei, wenn man annimmt, dass die gesamte Reibungsarbeit auf den Schnee übergeht? → L

F 34 ◒ Wie entsteht ein Kondensstreifen? → L

F 35 ◒ Warum kann man eine heiße Suppe durch Blasen abkühlen? Warum ist es so kalt, wenn man im Sommer aus dem Wasser steigt und der Wind weht? → L

F 36 ● Schätze ab, um wie viel °C ein Mensch abgekühlt wird, wenn an seiner Hautoberfläche 1 l Schweiß verdunstet. Welche vereinfachten Annahmen kann man dabei treffen? → L

F 37 ◒ Warum fließen Gletscher und wie schnell fließen sie? → L

F 38 ● In Spielzeugläden kann man „trinkende Enten“ kaufen (Abb. 18.35). Man stellt sie vor ein Glas Wasser. Dann wippen sie hin und her und tauchen von Zeit zu Zeit den Schnabel ins Wasser. Wie funktionieren sie? → L

F 39 ◒ Scheiben aus Trockeneis gleiten auf ebener Unterlage hervorragend! Warum? Mit welchem Phänomen lässt sich dieser Effekt vergleichen? → L

Abb. 18.35

19 Die Gasgesetze

Flüssige und gasförmige Stoffe können strömen, zum Beispiel das Wasser in einem Bach oder die Luft bei einem Windstoß. Solche Strömungen haben viele Gemeinsamkeiten und daher nennt man beide Stoffe gemeinsam Fluide (Abb. 19.1). Fluide sind also das Gegenteil von festen Stoffen. Auch feste und flüssige Stoffe haben Gemeinsamkeiten, etwa die wesentlich größere Dichte als Gase. Deshalb fasst man beide unter dem Begriff kondensierte Stoffe zusammen. In diesem Kapitel geht es um die Besonderheiten, die Gase von den kondensierten Stoffen unterscheiden.

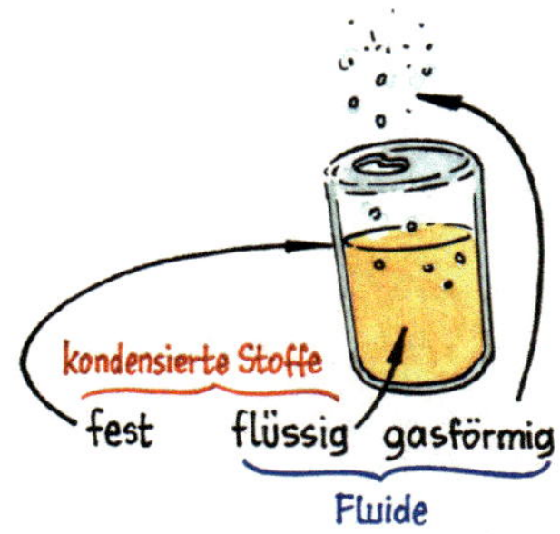

Abb. 19.1 Die Zweiklassengesellschaft der Stoffe

19.1 Flummidruck
Der Gasdruck

Von einem aufgeblasenen Ballon oder einem Reifen weißt du, dass Luft einen Druck entwickelt. In diesem Abschnitt geht es darum, wie dieser Druck eigentlich zustande kommt.

F1 ○ Was versteht man unter Mol? Was bezeichnet man mit kinetischer Energie? Lies nach in Kap. 2.1f.

F2 ◒ Was versteht man unter dem Körperschwerpunkt (KSP) eines Objekts (siehe Kap. 4)? Was hat dieses Modell für einen Vorteil? Kann man ein Objekt immer auf diesen Punkt reduzieren?

F3 ◒ Du weißt, dass man den Druck in einem Reifen erhöhen kann, indem man Luft hineinpumpt. Aber wodurch kommt Druck eigentlich zustande? Stoßen die Gasteilchen einander ab oder gibt es einen anderen Grund?

F4 ● Was meinst du, wie schnell sich die Luftmoleküle bei normalem Druck und Zimmertemperatur bewegen?

F5 ◒ Fülle ein Glas mit Wasser, lege ein Stück Karton darauf und drehe das Ganze um. Wenn du die Hand entfernst, dann rinnt kein Tropfen Wasser heraus. Warum nicht? → L

Die Beschreibung der Natur ist oft sehr kompliziert. In vielen Fällen kann man aber Vereinfachungen vornehmen, ohne dass man dabei zu sehr von der Realität abweicht. Das **ideale Gas** ist ein Beispiel dafür. Salopp kann man sagen, dass ein ideales Gas aus herumflitzenden punktförmigen Flummis besteht, zwischen denen keine Kräfte wirken. Man kann damit innerhalb gewisser Grenzen **reale Gase** einfach und trotzdem gut beschreiben. Dort, wo dieses Modell stark von der Realität abweicht, wird das ausdrücklich erwähnt.

INFO **Ideal einfach**

Ein Beispiel für eine Vereinfachung ist die Annahme des **Körperschwerpunkts (KSP)** eines Objekts (siehe Kap. 4). Man reduziert also eine Flüssigkeit, einen Quader oder einen ganzen Menschen auf nur einen Punkt. Trotzdem kann man damit das Gleichgewicht erklären, den Auftrieb in Flüssigkeiten, Phänomene aus dem Sport und noch vieles mehr (→ F2).

Ganz ähnlich ist es beim Modell des **idealen Gases**. Dabei trifft man folgende Vereinfachungen: Erstens nimmt man an, dass die **Atome** und **Moleküle kein Volumen** besitzen, ersetzt sie also durch ihren KSP. Zweitens geht man davon aus, dass **keine Kräfte** zwischen den Molekülen wirken. Und drittens nimmt man an, dass die Zusammenstöße der Moleküle immer **elastisch** sind, dass also keine kinetische Energie verloren geht. Je niedriger der Druck und je höher die Temperatur, desto exakter stimmt dieses vereinfachte Modell mit der Realität überein (Abb. 19.2).

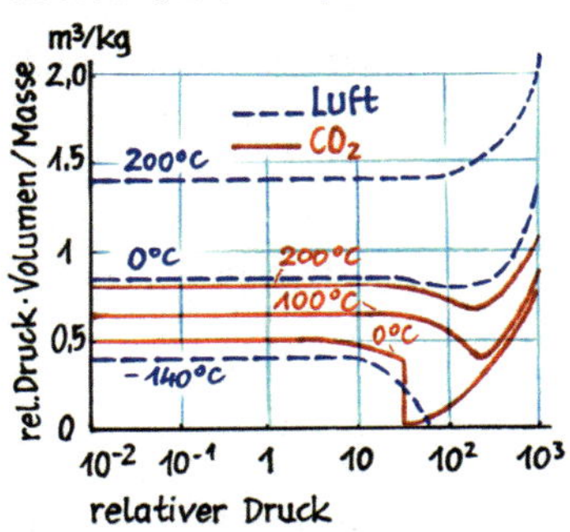

Abb. 19.2 In den horizontal verlaufenden Bereichen der Kurven verhalten sich Luft und CO_2 wie ein ideales Gas.

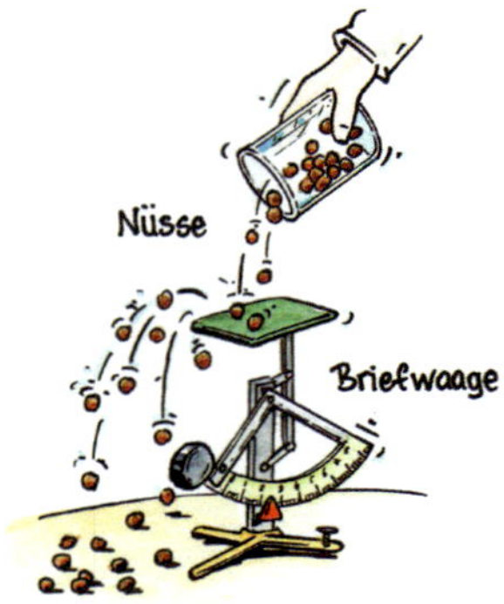

Abb. 19.3 Modell zur Entstehung des Gasdrucks

Wie kommt der **Druck eines Gases** zustande, etwa in einem Reifen? Man könnte meinen, dass es an der Abstoßung der Luftmoleküle liegt (→ F3). Das ist aber falsch. Der Druck des Gases kommt nur durch die **Stöße der Moleküle** an die Begrenzungen, in diesem Fall die Reifen, zustande. Es ist ähnlich, als ob du Kugeln oder Nüsse auf eine Briefwaage fallen lässt (siehe Abb. 19.3). Bei einer einzigen Kugel schlägt der Zeiger nur kurz aus. Wenn du aber viele Kugeln in hoher Frequenz fallen lässt, dann zittert der Zeiger um einen ziemlich konstanten Skalenwert. Dieser Zeigerausschlag würde dann dem Druck entsprechen. Mit Hilfe einiger grundlegender Überlegungen können wir eine Gleichung für den Druck eines idealen Gases aufstellen. Die SI-Einheit des Druckes ist das **Pascal (Pa)**. Es sind aber auch noch andere Einheiten gebräuchlich (siehe Tab. 19.1).

Druckeinheit	Normaldruck
Pascal (Pa) = 1 N/m²	101 300 Pa = 1013 hPa
Bar (bar)	1,013 bar
Millibar (mbar)	1013 mbar
Torricelli (torr oder mmHg)	760 Torr
Physikal. Atmosphären (atm)	1 atm

Tab. 19.1 Das **Pascal** ist eine SI-Einheit. Das **Bar** basiert auf cm, s und g und wird meistens beim Reifendruck verwendet. 1 **Torr** entspricht dem Druck einer Quecksilbersäule mit 1 mm Höhe. Diese Einheit wird in der Medizin verwendet, etwa bei der Blutdruckmessung. Man spricht dann aber von mmHg. Ein hPa ist gleich einem mbar.

INFO

Einteilchen-Gasdruck

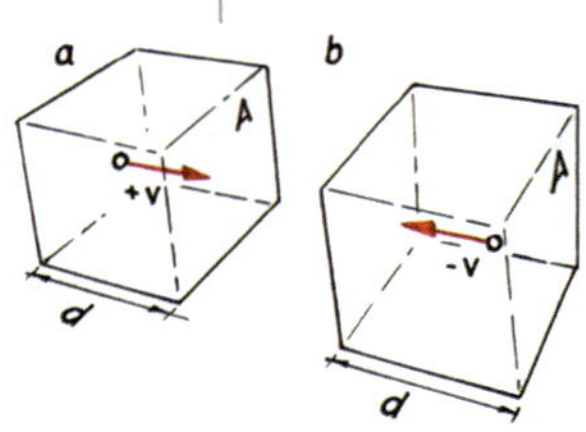

Abb. 19.4

Wir fangen bei unseren Überlegungen mit einem Gas an, das aus nur einem Teilchen besteht. Es hat die Masse *m* und fliegt horizontal mit der Geschwindigkeit *v*. Wie groß ist der Druck auf die rechte Wand (Fläche *A*; Abb. 19.4)? **Druck ist allgemein Kraft pro Fläche.** Wir müssen also die durchschnittliche Kraft abschätzen, die das Teilchen auf diese Wand ausübt.

1 Die Geschwindigkeit des Teilchens vor dem Aufprall ist $+v$ und nachher $-v$. Die **Geschwindigkeitsänderung** Δv des Teilchens ist daher $(-v) - (+v) = -2v$ und die der Wand $+2v$. Zur Berechnung des Drucks ist die Geschwindigkeitsänderung der Wand wichtig.

2 Das Teilchen pendelt zwischen den beiden Wänden hin und her. $v = \Delta s / \Delta t$ und daher $\Delta t = \Delta s / \Delta v$. Die **Zeit** für einmal hin und her beträgt daher $\Delta t = 2d/v$.

3 Kraft ist Masse mal Beschleunigung (siehe Kap. 7.3). Die Kraft, die auf die Wand wirkt, ist also $F = m \cdot a$. Die Beschleunigung ist die Geschwindigkeitsänderung pro Zeit $a = \Delta v / \Delta t$ und somit $F = m \cdot \Delta v / \Delta t$. Wir setzen aus (1) $\Delta v = 2v$ und aus (2) $\Delta t = 2d/v$ ein und erhalten $F = m \cdot 2v \cdot \frac{v}{2d} = 2 \cdot \frac{m \cdot v^2}{2d}$.

$\frac{m \cdot v^2}{2}$ ist die kinetische Energie des Teilchens (siehe Kap. 8.3) und somit ist $F = 2E_{kin}/d$.

4 Zum Schluss setzten wir in die allgemeine Druckgleichung ein. Weil $A \cdot d$ das Volumen der Box ist, bekommt man für

$$p = \frac{F}{A} = \frac{2E_{kin}}{d \cdot A} = \frac{2E_{kin}}{V}.$$

Du siehst also, dass der **Druck** auf die rechte Wand einzig und allein von der **kinetischen Energie** des Teilchens abhängt! Wie kommt man vom Druck eines Einteilchen-Gases auf den Druck eines Gases mit richtig vielen Teilchen? In einer Box mit 1 dm³ würden sich bei Normaldruck rund 10^{22} Teilchen befinden! Mit jedem Teilchen (*N*) erhöht sich die Anzahl der Stöße gegen die Wände und damit auch der Druck. Man muss also die Gleichung mit *N* multiplizieren. Weil es drei Raumrichtungen gibt, bewegt sich im Schnitt nur jedes dritte Teilchen horizontal und daher muss man durch 3 dividieren. Und da nicht alle Teilchen genau die gleiche Geschwindigkeit haben, ersetzen wir *v* beziehungsweise E_{kin} durch die mittlere Geschwindigkeit und mittlere kinetische Energie aller Teilchen. Man erhält dann für den **Druck eines idealen Gases:**

$$p = \frac{2N}{3V} \cdot \overline{E}_{kin}$$

FORMEL Allgemeine Druckgleichung

$$p = \frac{F}{A}$$

FORMEL Druck eines idealen Gases

$$p = \frac{2N}{3V} \cdot \overline{E}_{kin}$$

p	… Druck	$[p] = \text{Pa}$
F	… Kraft	$[F] = \text{N}$
A	… Fläche	$[A] = \text{m}^2$
N	… Anzahl der Teilchen	
V	… Volumen	$[V] = \text{m}^3$
$\overline{E}_{kin}$	… durchschnittl. kinet. Energie eines Moleküls	$[\overline{E}_{kin}] = \text{J}$

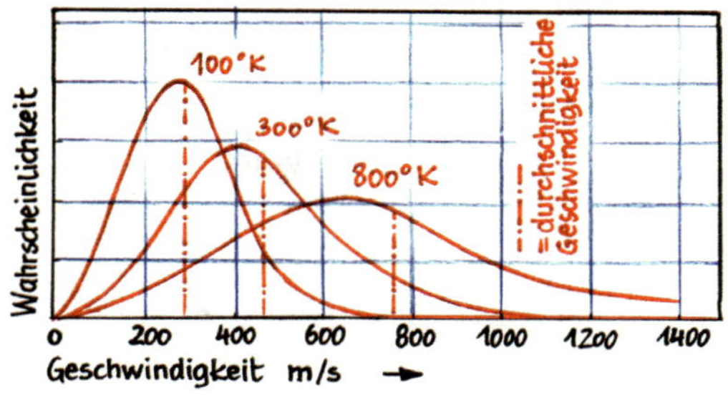

Abb. 19.5 Maxwell-Geschwindigkeitsverteilung der N_2-Moleküle bei verschiedenen Temperaturen. Weil die Verteilung nicht symmetrisch ist, ist die durchschnittliche Geschwindigkeit immer etwas höher als die wahrscheinlichste.

Der Druck in einem Behälter hängt von der **ungeordneten Bewegungsenergie** der Teilchen ab. Du siehst, dass sich auch hier das Teilchenkonzept bestens bewährt. Die einzelnen Moleküle sind aber nicht gleich schnell. Das hat bereits James Clerk Maxwell **1860** auf theoretischem Wege vorausgesagt. In Abb. 19.5 siehst du die Geschwindigkeitsverteilung für Stickstoffgas (N_2), mit rund 78 % der Hauptbestandteil unserer Luft.

Bei **Zimmertemperatur** beträgt die durchschnittliche Geschwindigkeit eines N_2-Moleküls rund 480 m/s (→ F4)! Es gibt aber auch Moleküle, die sich mit weit über 1000 m/s bewegen. Wegen der unterschiedlichen Teilchengeschwindigkeiten ist in der Gleichung die **durchschnittliche** kinetische Energie angegeben.

ZUSAMMENFASSUNG

Der Druck eines Gases wird durch die elastischen Stöße der Teilchen verursacht und hängt daher von deren kinetischer Energie ab.

19.2 Die drei Gas-Puzzlesteine

Gasgesetze für spezielle Bedingungen

In diesem Abschnitt geht es um den Zusammenhang zwischen Druck, Temperatur und Volumen eines Gases, wenn man jeweils einen Faktor konstant hält. Wir nehmen für alle Überlegungen eine konstante Teilchenzahl an.

19.2.1 Mikrowellenschokokuss

Isobare Zustandsänderung (p = konstant)

F6 ◒ Du stülpst einen unaufgeblasenen Luftballon über eine Flasche. Was passiert mit dem Ballon, wenn du die Flasche in einem Wasserbad erwärmst? Was passiert, wenn du einen Schokokuss in die Mikrowelle gibst? Hast du auch eine Begründung dafür?

F7 ○ Auf Wetterkarten sieht man oft die sogenannten Isobaren (siehe Abb. 19.6). Was versteht man darunter?

F8 ● Die Kelvin-Skala ist aus dem Jahre 1848 (siehe Tab. 16.3). Woher konnte man damals schon so genau wissen, wo der absolute Nullpunkt liegt?

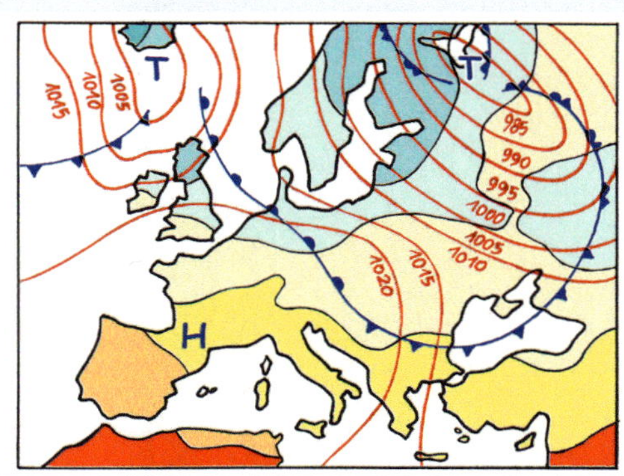

Abb. 19.6 Entlang der roten Linien herrscht gleicher Luftdruck. Es handelt sich sind um **Isobare**. Der Druck ist in hPa angegeben.

Die Vorsilbe „iso" bedeutet gleich. Unter **isobar** versteht man, dass der Druck eines Gases gleich bleibt. Welcher Zusammenhang besteht dann zwischen Temperatur und Volumen, etwa bei einem Luftballon (→ F6)?

Die **Druckgleichung** liefert die Lösung: $p \sim \frac{E_{kin}}{V}$. Wenn du die Temperatur erhöhst, dann erhöht sich die mittlere kinetische Energie der Teilchen. Wenn der Druck im **Ballon** gleich bleibt, dann muss auch E_{kin}/V gleich bleiben: Das Volumen muss daher ebenfalls größer werden, der Ballon bläht sich auf. Bei Abkühlung ist es genau umgekehrt, der Ballon zieht sich zusammen.

INFO **Mikrowellenschokokuss**

Abb. 19.7 Links: Schokokuss; rechts: Flasche und Ballon

Dass sich ein Gas unter isobaren Bedingungen bei Temperaturerhöhung ausdehnt, kannst du qualitativ mit einem „abgeschälten" **Schokokuss** im Mikrowellenherd überprüfen. Bei Erwärmung bläht er sich auf (Abb. 19.7, → F 6)! Warum? Seine Füllung besteht aus Eiweißschaum und der hat sehr viele Luftbläschen. Diese dehnen sich durch die Erwärmung aus. Ähnlich ist es auch mit dem **Luftballon**. Durch die Erwärmung im Wasserbad dehnt sich die Luft in der Flasche aus und mit ihr der Ballon.

Man kann es sich auch „zu Fuß" überlegen. Wenn die Temperatur steigt, dann **steigt** der **Druck** des Gase und der Ballon dehnt sich aus. Dadurch sinkt der Druck aber wieder auf den Ausgangswert. Der Ballon ist jetzt aber größer als vorher. Das Umgekehrte gilt für eine Abkühlung. Wenn man den Zusammenhang zwischen Temperatur und Volumen mit einer **exakten** Versuchsanordnung misst, dann kommt man auf Abb. 19.8. Du siehst drei Linien für drei verschiedene, aber jeweils konstant gehaltene Drücke. Kurven, die gleichen Druck anzeigen, nennt man **Isobare** (→ F 7).

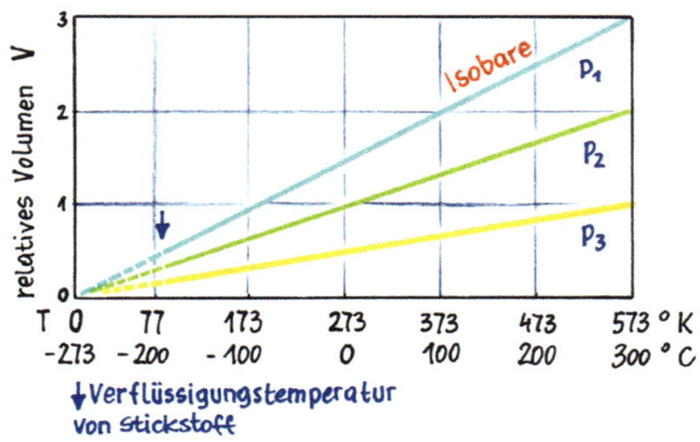

Abb. 19.8 V und T bei **gleichem Druck** für drei verschiedene Drücke ($p_1 < p_2 < p_3$). Verdoppelt sich die Temperatur, so verdoppelt sich auch das Volumen.

Aus dem Kurvenverlauf kann man folgern, dass es einen **absoluten Temperaturnullpunkt** geben muss, weil dort das Volumen des idealen Gases null wird – seine Teilchen besitzen ja kein Volumen. Ein **reales Gas** kann natürlich nicht auf Nullvolumen abgekühlt werden, weil es vorher flüssig wird. Bei Stickstoff ist das bei 77 K (−196 °C), bei Helium erst bei rund 4 K (269 °C) der Fall. Der springende Punkt ist aber der: Obwohl man ein reales Gas nie auf Nullvolumen abkühlen kann, schneiden sich alle **theoretischen Isobaren** in einem einzigen Punkt. Dort nahm man richtigerweise den absoluten Nullpunkt an und deshalb waren die isobaren Zustandsänderungen der Gase eine Grundlage für die Kelvin-Skala (→ F 8). Du siehst in der Grafik, dass sich Temperatur und Volumen linear verhalten.

Bei gleichem Druck ist $V \sim T$ und V/T immer konstant. Das Volumen eines idealen Gases ist proportional zu seiner absoluten Temperatur. Das nennt man das Gesetz von GAY-LUSSAC. (Anm.: In manchen Büchern heißt es auch Gesetz von Charles). Verdoppelt sich die absolute Temperatur, so verdoppelt sich das Volumen des Gases. Bei einer Erhöhung um 273 Grad erhöht sich das relative Volumen um den Wert 1 (siehe mittlere Kurve in Abb. 19.8). Der Ausdehnungskoeffizient von Gasen beträgt daher 1/273 bzw. rund $3{,}7 \cdot 10^{-3}$ pro Kelvin (siehe Tab. 18.1).

ZUSAMMENFASSUNG

Bei einer isobaren Zustandsänderung eines Gases ist der Quotient von V/T immer konstant. Das nennt man das Gesetz von GAY-LUSSAC.

19.2.2 Gurkenglasplopp

Isochore Zustandsänderung (V = konstant)

F 9 ◒ Den Druck in Autoreifen soll man niemals in warmgefahrenem Zustand messen. Warum?

F 10 ○ Spraydosen darf man niemals ins Feuer werfen! Man sollte sie noch nicht einmal im Auto in der Sonne liegen lassen! Kannst du das begründen?

F 11 ○ Ein Gurkenglas öffnet sich beim ersten Mal mit einem leichten Plopp – aber nur beim ersten Mal. Woher kommt das?

Unter **isochor** versteht man Zustandsänderungen eines Gases bei gleichem Volumen. Welcher Zusammenhang besteht dann zwischen Temperatur und Druck? Es scheint auf der Hand zu liegen, dass bei gleichem Volumen der Druck eines Gases mit der Temperatur steigt. Du kannst diese Vermutung aber mit der umgeformten **Druckgleichung** überprüfen: $V \sim E_{kin}/p$. Wenn die Temperatur steigt, dann erhöht sich die mittlere kinetische Energie der Teilchen. Bei gleichem Volumen muss E_{kin}/p gleich bleiben und deshalb der Druck steigen. Bei Abkühlung ist es genau umgekehrt.

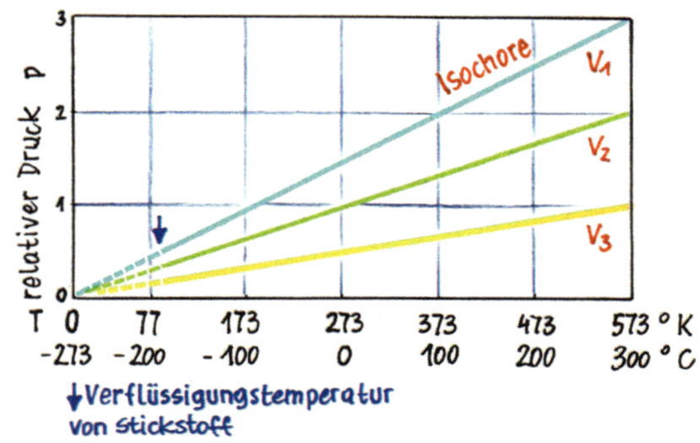

Abb. 19.9 Zusammenhang zwischen p und T bei **gleichem Volumen** für drei verschiedene Volumina ($V_1 < V_2 < V_3$)

In Abb. 19.9 siehst du drei Linien für drei verschiedene, aber jeweils konstant gehaltene Volumina. Solche Kurven nennt man **Isochore**. Auch diese Kurven schneiden einander theoretisch im absoluten Nullpunkt (reale Gase kondensieren natürlich bereits bei höheren Temperaturen). Bei gleichem Volumen ist $p \sim T$ und somit p/T immer konstant. Der Druck eines idealen Gases ist proportional zu seiner absoluten Temperatur. Das nennt man das Gesetz von AMONTONS. Mit diesem Gesetz lassen sich die drei Eingangsfragen beantworten.

Abb. 19.10 Der Unterdruck im Gurkenglas wirkt so, als würde auf dem Deckel eine große Masse liegen.

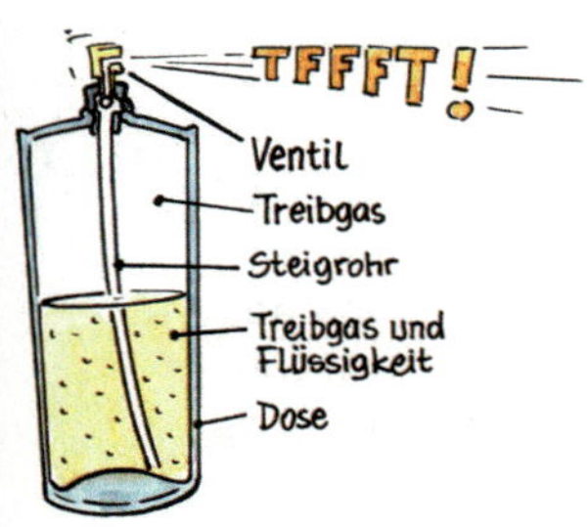

Abb. 19.11 Der Inhalt einer Spraydose wird durch ein sogenanntes Treibgas hinausgedrückt.

INFO

Allerlei Drücke

Bei **gleichem Volumen** verändert sich der Druck immer um genauso viel Prozent wie die absolute Temperatur. Dazu rechnen wir drei Beispiele.

1 Warum ploppen **Glaskonserven** (→ F11)? Weil im Inneren ein Unterdruck herrscht, der sich beim Öffnen ausgleicht. Wie kommt es zu dem Unterdruck? Weil die Temperatur beim Abfüllen höher ist! Nimm mal an, sie beträgt 70 °C (343 K). Bei Zimmertemperatur (20 °C, 293 K) haben sich die absolute Temperatur und somit auch der Druck um 15 % verringert. Wenn der Dosendeckel einen Radius von 5 cm hat, dann ist seine Fläche rund $7{,}85 \cdot 10^{-3}\,m^2$. Der Normaldruck der Luft beträgt etwa 100 000 N/m^2. Die Luft drückt also von außen mit einer Kraft von 785 N auf den Deckel, aber von innen nur mit 671 N. Der Deckel wird bei Zimmertemperatur also mit 110 N auf die Dose gedrückt. Das ist so, also würde eine Masse von rund 11 kg auf der Dose liegen, die du beim Aufschrauben mitheben musst (Abb. 19.10).

2 Der richtige Druck im **Autoreifen** hängt vom Modell ab, sollte aber über den Daumen 3 bar betragen. Das Pressluftgerät zeigt den Überdruck an, also 2 bar. Nimm an, du stellst 3 bar bei warmgefahrenen Reifen ein (50 °C = 323 K). Wenn das Auto steht und die Reifenluft auf 20 °C abgekühlt ist (293 K), verringert sich die absolute Temperatur um knapp 10 % und der Druck im Reifen hat nur noch 2,7 bar. Das kostet Sprit und kann auch gefährlich werden! Deshalb: Den Druck immer bei kalten Reifen messen (→ F9)!

3 Angenommen eine **Spraydose** (Abb. 19.11) hat bei Zimmertemperatur (293 K) einen Druck von 3 bar. Ein Auto kann sich in der Sommersonne im Innenraum auf 80 °C (353 K) erwärmen. Der Druck in der Dose steigt dann um etwa 20 %. Das kann bereits gefährlich sein. Wenn du die Dose aber ins Feuer wirfst und die Temperatur auf sagen wir 400 °C (673 K) steigt, dann steigt der Druck um fast 130 % auf rund 7 bar und peng! Wirf also niemals Spraydosen ins Feuer (→ F10)!

ZUSAMMENFASSUNG

Bei einer isochoren Zustandsänderung eines Gases ist der Quotient von p/T immer konstant. Das nennt man das Gesetz von AMONTONS.

19.2.3 Taucherlungenriss

Isotherme Zustandsänderung (T = konstant)

F12 ◒ Wenn ein Flaschentaucher (Abb. 19.12) wieder an die Oberfläche will, dann muss er dabei unbedingt ausatmen. Warum?

F13 ◒ Wieso kommt es zu den „zugefallenen Ohren", wenn man fliegt, mit der Seilbahn fährt oder unter Wasser taucht? Warum ist dieses Gefühl bei einer Erkältung besonders stark?

Abb. 19.12

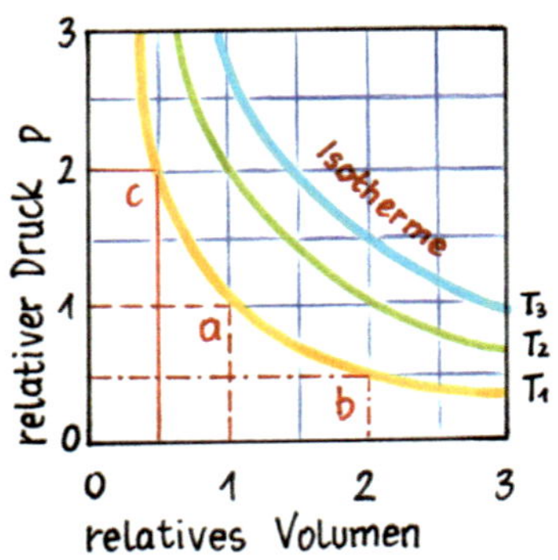

Abb. 19.13 Zusammenhang zwischen p und V bei **gleicher Temperatur** für drei verschiedene Temperaturen ($T_1 < T_2 < T_3$). Verdoppelt sich das Volumen (b), halbiert sich der Druck und umgekehrt (c). Bei den Kurven handelt es sich um Hyperbeln.

Und nun der dritte Stein: der Zusammenhang zwischen Druck und Volumen bei gleicher Temperatur, also unter **isothermen** Bedingungen. Die mittlere kinetische Energie der Moleküle verändert sich dabei nicht. Halbiert sich das Volumen, so verdoppelt sich die Dichte eines Gases. Es prallen somit auch doppelt so oft Teilchen gegen die Wand und der Druck verdoppelt sich. Umgekehrt halbiert sich der Druck, wenn man das Volumen verdoppelt (Abb. 19.13).

Du kannst das auch an der Druckgleichung sehen: Bei gleicher Temperatur ist $p \sim 1/V$ und somit $p \cdot V$ konstant. Der Druck eines idealen Gases ist umgekehrt proportional zum Volumen. Das nennt man das Gesetz von BOYLE-MARIOTTE. Wie die beiden anderen Gesetze kann man auch dieses sehr gut bei realen Gasen anwenden, wenn deren Dichte nicht zu groß wird, und man kann damit die beiden Eingangsfragen beantworten.

INFO **Van-der-Waals-Gas**

Zur Erinnerung: Oberhalb der **kritischen Temperatur** (T_k) kann man bei einem Stoff nicht mehr zwischen flüssig und gasförmig unterscheiden (Abb. 18.11 und 18.27). Reale Gase lassen sich mit dem Gesetz von Boyle-Mariotte sehr gut beschreiben, wenn die Temperatur weit genug über der kritischen liegt (Abb. 19.14). **Isotherme**, die in der Nähe von T_k liegen, sind bereits etwas verbeult (T_1). Sinkt die Temperatur unter T_k ab, dann führt eine Verringerung des Volumens zur Kondensation. Der Druck steigt so lange nicht an, bis sich das gesamte Gas verflüssigt hat.

Die kritische Temperatur liegt für Stickstoff (N_2) bei −145 °C und für Sauerstoff (O_2) bei −117 °C, also extrem tief. **Luft** kann unter normalen Bedingungen daher als ideales Gas angesehen werden. Bei Kohlenstoffdioxid (CO_2) liegt T_k bei +31 °C und bei Wasserdampf sogar bei +374 °C. Hier kann das Gesetz von Boyle-Mariotte nur bei entsprechend hohen Temperaturen angewendet werden.

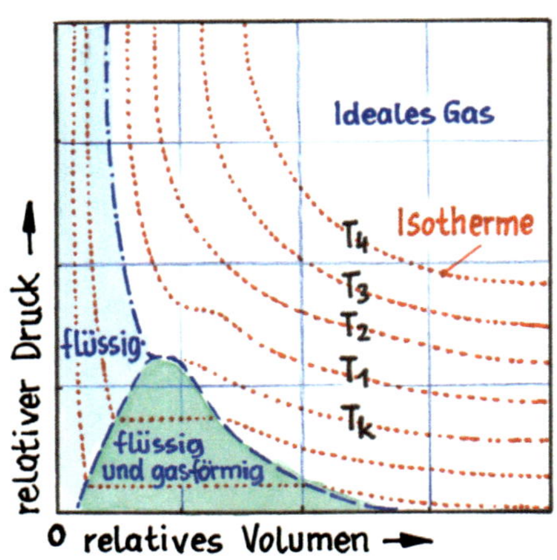

Abb. 19.14 p-V-Diagramm eines realen Gases. Solche Gase nennt man **Van-der-Waals-Gase**.

Der **Wasserdruck** wächst linear mit der Tiefe. Direkt an der Oberfläche wirkt nur der Luftdruck (rund 1 bar). Pro 10 m Tiefe steigt der Druck um jeweils 1 bar an (siehe Abb. 19.15). Stell dir vor, du bläst einen **Ballon** über Wasser auf 4 l auf. Wenn du mit ihm in die Tiefe tauchst, dann verringert sich sein Volumen. In 10 m Tiefe hat es sich bereits halbiert, in 30 m Tiefe ist es auf ein Viertel gesunken. Für deine Lunge gilt genau dasselbe. Wenn du über Wasser 4 l einatmest und auf 30 m Tiefe abtauchst, dann wird deine **Lunge** auf nur 1 l zusammengepresst (a). Das ist nicht gefährlich.

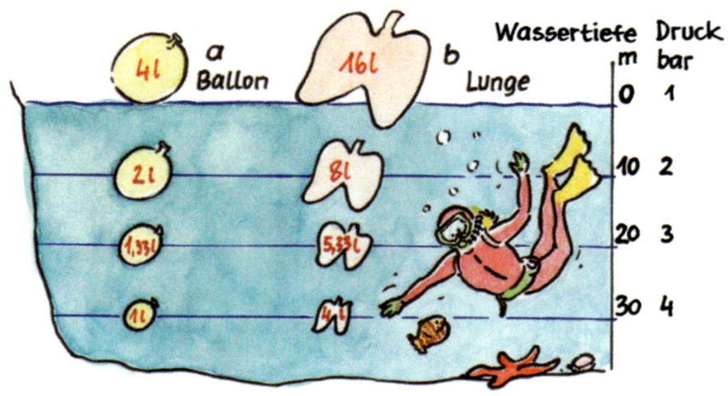

Abb. 19.15 Zusammenhang zwischen Wassertiefe (und somit Druck) und Volumen eines Ballons bzw. der Lungen

Gefährlich ist es, wenn du in der Tiefe aus der **Sauerstoffflasche** atmest und dann auftauchst. Warum? Das Sauerstoffgerät liefert dir in jeder Tiefe so viel Luft, dass du auf ein normales Lungenvolumen einatmen kannst. Wenn du in 30 m Tiefe dein Lungenvolumen auf 4 l bringst, liefert dir die Flasche dazu viermal so viel Luft wie an der Oberfläche. Wenn du dann aber ohne auszuatmen auftauchst, würde sich deine Lunge theoretisch auf 16 l ausdehnen (b). Das ist natürlich völlig unmöglich. Wahrscheinlich würdest du schon nach wenigen Metern einen **Lungenriss** erleiden. Deshalb: **Beim Auftauchen immer ausatmen** (→ F12). Mit dem Gesetz von Boyle-Mariotte kann man auch das unangenehme Gefühl in den Ohren bei einem Druckwechsel erklären.

INFO

Zugefallene Ohren

Das Mittelohr ist durch die **Eustachi'sche Röhre** mit dem Mundraum zu einem gemeinsamen Hohlraum verbunden (Abb. 19.16). Die „belegten Ohren" (→ F13) kommen immer durch eine Druckveränderung zustande. **Steigt der Außendruck**, dann wölbt sich das Trommelfell nach innen (Abb. 19.16 a). Das ist beim Abtauchen der Fall oder wenn du mit der Seilbahn ins Tal fährst. Du kannst das Trommelfell wieder nach außen drücken, indem du Mund und Nase zuhältst und trotzdem versuchst auszuatmen.

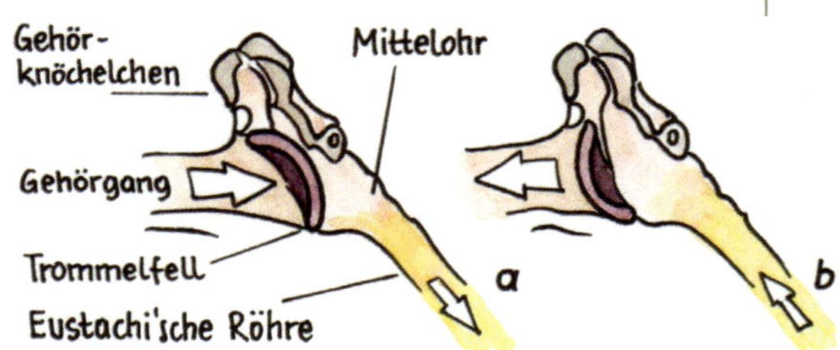

Abb. 19.16 Steigt der Außendruck, dann wird das Trommelfell nach innen gedrückt (a), sinkt er, wird es nach außen gedrückt (b).

Beim Auftauchen aus dem Wasser oder beim Hinauffahren mit der Seilbahn **sinkt der Außendruck** und das Trommelfell wölbt sich nach außen (b). Dann hilft herzhaftes Gähnen, damit der Überdruck besser aus dem Mittelohr entweichen kann. Der **Druckausgleich** kann in beiden Fällen nur durch die Eustachi'sche Röhre erfolgen. Weil diese bei Erkältung verschlossen sein kann, sind die zugefallenen Ohren in diesem Fall besonders unangenehm.

ZUSAMMENFASSUNG

Bei einer isothermen Zustandsänderung eines Gases ist das Produkt $p \cdot V$ immer konstant. Das nennt man das Gesetz von BOYLE-MARIOTTE.

19.3 Achtkommadreieins
Die allgemeine Gasgleichung

Jetzt setzen wir die bisherigen drei Steine zusammen und erhalten die allgemeine Gasgleichung.

F14 ○ Was versteht man unter einem Mol? Lies nach in Kap. 2.2!

F15 ● Ein Heliumballon entgleitet dir und steigt auf. Die Außenluft wird kälter (was zu einer Verkleinerung des Volumens führen würde), aber der Druck sinkt (was zu einer Vergrößerung führen würde). Welcher Effekt gewinnt? → L

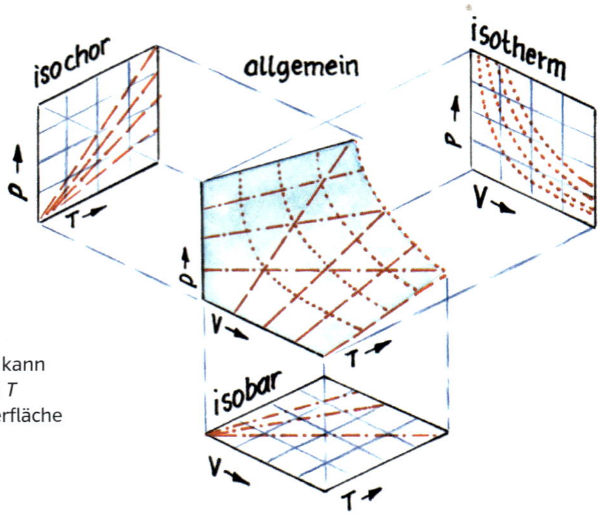

Abb. 19.17 Ein ideales Gas kann nur jene Werte für p, V und T annehmen, die auf der Oberfläche des 3D-Diagramms liegen.

In Tab. 19.2 sind die **drei Gasgesetze für spezielle Bedingungen** noch einmal zusammengefasst. Diese drei Sonderfälle kann man zum **allgemeinen Gasgesetz** zusammenfassen. Es besagt Folgendes: Du kannst Druck, Temperatur und Volumen eines Gases nicht beliebig wählen. Sein Zustand liegt fest, wenn zwei der Werte festliegen. Die Werte liegen daher auf einer dreidimensionalen Oberfläche (Abb. 19.17).

Die Gasgesetze für spezielle Bedingungen sind die zweidimensionalen Projektionen davon. Um vom **allgemeinen Gasgesetz** auf eine allgemeine Gasgleichung zu kommen, muss man bei Kenntnis von zwei Größen die dritte auf experimentellem Weg bestimmen. Man erhält dann eine Konstante, die für alle Gase gültig ist.

Tab. 19.2 Überblick über die drei Gasgesetze. Die Teilchenzahl des Gases ist immer als konstant angenommen. Aus $V \sim T$ und $p \sim T$ folgt $p \cdot V \sim T$. Daraus folgt wiederum $p \cdot V = T \cdot$ konstant und somit $p \cdot V/T =$ konstant. Diese Konstante kann nur im Experiment ermittelt werden.

Gesetz von	besagt, dass	Bedingung
Joseph Louis Gay-Lussac (1778–1850)	$V/T =$ konstant $V \sim T$	$p =$ konstant isobar
Guillaume Amontons (1663–1705)	$p/T =$ konstant $p \sim T$	$V =$ konstant isochor
Robert Boyle (1627–1691) und Edme Mariotte (1626–1684)	$p \cdot V =$ konstant $p \sim 1/V$	$T =$ konstant isotherm
allgemeines Gasgesetz	$p \cdot V/T =$ konstant	keine

INFO ***k* und *R***

Ein **Mol** eines Stoffes hat $6 \cdot 10^{23}$ Teilchen. Wenn man das **Molvolumen** eines Gases bei Normaldruck (101 300 Pa) und bei 273 K (0 °C) misst, dann kommt man immer auf 22,4 l bzw. $22{,}4 \cdot 10^{-3}\,m^3$. Das allgemeine Gasgesetz besagt nun, dass $p \cdot V/T$ immer denselben Wert hat. Wenn wir einsetzen, erhalten wir:

$$\frac{101\,300\,\text{Pa} \cdot 22{,}4 \cdot 10^{-3}\,\text{m}^3}{273\,\text{K}} = 8{,}31\,\frac{\text{J}}{\text{mol} \cdot \text{K}} = R$$

Für ein Mol eines ideales Gases gilt daher: Druck mal Volumen durch absolute Temperatur ergibt den Zahlenwert 8,31. Immer! Diesen Wert nennt man daher die **universelle Gaskonstante** (R). Um den Zustand von beliebig vielen Mol zu berechnen, muss man R nur mit der Anzahl der Mol (n) multiplizieren.

Es gibt noch eine zweite Möglichkeit, die Gasgleichung anzuschreiben, indem man die Teilchenzahl (N) angibt. Der Zusammenhang lautet: $n \cdot R = N \cdot k$. k ist die **Boltzmann-Konstante** und sie beträgt $1{,}38 \cdot 10^{-23}$ J/K.

FORMEL Allgemeine Gasgleichung

$$\frac{p \cdot V}{T} = n \cdot R \quad \text{oder} \quad \frac{p \cdot V}{T} = N \cdot k$$

p … Druck $[p] = \text{Pa}$
V … Volumen $[V] = \text{m}^3$
n … Anzahl der Mol
T … absolute Temperatur $[T] = \text{K}$
N … Anzahl der Teilchen
R … allgemeine Gaskonstante $= 8{,}314\,\frac{\text{J}}{\text{mol} \cdot \text{K}}$
k … Boltzmann-Konstante $= 1{,}38 \cdot 10^{-23}\,\frac{\text{J}}{\text{K}}$

ZUSAMMENFASSUNG
Druck, Temperatur und Volumen eines idealen Gases hängen zusammen. Sind zwei der Werte gegeben, dann stellt sich der dritte automatisch ein.

19.4 Föhn und Fahrradpumpe
Adiabatische Zustandsänderung

Hier geht es um eine Form der Zustandsänderung, bei der sich Druck, Temperatur und Volumen eines Gases ändern, ohne dass dabei Wärme ausgetauscht wird.

F16 ○ Wenn du mit einer Handpumpe einen Fahrradreifen aufpumpst, dann wird diese ganz heiß. Warum?

F17 ● Jeder weiß, dass es mit zunehmender Höhe kälter wird. Warum eigentlich?

F18 ● Der Föhn ist ein warmer und trockener Fallwind. Warum ist der Wind warm und unter welchen Bedingungen kommt er zustande? Ist es bei Föhnlage überall warm?

Stell dir vor, du verschließt das Auslassventil einer **Fahrradpumpe** (→ F16). Wenn du nun die Luft auf ein Drittel zusammendrückst, würdest du nach dem Gesetz von Boyle-Mariotte erwarten, dass sich der Druck verdreifacht (Abb. 19.18, A nach C). Tatsächlich steigt dieser aber wesentlich stärker an (A nach B)! Wie kommt das? Das Gesetz von Boyle-Mariotte gilt nur unter **isothermen** Bedingungen. Wenn du aber den Kolben der Pumpe hineinschiebst, dann erhöhst du die Geschwindigkeit der aufprallenden Luftmoleküle und somit auch die Temperatur. Es ist ähnlich, als würdest du mit einem Schläger auf einen Ball schlagen. Eine Kompression, bei der kein Wärmeaustausch erfolgt, nennt man **adiabatisch**, und der dabei entstehende Druck ist höher als erwartet. Erst wenn die entstandene Wärme abgeflossen ist, dann sinkt der Druck auf den erwarteten Wert ab (C). Es gilt auch die Umkehrung: Wenn man das Volumen rasch vergrößert, dann sinkt dabei die Temperatur. Das ist eine **adiabatische Expansion**.

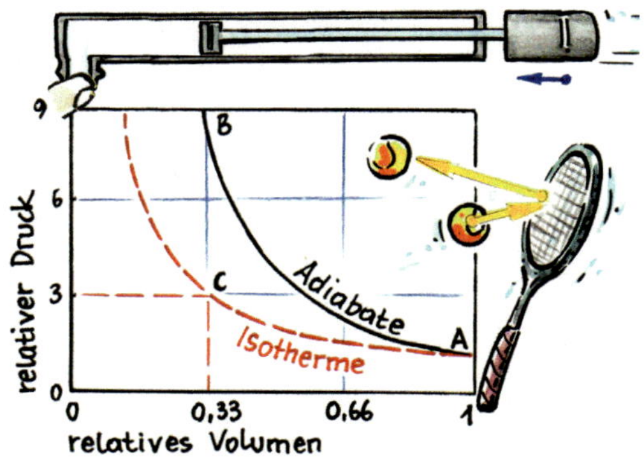

Abb. 19.18 Rot: erwarteter Druckanstieg bei Kompression. Schwarz: tatsächlicher Druckanstieg. Wenn du wartest, bis die Wärme abfließt, dann sinkt der Druck von B auf C ab und du landest auf der Isotherme.

INFO **Föhn und Atmosphäre**

Warum wird es **mit zunehmender Höhe kälter** (→ F17)? Der Luftdruck sinkt mit der Höhe und deshalb expandiert die Luft, wenn sie aufsteigt. Weil Luft ein schlechter Wärmeleiter ist, expandiert sie **adiabatisch** und kühlt sich dabei um **1 °C pro 100 Höhenmeter** ab. Umgekehrt wird beim Absinken die Luft adiabatisch komprimiert und erwärmt sich um 1 °C pro 100 m Höhenmeter.

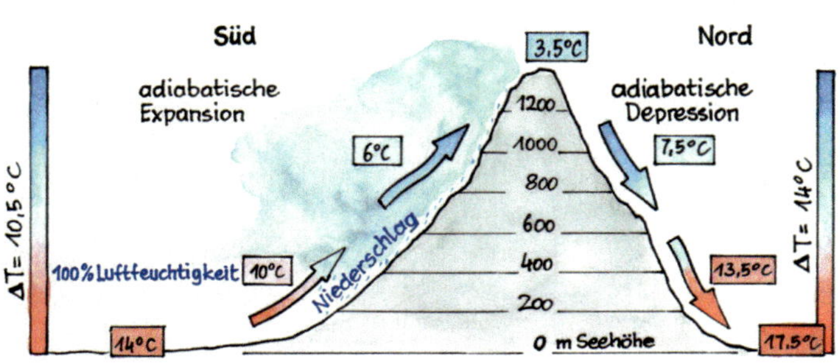

Abb. 19.19 Entstehung des Föhns

Der **Föhn** braucht zum Entstehen feuchte Luft und ein Gebirge (→ F18). Fangen wir beim absteigenden Teil an (Abb. 19.19 rechts). Die Luft stürzt z. B. 1400 m ins Tal und erwärmt sich dabei um 14 °C. Beim Aufsteigen (links) kühlt sie sich aber nur um 10,5° ab. Warum?

Der Grund liegt in der Entstehung der Wolken. Bis 400 m Meereshöhe kühlt die aufsteigende Luft brav um 4 °C ab. Wenn aber 100 % Luftfeuchtigkeit erreicht werden, dann **kondensiert** der Wasserdampf zu Wolken. Dabei wird **Kondensationswärme** frei (siehe Tab. 18.2). Auf den nächsten 1000 m kühlt die Luft nur noch um 6,5 °C ab (also um 0,65 °C pro 100 m). Der warme Föhn im Norden der Alpen ist also immer mit regnerischem Wetter im Süden verbunden (→ F18).

Weil **Luft** ein **schlechter Wärmeleiter** ist, sind viele Volumenänderungen im Alltag eher adiabatisch als isotherm, das Erhitzen einer Fahrradpumpe ist ein Beispiel dafür (→ F16). Auch die Temperaturschichtung in der Atmosphäre ist ein adiabatischer Effekt. Eine Sternschnuppe verglüht deshalb, weil sich die Luft vor ihr adiabatisch komprimiert. Auch ein Raumschiff hat beim Wiedereintritt dasselbe Problem.

ZUSAMMENFASSUNG

Bei einer schnellen Kompression kommt es zu einer Erwärmung, bei einer schnellen Expansion zu einer Abkühlung, weil dabei keine Wärme ausgetauscht wird. Das nennt man eine adiabatische Zustandsänderung.

Teste dich

F19 ● Der Luftdruck beträgt 760 Torricelli (Torr), ein normaler Blutdruckwert bei Herzschlag liegt bei rund 140 Torr! Wieso strömt bei einer Verletzung dann nicht die Luft in die Adern, sondern das Blut heraus? → L

F20 ◒ Nimm an, ein Taucher hat an Land ein Atemminutenvolumen von 30 Litern. Er will 10 Minuten in 30 m Tiefe tauchen. Wie viel Atemluft benötigt er? → L

F21 ◒ Welche Eigenschaften grenzen Gase von kondensierten Stoffen ab? → L

F22 ● Zum Befüllen von Luftballons verwendet man manchmal Helium. Nimm an, eine solche Flasche ist 1 m hoch und hat einen Durchmesser von 20 cm. Das Helium in der Flasche hat 100 bar. Mit welcher Kraft drückt das Helium auf die Bodenfläche der Flasche? Gib zuerst eine Schätzung ab. → L

F23 ● Stelle mit Hilfe der Druckgleichung (Kap. 19.1) und der allgemeinen Gasgleichung (Kap. 19.3) einen Zusammenhang zwischen Temperatur und mittlerer kinetischer Energie der Gasteilchen her. → L

F24 ◒ Belege mit der allgemeinen Gasgleichung, dass ein Mol $6 \cdot 10^{23}$ Teilchen hat. → L

F25 ◒ Erkläre mit Hilfe von Abb. 19.20, wie eine Blutdruckmessung funktioniert. → L

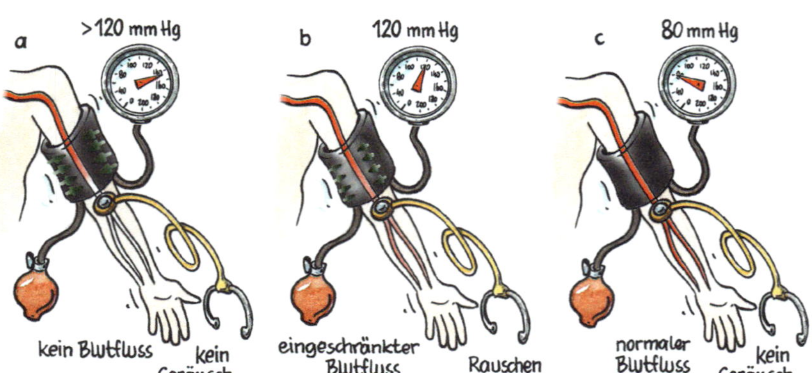

Abb. 19.20

F26 ● a) Schätze die Masse der Atmosphäre ab, die sich über 1 m² befindet. Hilf dir mit dem Normaldruck der Atmosphäre in Pascal (Tab. 19.1). Überlege dazu, welcher Zusammenhang zwischen Masse und Gewicht besteht.
b) Die Hautoberfläche eines Menschen beträgt etwa 1,8 m². Berechne mit Hilfe des Ergebnisses von (a), welche Kraft durch den Luftdruck auf den Menschen wirkt und welcher Masse das umgerechnet entspricht. Womit kann man diese vergleichen? Warum hält man das aus?
c) Berechne mit Hilfe von (a) die Masse der Erdatmosphäre. Der Erdradius ist $6{,}37 \cdot 10^6$ m, die Kugeloberfläche $O = 4\pi \cdot r^2$. → L

F27 ◒ Das „pneumatische Feuerzeug" (Abb. 19.21) wurde bereits um 1770 erfunden. Es besteht aus einem unten verschlossenen Hohlzylinder, in dem sich oben ein Kolben herunterdrücken lässt. Wieso kann man mit einer solchen Konstruktion Feuer erzeugen? Welcher Effekt wird dabei ausgenutzt? → L

Abb. 19.21

F28 ● Woraus besteht ein Kondensstreifen (Abb. 19.22) und wie entsteht er? → L

Abb. 19.22

20 Kältetechnik und Wärmekraftmaschinen

In diesem Kapitel geht es um kalt und warm. Es geht zunächst darum, wie man Kälte erzeugen kann. Jeder hat einen Kühlschrank zu Hause, aber hast du schon einmal überlegt, wie dieses Ding funktioniert? Aber auch in der Medizin ist das Erzeugen von Kälte sehr wichtig und natürlich ebenfalls für Eislaufplätze im Winter und manchmal für Räume, Autos oder Busse im Sommer. Und dann geht es darum, dass man einen Wärmeüberschuss durch bestimmte Tricks in kinetische Energie umwandeln kann. Kurz: Es geht um Motoren.

20.1 Ständig am Kochen
Der Kühlschrank

In diesem Abschnitt geht es darum, wie eines der wichtigsten Haushaltsgeräte funktioniert: der Kühlschrank.

F1 ◒ Was versteht man unter Verdampfungswärme? Was passiert, wenn man ein Gas stark komprimiert? Schau nach in Tab. 18.2 und in Abb. 18.24!

F2 ◒ Wie funktioniert ein Kühlschrank prinzipiell? Warum ist das Tiefkühlfach immer oben? Was bedeuten die aufgedruckten Sterne darauf (Abb. 20.1 a)? Welche Funktion hat das Stellrad im Kühlschrank (b)? Warum summt der Kühlschrank manchmal? Wie kalt ist es im Kühlfach und im Kühlschrank? Wie lange kann man Lebensmittel darin aufbewahren? Warum darf man einen alten Kühlschrank nicht einfach wegwerfen?

Abb. 20.1

F3 ◒ Welche Maßnahmen gibt es, um bei einem Kühlschrank Energie zu sparen?

Dir ist sicher nicht bewusst, wie komfortabel ein **Kühlschrank** ist. Früher verdarben vor allem im Sommer die Lebensmittel sehr schnell. Eisschränke, die man mit Eisblöcken auffüllte (Abb. 18.17), waren umständlich und luxuriös. Da hast du es heutzutage viel bequemer. Standard ist der **Kompressor-Kühlschrank** (Abb. 20.2). In seinem Rohrsystem befindet sich ein **Kühlmittel**, das bei Normaldruck (1 bar) bereits bei −30 °C siedet. Weil es der Umwelt schaden kann, darf man einen Kühlschrank auf keinen Fall „wild" entsorgen (→ **F2**).

Weil im **Verdampfer** (a) Normaldruck herrscht, ist bei laufendem Kompressor das Kühlmittel ständig am Kochen! Die zum Verdampfen notwendige Energie wird der Umgebung entzogen, also letztlich der Luft und den Lebensmitteln. Die Röhren des Verdampfers liegen immer um das Gefrierfach herum, weil dort die tiefsten Temperaturen herrschen sollten (siehe auch Tab. 20.1).

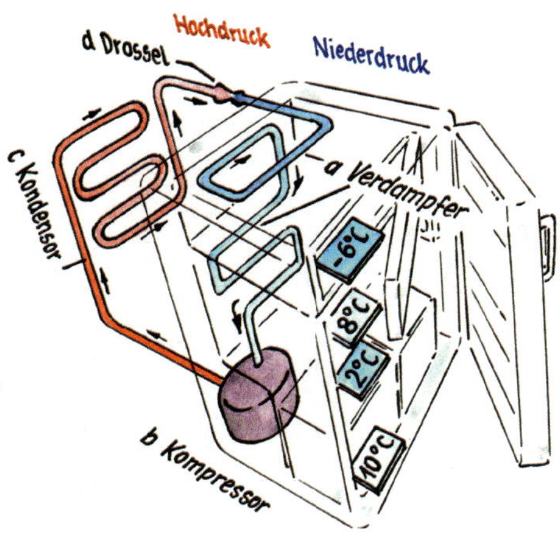

Abb. 20.2 Schema eines Kompressor-Kühlschranks. Der Kondensor (= Verflüssiger) ist zur besseren Übersicht nach hinten verschoben – er liegt in Wirklichkeit direkt in der Rückwand.

Symbol	Temperatur	Haltbarkeit der Lebensmittel
*	−6 °C	einige Tage
* *	−12 °C	ca. 2 Wochen
* * *	−18 °C	ca. 3 Monate
* ***	−18 bis −25 °C	3–12 Monate

Tab. 20.1 Die Sterne geben an, wie kalt es im Tiefkühlfach bzw. der Tiefkühltruhe wird (→ **F2**). Die Temperatur beträgt maximal −6 °C.

Der **Kompressor** (b) hat zwei Aufgaben. Erstens saugt er den Kühlmitteldampf ab. Sonst wäre dieser bald gesättigt und das Kühlmittel könnte nicht mehr weiter verdampfen. Seine zweite Aufgabe, daher sein Name, ist das Komprimieren des Kühlmitteldampfs. Dieser könnte ja nur bei weniger als −30 °C wieder kondensieren. Durch Erhöhung des Drucks auf 8 bar ist das aber auch bei Zimmertemperatur möglich (→ F1; siehe auch Kap. 18.6).

Die Verflüssigung des Gases erfolgt im **Kondensor** (c) in der Rückwand des Kühlschranks. Dort wird die entstehende Kondensationswärme abgegeben. Bevor die Flüssigkeit wieder in den Verdampfer gelangt, wird der Druck in der Drossel (d) wieder auf 1 bar gesenkt. Und dann geht es wieder von vorne los.

Im Kühlschrank befindet sich ein **Thermostat** (→ F2). Steigt die Temperatur über den eingestellten Wert, dann springt ein Elektromotor an, der den Kompressor betreibt, und das Kühlmittel beginnt zu sieden. Da die kalte Luft absinkt, hat es im Kühlschrank oben etwa 8 °C und unten 2 °C. Im Gemüsefach ist die Konvektion unterbrochen. Dort hat es etwa 9 bis 10 °C (Abb. 20.2).

INFO **Kühlschrank-Energiespartipps**

- Ein Kühlschrank braucht nur dann Strom, wenn der Kompressor läuft. Dieser läuft nur, wenn innen die Temperatur zu hoch wird. Um Energie zu sparen, musst du also Temperaturerhöhungen im Kühlschrank möglichst verhindern (→ F3). Und das geht so:

- Mach die Kühlschranktür so kurz wie möglich auf. Die kalte, schwere Luft „rinnt" dabei nämlich ins Zimmer.

- Lass nichts draußen liegen, bevor du es in den Kühlschrank zurückgibst, weil es sich dadurch erwärmt.

- Stell nichts Warmes in den Kühlschrank (z. B. eine Suppe), sondern lass es zuerst auf Zimmertemperatur abkühlen.

- Überprüfe mit einem Thermometer die Temperatur im Kühlschrank. Ist sie tiefer als nötig, stell eine niedrigere Zahl am Thermostat ein (Abb. 20.1 a).

- Hat sich eine Eis- oder Reifschicht gebildet, musst du diese abtauen. Eis isoliert sehr gut und der Kompressor muss länger arbeiten.

- Taue Gefrorenes im Kühlschrank auf. Das dauert zwar länger, liefert aber gratis Kälte.

ZUSAMMENFASSUNG

Im Kühlschrank nutzt man den Effekt, dass die Kühlflüssigkeit bereits bei −30 °C siedet und dabei der Umgebung Wärme entzieht. Nur wenn die Temperatur den eingestellten Wert überschreitet, arbeitet der Kompressor.

20.2 Ein Kühlschrank im Fenster

Klimaanlage und Wärmepumpe

In diesem Abschnitt hörst du, wie aus einem Kühlschrank eine Klimaanlage wird und was die grundlegenden Prinzipien der Kälteerzeugung sind.

F4 ○ Was versteht man unter Entropie? Was besagt der 2. Hauptsatz der Wärmelehre? Lies nach in Kap. 16.5!

F5 ● Sommer, unerträglich heiß! Was passiert mit der Temperatur im Zimmer, wenn du den Kühlschrank in die Mitte stellst und die Tür öffnest? Versuche deine Antwort zu begründen?

F5 ist eine Schlüsselfrage, um das Problem der Kälteerzeugung zu verstehen! Überlegen wir zuerst mit Hilfe des 2. Hauptsatzes der Wärmelehre (Kap. 16.5). Nehmen wir das Zimmer vereinfacht als abgeschlossenes System an. Ein Absinken der Temperatur würde ein Absinken der Entropie im Zimmer bedeuten. Der **2. Hauptsatz** der Wärmelehre verbietet das aber. Es ist also nicht möglich, das Zimmer mit dem Kühlschrank zu kühlen.

Es kommt aber noch schlimmer! Der **Energieerhaltungssatz** (Kap. 8.6) besagt, dass die Anzahl der Joule immer gleich bleibt. Nun fließen aber mit der Energie des Stroms Joule in dein Zimmer. Diese Joule werden weder zum Heben noch zum Beschleunigen verwendet. Die einzige Möglichkeit ist daher, dass sich die ungeordnete Bewegungsenergie im Zimmer erhöht hat. Energiefriedhof eben! Kurz: Das Zimmer hat sich sogar erwärmt! Ein Kühlschrank produziert nämlich auf der Rückseite mehr Wärme, als er im Inneren entzieht.

Du kannst aber eines machen: Stelle den Kühlschrank mit der Rückseite nach außen ins Fenster und dichte rundherum gut ab. Du hast dir soeben eine **Klimaanlage** gebastelt (Abb. 20.3). Drinnen wird es kälter, draußen wird es wärmer. Warum geht das jetzt? Weil das Zimmer nun kein abgeschlossenes System ist. Wenn du den Kühlschrank mit der Rückseite nach innen stellst, dann heizt du das Zimmer und kühlst dabei die Straße ab. Du hast dir eine **Heizung** gebastelt.

Abb. 20.3 Kühlschrankklimaanlage

Von selbst fließt Wärme immer nur zu Orten niedrigerer Temperatur. Das besagt der 2. Hauptsatz der Wärmelehre. Ein Kühlschrank ist aber in der Lage, Wärme von einem kälteren Ort (von innen) zu einem wärmeren (außen) zu transportieren, also gegen die natürliche Flussrichtung. Das geht aber nicht von selbst, sondern nur „mit Gewalt", indem also der Kompressor arbeitet. Eine Maschine, die Wärme gegen ihre natürliche Flussrichtung transportiert, nennt man allgemein eine **Wärmepumpe** (Abb. 20.4). Mit dieser erzeugst du also gleichzeitig Wärme und Kälte, aber an verschiedenen Stellen. Deshalb lassen sich Wärmepumpen sowohl zum Kühlen als auch zum Heizen verwenden.

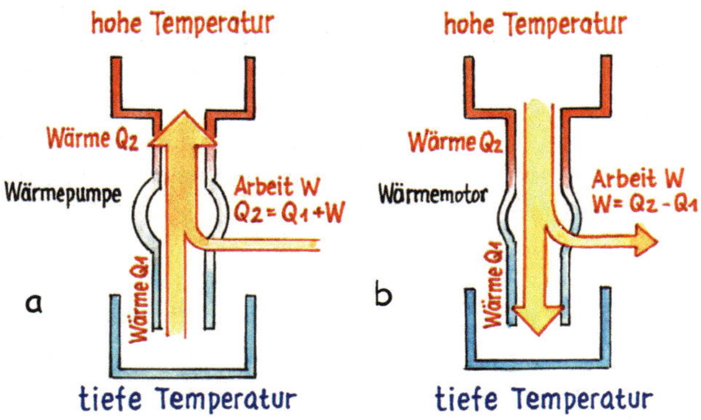

Abb. 20.4 a) Wärme kann **nicht von selbst** zu Orten mit höherer Temperatur fließen. b) Man kann aber unter Aufwand von **Arbeit** Wärme zum Ort der höheren Temperatur pumpen.

Beispiele für Wärmepumpen, die zum Kühlen eingesetzt werden, sind Kühlschrank und Klimaanlage. Auch ein **Eislaufplatz** wird mit einer Wärmepumpe gekühlt. Die beim Kühlen des Eislaufplatzes entstehende Wärme wird meistens gleich zum Heizen eines Schwimmbades, Wohnhauses oder Büros in der Nähe verwendet. In Häusern werden Wärmepumpen zunehmend nur zum Heizen verwendet.

Abb. 20.5 Wenn man „Kälte erzeugt", entsteht so auch immer viel Wärme als „Abfall", die man aus ökonomisch-ökologischen Gründe gleich zum Heizen nutzt. Hier ist einer der berühmtesten Eislaufplätze der Welt vor dem Rockefeller Center in New York zu sehen.

INFO **Niedrigtemperaturwärme**

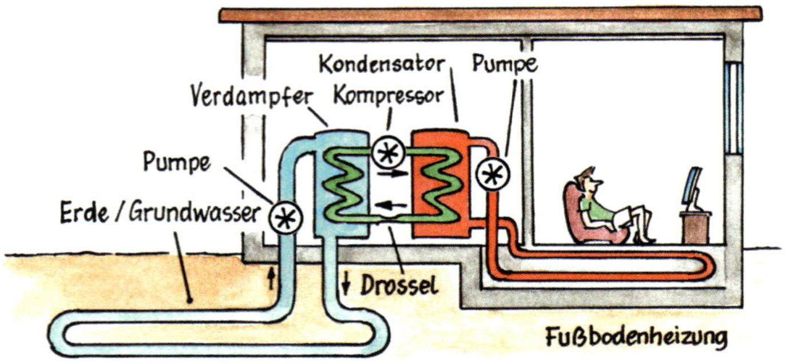

Abb. 20.6 Schema einer Hausheizung mit einer Wärmepumpe

Zunehmend werden **Wärmepumpen** nur zum Heizen eingesetzt, also ohne dass man die dabei erzeugte Kälte nutzt. (Abb. 20.6). Dabei wird dem **Grundwasser** Wärme entzogen. Weil die Heizwassertemperatur bei nur etwa 45° liegt, spricht man von **Niedrigtemperaturwärme**. Sinnvoll ist das nur in Kombination mit einer Fußbodenheizung, weil eine normale Zentralheizung etwa 60 °C Wassertemperatur benötigt. Der Vorteil der Wärmepumpe: Du wendest zum Betreiben eine gewisse Arbeit auf (W in Abb. 20.4 b) und bekommst die gepumpte Wärme (Q_1) gewissermaßen gratis dazu!

Ist eine normale **Zentralheizung**, die mit heißem Wasser funktioniert, auch eine Wärmepumpe? Nein! Eine Zentralheizung heizt die Wohnung – und aus. Eine Wärmepumpe heizt die Wohnung, kühlt aber gleichzeitig etwas anderes ab. Und das ist ein völlig anderes Prinzip.

In Zahlen: Wenn du mit einer normalen Heizung 1 kJ verheizt, dann hast du 1 kJ Wärme gewonnen. Wenn du mit einer Wärmepumpe 1 kJ Arbeit in das Pumpen investierst (W in Abb. 20.4 b), dann bringt das ebenfalls 1 kJ Wärme, dazu aber über den Daumen noch einmal 2 kJ gepumpte Wärme (Q_1). Macht also in Summe 3 kJ ($Q_2 = Q_1 + W$). Eine Wärmepumpe ist **wesentlich effizienter** als eine normale Heizung!

ZUSAMMENFASSUNG

Eine Wärmepumpe kann Wärme gegen ihre normale Flussrichtung zu Orten mit höherer Temperatur pumpen. Kühlschrank und Klimaanlage funktionieren nach diesem Prinzip. Es kann niemals Kälte erzeugt werden, ohne dass an einer anderen Stelle Wärme entsteht.

20.3 Der kälteste Ort des Universums

Tieftemperaturphysik

In diesem Abschnitt geht es um wirklich tiefe Temperaturen und faszinierende Entdeckungen, die man damit gemacht hat.

F6 ○ Was passiert theoretisch am absoluten Nullpunkt? Lies nach in Kap. 16.2, 19.2.1 und 19.2.2!

F7 ● Wo herrschte die tiefste Temperatur, die es jemals im Universum gab? Diese etwas kuriose Frage lässt sich ganz allgemein beantworten.

Die **Tieftemperaturphysik** nennt man auch **Kryophysik** (gr. krýos = „Eiskälte"). Weil es keine genaue Definition gibt, was man unter „tiefen Temperaturen" versteht, kann man den Beginn der Kryophysik nicht exakt angeben. In Tab. 20.2 sind aber einige Meilensteine zusammengefasst. Besonders wichtig auf dem Weg zu extrem tiefen Temperaturen war die Luftverflüssigungsmaschine von Carl von Linde, die noch immer Grundlage der Kältetechnik ist.

Abb. 20.7 Vereiste Cocktails und Leckerbissen, die im Munde zerplatzen wie Kartoffelchips. Carl von Linde hätte sich wohl nie träumen lassen, dass flüssiger Stickstoff einmal in der Gourmetküche verwendet wird. Molekularküche nennt man diesen kuriosen Trend.

INFO

Flüssige Luft

Der Deutsche Carl von Linde entwickelte **1895** ein nach ihm benanntes Verfahren, das bis heute zur **Luftverflüssigung** verwendet wird. Dabei wird Luft zuerst stark komprimiert (200 bar) und dann wieder „entspannt" (Abb. 20.8), indem das Gas durch eine poröse Membran muss. Da die Teilchen dabei keine Arbeit verrichten, würde sich ein ideales Gas nicht abkühlen. Bei 200 bar kommen einander die Luftmoleküle aber sehr nahe und ziehen einander an. Diese Kraft muss beim Entspannen überwunden werden, reale Gase kühlen sich dabei sehr stark ab. Das nennt man den **Joule-Thomson-Effekt**. Die beim Komprimieren entstehende Wärme wird vor dem Entspannen teilweise in einen **Wärmeaustauscher** abgeführt. Mit dieser Methode kann man Temperaturen bis etwa 1 K erzeugen.

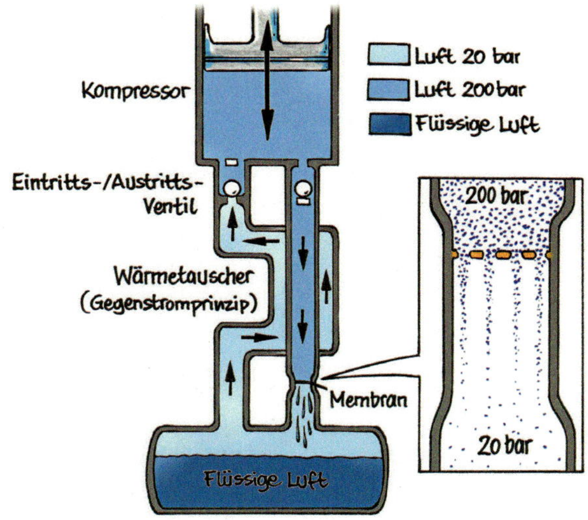

Abb. 20.8 Linde-Verfahren zur Luftverflüssigung

Eine Zeit lang schien ein gewisses Jagdfieber auf Temperaturrekorde ausgebrochen zu sein. 2005 konnte man sich dem absoluten Nullpunkt erstmals auf weniger als **1 Milliardstel Grad** nähern. Einer der beteiligten Physiker meinte dazu: „Erstmals Temperaturen von weniger als einem Nanokelvin erzeugt zu haben ist so, als würde man als Erster eine Meile unter vier Minuten laufen".

Jahr	Forscher	Forschungsleistung
1877	Louis Paul Cailletet	Verflüssigung von Sauerstoff bei −183 °C (90 K)
1895	Carl Paul Gottfried von Linde	stellt bei −193 °C (80 K) erstmals größere Mengen flüssiger Luft her
1898	James Dewar	Verflüssigung von Wasserstoff bei −253 °C (20 K)
1908	Heike Kamerlingh Onnes	Verflüssigung von Helium bei −269 °C (4,2 K)
1911	Heike Kamerlingh Onnes	Entdeckung der Supraleitung von Quecksilber unter 4,2 K; unter Supraleitung versteht man, dass der elektrische Widerstand vollkommen verschwindet (siehe Abb. 20.9)
1995	Eric Allin Cornell u.a.	Erzeugung eines Bose-Einstein-Kondensats bei weniger als 10^{-6} K
2005	Wolfgang Ketterle u.a.	Erzeugung von weniger als 1 Nanokelvin (10^{-9} K)

Tab. 20.2 Meilensteine der Tieftemperaturphysik

In der freien Wildbahn entstehen solche extremen Temperaturen nicht. Man kann davon ausgehen, dass sich die **kältesten Orte des Universums** in irgendeinem **Labor** befinden, bei den Menschen oder bei irgendwelchen Aliens (→ F7)! Die Erzeugung ultratiefer Temperaturen ist aber nicht nur Selbstzweck. Am LHC (Abb. 20.9) werden zum Beispiel bei 1,9 K supraleitende Magneten betrieben. Und immer wieder gab es bei niedrigen Temperaturen unglaubliche Entdeckungen.

Abb. 20.9 Im Large Hadron Collider (LHC) am Forschungszentrum CERN bei Genf lässt man Protonen mit beinahe Lichtgeschwindigkeit in einem rund 27 km langen Tunnel kreisen. Die Teilchen werden dabei von superstarken Elektromagneten (im Bild blau) auf ihrer Kreisbahn gehalten.

INFO **Schwebende Magnete**

1911 entdeckte der Holländer Kamerlingh Onnes, dass der **elektrische Widerstand** (siehe Kap. 22.4) von Quecksilber unter 4,2 K praktisch auf null sinkt. Solche Stoffe nennt man **Supraleiter** und heute kennt man bereits sehr viele davon. Elektrischer Strom fließt in diesen von selbst jahrelang ohne messbaren Verlust. Besonders spektakulär: Weil **magnetische Feldlinien** nicht in einen Supraleiter eindringen können, beginnen Magnete über ihnen zu schweben (Abb. 20.10).

Abb. 20.10 Ein schwebender Magnet über einem supraleitenden Stoff

Helium wird unter 2,2 K **supraflüssig** und besitzt dann keine innere Reibung mehr. Unter 10^{-6} K entsteht eine neue, exotische Materie, das **Bose-Einstein-Kondensat**. Salopp gesagt, vereinigen sich dabei alle beteiligten Teilchen zu einem einzigen Superteilchen (Abb. 20.11). Alle genannten Effekte kann man aber nur im Rahmen der Quantenmechanik erklären (siehe Big Bang 2).

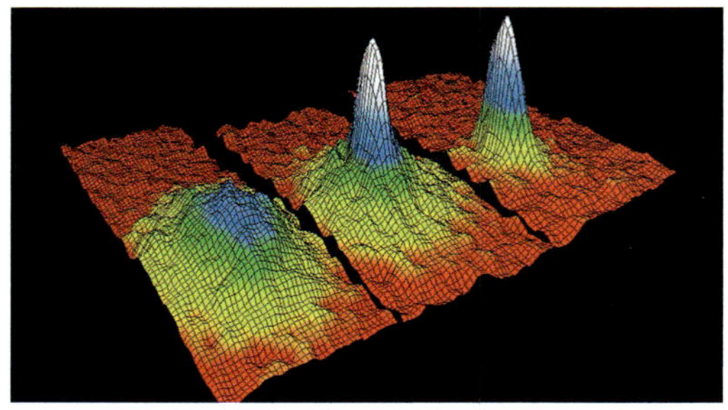

Abb. 20.11 Entstehung eines Bose-Einstein-Kondensats (siehe Big Bang 2). Die Temperatur nimmt vom linken zum rechten Bild ab. Die Dichte (durch Farbe und Höhe dargestellt) nimmt zu.

ZUSAMMENFASSUNG

Man kann zwar den absoluten Nullpunkt nie erreichen, hat sich diesem aber bereits bis auf weniger als ein Milliardstel Kelvin genähert. Bei extrem tiefen Temperaturen kann es zu verwunderlichen quantenmechanischen Effekten kommen.

20.4 Ein Gas, ein Kolben, ein Zylinder

Wärmemotoren

Wie kann man ungeordnete Bewegungsenergie wieder in geordnete Bewegungsenergie umwandeln? Darum geht es in diesem Abschnitt. Du erfährst, wie Dampfmaschinen, Autos, Mofas und Flugzeuge angetrieben werden.

F8 ◒ Was ist der Unterschied zwischen einem Benzin- und einem Dieselmotor? Welche Vorteile und Nachteile haben sie? Warum haben Autos meist vier Zylinder?

F9 ● Wie funktioniert das Triebwerk eines Flugzeugs?

F10 ◒ Was versteht man unter dem Treibhauseffekt und wie kommt er zustande?

F11 ● Was ist der Vergaser? Was ist ein Turbo? Was ist ein Saugmotor? Was ist ein V-8-Motor? Was ist ein Boxer-Motor? Was versteht man unter Common-Rail? → L

Thermische Energie ist im Prinzip ungeordnete Bewegungsenergie (siehe Kap. 16.1). Wenn diese gleichmäßig verteilt ist, wenn also alles gleich warm ist, dann ist sie für uns nicht mehr nutzbar. Helle Köpfe haben aber im Laufe der Geschichte Maschinen entwickelt, die einen **Temperaturunterschied** ausnutzen, um **Bewegung** zu erzeugen. Das waren zunächst vor fast 300 Jahren die Dampfmaschinen und vor über 100 Jahren wurden jene Motoren erfunden, die noch heute, natürlich in verbesserter Form, unsere Autos bewegen.

Maschinen, die die ungeordnete Bewegungsenergie der Wärme (zumindest teilweise) wieder in geordnete zurückverwandeln, nennt man **Wärmemotoren** oder ziemlich unromantisch **Wärmekraftmaschinen**. In diesen läuft derselbe Vorgang ab wie in Wärmepumpen, allerdings genau in die Gegenrichtung (Abb. 20.12).

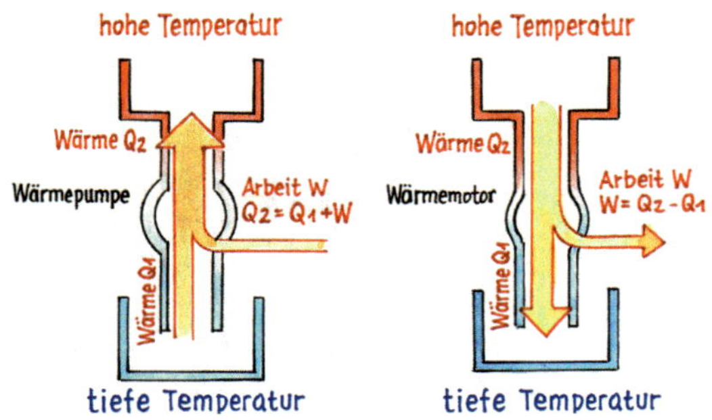

Abb. 20.12 Schematischer Vergleich zwischen Wärmepumpe und Wärmekraftmaschine. Der „Joulefluss" verläuft genau in die Gegenrichtung.

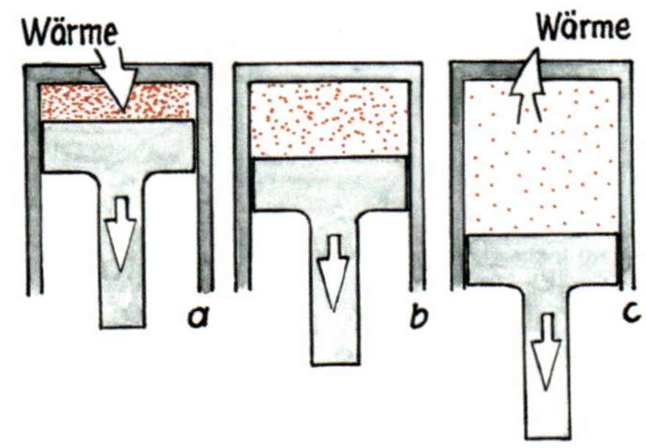

Abb. 20.13 Funktionsprinzip **aller Wärmemotoren.** Wärme wird dem komprimierten Gas zugeführt (a), es expandiert (b) und kühlt dabei ab (c). Die Wärme des abgekühlten Gases wird abgegeben.

Das **Prinzip** fast aller **Wärmemotoren** ist gleich: Man braucht ein **Gas**, einen **Zylinder** und einen **Kolben**. Dann muss man es irgendwie schaffen, das Gas zu komprimieren und ihm viel und schnell Wärme zuführen (Abb. 20.13 a). Bei der Dampfmaschine kommt das Gas bereits heiß in den Kolben, bei den Automotoren wird es erst nach dem Komprimieren erhitzt. Das heiße Gas expandiert und drückt dabei den Kolben weg. Weil das sehr schnell geht, erfolgt dieser Vorgang **adiabatisch** (Kap. 19.4) und das Gas kühlt sich dabei ab. Die ungeordnete Bewegungsenergie der Gasmoleküle wird dabei in eine Bewegung des Kolbens umgewandelt. Wichtig für alle Wärmemotoren: Die Wärme muss schnell in den Zylinder gebracht werden. Sonst würde sie zu stark an die Umgebung abgegeben werden.

INFO

Die Dampfmaschine

Wie wird bei der **Dampfmaschine** die Wärme schnell in den Kolben gebracht? Durch Konvektion des Wasserdampfs!
Die erste einsetzbare **Dampfmaschine** wurde **1712** von THOMAS NEWCOMEN konstruiert und diente zum Abpumpen des Wassers in einem Bergwerk. Der Wirkungsgrad (Kap. 8.8) lag bei schlappen 0,5 %. Umgekehrt bedeutet das, dass 99,5 % der zugeführten Energie ungenutzt verloren gingen.

JAMES WATT ist zwar nicht – wie oft behauptet – der Erfinder der Dampfmaschine, aber er verbesserte die Konstruktion von Newcomen auf einen Wirkungsgrad von rund 3 %. Das war zwar auch noch nicht das Gelbe vom Ei, aber immerhin wurde dadurch die Effizienz um den Faktor 6 gesteigert, so dass man sie ab etwa **1770** in der Industrie einsetzen konnte (Abb. 20.14). Um die Fähigkeit seiner Dampfmaschinen zu demonstrieren, erfand Watt die Einheit **Pferdestärke** (siehe Kap. 8.5).

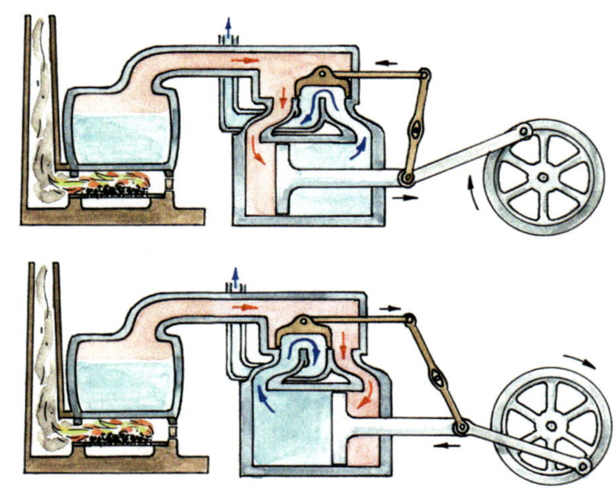

Abb. 20.14 Arbeitsweise einer Dampfmaschine. Der **Frischdampf** strömt abwechselnd in die linke und rechte Kammer des Zylinders und drückt den Kolben hin und her. Dabei öffnen und schließen sich die Ein- und Auslassventile gegengleich.

Die heute in den **Autos** verwendeten Motoren gehen auf die „Ur-Motoren" zweier Ingenieure zurück: auf NIKOLAUS AUGUST OTTO (1832–1891) und RUDOLF DIESEL (1858–1913). Deshalb werden sie noch heute **Otto- und Dieselmotoren** genannt. Wie bekommt man bei ihnen die Wärme schnell in den Zylinder? Indem man ein Luft-Treibstoff-Gemisch **im Zylinder** entzündet.

Die Arbeitsweise des **Ottomotors** siehst du in Tab. 20.3 zusammengefasst. Er ist ein **Viertakt-Motor**, aber nur der Arbeitstakt liefert Energie. Ein Einzylinder-Motor würde daher nicht besonders „rund" laufen. Deshalb haben Motoren **mehrere Zylinder** und diese arbeiten in verschiedenen Takten. Die Umkehrpunkte des Kolbens nennt man oberen und unteren Totpunkt (UT und OT).

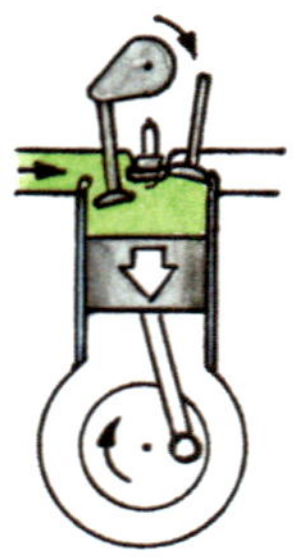

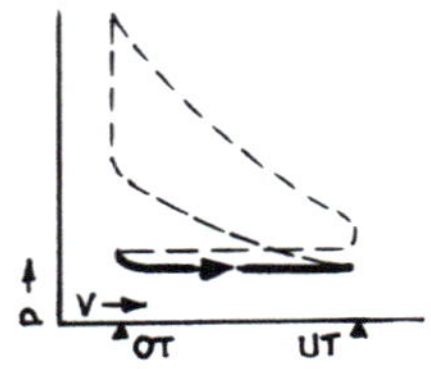

1. Ansaugtakt: Das Luft-Benzin-Gemisch wird angesaugt.

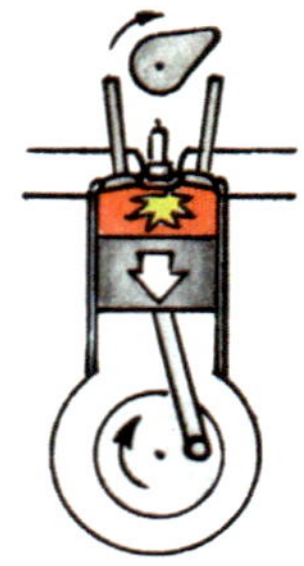

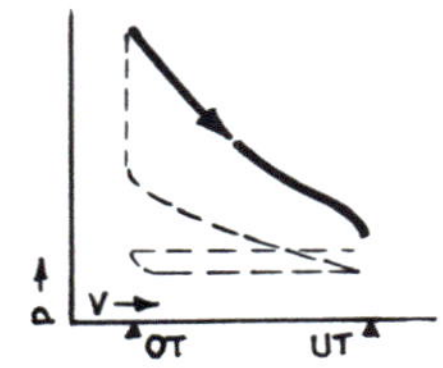

3. Arbeitstakt: Die Wärme, die bei der explosionsartigen Verbrennung entsteht, drückt den Kolben hinunter.

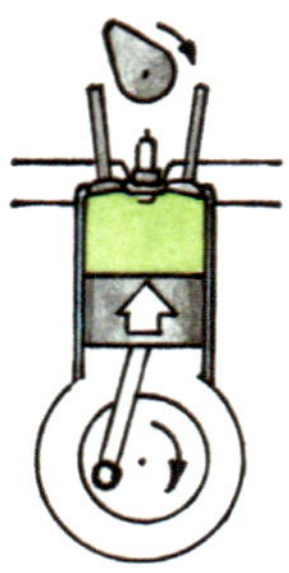

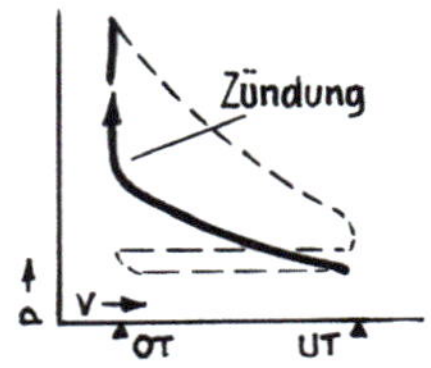

2. Kompressionstakt: Das Luft-Benzin-Gemisch wird verdichtet und kurz vor dem OT gezündet.

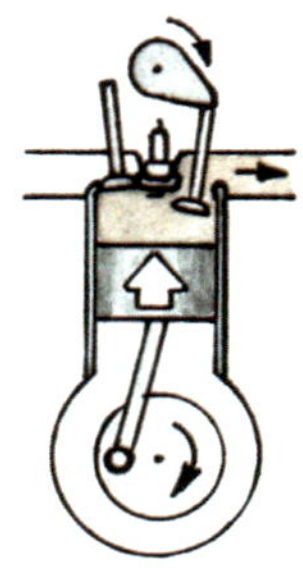

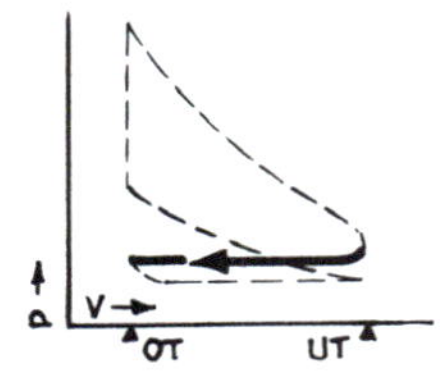

4. Auspufftakt: Die Abgase werden über ein zweites Ventil ausgestoßen.

Tab. 20.3 Arbeitsweise und *V-p*-Diagramm des Ottomotors. OT = oberer Totpunkt, UT = unterer Totpunkt. Weil die Kurve im *V-p*-Diagramm geschlossen ist, spricht man von einem Kreisprozess.

Der **Dieselmotor** arbeitet ganz ähnlich wie der Otto-Motor. Es gibt aber auch einige Unterschiede, die in Tabelle Tab. 20.3 zusammengefasst sind (→ F8). Der Wirkungsgrad beträgt maximal 50 %. Also auch im besten Fall gehen leider 50 % der Energie in Form von Wärme verloren.

Tab. 20.4 Unterschiede zwischen Otto- und Dieselmotor. Weil die Anschaffung eines Dieselautos mehr kostet, der Betrieb aber billiger ist, eignen sich diese vor allem für Vielfahrer.

Ottomotor	Dieselmotor
Es wird ein **Luft-Benzin-Gemisch** angesaugt und verdichtet.	Es wird **reine Luft** angesaugt und verdichtet.
Die Zündung des Kraftstoffs erfolgt durch den Funken einer Zündkerze (**Fremdzündung**).	Die Zündung des Kraftstoffs erfolgt von selbst, wenn Diesel in die heiße Luft eingespritzt wird (**Selbstzündung**).
explosionsartige Verbrennung	**gleichmäßige** Verbrennung
Wirkungsgrad bis 40 %	Wirkungsgrad bis 50 %
billiger in der Anschaffung, teurer im Betrieb	teurer in der Anschaffung, billiger im Betrieb

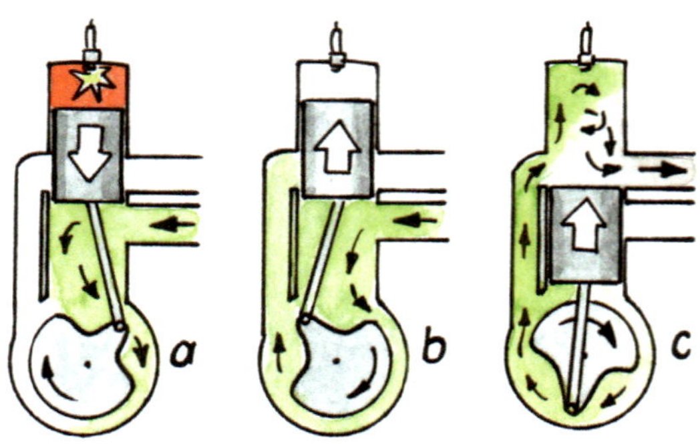

Abb. 20.15 a) Oben wird das komprimierte Gemisch gezündet, unten strömt frisches Gemisch ein.
b) Durch die Hitze wird der Kolben nach unten gedrückt und dabei das Gemisch im unteren Raum vorverdichtet.
c) Ein- und Auslassventil sind gleichzeitig offen.

Bei Zweirädern werden **Zweitakt-Motoren** eingesetzt. Sie sind leichter, einfacher zu bauen und daher billiger. Sie haben aber auch zahlreiche Nachteile. Weil sie nur zwei Takte haben (Kolben runter, Kolben rauf), müssen die **Prozesse parallel** erfolgen. Während im Zylinder das Luft-Benzin-Gemisch verdichtet wird, wird im unteren Raum neues Gemisch angesaugt (Abb. 20.15 a). Während das verbrannte Gemisch nach draußen strömt, strömt das neue schon ein (c). Es geht also einerseits Sprit verloren, andererseits vermischt sich der verbrannte Sprit mit dem unverbrannten. Da der Motor keine Schmieranlage besitzt, muss außerdem das Benzin mit Öl vermischt werden (etwa 20 : 1). Das Öl wird verbrannt und das belastet die Umwelt. Kurz: **Ein Zweitakter ist nicht besonders effizient und unökologisch.**

INFO

Arbeit eines Wärmemotors

Allgemein gilt: Arbeit = Kraft mal Weg, also $W = F \cdot s$ (siehe Kap. 8.1). Druck ist Kraft pro Fläche (Kap. 19.1), also $p = F/A$ und daher $F = p \cdot A$. Wenn man das oben einsetzt, bekommt man $W = p \cdot A \cdot s = p \cdot V$. Druck mal Volumen hat also wie die Arbeit die Einheit Joule. Die **Fläche** unter einer Kurve im *V-p*-Diagramm entspricht der **Arbeit**!

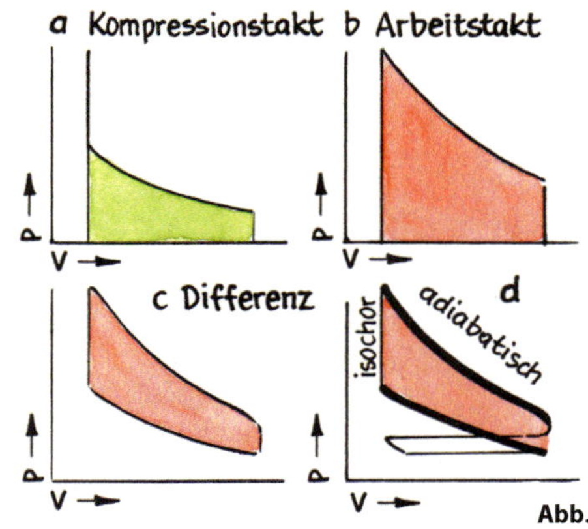

Abb. 20.16

Sehen wir uns Kompressions- und Arbeitstakt beim **Ottomotor** genauer an. Beim Komprimieren muss man Arbeit aufwenden (Abb. 20.16 a), beim Arbeitstakt bekommt man aber mehr zurück (b) – sonst wäre der Motor ja kein Motor. Die Differenz beider Flächen entspricht der Arbeit, die das Gas am Kolben verrichtet hat (c). Der erste und vierte Takt spielen keine besondere Rolle und werden daher meistens nicht berücksichtigt. Die Gegenüberstellung zum realen **Kreisprozess** siehst du in (d).

INFO

Eine ziemlich heiße Sache

In einer Wärmekraftmaschine wird ja die **ungeordnete kinetische Energie** der herumschwirrenden Gasteilchen teilweise in **geordnete kinetische Energie** des Kolbens zurückgewandelt (Abb. 20.13). Die Effizienz dieses Vorganges kann man mit dem **Carnot'schen Wirkungsgrad** berechnen, der nach dem französischen Physiker und Ingenieur Nicolas Léonard Sadi Carnot benannt ist:

$$\eta_C = 1 - \frac{T_1}{T_2}$$

T_1 entspricht der Temperatur des „kalten Reservoirs" in Abb. 20.12, T_2 der Temperatur des „heißen Reservoirs". In der Praxis wäre T_1 die Temperatur, mit der das Gas am Ende des Arbeitstaktes ausgestoßen wird und T_2 seine Temperatur zu Beginn des Arbeitstaktes. Die Formel gibt den **theoretisch höchstmöglichen Wirkungsgrad** unter idealen Bedingungen an, der in der Realität natürlich niemals zu erreichen ist (siehe Tab. 20.5). Was kann man aus der Formel herauslesen?

Zunächst einmal, dass selbst unter idealen Bedingungen ein **Wirkungsgrad von 100 %** ($\eta_C = 1$) **unmöglich** ist! Warum? Dazu müsste man den Gasmolekülen ihre ungeordnete Bewegungsenergie komplett entziehen und das Gas mit 0 K ausstoßen. Mission impossible! Zweitens sieht man, dass der Wirkungsgrad mit dem Temperaturunterschied steigt. Je heißer man das Gas bekommt und je kühler es austritt, desto größer die Effizienz. Das ist der Grund, warum ein **Dieselmotor** effizienter arbeitet als ein **Ottomotor** und eine klassische **Dampfmaschine** ziemlich abgehängt wird.

Abb. 20.17 Die Gase in Verbrennungsmotoren erreichen höllische Temperaturen bis zu 2 000 °C.

Art der Wärmekraftmaschine	T_1	T_2	maximal möglicher Wirkungsgrad η_C in %	realer Wirkungsgrad
klassische Dampfmaschine	20 °C	100 °C	21,4 %	10 – 15 %
Ottomotor bei Volllast	900 °C	2 000 °C	48 %	bis 40 %
Dieselmotor bei Volllast	500 °C	2 000 °C	66 %	bis 50 %

Tab. 20.5 Carnot'sche Wirkungsgrade im Vergleich: Alle Zahlen sind als Richtwerte zu sehen. Die Temperaturen sind zur besseren Übersicht in Grad Celsius angegeben und müssen zur Berechnung in Kelvin umgerechnet werden. Es gilt K = °C + 273 (siehe Tab. 16.2).

INFO Alles was fliegt

Aus dem Alltag ist dir noch ein anderer Wärmemotor bekannt, der sich in seiner Konstruktion von den bisher besprochenen stark unterscheidet: das **Strahltriebwerk** der Flugzeuge. So gut wie alles, was fliegt, wird davon angetrieben. Es funktioniert nach dem **Rückstoßprinzip**, basiert also auf dem 3. Newton'schen Grundgesetz (siehe Kap. 7.5).

Im vorderen Teil befindet sich eine Art umgekehrt arbeitender Ventilator, der die Luft ansaugt und dabei gleichzeitig verdichtet (**Kompressor** bzw. **Luftverdichter**, Abb. 20.18). In der **Brennkammer** wird die verdichtete Luft mit Kerosin vermischt und das Gemisch verbrannt. Das heiße Gas schießt nach hinten hinaus und drückt dadurch das Flugzeug in die Gegenrichtung. Außerdem betreibt es dabei eine Turbine, die wiederum den Kompressor antreibt. Ansaugen, Komprimieren, Verbrennen und Ausstoßen ... dasselbe Prinzip wie im Kolbenmotor. Allerdings laufen die Vorgänge kontinuierlich und gleichzeitig ab.

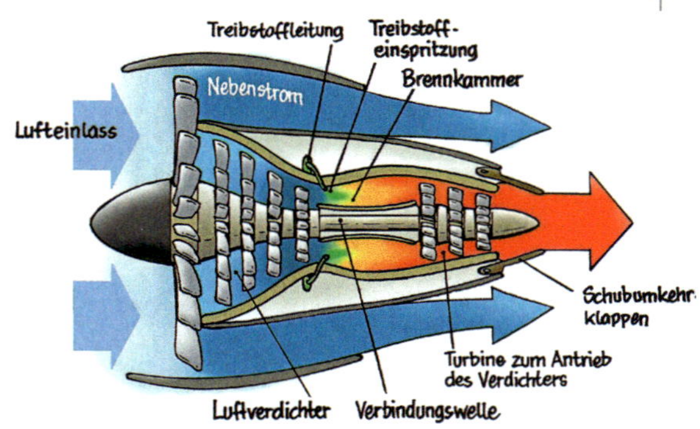

Abb. 20.18 Aufbau eines Strahltriebwerks (→ F 9)

INFO Die Schattenseite der Mobilität

Die Entwicklung von **Wärmemotoren** hat unsere Mobilität extrem erhöht und das Leben schneller und bequemer gemacht. Man darf aber niemals vergessen, dass dieser Verkehr für den **Treibhauseffekt mitverantwortlich** ist, der zur Erwärmung der Erde führt (siehe Abb. 20.19). Fast ein Drittel der Treibhausgas-Emissionen in Deutschland gehen auf den Verkehr zurück und davon entfällt wiederum etwa die Hälfte auf die Pkws (→ F 10). Diese verursachen also absolut gesehen mehr als 17 % der gesamten CO_2-Emissionen!

Die zunehmende Erwärmung der Erde ist ein **sehr ernstzunehmendes Problem**. Vermehrte Überschwemmungen und Hurrikane sind ein kleiner Vorgeschmack darauf. Jedes Mal, wenn du im Auto sitzt, wirst du zu einem Mitverursacher – das sollte dir immer bewusst sein! Also: Fahre auch mal mit dem Rad oder den „Öffis"!

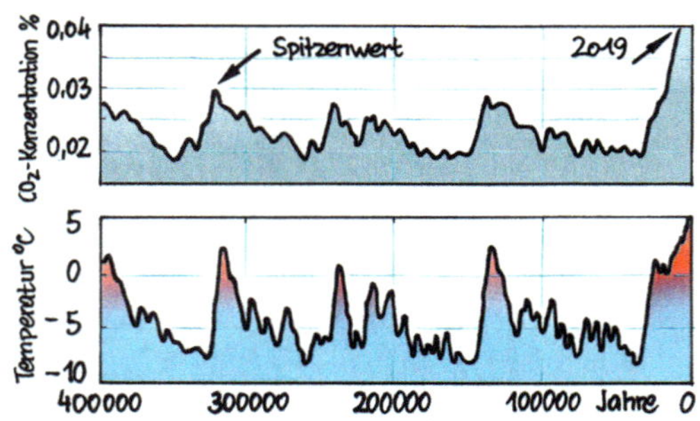

Abb. 20.19 Veränderungen der Temperatur und des CO_2-Anteils in den letzten 40 000 Jahren: Während die Veränderungen früher natürlichen Ursprungs waren, sind sie seit der Erfindung der Verbrennungsmotoren hauptsächlich vom Menschen verursacht. Die letzte Zacke geht also auf unsere Kappe.

ZUSAMMENFASSUNG

Bei Wärmekraftmaschinen nutzt man aus, dass ein expandierendes Gas Arbeit verrichten kann. Bei den meisten Wärmemotoren wird damit ein Kolben bewegt. Beim Strahltriebwerk nutzt man den Rückstoß des expandierenden Gases aus.

Teste dich

F12 Was passiert mit dem Benzinverbrauch, wenn du die Klimaanlage im Auto aufdrehst? Und warum? → L

F13 Im Sommer verbraucht der Kühlschrank mehr Strom. Warum? → L

F14 Ist der Mensch auch ein Wärmemotor? → L

F15 Wieso haben Zweitakt-Motoren Lamellen um den Block herum? → L

F16 Flugzeuge fliegen mit Kerosin. Was versteht man eigentlich darunter? → L

F17 Was versteht man unter dem Hubraum? In welchem Zusammenhang steht er zur Leistung? → L

F18 Nimm an, ein Automotor hat einen Kolbenhub von 80 mm und dreht im höchsten Bereich mit 7 000 U/min. Welche durchschnittliche Geschwindigkeit hat der Kolben? → L

21 Grundlagen der Elektrizität (1)

Ohne Elektrizität geht gar nichts! Die Festigkeit von Materie ist zum Beispiel auf die elektrische Anziehung der Atome zurückzuführen. Im Inneren deines Körpers würde nichts funktionieren, denn das gesamte Nervensystem beruht auf Elektrizität (Abb. 21.1 links). Ohne sie könntest du nichts hören, nichts sehen, nichts spüren, du könntest dich nicht bewegen und das Herz würde nicht schlagen. Dass unser Alltag ohne elektrische Geräte nicht mehr vorstellbar ist, ist noch mal eine andere Geschichte. Wir spannen in diesem Kapitel einen sehr weiten Bogen. Wir beginnen vor rund 2600 Jahren, als man die ersten elektrischen Experimente mit Bernstein machte und enden in der heutigen Zeit. Dabei lernst du wichtige Grundlagen zum Thema Elektrizität kennen und wir werden uns auch mit Nervenzellen und Blitzen (Abb. 21.1 rechts) beschäftigen.

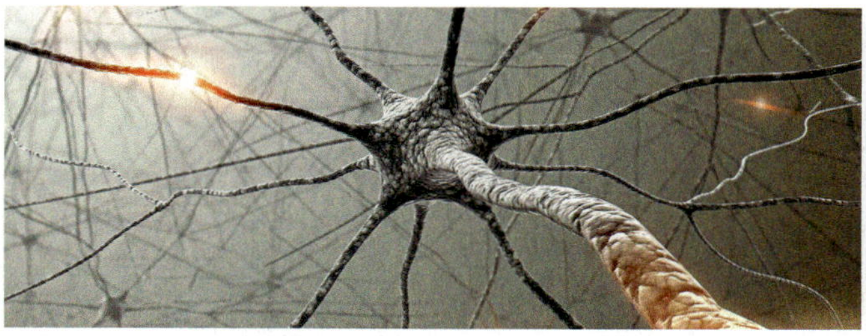

Abb. 21.1 Links: Die Leitung in Nervenzellen funktioniert elektrisch. Rechts: Ein Blitz ist nichts anderes als durch die Luft fließende Ladung. Details dazu gibt es in Kap. 22.1.

21.1 Das Bernsteinexperiment

Ladung und elektrische Kraft

Schon vor etwa 2 600 Jahren entdeckte der griechische Mathematiker Thales von Milet (den kennst du vielleicht vom Thales-Kreis) angeblich, dass man mit einem Bernstein (Abb. 21.2) kleine Objekte anziehen kann, wenn man ihn vorher mit einem Tuch gerieben hat. Das war wohl eines der ersten Experimente mit Elektrizität. Bernstein wurde von den Römern „electrum" und von den Griechen „elektron" genannt und somit zum Namensgeber für die Elektrizität und das Elementarteilchen Elektron.

Abb. 21.2 Bernstein ist nichts anderes als uraltes Baumharz, das sich im Laufe der Zeit verfestigt hat. Es kann bis zu 260 Millionen Jahre alt sein und manchmal findet man darin eingeschlossene Insekten.

Du kannst das **Bernsteinexperiment** auch mit heutigen Alltagsgegenständen durchführen. Es scheint irgendwie klar zu sein, dass Elektrizität im Spiel ist. Aber hast du eine genaue Erklärung dafür? Es spielen nämlich mehrere Effekte zusammen! Du wirst diese in den kommenden Abschnitten genauer kennenlernen. Zum Schluss werden wir noch einmal auf diese Experimente zurückkommen.

EXPERIMENT **Löffel, Kamm und Luftballon**

Wenn du einen **Kunststofflöffel** an einem **Wollpullover** reibst, dann kannst du mit ihm kleine **Papierschnipsel** oder gemahlenen **Pfeffer** anziehen (Abb. 21.3). Das entspricht dem Bernsteinexperiment. Es muss natürlich kein Löffel sein, es kann irgendetwas aus Kunststoff oder Gummi sein, also auch ein Lineal, ein Kamm oder ein Ballon.

Abb. 21.3

Mit dem geriebenen Löffel kannst du auch einen **Wasserstrahl** ablenken (Abb. 21.4 a). Und wenn du **Ballons** am Pullover reibst, dann kannst du sie an die Decke kleben (b). Wie kommt es aber zu dieser Anziehungskraft?

Abb. 21.4

21.1.1 Wenn Pullover knistern

Reibungselektrizität

Wenn man bestimmte Dinge aneinander reibt – etwa einen Löffel und einen Wollpullover – dann kann man Elektrizität erzeugen. Aber wie funktioniert das genau? Und wo kommen auf einmal die Ladungen her?

F1 ◒ Du kennst das: Wenn du bestimmte Pullover ausziehst, dann knistert es ziemlich und wenn du dann etwas berührst, kannst du sogar einen ordentlichen Stromschlag bekommen. Ähnliches ist möglich, wenn du über einen Teppich gehst und dann eine Türklinke berührst oder wenn du beim Aussteigen die Autotür berührst. Woher kommt die elektrische Ladung?

F2 ◒ Wenn du in einem offenen PC den Arbeitsspeicher (RAM) berührst, dann solltest du vorher auf eine Metallfläche greifen. Warum?

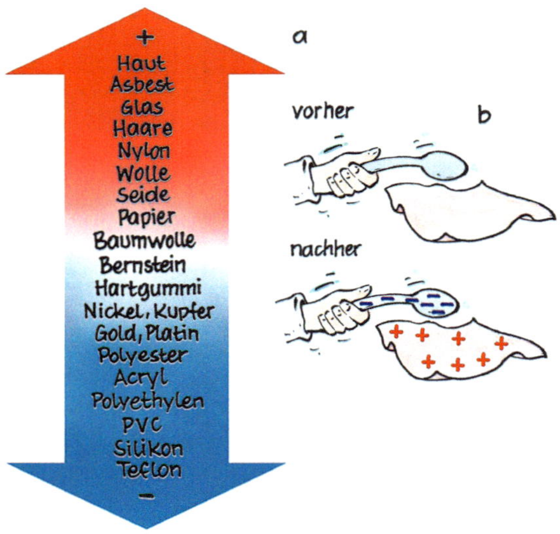

Abb. 21.5 a) Einige Stoffe aus der reibungselektrischen Reihe (auch triboelektrische Reihe genannt);
b) Durch Reibung wird keine Ladung erzeugt, sondern nur getrennt. Im Bild sind nur die überschüssigen Ladungen dargestellt.

Dass man einen Gegenstand durch Reibung elektrisch aufladen kann, weiß man seit etwa 2600 Jahren durch den Bernstein. Diesen Effekt nennt man **Reibungselektrizität**. Man kann die Stoffe danach ordnen, ob sie sich beim Reiben eher positiv oder negativ aufladen (siehe Abb. 21.5 a). Das liegt daran, dass manche Stoffe die Ladung leichter abgeben als andere. Wenn du Bernstein mit Wolle reibst, dann lädt sich die Wolle positiv auf und der Bernstein negativ. Wenn du einen Pullover aus Kunstfaser ausziehst, dann laden sich dein Baumwollhemd und deine Haare positiv auf und der Pullover negativ.

Woher kommt aber die **Ladung** (→ F1)? Wird sie durch das Reiben erzeugt? Nein, die Ladung wird nicht erzeugt, sondern **getrennt**. Der Löffel in Abb. 21.5 b nimmt durch das Reiben negative Ladung (in Form von Elektronen als Ladungsträger) auf, die dann natürlich im Wolltuch fehlt. Wolle und Löffel sind nachher gleich stark, aber gegengleich geladen. Generell gilt: In einem abgeschlossenen System ist die Gesamtladung immer gleich groß (Satz von der Erhaltung der Ladung).

INFO

Ladung aus dem Nichts

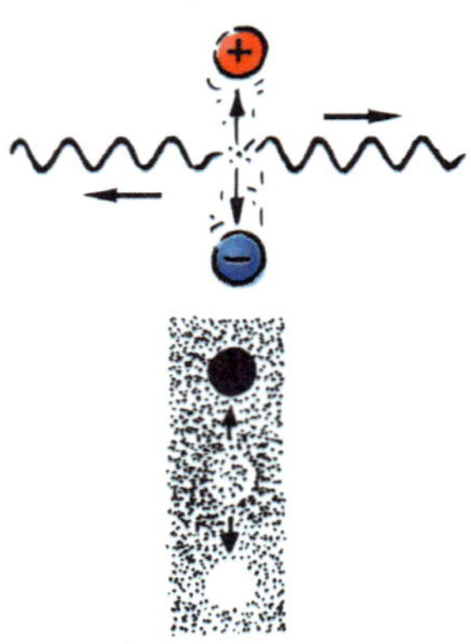

Abb. 21.6

Durch Reibung wird keine Ladung erzeugt, sondern bereits vorhandene getrennt. Es kann aber tatsächlich vorkommen, dass **Ladung aus dem Nichts** erzeugt wird. Wenn zum Beispiel zwei Röntgenstrahlen kollidieren, können dadurch ein **Elektron** und sein Antiteilchen, das **Positron**, erzeugt werden (Abb. 21.6 links). Wo kommt aber in diesem Fall die Ladung her?

Nimm an, das Vakuum ist „grau", also elektrisch neutral. Nun nimmst du aus einem bestimmten Bereich das Grau heraus und schiebst es an eine andere Stelle. Dadurch kannst du eine Stelle weiß machen und die andere schwarz (Abb. 21.6 rechts). Du hast aber nicht weiß und schwarz erzeugt, sondern aus dem Grau herausgetrennt.

Ähnlich ist es mit dem Elektron und dem Positron. Ändert sich dabei die Gesamtladung des Universums? Nein. Man kann zwar Ladung aus dem Nichts erzeugen, aber man kann immer nur gleich viele positive und negative Ladung erzeugen. **Die Gesamtladung des Universums bleibt auch in diesem Fall gleich groß.** Am LHC (siehe Abb. 20.9) entstehen Zehntausende neue Teilchen, aber die Ladung in Summe ändert sich nicht.

Abb. 21.7

Wenn du mit Gummisohlen über einen Kunststoffteppich gehst, dann lädst du dich positiv auf und der Boden negativ. Wenn du dann die Türklinke berührst, fließt die Ladung wieder ab und es funkt (Abb. 21.7). Dasselbe kann auch passieren, wenn du Teile in deinem **Computer** berührst – diese könnten dabei sogar beschädigt werden. Deshalb solltest du vorher immer auf einen Leiter greifen, damit deine überschüssige Ladung abfließen kann (→ F2).

ZUSAMMENFASSUNG
Durch Reibung kann Ladung von einem Gegenstand auf den anderen übertragen werden. Es kann sogar Ladung aus dem Nichts erzeugt werden, aber immer nur gleich viel positive wie negative. Die **Gesamtladung** des Universums ist **konstant**.

21.1.2 Ein Quäntchen Elektrizität

Die elektrische Elementarladung

In diesem Abschnitt geht es um eine der interessantesten Eigenschaften der elektrischen Ladung. Welche das ist, wird noch nicht verraten.

F3 ◒ Was weißt du über die Geschichte des Atommodells?

F4 ◒ Kann durch Reibung eine beliebig kleine Ladung übertragen werden, oder gibt es eine kleinste Ladung? Und wenn ja, woher weiß man, wie groß diese kleinste Ladung ist? Kann man sie berechnen?

F5 ● Welche Ladung wird durch das Reiben eigentlich übertragen? Positive, negative oder beide? Und woher wissen wir eigentlich, dass die negative Ladung negativ ist und die positive positiv?

Materie hat eine sehr interessante Eigenschaft: Wenn man sie teilt und teilt, dann stößt man irgendwann einmal auf etwas **Unteilbares**. Man spricht dann von **Elementarteilchen**. Für uns sind hier die Bestandteile der Atome interessant: Neutronen, Protonen und Elektronen. Erstere sind zwar theoretisch noch einmal teilbar (Abb. 21.8), aber im Alltag spielt das keine Rolle.

Mit der Ladung ist es wie mit der Materie: Man stößt irgendwann einmal auf etwas Unteilbares (→ F4). Die kleinste, frei vorkommende Ladung haben das **Proton** (+) und das **Elektron** (–). Sie sind gleich stark, aber gegengleich geladen. Dass die Elektronen negativ geladen sind, ist reine Definitionssache. Man hätte es auch umgekehrt festlegen können (→ F5).

Die Ladung der Protonen und Elektronen nennt man die **elektrische Elementarladung *e***. Sie entspricht $1{,}6 \cdot 10^{-19}$ C (Coulomb; siehe Kap. 21.1.3). Jede in der Natur vorkommende Ladung ist ein ganzzahliges Vielfaches von *e*. Diesen Wert kann man nicht berechnen, sondern nur im **Experiment** bestimmen. Das gelang **1907** als Erstem Robert Millikan, der dafür 1923 den Nobelpreis für Physik bekam.

INFO **Quarks**

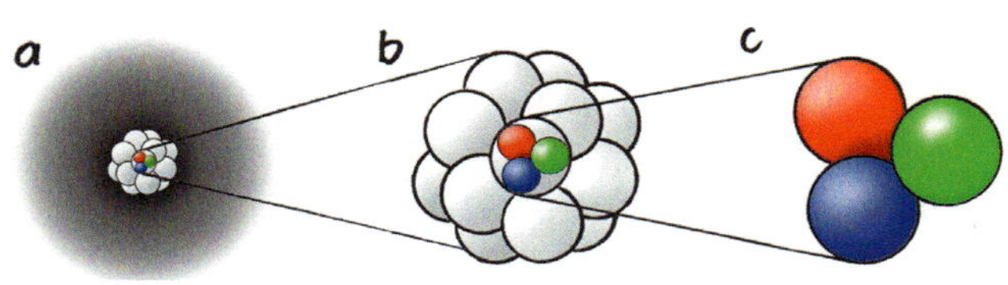

Abb. 21.8 Elektronen sind nicht mehr weiter teilbar und daher wirkliche Elementarteilchen. Neutronen und Protonen bestehen aber aus Quarks (bei c im Detail sichtbar). Die Quarks werden durch die Starke Kraft zusammengehalten. Sie treten allerdings niemals einzeln auf, sondern nur im Rudel – etwa in Protonen. Deshalb ist die kleinste in der Natur vorkommende Ladungsgröße $^+\!/\!_-\, e$.

Das Elektron ist nicht mehr weiter teilbar. Neutronen und Protonen bestehen noch einmal aus kleineren Teilchen, den sogenannten **Quarks** (Abb. 21.8). Die elektrische Ladung der Quarks beträgt entweder **$-1/3$** oder **$+2/3$** der Elementarladung *e*. Quarks können aber niemals einzeln auftreten, sondern sie sind immer so vereint, dass ihre **Gesamtladung ganzzahlig** ist. Die Quarks im **Proton** haben zum Beispiel die Ladungen $+2/3\,e$, $+2/3\,e$ und $-1/3\,e$. Macht in Summe die Ladung $+e$. Die Quarks im **Neutron** haben die Ladungen $+2/3\,e$, $-1/3\,e$ und $-1/3\,e$. Deshalb ist dieses nach außen hin neutral.

INFO **Der Millikan-Versuch**

In langwierigen Experimenten gelang es Robert Millikan, die **Elementarladung** zu bestimmen. Mit einem Zerstäuber wurden winzige Öltröpfchen erzeugt und zwischen zwei geladene Platten gebracht (Abb. 21.9). Durch die Reibung an der Düse wurden die Tröpfchen schwach geladen. Zwischen den Platten wirkten auf diese Tröpfchen nun die **Gravitationskraft** $F_G = m \cdot g$ nach unten und die **elektrische Kraft** $F_{el} = Q \cdot E = Q \cdot \frac{U}{d}$. nach oben.

Nun veränderte man die Spannung so lange, bis das **Teilchen schwebte**. Das beobachtete man mit dem Mikroskop. Im Schwebezustand sind beide Kräfte gleich groß. Man kann sie daher gleichsetzen und umformen und erhält dann $Q = \frac{m \cdot g \cdot d}{U}$. Alle Werte sind bekannt oder können gemessen werden. Die Bestimmung der Masse war aber ein wenig knifflig. Dazu schaltete man die Spannung aus. Für die Tröpfchen ist die Luft zäh und aus der Sinkgeschwindigkeit konnte man dann auf die Masse m rückschließen. Nun waren alle Variablen bekannt und man konnte die Ladung des Tröpfchens bestimmen.

Beim Aufladen wurde unterschiedlich viel Ladung übertragen. Millikan konnte aber zeigen, dass die Gesamtladung der Tröpfchen immer ein **Vielfaches** einer **bestimmten Ladung** ist, die wir heute als Elementarladung e bezeichnen (Abb. 21.10).

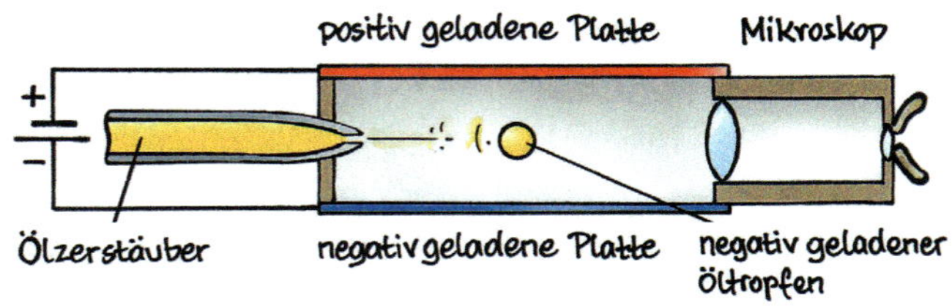

Abb. 21.9 Schematischer Versuchsaufbau

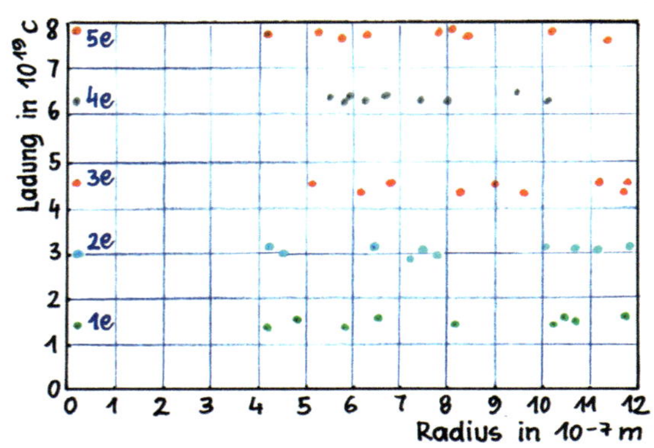

Abb. 21.10 Versuchsprotokoll: Die Ladung der Öltröpfchen ist immer ein Vielfaches der Elementarladung.

Welche **Ladung** wird beim Reiben **übertragen** (→ F5)? Nur negative! Warum? Weil es durch Reiben unmöglich ist, Protonen aus dem Kern herauszulösen. Elektronen können aber relativ leicht aus der Atomhülle abgelöst werden. Der Löffel in Abb. 21.5 b hat also einen Elektronenüberschuss (ist also negativ geladen) und das Tuch einen Elektronenmangel (ist also positiv geladen). Du siehst, dass sich etwas positiv aufladen kann, auch wenn nur Elektronen fließen (siehe auch Abb. 21.7).

ZUSAMMENFASSUNG

Wie die Materie ist auch die Ladung nicht beliebig teilbar. Die kleinste, frei vorkommende Ladung haben Protonen und Elektronen und man nennt sie die Elementarladung.

21.1.3 Trillionen Elektronen

Das Coulomb-Gesetz

In diesem Abschnitt geht es um das Gesetz, das die Kräfte zwischen geladenen Körpern beschreibt: das Coulomb-Gesetz.

F6 ○ Wie lautet das Gravitationsgesetz von Newton? Schlage in Kap. 11 nach!

F7 ◒ Mit welcher elektrischen Kraft ziehen einander das Proton und das Elektron im Wasserstoffatom an? Mit welcher Kraft stoßen sich die zwei Protonen in einem Heliumkern gegenseitig ab? Könntest du mit Muskelkraft das Elektron ablösen und die Protonen zusammenhalten? Gib einen Tipp ab! → L

F8 ◒ Zwei Elektronen befinden sich im Abstand von einem Meter. Durch die Gravitationskraft ziehen sie einander an, durch die elektrische Kraft stoßen sie einander ab. Welche Kraft gewinnt?

F9 ● Wie funktioniert ein Laserdrucker? Werden dabei mit einem Laser die Buchstaben aufs Papier gebrannt?

Abb. 21.11 Eine Alkaline-Batterie Typ AA hat in aufgeladenem Zustand rund 4 000 Coulomb.

Bevor wir uns die Kräfte zwischen geladenen Gegenständen ansehen, noch ein kurzer Blick auf die **Ladung** selbst. Die Einheit der Ladung ist das Coulomb (C). Sie ist im Alltag nicht gebräuchlich und es ist nicht leicht, sich etwas darunter vorzustellen. Man kann aber so sagen: Eine **volle Batterie** hat eine Ladung von einigen bis vielen Tausend Coulomb (siehe Abb. 21.11 und Tab. 21.4). Weil die Elementarladung so winzig ist, ist es nicht praktikabel, die Zahl der einzelnen Elektronen anzugeben.

INFO

Sechs Trillionen Elektronen

Wie viele Elektronen braucht man auf einem Haufen, damit man eine Ladung von **einem Coulomb** bekommt? Oder anders formuliert: Mit welcher Zahl muss ich die Elementarladung e multiplizieren, damit ich 1 C herausbekomme? $N \cdot e = 1\,\text{C}$. Daraus folgt $N = 1\,\text{C}/e$.

N ist also zahlenmäßig der Kehrwert der Elementarladung und somit rund $6{,}2 \cdot 10^{18}$. Wow! **Für ein Coulomb brauchst du mehr als sechs Trillionen Elektronen**. Kein Wunder also, dass man nicht die Zahl der Elektronen angibt.

Obwohl es mehreren Forschern gelang, ein **Gesetz für die elektrische Kraft** aufzustellen, wird es dem Franzosen Charles Augustin de Coulomb zugeschrieben, nach dem auch die Einheit der Ladung benannt ist. Er hat es um etwa **1776** formuliert und es gilt zwischen zwei punktförmigen oder kugelförmigen geladenen Objekten. Die Gleichung ist dem **Gravitationsgesetz** sehr ähnlich, das **1686** von Sir Isaac Newton veröffentlicht wurde.

FORMEL elektrische Kraft (Coulomb-Gesetz)

$$F_E = k \cdot \frac{Q_1 \cdot Q_2}{r^2}$$

F_E ... elektrische Kraft — $[F_E] = \text{N}$

Q_1 und Q_2 ... Ladung der Gegenstände — $[Q_1, Q_2] = \text{C}$

r ... Abstand der geladenen Körper — $[r] = \text{m}$

k ... Proportionalitätskonstante

$k = 8{,}99 \cdot 10^9 \frac{\text{N} \cdot \text{m}^2}{\text{C}^2} = 8{,}99 \cdot 10^9 \frac{\text{V} \cdot \text{m}}{\text{A} \cdot \text{s}}$

Trotz **vieler Gemeinsamkeiten** zwischen den beiden Gesetzen gibt es aber auch **zwei wesentliche Unterschiede** (siehe Tab. 21.1). Erstens ist die elektrische Kraft viel, viel größer als die Gravitationskraft. Sie ist die zweitstärkste der vier Kräfte im Universum, die Gravitationskraft hingegen die mit Abstand schwächste. Der zweite große Unterschied: Während sich Gegenstände aufgrund ihrer Masse nur anziehen können, können sich Ladungen auch abstoßen.

elektrische Kraft	Gravitationskraft
$F_E = k \cdot \frac{Q_1 \cdot Q_2}{r^2}$	$F_G = G \cdot \frac{m_1 \cdot m_2}{r^2}$
proportional zu $1/r^2$; wirkt daher unendlich weit	proportional zu $1/r^2$; wirkt daher unendlich weit
proportional zum Produkt der beiden Ladungen der Körper	proportional zum Produkt der beiden Massen der Körper
k kann nur experimentell ermittelt werden ($8{,}99 \cdot 10^9 \frac{\text{N} \cdot \text{m}^2}{\text{C}^2}$)	G kann nur experimentell ermittelt werden ($6{,}67 \cdot 10^{-11} \frac{\text{m}^3}{\text{kg} \cdot \text{s}^2}$)
ungleich geladene Körper ziehen einander an, gleich geladene Körper stoßen einander ab	Körper können sich aufgrund ihrer Masse nur anziehen
relative Stärke 10^{-2}	relative Stärke 10^{-38}

Tab. 21.1 Ähnlichkeiten und Unterschiede zwischen F_E und F_G: Die relative Stärke gilt im Vergleich mit der starken Kraft, die die Quarks in den Neutronen und Protonen zusammenhält (siehe Abb. 21.8).

INFO Welche Kraft gewinnt?

Vergleichen wir die Stärke der **elektrischen Kraft** und der **Gravitationskraft** am Beispiel von zwei Protonen.

$$\frac{F_E}{F_G} = \frac{k \cdot \frac{Q_1 \cdot Q_2}{r^2}}{G \cdot \frac{m_1 \cdot m_2}{r^2}} = \frac{k \cdot Q_1 \cdot Q_2}{G \cdot m_1 \cdot m_2}$$

Generell fällt dabei der Faktor $1/r^2$ weg.
Du musst jetzt nur noch wissen, welche **Masse ein Proton** hat, nämlich $1{,}7 \cdot 10^{-27}$ kg. Das ergibt dann:

$$\frac{F_E}{F_G} = \frac{8{,}99 \cdot 10^9 \cdot (1{,}6 \cdot 10^{-19})^2}{6{,}67 \cdot 10^{-11} \cdot (1{,}7 \cdot 10^{-27})^2} \approx 1{,}2 \cdot 10^{36}$$

Die elektrische Kraft ist also um den fantastischen Faktor 10^{36} größer als die Gravitationskraft (siehe Tab. 21.1)! Die Masse eines Elektrons ist nochmals um fast einen Faktor 2 000 kleiner als die eines Protons. Daher würden zwei Elektronen erst recht mit Karacho auseinanderfliegen (→ F 8).

EXPERIMENT Elektroskop und Co.

Qualitativ kann man das **Coulomb-Gesetz** mit einfachen Mitteln überprüfen. Du brauchst dazu Glasstab und Seidentuch, Gummistab und Wolltuch sowie ein **Elektroskop**. Letzteres ist ein Gerät zum Messen der Ladung. Es gibt professionelle Geräte, aber man kann sie auch mit einfachen Mitteln selbst herstellen. Es genügt, zwei Metallstreifen auf einen Metallbügel zu hängen und das Ganze von der Umgebung zu isolieren (Abb. 21.12).

Der geriebene **Glasstab** lädt sich **positiv**, der **Gummistab negativ** auf (siehe Abb. 21.5). Die Ladung streifst du am Elektroskop ab: Je mehr Ladung, desto weiter werden die Metallstreifen auseinandergedrückt (b und d). Mit dem Elektroskop kannst du zwar die Stärke der Ladung, nicht aber die Art unterscheiden (b und c).
Um die **Anziehung ungleichnamiger Ladungen** zu überprüfen, musst du einen der Stäbe aufhängen (Abb. 21.13).

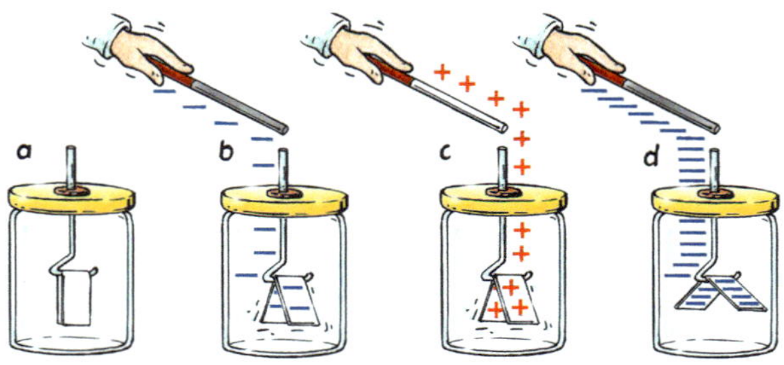

Abb. 21.12 Überprüfung der Ladungen mit einem Elektroskop

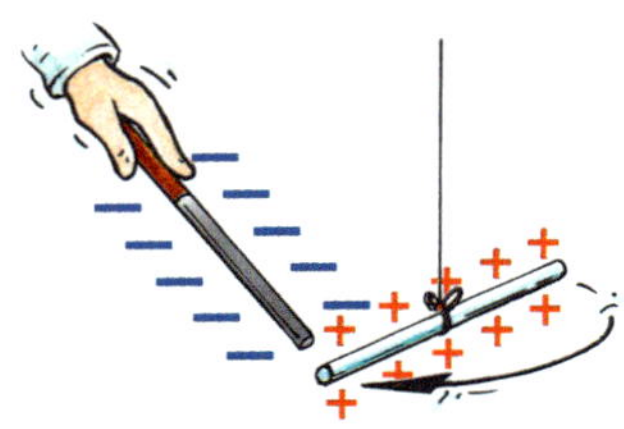

Abb. 21.13 Überprüfung der Anziehung ungleich geladener Gegenstände

INFO Laserdrucker

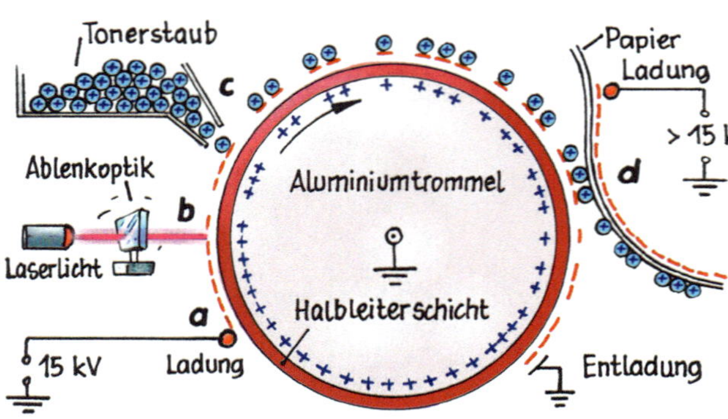

Abb. 21.14 Ein Laserdrucker arbeitet mit der elektrischen Anziehungskraft.

Ein **Laserdrucker** arbeitet mit Hilfe der elektrischen Anziehungskraft. Zuerst wird die Außenfläche der Trommel negativ aufgeladen (Abb. 21.14 a). Der **Laserstrahl** brennt nicht die Buchstaben ins Papier (→ F 9), sondern er belichtet quasi die Trommel! Dort, wo er auftrifft, verliert die Trommel ihre negative Ladung (b).

Der **Toner** ist positiv geladen und bleibt nur dort haften, wo der Laser vorher nicht auf die Trommel getroffen ist (c). Um den Toner schließlich auf das Papier zu bekommen, wird dieses negativ geladen. Diese Ladung muss aber größer sein als die der Trommel, weil sonst der Toner auf ihr kleben bleiben würde.

ZUSAMMENFASSUNG
Das Coulomb-Gesetz beschreibt die Kräfte zwischen zwei geladenen Körpern. Es ist dem Gravitationsgesetz sehr ähnlich. Die elektrische Kraft ist jedoch viel größer und außerdem können geladene Körper einander auch abstoßen.

21.1.4 Des Rätsels Lösung

Influenz und Polarisation

In diesem Abschnitt klären wir endlich die Fragen, warum ein Bernstein kleine Objekte anzieht und wieso man mit einem Kamm einen Wasserstrahl ablenken kann.

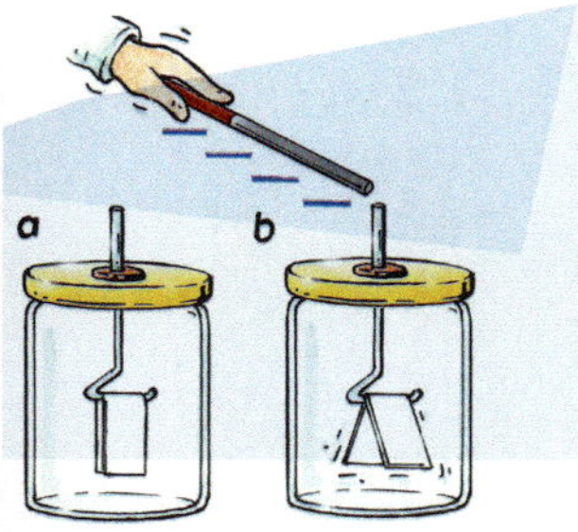

Abb. 21.15 Das Elektroskop schlägt bereits aus, bevor du es berührst! Warum?

F10 ◒ Wenn du einen geladenen Gegenstand in die Nähe eines Elektroskops bringst, ohne es damit zu berühren, dann schlägt dieses bereits aus (Abb. 21.15). Es ist aber in diesem Fall noch gar keine Ladung auf das Elektroskop übergeflossen! Wie kannst du das erklären?

F11 ● Wie kannst du erklären, dass ein geladener Löffel ungeladene Papierschnipsel oder sogar einen Wasserstrahl anziehen kann (siehe Abb. 21.3 und 21.4)?

F12 ◒ Sind Atome nach außen hin neutral oder nicht?

Warum schlägt das Elektroskop in Abb. 21.15 aus, obwohl es vom Stab noch gar nicht berührt wird (→ F10)? Das liegt daran, dass der geladene Stab bereits vor der Berührung die Elektronen im Haken und in den Metallstreifen verschiebt. Diesen Effekt nennt man **Influenz** und er tritt nur in **elektrischen Leitern** (siehe Kap. 22.4) auf. Egal, wie der Stab geladen ist, durch die Verschiebung der Elektronen laden sich die Metallstreifen gleich auf und stoßen einander ab (Abb. 21.16).

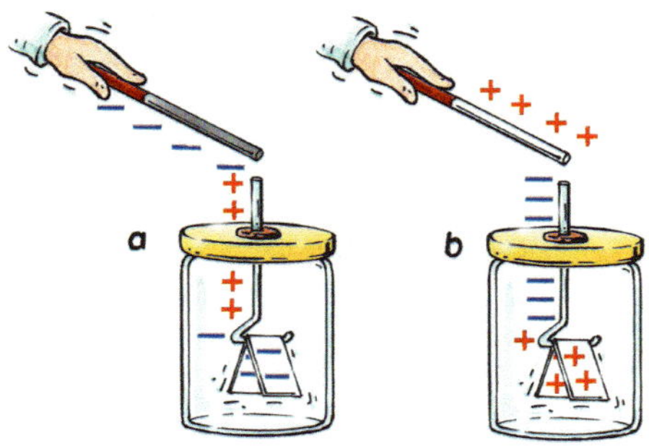

Abb. 21.16 Influenz im Elektroskop: Es ist nur die Überschussladung eingezeichnet. Wichtig: Es werden nur die Elektronen verschoben und keine positiven Ladungsträger.

Wir haben einen weiten Bogen vom Bernstein über das Quark zur elektrischen Kraft gespannt und kommen jetzt zu den Lösungen der eingangs gestellten Fragen (Abb. 21.3 und 21.4). Wieso kann man mit einem **geladenen Löffel** Papierschnipsel anziehen und sogar einen Wasserstrahl verbiegen? In beiden Fällen handelt es sich doch um ungeladene **elektrische Isolatoren** (siehe Kap. 22.4)!

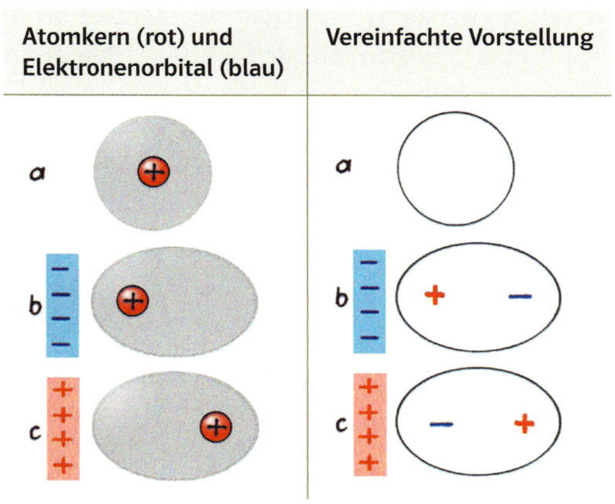

Tab. 21.2 Polarisation eines Isolator-Atoms (linke Spalte) und vereinfachte Darstellung (rechts): Die hier eingezeichneten Orbitale beschreiben die Aufenthaltsbereiche der Elektronen und werden im Rahmen der Quantenmechanik (siehe „Big Bang 2") beschrieben.

Auch Isolatoren werden in der Nähe eines geladenen Objekts beeinflusst. Allerdings können in ihnen die Ladungsträger nicht frei fließen. Trotzdem kommt es zu einer Art „Ladungstrennung". Normalerweise fallen die Mittelpunkte der positiven und negativen Ladungen im Atom zusammen. Nach außen hin ist es dann elektrisch neutral (Tab. 21.2 a). In der Umgebung eines geladenen Körpers werden aber die Elektronenorbitale verzerrt und es verschieben sich die Ladungsmittelpunkte (Tab. 21.2 b und c). Aus dem neutralen Atom wird dadurch ein **elektrischer Dipol** (→ F12). Diesen Effekt nennt man **Polarisation**. Wenn du dich mit dem geladenen Bernstein oder Löffel einem Papierschnipsel näherst, dann werden die Papier-Atome zuerst polarisiert und den Rest übernimmt die elektrische Anziehungskraft (→ F11).

Die Tatsache, dass ein geladener Gegenstand einen ungeladenen Isolator anziehen kann, ist ein indirekter Beleg dafür, dass dessen **Atome** durch die elektrische Kraft **verzerrt** werden. Sonst wären sie nach außen hin neutral und würden nicht angezogen werden. Du siehst also, dass die Erklärung des Bernsteinexperiments nicht ganz so simpel ist. Beim Wasserstrahl ist es etwas anders, weil die Wassermoleküle von vornherein polarisiert sind.

ZUSAMMENFASSUNG

Durch ein elektrisches Feld werden die Elektronen in einem Leiter verschoben. Das nennt man Influenz. In einem Isolator können die Ladungsträger zwar nicht frei verschoben werden, aber die Ladungsmittelpunkte verschieben sich ein wenig. Das nennt man Polarisation.

21.2 Ein Kilogramm auf dem Everest

Die elektrische Spannung

Eine kleine Batterie hat etwa 1,5 V und das Netz im Haushalt 230 V. Die Spannung und ihre Einheit Volt sind dir aus dem Alltag also bestens bekannt. Aber was versteht man unter Volt eigentlich genau?

F13 ○ Was versteht man unter Hubarbeit und potenzieller Energie? Schau nach in Kap. 8.2.

F14 ◒ In Abb. 21.17 siehst du vier gängige Batterieformate. Sie haben alle 1,5 V. Besteht – außer in der Größe – irgendein Unterschied zwischen den Batterien?

F15 ● Welche Spannung haben die Plus-Pole (die Knöpfe) der Batterien in Abb. 21.17?

F16 ◒ Die Zugspitze ist 2 962 m hoch und der Kölner Dom 157 m. Diese beiden Höhen-Angaben unterscheiden sich wesentlich. Wodurch?

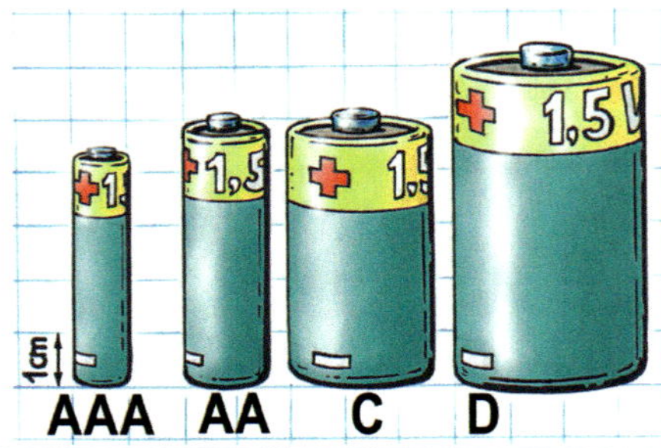

Abb. 21.17 Verschiedene Alkaline-Batterien

Zwischen dem Gravitationsgesetz und dem Coulomb-Gesetz gibt es sehr viele Gemeinsamkeiten (siehe Tab. 21.1). Auch die gespeicherten Energien lassen sich gut vergleichen. Wenn du ein Massestück im Gravitationsfeld der Erde hebst, dann musst du dazu Arbeit aufwenden (Tab. 21.3 links). Diese Arbeit ist in Form von **potenzieller mechanischer Energie** in dem Massestück gespeichert und kann später wieder freigesetzt werden. Nach diesem Prinzip funktionieren der Aufzug einer Räderuhr (Abb. 2.17) und Wasserspeicherkraftwerke.

Ganz ähnlich ist das beim elektrischen Feld. Wenn du einen geladenen Gegenstand gegen das elektrische Feld verschiebst, dann musst du Arbeit aufwenden. Diese Arbeit wird in Form von **potenzieller elektrischer Energie** gespeichert und kann später wieder freigesetzt werden (Tab. 21.3 rechts). Zwischen Arbeit, Ladung und Spannung besteht dabei folgender Zusammenhang:

FORMEL elektrische Spannung

$U = \frac{W}{Q} \Rightarrow W = Q \cdot U$

U	... elektrische Spannung	$[U] = \text{V}$
W	... Arbeit	$[W] = \text{J}$
Q	... Ladung	$[Q] = \text{C}$

potenzielle mechanische Energie	potenzielle elektrische Energie
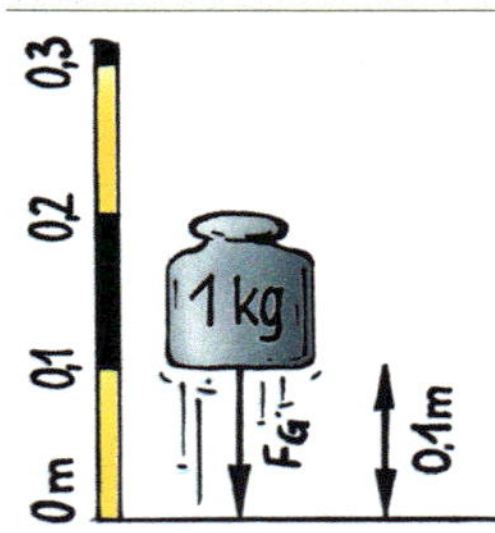	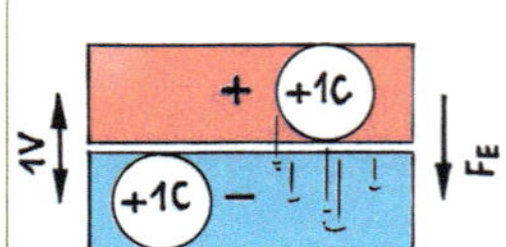
$W = E_{pot} = m \cdot g \cdot h$	$W = E_{pot} = Q \cdot U$
Um ein Massestück von 1 kg im Schwerefeld der Erde um 0,1 m zu heben, ist die Arbeit von einem Joule nötig.	Um einen geladenen Körper von 1 C im Spannungsfeld von 1 V zu transportieren, ist die Arbeit von einem Joule nötig.

Tab. 21.3 Vergleich zwischen der Hubarbeit im Schwerefeld und der Verschiebearbeit im elektrischen Feld

Die Spannung ist der „elektrische Höhenunterschied". Sie gibt an, wie viel Energie man benötigt, um eine Ladung in einem elektrischen Feld zu verschieben (siehe „Big Bang 2"). Wenn man Spannung und Ladung einer Batterie kennt, kann man ihre potenzielle elektrische Energie ausrechnen. Die Batterien in Abb. 21.17 haben zwar alle 1,5 V, aber mit zunehmender Größe auch eine größere Ladungsmenge und somit mehr gespeicherte Energie (→ **F14**, Tab. 21.4). In der größten Batterie ist 15-mal so viel Energie gespeichert wie in der kleinsten. Sie entspricht ziemlich genau der potenziellen Energie einer Masse von 1 kg auf der Spitze des Mount Everest (8 848 m) in Bezug zum Meeresspiegel! In einer kleinen Batterie steckt also überraschend viel Saft!

Alkaline 1,5 V	Ladung/Typ	Energie $E_{pot} = Q \cdot U$	relative Energie	„Hubhöhe“ von 1 kg
	4 000 C AAA	6 kJ	1	600 m
	9 400 C AA	14,1 kJ	2,4	1 410 m
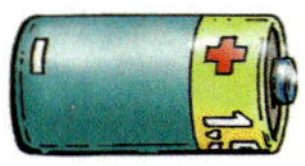	28 000 C C	42 kJ	7	4 200 m
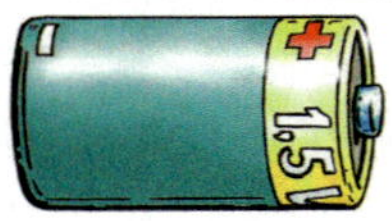	59 500 C D	89,3 kJ	15	8 930 m

Tab. 21.4 Batterie-Typen, Ladungen und berechnete potenzielle elektrische Energie: In der rechten Spalte siehst du die Höhe, in der sich ein 1-kg-Stück über dem Meeresniveau befinden müsste, um dieselbe potenzielle Energie zu haben.

INFO

Wie hoch ist der Kölner Dom?

Welche Spannung **ein einzelner Pol** besitzt, lässt sich niemals beantworten (→ F15). Das wäre etwa so, als ob du fragst: „Wie hoch ist die Spitze des Kölner Doms?“ Von wo aus gemessen? Sie liegt 157 m über dem Domplatz. Wenn du sie aber wie eine Bergspitze über dem Meeresspiegel angibst (→ F16), dann würde sie bei 211 m Höhe liegen. Und vom Erdmittelpunkt gemessen wäre sie sogar rund 6 370 157 m hoch!

Der springende Punkt ist der: Wie hoch ein bestimmter Punkt liegt, ist reine Definitionssache und hängt von der **Wahl des Nullpunktes** ab. Aber egal, wo du diesen Nullpunkt legst, der Unterschied zwischen Basis und Spitze des Doms beträgt immer 157 m (Abb. 21.18). Bei einer Batterie ist es genauso. Egal, welche Spannung du den Polen zuordnest, die **Differenz** beträgt immer 1,5 V.

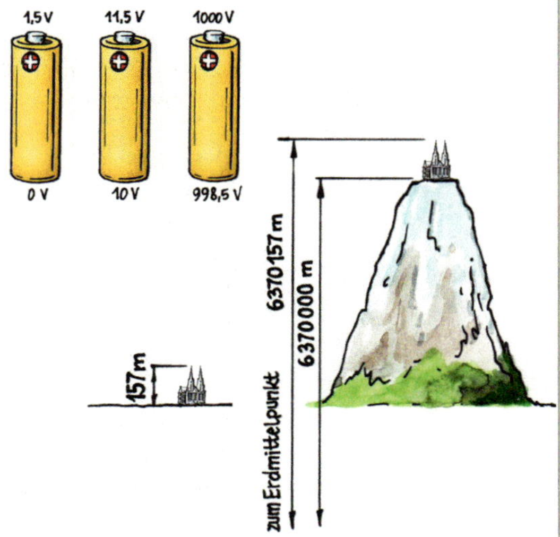

Abb. 21.18 Oben: Der Unterschied zwischen Basis und Spitze beträgt immer 157 m. Unten: Die Spannung zwischen den Polen beträgt immer 1,5 V.

INFO

Elektronenvolt

Um aus einem Wasserstoffatom das **Elektron abzulösen** (Abb. 21.19), braucht man eine Energie von $2{,}2 \cdot 10^{-18}$ J. Erstens kann man sich darunter wirklich nichts vorstellen und zweitens ist die Zahl sehr unhandlich.

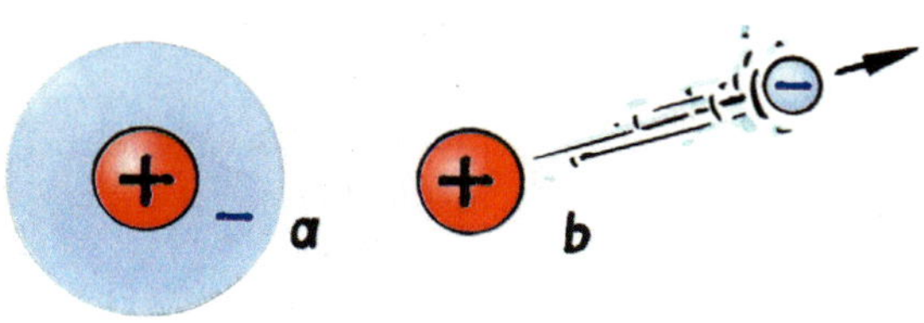

Abb. 21.19 a) Das Elektron des Wasserstoffs befindet sich als „Wolke“ um das Proton. b) Das Elektron wird vom Atomkern abgelöst. Dazu braucht man 13,6 eV.

Um sehr kleine Energien angeben zu können, wie sie in der Quantenmechanik oft vorkommen, hat man daher die Einheit **Elektronenvolt** (eV) erfunden. Darunter versteht man die potenzielle Energie eines einzigen Elektrons, wenn dieses im Spannungsfeld von 1 V verschoben wird (wie in Tab. 21.3 rechts). Seine Energie beträgt dann

$$E_{pot} = 1{,}6 \cdot 10^{-19}\,\text{C} \cdot 1\,\text{V} = 1{,}6 \cdot 10^{-19}\,\text{J} = 1\,\text{eV}.$$

Um aus einem Wasserstoffatom das **Elektron abzulösen**, braucht man eine Energie von 13,6 eV. Auch darunter kann man sich nichts vorstellen, aber die Einheit ist jetzt viel handlicher.

ZUSAMMENFASSUNG

Die Spannung ist der „elektrische Höhenunterschied“. Sie gibt an, wie viel Energie man benötigt, um eine Ladung in einem elektrischen Feld zu verschieben. Spannung kann immer nur zwischen zwei Punkten angegeben werden.

21.3 Froschschenkelbatterie
Batterien als Spannungsquellen

In diesem Abschnitt geht es darum, wie vor über 200 Jahren eine zufällige Entdeckung zur Entwicklung der Batterie geführt hat.

F17 ● In getrennten Ladungen ist ähnlich wie in gehobenen Gewichten Energie gespeichert. Aber wie schafft man diese Ladungstrennung in Batterien?

F18 ◒ Es gibt ein sehr einfaches Mittel, um zu testen, wie viel Saft eine 4,5-V-Flachbatterie oder eine 9-V-Blockzelle noch hat! Welches?

F19 ◒ Was versteht man unter einem Elektronen-Gas?

F20 ○ In vielen elektrischen Geräten befinden sich mehrere Batterien. Sie sind immer so angeordnet, dass Plus- und Minus-Pol einander berühren. Was hat das für einen Sinn?

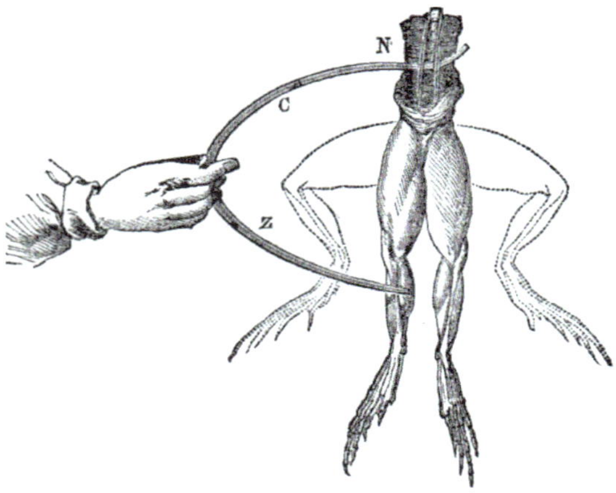

Abb. 21.20 Rechts: Ein Froschschenkel zuckt, wenn man ihn mit zwei verschiedenen Metallen berührt; Links: Nachbau einer Volta-Säule aus übereinander geschichteten Zink- und Kupferscheiben, zwischen denen sich jeweils ein elektrolytgetränktes Lederscheibchen befindet.

Luigi Galvani war Professor für Anatomie in Bologna und machte um **1790** beim Sezieren von Fröschen eine sehr sonderbare Entdeckung. Wenn er einen **Froschschenkel** gleichzeitig mit zwei verschiedenen zusammenhängenden Metallen berührte, begann dieser heftig zu zucken (Abb. 21.20 rechts). Man verstand diesen Effekt damals noch nicht, aber im Prinzip hatte Galvani durch Zufall eine **Batterie** erfunden.

Der Italiener Alessandro Volta hörte von diesen Experimenten und stellte eigene Versuche an. Er entdeckte, dass man zur Erzeugung von Spannung nur **zwei verschiedene elektrische Leiter** und einen **Elektrolyten** benötigt. Darunter versteht man einen meist flüssigen Leiter, in dem der Ladungstransport durch Ionen erfolgt.

Volta kombinierte verschiedene Metalle und erstellte eine Spannungsreihe – und zwar anhand der Intensität der Geschmacksempfindung, die die Metallkombinationen an seiner Zunge hervorriefen (Tab. 21.5). Um **1800** stellt er seine bedeutendste Erfindung vor: die **Voltasäule**, die Mutter aller Batterien (Abb. 21.20 links)! Bis heute nennt man Batterien „galvanische Elemente" und die Einheit der Spannung wurde das Volt!

Stoff	Spannung	Stoff	Spannung
Gold (Au)	0 V	Blei (Pb)	−1,82 V
Platin (Pt)	−0,57 V	Eisen (Fe)	−2,14 V
Silber (Ag)	−0,89 V	Zink (Zn)	−2,45 V
Kohle (C)	−0,94 V	Aluminium (Al)	−4,03 V
Kupfer (Cu)	−1,17 V	Lithium (Li)	−4,73 V

Tab. 21.5 Spannungsreihe einiger Metalle und von Kohle. Volta erstellte seine Spannungsreihe ohne Angabe der Spannung. Der Nullpunkt wurde hier beim edelsten Metall gewählt, das ist aber reine Geschmackssache. Die Spannung zwischen zwei Stoffen ist die Differenz der angegebenen Werte (bei Zink und Kupfer sind es knapp 1,3 V).

EXPERIMENT **Auf Voltas Spuren**

Es gibt **zwei Typen von Batterien**, bei denen man auch ohne Akrobatik beide Pole gleichzeitig mit der Zunge berühren kann: die 4,5-V-Flachbatterien und die 9-V-Blockzellen. Eine 9-V-Batterie brennt ziemlich auf der Zunge, aber du kannst dabei auf einfache Art und Weise überprüfen, wie viel Saft noch in ihr steckt (→ F18). Auf ähnliche Weise hat Volta seine Spannungsreihe erstellt.
Um auf die exakten Werte wie in Tab. 21.5 zu kommen, musst du ein Voltmeter verwenden (siehe Kap. 22.3).

INFO

Blick ins Innere

Die genauen Vorgänge in einer **Batterie** sind ziemlich kompliziert, aber die grundlegenden Prinzipien sind recht einfach (→ F 17). Du musst dazu nur zwei Sachen wissen:

1 Elektronen bewegen sich in Metallen praktisch frei. Deshalb spricht man vom **Elektronengas** (→ F 19). Die fixen **Atomrümpfe** sind daher positiv geladen.

2 Je **unedler** ein Metall, desto stärker **löst** es sich in einem **Elektrolyten** auf. Dabei gehen nur die Atomrümpfe (also die positiven Ionen) in den Elektrolyten über, die Elektronen bleiben im Metall.

Nimm an, du tauchst **Zink** (Zn) und **Kupfer** (Cu) in einen Elektrolyten (Abb. 21.21). Aus dem Zink lösen sich mehr positive Ionen als aus dem Kupfer. Deshalb bleiben im Zink mehr Elektronen zurück. Das unedlere Metall, in diesem Fall Zink, bildet daher immer den negativen Pol.

Der Elektrolyt ist notwendig, damit der Stromkreis geschlossen ist. In ihm bewegen sich positive Ladungsträger (positiv geladene Metall-Ionen).

Alle Batterien funktionieren nach diesem Prinzip. Allerdings verwendet man nicht immer zwei Metalle, sondern manchmal auch **Kohle** (in der **Alkali-Batterie**) oder **Bleioxid** (beim **Akku** im Auto) für den zweiten Pol.

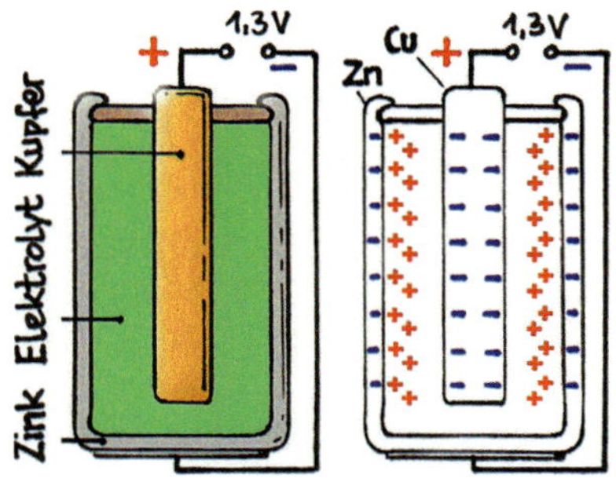

Abb. 21.21 Prinzip einer Batterie

Abb. 21.22 Ein Mars-Rover mit Lithium-Ionen-Akku und Solarzellen

Lithium steht in der Spannungsreihe ganz unten (Tab. 21.5). In Verbindung mit Kohle kann man Akkus mit 3,8 V bauen. Das nutzt man in Handyakkus oder Mars-Rovern (Abb. 21.22).

EXPERIMENT

Kartoffelbatterie

Mit folgenden Dingen kannst du selbst eine **Batterie** herstellen: Kartoffeln, Cent-Stücke (weil diese mit Kupfer überzogen sind), Unterlegscheiben (weil diese meist aus Eisen oder Zink sind), Draht und Büroklammern.

Abb. 21.23 Diese Anordnung ist eine Serienschaltung. Dabei addieren sich die Spannungen (→ F 20).

Du steckst in jede Kartoffel eine Cent-Münze und eine Unterlegscheibe und verbindest diese mit Drähten, so wie in Abb. 21.23. Mit dieser **Kartoffelbatterie** kannst du deutlich über 2 V erzeugen und eine Leuchtdiode (LED) schwach zum Leuchten bringen – du musst den Versuch im Dunkeln durchführen. Der Grund für das schwache Leuchten liegt in der geringen Stromstärke (Kap. 22.1) von knapp 0,2 mA, die du auf diese Weise erzielen kannst.

Beachte: Die LED leuchtet nur, wenn du sie richtig polst! Du kannst mit dieser Batterie auch einen Kopfhörer zum Knacken bringen, wenn du mit den Polenden über den Anschluss streichst.

ZUSAMMENFASSUNG

Die Oberfläche von Metallen löst sich in einem **Elektrolyten** auf. Weil sich unedle Metalle stärker auflösen, kannst du zwischen zwei verschiedenen Metallen eine elektrische Spannung erzeugen. Das ist das Prinzip jeder **Batterie**.

Teste dich

F21 Besteht ein Unterschied zwischen dem Erzeugen von Ladungen „aus dem Nichts" und der Reibungselektrizität (Abb. 21.5 und Abb. 21.6)? Es klingt doch sehr ähnlich! → L

F22 Wenn nur negative Ladung fließen kann, wie ist es dann möglich, dass man die positive Ladung von einem Glasstab abstreift (Abb. 21.12 c)? → L

F23 Wenn man beim Essen von Schokolade zufällig auf ein Stück Alufolie beißt, dann fühlt sich das manchmal unangenehm an. Wann und warum? → L

F24 Rechne die Angaben in Tab. 21.4 nach.

F25 Wie viel Energie benötigt man mindestens, um ein Elektron-Positron-Paar zu erzeugen? Du brauchst dafür die berühmte Gleichung $E = m \cdot c^2$. Die Masse von Elektron und Positron beträgt je $9{,}1 \cdot 10^{-31}$ kg und die Lichtgeschwindigkeit c liegt bei $3 \cdot 10^8$ m/s. → L

F26 Warum stehen dem Kind in Abb. 21.24 die Haare zu Berge? Welche zwei Effekte sind daran beteiligt? Kann man sagen, welche Ladung die Haare haben? → L

Abb. 21.24

F27 Welche der folgenden Teilchenumwandlungen (Tab. 21.6) sind erlaubt und welche nicht? Ist die Frage mit deinem Wissensstand überhaupt beantwortbar? → L

a) $p^- + p^+ \Rightarrow \pi^+ + \pi^0$	**b)** $p^- + p^+ \Rightarrow \pi^+ + \pi^0 + \pi^-$
c) $e^+ + e^- \Rightarrow p^+ + p^-$	**d)** $e^+ + e^- \Rightarrow p^+ + n$
e) $\gamma + p^+ \Rightarrow n + \pi^-$	**f)** $\gamma + p^+ \Rightarrow n + \pi^+$

Tab. 21.6 Mögliche und unmögliche Teilchenumwandlungen. Finde heraus, welche undurchführbar sind. Erklärung: p^+: Proton; p^-: Antiproton; π^+, π^-, π^0: Pi-Mesonen oder Pionen; e^-: Elektron, e^+: Anti-Elektron oder Positron; n: Neutron; γ: Photon.

Abb. 21.26 Frankensteins Monster

F28 Es heißt, dass die kleinste in der Natur vorkommende Ladung die Elementarladung ist, die der Ladung der Elektronen und Protonen entspricht. Diese Entdeckung geht auf Robert Millikan aus dem Jahr 1907 zurück. Nun bestehen aber Protonen und Neutronen noch einmal weiter aus Quarks (Abb. 21.25), die eine Ladung von + 2/3 beziehungsweise − 1/3 besitzen. Es müsste doch heute möglich sein, dass man in großen Teilchenbeschleunigern wie dem LHC (Large Hadron Collider; Abb. 20.9) am CERN Protonen und Neutronen quasi zerschießt und somit kleinere Ladungen als die Elementarladung freisetzt. Ist das möglich oder nicht? → L

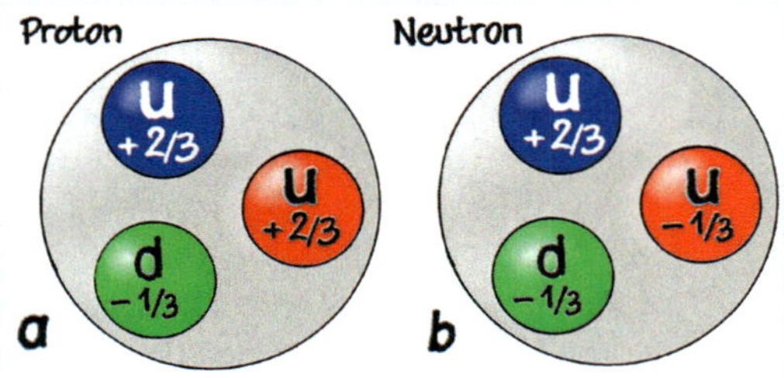

Abb. 21.25 Protonen und Neutronen sind keine Elementarteilchen, sondern setzen sich aus drei Quarks zusammen. Diese sind punktförmig, hier also übertrieben groß dargestellt. Quarks haben gedrittelte Ladungen. Details dazu findest du in Big Bang 2.

F29 Bei Influenzversuchen wie in Abb. 21.16 kann man Flächenladungsdichten bis maximal $2 \cdot 10^{-10}$ C/cm² erzeugen.
a) Schätze ab, wie vielen überschüssigen Elektronen das pro cm² entspricht.
b) Schätze ab, welcher Teil der insgesamt vorhandenen Elektronen dabei verschoben wurde. Nimm dazu an, dass Kupfer einen Atomradius von $200 \cdot 10^{-12}$ m besitzt und jedes Atom ein Leitungselektron für das Elektronengas zur Verfügung stellt. Nimm weiter an, dass nur die oberste Atomschicht zur Verschiebung der Ladungsträger beiträgt. → L

F30 Ende des 18. Jh. waren Vorführungen in Mode, bei denen man Leichen durch Elektrizität zum Zucken brachte. 1803 wurden diese grausigen Shows verboten. Angeregt von diesen Experimenten veröffentlichte jedoch Mary Shelley 1819 ihren Gruselroman „Frankenstein", in dem ein aus Leichenteilen zusammengesetztes Monster durch Strom zum Leben erweckt wird (Abb. 21.26) – was natürlich unmöglich ist! Warum aber zucken Leichen, wenn man sie unter Spannung setzt? → L

22 Grundlagen der Elektrizität (2)

Bis jetzt war von elektrischen Kräften die Rede, von Ladungen und Spannungen. Richtig interessant wird es aber, wenn die Ladung zu fließen beginnt. Das nennen wir elektrischen Strom. Wenn man es genau nimmt, dann war schon in Kapitel 21 indirekt vom Strom die Rede. Denn wenn sich etwas durch Reibung auflädt, dann muss sich Ladung bewegt haben und somit muss „Strom geflossen“ sein. Auch Batterien können die gespeicherte Energie nur durch bewegte Ladungen abgeben.
Der elektrische Strom weist viele Ähnlichkeiten mit dem Wasserstrom auf. Deshalb werden wir in diesem Kapitel zum besseren Verständnis immer wieder auf das Modell von fließendem Wasser zurückgreifen. Es wird fast immer vom Gleichstrom die Rede sein. Darunter versteht man, dass die Ladung immer in dieselbe Richtung fließt, wie das bei einer Batterie der Fall ist.

Abb. 22.1 Wasserfluss kommt durch den Höhenunterschied zustande, Ladungsfluss durch den „elektrischen Höhenunterschied“, also die Spannung.

22.1 Was für ein Gedränge!
Die Stromstärke

In diesem Abschnitt lernst du eine neue Basiseinheit kennen: das Ampere. Sie gibt die Stärke des elektrischen Stroms an.

F1 ○ Welche Basis-Einheiten kennst du bereits? Schau nach in Tab. 2.1, Kap. 2.1.

F2 ◒ In welche Richtung fließt eigentlich der Strom: a) von + zu − oder b) von − zu +?

F3 ● Und mit welcher Geschwindigkeit bewegen sich die elektrischen Ladungsträger dabei? Gib einen Tipp ab!

F4 ● Wenn du eine Taschenlampe einschaltest, dann leuchtet die Lampe ohne Verzögerung auf. Heißt das, dass die fließenden Elektronen zu diesem Zeitpunkt die Lampe bereits erreicht haben? → L

F5 ◒ Die maximale Stromstärke im Haushalt beträgt etwa 15 Ampere. Was meinst du, wie groß die Stromstärke in einem Blitz ist?

F6 ● Was denkst du, wie viele Elektronen jährlich ungefähr durch Deutschlands Haushalte fließen: a) 10^{20}, b) 10^{30}, c) 10^{40}, d) noch mehr, e) gar keine. → L

Wasserrohr	elektrischer Strom
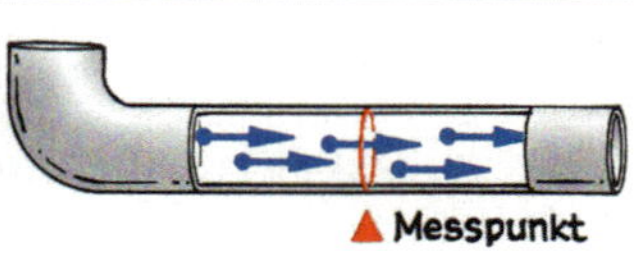	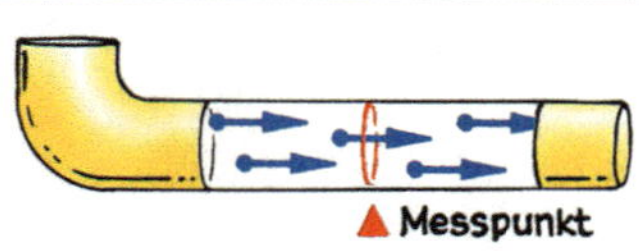
Die „Stromstärke“ ist die Wassermenge, die pro Sekunde an einer bestimmten Stelle vorbeifließt.	Die elektrische Stromstärke ist die Ladungsmenge, die pro Sekunde an einer bestimmten Stelle vorbeifließt.
Damit man vernünftige Zahlen erhält, gibt man nicht die Zahl der Moleküle, sondern die Kubikmeter pro Sekunde an.	Damit man vernünftige Zahlen bekommt, gibt man nicht die Zahl der Elementarladungen, sondern die Coulomb pro Sekunde an.

Tab. 22.1 Vergleich zwischen der „Stromstärke“ von Wasser und der von elektrischem Strom

Was macht man, um die **„Stromstärke“ von Wasser** anzugeben, zum Beispiel in einem Rohr oder in einem Fluss? Man misst, wie viel Wasser pro Sekunde an einer bestimmten Stelle vorbeifließt (Tab. 22.1 links). Diese Werte kann man gut vergleichen. Man könnte die Anzahl der Moleküle pro Sekunde angeben, aber das ergäbe astronomische Zahlen. In der Praxis erfolgt die Angabe daher in m^3/s. Ein paar Beispiele: In alpinen Speicherkraftwerken fließen rund $7\,m^3/s$ durch die Rohre. In der Donau fließen in Deutschland rund $300\,m^3/s$ und bei der Mündung ins Schwarze Meer $6\,500\,m^3/s$. Und der Amazonas als mächtigster Fluss der Welt hat an manchen Tagen bei der Mündung eine „Stromstärke“ von $200\,000\,m^3/s$.

Beim Messen der **elektrischen Stromstärke** gilt dasselbe Prinzip. Man misst, wie viel Ladung pro Sekunde an einer Stelle vorbeifließt (Tab. 22.1 rechts). Die Einheit der elektrischen Stromstärke ist das Ampere. Die Stromstärke beträgt ein Ampere, wenn durch einen Leiter pro Sekunde die Ladung von einem Coulomb fließt. Erinnere dich: Ein Coulomb sind rund 6 Trillionen Elektronen (Kap. 21.1.3). Bei einem Ampere fließen also pro Sekunde 6 Trillionen Elektronen an der Messstelle vorbei. Was für ein Gedränge! Die Geschwindigkeit, mit der sich die Elektronen in Richtung Pluspol bewegen, ist aber überraschend winzig.

INFO

Bummeltempo

Die **Elektronen** in einem Metall sind wie Gasmoleküle in ständiger, **ungeordneter Bewegung**. Ihre Geschwindigkeit liegt in der Größe von unglaublichen 10^6 m/s oder etwa 4 Millionen km/h (Abb. 22.2 a)! Liegt eine Spannung an, beginnen sich **alle Elektronen zusätzlich** in Richtung Plus-Pol zu bewegen (b). Man spricht von der **Driftgeschwindigkeit**. In Tab. 22.1 rechts ist nur diese eingezeichnet. Wie groß ist sie etwa?

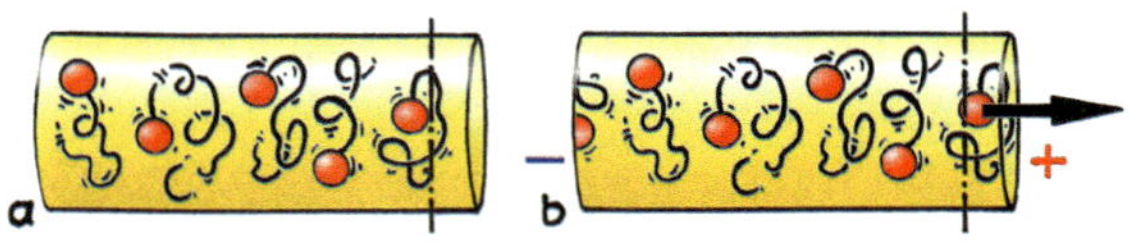

Abb. 22.2 a) Ungeordnete Bewegung eines Elektrons in einem Leiter, wenn keine Spannung anliegt. b) Wenn eine Spannung anliegt, dann driften zusätzlich alle Elektronen langsam in Richtung Pluspol.

Nimm an, die **Stromstärke** in einem Kupferkabel mit 0,5 mm Radius beträgt 1 A. Pro Sekunde müssen also 1 C oder rund 10^{19} Elektronen an der Messstelle vorbei. Diese Elektronen befinden sich im farbig markierten Zylinder (Abb. 22.3 a). Dieser muss sich pro Sekunde um seine eigene Höhe verschieben, damit alle Elektronen am Beobachter vorbeikommen. Wir müssen uns also die Höhe dieses Zylinders ausrechnen.

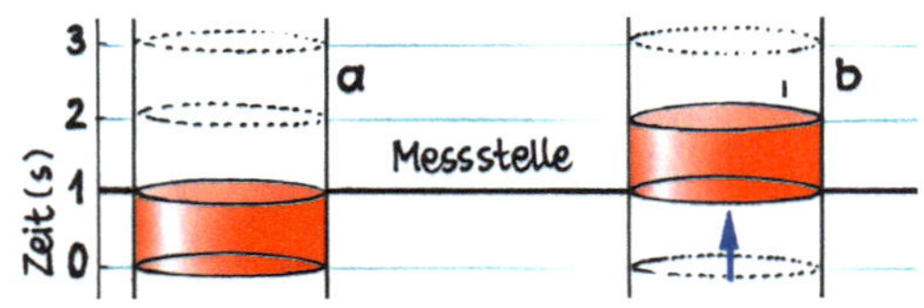

Abb. 22.3 a) Zu Beginn der Messung; b) Nach einer Sekunde: Im Zylinder befindet sich 1 C an Ladung. Die Höhe des Zylinders ist stark übertrieben dargestellt.

In Kupfer befinden sich etwa 10^{29} freie Elektronen pro m^3. Der Zylinder muss also ein Volumen von $\frac{10^{19}}{10^{29}}\,m^3 = 10^{-10}\,m^3$ besitzen. Das Kabel hat einen Querschnitt von $A = r^2 \cdot \pi \approx 10^{-6}\,m^2$. Das Volumen des Zylinders ist $V = A \cdot h$ und seine Höhe daher $h = V/A = 10^{-4}\,m$. Weil sich der Zylinder in einer Sekunde um seine eigene Höhe verschiebt, ergibt sich für die **Driftgeschwindigkeit** der Elektronen 10^{-4} m/s oder 0,1 mm/s. Erstaunlich, aber die Elektronen bewegen sich im extremen Bummeltempo in Richtung Plus-Pol (→ F3)!

FORMEL elektrische Stromstärke

$$I = \frac{\Delta Q}{\Delta t} \Rightarrow \Delta Q = I \cdot \Delta t$$

I	… elektrische Stromstärke	$[I]$ = A
Q	… Ladung	$[Q]$ = C
t	… Zeit	$[t]$ = s

In welche **Richtung** fließt der Strom? Oder genauer gefragt: In welche Richtung bewegen sich die Ladungsträger, wenn Strom fließt? Wir haben es in den meisten Fällen mit Metallen und somit mit Elektronen zu tun und diese bewegen sich vom Minus- zum Pluspol (→ F2). Diese Richtung nennt man **Elektronenflussrichtung** oder auch physikalische Stromrichtung (Abb. 22.4). Als man im 19. Jahrhundert die Richtung des Stromes definierte, wusste man das noch nicht und legte diese willkürlich von Plus nach Minus fest. Obwohl man es dann später besser wusste, änderte man die Definition nicht mehr. Die Richtung von Plus nach Minus nennt man heute **technische Stromrichtung**, und wenn im Folgenden kurz von Stromrichtung die Rede ist, dann ist immer die technische gemeint.

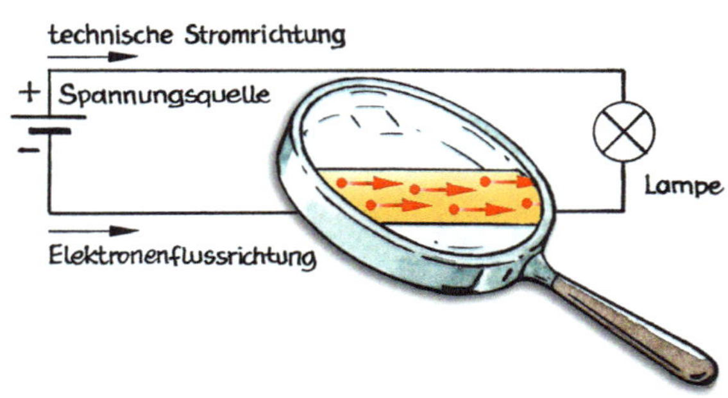

Abb. 22.4 In Wirklichkeit bewegen sich die Elektronen gegen die „technische Stromrichtung". Die „tatsächliche Stromrichtung" zeigt also genau in die Gegenrichtung der „technischen Stromrichtung". Das ist kurios! Schaltzeichen siehe Tab. 22.2.

INFO **Blitz**

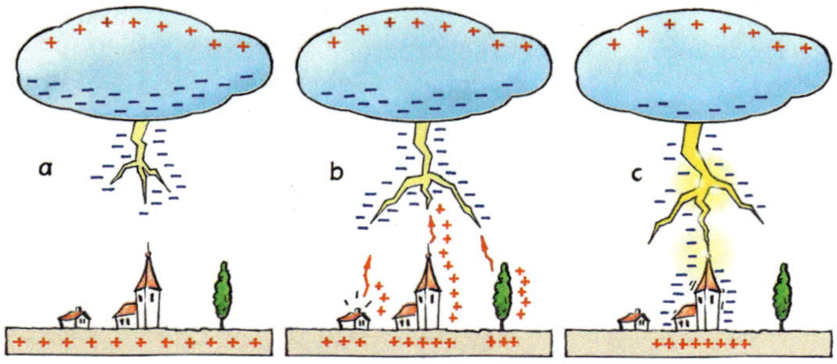

Abb. 22.5 Negativer Wolke-Erde-Blitz. Mehr als 90 % aller Blitze laufen so ab.

Die genauen Mechanismen bei der Blitzentstehung sind noch immer nicht völlig klar. Grundsätzlich haben **Blitze** ihren Ursprung in den **elektrisch geladenen Gewitterwolken**. Durch die starken Aufwinde im Inneren kommt es zu einer Ladungstrennung (Abb. 22.5). Und dann geht's los.

Zuerst bewegt sich ein negativ geladener **Leitblitz** von der Wolke zur Erde (a). Wenn er sich ihr auf einige 10 m genähert hat, dann „wachsen" ihm positive **Fangladungen** von hohen Objekten entgegen (b). Eine gewinnt das Rennen, und wenn sie mit dem Leitblitz zusammentrifft, dann kommt es zur **Hauptentladung** (c). Das ist das, was wir dann den **Blitz** nennen. Dabei fließen im Wesentlichen die negativen Ladungsträger aus dem Leitblitz zur Erde ab und diese erzeugen das Licht, das wir dann sehen. Wie hoch ist die Stromstärke?
Nehmen wir einen wirklich fetten Blitz! Bei diesem fließt eine Ladung von etwa 10 C. Das ist überraschend wenig, hat doch eine kleine Batterie einige tausend Coulomb. Allerdings fließt die Ladung auch blitzschnell ab, nämlich innerhalb von rund 10^{-4} s. Das ergibt für die Stromstärke $I = \Delta Q/\Delta t$ beachtliche 100 000 A (→ F5).

ZUSAMMENFASSUNG

Allgemein bedeutet elektrischer Strom Bewegung von Ladung. In Leitern bewegen sich Elektronen. Strom bedeutet dann, dass zur enorm hohen, aber ungeordneten Geschwindigkeit der Elektronen eine zusätzliche Driftgeschwindigkeit dazukommt.

22.2 Die Entdeckung des Herrn Ørsted

Drehspulgeräte und Elektromotoren

In diesem Abschnitt geht es um Geräte, mit denen man die Stromstärke messen kann. Sie sind wichtige Hilfsmittel für spätere Versuche.

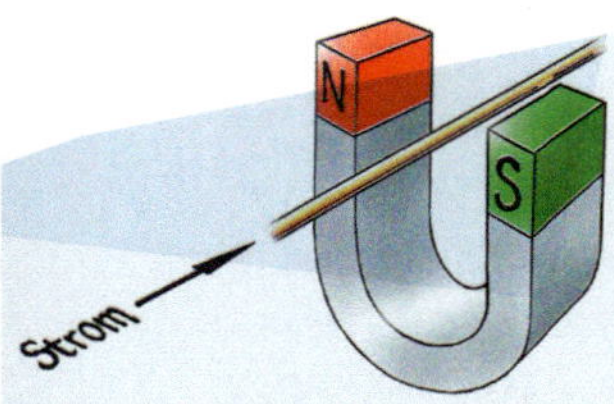

Abb. 22.6

F7 Was passiert mit dem Leiter zwischen den Polen eines Hufeisenmagneten, wenn Strom durch ihn fließt (Abb. 22.6)? Welche Erklärung gibt es dafür? Und wofür könnte man diesen Effekt verwenden?

F8 Was denkst du, wodurch das Magnetfeld der Erde zustande kommt? Mit einem Kompass kannst du die Himmelsrichtungen bestimmen. Die Magnetnadel richtet sich dabei im Magnetfeld der Erde aus. Wie kommt dieses aber eigentlich zustande?

Um das Jahr **1820** machte der dänische Physiker CHRISTIAN ØRSTED eine enorm wichtige Entdeckung, die zu Anwendungen wie Elektromotoren oder Stromstärkemessgeräten führte. Er entdeckte nämlich, dass eine Magnetnadel abgelenkt wird, wenn in der Nähe Strom durch einen Leiter fließt (→ EXPERIMENT Kurzer Kurzschluss 1). Diese Entdeckung schlug in der wissenschaftlichen Welt wie eine Bombe ein, denn sie belegte, was man schon lange vermutet hatte: **Elektrizität und Magnetismus** hängen irgendwie **zusammen**.

EXPERIMENT **Kurzer Kurzschluss 1**

Nimm eine **Flachbatterie** (4,5 V), ein kurzes **Kabel** und einen **Kompass** (Abb. 22.7 a). Was passiert mit der Kompassnadel, wenn du die Batterie kurzschließt (b)? Macht es einen Unterschied, ob das Kabel unter oder über dem Kompass liegt? Hast du eine Erklärung dafür? Du darfst die Batterie nur kurz kurzschließen, weil sie dabei schnell leer wird und überhitzt!

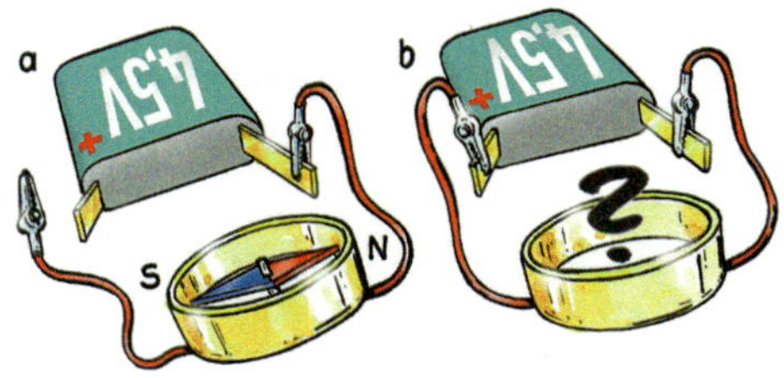

Abb. 22.7 Was passiert mit der Kompassnadel, wenn Strom fließt?

Abb. 22.8 Die Richtung der magnetischen Feldlinien kannst du mit der rechten Hand bestimmen. Wenn du den Leiter so umgreifst, dass der Daumen in (technische) Stromrichtung zeigt, dann geben dir die Finger die Richtung des magnetischen Feldes an. In diese Richtung zeigt dann der Nordpol der Nadel (rot).

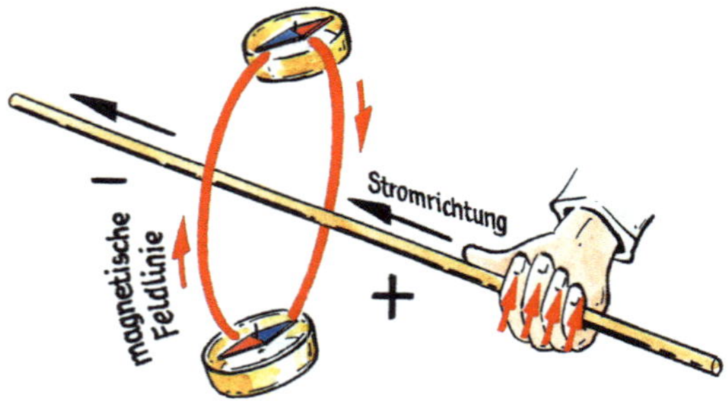

Es ist nämlich so: Um den Leiter herum entsteht durch den Strom ein **Magnetfeld**. Die magnetischen Feldlinien sind immer geschlossen. In diesem Fall sind sie kreisförmig und winden sich um den Leiter herum. Ohne Erdmagnetfeld würde sich eine Magnetnadel exakt in Richtung dieser Feldlinien ausrichten, also quer zur Richtung des Stroms (Abb. 22.8). Durch die zusätzliche Wirkung des Erdmagnetfeldes bleibt aber immer eine gewisse Abweichung übrig.

INFO

Erdmagnetfeld

Die **Erde** hat **im Inneren** höllische 6 000 °C, das entspricht etwa der Oberflächentemperatur der Sonne. Aufgrund des hohen Drucks ist der innere Kern trotzdem fest. Die Temperatur des äußeren Kerns liegt immerhin auch noch bei satten 3 000 bis 5 000 °C. Dieser Teil besteht aus einer zähflüssigen Eisen-Nickel-Mischung, die aufgrund der Hitze aufsteigt, sich abkühlt, wieder absinkt und so weiter. Man nennt das **Konvektion** (siehe Kap. 17.2). Nun gibt es aber in der Erdkruste Erzlager, die leicht magnetisch sind, und sie erzeugen im fließenden Metall **elektromagnetische Induktion** (siehe „Big Bang 2"). Dadurch entsteht das magnetische Feld der Erde, das vereinfacht wie das eines Stabmagneten aussieht (Abb. 22.9, → F8).

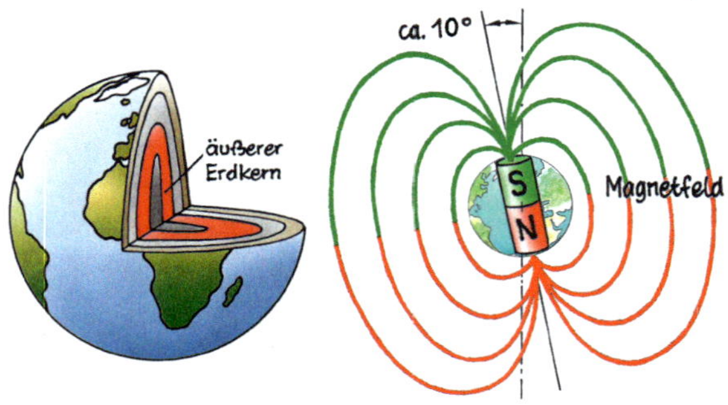

Abb. 22.9 Das Erd-Magnetfeld entspricht dem eines Stabmagneten. Der magnetische Südpol befindet sich im Norden und umgekehrt. Die magnetischen Pole sind um etwa 10° zur Erdachse geneigt (Stand 2019).

Elektrischer Strom erzeugt also ein magnetisches Feld. In Abb. 22.8 bewirkt das die Ablenkung eines Permanent-Magneten, in diesem Fall der Kompassnadel. Wenn sich der Permanent-Magnet nicht bewegen kann, dann bewegt sich der Leiter (Abb. 22.10 a). In welche Richtung, das kannst du mit der rechten Hand bestimmen (b). Eine stromführende **Leiterschleife** beginnt sich daher im Feld eines Permanent-Magneten zu drehen (c).

Dieser Effekt wird bei der Stromstärkemessung ausgenutzt. Statt einer einzelnen Schleife verwendet man hier aber viele Schleifen, also eine **Spule** (Abb. 22.11 a), weil dadurch die Genauigkeit erhöht wird. Fließt Strom durch den Leiter, dann dreht sich die Spule, und zwar umso stärker, je größer die Stromstärke ist. Solche Geräte nennt man **Drehspulgeräte**. Wenn diese sehr genau messen, dann nennt man sie **Galvanometer** (→ F7).

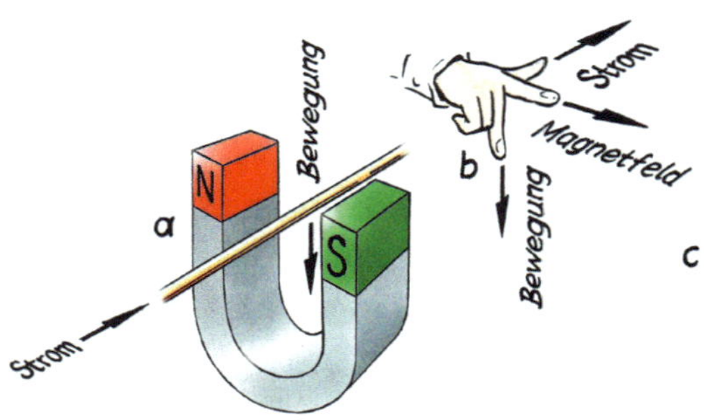

Abb. 22.10 Die Richtung der Bewegung eines stromführenden Leiters in einem Magnetfeld kannst du mit der rechten Hand bestimmen (b). Der Daumen muss dabei in (technische) Stromrichtung zeigen und der Zeigefinger in Richtung des Magnetfeldes (von Nord- zu Südpol). Der Mittelfinger gibt dir dann die Bewegungsrichtung des Drahtes an.

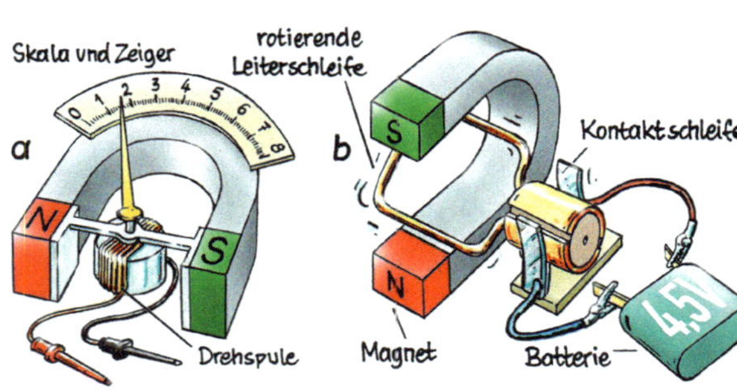

Abb. 22.11 a) Ein einfaches Drehspulgerät zur Messung der Stromstärke; b) Vereinfachte Darstellung eines Gleichstrommotors

INFO

Digitale Messgeräte

Die klassischen **Drehspulgeräte** (Abb. 22.11 und Abb. 22.12 links) sind – zumindest in der freien Wildbahn, also außerhalb von technischen Labors und Physiksammlungen – eher vom Aussterben bedroht. Heutzutage werden vor allem **digitale Messgeräte** verwendet (Abb. 22.12 rechts). Dabei erfolgt die Messung auf verschiedenste Arten. Wir schauen uns die am weitesten verbreiteten Geräte an. Sie bieten einen guten Kompromiss zwischen Genauigkeit und Kaufpreis. Außerdem kann man ihre Funktionsweise auch ohne Elektrotechnik-Studium verstehen.

Abb. 22.12 Links ein analoges Drehspulgerät: Die Anzeige erfolgt dabei immer über einen Zeiger (siehe Abb. 22.11 a). Rechts ein digitales Messgerät mit Kondensator

In diesen Geräten erfolgt die Messung mit Hilfe eines **Kondensators**. Darunter versteht man ein elektrisches Bauelement zum Speichern von Ladung. Dieser Kondensator wird durch die zu messende Spannung geladen (U_{mess}). Je größer diese ist, desto stärker lädt sich der **Kondensator** auf (Abb. 22.13). Anschließend wird er mit einer genau bekannten Spannung, die das Gerät selbst liefert, wieder entladen. Diese sogenannte **Referenzspannung** (U_{ref}) muss dazu umgekehrt am Kondensator angelegt werden. Die **Entladezeit** (t_2) wird mit der **Ladezeit** (t_1) verglichen und damit die Messspannung nach der Gleichung $U_{mess} = U_{ref} \cdot (t_2/t_1)$ errechnet. Nach dieser Methode kann man auch die Stromstärke messen, weil bei konstantem Widerstand Spannung und Stromstärke proportional sind (siehe Abb. 22.25). Obwohl diese Geräte völlig anders arbeiten als Drehspulgeräte, gelten für Stromstärke- und Spannungsmessungen dieselben Prinzipien (Kap. 22.3).

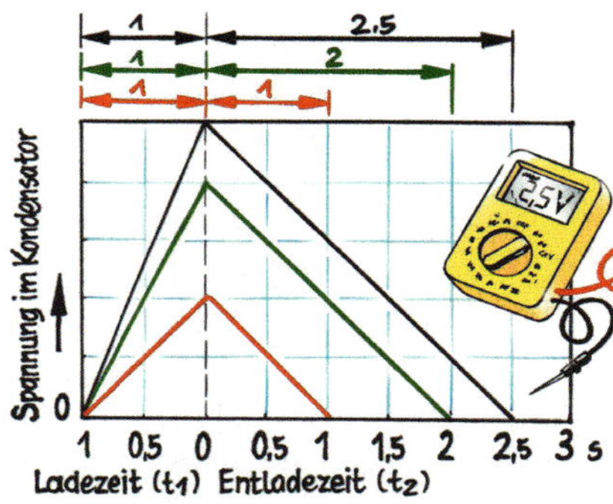

Abb. 22.13 Arbeitsweise eines digitalen Messgeräts: Je größer die Messspannung, desto stärker lädt sich der Kondensator in der Ladezeit auf und desto länger dauert daher das Entladen. Bei der roten Linie sind Lade- und Entladezeit gleich groß und daher auch die Spannungen. Bei der schwarzen Linie ist die Messspannung 2,5-mal so groß wie die Referenzspannung.

Zum **Elektromotor** (Abb. 22.11 b) ist es nur noch ein Katzensprung. Du musst dazu nur die Stromrichtung nach jeder halben Drehung der Leiterschleife umkehren. Das schafft man mit Hilfe von Schleifkontakten. Dadurch kannst du eine gleichmäßige Rotation erzeugen (→ F7). E-Motoren findest du im Staubsauger, im Mixer, in der elektrischen Zahnbürste, im Föhn (Abb. 22.14), in DVD-Playern, Festplatten und Bohrern (Abb. 22.15). Sogar im Handy sorgt ein winziger Elektromotor für den Vibrationsalarm.

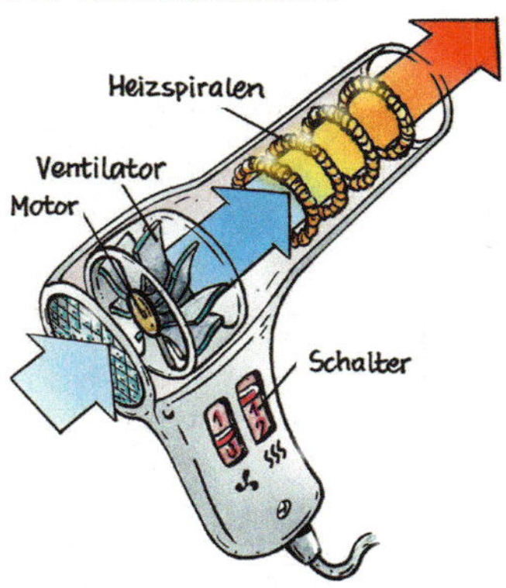

Abb. 22.14 Beim Föhn betreibt ein E-Motor den Ventilator.

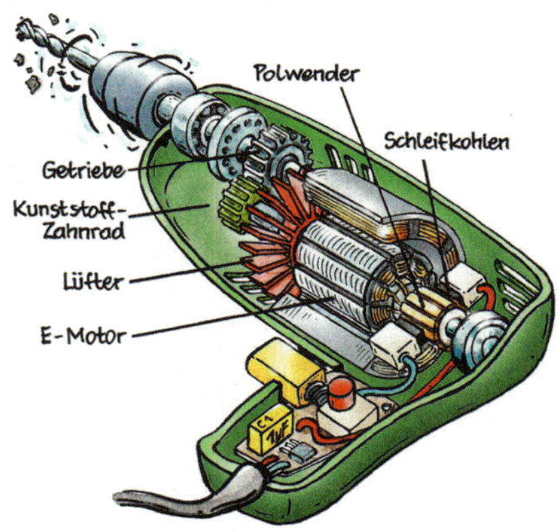

Abb. 22.15 Eine Bohrmaschine im geöffneten Zustand

ZUSAMMENFASSUNG

Fließende Ladung erzeugt ein **magnetisches Feld**. Auf diesem Prinzip beruhen sowohl Drehspulmessgeräte als auch **Elektromotoren**. Moderne Stromstärkemessgeräte sind digital und arbeiten mit dem Laden und Entladen von Kondensatoren.

22.3 Straßensperre auf der Autobahn
Voltmeter und Amperemeter

Im Prinzip kann man mit jedem Gerät, das Stromstärke messen kann, auch die Spannung messen und umgekehrt. Wie das funktioniert und was man dabei beachten muss, erfährst du in diesem Kapitel.

F9 ● Welche der Aussagen ist richtig? a) Spannungsmessung beruht auf Stromstärkemessung! b) Stromstärkemessung beruht auf Spannungsmessung!

F10 ● Wie musst du das Messgerät (Abb. 22.16) anschließen, wenn du die Stromstärke bzw. die Spannung in diesem Stromkreis messen möchtest? In Reihe oder parallel? Und was hat das für einen Grund?

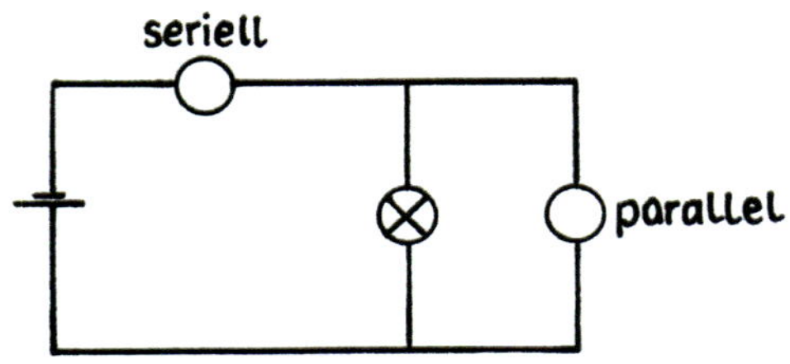

Abb. 22.16

F11 ○ Welche der beiden Methoden ist sinnvoller, wenn du die Anzahl der Autos wissen möchtest, die pro Stunde auf einer bestimmten Autobahn fahren? a) Die Autos vom Rand aus zählen. b) Eine Straßensperre errichten, die Autos einzeln anhalten und dabei zählen.

F12 ◒ Eine Flachbatterie hat 4,5 V. Was passiert mit der Spannung, wenn die Batterie Strom liefert? a) Sie sinkt. b) Sie steigt. c) Sie bleibt gleich. Und kannst du deine Vermutung auch begründen?

Leitung verbunden (a) kreuzend (b)	a b	Erdung	
Batterie (Gleichspannungsquelle)	+ −	Wechselspannungsquelle	
Amperemeter	A	Kondensator	
Voltmeter	V	Spule	
Lampe		Widerstand	
Schalter		Diode (a) Transistor (b)	a b

Tab. 22.2
Einige wichtige Schaltzeichen

Spannungsmessgeräte nennt man **Voltmeter** und Stromstärkemessgeräte **Amperemeter**. Damit du deren Funktionsweise verstehst, vorher noch ein paar Worte zum **elektrischen Widerstand**, der dann im Detail in Kap. 22.4 besprochen wird. Der elektrische Widerstand gibt (einfach gesagt) an, wie stark der Ladungsfluss in einem Leiter behindert wird. Je größer der elektrische Widerstand, desto geringer wird – bei gleicher Spannung – der elektrische Strom.

Wir stellen die folgenden Überlegungen am Beispiel der **Drehspulgeräte** an (Abb. 22.11 a und Abb. 22.12 links), weil dort das Prinzip offensichtlicher wird. Sie gelten aber auch für digitale Messgeräte. Generell kann man sagen: Damit eine Messung sinnvoll ist, darf dabei die zu bestimmende Größe nicht – beziehungsweise so wenig wie möglich – beeinflusst werden. Wenn du etwa die Frequentierung einer **Autobahn** wissen willst und dazu eine Straßensperre errichtest, dann bremst du damit den Verkehr gewaltig und bekommst eine unrealistisch geringe Autozahl heraus (→ F11).

Bei der **Stromstärkemessung** ist es ganz ähnlich: Der Strom darf dabei nicht verringert werden. Das geht nur dann, wenn der Widerstand des Amperemeters sehr klein ist. Damit die gesamte Ladung durch das Gerät fließen kann, muss es **seriell** (in Reihe) im Stromkreis platziert werden (→ F10; Tab. 22.3 links oben). Damit meint man, dass die Ladung **nacheinander** durch Amperemeter und Lampe fließt. Je größer die Stromstärke, desto stärker das Magnetfeld der Spule und desto stärker der Zeigerausschlag.

Es ist ähnlich, wie wenn du die Wasserstromstärke in einem Rohr mit Hilfe einer Turbine misst (Tab. 22.3 links unten). Das Wasser muss dazu zur Gänze an der Turbine vorbei. Deren Drehzahl gibt dir Aufschluss über die Wassermenge pro Zeit. Die Turbine darf aber bei der Messung den Wasserfluss nicht bremsen.

Bei der **Spannungsmessung** muss man sich einen Trick einfallen lassen, weil ein Drehspulmessgerät ja nur die Stromstärke anzeigen kann. Du musst die Spannung also irgendwie in Strom „übersetzen". Außerdem darf die Messung den Strom nicht verändern, weil sich dadurch wiederum die Spannung verändern würde.

<table>
<tr><th>Stromstärkemessung</th><th>Spannungsmessung</th></tr>
<tr><td></td><td></td></tr>
<tr><td>Das Amperemeter ist seriell geschaltet. Sein Widerstand muss so klein wie möglich sein, um die Messung nicht zu beeinflussen. Durch Lampe und Amperemeter fließt gleich viel Ladung.</td><td>Das Voltmeter ist parallel geschaltet. Sein Widerstand muss so groß wie möglich sein, um die Messung nicht zu beeinflussen. Der Strom durch das Voltmeter ist viel geringer als der durch die Lampe.</td></tr>
<tr><td>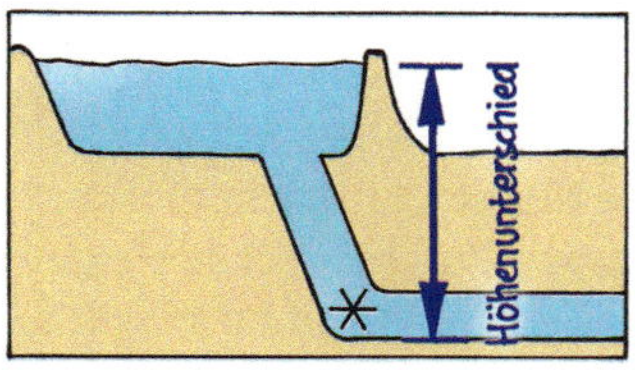</td><td>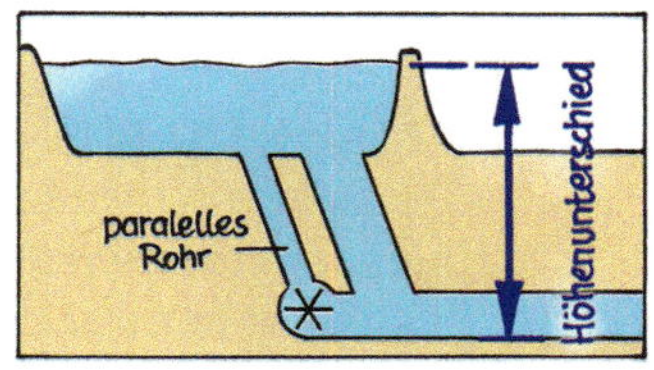</td></tr>
</table>

Tab. 22.3 Stromstärke- und Spannungsmessung im Vergleich und Analogien mit dem Wasserfluss: Der Höhenunterschied bei den Wasserbecken entspricht dem „elektrischen Höhenunterschied" im Stromkreis, also der elektrischen Spannung.

Die Lösung des Problems: Das Voltmeter wird **parallel** geschaltet (→ F10). Damit meint man, dass der Strom **gleichzeitig** durch Lampe und Voltmeter fließt. Das Voltmeter muss aber einen sehr hohen Widerstand haben (Tab. 22.3 rechts). Dann fließt nur ein sehr kleiner Strom durch das Voltmeter, der die Spannung der Batterie praktisch nicht beeinflusst. Dieser Strom wird vom Messgerät dann in eine Voltzahl „übersetzt".

EXPERIMENT

Kurzer Kurzschluss 2

Miss zunächst die Spannung einer **Flachbatterie** in unbelastetem Zustand. Der Wert sollte dann, je nachdem wie neu die Batterie ist, um 4,5 V liegen (Abb. 22.17 a). Weil sie in diesem Fall kein Gerät betreibt, spricht man von **Leerlaufspannung** oder **Nennspannung**. Wenn du jetzt die Batterie kurz schließt, dann sinkt die Spannung fast auf null ab (b). Du darfst die Batterie nur kurz kurzschließen, weil sie dabei schnell leer wird.

Das Wesentliche ist: Wenn sich der Strom einer Batterie ändert, dann ändert sich auch ihre Spannung! Das liegt am Innenwiderstand, den jede Batterie besitzt (siehe auch → F32). Deshalb darf bei der Spannungsmessung auch der Strom in einer Schaltung nicht beeinflusst werden. Die Spannung, die die Pole einer Batterie im Betrieb aufweisen, nennt man übrigens die **Klemmenspannung**.

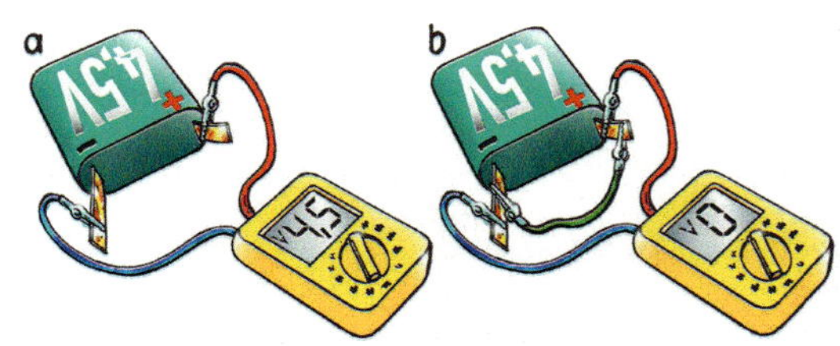

Abb. 22.17 a) Leerlaufspannung; b) Bei einem Kurzschluss fällt die Spannung der Batterie praktisch auf null ab.

Die Spannung, also der „elektrische Höhenunterschied", ist nur indirekt messbar. Vergleichbar ist das damit, dass du den Höhenunterschied zwischen einem Stausee und der Station misst, indem du die Fließgeschwindigkeit des Wassers in einem sehr dünnen, parallelen Rohr feststellst und diese dann in den Höhenunterschied „übersetzt". Das funktioniert sogar dann, wenn gar kein Wasser durch das dicke Rohr fließt. Dieser Fall entspricht der **Leerlaufspannung** bei einer Batterie.

Du siehst also, dass im Gerät selbst immer die Stromstärke gemessen wird (→ F9). In der Praxis verwendet man **Multimeter**, mit denen man durch Umschalten Stromstärke und Spannung messen kann (siehe Abb. 22.12).

INFO **Multimeter**

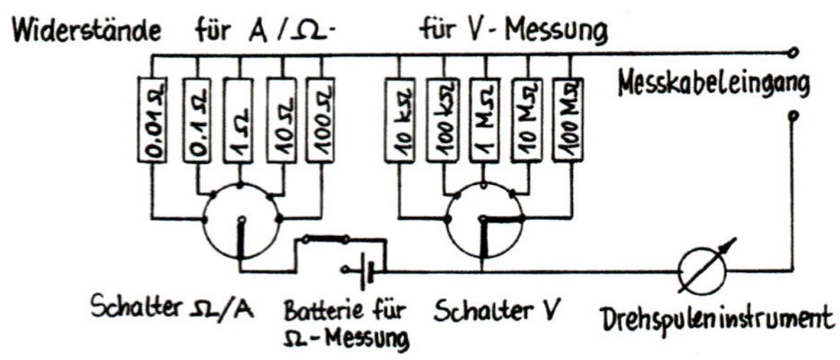

Abb. 22.18 Schaltplan eines analogen Multimeters: Der Messbereich ist mit 100 MΩ auf das Messen sehr hoher Spannungen eingestellt (zur Einheit Ω siehe Kap. 22.4).

Die beiden Messgeräte in Abb. 22.12 sind sogenannte **Multimeter**, also Vielfachmesser. Durch Umschalten kannst du den Innenwiderstand des Gerätes verändern und aus ihm je nach Bedarf ein Amperemeter (kleine Widerstände von 0,001 bis 100 Ω) oder ein Voltmeter (große Widerstände von 9 kΩ bis 100 MΩ) machen.

ZUSAMMENFASSUNG

Die zu bestimmende Größe darf durch die Messung nicht beeinflusst werden. Deshalb muss ein **Amperemeter** seriell geschaltet werden und einen möglichst kleinen Widerstand haben. Ein **Voltmeter** muss parallel geschaltet werden und sollte einen möglichst großen Widerstand haben.

22.4 Kühe leben gefährlich

Widerstand und spezifischer Widerstand

In diesem Abschnitt geht es um den elektrischen Widerstand. Er gibt den Zusammenhang zwischen Spannung und Stromstärke an.

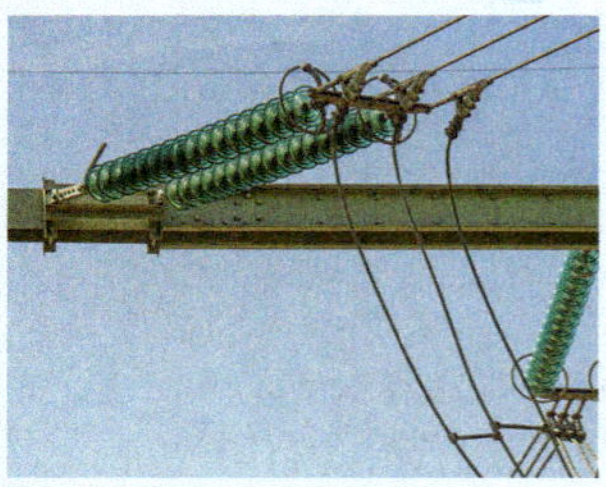

Abb. 22.19 Überlandleitungen bestehen aus Aluminium und die Aufhängungen aus Glas oder Porzellan.

F13 ○ Was versteht man unter der Driftgeschwindigkeit der Elektronen? Schau nach in Kap. 22.1!

F14 ◒ Warum sind elektrische Leitungen im Haushalt fast immer aus Kupfer? Warum sind Überlandleitungen (Abb. 22.19) aus Aluminium?

F15 ○ Warum sind Griffe von Werkzeugen und Leitungskabel im Haushalt mit Kunststoff überzogen? Warum befinden sich zwischen Überlandleitungen und Masten lange Aufhängungen aus Glas- oder Porzellan (Abb. 22.19)?

F16 ◒ Wo ist in dieser Schaltung der größere Widerstand (Abb. 22.20): in der Zuleitung oder in der Glühlampe? Kannst du das begründen? → L

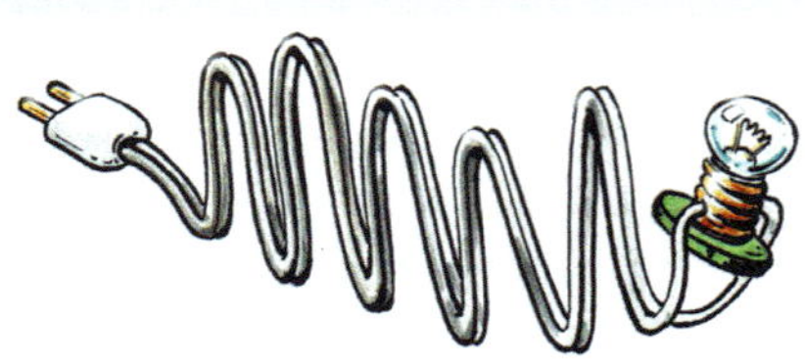

Abb. 22.20

F17 ● Zwei Vögel sitzen auf blankem Draht (Abb. 22.21). Was passiert, wenn der Strom eingeschaltet wird? → L

Abb. 22.21

F18 ◒ Wieso ist es gefährlich, wenn ein Blitz in deiner Nähe in den Boden einschlägt? Und warum soll man sich, wenn man von einem Gewitter überrascht wird, so hinhocken, dass nur die Füße am Boden sind?

F19 ◒ Warum ist der Begriff „Stromverbrauch" eigentlich schlecht gewählt?

F20 ○ Baue eine Schaltung wie in Abb. 22.22 auf. Verwende eine Bleistiftmine als Prüfobjekt. Wie ändert sich die Helligkeit der Lampe, wenn du ein Ende an verschiedene Stellen hältst (a, b und c)?

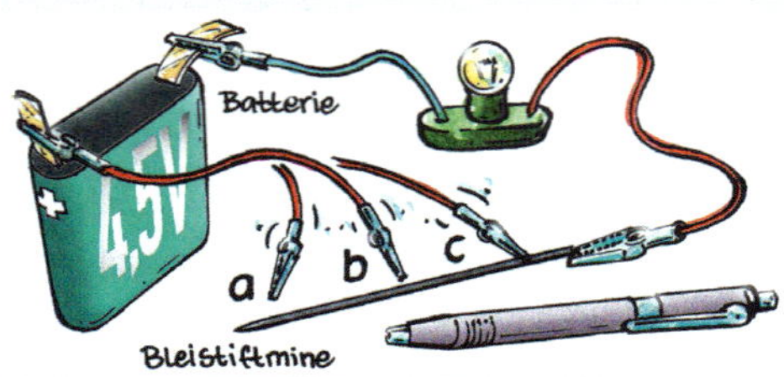

Abb. 22.22

EXPERIMENT

Auf Ohms Spuren

Welcher **Zusammenhang** besteht zwischen **Spannung** und **Stromstärke**? Bau dazu die Versuchsanordnung in Abb. 22.23 auf. Verändere dann die Spannung und trage die Werte in einem Diagramm ein (Spannung *x*-Achse, Stromstärke *y*-Achse). Führe dieselben Messungen mit anderen Drähten durch. Was fällt dir auf?

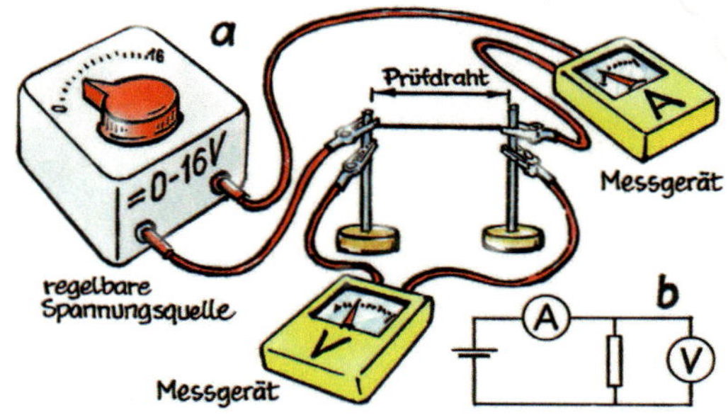

Abb. 22.23 a) Versuchsaufbau; b) Schaltplan

Beim Anlegen einer Spannung driften die Elektronen in Richtung Plus-Pol (Abb. 22.2). Diese Bewegung wird durch die Atomrümpfe behindert (Abb. 22.24). Salopp kann man sagen, dass sich die Elektronen an den Atomrümpfen vorbeizwängen müssen. Dadurch entsteht der **elektrische Widerstand**. Dass bei gleichem Widerstand die Stromstärke von der Spannung abhängt, kann man sich mit Hilfe von fließendem Wasser überlegen (Tab. 22.4).

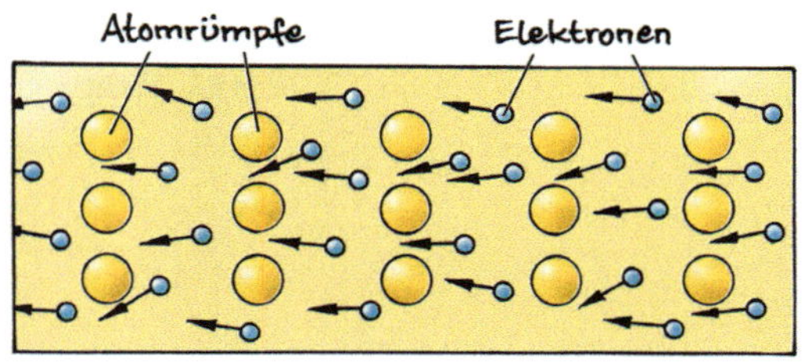

Abb. 22.24 Die Elektronendrift wird durch die Atomrümpfe behindert. Es ist nur die Driftgeschwindigkeit der Elektronen eingezeichnet.

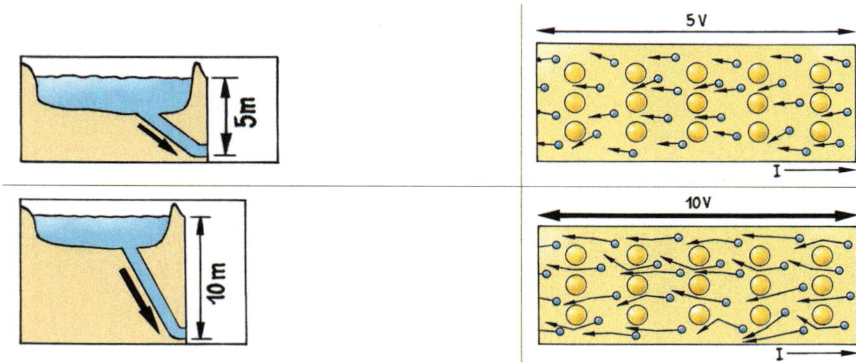

Das Rohr hindert das Wasser am Fließen. Wenn der Höhenunterschied größer wird, wird auch der Wasserfluss größer.	Der Leiter hindert die elektrische Ladung am Fließen. Wenn der „elektrische Höhenunterschied" (die Spannung) größer wird, wird auch die Stromstärke größer.

Tab. 22.4 Qualitativer Zusammenhang zwischen Spannung und Stromstärke und Vergleich mit fließendem Wasser. Beachte: Die technische Stromrichtung zeigt gegen den Elektronendrift.

Den genauen Zusammenhang zwischen Spannung, Stromstärke und Widerstand entdeckte der Erlanger Georg Simon Ohm im Jahr **1826**: Der Quotient von Spannung und Stromstärke ist der elektrische Widerstand *R*. Er hat die Einheit Ohm (Ω). Bei bestimmten Stoffen wie der Legierung Konstantan oder einem in Wasser gekühlten Eisendraht tritt der Sonderfall ein, dass das Verhältnis von Spannung und Stromstärke immer gleich groß bleibt, sein **Widerstand** also **konstant** bleibt. Anders gesagt, ***I* ist proportional zu *U*** (siehe Abb. 22.25). Wird die Spannung verdoppelt, so verdoppelt sich auch die Stromstärke. Diesen Zusammenhang nennt man auch das **Ohm'sche Gesetz**.

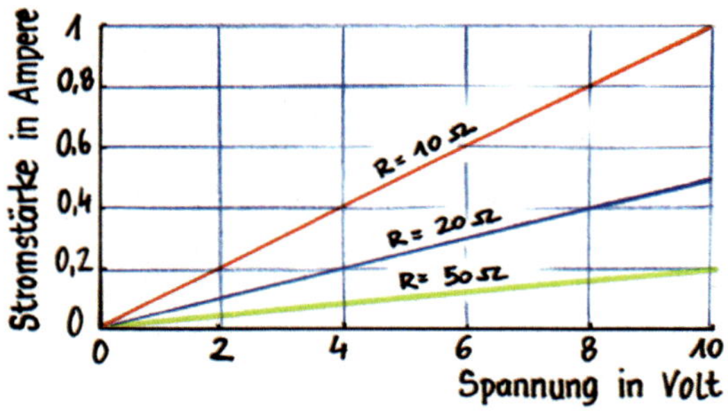

Abb. 22.25 Grafische Darstellung des Ohm'schen Gesetzes für drei Widerstände: Je größer der Widerstand, desto flacher der Anstieg! Etwas Ähnliches solltest du bei deinen Experimenten herausbekommen haben (→ **EXPERIMENT** Auf Ohms Spuren).

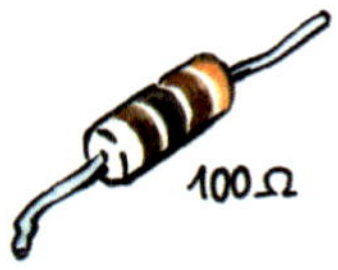

FORMEL Ohm'sches Gesetz

$R = \frac{U}{I} = \text{const.} \Rightarrow I = \frac{U}{R} = \text{const.} \Rightarrow U = R \cdot I = \text{const.}$

R … Ohm'scher Widerstand $[R] = \Omega$
U … Spannung $[U] = \text{V}$
I … Stromstärke $[I] = \text{A}$

Wovon hängt der **elektrische Widerstand** ab? Erstens hängt er vom **Material ab** (Tab. 22.5). Zweitens ist der Widerstand indirekt proportional zur **Querschnittsfläche** des Leiters. Auch ein dünnes Wasserrohr bietet einen größeren Widerstand als ein dickes. Drittens ist der Widerstand proportional zur **Länge** des Leiters (→ F20). Auch hier hilft der Vergleich mit dem Wasserrohr. Ein langes Wasserrohr hat einen größeren Widerstand als ein kurzes. Formelmäßig lassen sich diese Einflussfaktoren so ausdrücken:

FORMEL Elektrischer Widerstand

$R = \varrho \cdot \frac{l}{A}$

ϱ … spezifischer Widerstand $[\varrho] = \frac{\Omega \cdot m^2}{m} = \Omega \cdot m$
l … Länge des Leiters $[l] = \text{m}$
A … Querschnitt des Leiters $[A] = \text{m}^2$

Material	spezifischer Widerstand $\left[\frac{\Omega \cdot m^2}{m}\right]$	spezifischer Widerstand $\left[\frac{\Omega \cdot mm^2}{m}\right]$	
Silber	$1{,}6 \cdot 10^{-8}$	$1{,}6 \cdot 10^{-2}$	**Leiter** geringer Widerstand = große Leitfähigkeit
Kupfer	$1{,}7 \cdot 10^{-8}$	$1{,}7 \cdot 10^{-2}$	
Gold	$2{,}4 \cdot 10^{-8}$	$2{,}4 \cdot 10^{-2}$	
Aluminium	$2{,}8 \cdot 10^{-8}$	$2{,}8 \cdot 10^{-2}$	
Stahl	$14 \cdot 10^{-8}$	$14 \cdot 10^{-2}$	
Kohlenstoff	$3{,}5 \cdot 10^{-5}$	35	
Germanium	0,42	$4{,}2 \cdot 10^{5}$	**Halbleiter**
Silicium	640	$6{,}4 \cdot 10^{8}$	
Glas	$2 \cdot 10^{12}$	$2 \cdot 10^{18}$	**Isolatoren (Nichtleiter)** großer Widerstand = geringe Leitfähigkeit
Porzellan	$5 \cdot 10^{12}$	$5 \cdot 10^{18}$	
Gummi	10^{13} bis 10^{15}	10^{19} bis 10^{21}	

Tab. 22.5 Spezifischer Widerstand bei 20 °C: Die Gradangabe ist wichtig, weil sich der Widerstand mit der Temperatur verändert.

Tab. 22.5 zeigt den **spezifischen Widerstand** einiger Materialien. Je größer dieser ist, desto geringer ist umgekehrt die elektrische Leitfähigkeit. Kupfer ist einer der besten Leiter und wird daher für **elektrische Leitungen** verwendet (Abb. 22.26 a). Silber leitet einen Tick besser, aber stell dir mal die Kosten vor (→ F14)! **Überlandleitungen** sind großteils aus Aluminium (Abb. 22.23 b). Sein Widerstand ist 60 % größer als der von Kupfer und deshalb müssen bei gleichem Widerstand die Leitungen dicker sein. Auf der anderen Seite hat Aluminium aber nur ein Drittel der Dichte von Kupfer. Deshalb sind die dickeren Aluleitungen immer noch leichter als dünnere, gleich lange Kupferleitungen und das ist viel weniger aufwendig.

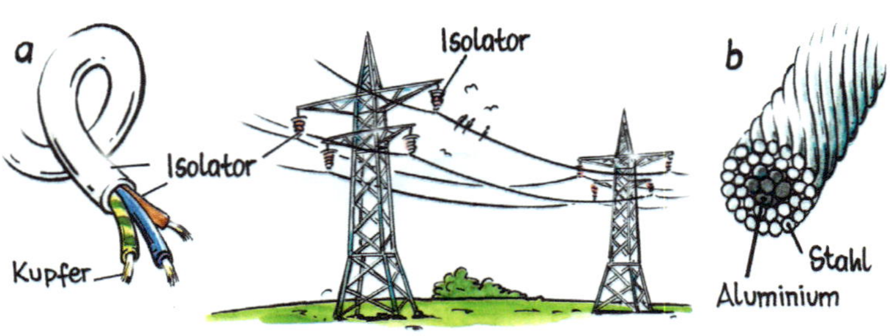

Abb. 22.26 a) Leitungen sind aus Kupfer und von Isolatoren umgeben. b) Überlandleitungen bestehen aus einem Stahlkern, der von Aluminium umgeben ist.

Man kann die Materialien in drei Gruppen einteilen, deren spezifischer Widerstand sich um viele Zehnerpotenzen unterscheidet. Der Widerstand von **Leitern** ist deshalb so gering, weil nur diese frei bewegliche Elektronen haben (Abb. 22.24). In **Halbleitern** können sich bei höheren Temperaturen einige Elektronen ablösen und sie beginnen schwach zu leiten – aber trotzdem rund eine Milliarde Mal schlechter als in Leitern. Halbleiter werden vor allem beim Bau von Mikrochips eingesetzt. In **Isolatoren** (Nichtleitern) gibt es praktisch keine freien Elektronen. Daher eignen sie sich hervorragend, um unerwünschte Ströme zu unterbinden (→ F15).

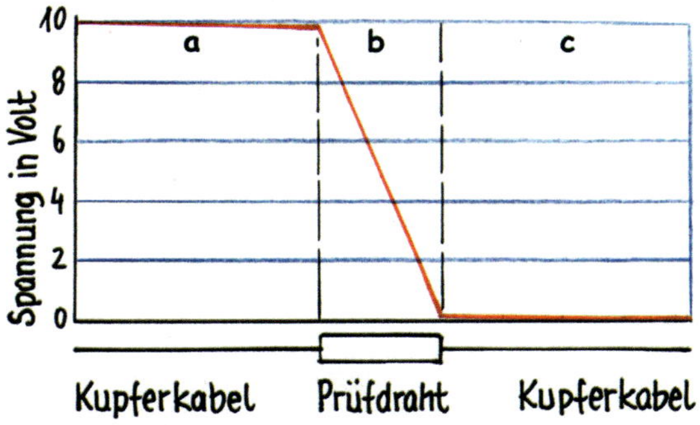

Abb. 22.27 „Aufgebogener" Schaltkreis aus Abb. 22.23b. Die Klemmenspannung beträgt 10 V. Der Spannungsabfall in den dicken Kupferkabeln (a + c) ist fast zu vernachlässigen, im Prüfdraht ist er sehr groß (b).

Die Spannung gibt an, welche Energie in einer Ladung steckt, die sich zwischen zwei elektrischen Polen befindet (siehe Kap 22.2). Wenn die Ladung von selbst zum anderen Pol fließt, dann gibt sie diese Energie wieder ab. Je größer der Widerstand im Leiter, desto mehr Energie verliert die Ladung an dieser Stelle. Mit der Energie verliert sie aber auch an Spannung, weil U proportional W ist. Deshalb spricht man vom **Spannungsabfall** im Widerstand (Abb. 22.27). Dieser Spannungsabfall ergibt einen „elektrischen Höhenunterschied", den du dann mit dem Voltmeter messen kannst. Der **gesamte Spannungsabfall** (in diesem Fall die Spannung zwischen den Polen der Batterie) entspricht immer **der Summe der einzelnen Spannungsabfälle** (in diesem Fall in den Kupferkabeln und dem Prüfdraht).

INFO **Kühe leben gefährlich**

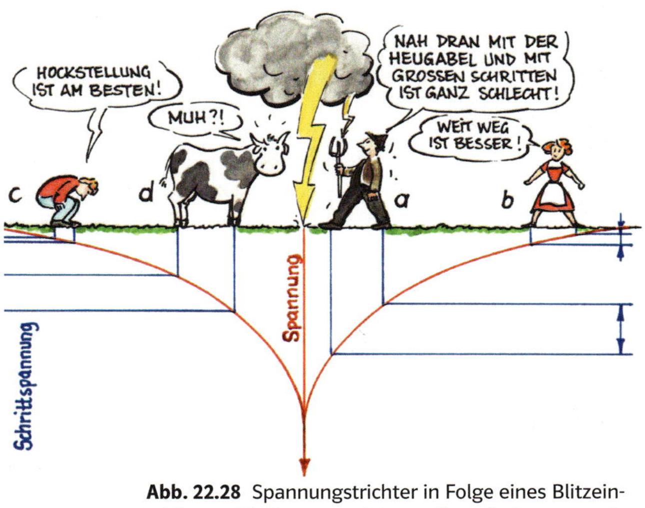

Abb. 22.28 Spannungstrichter in Folge eines Blitzeinschlages: Die Spannung ist negativ aufgetragen, weil an der Einschlagstelle ein Elektronenüberschuss herrscht.

Auch wenn ein **Blitz** nur in deiner Nähe einschlägt, kann das extrem gefährlich sein (→ F18). Das liegt am Spannungsabfall im Boden. Weil die Ladung in alle Richtungen fließt, erfolgt dieser nicht linear und man spricht von einem **Spannungstrichter** (Abb. 22.28). Die Spannung zwischen deinen Füßen – die sogenannte **Schrittspannung** – kann mehrere hundert Volt betragen! Je weiter du vom Einschlag weg bist, desto geringer ist die Schrittspannung und somit auch die Gefahr (vergleiche a + b). Am besten ist es, wenn du dich auf den Boden hockst (c), weil du dann keine Erhöhung bietest und der Spannungsabfall am geringsten ist. Kühe leben bei Blitzen sehr gefährlich, weil ihre Schrittspannung generell sehr groß ist (d).

Wir sagen im Alltag, dass Strom „verbraucht" wird. Das ist irreführend, weil der Ladungsfluss an jeder Stelle im Stromkreis gleich groß ist (→ F19). Was wird „verbraucht"? Die elektrische Energie der Ladung! Am anderen Pol angekommen, ist ihre potenzielle Energie weg. Du kannst das gut mit einem Fluss vergleichen. Seine Wasserstromstärke ist ohne Zufluss überall gleich groß. Am tiefsten Punkt angekommen, ist die potenzielle Energie des Wassers „verbraucht", also entwertet. Weil kein Strom verbraucht wird, sollte man daher auch besser von **Strombedarf** oder **elektrischem Energiebedarf** sprechen!

ZUSAMMENFASSUNG

Der **elektrische Widerstand** kommt durch die Behinderung der fließenden Ladung zustande. Dabei verliert diese Energie und das führt zu einem Spannungsabfall. Nach dem Widerstand kann man Materialien in **Leiter, Halbleiter und Nichtleiter** einteilen.

22.5 Eine Insel im Strom

Serien- und Parallelschaltung

Bis jetzt war immer nur von einem einzigen Widerstand die Rede. Was passiert aber, wenn man mehrere Widerstände in einem Stromkreis hat?

Beachte: Mit „Widerstand“ bezeichnet man sowohl die elektrische Größe als auch das Bauteil!

F21 Nimm an, du hast zwei Widerstände mit 100 Ω. Wie groß ist der Gesamtwiderstand, wenn du diese seriell bzw. parallel schaltest (Abb. 22.29)?

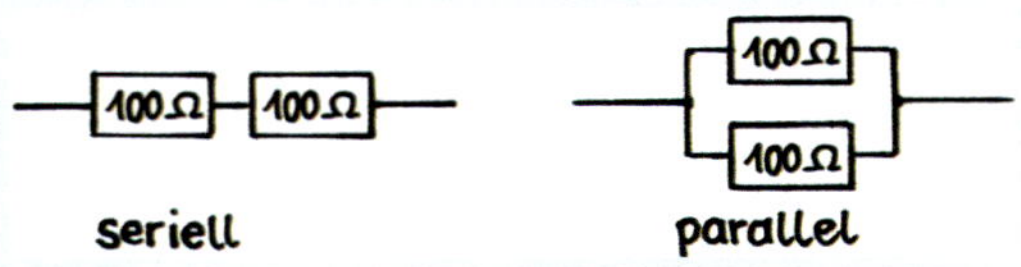

Abb. 22.29

Abb. 22.30

F22 An der Lichterkette am Weihnachtsbaum geht eine Lampe kaputt. An den Halogenlampen an der Decke geht eine Lampe kaputt (Abb. 22.30). Was passiert mit den anderen Lampen in beiden Fällen und warum?

F23 Wie sind elektrische Geräte im Haushalt geschaltet: seriell oder parallel?

Wenn man **Widerstände in Serie** schaltet, dann addieren sich diese. In unserem Beispiel hätten die Widerstände dann 200 Ω (→ F21). Das klingt naheliegend, weil durch den zweiten Widerstand der Strom ja zusätzlich behindert wird. Wie ist das aber bei einer **Parallelschaltung**? Dann wird der Gesamtwiderstand sogar kleiner! In unserem Beispiel wären es dann in Summe 50 Ω (→ F21). Das klingt zunächst vielleicht paradox. Aber überlege einmal: Wenn du parallel zu einem Wasserrohr ein zweites legst, dann wird doch der Wasserfluss in Summe weniger behindert.

Wie sind elektrische Geräte im **Haushalt** geschaltet (→ F23)? Immer **parallel**! Das kannst du sehr gut bei Halogenlampen sehen (Abb. 22.30) oder bei einem Verteilerstecker (Abb. 22.31)!

Bei einer Serienschaltung müssten immer alle Geräte in Betrieb sein. Wäre an irgendeiner Stelle der Stromkreis unterbrochen, würden auch die anderen Geräte nicht gehen, wie das bei der Lichterkette der Fall ist (→ F22). Und würdest du noch ein Gerät dazuhängen, dann würde sich der Gesamtwiderstand erhöhen und der Strom verringern. Wenn du also ein zusätzliches Licht aufdrehen würdest, würden alle anderen Lichter schwächer werden. Bei einer Parallelschaltung treten diese Probleme nicht auf (siehe auch Abb. 22.32 und 22.33).

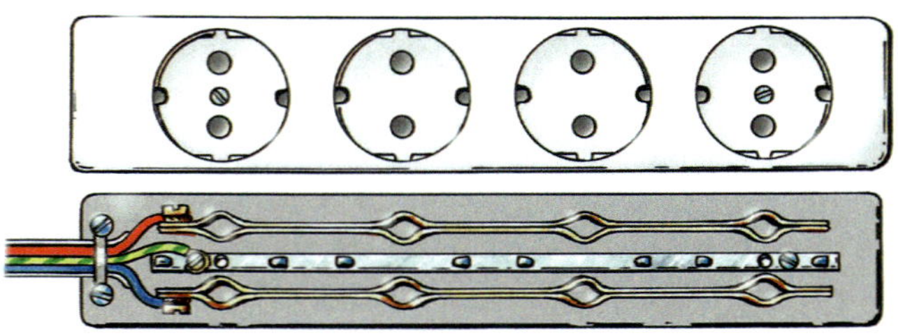

Abb. 22.31 Bei einem Verteiler ist das Prinzip der Parallelschaltung besonders gut zu sehen.

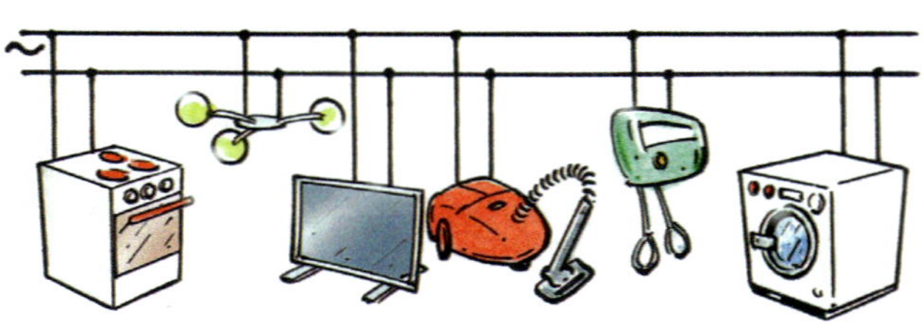

Abb. 22.32 Alle Haushaltsgeräte sind – wie bei den Halogenlampen in Abb. 22.30 gut zu sehen – stets parallel geschaltet.

Abb. 22.33 Nicht nur die Geräte in einem Haus, auch ganze Haushalte und Häuser sind parallel geschaltet.

INFO

Serienschaltung

Wie groß ist der Widerstand bei einer **Serienschaltung**? Wenn Wasser hintereinander über zwei Stufen hinunterfällt, ist der gesamte Höhenunterschied natürlich die Summe der beiden Gefälle. Beim Strom ist es genauso. Der gesamte Spannungsabfall ist immer so groß, wie die Summe der einzelnen Spannungsabfälle:

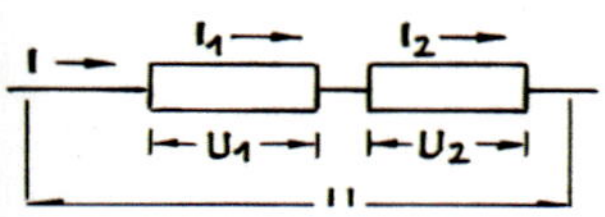

Abb. 22.34

$U = U_1 + U_2$

Auf der anderen Seite fließt durch beide Widerstände derselbe Strom, weil ja nicht irgendwo Ladung aus dem Leiter tröpfelt. Daher gilt $I = I_1 = I_2$. Dieser Zusammenhang ist als die **erste Kirchhoff'sche Regel** bekannt. Und jetzt müssen wir nur noch den Ohm'sche Zusammenhang anwenden:

$$U = U_1 + U_2 \Rightarrow I \cdot R = I_1 \cdot R_1 + I_2 \cdot R_2 = I \cdot R_1 + I \cdot R_2 = I \cdot (R_1 + R_2)$$

$$\mathbf{R = R_1 + R_2}$$

Bei einer Serienschaltung ist der Gesamtwiderstand die Summe der Einzelwiderstände.

INFO

Parallelschaltung

Wie groß ist der Widerstand bei einer **Parallelschaltung**? Überlegen wir wieder anhand von fließendem Wasser.

Abb. 22.35 Die Margareteninsel in Budapest

1 Das Wasser teilt sich bei der Insel auf (Abb. 22.35). Weil nichts zu- oder abfließt, muss die Summe der Teilströme ($I_1 + I_2$) so groß sein, wie der Gesamtstrom vor der Insel (I).

2 Der Höhenunterschied der beiden Teilströme zwischen Verzweigung und Zusammenfluss muss gleich groß sein – sonst würde das Wasser ja in zwei Etagen weiterfließen.

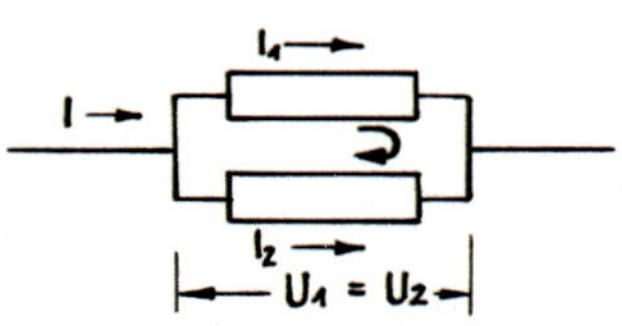

Abb. 22.36 Die Summe von U_1 und U_2 in dieser Leiterschleife ist null. (Vorzeichen beachten!)

Auch bei der Parallelschaltung (Abb. 22.36) teilt sich der Strom auf und es gilt: $I = I_1 + I_2$. Was für den Höhenunterschied des Wassers gilt, gilt auch für den „elektrischen Höhenunterschied". Der Spannungsabfall in den beiden Widerständen muss gleich groß sein. Es gilt $U_1 = U_2 = U$.

Es gilt übrigens generell, auch bei komplizierten Schaltungen, dass die Summe der Spannungen in einer geschlossenen Leiter-Masche immer null ist. Das nennt man die **zweite Kirchhoff'sche Regel**. Und jetzt wieder der Ohm'sche Zusammenhang:

$$I = I_1 + I_2 \Rightarrow \frac{U}{R} = \frac{U}{R_1} + \frac{U}{R_2}$$

$$\mathbf{\frac{1}{R} = \frac{1}{R_1} + \frac{1}{R_2}}$$

Bei einer Parallelschaltung ist der Kehrwert des Gesamtwiderstandes die Summe der Kehrwerte der Einzelwiderstände.

22.6 Fünfzig Milliarden Watt

Elektrische Arbeit und elektrische Leistung

Elektrische Energie kann in andere Energieformen umgewandelt werden. Hier erfährst du, welcher Zusammenhang zwischen Spannung, Stromstärke und Leistung elektrischer Geräte besteht. Wir sehen uns Fälle an, in denen verschiedene Widerstände vorkommen.

F24 ○ Welcher Zusammenhang besteht zwischen Spannung und Arbeit (Kap. 22.2)? Welcher Zusammenhang besteht zwischen Arbeit und Leistung? Schau nach in Kap. 8.5.

F25 ◒ Die Stromabrechnung für den Haushalt erfolgt in Kilowattstunden. Was meint man damit? Wie hoch ist die Spannung im Hausnetz?

F26 ◒ Wie viele Ampere misst man an einem PC bei 100 W? Und an einem Elektrobackofen bei 3 000 W?

F27 ● Wie viele Liter Wasser könnte man mit der Energie eines großen Blitzes zum Kochen bringen: a) 15, b) 150, c) 1 500 oder d) 15 000?

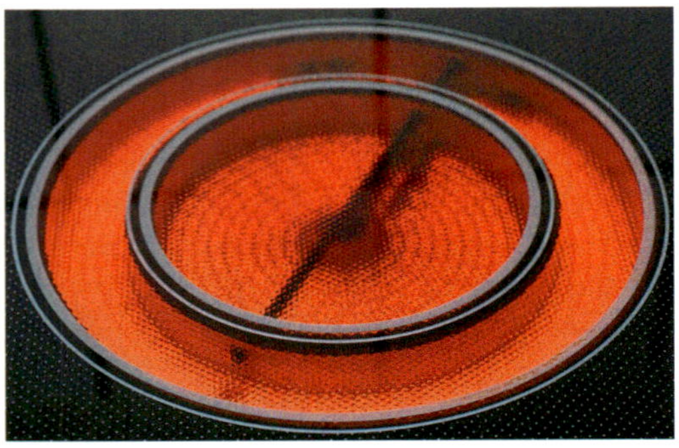

Abb. 22.37 Links: Schematischer Aufbau eines Wasserkochers; rechts: Das glühende Heizelement eines E-Herdes mit Ceranfeld

Die in der Ladung gespeicherte elektrische Energie wird beim Ladungsfluss wieder frei und in andere Energieformen umgewandelt, etwa in **Bewegung**, **Licht** und **Wärme**.
So wird zum Beispiel bei Elektroherd, Wasserkocher, Bügeleisen oder Heizstrahler die gesamte elektrische Energie in thermische Energie umgewandelt (Abb. 22.37).

Warum **erwärmt** sich ein **Leiter** immer durch Ladungsfluss? Die driftenden Elektronen stoßen gegen die Atomrümpfe (Abb. 22.24) und diese beginnen stärker zu schwingen. Das bedeutet eine Erhöhung der Temperatur.

FORMEL Elektrische Arbeit und elektrische Leistung

$$W = Q \cdot U \Rightarrow W = I \cdot U \cdot t$$

$$P = \frac{W}{t} \Rightarrow P = U \cdot I$$

W … Arbeit	$[W]$ = J	Q … Ladung	$[Q]$ = C
I … Stromstärke	$[I]$ = A	U … Spannung	$[U]$ = V
P … Leistung	$[P]$ = W	t … Zeit	$[t]$ = s

Die **Netzspannung** im Haushalt beträgt 230 V (→ F25). Wenn man die Leistung eines Gerätes kennt, kann man mit $I = P/U$ sofort die Stromstärke ausrechnen. Über den Daumen gilt, dass sich **pro 100 W die Stromstärke im Gerät um 0,4 A erhöht** (genau sind es 0,43; → F26). Bei einem E-Backofen wären das dann immerhin 13 A! Die Angabe der elektrischen Arbeit (also des „Stromverbrauchs") erfolgt in Kilowattstunden.

INFO **Strommathematik**

Der Zusammenhang zwischen Spannung, Arbeit und Ladung lautet $W = Q \cdot U$. Auf der anderen Seite gilt für die Stromstärke $I = \Delta Q / \Delta t$ und daher $\Delta Q = I \cdot \Delta t$. Wenn man das oben einsetzt, bekommt man für die **elektrische Arbeit** $W = U \cdot I \cdot \Delta t$. Da Leistung Arbeit pro Zeit ist ($P = \Delta W / \Delta t$), ergibt sich für die **elektrische Leistung** $P = U \cdot I$.

Die Energie, die im Strom steckt, wird in **Kilowattstunden** (kWh) angegeben. Darunter versteht man die Energie, die ein Gerät mit der Leistung von **einem Kilowatt** (1000 W) **in einer Stunde** umsetzt. Also gilt:

$$1\,\text{kWh} = 1000\,\text{W} \cdot 3600\,\text{s} = 3{,}6 \cdot 10^6\,\text{J}$$

3,6 Millionen Joule! Es steckt also unglaublich viel Energie im Strom. Deshalb verwundert es, dass eine kWh nur knapp 30 Cent kostet (Stand 2019). Um die Energie von 1 kWh durch Muskelarbeit freizusetzen, müsstest du etwa 10 Stunden lang schuften (siehe Kap. 8.5).

INFO **Blitzableiterwasserkocher**

Wie viel **Energie** steckt in einem **starken Blitz**? Nimm an, dass die Spannung in einem Blitz 500 000 V beträgt und eine Ladung von 10 C fließt. Die Blitzenergie beträgt daher $5 \cdot 10^6$ J. Das sind bloß 1,4 kWh – enttäuschend wenig. Du könntest damit zwei Autobatterien aufladen, einen Backofen (3 000 W) rund eine halbe Stunde betreiben oder 15 l Wasser von 20 °C zum Kochen bringen (→ F27; Abb. 22.38). Warum ist ein Blitz dann so spektakulär? Das liegt nicht an seiner Energie, sondern an seiner **Leistung**. Weil die Ladung in bloß 10^{-4} s abfließt, leistet ein Blitz sagenhafte $5 \cdot 10^{10}$ W, also 50 Milliarden Watt!

Abb. 22.38 Mit der Energie eines Blitzes könnte man zwar nur 15 l Wasser zum Kochen bringen, aber dafür in einer Zehntausendstel Sekunde! Sehr flott!

Teste dich

F28 ◒ Vergleiche die thermische Geschwindigkeit der Elektronen mit ihrer Driftgeschwindigkeit! In welcher Größenordnung liegt der Unterschied? → L

F29 ◒ Ist die Driftgeschwindigkeit immer gleich groß oder hängt sie von verschiedenen Faktoren ab? → L

F30 ● Man hört manchmal, dass der Blitz von unten nach oben einschlägt. Ist das richtig? Und wie hoch ist die Geschwindigkeit eines Blitzes? → L

F31 ◒ Wie ist es möglich, dass die Straßenbahn nur einen einzigen Stromabnehmer hat? → L

F32 ◒ Beantworte F17 in Kap. 22.4 aus Sicht einer Parallelschaltung. → L

F33 ● Für genauere Betrachtungen muss man berücksichtigen, dass Stromquellen einen Innenwiderstand besitzen. Man kann sich die reale Stromquelle als Hintereinanderschaltung von widerstandsfreier Stromquelle und ihrem Innenwiderstand denken. Zwischen Klemmenspannung und Stromstärke einer Batterie besteht folgender Zusammenhang:

Klemmenspannung U_{kl} in V	5,3	4,9	4,5	3,5	2,5
Stromstärke I in A	0	0,12	0,30	0,60	0,80

Drücke die Klemmenspannung durch die Leerlaufspannung, die Stromstärke und den Innenwiderstand der Quelle allgemein aus. Zeichne mit obigen Messwerten ein I-U_{kl}-Diagramm und ermittle mit Hilfe des Diagramms den Innenwiderstand der Quelle und den Kurzschlussstrom I_k. → L

Abb. 22.39

F34 ◒ Du hast die Wahl zwischen zwei Voltmetern mit gleichem Preis. Beide Geräte haben denselben Messbereich, aber ein Gerät hat einen Innenwiderstand von 15 kΩ, das andere von 30 kΩ. Welches Gerät solltest du kaufen? → L

F35 ○ Man kann nicht sagen, der elektrische Widerstand deines Körpers ist soundso groß, weil er von vielen Umständen abhängt. Wenn du fester auf den Leiter greifst oder nasse Hände hast, sinkt der Widerstand zum Beispiel sehr deutlich ab. Außerdem hängt er davon ab, ob du Wechsel- oder Gleichstrom verwendest, wie groß die Spannung ist und wo der Strom durch deinen Körper fließt (Abb. 22.40). Pi mal Daumen liegt der Körperwiderstand im Bereich zwischen 1000 Ω und 50 000 Ω. → L

Abb. 22.40 Der Körperwiderstand besteht aus Teilwiderständen, die hier beispielhaft recht niedrig angenommen sind.

Bei Sicherheitsberechnungen nimmt man den kleinsten Wert an, damit man weiß, wie viel Strom im schlimmsten Fall fließt. Eine Stromstärke von 30 mA durch den Körper kann bereits lebensbedrohlich sein. Ab welcher Spannung muss man daher bereits aufpassen? → L

F36 ● Was verursacht eigentlich den elektrischen Schlag, den du bekommst, wenn du in den Stromkreis greifst (Abb. 22.39)? Ist es die Stromstärke oder die Spannung? → L

F37 ● Ein Elektrozaun arbeitet mit Spannungen von etwa 10 000 V (Abb. 22.41). Das ist für den Menschen eigentlich lebensgefährlich (siehe F35)! Warum passiert trotzdem nichts? Und welche Aufgabe hat der Erdnagel? → L

Abb. 22.41

F38 ○ Erkläre mit Hilfe des Ohm'schen Zusammenhanges, warum bei einem Kurzschluss so viel Strom fließt. Berechne die theoretische Stromstärke, wenn der Widerstand nur noch 1 Ω beträgt. Ist eine solche Stromstärke in den Leitungen möglich? → L

A

abgeschlossenes System 100
absoluter Nullpunkt 209
Abwurfgeschwindigkeit 136
Achterbahn 102
actio est reactio 86
Adams, John Couch 143
Adhäsion 84
Adhäsionskraft 82
adiabatische Expansion 245
adiabatische Zustandsänderung 245
aerodynamisches Paradoxon 200
Allgemeinen Relativitätstheorie (ART) 11, 149
allgemeines Gasgesetz 244
Amontons, Guillaume 244
Amperemeter 274
Amplitude 155, 157, 161, 182
angeregte Schwingung 165
Anomalie 229
Anströmfläche 58
Anti-Lärm 170
Aphel 139, 141
Äquivalenzprinzip 74
Arbeit (W) 89, 96, 212
Aristoteles 7
Atom 263
Atomrümpfe 267
Atomuhr 21
Auflagefläche 39
Aufprallwinkel 111
Auftrieb 41, 58, 133
Auftriebskraft 42
Autohupe 168
Auto-Radar 199
Avogadro-Konstante 14

B

Bahngeschwindigkeit 117
Bar 238
Baryzentrum 148
Basilarmembran 205
Basiseinheiten 14
Batterie 266, 267
Bauch 187
Baumgartner, Felix 57
Bay of Fundy 167
Bergmann'sche Regel 223
Bernsteinexperiment 257
Beschleunigung 27, 45
–, negative 55
Beschleunigungsarbeit 92
Beschleunigungsleistung 64
Beugung 195
Bewegung
–, gleichförmige 44
–, gleichmäßig beschleunigte 49
–, thermische 234
–, ungleichmäßig beschleunigte 56
Bewegungsenergie 92
–, geordnete 94, 95
–, ungeordnete 95, 212, 239
Bewegungsgleichung 78, 142
Bezugssystem 29, 66, 67, 112
Billard 112
Billardproblem 103
Bimetallstreifen 225
Bindungsenergie 212
Blauverschiebung 198
Blauwal 217
Blitz 271, 282
Bogenmaß 117
Bolt, Usain 61, 98
Boltzmann-Konstante 14, 244
Boltzmann, Ludwig 221
Bose-Einstein-Kondensat 252
Boyle, Robert 244
Brahe, Tycho 139
Brechung 193
Brechungsgesetz 193, 194
Bremsverzögerung 55
Bremsweg 52
Brennkammer 256
Brown, Robert 206, 207
Brown'sche Bewegung 203, 206, 207
Bubka, Sergej 102
Bumerang 133

C

Cailletet, Louis Paul 251
Caloricum 212
Candela 14
Carnot, Nicolas Léonard Sadi 255
Carnot'scher Wirkungsgrad 255
Cavendish, Henry 137
CD 197
Celsius (°C) 209
Celsius, Anders 209
Celsius-Skala 208
Corioliskraft 131
Cornell, Eric Allin 251
Coulomb (C) 261
Coulomb, Charles Augustin de 261
Coulomb-Gesetz 260, 262
Cox, Brian 7

D

Dampfmaschine 253
Deduktion 10
Definition der Kraft 78
Dehnung 95
Dehnung-Spannung-Diagramm 85
destruktive Interferenz 170
Dewar, James 251
Dezibel (dB) 204
Diavolo, Allo 128
Dichte 23
Dieselmotor 254
Diesel, Rudolf 253
Differenzenquotient 62
Differenzialgleichung 160, 161
Differenzialquotient 62, 161
Differenzialrechnung 62
Differenzieren 61
Diffusion 226
Diffusionsrate 227
digitales Messgerät 273
Dipol 263
Dispersion 183, 184
Doppelfenster 220
Doppelglasfenster 220
Doppler, Christian 198
Doppler-Effekt 197, 198
Doppler-Ultraschall 199
Drehenergie 126
Drehgeschwindigkeit 117
Drehimpuls 124
Drehimpulserhaltungssatz 124, 127
Drehmasse 119
–, relative 124
Drehmoment 121, 132
Drehpunkt 123
Drehschwingung 169
Drehspulgerät 271, 272, 274
Drehwaage 137
Drehwinkel 117
Driftgeschwindigkeit 270
3. Newton'sches Grundgesetz 86
3. Kepler'sches Gesetz 137, 139
Druck 234
Druckgleichung 239, 241
Druckkochtopf 234
Durchschnittsgeschwindigkeit 59
DVD 197
dynamisches Gleichgewicht 227

E

Ebbe 146
Eigenschwingung 169
Einheitskreis 159
Einstein, Albert 11, 149, 179, 207
elastisch 84, 110
elastische Energie 94, 95
elastischer Stoß 112
elektrische Arbeit 281, 282
elektrische Einheitsladung 14
elektrische Elementarladung 259
elektrische Kraft 257, 260
elektrische Leistung 281, 282
elektrische Leitfähigkeit 216
elektrischer Isolator 263
elektrischer Leiter 263
elektrischer Widerstand 274
elektrische Spannung 264
Elektrizität 271
Elektrolyt 266, 267
elektromagnetische Induktion 272
elektromagnetische Schwingung 158
elektromagnetische Welle 179, 221
Elektromotor 271, 273
Elektron 216, 258, 259
Elektronenflussrichtung 270
Elektronengas 267
Elektronenvolt 265
Elektroskop 262
Elementarladung 259
Elementarteilchen 259
Elementarwelle 189, 194
Ellipse 143
Energie
–, elastische 94, 95
–, geordnete kinetische 207, 214, 255
–, innere 206, 212
–, kinetische 92, 93, 95, 102, 111
–, potenzielle 37, 41, 91, 102
–, thermische 82, 96, 103, 111
–, ungeordnete kinetische 206, 207, 210, 212, 255
Energieentwertung 215
Energieerhaltungssatz 99, 100, 104, 112, 113, 141, 145, 213, 249
Entladezeit 273
Entropie 99, 101, 206, 213, 214, 226
Erdbebenwelle 176
Erdbeschleunigung 50, 53
Erdmagnetfeld 272
Erdrotation 127
Erhaltung der Ladung 258
Erstarren 232
Erstarrungswärme 231, 232
1. Kirchhoff'sche Regel 281
1. kosmische Geschwindigkeit 144
1. Hauptsatz der Thermodynamik 212
1. Newton'sches Grundgesetz 76
1. Kepler'sches Gesetz 139
erzwungene Konvektion 219
Escher, Maurits Cornelis 99
Eustachi'sche Röhre 243
Experiment 7, 8

F

Fadenpendel 20, 151, 162
Fahrenheit, Daniel 208, 209
Fahrenheit-Skala 208
Fall
–, freier 50
Fallturm 75
Falsifizieren 9
Fangladung 271
Federkonstante 85
Federpendel 155, 161, 162
Feldlinien 141
Fermat, Pierre de 190
Fermat-Prinzip 190
Fixpunkt 208
Flächensatz 139, 142
Flachwasserwelle 183
Fluchtgeschwindigkeit 144, 145
Flugparabel 35
Flüssigkeitsthermometer 225
Flut 146
Föhn 245
Formant 202
Fourier-Analyse 174
Fourier-Synthese 173
freie Konvektion 219
freier Fall 50
Frequenz 155, 157, 159, 182

G

Galilei, Galileo 7, 152
Galvani, Luigi 266
Galvanometer 272
Ganggenauigkeit 153
Gas 213
Gasdruck 237
Gasgesetze 237
Gasteilchen 213
Gay-Lussac, Joseph Louis 244
gedämpfte Schwingung 162
Gefrieren 232
Gehör
–, menschliches 203
gekoppeltes Pendel 180
geordnete Bewegungsenergie 95

geordnete kinetische Energie 207, 214, 255
geostationärer Satellit 145
Geräusch 173
Gesamtladung 259
Gesamtschwerpunkt 108, 112
Geschwindigkeit 46
–, relative 112
Geschwindigkeitsdiagramm 48
Geschwindigkeitsvektor 26, 128, 132
Gesetz von Amontons 241
Gesetz von Boyle-Mariotte 242, 243
Gesetz von Gay-Lussac 240
Gewicht 137
Gewichtskraft 56, 80
Gezeiten 146
Gezeitenreibung 127
gleichförmige Bewegung 44
Gleichgewicht 37
–, labiles 38
–, stabiles 42
gleichmäßig beschleunigte Bewegung 49
Gleitreibungszahl 83
Goldene Regel der Mechanik 89
Golfstrom 219
GPS-Satellit 145
Gravitation 135
Gravitationsfeld 74, 140, 148
Gravitationsgesetz 81, 135, 142, 261
Gravitationskonstante 137
Gravitationskraft 130, 136, 141, 260
Gravitationswelle 179
Grenzgeschwindigkeit 130
Größenordnungen 14
Grundfrequenz 172
Grundgesetze der Mechanik 74
Grundkraft 138
Grundton 187
Grundumsatz 105

H

Haftreibung 129
Haftreibungszahl 83
Halbleiter 279
Hangabtriebskraft 31, 89
harmonisch 35
harmonischer Oszillator 160, 161
harmonische Schwingung 158, 180
Härte 95
Härte der Feder 85
Hauptentladung 271
Hebelarm 121
Hebelgesetz 34, 122
Heizung 249
Helmholtz, Hermann von 100
Hertz, Heinrich 157
Höhenenergie 91
homogen 148
Hooke, Robert 84
Hooke'sches Gesetz 84, 85, 95, 155, 159
horizontaler Wurf 68
Hörschwelle 203
Hubarbeit 91
Hume, David 9
Huygens, Christiaan 20, 152, 189
Huygens-Prinzip 196
Hyperbel 144
Hypothese 8

I

Impuls 108
Impulserhaltungssatz 108, 113
indifferent 38
Induktion 272
Inertialsystem 46, 77
Influenz 263
Infrarotstrahlung 156, 221
innere Energie 206, 212
Interferenz 189
–, destruktive 170
–, konstruktive 170
Internationales Einheitensystem 13
irreversibel 214
isobare Zustandsänderung 239
isochore Zustandsänderung 240
Isolator 279
isotherme Zustandsänderung 242

J

Joule (J) 90
Joule, James Prescott 100
Jump-and-Reach-Test 36

K

Kalorie (cal) 90
Kälte 211
Kartoffelbatterie 267
Kegelschnitt 144
Kehlkopf 200
Kelvin-Skala 208, 209
Kepler, Johannes 135, 139
Kepler'sche Gesetze 139
Kernspintomografie 167
Kerntemperatur 222
Ketterle, Wolfgang 251
Kilowatt (kW) 97, 282
Kilowattstunde (kWh) 99
kinetische Energie 92, 93, 95, 102, 111
Klang 172
Klangfarbe 172
klassisches Relativitätsprinzip 45
Klemmenspannung 275
Klimaanlage 248, 249
Knoten 187
Kompressor 247, 256
Kondensationswärme 231, 245
Kondensator 273
Kondensieren 233, 235
Kondensor 248
konstruktive Interferenz 170
Konvektion 218, 219, 220, 223, 272
–, erzwungene 219
–, freie 219
Konzentrationsunterschied 227
Konzertgitarre 201
Körperschwerpunkt (KSP) 33
Körpertemperatur 209
Körperwärme 100
Kraft
–, Definition der 78
Kraftstoß 114
Kraftvektor 29
Kreisbahngeschwindigkeit 145
Kreisel 132
Kreisprozess 255
Kreiswelle 189, 197
kritischer Punkt 234
kritische Temperatur 234, 242
Kryophysik 250
Kugelstoß 72
Kugelwelle 189
Kühlschrank 247
Kunstmaß 17
Kurvenfit 64
k-Wert 218

L

labil 38
Ladezeit 273
Ladung 257, 258
Lageenergie 90, 91, 95
Längenmessung 17
Large Hadron Collider (LHC) 251, 258
Laserdrucker 262
Lastarm 123
latente Wärme 230
Leerlaufspannung 275
Leistung 96
Leistungsumsatz 105
Leitblitz 271
Leiter 279
Leiterschleife 272
Leitfähigkeit
–, elektrische 216
Lichtgeschwindigkeit 14, 47
Lichtstärke 14
Lichtwelle 196
Lichtwellenbeugung 197
Linde, Carl Paul Gottfried von 250, 251
longitudinal 180, 181
Longitudinalwelle 180, 187
Looping 129
Luftdruck 229, 233
Luftfeuchtigkeit
–, relative 235
Luftverdichter 256
Luftwiderstand 50, 56
Luftwiderstandskraft 56, 64

M

Mach 198
Mach, Ernst 198
Mach'scher Kegel 198
Magnetfeld 272
Magnetismus 271
Magnetresonanztomografie (MRT) 167
Mariotte, Edme 244
Masse 74, 119
–, schwere 74, 81
–, träge 74
Massenmessung 21
Materiewelle 179
mathematisches Pendel 154
Maxwell, James Clerk 239
Mayer, Robert 99, 212
mechanische Welle 179
Meereshöhe 233
Membran 227
menschliches Gehör 203
menschliche Stimme 200
Merkurbahn 149
Messgerät
–, digitales 273
Messschieber 18
metastabil 38
Meter (m) 17
Mikrowellenherd 186
Millikan, Robert 260
Millikan-Versuch 260
modernes Relativitätsprinzip 45
Momentangeschwindigkeit 59
MP3 174
Multimeter 275, 276
Musikinstrument 162

N

Naturmaß 17
Nebel 235
negative Beschleunigung 55
Nennspannung 275
Nettoimpuls 115
Netzspannung 282
Neutron 259
Newcomen, Thomas 253
Newton (N) 26, 78
Newtons Gravitationstheorie 149
Newton, Sir Isaac 10, 74, 135
Niedrigtemperaturwärme 250
Nippflut 171
Normalabstand 121
Normalkraft 130
Nullpunkt
–, absoluter 209

O

Oberfrequenz 172
Obertöne 202
Ohm, Georg Simon 277
Ohm'sches Gesetz 277
Oldham, Richard D. 181
Onnes, Heike Kamerlingh 251, 252
Orgelpfeife 187
Ørsted, Christian 271
Ort-Ort-Diagramm 48
Ortszeit 20
Oszillator
–, harmonischer 160, 161
oszillieren 161
Ottomotor 253
Otto, Nikolaus August 253

P

Palšyte, Airine 115
Parabelflug 67
Parallelschaltung 280, 281
Pascal (Pa) 238
Pendel 20, 102
–, gekoppeltes 180
–, mathematisches 154
–, physikalisches 154
Pendellänge 151
Pendelmasse 153
Pendeluhr 152, 153

Perihel 139, 141
Periheldrehung 149
Permanent-Magnet 272
Perpetuum mobile 99
Pferdestärke (PS) 96, 253
Phase 170, 228
Phase-Change-Material 232
Phasendiagramm 228, 230
Phasenverschiebung 170
Phlogiston 212
Phon (phon) 204
physikalisches Pendel 154
Pirouette 124
Pits 197
Planck'sches Wirkungsquantum 14
Planet X 143
Plasma 228
plastisch 84, 110
plastischer Stoß 110, 111
Polarisation 263
Popper, Sir Karl 9
Positron 258
potenzielle Energie 37, 41, 91, 102
Präzession 133
Primärwelle 181
Prinzip der Induktion 9
Projekt Stratos 58
Proton 259
PS (Einheit) 97
P-Welle 181

Q

Quarks 259
Quarzuhr 21

R

Radiant 117
Raumkrümmung 149, 150
Rechteckschwingung 173
Referenzspannung 273
Reflexion 166, 191
Reibung 82
Reibungselektrizität 258
Reibungskraft 82
Reibungszahl 83
Reif 236
relative Drehmasse 124
relative Geschwindigkeit 112
relative Längenausdehnung 224
relative Luftfeuchtigkeit 235
relative Volumenausdehnung 224
Relativitätsprinzip
–, klassisches 45
–, modernes 45
Resonanz 165
Resonanzfrequenz 167
Resonanzkatastrophe 168
Resonanzphänomen 167
Resonanzraum 202
Resublimieren 236
Roche-Grenze 147
Rollkurve 185
Rotation 119, 124
Rotationsenergie 127
Rotverschiebung 198
Rückkopplung 167
Rückstoßprinzip 256

S

Satellit 143
–, geostationärer 145
Satz des Pythagoras 103
Satz von Galilei 45
Schall 157
Schalldruck 205
Schallintensität 203, 204
Schallmauer 198
Schallschnelle 203
Schallwelle 176, 196
Schieblehre 18
schiefer Wurf 70
Schmelzen 232
Schmelzwärme 231, 232
Schnecke 204
Schneekristall 236
Schraubenfeder 84
Schrittspannung 279
Schubkraft 79, 114
Schwarzes Loch 24, 140, 147
Schwebung 171
Schwerelinie 33
Schwerelosigkeit 67, 75
schwere Masse 74, 81
Schwerpunktshebung 115
schwingende Saite 201
Schwingkreis 164
Schwingung
–, angeregte 165
–, elektromagnetische 158
–, gedämpfte 162
–, harmonische 158, 180
Schwingungsdämpfer 164
Schwingungsdauer 152, 155, 157, 159, 161, 182, 188
Schwungrad 119, 125
Scott, David 7
Seiche 188
Sekundärwelle 181
Serienschaltung 280, 281
Sieden 234
Siedetemperatur 234
SI-Einheiten 13
Singularität 34
Sinusschwingung 159
Skalar 25
Snellius 193
Snell Van Roijen, Willebrord 193
Sonar 192
Sonnenuhr 19
Sotomayor, Javier 98
Spannenergie 94, 95
Spannung
–, elektrische 264
Spannungsabfall 279
Spannungsmessgeräte 274
Spannungsmessung 274
Spannungstrichter 279
Speerwurf 72
Spezielle Relativitätstheorie (SRT) 11
spezifischer Widerstand 276, 278
spezifische Wärmekapazität 210, 211
Spiegel 191
Spiralfeder 84
Springflut 171
Spule 272
stabil 38
stabiles Gleichgewicht 42
Standfläche 39
Startwinkel 151
Stefan-Boltzmann-Gesetz 221
Stefan, Joseph 221
stehende Welle 186
Steigbügel 205
Stimmbänder 200
Stimmbruch 201
Stimme
–, menschliche 200
Stoß
–, elastischer 112
–, plastischer 110, 111
Stoßdämpfer 163
Stoßwelle 198
Strahltriebwerk 256
Strahlung
–, thermische 220
Stromrichtung
–, technische 270
Stromstärke 269
Stromstärkemessgeräte 274
Stromstärkemessung 274
Sublimieren 236
Superpositionsprinzip 66, 184
supraflüssig 252
Supraleiter 252
s-*v*-Diagramm 60
S-Welle 181
Synthesizer 173
System
–, abgeschlossenes 100

T

Tachometer 27
Tacoma-Brücke 169
Tagesenergiebedarf 105
Tangentialgeschwindigkeit 117
Tau 235
technische Stromrichtung 270
Temperatur 206, 208, 210
Thales von Milet 257
Theorie 8
thermische Bewegung 207, 209, 234
thermische Energie 82, 96, 103, 111
thermische Strahlung 220
Thermodynamik 206
Thermometer 224
Thermostat 248
Thomson, William („Lord Kelvin") 209
Tieftemperaturphysik 250
Tiefwasserwelle 183
Ton 172
Torr (Torr) 238
träge Masse 74
Trägheitsgesetz 75, 76, 77, 87
Trägheitsmoment 119
Trägheitssatz 109
Translation 119
transversal 180, 181
Transversalwelle 180
Treibhauseffekt 156, 256
Tripelpunkt 209, 228, 229
Trockeneis 236
Trommelfell 204
t-*s*-Diagramm 51
t-*s*-Funktion 63
Turbokochtopf 234
t-*v*-Funktion 63

U

Überlandleitung 278
Überschallknall 198
Ultraschall 192
Unabhängigkeitsprinzip 66
ungeordnete Bewegungsenergie 94, 95, 212, 239
ungeordnete kinetische Energie 206, 207, 210, 212, 255
ungleichmäßig beschleunigte Bewegung 56
universelle Gaskonstante 244
Unordnung 101, 214
Urkilogramm 22
Urknall 147
U-Wert 218

V

Vektor 25
Vektordreieck 30
Vektoroperation 28
Vektorparallelogramm 30
Verdampfen 233, 234
Verdampfer 247
Verdampfungswärme 231
Verdunsten 234
Verdunstung 223
Verformungsarbeit 94
Verformungsenergie 94
Verformungskraft 84
Verrier, Urbain Le 143
Videoanalyse-Programm 65
Viertakt-Motor 253
Vinci, Leonardo da 99
Vokal 202
Vokaltrakt 202
Volta, Alessandro 266
Voltasäule 266
Voltmeter 274
V-Technik 58

W

Wackeltier 175
Wahrscheinlichkeit 101, 213, 226
Wärme 206, 210, 211
Wärmehaushalt 222
Wärmekapazität 206
Wärmekraftmaschine 252
Wärmeleiter 216, 246
Wärmeleitfähigkeit 217
Wärmeleitung 216, 218, 222, 223
Wärmemotor 252
Wärmeproduktion 222
Wärmepumpe 248, 249
Wärme (Q) 212
Wärme, spezifische 211
Wärmestrahlung 220, 223
Wärmestrom 216
Wärmeübertragung 218
Wasserdruck 243
Wassermolekül 229
Wasserwelle 176
Watt (W) 96
Watt, James 96, 253
Watt-Waage 22
Weitspringer 71

Welle
–, elektromagnetische 179, 221
–, mechanische 179
–, stehende 186
Wellenarten 178
Wellenformen 178
Wellenfront 189, 194
Wellengeschwindigkeit 182
Wellenlänge 182
Widerstand 276
–, elektrischer 274
–, spezifischer 276, 278
Widerstandsbeiwert 57
Winkelgeschwindigkeit 117, 132, 159, 161
Wippe 34
Wirkungsgrad 104
Wirkungslinie 121
Wurf
–, horizontaler 68
–, schiefer 70
Wurfparabel 144
Wurfwinkel 70
Wurmloch 147

Z

Zehnerpotenz 15
Zeit 96
Zeit-Geschwindigkeit-Diagramm 49
Zeitmessung 19
Zeit-Ort-Diagramm 49, 157
Zeitumkehr 214
Zeitzone 20
Zentralheizung 225, 250
Zentrifugalkraft 128, 130, 131
Zentripetalkraft 128, 137
Zerlegung von Vektoren 30
Zweitakt-Motor 254
2. kosmische Geschwindigkeit 144, 145
2. Kirchhoff'sche Regel 281
2. Hauptsatz der Thermodynamik 213
2. Kepler'sches Gesetz 139
Zykloid 185

Bildquellennachweis